科普中国
CHINA SCIENCE COMMUNICATION

"十四五"国家重点出版物出版规划项目
科普中国创作出版扶持计划

庞之浩 编著

China
Aerospace

中国航天图文史

SPM 南方传媒
全国优秀出版社
全国百佳图书出版单位
广东教育出版社
·广州·

图书在版编目（CIP）数据

中国航天图文史 / 庞之浩编著 . — 广州 : 广东教育出版社，2023.10
ISBN 978-7-5548-5529-4

Ⅰ. ①中…　Ⅱ. ①庞…　Ⅲ. ①航天—技术史—中国　Ⅳ. ①V4-092

中国国家版本馆CIP数据核字（2023）第196234号

中国航天图文史
ZHONGGUO HANGTIAN TUWEN SHI

出 版 人：朱文清
总 策 划：李朝明
策划编辑：李世豪　林桥基
责任编辑：林桥基　杨利强　林鸿锦　许泽璇
责任技编：刘宏亮
装帧设计：陈宇丹
责任校对：林晓珊
出版发行：广东教育出版社
　　　　　（广州市环市东路472号12—15楼　邮政编码：510075）
销售热线：020-87615809
网　　址：http://www.gjs.cn
E-mail：gjs-quality@nfcb.com.cn
经　　销：广东新华发行集团股份有限公司
印　　刷：广州市岭美文化科技有限公司
　　　　　（广州市荔湾区花地大道南海南工商贸易区A幢）
规　　格：889 mm×1194 mm　1/16
印　　张：34
字　　数：680千
版　　次：2023年10月第1版
　　　　　2023年10月第1次印刷
书　　号：ISBN 978-7-5548-5529-4
定　　价：188.00元

序一

真实的历史记录

党的十八大以来，我国航天事业进入创新发展"快车道"。探月工程"绕、落、回"三步走圆满收官，"天问一号"首次火星探测任务取得圆满成功，创造了人类火星探测历史上的奇迹，也使中国深空探测实现了从地月系到行星际的跨越。同时，中国空间站的建造也进入收官阶段。这一系列航天重大工程成就举世瞩目，空间科学、空间技术、空间应用同时实现了跨越式的发展。特别是载人航天事业的成就，充分彰显了中国人的精神力量，坚定了全国各族人民实现中华民族伟大复兴的中国梦的决心和信心。

回首往昔，我们不能忘记20世纪50年代中国航天事业的艰难起步，在"自力更生为主，争取外援为辅"方针指导下，依靠自力更生、艰苦奋斗，中国航天从无到有、从小到大、从弱到强，不断取得里程碑式的辉煌成就。一部中国航天发展史，就是航天人自力更生、自主创新的创业史。我们不能忘记从以钱学森为代表的老一辈航天事业开拓者，到隐身大漠戈壁、深山老林无私奉献的无名英雄，再到赶超世界一流水平的新一代航天生力军，一代又一代航天人使命相连，接续奋斗，无怨无悔，用智慧、汗水乃至生命铸就了我国航天大国的地位。一部中国航天发展史，就是一代代航天人爱国报国的奋斗史、奉献史。

历史不能忘记，历史需要汇集、整理和书写。庞之浩是中国航天科普领域的代表性专家，深入挖掘、系统整理、生动讲述中国航天发展史，他从不缺席，也责无旁贷。《中国航天图文史》以图文史的形式系统介绍中国航天事业的发展历程和取得的伟大成就，既有总体概括，又有详细深入的介绍，将中国航天发展史上的标志性项目、代表性工程、创新性成果、先进性技术通过图像照片和文字进行了整理，将几代航天人矢志报国的英雄事迹、感人故事，及其体现的"两弹一星"精神、载人航天精神、科学家精神、爱国主义精神，集中在这一部图文史中。它将启迪和激励广大读者铭记历史、传承精神，关注航天事业，关心科技，崇尚科学，探索未知，敢于创新，不断探索进取。

"探索浩瀚宇宙，发展航天事业，建设航天强国，是我们不懈追求的航天梦"，这是习总书记对我们中国航天六十多年来不断奋斗的历史的最好概括和指引。我们将继续以跨越星辰大海的豪情壮志，一步一个脚印，在灿烂星河中为中华民族继续写下最动人、最壮丽的诗篇。"一甲子不忘初心，神舟问天震苍穹；新征途牢记使命，太空逐梦再启航。"太空探索永无止境，航天发展永无止境，未来，中国航天事业的发展步伐必将更加铿锵有力，航天强国的目标必将实现！

中国科学院国家空间科学中心研究员、

博士生导师　吴季

序二

共筑航天强国梦

　　从嫦娥奔月的动人神话到敦煌石窟的仕女飞天壁画，从万户飞天的壮举到中国空间站翱翔苍穹，千百年来，中华民族一直在追寻着能够在浩瀚宇宙追星揽月的航天梦。在艰辛坎坷的追梦过程中，在中国航天事业近70年的奋斗历程中，涌现了一批批优秀的中国航天人，形成了一个个感天动地的爱国故事，造就了一段段改天换地的奋斗征程。千淘万漉虽辛苦，吹尽狂沙始到金。现如今，"天宫"初步建成，"神舟"多次实现天地往返，"嫦娥"已经奔月，"祝融"也在探火，中国已经全面建成了航天大国，正在向航天强国目标迈进。

　　探寻航天强国历史，弘扬航天报国精神。《中国航天图文史》选取20世纪50年代到2023年初近70年中国航天事业发展中具有重要影响的事件和航天人，如东方红一号人造卫星成功发射、北斗系列卫星成功组网、月球探测器成功登陆等，钱学森、孙家栋、任新民、杨利伟等，采用图文并茂的形式，讲述中国航天事业发展的感人故事，生动反映了一代又一代航天人取得丰功伟绩的伟大历程。

　　庞之浩多年来一直从事航天科技研究与普及等方面专业工作，既专研航天专业技术，又熟知航天事业发展进程中的真人真事、逸闻趣事。他在此书中通过一项项艰难探索的技术，透过一段段引人入胜的故事，一个个津津乐道的话题，全方位展现了我国航天事业的发展历程。

《中国航天图文史》系统梳理了中国航天事业的发展历程，全面展示了航天科技发展的辉煌成就，科学展望了中国航天的发展方向，生动体现了中国航天人的创新思想和卓越贡献，将启迪和激励广大读者和科技工作者关注航天事业，关心科技，崇尚科学，不断探索进取，为实现中华民族伟大复兴的中国梦凝聚强大力量。

义务教育科学课程标准修订组成员、
中国科学院国家天文台研究员　郑永春

目

录

第一章

中国航天发展综述

第二章

中国运载火箭发展

第三章

中国试验卫星和科学卫星发展

第四章

中国应用卫星发展

第五章

中国载人航天发展

第六章

中国深空探测发展

附 录

中国航天大事记 /523

第一章

中国航天发展综述

20世纪50年代中期，中国航天开启了艰难的创业之路，经过60多年的发展，目前已形成完整的航天工业协作配套体系；在液体弹道导弹基础上研制的长征运载火箭，现已形成系列化、型谱化格局；东方红一号人造地球卫星、神舟五号载人飞船和嫦娥一号月球探测器的升空，先后树立起中国航天发展史上的三大里程碑。中国航天在自力更生的基础上走出了一条中国特色的航天强国之路。

第一节 中国航天事业发展之路

20世纪50年代中期，根据国防建设的需要，我国决定发展导弹事业，为发展运载火箭技术奠定基础。

一、制定规划

中华人民共和国成立不久的1952年，我国在研究国防建设五年计划时，就酝酿过发展导弹的设想。在1955年中共中央作出研制原子弹的决策后，国务院、中央军委立即开展研究发展导弹技术的有关问题。

1955年10月8日，著名科学家钱学森冲破重重阻挠，从美国归来。同年12月26日，国防部部长彭德怀在会见他时，与他讨论了研制近程导弹等问题。在国务院总理周恩来的鼓励下，钱学森于1956年2月17日向国务院递交《建立我国国防航空工业意见书》，从多方面对中国发展导弹、火箭及后来的航天技术提出

图 1-1-1 1955年，毛泽东接见并宴请钱学森

了建议。

1956年春，国务院科学规划委员会组织全国数百名科学家，经过反复研究、讨论，制定了《1956—1967年科学技术发展远景规划纲要（草案）》（简称"12年科技规划"）。根据12年科技规划的要求，国家又制定了国防科技发展规划，作为12年科技规划的一个组成部分。针对国防科技发展规划，毛泽东、周恩来和其他中央领导人专门听取了我国一些著名科学家的意见。例如，1956年4月，周恩来主持中央军委会议，听取了钱学森关于在我国发展导弹技术的规划设想。在12年科技规划几经讨论修改后，1956年12月，中共中央、国务院同意《1956—1967年科学技术发展远景规划纲要（修正草案）》作为试行方案付诸实施。最后规划中明确提出研究并发展喷气和火箭技术，以满足国防需要。

二、组建机构

制定规划后，国家就开始组建领导机构、研究机构。1956年4月，国家成立了航空工业委员会（简称"航委"），负责领导我国导弹和航空事业的发展建设。1956年5月，周恩来主持中央军委会议，决定由航委负责组建国防部导弹管理局（国防部第五局）和导弹研究院（国防部第五研究院）。

1956年10月8日，我国第一个导弹火箭研究机构——国防部第五研究院（简称"国防部五院"）正式宣布成立，后钱学森任首任院长。这标志着我国航天事业的正式起步。

国防部五院成立之后，时任国务院副总理、主管科技工作的聂荣臻召集航委的主要负责人反复研究，认为应该把我们的立足点放在依靠自己的力量上，但也尽可能争取必要与可能的国际援助，为此，提出了我国导弹的研究采取"自力更生为主，力争外援和利用资本主义国家已有的科学成果为辅"的方针。1956年10月17日，毛泽东、周恩来批准了这个方针。这就是国防部五院的工作方针。

1957年11月16日，根据导弹研究工作的需要，国防部五院在原来10个研究室的基础上，成立了一分院和二分院，分别承担导弹总体、发动机和控制导引系统的研究工作。1958年5月17日，在中共八大二次会议上，毛泽东发出了"我们也要搞人造卫星"的号召。于是，以中国科学院为主，我国随即开展人造地球卫星的研制。

第二节　中国航天的研制与试验

　　我国导弹、火箭研制和试验基地的建设经历了三个阶段。第一个阶段为创业时期，这一阶段是从20世纪50年代中期到20世纪60年代中期，主要进行了北京基地建设，奠定了我国运载火箭的技术基础。第二阶段为发展和完善时期，这一阶段是从20世纪60年代中期到20世纪90年代初，主要建立了中国空间技术研究院（简称"航天五院"），并相继建成

图 1-2-1　1960 年，毛泽东参观探空七号 M 试验型火箭

各三线基地和上海基地，形成了配套比较完整的航天工业体系。第三阶段为新兴基地建设时期，这一阶段是从20世纪90年代初至今，主要进行了北京航天城、上海航天城和天津新一代运载火箭、大型航天器基地的建设，为新一代运载火箭、载人航天和深空探测技术发展奠定了基础。

一、创业时期

　　创业时期的研制和试验基地建设主要是以国防部五院一分院为核心的北京南苑地区航天基地的建设。

　　1958年6月，航委确定了四大研制基地的建设地址。国防部五院一分院工程在北京南苑的飞机修理试制厂（代号"211"厂）及其以东地区兴建；二分院工程在北京永定路地区兴建；火箭发动机试验工程（代号"8103"工程）和空气动力研究所工程（代号"8108"工程）在北京西郊云岗地区兴建。1960—1961年，国防部五院的这四项工程建设达到了高潮。

　　1962—1964年，国防部五院相继增建了计算、材料、测量、强度和元器件等科研机构，增建或加速建设了大型火箭发动机试车台、全箭系留试车台、全箭振动试验塔、热应力试

验室、水力试验室、控制模拟试验室、超音速风洞、跨音速风洞和高速高温电弧风洞等28个重点工程项目。

1961年8月，以上海市第二机电工业局（简称"上海机电二局"）为基础的战术导弹试验基地已初具规模；为满足型号任务的发展需要，1961年9月，国防部五院成立了三分院；1963年1月，负责探空火箭研制的中国科学院上海机电设计院划归国防部五院建制；1964年4月，国防部五院成立了四分院。

为了改变组织结构和管理体制的一些问题，1964年11月，在国防部五院原

图1-2-2　聂荣臻（右）与钱学森（中）、朱光亚（左）等科学家座谈

一、二、三、四分院的基础上，分别组建了按型号类别划分的四个研究院，即后来的航天一院、二院、三院和四院（注：本书简称的航天一院、四院、五院、六院、八院，都是指目前中国航天科技集团的第一、第四、第五、第六、第八研究院）。每个研究院主要负责一类型号的导弹总体、分系统的设计、试制和试验，基本上按型号配套，自成体系，解决了型号的技术抓总和研究设计问题。此后，为了增强国防部五院的试制生产力量，建立配套比较完整的导弹、火箭工业体系，实现由研究院向工业部的过渡，1964年11月23日，中共中央、国务院决定，以国防部五院为基础，从第三、第四、第五机械工业部及其他有关部门和省市，划拨若干工厂和事业单位，组成第七机械工业部（简称"七机部"），统一管理导弹、火箭工业的科研、设计、试制、生产和基本建设工作。

1965年是我国航天史上具有重大转折意义的一年。因为在这一年，不仅国防部五院由研究院转为工业部、由军队转为地方、由北京基地建设转入三线基地建设，而且我国制定了空间技术发展规划和火箭技术发展规划，我国人造卫星事业从多年的学术和技术准备开始转入工程研制。

二、发展完善

1. 产品研制

由于历史原因，我国第一颗人造地球卫星和其他航天器的研制，是分散在中国科学院、七机部及其他一些部门进行的，这给组织领导和指挥调度带来了很多困难。因此，聂荣臻在1967年初向中央提出了组建航天五院的建议。1967年6月，中央军委责成国防科学技

术委员会（简称"国防科委"）负责组建工作。

1967年11月，国防科委在北京召开会议，确定航天五院以中国科学院所属的卫星设计院（代号"651"设计院）、自动化研究所、力学研究所分部、应用地球物理研究所、电工研究所、西南电子研究所、生物物理研究所、兰州物理研究所、北京科学仪器厂、上海科学仪器厂、山西太古科学仪器厂和七机部第八设计院以及军事医学科学院第三研究所等从事空间技术研究的力量为基础，并从七机部抽调部分技术骨干进行组建。

1968年2月20日，航天五院正式宣布成立，列入军队编制，由国防科委直接领导，钱学森兼任首任院长。1970年5月，经国务院、中央军委批准，航天五院划归七机部领导，但仍属军队编制。1973年7月，国务院、中央军委决定，航天五院脱离军队序列，正式划归七机部建制。从此，七机部形成了比较完整的人造卫星、运载火箭科研生产体系。

2. 三线建设

1964年，中央作出在大后方建设三线基地的战略决策，此后陆续在中西部地区兴建了多个航天研制基地，其中位于陕西宝鸡地区的"067"基地是七机部三线基地建设中的重中之重。该基地主要研制洲际导弹用的大推力液体火箭发动机。1970年，"067"基地基本具备了研制液体火箭发动机与平台惯性器件的能力。20世纪70年代，七机部各三线基地相继建成投产，为发展我国导弹、航天事业作出了重要贡献。

由于规划方案和管理体制在时局的影响下发生了多次改变，所以作为洲际导弹及其后续大型液体燃料火箭研制基地而兴建的"062"基地建设比较坎坷，最后在四川地区建成和部分建成的项目只有14个。不过该基地在建设规模、建筑面积、工艺技术和设备先进程度及形成的生产能力等方面在当时都超过了北京基地，从而为我国航天事业的发展壮大打下了良好基础。

3. 上海基地

1969年，我国一个新的航天工业研制基地在上海地区开始建设。1969年10月31日，中共中央、国务院、中央军委正式向上海市下达了研制洲际导弹、运载火箭和技术试验卫星的任务。其中，运载火箭以远程洲际导弹为原型进行改进研制，取名"风暴一号"，由上海机电二局负责研制；质量超过1吨的技术试验卫星取名"长空一号"，由上海市第一机电工业局（简称"上海机电一局"）负责研制。

随着1975年风暴一号火箭将长空一号卫星成功送入预定轨道，上海迅速成长为我国航天事业发展的又一重要基地。此后，上海航天基地不断壮大。1982年6月，上海机电二局改称航天工业部（简称"航天部"）上海航天局，实行以航天部为主的部、市双重领导。1999年，上海航天局划归中国航天科技集团管理，改称上海航天技术研究院（简称"航天八院"）。

三、新兴基地

1. 北京基地

1994年，北京航天城开建，项目分两期：1994—2005年为一期工程，以满足载人飞船研制试验需求为基础，新建了北京空间技术研制试验中心；2006年至今为二期工程，以满足空间飞行器批量生产、整合优化空间飞行器研制流程为基础，大规模新建科研办公场所和试验厂房。

图 1-2-3　北京空间技术研制试验中心

1992年，中国载人航天工程立项时，由于研制设施在北京多地分散布局，而且原有总装厂房场地偏小，空间环境试验设备不足，不能满足飞船开展总装和各类空间环境试验工作，为此，国防科学技术工业委员会（简称"国防科工委"）和航空航天工业部（简称"航空航天部"）决定，新建北京空间技术研制试验中心。1994年10月28日，北京空间技术研制试验中心开始建设，主要包括集总装、电测和空间环境模拟试验于一体的大型航天器装配、总装和试验中心等。

1998年，北京空间技术研制试验中心的主要厂房及主要试验设施设备完成建设和安装调试，随即投入神舟一号试验飞船的装配和试验当中。

2001—2005年，北京空间技术研制试验中心又陆续建设了小卫星研发中心，还与德国阿斯特里姆（Astrium）公司合作建设了世界最大的整星无线测试紧缩场。

2006年，北京启动了航天城二期工程建设，陆续建设了办公楼、厂房及研制试验设施。

2. 上海基地

2005—2007年，上海闵行航天城一期工程开始建设，包括电子区、动力区、技术基础部、院本部大楼和公共设施5个建设项目。

闵行航天城一期建设项目是航天八院落实"一城三区"统筹建设规划战略部署的第一步，该项目通过能力结构调整、专业优化重组、统筹规划建设，为建成具备航天系统和导弹武器系统核心技术研发和

图 1-2-4　通信天线测试紧缩场

系统集成能力、专业配套、资源集约的国际一流航天科研生产联合体奠定了基础。它按照打破各单位行政条块分割、强化科研生产各环节系统功能、优化工艺路径和各系统间的有机联系的建设原则，建成一个科研生产设施优化配置，科研为主、研产结合的现代化航天科技工业园。

3. 天津基地

为了研制新一代大中型运载火箭，并通过海运运输到海南航天发射场发射，通过反复分析比较，中国运载火箭技术研究院（简称"航天一院"）最终确定在天津滨海新区建设天津基地。

2007年10月30日，新一代运载火箭产业化基地开工奠基仪式举行。新一代运载火箭产业化基地位于天津经济技术开发区西区，基地划分为火箭研

图 1-2-5　航天一院天津基地

制生产、军民结合、辅助配套三大功能区。2013年底，基地已形成研制、试验长征五号新一代大型运载火箭的能力。2014年底，基地已形成研制、试验长征七号新一代中型运载火

箭的能力。

为了研制空间站等大型航天器，航天五院也在天津滨海新区建设了天津基地。该产业基地占地面积为1043亩，截至2022年，其总建筑面积约为20万平方米，建有国际一流水平的大型航天器装配、总装和试验中心，是航天五院大型航天器生产、集成、测试、试验基地和航天技术应用产业发展基地。

图 1-2-6　航天五院天津基地

4. 西安基地

1999年，航天推进技术研究院（简称"航天六院"）开始启动陕西省西安市抱龙峪试验区项目论证工作。抱龙峪试验区位于陕西省西安市秦岭北麓抱龙峪，是大型无毒无污染液氧煤油发动机试验区，承担着我国新一代三型运载火箭液氧/煤油发动机及相关组合件的研制试验任务。

2002—2005年，抱龙峪试验区建成投产901试车台，2009年建成投产902试车台。2010年3月11日，902组合件试车台试车获得圆满成功，标志着我国液体火箭发动机的地面试验能力迈上了一个新的台阶。

抱龙峪试验区项目形成的能力保障了我国新一代运载火箭动力系统的研制试验。通过该项目的建设，我国实现了液体火箭发动机试验技术的一次飞跃。抱龙峪试验区现已成为亚洲最大的液体火箭发动机试验基地。

另外，航天五院西安分院在西安建设了产业园区，该产业园区是集通信、导航、微波遥感等有效载荷系统总体设计、产品研发、新工艺试制、系统总装、集成与测试于一体，军民融合的航天技术应用产业开发基地。

5. 其他基地

21世纪以来，我国还建造了其他一些航天基地。例如，航天五院510所在兰州建设了兰州产业基地，该基地是真空低温、表面改性等基础技术及工程应用研究中心和星用压力容器研发与生产基地；航天五院513所在烟台建设了烟台产业基地，该基地是航天五院星上电子设备的研制生产和航天技术应用产业基地；航天五院在张家口建设了怀来产业基地，该基地是空间特殊环境与特种试验及航天技术应用产业生产、制造和示范应用基地。

第三节　中国航天四大能力发展

我国在航天事业发展的各个阶段，采取了循序渐进、逐步扩展的策略：首先发展了进入太空的能力；随后发展了利用太空的能力；在国家经济实力壮大后，又发展了载人航天和深空探测能力。

图1-3-1　探空七号A生物试验火箭

一、登天能力

航天界有一个共识，就是"运载器的能力有多大，航天的舞台就有多大"。开展航天活动的首要条件是要具备进入太空的能力，即用运载器克服地球引力，把各类航天器送到太空的预定轨道。所以，运载器的技术水平代表着一个国家进入太空的能力水平。

1. 总体概述

我国运载器的发展已走过从导弹改装运载火箭到各类火箭错综丛生、新一代系列化一次性运载火箭更新换代，再到基于上面级的轨道转移飞行器雏形形成的历程，目前使用的均为一次性运载火箭和上面级轨道转移飞行器，并正在发展可重复使用运载器。

我国一次性运载火箭以长征系列运载火箭为主。1970年4月24日，长征一号运载火箭首飞成功，发射了我国第一颗人造地球卫星东方红一号，这标志着中国具备

图 1-3-2 1966 年 7 月 15 日，探空七号 A 载狗生物试验火箭成功发射

了进入太空的能力。1984年4月8日，长征三号运载火箭首飞成功，实现了推进剂从常规到低温、发射轨道从低轨到高轨的跨越。1990年7月16日，长征二号E运载火箭首飞成功，实现了运载火箭从串联到串并联的跨越，标志着助推器捆绑与分离技术的突破。1999年11月20日，长征二号F运载火箭首飞成功，拉开了中国载人航天工程的大幕。自2007年10月24日起，长征三号A系列运载火箭成功将多个月球探测器送入太空，拉开了中国深空探测工程的序幕，标志着我国掌握了多体力学轨道设计、低温火箭多窗口准时发射等多项技术。2015年9月25日，长征十一号运载火箭首飞成功，实现了运载火箭从液体到固体的跨越，大大提升了我国低成本、快速进入太空的能力。2016年11月3日，长征五号新一代大型运载火箭首飞成功，其地球同步转移轨道运载能力为14吨，近地轨道运载能力为25吨，运载能力跃居世界第三，这标志着我国正在从航天大国迈向航天强国。

为了更好地满足未来载人航天以及深空探测的需要，我国正在发展近地轨道运载能力100吨以上的重型运载火箭，此外，智慧运载火箭和可重复使用运载技术等也是未来发展的重点。

2. 早期发展

我国运载火箭以长征系列为主，而长征系列运载火箭以航天一院为主研制方。

　　我国早期航天运载火箭的研制，充分利用了弹道式导弹技术，特别是液体弹道导弹的研制成果。我国导弹技术发展之初主要采取仿制的方式，目的在于使我国导弹技术队伍学会自行设计的本领，突破从仿制到自行设计这一关，建立我国自己的导弹和火箭技术体系。

　　1960年11月5日，我国第一枚代号为"1059"的仿制近程导弹（又叫东风一号导弹）发射成功，表明我国已经初步掌握导弹制造技术。

　　在仿制近程导弹的基础上，我国在1964年6月29日、1968年12月18日先后成功发射了自行研制的东风二号、东风三号中近程液体弹道导弹。1970年1月30日，我国成功发射了自行研制的东风四号中远程两级液体战略导弹，表明我国已经基本攻克多级导弹的关键技术难关。此后，在此基础上改进而成的长征二号和风暴一号运载火箭先后多次成功发射人造地球卫星。1980年5月18日，中国远程导弹命中太平洋预定海域，首次全程飞行试验取得圆满成功。这不仅标志着我国远程导弹研制成功，而且为发展大型运载火箭打下了坚实的基础。

　　从1970年发射长征一号运载火箭至今，我国已有4个子系列14种型号的运载火箭在此基础上得到了发展，可以将不同类型的人造地球卫星发射到低、中、高不同的地球轨道，并具备发射载人航天器和空间探测器的能力。

　　1965年5月6日，中共中

图1-3-3　科研人员对"1059"仿制近程导弹部件进行反计算

图1-3-4　1960年11月，聂荣臻（左一）、张爱萍（右一）、赵尔陆（右二）等在基地主持首发近程"1059"导弹试验

图 1-3-5　东风三号导弹起竖

图 1-3-6　长征一号运载火箭

央专门委员会（简称"中央专委"）批准研制和发射人造地球卫星的计划。研制和发射人造卫星计划代号为"651工程"。在1966年商定卫星总体方案时，中央专委提出研制定名为长征一号的运载火箭来发射卫星。长征一号子系列运载火箭主要用于发射近地轨道小型卫星。其第一、第二级采用了在东风四号基础上进行改装的方案，再加上新研制的第三级固体火箭发动机，构成三级运载火箭。突破多级火箭技术和研制第三级固体火箭发动机，是研制长征一号的关键。长征一号箭体最大直径为2.25米。1970年4月24日21时35分，长征一

图 1-3-7　长征二号 C 运载火箭

图 1-3-8　长征二号 D 运载火箭

号将我国第一颗人造地球卫星东方红一号成功送入
太空，揭开了我国航天活动的序幕。在此基础上，
我国还研制了长征一号D，但没有投入使用。

长征二号是中国运载火箭的基础型号。1965年8
月，中央专委原则上批准我国人造地球卫星工作计
划时，确定重点发展应用卫星和用于发射更重的近
地轨道空间飞行器的运载火箭。1975年11月26日，
长征二号成功发射我国第一颗返回式遥感卫星。在
长征二号基础上，我国发展了长征二号子系列，
包括长征二号C、长征二号C上面级（又叫长征二
号C/SM）、长征二号C上面级A（又叫长征二号C/
SMA）、长征二号D、长征二号E、长征二号F和风
暴一号等运载火箭，芯级最大直径为3.35米。其中
长征二号E的设想是基于1989年以后质量在2.5吨以
上的卫星将占据世界通信卫星市场主导地位的判断
而提出的，它也为载人航天奠定了基础。1990年7月

图1-3-9　长征二号F运载火箭垂直转场

16日，我国第一枚长征二号E运载火箭成功发射，使我国火箭的近地轨道运载能力得到大幅
提高，标志着我国首次掌握了并联火箭技术。

图1-3-10　长征三号运载火箭升空

在长征二号E运载火箭的基础上，按照发射
载人飞船的要求，以提高可靠性、确保安全性
为目标，我国研制出了长征二号F运载火箭。它
增加了故障检测处理系统、逃逸系统、全冗余
控制系统，采用"三垂"（垂直总装、垂直测
试、垂直转场）检测发射模式、远距离测发控
技术等10项关键技术。2003年10月15日，长征
二号F成功将我国自行研制的神舟五号载人飞船
送入太空，为我国载人航天奠定了重要基础。

在长征二号的基础上，我国又发展了长征
三号、长征四号子系列运载火箭。

长征三号的研制源于发射通信卫星的需
求。1975年3月31日，中央军委讨论通过了《关
于发展我国卫星通信问题的报告》，卫星通信
工程后来被命名为"331工程"，运载火箭是其
中的五大工程之一。要把试验通信卫星发送到

地球同步静止轨道，首先必须解决更大推力运载火箭的研制问题。当时我国已有长征二号两级运载火箭，关键是研制第三级运载火箭，对此，专家们存在两种意见：一种是第三级运载火箭继续采用常规推进剂；另一种则是第三级运载火箭采用液氢/液氧低温推进剂。

由于两种意见一直僵持不下，所以1974年8月的一次方案论证会决

图1-3-11　为长征三号A运载火箭第三级安装低温发动机

定，常规推进剂和液氢/液氧低温推进剂两种方案并举。之后，七机部又将第三级采用常规推进剂的运载火箭命名为长征二号A，第三级采用液氢/液氧低温推进剂的运载火箭命名为长征二号B。后来，由于液氢/液氧发动机的预研进展比较顺利，所以1976年8月正式决定发射试验通信卫星的运载火箭第三级采用液氢/液氧发动机二次启动方案。第三级采用常规推进剂的运载火箭则作为后备方案继续研制。1977年底，长征二号B更名为长征三号，长征二号A更名为新长征三号。

1984年4月8日，长征三号成功将我国第一颗试验通信卫星东方红二号发射升空，使我国成为世界上第三个掌握低温高能推进技术和第二个掌握低温发动机高空二次启动技术的

图1-3-12　发射长征三号B运载火箭

国家。此后，新长征三号待命发射东方红二号的使命宣告结束。不过，新长征三号除作为发射东方红二号的备用火箭外，还有一项重要使命，就是稍加改进后用来发射风云一号极轨气象卫星。当时长征三号的液氢/液氧发动机已通过三次长程热试车，因此，用备用火箭新长征三号发射东方红二号的可能性已大为降低。1982年10月，新长征三号更名为长征四号。

早在长征三号首次发射成功后，我国就开始酝酿新型火箭的技术发展途径与设计方案，1985年初提出了在长征三号的基础上"上改下捆、先改后捆、分步实施"的发展思路。"上改"就是对长征三号的第三级进行重新设计；"下捆"就是在一级火箭的四周捆绑若干个液体助推火箭（又叫助推器）。"先改后捆"是指先在芯级（中心级）火箭的改造上研究，改

成以后再研制以其为基础的并联型火箭。对长征三号的第三级进行重新设计后研制成的火箭后来被命名为长征三号A（又叫长征三号甲），在长征三号A的一级周围并联4个助推器的火箭被称为长征三号B（又叫长征三号乙），并联2个助推器的火箭被称为长征三号C（又叫长征三号丙）。

　　1994年2月8日，长征三号A进行首次飞行试验，成功将实践四号科学探测卫星和夸父一号模拟卫星送入预定轨道。

该火箭的研制成功，把中国的火箭技术提升到了一个新的高度。它不仅为发射我国新一代通信卫星——东方红三号创造了条件，也为长征三号B、长征三号C的研制奠定了基础。长征三号A、长征三号B、长征三号C又叫长征三号A子系列运载火箭（我国第二代火箭），因为它们的芯级基本一样，只是长征三号A没有并联助推

图 1-3-13　长征四号 B 运载火箭升空

器，长征三号B的一级并联了4个助推器，长征三号C并联了2个助推器。

　　长征四号子系列运载火箭包括长征四号、长征四号A、长征四号B、长征四号C4个型号。它们的共同点是都采用常温推进剂和串联构型，不同点是后三者在长征四号的基础上通过不断改进，推力逐渐增大。其中长征四号在1982年停止研制；长征四号A于1988年9月7日成功发射我国第一颗气象卫星风云一号（卫星成功进入901千米高的太阳同步轨道），使中国成为世界上继美国、苏联之后第三个独立发射太阳同步轨道气象卫星的国家。

　　除了长征系列运载火箭，我国还研制、发射了风暴、快舟等系列运载火箭。

3. 新型火箭

　　长征一号、长征二号、长征三号、长征四号子系列运载火箭，都是在战略弹道导弹的基础上经过不断改进研制的，解决了我国运载火箭从无到有的问题。它们主要采用常温有毒的推进剂。从2006年起，我国按照"通用化、系列化、组合化"的思路，采用新型的无毒无污染液氧/煤油和液氢/液氧推进剂，开始研制新一代长征系列运载火箭，并于2015年起陆续发射长征六号、长征十一号、长征七号、长征五号、长征七号A、长征八号、长征六号A等新一代运载火箭。第三代长征系列运载火箭最显著的特点是采用低温无毒的推进剂，近

地轨道运载能力最大达到20吨级，完善了我国运载火箭型谱，大大提升了我国进入太空的能力。我国目前正在研制第四代长征系列运载火箭，最显著的特点是可重复使用，近地轨道运载能力最大可达到100吨级。

二、应用能力

经过60多年的发展，我国先后发射了700余颗卫星，实现了卫星系列化、平台化发展，形成了通信广播、导航定位、对地观测、空间科学与技术试验四大系列人造地球卫星，其技术水平、应用能力、寿命时长、可靠性等指标逐步达到国际先进水平。

1. 总体概述

图1-3-14 长征五号B新一代大型运载火箭

1970年，东方红一号的升空标志着我国成为世界上第五个能够独立研制和发射人造地球卫星的国家。20世纪70年代至80年代中期，我国开启返回式遥感、卫星通信等方面的试验和应用。20世纪80年代后期开始，我国卫星技术在气象、资源和导航方面取得了一系列重大突破，开始了卫星的初步应用。21世纪以来，我国空间技术进入了全面应用阶段。

通信卫星是世界上应用最早、应用最广的卫星之一。1984年，东方红二号试验通信卫星的入轨展开了我国通信卫星进行自主卫星通信的历史。东方红二号采用小容量卫星平台和自旋稳定方式。此后研制的东方红三号通信卫星采用中等容量卫星平台和三轴稳定方式，该卫星平台已广泛用于各种通信卫星、导航卫星以及嫦娥一号、嫦娥二号月球探测器。目前使用的东方红四号大容量通信卫星平台已广泛用于通信广播卫星、大型直播卫星、移动通信卫星、数据中继卫星等地球静止轨道卫星。正在研制的东方红五号卫星平台是新一代超大容量桁架式卫星平台，其各项技术指标国际领先。

北斗卫星导航系统是我国自主发展、独立运行的卫星导航系统，现已发展了三代。2000年，北斗一号国内卫星导航试验系统建成，在世界上首次实现了双星导航定位，用于中国及周边地区卫星导航定位服务。2012年，北斗二号区域卫星导航系统建成，由14颗北斗二号导航卫星组成的星座用于提供亚太地区导航定位服务。2020年，北斗三号全球卫星导航系统建成，由30颗北斗三号导航卫星组成的星座用于提供全球导航定位服务，其性能达到同期国际先进水平，并实现全球信号覆盖，在全球范围内全天候、全天时为各类用户提供高精度、高可靠定位、导航和授时服务，并具有独特的短报文通信功能。

对地观测卫星也叫遥感卫星，可广泛应用于农业、林业、海洋、国土、环保和气象等许多领域。我国已研制、发射了陆地、气象、海洋三大类对地观测卫星。其中陆地卫星包括返回、资源、高分、天绘、高景、吉林一号和环境减灾等系列卫星；气象卫星包括风云一号、风云三号系列极轨气象卫星和风云二号、风云四号静止气象卫星；海洋卫星包括海洋一号系列海洋水色卫星、海洋二号系列海洋动力环境探测卫星和中法海洋卫星。其中，返回式遥感卫星是我国第一种应用卫星。

图1-3-15 探空七号M试验型火箭的主火箭待装吊上架

我国也研制、发射了多颗实践系列、悟空、慧眼、张衡一号脉冲星试验卫星等空间科学与技术试验卫星。

2. 探空火箭

我国最早是通过发射探空火箭来进行空间应用的。这种火箭是将气象探测仪器、试验生物或新技术试验部件等有效载荷送入高空的运载火箭，可短时间测量、获取所需的高空气象资料，研究试验生物对飞行环境的适应性及开展新技术试验等任务。其研制任务始于1959年。中国探空火箭主要包括探空七号M试验型火箭（T-7M）、气象火箭、生物试验火箭和用于技术试验的探空火箭等。

探空七号M试验型火箭由中国科学院上海机电设计院负责研制，是探空七号气象火箭的缩小型、试验型火箭，为研制探空七号气象火箭作技术储备用。探空七号M试验型火箭是由采用固体推进剂的助推器和液体推

图1-3-16 探空七号M试验型火箭的主火箭点火、起飞瞬间

进剂的主火箭组成的二级火箭，飞行高度为8～10千米，于1960年2月19日发射成功。这是中国探空火箭取得的第一个具有工程实践意义的成果。1960年5月28日，毛泽东在上海新技术展览会上参观了探空七号M试验型火箭的主火箭。

我国于1959年开始研制气象火箭。这种火箭用于探测30～100千米高度的大气温度、压力、密度、风向和风速等气象参数。这些参数对于天气预报、环境保护、气象科学研究和航天器的设计与试验是非常重要的。到1971年，我国成功研制了4种型号气象火箭，它们分3代：第一代为采用液体推进剂的气象火箭，包括探空七号和探空七号A气象火箭；第二代为采用固体推进剂的气象火箭，包括和平二号气象火箭；第三代为采用小型固体推进剂的气象火箭，包括和平六号气象火箭等。这些气象火箭相继投入使用后，我国在中、高层大气研究方面获得了丰富的资料。

3. 生物火箭

为了满足宇宙生物和宇宙医学研究的需要，中国科学院生物物理研究所于1963年提出利用探空七号A火箭将啮齿类动物大、小白鼠送入高空进行试验的要求。据此，上海机电设计院将探空七号A气象火箭改装成探空七号A（S1）生物试验火箭。该火箭仍采用探空七号A主火箭和助推器，箭头结构按生物试验要求进行了重新设计，内装4只大白鼠和其他生物试验样品。1964—1965年，探空七号A（S1）生物试验火箭的三次飞行试验均取得成功。

1967年，我国发射了两枚探空七号A（S2）生物试验火箭，成功完成对试验动物——狗的飞行试验，两只试验狗均安全返回地面，并且箭头生物舱完整无损。

图1-3-17　1966年7月15日，探空七号A（S2）生物试验火箭成功发射，搭载一只名叫小豹的小狗升空并安全返回地面

4. 试验火箭

为了满足航天技术试验的需求，我国研制了以探空七号A为基础的用于技术试验的探空火箭，并于1965—1969年搭载中国返回式卫星姿态控制系统的红外地平仪、高空摄像系统以及色散干涉仪等进行了两次飞行试验，均取得了圆满成功。

为了验证长征一号运载火箭的末级固体推进剂发动机在高空环境下点火工作的可靠

性，七机部八院于1966年研制了探空七号A（Y5）高空点火试验火箭。该火箭是由探空七号A火箭加上GF-01A固体推进剂发动机和箭头所组成的三级无控制火箭。两枚高空点火试验火箭分别于1968年8月8日、20日发射成功。火箭实际最大飞行高度为311千米，实测到GF-01A固体推进剂发动机和将用于长征一号运载火箭末级上的点火器及末级起旋用的小固体推进剂发动机工作均正常。这些试验的成功为中国第一颗人造地球卫星上天做好了准备。

　　1960—1987年，我国共研制、发射了三代16种型号近200枚探空火箭，为中国气象事业、空间探测、科学试验、核试验取样和卫星工程的研制作出了重要贡献。探空火箭箭头和箭体回收技术的掌握，也为我国后来的导弹武器、返回式卫星和载人飞船等30多种型号的回收着陆技术奠定了基础。

5. 人造卫星

　　1970年4月24日，我国发射了第一颗人造地球卫星，此后，陆续发展了对地观测卫星（包括陆地、气象和海洋卫星）、通信广播卫星、导航定位卫星及科学实验与技术试验卫星等系列卫星，基本形成类型齐全、适应需求的应用卫星体系。

　　1975年11月26日，我国首颗返回式卫星发射成功，它是我国首颗应用卫星。至2006年底，我国共成功发射和回收了22颗（前后共发射24颗，其中23颗发射成功，22颗返回成功）返回式卫星。返回式遥感卫星按性能分为第一代国土普查卫星、第一代摄影测绘卫星、第二代国土普查卫星、第二代摄影测绘卫星、第一代国土详查卫星。它们主要应用于国土普查、大地测量、矿产资源调查、水利建设、环境保护、铁路选线等方面。

　　1988年4月8日，我国第一颗气象卫星——风云一号极轨气象卫星成功发射；1997年6月10日，第一颗静止轨道气象卫星——风云二号成功发射。至此，我国成为世界上第三个同时拥有极轨和静止轨道气象卫星的国家。我国已发射的两代极轨气象卫星包括风云一号和风云三号，形成了多星组网观测格局，卫星由试验应用转为业务运行；两代静止轨道气象卫星包括风云二号和风

图 1-3-18　返回式卫星飞行示意图

云四号，实现了"双星观测、在轨备份"业务运行。风云系列气象卫星具备全球、三维、多光谱的定量观测能力，已被列入国际业务气象卫星观测体系。气象卫星的发展，增强了天气预报的能力，提高了天气分析和天气预报的数值精度，在自然灾害监测、防灾减灾和应对全球气候变化中发挥了日益重要的作用。

1999年10月14日，我国第一颗数字传输型资源卫星——资源一号01星成功发射。此后，我国相继发展了资源、遥感、天绘、环境减灾、高分、吉林一号和高景等系列陆地卫星，形成了多遥感器、多谱段、多分辨率、全天候和全球覆盖的观测能力。其中高分系列卫星使我国对地观测进入高分辨率对地观测时代。2012年，我国向委内瑞拉出口了首颗遥感卫星——委内瑞拉遥感卫星一号，此后又陆续出口了几颗陆地卫星。我国陆地卫星应用已经进入业务运行阶段，广泛应用于农业、林业、水利、环境保护、国土资源、测绘、城市规划和防灾减灾等各个领域。

2002年5月15日，我国第一颗海洋卫星——海洋一号海洋水色卫星成功发射，用于获取我国近海和全球海洋水色、水温及海岸带动态变化信息；2011年8月16日，我国首颗海洋动力环境探测卫星海洋二号升空，它具备全天候、全天时获取我国近海和全球范围海洋动力环境信息的能力。此后，我国又发射了多颗改进型海洋一号、海洋二号及中法海洋卫星。现在，我国海洋系列卫星初步形成，其数据应用于海洋环境监测、海岸带资源调查、海况预报、海洋灾害监测与预报等诸多方面。

我国通信卫星也取得了长足发展。1984年4月8日，我国发射了首颗通信卫星——东方红二号试验通信卫星。此后，我国的通信卫星逐步从试验走向应用，从国内走向国际。我国先后发展了东方红二号系列小容量实用通信卫星、基于东方红三号卫星平台的中容量实用通信广播卫星、基于东方红四号卫星平台的大容量通信卫星，从而形成了东方红系列通信广播卫星。在这一过程中，我国实现了地球静止轨道通信卫星从自旋稳定型到三轴稳定型的飞跃，突破了大容量地球静止轨道卫星平台技术，有效载荷能力明显提高。我国通信卫星已经广泛应用于公众卫星通信、广播、数据传输和卫星电视直播等领域，开展了远程教育、远程医疗、移动通信、中继通信等多种业务应用，并向多个国家进行了整星出口。

我国导航卫星的发展完成了从试验系统到区域系统再到全球系统"三步走"的发展战略。2000年，我国建成了由2颗北斗一号卫星组成的

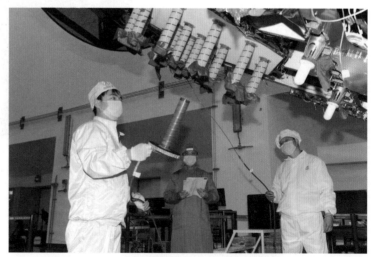

图 1-3-19　检查北斗导航卫星天线

国内试验导航卫星星座，实现了对中国及周边地区的有源导航定位、单双向授时及短报文通信业务服务，成为世界上第三个拥有自主卫星导航系统的国家。2012年，建成了由14颗北斗二号卫星组成的区域导航卫星星座，它具备覆盖亚太地区的定位、导航和授时以及短报文通信服务能力。2020年，建成了由30颗北斗三号卫星组成的全球导航卫星星座，它在测绘测量、交通运输、海洋渔业、现代农业、水文监测、森林防火、救灾减灾、通信系统和国家安全等领域得到广泛应用。

为应对航天发展中所需的新技术新体系的先期试验，以及开展空间环境探测与空间科学研究，我国还发展了科学实验与技术试验卫星，发射了悟空暗物质粒子探测卫星、慧眼硬X射线调制望远镜、实践十号微重力科学实验卫星、墨子号量子科学实验卫星、羲和号太阳观测卫星、夸父一号太阳观测卫星等科学卫星，以及实践系列卫星、探测系列卫星、脉冲星试验卫星、张衡一号电磁监测试验卫星等试验卫星，其制造水平、空间试验水平和空间探测水平经历了由简单到复杂、由低级到高级的发展过程。例如，我国利用实践系列卫星成功对有关卫星平台和有效载荷的各类新技术进行了飞行试验，有针对性地开展了近地空间环境的探测，有效解决了多项航天技术难题，获取了大量有价值的空间环境探测数据，在改进我国航天器性能、提高系统的可靠性、延长卫星寿命等方面获得了大量有益信息。

三、载人能力

载人航天工程是技术复杂、规模庞大、可靠性和安全性要求很高的系统工程。我国的载人航天起步于20世纪60年代，早在1965年就拟定了"载人宇宙航行计划"，提出了1973—1975年发射一艘名为"曙光一号"载人飞船的总目标，并在1966年发射的探空火箭上成功进行了生物搭载试验。

1970年，我国曾从空军飞行员中为曙光一号飞船任务选了20名预备航天员。其后，受中国当时经济、技术等多方面条件限制，曙光一号载人飞船计划于1975年下马。这一阶段的研究工作虽然未能实现最终目标，但研究过程中取得的一批成果为我国后来的载人航天发展做了理论和技术上的准备，并为20年后我国真正意义上的首批预备航天员选拔积累了宝贵的经验。

20世纪80年代，我国决定将"大型运载火箭及天地往返运输系统"和"载人空间站系统及其应用"两个主题项目列入国家高技术发展计划。此后，我国航天领域专家对我国载人航天工程发展途径是从研制载人飞船起步还是从研制小型航天飞机起步这个问题，进行了长达5年的分析论证，经过多种工程方案的权衡、比较和分析，最终确定以"投资较小、风险也小、把握较大"的载人飞船方案作为中国载人航天工程的起步。

1992年9月21日，我国正式作出实施载人航天工程的决策，批准载人飞船工程启动实施，明确了我国载人航天"三步走"的发展战略，从而以较小的代价、在起步较晚的情况下迅速缩小了与领先国家的差距，走出了一条中国特色的载人航天发展之路，推动了我国航天的技术进步和技术创新。

经过30年的发展，我国先后攻克了载人飞船技术、太空行走技术、空间交会对接技术、空间实验室技术和货运飞船技术等关键技术难题，于2022年建成了我国第一座且具有世界先进水平的空间站。

我国载人航天工程的第一步是研制载人飞船，把航天员送入太空，并在完成预定任务后安全返回地面，实现我国载人航天的历史性突破，掌握载人航天的最基本技术。这一步通过2003年和2005年先后发射的神舟五号单人单天、神舟六号2人5天载人飞船圆满完成。

我国载人航天工程的第二步是突破和掌握航天员太空行走、空间交会对接两项关键技术，然后发射空间实验室和货运飞船。这些也都是建造空间站的前提条件。这一步通过2008年神舟七号航天员翟志刚进行太空行走拉开序幕，并分两个阶段实施。

除突破太空行走技术外，第二步第一阶段任务还包括：在2011年通过发射天宫一号目标飞行器和神舟八号无人飞船实现了自动交会对接；在2012年、2013年通过分别发射神舟九号、神舟十号与天宫一号实现了手动和自动交会对

图1-3-20　负责我国首次手动控制空间交会对接的神舟九号航天员刘旺对舱内航天服进行气密性检查

接。这4次航天发射使我国独立掌握了空间交会对接技术，还验证了组合体飞行技术，并使神舟飞船定型。至此，第二步第一阶段任务圆满完成。

此后，我国载人航天进入第二步第二阶段，即在2016年、2017年通过先后发射神舟十一号载人飞船、天舟一号货运飞船与2016年先升空的天宫二号空间实验室分别交会对接，从而验证了航天员中期在轨驻留技术、在轨加注技术、货运飞船技术和未来空间站的部分新技术，并进行了较大规模的科学实验。

我国载人航天工程的第三步是在2022年建成长期载人的大型空间站，突破和掌握近地空间站组合体的建造和运营技术、近地空间长期载人飞行技术并开展较大规模、长期有人照料的空间应用。我国空间站采用积木式构型，为此在2021—2022年先后发射3个20吨级舱段在轨对接组成T字形，天和核心舱居中，问天实验舱、梦天实验舱分别对接于两侧。我国空间站按长期载3人状态设计，每半年由载人飞船实施人员轮换。它将在轨运营10年以上，成为我国空间科学和新技术研究试验的重要基地，促进科普教育和国际合作，帮助我国获

取具有重大科学价值的研究成果和重大战略意义的应用成果。

　　为满足中国载人航天的需要，到2023年5月30日，我国航天员科研训练中心已选拔、培训了3批共39名航天员，其中18名已登天29人次。

　　我国自主建成的载人航天测控通信网，是我国目前为止规模最大、功能最全、技术最先进的测控通信网，

图1-3-21　问天实验舱（左）和天和核心舱

既能满足我国载人航天任务的需要，又可同时为多种卫星提供测控通信支持，在技术上实现了多项重大突破。

　　我国载人航天工程的实施还带动了一大批科研、生产、试验配套设施的建设，建成了以航天员科研训练中心、空间技术研制试验中心、载人航天发射场、北京航天飞行控制中心、空间有效载荷研制试验中心及应用中心等为代表的重要基础设施，有力地保障了工程研制试验工作。例如，在北京建成了集零部件加工、分系统研制、整船总装、测试和大型试验于一体的北京空间技术研制试验中心，为我国载人航天工程和我国航天科技工业的可持续发展打下了坚实的基础。

　　我国载人航天工程实施至今，先后探索并成功开展了空间对地观测、空间材料、空间物理、空间环境、航天技术和航天医学等一批科学实验和应用试验，取得了一大批应用成果，使我国突破了一大批具有自主知识产权的核心技术和关键技术，有力带动了我国基础科学和应用科学相关领域的加速发展，大大增强了我国进入空间和利用空间的能力。载人航天工程还牵引了一批新兴高技术产业快速发展，拓展了科技成果向现实生产力转化的渠道，丰富了航天产业的内涵和途径，为信息产业的发展注入了动力和活力。

四、探测能力

　　深空探测工程能帮助人类研究太阳系及宇宙的起源、演变和现状，进一步认识地球环境的形成和变化，了解空间现象和地球自然系统之间的关系。2004年，中国绕月探测工程立项，在2005年12月公布的《国家中长期科学和技术发展规划纲要（2006—2020年）》中明确中国探月工程规划为"绕、落、回"三期，现已顺利按期完成，开始实施探月工程四期任务。

1. 总体概述

从2004年开始，经过近20年的发展，我国深空探测任务突破了深空轨道设计与优化、自主技术、能源与推进、深空测控通信等多项关键技术。2007年，嫦娥一号成功进行环月探测，实现了我国探月工程一期目标——绕月探测。嫦娥一号对月球进行了普查，突破了三体定向、轨道设计、紫外敏感器、远距离测控数传和自主制导导航与控制等一系列关键技术。2013年，嫦娥三号成功着陆在月球虹湾地区，对月球进行了区域性详查，突破了多学科总体设计、软着陆制导导航和控制、复杂推进系统和变推力发动机、着陆缓冲、月面移动与生存等多项关键技术，实现了我国探月工程二期目标。2020年，嫦娥五号成功进行月球采样返回，突破了对月球进行区域性精查、月面采样、月面起飞、月球轨道无人交会对接、以接近第二宇宙速度的高速再入返回等关键技术，实现了我国探月工程三期目标。通过它们，我国已获得大量探月成果。

2019年，嫦娥四号成为世界首个在月球背面着陆的探测器，它是探月工程四期的第一项任务，产生了巨大影响。2021年，我国天问一号火星探测器在世界上首次实现了通过一次发射实现"绕、落、巡"的工程目标。然而，这一切都来之不易。

2. 发展战略

早在1995年，国家"863"计划航天领域专家委员会就提出并下达了"中国开展月球探测的必要性和可行性研究"课题，并完成了第一份比较完整的报告，论述了中国开展月球探测的必要性和可行性，还遴选了第一阶段的科学目标和第一个绕月探测器方案的设想。1998年，我国正式开始规划论证月球探测工程，并开展了先期的技术攻关。2001年，相关专家正式开始详细论证工作，后经过一系列相关论证，我国于2003年形成了《中国月球探测工程综合立项论证报告》，明确提出了按照"绕、落、回"三步走战略，即把中国探月工程分为三期实施。

3. 探月一期

2004年，我国探月一期工程——嫦娥一号绕月探测器任务立项，并于2007年10月升空。它累计飞行了494天，获取了分辨率为120米的全月球影像图、月表部分化学元素分布、月表土壤厚度等一系列科学研究成果，为我国月球探测后续工程和深空探测奠定了坚实的基础，使我国跨入世界上具有深空探测能力的国家行列。

4. 探月二期

2008年，我国探月二期工程中的嫦娥二号绕月探测器任务立项，并于2010年10月升空。

它完成了嫦娥三号落月探测器部分技术先期验证工作，成功拍摄出了着陆区虹湾的高清地形地貌图像，并出色地完成了全月球7米分辨率影像图的绘制。该图成为国际上第一个优于7米分辨率、100%覆盖全月表面的全月球影像图。嫦娥二号还完成了拓展任务，成功环绕日地拉格朗日L2点飞行，并与图塔蒂斯小行星进行交会探测，使我国成为在国际上首个对该小行星近距离探测的国家。

　　2008年，探月二期工程中的主任务嫦娥三号落月探测器立项，并于2013年12月升空。它成功在虹湾以东区域软着陆，开展了一系列科学探测任务，并出色地完成了探月二期工程月面软着陆探测与自动巡视勘察的任务。与此同时，为满足探月二期工程任务和以后探测任务的需求，我国建设完成了以一套66米口径和一套35米口径深空地面站为核心的深空测控网，使我国深空测控能力得到进一步加强。

5. 探月三期

　　2011年，我国探月三期工程任务获得立项。为了突破和掌握月地高速再入返回关键技术，2014年我国先发射了探月三期工程再入返回飞行试验器（简称"嫦娥五号T1"，即嫦娥五号试验器）并成功返回，完成了探月三期工程再入返回飞行试验任务。2020年，探月三期工程中的主任务嫦娥五号采样返回探测器圆满完成预定的采样返回任务。至此，我国

图 1-3-22　嫦娥五号进行试验

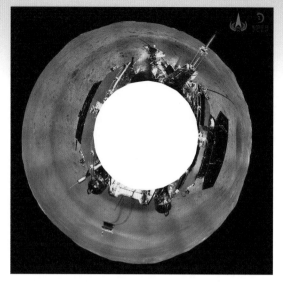

图 1-3-23　2019 年 1 月 11 日，嫦娥四号着陆器地形地貌相机环拍全景图（方位投影）

探月工程的"绕、落、回"任务全部完成。

6.　探月四期

2019年，我国实施了探月四期工程的第一个任务，把嫦娥四号送至月球背面着陆，创造了多个世界第一。探月四期工程未来还将发射嫦娥六号、嫦娥七号、嫦娥八号，主要对月球背面或南极进行落月探测或采样返回探测，并试验一些新技术，为2035年建造月球科研站奠定基础。

7.　火星探测

随着探月工程的稳步推进，我国深空探测活动早就开始了更进一步的系统规划论证工作。2010年10月，我国启动了2030年前中国深空探测的整体规划论证并形成了实施方案。另外，我国曾研制萤火一号火星探测器，它是我国独立研制的第一颗火星探测器，属于中俄航天合作项目之一。2011年8月，萤火一号搭载在俄罗斯"福布斯-土壤"探测器上一起发射，发射后由于该探测器出现故障未能成功变轨进入地火转移轨道，故萤火一号未能完成预定任务。

2020年7月，我国首次成功发射了天问一号火星探测器。它于2021年2月进入火星轨道，并在同年5月释放祝融号火星车在火星表面软着陆，在世界上首次实现通过一次发射完成"绕、落、巡"三项任务，并同时对火星进行了环绕探测和巡视探测。

我国未来的深空探测活动将会涉及火星表面采样返回、小行星探测、木星探测和太阳系边界探测等更广阔的领域，深空探测的能力会得到更大提升。

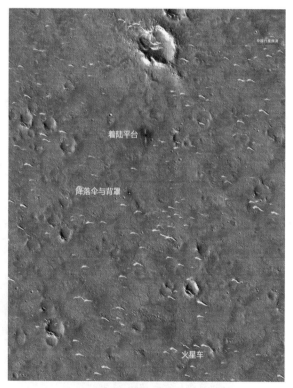

图 1-3-24　天问一号火星探测器上的高分辨率相机拍摄祝融号巡视区影像

第四节　中国航天的特点和影响

60多年来，我国航天在经济、技术等条件都十分落后的情况下，通过自力更生、艰苦奋斗，走出了一条中国特色的创新发展之路，在世界航天领域占有了重要地位。

一、发展特点

1. 自主创新

在创建中国航天事业之初，党中央批准的方针就是"自力更生为主，力争外援和利用资本主义国家已有的科学成果为辅"。即使在20世纪50年代争取到苏联某些援助后，我国仍明确提出学习苏联技术是为了独创，从接受援助开始，就把它作为增强自力更生能力的手段。1960年苏联突然断绝援助，促使我国更快地从仿制进入自行设计、独立研制阶段。

中国航天还秉持敢于尝试、勇于探索的精神进行创新。比如，从在火箭发动机中添加偏二甲肼来提高比冲并有效克服其毒性的创新，到通过涡轮泵并联实现大发动机系统的解决方案，再到目前使用的无毒无污染的新型推进剂和推力更大的发动机，这些成果均体现了中国航天的创新精神。以预先研究为基础，在需要与可能相结合的条件下，尽量采用新结构、新材料和新工艺，以提高航天产品的性能，是我国航天产品设计的特点。

一开始，我国就决心建立自己独立的航天工程体系，不依赖其他国家。从发射东方红一号人造地球卫星，到用神舟五号载人飞船将中国首位航天员送入太空，再到把嫦娥一号绕月探测器送入月球轨道，我国先后树立起了中国航天的三大里程碑。

2. 规划战略

中国航天技术发展战略的一条重要原则是"缩短战线、突出重点"。航天工程规模宏伟、耗资巨大和技术复杂，为此，我国在经济水平低下、工业基础薄弱的20世纪60年代，通过缩短战线来突出重点，使人造地球卫星研制取得了循序渐进的效果。20世纪60年代的"八年四弹"（指要在1965—1972年8年时间内研制出中近程弹道导弹、中程导弹、中远程弹道导弹以及洲际导弹），20世纪70年代的"三抓"（指在20世纪80年代前期向太平洋预定海域发射远程液体弹道导弹、从水下发射固体战略导弹以及发射地球同步轨道试验通信卫星），20世纪80年代的新"一箭三星"（指用一枚火箭发射三颗卫星），20世纪90年代的载人航天和21世纪的深空探测等我国取得的一系列重大航天成就表明，依据技术发展战略确定航天项目的实施计划，将技术发展战略作为所有战略的前提，是一条正确的可持续发展之路。

我国航天一直坚持以解决我国自身发展需要为前提，区分轻重缓急，把有限的资源用在急用实用的重点项目上。例如，在1975年及时下马了各方面条件还不成熟的曙光一号载人飞船工程，在2003年神舟五号载人飞船成功上天之后的2004年才启动探月工程。

作为发展中国家，我国发展航天事业始终遵循不参加太空竞赛的方针，坚持独立自主，在国家顶层策划的牵引下，坚持"有所为，有所不为，有限目标，重点突出"的原则。实践证明，这是符合我国国情的。

3. 大力协作

中国航天事业初创时，中国工业基础薄弱，为此，我国运用系统工程管理方法，通过全国的协作配套体系，确保了在较短时间内取得成效。例如，仿制"1059"导弹时，为解决和落实材料的试制工作，国防部五院一分院先后与东北轻合金厂、鞍山钢、冶金工业部钢铁研究院等单位签订了试制153项金属材料的协议，还同石油、化工、建材、轻工等部门20多个单位签订了试制87项非金属材料的协议。其中，很多材料都是经过反复试验才取得成功的。

20世纪90年代以来，当中国整体工业基础明显提升，建立起较为完整的工业体系以后，发展航天事业同样需要全国的配套协作。比如，为了研制中国载人飞船，全国100多个科研院所的3000多个单位，先后为飞船提供了600余套产品和各种设备，有数万名直接参加工程的航天科技人员和解放军指战员密切配合。通过科学组织和大力协作，庞大的系统工程才得以顺利进行。

因此，通过全国协作配套，运用系统工程管理方法，解决我国基础工业技术短板问题仍然是中国航天技术发展的突出特点。

二、影响巨大

中国航天科技日新月异，不仅带来了显著的社会效益、经济效益和科技效益，而且在全世界产生了巨大影响。

1. 加速发展

航天科技是各项先进科学技术的综合，能集中体现一个国家在多个现代科技领域的发展水平，同时又给多个现代科技领域提出新的发展需求，从而大大促进整个科技的发展，并为培养和造就航天科技人才作贡献。

我国航天技术的发展，从整体上牵引了冶金、机械、电子、化学、能源及信息产业等行业的成长和发展，带动了微电子技术、计算机技术、光电技术、新材料技术、新能源技术、生物技术、纳米技术等高新技术群的崛起，一大批航天技术转化到工业、农业、服务业等相关领域，促进了有关产业的技术进步和升级换代，有力地提升了我国科学技术的整体水平。在中国近年来开发的1100多种新型材料中，有80%是在航天技术的牵引下研制完成的。

航天科技持续的开拓性和高度的综合性，决定了它的发展方向新颖，思路开阔，涉及学科、专业广泛，从而使它有高层次、多途径和全方位的渗透性，对各种技术领域的前沿研究都产生着深刻的影响，其"裂变反应"比比皆是。例如，若我国没有当年"两弹一星"等重大科学工程的带动和牵引，就不会有今天运载火箭商业发射服务，不会有核电站、卫星通信和航天遥感等产业的兴起，也不会有计算机及其应用行业、微电子行业，以及玻璃钢行业、特种冶金行业的发展。载人航天工程的实施，更能带动和促进一大批相关产业的发展。

2. 取得效益

我国航天技术不断提升，在完成航天型号任务的同时，也推动了航天技术应用及服务更好地服务国计民生。航天技术与其他科技互相渗透后产生了不少新的交叉学科，例如，形成了空间生物学、空间材料工艺学等新的边缘学科，扩大了其应用范围。航天技术应用效益不能单纯以产品销售收益来衡量，而应主要看在改变传统生产方式，开拓出新技术、高效益产业和促进国民经济的增长等方面的作用。

就载人航天器本身的研制和运行而言，它是建立在通信、遥感、推进、测量、材料、计算机、系统工程、自动控制、环境控制和生命保障等多种学科、多种技术的基础上的，所以载人航天的发展大大推动了这些技术的进步。至今，我国已有2000多项载人航天技术转移到民用领域。例如，我国舱外航天服技术已用于改进消防服和医疗防护服中。

20世纪90年代，我国提出了应用卫星"由试验应用型向业务服务型转变"的发展战略，坚持面向国民经济和人民生活的需求，发展航天产业链，使卫星应用在国家信息化建设、资源开发、环境保护和基础设施建设等重大工程建设以及教育、卫生等与人民生活息息相关的领域发挥了重要作用。

从20世纪70年代至今，我国已经研制和发射了上百颗通信卫星、遥感卫星和导航卫星，对国土资源的勘查、自然灾害的防护和救援工作作出了重要贡献。例如，我国北斗卫星导航系统早在2000年就开始向中国及周边地区提供服务，2012年正式向亚太大部分地区提供服务，2020年正式向全球提供服务，在交通运输、海洋渔业、水文监测、气象预报、大地测量、智能驾考、救灾减灾、手机导航、车载导航等诸多领域，已产生广泛的经济效益和社会效益。据有关机构统计，到"十三五"期末，我国卫星导航产业规模超过4000亿元。

图1-4-1　委内瑞拉学员到中国为委内瑞拉研制的通信卫星装配现场参观学习

3. 合作共享

我国航天科技的发展既坚持独立自主，也注意国际合作。1993年4月22日中国国家航天局的成立是中国航天国际化道路上的一个重要里程碑，从此中国航天的国际交流与合作有了一个专门的管理机构。

20世纪90年代至今，我国先后与美国、俄罗斯、巴西、意大利、德国、乌克兰、法国、哈萨克斯坦和欧洲航天局（简称"欧航局"）等几十个国家、机构签署了70余项政府间的航天合作协定，内容涉及人造卫星、载人航天、深空探测等多个领域，出现了中巴地球资源卫星、中欧地球空间双星探测计划（简称"双星计划"）等一批高层次、影响广泛的国际航天合作项目。在这些合作协议的基础上，中国还与法国、英国、乌克兰、巴西等国家进一步建立了航天合作联合委员会机制，这一机制成为中国航天与各国互相了解、增加互信，促进航天深入合作的重要平台。例如，我国已和巴西合作，研制、发射了多颗中巴地球资源卫星，即资源一号系列卫星，保持了中巴地球资源卫星数据的连续性，并扩大了该卫星数据在区域和全球范围的应用。我国还向委内瑞拉和巴基斯坦整星出口了遥感卫星。

2007年，中国与法国共同提出了合作研制中法海洋卫星的计划；2018年10月29日，中法海洋卫星在酒泉卫星发射中心成功发射。

为了更好地应用遥感卫星，我国向多个国家赠送气象卫星广播系统接收站和气象信息综合分析处理系统，帮助南非建立了中巴地球资源卫星数据接收站，帮助泰国建立了中国环境减灾卫星数据接收站。2014年，中国—东盟卫星信息海事应用中心项目正式立项。

我国已向尼日利亚、委内瑞拉、玻利维亚、巴基斯坦、阿尔及利亚、老挝、白俄罗斯等国整星出口了通信卫星，并帮助它们培养了使用有关通信卫星的技术人员。

我国与多个国家在卫星导航领域开展了频率协调、兼容与互操作、应用等国际交流与合作。例如，2013年，缅甸农业部门使用了500余台高精度北斗终端，这是北斗高精度产品首次在东南亚国家批量应用于农业数据采集、土地精细管理。2015年，基于北斗系统的高精度接收机应用于科威特国家银行总部300米高摩天大楼建设，实现了施工过程中垂直方向毫米级测量误差。这是北斗系统首次在海外应用于高层建筑监测。

　　1997年，由中国专家提出的"双星计划"受到国际空间物理界的重视。1999年，欧航局代表团在访华期间正式向中国提出参与"双星计划"的合作请求。2003年12月30日和2014年7月25日，中欧合作研制的探测一号、探测二号先后成功入轨，并与欧航局团星星座相互配合，实现了人类历史上第一次地球空间的六点协调探测，获得了许多宝贵的科学探测数据，提出了新的磁层亚暴理论——锋面触发理论。

　　神舟系列飞船多次搭载国外的科学实验样品。例如，在神舟八号飞船上，我国与德国开展了空间生命科学实验合作项目。我国建造的空间站也已经向全世界征集科学实验载荷，至2022年已征集到第一批。

　　尽管2011年我国搭载俄罗斯火箭发射萤火一号火星探测器的合作遭遇失败，但这并没有动摇中国航天继续坚持走国际化发展道路的决心。我国与欧航局在空间探测领域开展了紧密合作，尤其是在测控通信领域相互帮助，如我国嫦娥四号探测器上装有几台欧洲先进的科学探测仪器，提高了科学探测水平。

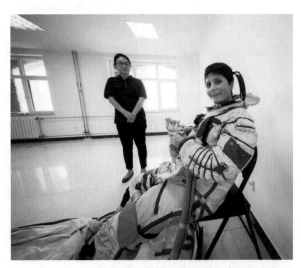

图 1-4-2　意大利女宇航员萨曼塔·克里斯托福雷蒂曾来中国进行海上救生训练，并学习中文

　　我国航天采用的商业合作模式，推动了航天技术、资源与应用的全球共享，相互提高了空间技术与应用水平。

　　在加强航天技术国际合作的同时，中国航天主管部门还积极加入国际组织，主动承担国际义务，在和平利用外空、空间碎片减缓、空间减灾防灾、空间应用协作等多个领域发挥了积极作用。例如，1980年11月，中国成为联合国和平利用外层空间委员会（COPUOS）成员，此后一直积极推动国际防止外空武器化的立法工作，并在多个场合向国际社会阐述中国防止外空武器化的基本立场。1993年，中国以观察员身份加入了机构间空间碎片协调委员会（IADC），并在1995年成为正式成员。2007年5月，中国加入空间与重大灾害国际宪章（CHARTER）国际合作组织，先后担任其轮值主席、紧急事务官和执行秘书等工作，应急值班7000多个小时，依托中国地球遥感卫星，为不同国家的30多次自然灾害提供应急响应。

　　在2006年成立的全球卫星导航系统国际委员会（ICG）中，中国凭借北斗卫星导航系统，与美国、俄罗斯、欧洲的卫星导航系统共同成为全球卫星导航系统国际委员会供应商。每年的全球卫星导航系统国际委员会会议，中国政府都会组织相关部门、企业和高校等参会。2008年，中国国家航天局成为国际空间数据系统咨询委员会（CCSDS）正式成员。2014年5月27日至29日，在北京召开的国际太空探索协调组会议上，中国国家航天局正式重启了国际太空探索协调组（ISECG）成员资格。

在国际组织中积极承担国际责任的同时，中国政府还依靠航天技术优势积极倡导区域航天合作，推动区域航天教育。1992年，中国同泰国、巴基斯坦共同提出倡议，并于2005年10月28日在北京正式签订了《亚太空间合作组织公约》，通过卫星数据共享、共建卫星观测网络、空间应用减灾等项目，积极推动区域空间科学、技术及其应用合作，努力提高成员国整体的空间能力，促进人类和平利用外层空间。为进一步推动区域空间科技教育，2014年11月，中国政府与联合国签署《联合国与空间科学与技术教育亚太区域中心（中国）合作协议》，依托该中心努力提升亚太区域空间科技的教育水平。

在中国航天政府部门积极参与国际组织、开展双边和多边交流合作的同时，中国航天工业界和研究机构也广泛参与到相关国际组织当中，并担任重要职务、负责重要工作。中国航天的民间团体也积极开展了形式多样的双边或多边交流。

从20世纪90年代开始，中国航天各界利用团体优势，对外开展了多层次、多渠道、多方位的交流与合作，积极融入重要国际组织，并在其中承担了重要工作。例如，自1980年正式加入国际宇航联合会并成为有投票权的成员以来，中国航天相关单位积极履行成员义务，承担相关工作。

1996年，在中国多方努力和争取下，第47届国际宇航大会首次在北京召开。2013年，中国再次主办了第64届国际宇航大会。

从20世纪90年代开始，中国的航天机构就与国际宇航科学院建立了合作关系。2010年5月30日，国际宇航科学院研究中心在北京挂牌成立。至今，中国已有100多名航天专家入选国际宇航科学院院士。

1972年，中国恢复在国际电信联盟的合法席位；1982年，经中国科学技术协会等部门会签同意，中国电子学会作为团体会员参加国际无线电科学联盟；1993年，中国加入国际空间研究委员会；等等。在多个专业国际学术组织中，中国承担了一些重要工作，同时许多中国专家在其中担任重要职务。

在民间交流促进合作方面，中国民间的一些社会团体也一直在积极与世界各国的航天社会团体进行密切的沟通和往来，特别是与美国、俄罗斯等航天发达国家与地区的交流日益密切。例如，中国宇航学会先后与美国航空航天学会、美国航天基金会、美国国际战略研究中心等社会组织建立联系，并开展了内容丰富的交流合作，包括在2005年、2006年的"美国宇航员中国之旅"活动中，先后邀请了美国博尔登、焦立中、卢杰等三位退役宇航员访华交流。

中国宇航学会也先后与德国航天工业协会、荷兰航天企业蓝梦等社会团体建立联系，并进行了多层次的交流与合作。

2009年12月13日，中国宇航学会与俄罗斯齐奥尔科夫斯基宇航科学院在北京正式签署合作协议，并在此基础上开展互访等交流活动，中国航天多位专家成为齐奥尔科夫斯基宇航科学院外籍院士。

为了推动中国航天国际技术合作研发走向深入，中国在国际联合技术研发方面也开展了很多工作。例如，2009年，中国运载火箭技术研究院与英国思克莱德大学的设计、制造与工程管理系签订了合作协议。2012年8月31日，中英航天机电系统技术联合实验室正式揭牌成立。该实验室先后承担了英国技术战略委员会、中英牛顿基金等多层次的联合技术研发项目。2012年9月，中国航天电子技术研究院与意大利大学材料物理联合研究中心合作建立了中意激光遥感技术联合研究中心，该中心合作研制的具有国际先进水平的多波长拉曼偏振探测激光雷达产品获得中国、意大利等多个国家的用户的高度评价。

在商业航天合作方面，从1990年4月7日，长征三号运载火箭将美制亚洲一号卫星送入太空起，中国航天先后为20多个国家、地区和国际卫星组织实施了40多次国际商业发射。2007年5月14日，中国为尼日利亚研制的大容量通信卫星成功发射，这标志着中国步入卫星整星出口的国家行列，此后中国又先后向巴基斯坦、玻利维亚、委内瑞拉、老挝和白俄罗斯等多个国家整星出口通信卫星或遥感卫星，包括提供卫星研制、发射、地面站、技术培训等在内的"天地一体化"解决方案。

第五节　中国航天项目的组织实施

我国已经实施了很多航天工程，其中不少航天工程十分庞大和复杂，往往要依靠很多单位和部门及成千上万人的大力协同工作才能成功，是典型的系统工程。从组织管理角度看，开展航天工程就是要把一系列笼统、模糊的初始研制概念，逐步地落实为数以万计的参研参试人员的具体工作。这是一个逐渐具体化、清晰化的过程。在这个过程中，管理人员必须统筹考虑各方面的因素，使整个工程的实施能够协调运转，做到技术上合理、经济上合算、研制周期满足等要求。

60多年来，中国航天逐渐构筑了专业齐全、功能配套、设施完备的航天科技工业体系，掌握了一大批具有自主知识产权的核心技术，积累了独具特色的航天工程管理经验和方法。在不断取得航天科技进步的同时，我国也在根据具体的历史条件和实际国情，不断科学改进具有中国特色的航天工程管理体制，从而逐渐形成了以型号总体院为主体的组织结构，确立了以型号研制为中心的研制工作基本模式。

图 1-5-1 1990 年航天工业三线调整工作会议代表合影

这一研究管理体制以系统科学思想为指导，高度突出总体设计部的作用和"两条指挥线"制度，强调研究、规划、设计、试制、生产和试验的一体化。

一、管理体制

由于航天工程复杂而庞大，所以我国与大多数国家一样，采用举国体制的方式来发展航天。国防科技工业与国家发展战略紧密相连，作为其重要组成部分的航天工程，在管理体制方面也随着时代的变化而不断改进。

1. 机构变迁

中国航天事业在60多年的发展过程中，经历了一个从多部门协调到统一领导，从军队编制到集体转业，从国家部委到大型航天科技企业的发展过程。

最早管理中国航天科技工业的单位是1956年成立的国防部五院，后来编制规模不断扩大。此外，还有一系列隶属其他部门的工厂和科研教育机构参与航天项目。随着研制工作的逐步深入，这种分散管理的模式已不能适应研制工作的要求。为此，在1964年12月26日举行的三届全国人大一次会议通过了成立七机部的决议。七机部以国防部五院为主要基础，统一管理整个航天科技工业。

改革开放后，航天科技工业的管理部门先后经历了多次大的变革，以适应国家把重点转移到经济建设上来的发展战略。

为了使中国航天工业的管理更为系统和集中，并向市场化迈进，1982年3月8日，五届全国人大常委会第二十二次会议通过关于国务院机构改革问题的决议，把七机部改称航天工业部（简称"航天部"）。1988年4月9日，七届全国人大一次会议又通过国务院机构改革方案，决定撤销航空工业部和航天部，组建航空航天工业部（简称"航空航天部"）。

1992年，党的十四大明确了我国经济体制改革的总体目标是建立社会主义市场经济体制。为此，在1993年3月22日的八届全国人大一次会议上，批准撤销航空航天部，分别成立中国航空工业总公司和中国航天工业总公司（国家航天局），开始进行企业形式运作，同时作为国家航天的管理部门。

1998年5月，国家航天局划归国防科工委管辖，中国航天工业总公司不再承担政府职能。1999年7月1日，经国务院批准，中国航天工业总公司正式分为中国航天科技集团公司和中国航天机电集团公司（后改为中国航天科工集团公司）。

2. 战略决策

中国航天科技工业的飞速进步，一个重要因素是进行了多次正确的战略决策，从而为中国航天事业发展提供了保障。

早在"两弹一星"研制的关键时期，为了加强领导、更为有效地推进各项工作，1962年11月17日，中共中央决定成立由15人组成的中央专委，统一领导研制工作。中央专委具有极强的决策力和执行力，是当时国防工业的最高决策机构。为了加强对国防科技工业的集中统一领导，1989年10月党中央决定成立新的中央专委。到1997年，新的中央专委决策了许多重大方针政策和发展方向、规划计划问题，对推动国防科技发展起到了重要作用。

随着航天系统研制的系列化和复杂化，我国航天界逐渐意识到，航天型号的立项要基于充分的前期预研来制订技术发展路线图。我国载人航天工程、探月工程、北斗工程等一系列重大航天工程，都采用"三步走"的发展战略，这充分体现了"遵循技术创新战略方向和路线，有步骤、有计划实施，技术创新发展战略引领发展方向"的原则。

例如，我国北斗卫星导航工程分三个阶段实施。1994—2000年为第一阶段。我国在2000年建成了由2颗北斗一号导航卫星组成的国内导航卫星星座，解决了我国自主卫星导航系统的有无问题。2004—2012年底为第二阶段。我国在2012年建成了由14颗北斗二号导航卫星组成的区域导航卫星星座。2009—2020年为第三阶段。我国在2020年建成了由30颗北斗三号导航卫星组成的全球导航卫星星座。它

图 1-5-2　试验中的北斗一号导航卫星星体

们的定位精度、授时精度和短报文字数也逐渐提高。

这些重大航天工程的实践证明，要依据技术发展战略确定航天项目的实施计划，把技术发展战略作为所有战略的前提。只有根据国防建设的需要和国家经济、科学技术状况，才能作出正确的决定，合理地选定型号发展技术途径。

中国航天基本的工作模式就是利用发展规划明确航天事业发展目标，引导航天技术发展方向，指导工程项目计划的制定与实现。每五年制定一次技术发展规划与长远发展战略已经成为中国航天各单位的一项常态工作。

3. 全国协作

航天科技工程庞大、技术复杂，很多项目达到国家规模甚至成为国际性的活动，我国发挥社会主义举国体制的优势组织实施，现已多次组织开展全国大力协同、联合攻关完成不少重大航天工程任务，取得了很好的效果。

在我国航天工业发展的早期，由于国家的工业基础薄弱，我国依靠制度的优越性，通过举国体制的方式，组织国防科研机构、中国科学院、工业部门、高等院校和地方研究机构等，根据已有的条件，发挥各自的特长，分工协作，大力协同，互相支援，组成全国范围的协作网，展开了一场大规模的科研攻关，完成了长征一号、长征二号、长征三号运载火箭，东方红一号人造地球卫星，返回式卫星0号和东方红二号试验通信卫星等重要航天工程任务。

航天工业在全国范围的协作网包括四个方面：一是科研协作网，主要为航天产品研制提供理论基础，探索新的技术途径；二是生产协作网，主要为加工制造航天产品承担工艺协作任务和配套产品任务；三是物资器材协作网，主要为型号研制提供原材料、元器件、机电设备、非标准设备；四是航天发射试验协作网（或协同单位）。

中国航天发展的实践表明，举国体制是发展中国家和工业基础薄弱的国家发展航天事业的有效举措。不过，随着我国整体工业基础实力明显提升和市场经济的发展，目前中国航天也在逐步探索和引入多

图1-5-3 东方红一号人造地球卫星总体设计部合影

元管理模式，逐步引入商业航天或航天商业化竞争机制，实现资源的有效配置。

二、管理模式

由于航天工程具有高度的复杂性，所以不少工程项目要依靠许多单位众多人员的联合工作才能完成。经过不断探索，我国航天逐渐形成了以型号总体院为主体的组织结构，确立了以型号研制为中心的研制工作基本模式。这一研究管理体制高度突出总体设计部的作用和"两条指挥线"制度，强调研究、规划、设计、试制、生产和试验的一体化。

1. 系统方法

我国著名科学家钱学森是中国航天事业的开创者之一，其系统工程的理论思想和方法，对中国航天乃至整个国防工业发展产生了深刻的影响和积极的促进作用。

1956年，我国成立了第一个航天研究机构——国防部五院。1961年9月，该院研究制定了《国防部第五研究院暂行工作条例（草案）》，这是中国航天系统工程管理的开端。在保留总体设计部的前提下，我国将"专业院"调整为"型号院"，并建立了相应配套的专业所、厂；建立了总设计师制度，加强了技术指挥系统和行政指挥调度系统；提炼出了预研一代、研制一代、生产一代的产品发展路线，建立了航天工程型号研制的质量保障体系。这些做法都是符合系统工程管理理念的，对中国航天事业初期的建设与发展起到了关键作用。

从1970年中国用长征一号运载火箭发射第一颗人造地球卫星东方红一号，到1990年中国用长征三号运载火箭发射美国制造的亚洲一号通信卫星，我国航天的系统工程管理得到不断改进和完善，实现了从小到大、从封闭到开放的跨越式发展。在这期间，1978年，钱学森发表了论文《组织管理的技术——系统工程》，对系统工程的概念、内容、在中国的发展、理论基础及应用前景等作了深刻的阐述。

20世纪90年代初至今，是中国航天系统工程管理的理论和方法整体提升、稳步发展的阶段。在1996年经历两次发射失利的情况下，当时的中国航天工业总公司通过对原有的系统工程管理方法进行总结、调整和创新，在原来的"70条"基础上，于1997年制定了强化航天科研生产管理的若干意见和强化型号质量管理的若干要求，即"72条"和"28条"，制定了包含质量问题技术归零和管理归零的"双五条"归零标准；中国航天科技集团成立后，于2004年颁布了《航天型号管理规定（试行）》，即"80条"，体现了系统工程管理理念和方法与市场经济的有机结合，有力地推动了航天事业在市场经济下的健康发展。

2. 抓总协调

我国在航天领域工程的项目管理中，采用了系统工程管理方法，创建了总体设计部，按照航天大系统的概念，形成了运载器、航天器等总体设计部（简称"总体部"），通过它们进行了强有力的技术抓总协调，从而取得了明显的效果。

中国航天的系统工程管理首先强化总体部在型号研制的全过程、全系统中的技术运筹、协调管理和综合集成机制。航天型号的总体部具有总体方案的论证与设计、型号研制技术探索与规划研究、型号研制的技术抓总与组织协调管理三种功能。

国防部五院成立之初，在机构中就设置了总体部，培养总体设计能力。1962年底，在《国防部第五研究院暂行工作条例（草案）》中，明确了总体部的总体设计与协调管理地位和作用。在1964年七机部成立后，每个型号院都设立了总体部，总体部在型号研制工作中发挥了重要作用。

20世纪90年代中期，在中国社会经济转型中，总体部的总体地位与作用一度被忽视，导致出现低水平重复性建设、飞行试验成功率下降等现象。因此，有关部门在1997年颁布的"72条"中再次强调总体部技术抓总与技术协调的地位与作用，保证了型号工程的整体优化与协调一致。

3. 两线指挥

在我国航天事业发展初期，由于缺乏管理经验，加之仿制工作需要，对型号设计师系统重视不够，仅采用行政首长负责制，即行政指挥线。经过不断实践和反复研究，我国航天科技型号研制又经历了总设计师负责制和总指挥负责制两个阶段。

目前，我国航天型号研制管理组织体系采用行政指挥线和技术指挥线的"两条指挥线"，他们分别由总指挥和总设计师负责。此外，在技术系统组成中还设置了质量师系统和工艺师系统的双重领导机制，以加强型号研制的质量管理和过程控制。

型号院管理体制现在采用"型号主导，系统配套"的方式。型号指挥系统由型号总指挥、各级指挥、计划组织指挥调度责任人及相应保障职能部门的有关人员共同组成。型号设计师系统从总设计师延伸到各分系统主任设计师和部件级主管设计师，领导着整个研制队伍。型号总指挥和总设计师都是由上级部门任命的，其中的总设计师是本型号的技术负责人，在总指挥领导下工作。"两条指挥线"职责明确、协同工作、发挥作用，能确保型号研制任务的顺利实施。

早在1962年11月颁布的"70条"中，就建立了总设计师制度，并对设计师系统的职责进行明确规定，确定由各级设计师组成技术指挥线。加之原来的行政指挥线，从而形成了"两条指挥线"的原型。

1985年10月航天部发布的《型号设计师工作条例》，明确了"两条指挥线"各自的职责及相互关系，即总设计师在行政总指挥的统一组织领导下进行工作，在设计技术上对主管部门负责；行政指挥系统支持各级设计师行使职权，协助做好技术协调，采取有效措施，保证技术决策实施；设计师系统从技术上为各级行政指挥进行工作提供可靠的依据。随着中国航天科技的进步，越来越多的科技人员走上了行政领导岗位，使行政指挥系统的工作范围和职责不断扩大，逐渐形成了目前的总指挥负责制的模式。

三、型号管理

经过多年的航天工程实践和研究以及借鉴国外有益经验，我国根据自身国情，已逐步形成了具有中国特色的航天型号研制程序。

1. 研制程序

1966年2月，聂荣臻在给周恩来的报告中正式提出了国防科研在一定的计划期内，要有三种处于不同阶段的型号，第一种是正在试制、试验的型号，第二种是正在设计的新型号，第三种是正在探索研究的更新的型号。这样可以加强工作的计划性和预见性。对于一种型号来说，要先经过预先研究，再转入型号研制，最后进行小批生产。

预先研究是型号研制的前提和基础。我国在航天事业早期，比较重视预先研究，为我国第一代火箭、卫星的研制打下了比较雄厚的技术基础。中国航天的实践表明，只有加强预先研究，坚持预研先行，为型号研制提供比较充分的技术储备，才能提高型号性能，节省研制经费，缩短研制周期。

型号研制是从国家正式下达研制任务开始，到产品鉴定合格交付使用为止。这一步是工程实施的关键，也是科技管理工作繁忙的时期。航天型号研制程序一般分为四个阶段：概念研究、总体方案、初样阶段和正样阶段。其中总体方案是否正确和能否达到总体优化十分重要。在初样和正样阶段，要抓紧技术经济指标的落实，特别注意技术改进和稳定技术状态的关系。

2. 计划调度

各个航天型号研制管理的基础是型号研制计划，其他各项保障计划都是以此为中心制订的。合理性和准确性是衡量计划工作的重要尺度。为此，管理者要综合分析各种因素，考虑任务与条件、需要与可能的关系，找出最优化的行动方案，并调度成千上万人，把各个部门、各个系统、各个环节的力量集中到一个焦点——型号任务上。

中国航天实践证明，航天科研生产任务的规划、计划、协调、调度，都要以型号任务为目标，以型号研制计划为基础。同时，还要充分重视预先研究的计划安排，在经费、条件上予以切实保障，使型号研制与预先研究保持一定比例。

为了协助各级设计师和行政负责人搞好技术协调和实施强有力的指挥调度，科技管理部门逐步形成按型号分阶段管理与建立各级调度系统相结合的管理方式。对于技术性强的项目，要按型号类别和每一个型号的不同研制阶段实施管理。

对于综合性项目，要建立各级调度系统，对各类型号实施综合调度，其形式分值班调度、会议调度和现场调度。值班调度是指利用各种通信、显示设备，了解和综合全面情况，及时处理日常大量的具体协调问题，随时向领导反映任务进展情况和问题。会议调度是指定期由行政指挥员主持综合性调度会议或办公会议，对一些重大问题当场作出调度决议，各方面按决议分头执行。现场调度是指定期由各级行政和技术指挥员带领科技管理人员深入现场，实施面对面的指导，这种调度一般以处理紧急线（短线）上的问题、影响全局的问题为最多。

并行工程在我国航天型号的计划协调管理中发挥了重大作用。它是一种先进的设计、制造模式，能有效地减少管理层次，提高管理效率，缩短任务周期，降低任务成本，使各项工作按照试验大纲规定的时间节点要求完成。

3. 质量管理

质量和可靠性是中国航天产品的生命，所以中国航天人十分重视质量管理，始终坚持质量第一的方针。经过60多年的探索与实践，同时学习和借鉴国外先进质量管理理论和方法，中国航天逐步形成了具有中国特色、确保成功的质量管理体系、质量文化体系和较为科学合理的矩阵式质量管理模式。

以中国航天科技集团为例，其质量管理的发展先后经历了质量检验阶段、全面质量管理起步阶段、全面质量管理深化阶段和精细化质量管理阶段四个阶段。

第一阶段从20世纪50年代至70年代末，属于质量检验阶段。在这期间，中国航天采用质量检验和验收的方法，发布了12项检验工作技术条令，推行复查制、留名制、三检制等8项制度，倡导严肃的态度、严格的要求、严密的方法。

第二阶段从20世纪80年代至90年代中，属于全面质量管理起步阶段。在这期间，中国航天采用全面质量管理，制定了《航天工业部全面质量管理暂行条例》等制度，推行全员质量培训、质保体系考核、全面质量管理小组活动等。

第三阶段从20世纪90年代中至"十五"期末，属于全面质量管理深化阶段。在这期间，中国航天全面推行质量管理体系标准和产品保证等，于1997年发布了《中国航天工业总公司强化航天科研生产管理的若干意见（试行）》（简称"72条"）、制定了《中国航天工业总公司强化型号质量管理的若干要求》（简称"28条"）、"双五条"归零标准等一系列制度和规范，强调"严、慎、细、实"的工作作风。

　　第四阶段从"十一五"时期至今，属于精细化质量管理阶段。在这期间，中国航天针对航天工程任务的新形势和新特点，形成了《航天型号精细化质量管理要求》（简称"新28条"）及一系列配套制度和标准，深入落实零缺陷质量理念，系统提升质量管理能力，强调对关键环节和变化的控制。

　　早在20世纪60年代，针对航天型号技术复杂、质量与可靠性要求高的特点，周恩来就提出了"严肃认真，周到细致，稳妥可靠，万无一失"的16字方针。1982年，为了改变事后把关为主的传统质量管理方式，国防科工委下发《军工产品质量控制暂行条例》，推行全面质量管理，以预防为主，严格把关，实现型号研制全过程质量完全受控和零缺陷管理。中国航天零缺陷思想的基本原则之一就是，"产品质量的系统是预防，而不是检验"。

　　从20世纪90年代起，随着国家综合实力的增强，市场经济逐步趋于完善，中国航天的质量意识进一步加强，视为生存发展之本，赋予全新理念：质量是政治，质量是生命，质量是效益。航天产品质量事关国家地位、国家安全、国家建设、科学发展和社会进步，以及中华民族的凝聚力、中国综合国力；决定着航天科技工业的生存和发展，直接影响着参试人员及人民群众的生命安全；航天产品只能以质量求效益，追求高质量就是追求高效益。

　　根据航天工程任务的新形势和新特点，为了深入落实零缺陷理念，系统提升质量管理能力，加强对关键环节和变化的控制，中国航天科技集团在2008年制定并实施了"新28条"；2011年，制定并实施了《中国航天科技集团质量文化建设纲要》（简称《纲要》）。《纲要》指出，质量价值观为以质量创造价值，以质量体现价值；质量方针为一次成功，预防为主，精细管理，持续改进，顾客满意，追求卓越；质量行为准则为严、慎、细、实。

　　中国航天在质量管理发展与完善的过程中，采用了各种具有开创性和适时性的质量工作方法。例如，质量问题归零，它是一个闭环管理活动，要求发生的质量问题在内部得到解决；技术归零是指针对发生的质量问题，从技术上按照"定位准确、机理清楚、问题复现、措施有效、举一反三"的五条要求逐项落实，以杜绝重复故障发生；管理归零是指针对发生的质量问题，从管理上按照"过程清楚、责任明确、措施落实、严肃处理、完善规章"的五条要求逐项落实。

　　质量问题归零方法的形成和逐步完善，不仅代表了中国航天在发射任务压力面前的反思和认识的升华，也是中国航天质量管理逐步实现规范化、科学化和系统化的重要表现。

　　在质量管理实施过程中，还有不少切实可行的具体办法。例如，质量复查，即对产品形成全过程所做的工作、技术文件及产品本身进行再次检查；质量检查确认是一种与产品形成过程相吻合的管理模式，与产品实现同时进行；"双想"，即"回想"和"预想"，指在飞行试验或大型地面试验过程中，对前期工作进行回想和对后续工作进行预想的活动，是模拟方法的具体应用，也是一种查漏补缺的方法，其中，"回想"是补漏，"预想"是对某一个节点之后的一段时期的工作进行预先推想。

4. 风险控制

中国航天创立了技术风险控制体系，对项目风险进行不断识别、分析、控制和处置，并综合、合理地运用各种科学的方法进行决策，以实现系统整体最优目标。

例如，航天一院和八院以系统工程理论方法为指导，运用系统工程理论、控制技术、风险管理技术、质量可靠性技术等，探索确保型号成功的长效机制，构建涵盖工作流程、组织支持、技术方法和基础保障四个方面的运载火箭技术风险管理体系，使我国运载火箭的成功率位居世界前列。

四、队伍建设

由于航天技术是知识密集的尖端技术，所以发展中国航天技术要首先建立一支强大的科学技术人才队伍。人才的高度决定了事业的高度，事业的成功造就了一流的人才。人才是中国航天事业的真正发动机，中国航天事业是人才成功的推进剂。

从一定意义上说，中国航天史就是一代又一代人才队伍为航天事业拼搏奋斗、无私奉献的历史，也是在实施一系列航天重大工程中培养、锻炼和造就一代又一代优秀人才的历史。

1. 凝聚力量

在航天事业创建时，我国就通过全国各行各业的支援，广揽人才、尊重人才、培养人才，形成一种局部的技术优势，组建出一支坚强的攻关队伍。

通过各种渠道，争取在国外的科学家回国，是汇集人才的一项重要措施。例如，1955年，钱学森冲破重重阻力回到祖国，这对我国此后航天事业的发展具有重要作用。

1956年10月8日，国防部五院成立时，周恩来决定：只要是国防部五院需要的技术专家和党政干部，都可以从工业部门、高等院校和军队中抽调。虽然当时正处在第一个五年计划时期，各方面都急需人才，但有关部门都能顾全大局，以发展尖端技术为重，大力支援。与此同时，国家又争取向苏联和东欧国家多派一些有关专业的留学生；在国内调整了军事工程学院和其他一些重点院校的专业科系，抓紧培养航天技术的专业人才。除了选调人才外，还有些是成建制转到航天部门的。

2. 磨炼提高

中国航天于20世纪60年代初进入自行设计阶段，在这一过程中，技术民主的重要性逐

图1-5-4 1955年10月28日，钱学森（左）从美国返回祖国时的情景

渐被认识。通过讨论，年轻学者可以逐步学会独立思考和工作；老专家可以从中青年人的意见中吸取好的东西；各级领导可以集思广益，集中正确的意见。长期参与航天工程任务的实践和磨炼，使许多年轻的航天科技人员把书本知识和实际经验结合起来，创造性地解决各种技术问题、研制出合格的产品。

航天试验工作是一种艰苦的脑力与体力相结合的复杂劳动。技术人员通过不断参加航天试验活动，在经历试验、失败、改进再试验、再失败、再改进，直至成功的不断探索中，提高自己，掌握新的技术。

工厂是技术人员在实践中磨炼的又一课堂。设计出的东西合不合理，工艺上办得到办不到，理论上先进的设计是否适合现实的工业水平、工艺水平和原材料水平，这些都要在技术人员随图纸下厂和工人一起在实际生产过程中受到检验。同时，技术人员会不断修正自己的设计，达到理论和实际的一致。

发射试验是对整个工程各系统的最后考验。航天技术人员要在沙漠、深山、海港、舰艇，检查、测试、返修、排故障、找原因，在解决仪器与仪器、分系统与分系统的结合部的技术协调中，懂得局部与全局的关系，培养"质量第一"的观念，修正设计不周到、不细致的地方。

经常征求使用单位的意见，也是一种通过实践提高设计思想和设计水平的举措。善于总结成功的经验并吸取失败的教训，是我国航天科技队伍在技术上迅速成长的重要特点之一。

3. 发展壮大

在改革开放初期，我国航天部门通过全员培训、继续教

图1-5-5 东方红一号人造地球卫星组装

育、专业技术培训、多渠道选调等多种方式，使航天队伍展现出全新的面貌。到了20世纪80年代，又要求各单位制定型号人才补充计划，明确规定在型号研制队伍中35岁以下年轻人要占到1/3以上。1993年中国航天工业总公司成立以后，进一步提出了大胆启用年轻干部、加速领导班子年轻化和解决航天专业技术队伍新老交替问题等措施，构建"干中学、学中干""传帮带""老带新"等人才培养方式，营造唯才是用、人尽其才、公平公正的用人环境。

目前，经过国家重大航天工程的实践，在轨航天技术人员已经完成新老更替，35岁以下的员工超过50%，这是中国航天事业未来健康发展的根本保证。

在实践中造就人才是加快人才成长的重要途径。我国航天充分依托载人航天工程、月球探测工程、卫星导航工程等重大航天高新科技工程，不拘一格地大胆选拔、大力培养了一批有潜力的年轻科技人才，并让优秀青年技术骨干在重大工程和重点项目中经受了锻炼；通过"腾位子、压担子，扶上马、送一程"，一批熟悉科研生产管理、专业技术造诣高、有创新精神的优秀技术人才被及时推到型号一线领导岗位，并在老专家的"传帮带"下加速成长，为航天事业的持续发展提供了强有力的人才支撑。

4. 弘扬精神

伟大的航天事业孕育出伟大的航天精神，伟大的航天精神成就伟大的航天事业。在波澜壮阔的中国航天事业发展历程中，离不开精神力量的支撑与推动。在长期的航天发展历程中，我国航天界先后孕育出 "两弹一星"精神、载人航天精神、探月精神、新时代北斗精神等。

中国航天通过大力弘扬"两弹一星"精神、载人航天精神、探月精神、新时代北斗精神等，引导广大航天科技人才队伍以"创人类航天文明、铸民族科技丰碑"为己任，牢固树立"以国为重、以人为本、以质取信、以新图强"的价值理念，从而在航天重大工程的实践中，实现自己的人生价值和"用成功报效祖国"的庄严承诺。

例如，1968年4月1日，

图1-5-6 由于条件异常艰苦，北京航天医学工程研究所的部分科研人员曾在临时搭起的33顶帐篷中工作了5年

我国成立了北京航天医学工程研究所，为1973年发射的曙光一号载人飞船选拔、培养航天员。但该所组建后没有固定的工作场所，只能先后借用几所大学的相关设施设备搞科研，其中有些科研人员在临时搭起的33顶帐篷中工作了5年，条件异常艰苦。他们靠着航天精神支撑一直埋头工作，直到1986年研究所主体建筑在圆明园西路1号落成。我国首艘载人飞船总设计师戚发轫院士深有感触地说，人如果没有精神，是干不成大事的。

第六节　中国航天事业的未来发展

我国目前已进入航天大国的行列，但离航天强国仍有差距。我国航天人有决心、有信心和有能力，在党的领导下，发挥举国体制好办大事的优势，通过不断创新、奋勇拼搏，在2030年左右把我国建成航天强国。

我国将陆续研制和发射新一代载人运载火箭、可重复使用天地往返运载器、重型运载火箭、空间运输运载器和智慧运载火箭等，建立完善的航天运输系统体系，不断提高和保证进入太空的能力；将开发大容量、高可靠通信卫星、卫星互联网星座、新型遥感卫星及国家"定位、导航和授时"系统，实现通信卫星型谱化，提高对地观测能力，形成自主卫星导航定位能力，还要研制多种空间望远镜、世界首座太空电站，从而继续提高利用太空的能力；继续实施载人航天工程及深空探测计划，研制和发射载人登月飞船、火星采样返回探测器、小行星探测器和木星探测器等新型载人航天器和空间探测器，提高载人航天和深空探测能力，为人类和平利用和开发太空资源担负起更多的责任，作出更大的贡献。

一、进入能力

随着人类社会的发展，未来航天任务需求将不断拓展，快速发射、多星部署和深空探测任务需求将越来越大，对于火箭的运载能力、可靠性、任务适应性和快速发射能力等要求也将越来越高。为此，人类需要不断完善运载火箭及上面级型谱，发展能力可覆盖大、中、小各类有效载荷发射需求、具有通用性和多任务适应性的运载火箭，以及具备长时间在轨、多次启动、轨道转移及在轨加注和模块更换等能力的空间运输系统。

1. 总体概况

航天一院在《2017—2045年航天运输系统发展路线图》中，以5年为一节点，系统规划了长征系列运载火箭的能力建设前景与发展蓝图，具体情况如下：

到2030年前后，我国重型运载火箭将实现首飞，为载人登月提供强大支持，并为火星采样返回提供充足的运载能力。以火箭发动机为动力的两级完全重复使用运载器将研制成功，火箭型谱更加完善，航天运输系统水平和能力进入世界航天强国前列。

2035年左右，运载火箭将实现完全重复使用，以智能化和先进动力为特点的未来一代运载火箭实现首飞，高性能智能化空间运输系统将实现广泛应用，航天运输系统可为基本实现社会主义现代化提供有力支撑。

2040年前后，未来一代运载火箭将投入应用，组合动力两级重复使用运载器研制成功，核动力空间穿梭机出现重大突破，运输工具能够有效支持大规模的空间资源勘探和开发，小行星采矿和太空电站有望成为现实。

图 1-6-1　2021 年，我国 220 吨级氢氧发动机完成整机装配

到2045年，我国进出太空和空间运输的方式将出现颠覆性变革，组合动力单机入轨重复使用运载器研制成功，新型动力进入实用性开发，天梯、地球车站、空间驿站建设有望成为现实。此外，在先进运输系统的支持下，针对太阳系内的行星、小行星、彗星等目标的人机协同探索可以常态化、规模化开展，探索和利用空间进入高速增长期。到时，我国航天运输系统将处于国际领先地位，航天综合实力位居世界前列，具有强大的国际竞争力、国际影响力和自主创新能力，航天梦将有力助推中国梦的实现。

2. 重复使用

当前，中国重复使用天地往返运载器技术发展尚处于初级阶段，在研究过程中，应首先突破关键技术，然后开展工程研制，制订循序渐进的飞行演示验证计划，演示验证主要的关键技术和总体方案，积累研制和飞行试验经验，降低技术风险和投资风险。发展的长远目标是水平起降、单级入轨，"廉价、快速、机动、可靠"地进出太空。在技术上通过三代重复使用运载器的研制，逐步实现这一宏伟目标。

第一代重复使用运载器为两级构型，以火箭发动机作为主动力，两级并联组合，在发射场垂直起飞、水平着陆，研制过程中遵循技术发展的客观规律，以一子级重复使用作为切入点，视关键技术突破情况循序渐进地发展难度相对较大的重复使用运载器二子级，最终构建形成两级入轨完全重复使用运载器。

第二代重复使用运载器同样为两级并联组合构型，一子级采用新型组合动力发动机，二子级采用火箭动力发动机，目标是实现运载器在机场的水平起降。研制的重点在于突破组合动力重复使用运载器一子级总体设计及新型发动机设计关键技术。

第三代重复使用运载器在前两代重复使用运载器的研制基础上，重点突破轻质材料与结构、先进的热防护技术，最终实现重复使用、水平起降、单级入轨，自由、便捷地进出太空。

未来，我国还将实现故障诊断与容错重构技术突破与工程应用，结合新一代载人运载火箭研制，构建智能航天运输系统生态圈，向智慧航天运输系统迈进。

3. 智慧火箭

近年来，我国运载火箭高密度发射已成常态化，屡屡成功，但飞行故障甚至飞行失利偶有发生。技术人员分析后发现，在某些系统出现故障时，全箭都是依靠标准任务剖面设计余量去"硬扛"，火箭没有自主故障诊断及任务重构能力，以致关键系统出现一点小问题就会给飞行任务造成重大影响。如果开展故障适应性设计，实现由基于偏差设计向基于故障设计的研制模式转变，箭上能够具备故障诊断和自主飞行的能力，也就是让火箭"有智慧""更聪明"，在故障发生时自主进行稍许调整，飞行结果便能大幅改善，飞行任务也将更加可靠。实现从传统的按照飞行程序自动飞行到自主化飞行的跨越，完成火箭技术的更新换代，是当前运载火箭发展中的迫切需求。

因此，目前我国正在开展智慧火箭研制工作，主要技术目标是火箭飞行遇到重大故障后，根据火箭状态及时对飞行路径进行智能重规划，尽可能挽救任务。通过智能技术赋能，使运载火箭具备感知、学习和环境自

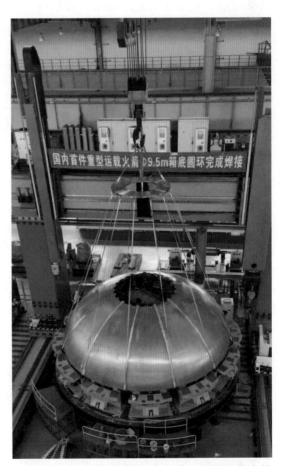

图 1-6-2　2021 年，国内首件重型运载火箭直径 9.5 米箱底圆环完成焊接

主适应能力，满足高效、可靠、适应复杂任务进出空间需求，将成为航天强国建设的坚实基础之一。

运载火箭故障诊断及智能飞行技术乃至智慧火箭技术的发展应用，与全箭总体、系统、单机设计密切相关。要推广真正意义上的智慧火箭，目前仍存在很多问题，例如，原创性理论基础薄弱、核心技术储备不足和新研制模式下系统集成验证不足等。未来，我国将充分挖掘现有技术潜力，同时进一步明确智慧火箭的发展需求，针对核心关键技术和共性关键技术提前布局，包括智能传感技术、箭上健康监测与故障诊断技术、任务重构技术、控制重构技术等，最终打造总体牵引、有序推进、长效发展的研制模式，并形成一系列符合新时代应用需求的智慧火箭产品。

在下一代运载火箭研制中，我国将设置专门的故障诊断系统，对发动机等关键产品进行实时健康监测，通过关键产品的故障诊断和全箭飞行参数联合分析来诊断并隔离故障，并开展在线任务级重构和系统重构，以大幅提升应对故障的能力。面向下一代载人运载火箭更可靠、更安全的任务需求，将结合人工智能与信息融合技术，实现"待发—起飞—飞行—轨道转移"全剖面、全方位、全系统、多参数的智能化设计。

未来，我国运载火箭将逐步过渡到自主、智能化飞行。智慧火箭是智能设计、智能生产、智能测发、智能飞行、智能管理相结合的有机整体，是传统火箭与新一代信息产业之间发生的剧烈的"化学反应"。相比于传统火箭，智慧火箭成本更低、参研人员更少、效率更高，可实现我国运载火箭可靠性的跨越式提升。

与此同时，智慧火箭故障诊断和智能飞行技术带来的领域和系统革新将很大程度上突破我国运载火箭传统研制模式，改变总体、系统、单机的工作界面和流程。面对这样一个全新的系统工程问题，总体单位需要进一步加强统筹，各个系统精诚合作，打造一个扁平、共享、融合的技术协同生态环境。

总而言之，未来我国将建立起运载火箭全生命周期的智慧健康监测系统，届时将实现贯穿运载火箭设计验证、生产制造、测试发射和飞行试验全生命周期的状态监测，火箭系统可在线智能重构，具备不确定性故障适应能力。

4. 空间转移

空间运输运载器可服务于高轨卫星的直接入轨发射、轨道转移运输、在轨维持和补给、深空探测以及各种空间应用等任务。中国空间运输运载器的发展总目标是建立以各种上面级、轨道转移飞行器、轨道机动飞行器等为主的完善的空间运输运载器家族，满足空间转移、空间服务等一系列空间任务的需求。

我国将以现役上面级技术为基础，研制与现有型号相适应的上面级，实现中国常规上面级的系列化发展，实现与现役长征系列运载火箭及新一代运载火箭组合适应不同空间发射任务需求的能力；以新一代运载火箭为基础级火箭，按照结构模块化、动力系列化、电气一体化、功能多样化的原则，规划和研制先进上面级，满足产品化要求，逐步实现系列化；以先进上面级为基础，发展具备轨道运输及轨道服务、深空探测运输功能的轨道机动飞行器、在轨加注补给飞行器等空间运输运载器，以满足未来多种空间任务需求。

我国将发展奔月、奔火运输级，完成从地球到月球、火星的运输以及从目标星返回地球的运输任务。我国首先研制一次性奔月、奔火运输级，随着空间加注技术的成熟和本身设计及可靠性技术的提高，进一步发展可多次往返于地月、地火之间的运输级。

我国将发展在轨组装运载器，即充分利用现有技术能力，将运载火箭分几次送入近地轨道，在轨对接组装后组成一个新的运输系统，新的运输系统最终将有效载荷送入目的地，完成大型航天探测任务。

此外，未来执行星际采样和星际载人探测任务，都需要研制星际起飞的运载器。在2030年之前，人类最现实可以登临的星球就是月球，因此需要研制月球表面上升器以及载人登月所需的月球着陆与返回运载器。

5. 探索方向

随着航天技术的持续快速发展，无论是进入空间装备，还是空间运输与服务装备，以及天地往返运输装备，在未来的发展都面临着性能进一步提升、响应进一步快速化、成本进一步降低等需求，必须有创新的概念和创新的技术途径来实现以上目标。因此，我们需要密切关注国际深空探测新概念和新技术的发展，适时提出适合中国需求和技术特点的新方向和新项目，研究基于电推进、离子推进、核推进、微波推进和无推进剂太阳帆等新概念推进技术的空间运载器等，有重点地开展预先研究和关键技术攻关，努力推动中国深空探测实现跨越式发展。

航天运输系统进入太空的能力从根本上决定了航天应用规模，只有进入太空才可能充分开发和利用太空。中国始终致力于研究提高火箭运载能力和性能，发展未来空间运载器，不断拓展航天运输能力和任务适应范围，满足多种航天应用的需求，同时持续探索航天新概念和前沿技术，为未来中国航天乃至世界航天的持续发展提供储备和支撑。

6. 航班化运输

航班化运输已成为航天运输系统发展的重要目标。它能够满足人类生存与发展的需求、人民对未来美好生活向往的需求、未来大规模探索与开发太空的需求，实现我国航天运输系统"从全到强"的历史跨越，带动我国国防、科技、经济全方位发展。

航班化航天运输是航天运输系统发展的高级形式，包含全球快速运输、地面与轨道间运输以及轨道与轨道间运输，采用定期定线路的航班化运营模式，具有可靠、安全、经济、便捷、舒适、环保的基本特点，能够满足未来大规模进出太空、探索太空和开发太空的任务需求，促进航天产业的发展。其系统产品体系主要由1小时全球抵达运输、天地往返运输和空间转移运输等三类系统组成，具有重复使用、智能化、模块化、标准化、产业规模化等技术特征。前者主要负责人、货往返地球表面与亚轨道之间的高超声速运输，技术途径主要为"可重复使用运载 + 高超声速"技术；中者负责地面与地球轨道之间的人、货往返的运输，技术途径主要为"可重复使用运载＋高超声速"技术；后者主要负责地球轨道、在轨服务站以及月球轨道之间的往返运输，兼顾更远深空转移运输任务，技术途径主要为"轨道间转移运载器＋自主交会对接"技术、新型空间动力技术、在轨加注和维护技术等。

重复使用航天运输系统由垂直起降运载火箭、垂直起飞水平着陆运载器和水平起降运载器三大类组成，构成未来1小时全球抵达和天地往返运输的主体。该系统采用重复使用设计理念，开展长航时、长寿命设计，可从根本上解决当前运载火箭一次性使用带来的费用高昂问题，最终实现像飞机一样重复使用和航班化运营，全面完成1小时全球抵达和天地往返的任务目标。同时，实现我国天地往返运输系统从单次使用到多次使用、从定制化到批量化、从性能设计到寿命设计、从使用性设计到维护性设计的转变。

实现航班化航天运输目标分为三个阶段。

2025年，要完成重点项目关键技术攻关，先期开展技术验证飞行试验。垂直起降运载火箭实现一子级垂直回收。升力式火箭动力运载器具备小规模入轨的技术能力。组合动力一级完成原理性技术飞行验证。

2035年，要实现重复使用航天运输系统工程应用。研制出小型升力式全球快速抵达运载器，具备单次10人级全球快速抵达能力；研制出小型升力式完全重复使用运载器、中型垂直起降部分重复使用运载火箭等产品，具备中等规模天地往返运输能力。

2045年，重复使用航天运输系统将全面实现工程化应用，技术不断升级，单级入轨实现技术突破。研制出大型垂直起降全球快速抵达运载器，具备单次100人级全球快速抵达能力；研制出小型组合动力重复使用运载器、大型垂直起降完全重复使用运载火箭，具备大规模天地往返运输能力。

空间转移运输系统主要由低温空间运输系统和大功率电推进空间运输系统组成。我们应建立空间转移运输系统设计新理念新方法，采用高性能绿色动力技术、在轨加注和模块组合等途径，解决上面级推进剂有毒、能力有限、一次性使用等问题，最终实现空间转移运输的重复使用和航班化运输，全面完成空间转移运输的任务目标。

为此，2025年，要完成低温推进剂在轨被动蒸发量控制、大功率电推进等关键技术攻关，开展试验验证。2035年，要实现空间转移运输系统工程应用，研制出低温空间运输系统和大功率电推进空间运输系统。2045年，要实现空间转移运输系统全面工程化应用，需突破空间核推进技术，研制地月空间运输系统等系列化产品，实现地月空间大规模转移运输能力。

二、开发能力

未来，我国将重点构建由各类应用卫星组成的空间基础设施框架，形成长期、连续、稳定的业务服务能力。

1. 通信广播

我国将继续进行固定通信、移动通信、电视直播、数据中继和高通宽带等通信卫星的更新换代，研制更大容量、更大功率的东方红五号新一代地球静止轨道通信广播卫星平台，打造大型低轨道"星网"卫星互联网星座，开发业务型量子通信卫星星座、激光通信卫星和脉冲星导航卫星，进一步加强通信广播卫星在公共服务领域和国民经济重点行业的应用，扩展卫星通信领域的增值服务业务，深入推动卫星通信的商业化进程，增大通信广播卫星应用的产业规模。

卫星互联网星座作为国家战略性基础设施，对支撑和推动经济、政治、文化、社会各领域发展的作用显著。发展我国自主的卫星互联网星座系统，是占据空间信息网络发展制高点、实现网络强国战略目标的重要举措，是构建国家重大能力、维护空间资源和地位的集中反映；是牵引商业航天全面发展、引领信息产业和宇航技术升级的重要举措，是航天强国建设的标志性工程。

发展自主可控的卫星互联网星座系统是网络强国建设的重要内容，可有效提升全球覆盖、安全可控的信息网络服务能力，抢占空间信息领域发展制高点和主动权。卫星互联网星座建设，一方面要聚焦国家需求，建设全球可通、自主可控的卫星互联网；另一方面要推动形成"互联网+"航天的新兴产业。

我国将以卫星互联网星座系统建设为依托，拓展空间信息服务的深度与广度，把握网络信息技术革命的历史性机遇，赢得参与全球空间信息基础设施竞争的独特优势。预计到"十四五"期末，我国将形成高低轨协同、天地一体的

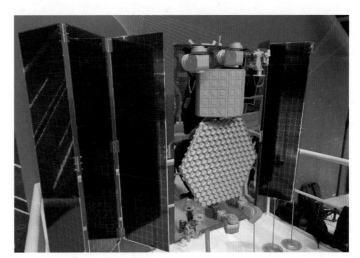

图 1-6-3　我国已发射了用于试验卫星互联网技术的鸿雁卫星，这是该卫星的模型

卫星互联网星座系统总体布局，具备全球覆盖、技术自主、安全可控的卫星互联网服务能力，成为全球卫星互联网发展的重要主导力量。

未来，我国将积极跟踪国际规则制定，主动参与国际频率协调规则调整；加快卫星互联网星座系统的核心元器件自主化进程，开展宇航级核心元器件、关键部组件的研制，打牢大型空间系统工程建设的基础；加强运载火箭关键前沿技术突破；加快提升地面应用终端关键技术，实施用户终端先期研发计划；加强卫星互联网应用创新；推动军民功能结合的卫星互联网应用；合理加大卫星互联网安全架构、安全协议、安全标准、密码算法及安全管理体系等方面的基础研究投入，在系统建设过程中规避安全隐患。

2. 导航定位

我国正积极打造更加泛在、更加融合、更加智能的国家综合定位导航授时体系，构建万物互联、万物智能的新时空体系。它是以北斗卫星导航系统为核心，融合多种定位导航授时手段，覆盖空天地海，基准统一、高精度、高智能、高安全和高效益的时空信息服务基础设施。

国家综合定位导航授时体系可利用基于不同原理的多种国家综合定位导航授时体系信息源，经过云平台控制、多传感器高度集成和多源数据融合，生成时空基准统一且具有抗干扰、防欺骗、稳健、可用、连续、可靠等优点的国家综合定位导航授时体系服务信息。它将融合多种手段、服务海量用户、覆盖人类活动全域、应用于各行各业，成为经济社会运行的神经中枢和维护国家安全的重要基石。

图1-6-4　我国未来东方红五号超大容量卫星平台模型

3. 对地观测

在陆地卫星方面，我国将进一步完善光学观测、微波观测、物理场探测手段，建设高分辨率光学、中分辨率光学和合成孔径雷达3个观测星座，同步发展地球物理场探测卫星，不断提高陆地观测卫星定量化应用水平。

我国将研制优于0.5～2.5米极轨高分辨率光学卫星星座，主要用于土地利用、植被覆盖、矿产开发、精细农业、城镇建设、交通运输、水利设施、生态建设、环境保护、水土保持、灾害评估以及热点区域应急等高精度、高重访观测业务需求，实现全球范围内精细化观测，达到重点地区应急观测重访时间优于6小时的能力。

我国将研制5~50米的中分辨率光学卫星星座，主要围绕资源调查、环境监测、防灾减灾、碳源碳汇调查、地质调查、水资源管理、农情监测等大幅宽、快速覆盖和综合观测需求，实现全球范围天级快速动态观测以及全国范围小时级观测。

我国将研制合成孔径雷达观测星座，主要用于防灾减灾、资源监测、环境监测、农情监测、桥隧形变监测、地面沉降、基础地理信息和全球变化信息获取等，满足全天候、全天时、多尺度观测以及高精度形变观测业务需求，发挥合成孔径雷达卫星在复杂气象条件下的观测优势，并与光学观测手段相互配合，形成多频段、多模式综合观测能力，达到全球重点区域重访时间优于1天能力，达到国际先进水平。

图 1-6-5　风云四号静止气象卫星进行星箭分离试验

在气象卫星方面，我国将在风云三号、风云四号和高分五号等卫星的技术基础上，发展完善大尺度的主被动光学、主被动微波等探测手段，建设天气观测、气候观测、大气成分探测3个卫星星座，与世界气象组织的相关卫星数据融合共享，形成完整的大气系统观测能力；发展高轨高时间分辨率观测能力，通过光学、微波卫星组网，实现我国及周边区域分钟级观测能力，最终形成我国及周边分钟级光学和微波综合观测能力，大幅度提高天气精准预报水平。发展全球覆盖、多手段综合观测能力，建设由上、下午星和晨昏星组成的气候观测卫星星座，形成具备全球1天4次观测能力和全球降水测量观测能力，最终具备为全球气象气候高精度动态变化监测和数值天气预报提供服务的能力；发展高光谱、激光、偏振等观测手段，最终形成1天2次全球大气环境高精度观测业务服务能力。

面向气象高质量发展要求，我国已启动第三代风云低轨气象卫星——风云五号的预研工作，目前正在开展新一代卫星技术攻关。作为我国第三代低轨气象卫星综合观测系统，风云五号将在风云三号的基础上，大幅提升对大气温湿廓线、降水、风场、云和辐射、气溶胶和大气成分等探测的精度和稳定性，满足气候观测的高精度要求，同时提高对气象及其衍生灾害的应急监测能力，达到国际领先水平。

风云五号由太阳同步上午轨道、下午轨道、晨昏轨道以及低倾角轨道卫星组成，采用航天八院全新研发的新一代低轨大型遥感卫星平台，配置多功能可见红外多光谱成像仪、红外甚高光谱大气探测仪、精细谱微波探测仪、高精度一体化微波成像仪等基础载荷，以及激光测云雷达、亚毫米波冰云成像仪等新型载荷，通过主被动联合探测，进一步提高气象要素观测时间、空间分辨率和探测精度，填补三维风场等要素探测空白，实现空间、时间、圈层一体的全球、全天候、全天时、精细化气象、气候监测。

风云五号将突破大承载、高稳定、长寿命、网络化平台技术，高精度、高分辨率、长期稳定的新型有效载荷技术以及高时效、大数据、智能化的地面应用技术。风云五号与高轨气象卫星系统结合，将形成完整的气象卫星体系，通过体系内卫星互联、互通、互动，实现单星观测向卫星网络化、体系化综合观测发展，满足全球资料高时效获取、气象应急产品实时生成及广播分发需求。

在海洋卫星方面，我国将在海洋一号、海洋二号、高分三号和中法海洋卫星等卫星的技术基础上，发展多种光学和微波观测手段，建设海洋水色、海洋动力环境卫星星座，发展海洋监视监测卫星，不断提高海洋观测卫星综合观测能力；发展高信噪比的可见光、红外多光谱和高光谱等观测手段，通过上、下午星组网建设，提高观测时效性，推动海洋水色观测业务稳定发展；发展微波辐射计、散射计、高度计等观测手段，进一步提升

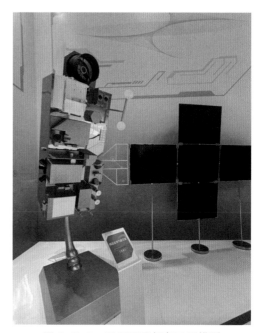

图 1-6-6 风云五号气象卫星模型

海洋动力环境要素观测精度，并保持1天4次全球获取能力；发展高轨凝视光学和高轨合成孔径雷达手段，并结合低轨合成孔径雷达卫星星座能力，实现高、低轨光学和合成孔径雷达联合观测，达到对我国海域环境和海上重点目标光学和微波小时级监测能力。

此外，我国将继续完善对地观测卫星数据接收、处理、分发、应用等地面设施，加强定标场等设施建设。加强对地观测卫星数据共享和综合应用，提高空间数据的自给率，引导社会资源积极发展面向市场的数据应用服务，实施应用示范工程，促进对地观测卫星的广泛应用和应用产业化发展。

4. 科学卫星

"十四五"期间，我国已经或将发射多个科学卫星项目，例如，中欧联合空间科学卫星任务中的太阳风-磁层相互作用全景成像卫星计划、引力波暴高能电磁对应体全天监测

器、爱因斯坦探针卫星、先进天基太阳天文台（2022年10月已发射升空）、巡天可见光天文卫星。到2030年前，我国还有望发射γ射线天文卫星、红外天文卫星等新型天文卫星。我国已提出黑洞探针、天体号脉、天体肖像、天体光谱、系外行星探测、太阳显微、太阳全景、链锁、"微星"计划、探天、火星探测、小行星探测、木星系统探测等多个天文观测和空间科学计划。这些计划的实施可对人类科学认识宇宙起到重要的推动作用。例如，我国科学家建议实施的黑洞探针计划拟通过观测宇宙中的各种黑洞等致密天体以及γ射线暴，研究宇宙天体的高能过程和黑洞物理，以黑洞等极端天体作为恒星和星系演化的探针，理解宇宙极端物理过程和规律。我国科学家建议实施的天体号脉计划旨在对天体各种波段的电磁波和非电磁波辐射进行高测光精度和高定时精度的探测，理解各种天体的内部结构和各种剧烈活动过程。其核心科学思想是通过对天体的光变进行精确的测量，从而了解天体的参数和内部结构等重要天体物理信息。由于在空间做天体的光变的精确测量相对容易进行，天体号脉将紧接着黑洞探针计划实施。

上述建议计划中的一部分有的已发射升空，有的正在或将要研制。例如，黑洞探针计划中的"慧眼"硬X射线调制望远镜已于2017年6月成功发射，天体光谱计划中的悟空号暗物质粒子探测卫星已于2015年12月发射升空。

图1-6-7　夸父计划示意图（我国科学家曾建议实施夸父计划，进一步研究太阳的奥秘。但后来计划有变，2022年发射的"先进天基太阳天文台"被命名为"夸父一号"）

5. 太空电站

太阳是地球乃至整个太阳系取之不尽、用之不竭的核心能源系统。但是在地面上，太阳能的利用率却不高，因为太阳能会受到大气的吸收和散射，云雨以及季节、昼夜更替的影响而衰减很多，而且能量密度很不稳定，变化巨大。

不过，太阳能在太空中却非常充裕。比如，在地球同步轨道，由于太阳光线不会被大气减弱，阴影期很短，其强度是地面的6倍以上，且能实现从空间到地面定点能量传输，所以在太空建设空间太阳能电站（简称"太空电站"），则可有效利用太阳能，为人类提供优质的、巨大的和用之不竭的清洁能源。据悉，地球同步轨道太空电站所获取的能量效率可达到地面光伏电站的35倍。每平方米太阳能电池在我国西北地区的最高发电功率约0.4千瓦，在平流层的发电功率达7~8千瓦，而在地球同步轨道上，发电功率可达10~14千瓦。

与风电、水电相比，太空电站不受天气和地区纬度等自然因素影响，可大规模收集、转换和利用太阳能，发电量与地面核电站相当。不仅如此，其电能通过无线方式传输，可对偏远地区、受灾地区以及重要设施等进行定向供电或移动供电，因此用途很广。例如，有了太空电站，许多骑电动自行车、开电动汽车的人可能就不用担心没有充电桩充电的问题了，因为可以随时随地进行充电。

太空电站主要由"发""送""收"三部分组成。首先太空中的大型太阳能电池阵将太阳能转化为电能，继而将电能转化为微波，接着通过微波发射天线将能量传输到接收天线，最后由接收天线将接收到的微波转化为电能，供用户使用。一句话概括，这是一套在地球轨道上收集太阳能，再无线传输到接收天线的发电系统。其技术原理现已没太大问题，但要建造这一宏大空间系统，还有不少关键技术有待取得突破性进展。例如，太空电站质量可达千吨，尺度能到千米，功率为兆瓦级，寿命需在30年以上，这对于新型运载、新型材料、超大型航天器结构及控制、在轨组装维护等技术提出了很高的要求。

太空电站可不间断地为地面提供清洁的可再生能源，为人类提供巨大的、无尽的清洁能源储备。它对于地面偏远地区供电、紧急供电、航天器供电和调节环境等方面具有重要的应用前景，还能减缓大气雾霾，从而起到环境调节的作用。综合各方面情况来看，太空电站是开发地月空间经济圈最直接有效可实现的方式，比开发月球氦-3的难度要小得多。为此，我国正积极研制太空电站。

航天五院钱学森空间技术实验室通过比较国内外多种太空电站方案，提出了创新的多旋转关节太空电站方案。该方案设计了特殊的构型，采用多个相互独立的太阳能电池阵代替传统的整体式太阳能电池阵，利用多个中等功率的导电旋转关节替代传统的极高功率的旋转关节，不仅解决了传统太空电站方案中的极大功率导电旋转关节技术难题，还可以避免导电关节的单点失效问题，模块化的设计也使系统的组装和构建更加可行。此方案得到国际该领域权威专家的认同，曾获得世界太空电站设计竞赛第一名。

建成太空电站需要解决两大核心问题，一个是如何实现远距离电能无线传输，另一个就是如何将重达成千上万吨的电站组件发射到地球同步轨道。为了解决这两大难题，我国航天人已经在路上。目前，我国在太空电站总体规划、总体概念方案和微波无线能量传输技术等方面取得了一定的成果，同时也带动了大型空间结构、空间薄膜太阳能发电技术的发展。我国还在无线能量传输等关键技术方面取得重大进步。

2018年，我国首个太空电站实验基地在重庆启动。2019年，名为"逐日工程"的太空电站系统项目在西安电子科技大学启动。国内现已有几十家科研院所、高校和企业在进行空间超高压发电输电、高效无线能量传输、超大型空间结构在轨装配等关键技术的研究。

图 1-6-8　西安电子科技大学太空电站实验基地

2022年6月5日，西安电子科技大学"逐日工程"研究团队传来好消息，世界首个全链路全系统的太空电站地面验证系统顺利通过专家组验收。这一验证系统突破并验证了高效率聚光与光电转换、微波转换、微波发射与波形优化、微波波束指向测量与控制、微波接收与整流、灵巧机械结构设计等多项关键技术。该项目成果总体达到国际先进水平，其中的欧米伽光机电集成设计、55米传输距离的微波功率无线传输效率、微波波束收集效率、聚光与天线等高精度结构系统功质比等主要技术指标达到国际领先水平。该成果对我国下一代微波功率无线传输技术与太空电站理论与技术的发展具有支撑性、引领性，应用前景十分广阔。

"逐日工程"研究团队提出的欧米伽太空电站方案是用球形聚光器线聚焦域的特点，将聚光器设计为任意轴对称的回转体，采用线馈源聚焦。课题组通过微波菲涅尔场理论的初步分析，计算出了收、发天线系统规模，估算了相关系统参数指标；此外，设计了一种无线耦合的方式进行能量传输管理结构，光电转换所获得的直流电可通过传输电缆，送至高功率微波发射天线。发射天线通过大跨度调整索连接于主反射体"南北极"区域，连接结构的质量可大幅度降低。它具备三个优势：控制难度下降，散热压力减轻，功质比（天上系统的单位质量所产生的电）提高约24%。

欧米伽太空电站地面验证系统有三大创新点。一是提出了欧米伽太空电站创新设计方案，它包括聚光与微波系统分布式设计、"球面—线聚焦"聚光模式等，可为我国未来建造太空电站提供关键技术支撑。二是建立了多物理场耦合理论模型，揭示了空间复杂应用环境因素对微波功率无线传输效率的影响机理，提出了基于场耦合理论模型与影响机理的系统设计理论与方法，为该项目的成功研制奠定了理论基础。三是突破并验证了高效率聚光与光电转换、微波转换、微波发射与波形优化、微波波束指向测量与控制、微波接收与整流以及高精度机械结构设计与制造等多项关键技术，微波波束收集效率、微波功率无线传输效率、功质比等主要技术指标达到国际领先水平。"逐日工程"研究团队搭建的这个地面验证系统是全链路全系统的，实现了从跟日、聚光、光电转换、微波发射到微波接收整流等完整过程。其测试成功时间比原定技术路线节点提前了近3年。

"逐日工程"太空电站地面验证系统位于西安电子科技大学南校区，其支撑塔为75米高的钢结构，验证系统主要包括五大子系统：欧米伽聚光与光电转换、电力传输与管理、射频发射天线、接收与整流天线、控制与测量。其工作原理是首先根据太阳高度角确定聚光镜需要倾斜的角度，在接收到聚光镜反射的太阳光后，由位于聚光镜中心的光伏电池阵将其转化为直流电能。随后，通过电源管理模块，四个聚光系统转换得到的电能汇聚到中间发射天线，经过振荡器和放大器等模块，电能被进一步转化为微波，利用无线传输的形式发射到接收天线。最后，接收天线将微波整流再次转换成直流电，供给负载。

当前，我国在太空电站研究方面初步实现了从"跟跑"到"并跑"的转变，已成为国际上推动太空电站发展的重要力量。我国专家已提出实现太空电站目标的技术路线图：2030年后建设兆瓦级试验太空电站、2050年后建设吉瓦

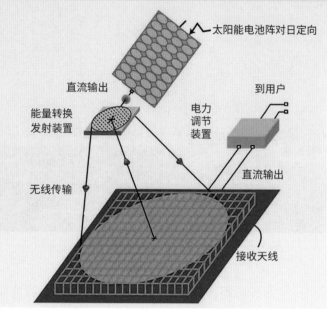

图 1-6-9　太空电站系统组成示意图

级商业太空电站。我国在太空电站方面的研究进入世界前列，未来我国将有望成为世界首个建成有实用价值太空电站的国家。

三、探测能力

我国未来深空探测任务将重点开展月球永久阴影区探测、小行星采样返回探测、火星采样返回探测、木星系及行星际穿越探测、太阳系边际探测等一系列深空探测活动。随着上述任务的实施，我国将开拓深空探测的深度和广度，获取重大原创性科学发现，促进航天技术跨越式提升，有力推动空间科学、空间技术和空间应用全面发展。

1. 月球永久阴影区探测

月球极区的永久阴影区富含水冰，具有极高的探测价值。我国月球永久阴影区探测器将由着陆平台和阴影区移动探测器组成，其中着陆平台在发射和在轨飞行过程中作为移动探测器的服务平台，携带移动探测器在临近永久阴影区的月面光照区着陆，并继续为移动探测器提供能源和测控支持；移动探测器月面着陆后与着陆平台分离，通过月面移动（低空飞行或月面行走方式）进入永久阴影区，完成探测任务。月球永久阴影区探测任务将为我国最终建立月球科研站奠定良好的基础。

2. 小行星采样返回探测

小行星探测任务体现了多样性和独特性，任务探测成果关系到探寻宇宙的起源演化、物质结构、生命起源等重大基础前沿科学问题，能反映公众感兴趣的工程基础问题（资源、预警），现已成为深空探测的热点。在我国未来的小行星采样返回探测任务中，探测器将首先完成近地小行星绕飞探测，选定备选着陆区后进行附着和采样，完成后返回地球。其返回器将以弹道式高速再入地球大气层并在预定着陆场着陆，主探测器在地球借力后飞向主带彗星，开展主带彗星绕飞探测。与国外小行星采样返回任务采用的"即触即走"采样方式不同，我国将在探测器稳定附着于小行星的情况下完成样品采集与封装，预期样品采集量更大。同时，在一次任务中实现小行星采样返回和主带彗星绕飞探测，预期科学成果丰硕。

3. 火星采样返回探测

我国火星采样返回探测任务的目标是在2030年前实施火星土壤和岩石的无人采样，并将样品带回地球开展科学研究。我国将采用两次发射的方式，分别发射执行不同子任务的两个不同功能的探测器，其中一个完成火星捕获、样品转移收纳与火地返回，另一个完成火星大气进入、下降与着陆、火星表面上升以及样品投送。火星采样返回探测预期将突破火星表面起飞上升技术，火星表面智能采样、封装和传递技术，环火轨道样品捕获和转移技术，火星大气辅助变轨技术，环火轨道交会技术和火星采样返回微生物污染检测与防护技术等关键技术。

4. 木星系及行星际穿越探测

我国木星系及行星际穿越探测任务的目标是实现木星、木卫四的环绕探测和行星际穿越探测，为深化对木星系和行星际的相关科学研究提供科学探测数据。该探测任务由木星系探测器和行星际穿越器组成。在到达木星前，行星际穿越器与木星系探测器分离，行星际穿越器在木星借力后飞往天王星，开展行星际穿越探测，同时木星系探测器在实施轨道机动后开展木星及木卫四探测。

5. 太阳系边际探测任务

我国太阳系边际探测任务的目标是飞行到距离太阳约150亿千米（约100天文单位）的日球层边界，开展物质结构、宇宙演化、生命起源等重大科学问题的探测与研究。参考美国旅行者探测器任务的实施经验，为提高太阳系边际探测任务获取科学成果的可靠性，我国考虑同型设计，同期发射两颗探测器，飞向两个方向，开展日球层双向多目标飞越探测，使科学成果最大化。该任务的实施将有助于突破太阳系边际探测轨道设计、高效能源技术、远距离测控数传技术、自主控制与管理等深空探测共性关键技术，使我国具备外太阳系甚至太阳系外深空探测能力。

上述任务的论证、实施，将持续带动我国航天技术进步，促进科学认知重大创新，推动我国在建设航天强国的道路上更进一步，为人类文明作出更大的贡献。

第二章

中国运载火箭发展

第一节　中国运载火箭发展综述

　　"工欲善其事，必先利其器。"众所周知，开发太空必须用航天器，但航天器需用运载器来克服地球的引力才能进入太空。目前，最常用的运载器就是运载火箭，这一"通天塔"的"绝招"是自带推进剂，包括燃烧剂和氧化剂，而不需大气层中的氧气来助燃，因此可在太空自由飞翔。航天飞机也可当运载器，但因费用高和风险大，现已退役。

　　从一定程度上说，运载火箭的能力决定了一个国家航天活动的规模。因此，世界各航天大国均把发展先进的运载火箭作为保持其领先地位的战略部署之一，我国也不例外，主要发展了长征系列运载火箭。

　　几十年来，通过我国几代"火箭人"的不懈努力，长征系列运载火箭走过了从常温推进到低温推进，从串联到串并联、并联，从低轨到高轨，从"一箭一星"到"一箭多星"，从发射人造地球卫星到发射载人航天器、空间探测器，从陆射到海射等非凡的技术历程，现已具备发射低中高不同轨道、不同类型载荷的运载能力，在推力、成功率、发射频度、入轨精度和适应能力等方面均达到了世界一流火箭的水平。

　　长征系列运载火箭实现第一个100次发射用时37年；第二个100次发射用时7年半；第三个100次发射用时4年多；第四个100次发射仅用时2年零9个月，充分体现了中国速度、中国高度、中国力量和中国智慧。

　　从1970年到2022年底，长征系列运载火箭已先后有三代、22型基础级火箭和5型上面级

图2-1-1　长征系列运载火箭一瞥

投入使用，实施了我国92.1%的航天发射任务，先后将700余个航天器送入太空，发射成功率世界第一，发射次数世界第三，入轨精度世界一流。截至2023年5月30日，长征系列运载火箭已发射475次，成功率约达96.5%，近地轨道最大运载能力25吨，地球同步转移轨道最大运载能力14吨，综合性能居世界先进行列。2022年，长征系列运载火箭完成了53次发射，成功率达100%，创造了我国年度航天发射总数的历史新高。

我国早期的长征运载火箭是从弹道导弹改进而来的，大约研制和发射了14种型号。它们主要采用偏二甲肼/四氧化二氮这种常温推进剂。目前，长征二号、长征三号、长征四号子系列运载火箭中的一些型号仍然老当益壮，继续用于发射多种轨道的航天器，有的甚至还举足轻重。不过近些年来，面对不断增长的空间资源开发需求以及日益激烈的商业航天发射市场，为了适应运载火箭的发展方向，我国在不断改进原有的长征系列运载火箭的同时，按照"无毒、无污染、低成本、高可靠、大推力、适应性强、安全性好"的目标，陆续研制和发

图 2-1-2　左起：长征九号（早期构型）、长征五号B、长征七号 A、长征六号 A 模型

射了长征五号、长征五号B（又叫长征五号乙）、长征六号、长征六号A（又叫长征六号甲或长征六号改进型）、长征七号、长征七号A（又叫长征七号甲）、长征八号和长征十一号共8种型号的新一代大型、中型和小型运载火箭。

我国新一代运载火箭以可靠性、安全性和经济性等为主要设计原则，采用无毒环保、价格便宜、比冲较高的液氢/液氧或液氧/煤油等低温推进剂以及大直径、少级数的方案，通过模块化、组合化和系列化的方式，成倍地增加了火箭的运载能力，降低了成本，还提高了发射成功率。未来，我国还将研制和发射长征十号新一代载人运载火箭和长征九号重型运载火箭等推力更大、技术更先进的运载火箭。

从2015年起，我国还发射了多枚采用远征系列上面级的长征运载火箭。这种被誉为"太空摆渡车"的上面级是一种能够进一步将航天器从准地球轨道或地球轨道送入预定工作轨道或预定空间位置的小火箭。它可多次启动，工作时间长，能先后把不同卫星送到不同的最终目的地，大大增强了我国运载火箭的任务适应性。

长征系列运载火箭是由航天一院和航天八院研制和发射的，其中航天一院研制和发射了长征一号、长征二号、长征二号C（又叫长征二号丙）、长征三号、长征三号A（又叫长征三号甲）、长征三号B（又叫长征三号乙）、长征三号C（又叫长征三号丙）、长征五号、长征五号B、长征七号、长征七号A、长征八号以及捷龙一号、捷龙二号等运载火箭；航天八院研制和发射了长征二号D（又叫长征二号丁）、长征四号、长征四号A（又叫长征四号甲）、长征四号B（又叫长征四号乙）、长征四号C（又叫长征四号丙）、长征六号、长征六号A以及风暴系列等运载火箭。

另外，我国还有其他单位研制和发射的开拓者、快舟、谷神星、力箭和双曲线等其他系列小型运载火箭，其中有些是商业运载火箭。它们主要用于发射小型卫星。

第二节 长征一号

1970年4月24日，我国在酒泉卫星发射中心成功用自行研制的长征一号运载火箭发射了第一颗人造地球卫星东方红一号，使我国成为世界上第五个用自制火箭发射自制人造卫星的国家。该卫星的重量比前面四个国家（苏联、美国、法国、日本）发射的第一颗人造卫星加起来的总重还大。这表明当时我国的运载火箭已达到一定的水平，奠定了长征系列运载火箭发展的基础。

1965年6月，中央专委十二次会议决定，将发射人造地球卫星列入国家计划，长征一号运载火箭的研制工作全面展开。当时由周恩来抓总的中央专委提出一个指导原则，即发射卫星的运载工具在初期以中远程导弹为基础进行适当修改，再配以专门研制的末级火箭发动机组合而成。1966年5月31日，国防科委、中国科学院、七机部共同商定，我国第一颗人造卫星于1970年发射，

图 2-2-1 东方红一号人造地球卫星与长征一号运载火箭对接

代号为"651工程"，运载火箭被命名为长征一号，以东风四号导弹为基础增加第三级固体火箭构成。

火箭的总体设计工作最初由航天八院承担，1967年11月改由航天一院负责。长征一号是一种三级火箭，主要用于发射近地轨道小型有效载荷。它的第一、第二级采用的是YF-2A和YF-3液体火箭发动机，是在当时我国已发射成功的东风四号中远程战略导弹所用的YF-2发动机基础上改进而来的，不仅可以满足运载能力要求，节约研制成本，同时也能满足1970年发射卫星的进度要求。

长征一号运载火箭第一级装有4台推力各为255千牛的YF-2A液体火箭发动机。推进剂中的氧化剂用的是硝酸，燃料用的是偏二甲肼。这是一种自燃推进剂，氧化剂与燃料只要一碰着就会着火燃烧，不用点火装置来引火。第一级火箭内装有61吨推进剂，发动机工作140秒，平均每秒要烧掉将近半吨推进剂。

第二级用的是一台在真空中推力为294千牛的YF-3液体火箭发动机，所用推进剂与第一级相同。第二级火箭内装有11.2吨推进剂，发动机工作102秒。研制YF-3发动机时面临两项技术挑战，即在60千米以上的高空作业时，如何保证它在空气密度、压力小于地面值万分之三的情况下顺利点火，以及在地面上用什么方法测定发动机的高空特征。从1965年开始研制，火箭工程师们从我国实际出发，经过反复计算、论证，选用了发动机自身排气引射抽空的试验方案，于1966年11月首次试车，1968年研制成功，前后用了不到3年。

第三级用的是一台当时首次研制成功的中型固体火箭发动机，推力达111千牛，发动机内装了1.8吨聚硫橡胶推进剂，工作约40秒。承担研制任务的航天动力技术研究院（简称"航天四院"）研制人员，攻克了壳体成型的工艺难关，并于1968—1970年先后进行了19次地面试车，成功解决了装药与壳体脱粘、自旋状态下铝粉沉积量过大等问题，使发动机的各项技术指标达到了设计要求。为检测发动机点火系统在更接近实际飞行条件下的可靠性，研制人员还在1968年8月利用两枚T-7A（Y5）型探空火箭进行了点火器的高空性能试验，并取得满意结果。1969年，发动机连续7次试车成功，进入交付状态。

图2-2-2 准备发射东方红一号人造地球卫星的长征一号运载火箭

从1968年秋至1970年春，长征一号运载火箭完成了一系列总装测试、大型地面试验和发射前的准备工作。1970年1月，由长征一号第一、第二级组成的两级火箭进行了飞行试验，取得圆满成功，证明以中远程导弹为基础的长征一号第一、第二级达到设计要求，发射卫星的工作准备就绪。

长征一号运载火箭全长为29.46米，最大直径为2.25米，起飞时重达81.57吨，起飞推力有1020千牛，能把300千克重的卫星送入440千米高的近地轨道。东方红一号就放在固体火箭发动机的前面，其质量为173千克。

长征一号运载火箭的成功发射，为我国多级火箭技术的发展奠定了全面技术基础，使我国掌握了多级火箭稳定和姿态控制技术等。该火箭共执行过两次发射任务，均取得了圆满成功，其中第二次发射是在1971年3月3日，它成功把实践一号科学实验卫星送入轨道。此后，该火箭退役。

20世纪90年代，为开拓商业发射市场服务，航天一院负责研制了长征一号D运载火箭。它是长征一号的改进型，运载能力有较大提高。其主要改进有：提高了第一级发动机推力；提高了第二、第三级的性能，并且将第三级改为既可自旋姿态稳定，又能三轴姿态稳定和全程采用惯性制导的可控火箭；采用"平台-计算机"全惯性制导。它全长为28.22米，最大直径为2.25米，起飞质量为81.47吨，太阳同步轨道运载能力为360千克，主要用于发射低地球轨道和太阳同步轨道小型卫星。1997年11月，长征一号D运载火箭进行首次试验性发射，后因多种原因，它并未投入使用。

总之，长征一号、长征一号D的运载能力较小，适合于运送质量较小、轨道较低的有效载荷。

第三节　长征二号

我国于1970年开始研制的长征二号子系列运载火箭主要用于发射近地轨道且质量较大的有效载荷。按投入使用的先后次序有长征二号、长征二号C、长征二号E、长征二号D、长征二号F等运载火箭，它们大部分是在酒泉卫星发射中心发射的。

1975年11月26日，长征二号成功发射我国第一颗返回式卫星。它标志着我国成为世界上第三个掌握航天返回和航天遥感技术的国家，这对加强我国国防力量、发展国民经济具有重要意义。

在长征二号基础上发展起来的长征二号子系列是目前长征"家族"中最大的系列，主要承担近地轨道和太阳同步轨道的发射任务。

在研制、发射长征二号运载火箭之后，我国又研制了长征二号A。它是在长征二号基础上加装常规液体发动机的三级火箭，用来发射地球同步轨道载荷，后发展成为长征四号子系列运载火箭。长征二号B是在长征二号的基础上加装液氢/液氧发动机的三级火箭，用来发射地球同步轨道载荷，后发展成为长征三号子系列火箭。

一、长征二号

图 2-3-1　长征二号运载火箭发射返回式卫星

为了发射返回式遥感卫星，航天一院在东风五号远程弹道导弹基础上研制了长征二号运载火箭。1965年东风五号导弹开始设计时，设计人员就决心结合我国具体情况，尽量采用新技术，设计出大型运载火箭。从1966年开始，设计人员在约2年内，通过模型试验取得了惯性平台、小型计算机、伺服机构、铝铜合金焊接和发动机试验等一系列技术成果。

1967年9月，在北京召开的返回式卫星工程总体方案论证会上，长征二号被正式确定为发射返回式卫星的运载工具。长征二号的方案设计历经4年。1970年火箭研制工作全面铺开后，在前期大量工作基础上，相关研制工作进展较快，同年3月开始初步设计，年底就完成了两级全箭试车。

1971年9月10日，东风五号导弹在酒泉导弹试验基地（今酒泉卫星发射中心）进行了低弹道飞行试验，获得基本成功，表明长征二号总体方案基本可行，各系统之间的工作基本协调。

1974年11月5日，长征二号遥一运载火箭在酒泉卫星发射中心首次发射。但火箭起飞后即失稳，20秒后坠毁。原因是火箭控制系统俯仰通道电缆的一根导线断裂，造成了整个飞行试验失败。事后，研制人员开展大规模产品质量整顿工作，详细分析事故原因和存在的问题，补做了全弹弹性振动、控制系统仿真等5项地面试验，同时增加了临射前的功能检查项目，采取了监测措施。这些措施对以后飞行试验的成功起到了决定性作用。

1975年11月26日，长征二号完成了中国第一颗返回式卫星的发射任务，使中国成为世界上继苏联、美国之后第三个掌握卫星返回技术的国家。它是第一枚箭体采用3.35米直径的火箭，此次成功发射也标志着较大直径箭体的火箭开始使用。至1979年长征二号停止生产前，该型号火箭共发射卫星7次，其中成功6次，失败1次。

长征二号采用两级串联构型，长为32.6米，最大直径为3.35米，起飞质量为190吨，能把2.1吨的卫星送入距地面数百千米的椭圆形轨道。其第一级发动机由4台独立的YF-20并联而成，燃料为偏二甲肼/四氧化二氮，总推力284吨，比冲259秒。每台单机可通过泵前摇摆方式沿箭体切向摆动以控制火箭飞行姿态。第二级发动机由喷管固定的主发动机YF-22（YF-20真空版）和四周对称安装可沿箭体切向摆动的4台游机YF-23组成，燃料为偏二甲肼/四氧化二氮，主机YF-22的真空推力73.47吨，比冲289.1秒。游机YF-23的真空总推力4.69吨，比冲281.6秒。独立涡轮泵输送燃料，质量轻。主机关机后，游机仍可长时间工作，提高了二级的灵活性。

长征二号的研制，解决了大推力火箭发动机研制、用摇摆发动机提供控制力、推进剂贮箱用自生增压方法增压、高强度铝铜合金材料加工工艺、"平台-计算机"制导方案等关键技术问题，使我国运载火箭在运载能力和制导精度等方面达到当时比较先进的水平。

此后，以长征二号为原型，我国先后研制出长征二号C、长征二号D、长征二号E、长征二号F等运载火箭，形成长征二号子系列运载火箭。1977年底，长征二号B更名为长征三号，长征二号A更名为新长征三号。1982年10月，新长征三号更名为长征四号。

二、长征二号C

1979年3月，为了进一步提高火箭的运载能力、可靠性和适应性，国防科委确定改进长征二号。航天一院根据发射需要，对长征二号做了几项重要的技术修改。例如，采用了大推力液体火箭发动机；将第二级主发动机和游动发动机均加装高空喷管；增设推进剂利用系统；第二级箱体加长2米，多加注推进剂20吨等。1980年，确定了改进型即长征二号C运载火箭的技术状态。长征二号C采用大推力的液体火箭发动机和三轴稳定平台，并用摇摆发动机提供推力矢量控制，提高了火箭的可靠性和运载能力。

长征二号C第一级发动机为YF-21A，燃料为四氧化二氮/偏二甲肼，海平面推力284吨，比冲251秒。其第二级发动机为

图2-3-2　长征二号C在技术区

YF-24E，燃料为四氧化二氮/偏二甲肼。其中1台主机为YF-22E，真空推力75.35吨，比冲296秒；4台游机为YF-23C，真空总推力4.8吨，比冲289秒。

长征二号C总长增加到43米，第一、第二级直径为3.35米，起飞质量约242.5吨，近地轨道运载能力增加到3.8吨，太阳同步轨道运载能力为1.1吨，火箭的可靠性也大大提高。长征二号C主要用于发射近地轨道卫星，至今还在使用，到2022年底已发射80多次。其中，2023年5月21日，长征二号C在西昌卫星发射中心成功发射澳门科学一号卫星。

1982年9月9日，长征二号C首次成功发射，把返回式卫星送上太空。1987年8月5日，该火箭第一次为法国马特拉公司成功搭载微重力装置，这是我国首次向国外用户提供星上搭载服务。自此，中国航天开始了国际合作。

长征二号C把中国运载火箭的运载能力从小型推向中型，同时使中国运载火箭技术提高到一个新的水平，是此后长征系列运载火箭发展的基础。1988年，长征二号C获得国家质量金质奖。

我国还曾发射多种装有上面级的长征二号C改进型运载火箭（简称"长征二号C改"）。例

图 2-3-3　长征二号 C/SD 发射美国铱星纪念信封

如，为了发射美国摩托罗拉公司的铱星，航天一院研制了长征二号C/SD（又叫长征二号C/FP），它们是在长征二号C的基础上加装了一个采用三轴稳定的具有多星发射能力的固体变轨上面级，因此相当于一种三级状态火箭。该火箭箭体全长为43米，最大直径为3.35米，整流罩高为8.4米，起飞质量为245吨，可将1.9吨的有效载荷送入600千米高太阳同步轨道。其第一级发动机为YF-21B，燃料为四氧化二氮/偏二甲肼，海平面推力302吨。第二级发动机为YF-24E，燃料为四氧化二氮/偏二甲肼。其中1台主机为YF-22E，真空推力75.7吨，比冲296秒；4台游机为YF-23C，真空总推力4.8吨，比冲289秒。其上面级采用固体发动机，燃料为端羟基聚丁二烯（也叫"丁羟胶"，英文简称为HTPB）。

长征二号C/SD的研制工作始于1993年，该火箭的结构、外形与长征二号C没有差异，其第一、第二级和整流罩也与长征二号C基本一样，主要重新设计了仪器舱及有效载荷支架等，最大变化是在它的整流罩中安装了一个新研制的固体上面级。新研制的上面级除完

成两颗卫星的连接、释放任务外，还用于完成变轨和离轨任务。根据卫星的发射需求，通过这个上面级可以进行"一箭双星"发射，双星的布局可以采用串联形式，也可采用并联形式。

在星箭合练前，技术人员进行了27项大型地面试验，以保证产品的可靠性。另外，中美双方先后进行了13次技术协调和进度协调。美方还在各个研制阶段对火箭进行了18次评审。经过3年多的艰苦努力，整个研制工作取得了令人满意的结果。

图 2-3-4　准备发射铱星的长征二号 C/SD

1997—1999年，长征二号C/SD曾以"一箭双星"的方式7次成功地发射了2颗铱星模拟星及12颗美国铱星。1997年9月1日，第一枚长征二号C/SD从太原卫星发射中心首次将2颗铱星模拟星送入预定轨道，目的是对火箭的性能和各系统工作的协调性进行全面考核和鉴定。同年12月8日，长征二号C/SD正式将2颗铱星送入太空。此后，1998年3月26日、5月2日、8月20日、12月19日和1999年6月12日，长征二号C/SD又先后5次成功地将用于组网和补网的10颗铱星送入轨道。这足以证明该火箭的技术性能较好、可靠性较高，具备了参与国际中低轨道商业发射市场的竞争能力。同时，这类火箭也成为中国发射小卫星的一种新手段。

此后研制的长征二号C/CTS保留了长征二号C/SD的第一、第二级，是将智能双星分配器的上面级改成较大的固体火箭而形成的。其上面级固体发动机燃料为HTPB，推力1.1吨。该火箭发射近地轨道状态高约35米，发射地球同步转移轨道状态高约38米，可发射低地球轨道、椭圆地球轨道、太阳同步轨道及地球同步转移轨道的载荷，近地轨道运载能力为3.6吨。它于2004年4月18日成功发射试验卫星一号和纳星一号。

长征二号C/SM保留了长征二号C/SD的第一、第二级，是将智能双星分配器上面级改为改进版的自旋稳定固体火箭上面级而形成的，其上面级固体发动机燃料为丁羟胶，高度约40米，用于发射高轨卫星，地球同步轨道运力达1.25吨。2003—2004年，长征二号C/SM曾2次成功地发射了2颗由我国国家航天局和欧航局联合研制的探测一号、探测二号卫星。

长征二号C/SMA保留了长征二号C/SD的第一、第二级，将其智能双星分配器上面级改为改进版的串联多星智能分配器——三轴稳定上面级，上面级为固体发动机，燃料为丁羟胶。它主要用于发射太阳同步轨道卫星，700千米高太阳同步轨道运载能力达2.1吨。2008年9月6日，该火箭首次发射成功，把环境一号A星和B星双星送入预定轨道；2012年10月14

图 2-3-5　长征二号 C 成功发射 3 颗通信技术试验卫星

日，成功发射了实践九号A星和B星；2018年7月9日，成功发射了巴基斯坦遥感卫星一号（简称"巴遥一号"）和科学实验卫星PakTES-1A。

2022年5月20日，长征二号C与远征一号S上面级第4次携手，在酒泉卫星发射中心点火升空，以"一箭三星"方式将3颗通信技术试验卫星成功送入预定轨道。近年来，长征二号C先后应用了弹道高空风双向修正及射前准实时二次补偿、主动减载控制等技术，显著降低了飞行中的气动载荷，提高了飞行安全性和发射概率，能够更好地应对高密度发射需求。

2022年7月16日，我国在太原卫星发射中心使用长征二号C，采用"一箭双星"方式成功将四维高景二号01星、02星送入预定轨道。此次任务首次在航天一院航天发射任务中应用了通用化、系列化、标准化的统型地面测发控设备。航天一院于2020年开展地面测发控设备统型工作，统型后，长征二号C运载火箭地面测发控设备数量缩减了50%左右，并且实现与长征三号A系列运载火箭地面测发控设备通用。长征二号C提供定制化"专车"服务，采用加长版3.35米直径整流罩，让卫星"乘坐"得更舒适；采用了高效简约的短时间多星分离技术，相对于传统调姿分离方案，具有最大化运载能力、最大化卫星可用测控时间等优点，同时具有较好的远场安全性，并可以减少专用调姿系统的配套，简化发射场测发流程，降低发射费用。

40多年里，长征二号C创造了我国运载火箭多个"第一"，例如，它是我国目前服役时间最长的运载火箭，是我国目前运用最灵活、用途最广泛的运载火箭，是我国第一型涉足国际发射服务的火箭，是我国第一型将国产卫星发射到大椭圆轨道的火箭，是我国第一型与上面级联合执行发射任务的火箭，是我国第一型在3个内陆发射场成功执行过任务的火箭，是我国第一型实现一子级受控再入的火箭，是我国第一型实现整流罩带伞降落的火箭，等等。

三、长征二号D

由航天八院研制的长征二号D火箭是一种两级液体运载火箭。它主要是在长征二号火箭的基础上采取增加推进剂加注量的方法增大起飞推力，全长约41米，起飞推力达300吨，近地轨道运载能力为3.3吨，700千米高太阳同步圆轨道的运载能力达到1.3吨。它具有高可靠、高安全、低成本和短周期发射等特点，具备发射多种类型、不同轨道要求卫星的能力，可实施一箭单星或多星发射，至今还在使用。

长征二号D最早由航天一院开展研制。1983年11月，航天一院提出了设计方案。1990年2月，根据上级决定，长征二号D改由航天八院负责抓总研制，用于发射返回式遥感卫星。由于我国第二代返回式卫星的质量可能要达到3吨多，该火箭的近地轨道运载能力按3吨或稍大一点设计。

1992年8月9日，长征二号D成功进行首次发射，将中国新型返回式科学实验卫星送入预定轨道。

1994年7月3日，第二发长征二号D首次启用小平台发射，将我国的第16颗返回式卫星成功地送上了太空。小平台又叫动力调谐陀螺平台，采用这种平台方案，一是改变了以往三轴气浮陀螺平台体积大、质量重的缺陷，优势明显；二是大幅度降低了研制成本；三是入轨精度高，可靠性高。2000年，长征二号D研制进入了一个新的发展时期。02批首飞火箭经过了较大的技术改进后，与01批有了较大区别：箭体二级加长了1.8米，采用了推进剂利用系统，增加了第二级发动机大喷管，延长了第二级游机滑行时间，增加了尾翼等；发射采用的是新发射工位。2003年11月3日，长征二号D成功发射，星箭准时分离，卫星入轨准确。

长征二号D两级液体运载火箭的第一级发动机为YF-21B，海平面推力300吨。第二级发动机为YF-24B，其中1台主机为YF-22B，真空推力75.7吨；4台

图2-3-6　长征二号D火箭发射吉林一号组星

游机为YF-23F，真空总推力4.8吨。

其实，长征二号D是长征二号系列中比较另类的一个子型号，它不是直接基于长征二号系列改进的，而是由长征四号A去掉第三级并延长第二级燃料箱，增加燃料，增大推力改装而成的。其第一、第二级的布局基本与长征四号A火箭的第一、第二级相同，但取消了尾翼。第二级氧化剂箱前端装置设有外仪器舱，通过它与有效载荷或整流罩连接。第一、第二级推进剂系统部位安排、性能等按飞行轨道设计要求，调整了发动机工作时间，延长了第二级主机关机后游动发动机工作段的时间。控制系统在长征四号A的基础上，不设置小过载关机方程，第二级不设末速修正关机方程，采用浮点起导方法，起导时间随第一级和第二级主机关机时间浮动。

2005年，长征二号D成功发射实践七号卫星，这标志着长征二号D进入中低太阳同步轨道的任务领域。为了满足遥感卫星分离前调姿要求和入轨姿态精度，长征二号D的第二级增加了姿控发动机系统。改进后的长征二号D于2007年成功发射遥感卫星二号卫星。

2011年底，长征二号D被中国航天科技集团授予了"金牌火箭"的光荣称号。它还多次发射国外卫星。2022年6月23日10时22分，长征二号D在西昌卫星发射中心成功将遥感三十五号02组卫星送入预定轨道，此次发射是长征二号D第60次发射，航天八院抓总研制的长征系列运载火箭第159次飞行试验，吹响了2022年后续超高密度发射任务的冲锋号。

此次发射的长征二号D在技术创新和流程优化上再下苦功：针对多星串联构型的任务特点，首次在入轨后分离的载荷舱上配置了由航天八院805所抓总研制的离轨子系统；型号首次采用控制系统单十表，提高可靠性的同时，实现了电气设备小型化和提高运载能力的三重效果；配置了2M码速率中继用户终端，通过天基测控方式，减少测量船保障压力、降低工程任务发射成本；通过全自主光学瞄准、气密测试优化、惯组提前安装、测试项目优化等系列措施，将发射场测发流程压缩到10天。为提高密封可靠性，本发火箭一、二级气路导管密封结构由原来的球头喇叭口形更改为锥面O胶圈密封形，发射场阶段火箭全箭气检数量由172项减少至72项；通过箭体结构防雨能力提升、电气系统淋雨耐受力增强、各舱段设备搭接电阻和静电放电器合理布局、防雨防雷措施全面复查等措施，适应西昌夏季高温、多雨、多雷暴天气的极端恶劣环境。

截至2023年3月30日，长征二号D已发射75次。

四、长征二号E

为了适应国际卫星发射市场的需求和推进航天技术的进一步提高，航天一院在长征二号C的基础上研制了我国首枚大推力运载火箭长征二号E。1990年7月16日，长征二号E首次发射成功。

长征二号E是我国第一种采用串并联方式研制和发射的运载火箭，俗称"长二捆"。其

图 2-3-7　俗称"长二捆"的长征二号E是我国首个串并联式运载火箭

芯级是长征二号C的又一改进型，即以加长的长征二号C为芯级，并突破了火箭并联（俗称"捆绑"）技术，在芯一级壳体上并联4个直径为2.25米、高度为15米的液体火箭助推器，使我国运载火箭近地轨道运载能力达到9.5吨。增加的助推器一般称为半级，所以长征二号E是两级半火箭。该箭全箭长49.7米，第一、第二级直径为3.35米，卫星整流罩最大直径为4.2米，起飞质量为460吨。

长征二号E的研制成功，使我国首次突破助推火箭的并联和横向分离技术及力学环境预测和控制技术等新技术，首次研制成功了推进剂利用系统和大型发射台等36项关键技术。这不仅大大增强了我国低轨道和地球同步转移轨道的运载能力，也为我国运载火箭进入国际市场起到了重要的推动作用，更为此后实施的中国载人航天工程奠定了坚实基础。

不过，在实际发射中，长征二号E并未单独发射过，所有发射都是携带近地点发动机上面级。上面级和卫星都装在整流罩内，可将3吨以上的有效载荷送入地球同步转移轨道，曾用于发射澳大利亚和美国等国的大型通信卫星。

虽然长征二号E现已退役，但对此后中国的运载火箭发展起到了重要的推动作用。长征二号E的研制过程很不平凡。1987年下半年，航天一院提出了长征二号E的总体方案，而此时的国际市场上，美国休斯公司研制的第二代通信卫星已初见端倪，希望使用中国的长征二号E发射该公司制造的通信卫星。1988年9月，航天一院确定了长征二号E的技术方案。两个月后，中美双方正式签订了用中国长征二号E发射美国休斯公司制造、澳大利亚澳赛特公司经营的两颗卫星的合同。1989年2月，国务院正式下文，将这项研制任务列为国家重点工程。

长征二号E继承了以往的成熟技术，从批准立项展开研制工作到第一发火箭竖在发射台上，只用了18个月，这在当时是史无前例的。在有限的时间里，研制人员在以往成熟的技能基础上提出多种方案，采用并联式、提高发动机比冲、增加芯级长度和采用推进剂利用系统等4项措施大幅度提高运载能力。为了给控制系统提供火箭模态的数据，经过拼搏，仅用12个月就建起地下深10米、地上高51米的全箭振动塔，比正常施工周期缩短一年多。另外，只用14个月，就于1990年4月在西昌卫星发射中心建成了新发射工位。

1990年7月16日，长征二号E第一次发射就将一颗澳赛特卫星模拟星和一颗巴基斯坦科学卫星送入预定轨道。这次发射不仅验证了火箭设计方案的正确性，也充分考核了火箭与西昌卫星发射中心新建发射工位和发射系统之间的协调性，标志着中国已经掌握了火箭并联技术。

1992年3月22日，长征二号E首次发射澳赛特-B1通信卫星，由于第一级控制系统程序配电器故障，两台对称的助推器在正常点火后关机，发射中止，但卫星完好无损。该发火箭于同年8月14日再次发射，成功地将澳赛特-B1通信卫星送入了预定轨道。

图 2-3-8　澳赛特-B1 通信卫星转往发射场

1992年12月21日，长征二号E发射澳赛特-B2。发射后47秒时，卫星突然爆炸将整流罩炸开脱落。而在剧烈震动、重量突然减轻的情况下，长征二号E自动调整姿态后仍将该卫星爆炸后的剩余部分送入预定轨道。

1994年8月28日，长征二号E把澳赛特-B3送入预定轨道。至此，中美双方于1988年11月签订的发射澳星合同圆满完成。

1995年1月26日，长征二号E在发射美制亚太二号通信卫星时发生爆炸，星箭俱毁。经过一系列整改，长征二号E走出阴霾，于同年11月28日和12月28日先后将亚洲二号和艾科斯达一号两颗通信卫星送入预定轨道。截至1995年底，长征二号E共进行了7次发射，失败2次。此后，长征二号E退役。

五、长征二号F

20世纪90年代初，为了实施载人航天工程，我国决定在长征二号E的基础上，开始研制专门发射载人飞船的运载火箭长征二号F。

从1992年9月中央批复载人航天工程立项到1995年6月，历时33个月，作为该工程重要系统之一的长征二号F的研制突破了故障模式和逃逸判据、故障检测处理系统方案、采用冗余技术双回路的三轴稳定平台等多项关键技术；从1995年6月至1997年12月，初样研制历时30个月，完成了箭体结构静力试验、各电气系统综合试验、控制系统仿真试验等重要的系统级试验，并完成了电气系统匹配试验、发火试验、整流罩分离试验等大型地面试验，对火箭总体和分系统方案进行了全面验证。1997年6月，长征二号F进入试样研制阶段。1998年3月，发射场、火箭完成了发射场技术合练；同年10月20日，成功进行了零高度逃逸救生飞行试验。

长征二号F采用的新技术达到55项，其中10项关键技术达到国际先进水平，创造了数个"国内首次"。例如，在国内首次研制、使用故障检测系统和逃逸救生系统；在国内首次采用"三垂一远"方式，从而减少了发射前的准备时间和发射人员的安全性；在国内首次研制、使用了大型多点调平的无级变速高定位精度活动发射平台；在国内首次研制全冗余控制系统；在国内首次全面开展软件工程化；等等。

长征二号F是我国第一种载人运载火箭，由航天一院抓总研制，1999年11月20日首发成功。其发射载人飞船状态时的近地轨道（近地点200千米，远地点400千米，倾角约42°）运载能力为8.1吨，发射空间实验室状态时的近地轨道运载能力为8.6吨。到2023年5月30日，它已成功发射了16艘神舟系列飞船和2座天宫空间实验室，发射成功率达100%，使我国成为世界上第三个掌握载人运载技术的国家，标志着中国的载人航天工程跨出了坚实的一步，为后续的载人航天飞行开创了良好的局面。

图 2-3-9　准备为长征二号 F 吊装逃逸塔

长征二号F以长征二号E为基本型，为两级半构型，即芯一级并联4个助推器，由芯一级、芯二级、4个助推器、整流罩和逃逸塔等组成。火箭全长为58.34米，起飞质量为479.8吨，芯级直径为3.35米，4个助推器的直径各为2.25米，整流罩最大直径为3.8米，火箭的芯级和助推器均使用四氧化二氮作为氧化剂，偏二甲肼作为燃烧剂。

长征二号F的研制主要围绕提高可靠性和安全性，广泛采用了冗余设计，提高了元器件等级和筛选标准，保障原材料、元器件、工艺等的质量，使整个火箭仿佛脱胎换骨般牢靠。而解决逃逸系统、栅格翼焊接问题，强化故障检查分系统等一系列措施，使火箭的性能越发完善。箭体结构、动力装置、控制系统、遥测系统也进行了旨在提高可靠性的重新设计，并首次增加了火箭故障检测处理和逃逸系统，使火箭的可靠性达到约98%。其顶部装有一个类似避雷针的逃逸塔，可使航天员的安全性

图 2-3-10　长征二号 F 垂直转运至发射区

达到0.999 96（即该火箭平均发射10万次才可能有4次逃逸失败），从而在功能、性能、可靠性和安全性方面全部达到了载人运载火箭的要求。

位于火箭整流罩顶部的逃逸系统主要用于火箭在起飞前900秒到起飞后120秒

图 2-3-11　顶部装有逃逸塔的长征二号 F 发射神舟载人飞船

内，如果火箭发生故障威胁到航天员的生命安全，可把飞船拽着迅速脱离火箭，帮助航天员脱离险境。

新增加的故障检测处理系统有两个主要任务：一是检测火箭的重要参数，判断火箭故障，出现故障时向有关系统发出逃逸指令和中止飞行指令；二是航天员逃逸时完成逃逸飞行器的时序控制和火工品配电。它检测火箭的重要飞行参数，并按事先确定的故障模式自动进行故障判别，如果发现故障即向火箭有关系统和飞船发出逃逸指令和中止飞行指令。

新增加的逃逸救生系统的任务是当运载火箭抛弃整流罩前发生重大危险，威胁到航天员的生命安全时，能使航天员脱离危险区，并为航天员的返回着陆提供必要的条件。在逃逸系统的工作范围（起飞至整流罩分离）内，逃逸模式分为两种，即有塔逃逸模式（模式1）和无塔逃逸模式（模式2）。模式1适用于火箭飞行0～120秒，模式2适用于火箭飞行120～200.87秒。

在火箭飞行过程中，逃逸系统接到来自故障检测处理器或者地面发出的逃逸指令后，迅速将飞船的返回舱和轨道舱带离危险区，并利用飞船的返回着陆系统完成逃逸救生任务。我国火箭工程师根据不同时段，全面设想了310种火箭故障模式，并对发生概率最高的11种故障模式进行成千上万次的飞行仿真试验，确保火箭起飞前900秒和起飞后120秒内万一发生故障，能实施自动逃逸和地面指令逃逸。

为了保证航天员的安全，火箭的外测安全系统取消了姿态自毁功能，提供了地面遥控逃逸指令上行通道。为保证火箭飞行稳定性、赢得逃逸时间和提高逃逸成功率，火箭增加了尾翼，它安装在助推器的尾段。

另外，长征二号F还采用了在总装厂房垂直总装测试、船箭组合体在活动发射平台上垂直整体运输、在测试发射楼对发射塔架上的火箭进行远距离测试和发射控制（即垂直总装、垂直运输、垂直测试）的方式，这样就大大节省了发射的准备时间，提高了发射的安全性。

综上所述，我们不难看出，长征二号子系列运载火箭的发展是循序渐进的。例如，以长征二号C为基础，增加一个上面级分配器便成了长征二号C改进型运载火箭，增加采用液氢/液氧发动机的第三级便成了长征三号，再经过"上改下捆"的改型设计，就成了长征三号A系列。

采用这种基本型、系列化的办法，简化了设计，缩短了研制周期，提高了可靠性，节约了资金。这是中国运载火箭研制过程中的宝贵经验，也是今后进一步发展通用化、系列化、组合化的基础。

图 2-3-12　2022 年 11 月 29 日发射的长征二号 F 遥十五火箭

2022年11月29日发射的长征二号F遥十五火箭是新批次长征二号F和全新的地面设备首次应用于载人发射任务。较上一发火箭，遥十五进行了起飞时间偏差修正、遥测系统发射机和导航接收机等技术升级，启用了全新的地面设备，并开展了45项技术状态改进，可靠性指标提升至0.989 5，安全性指标达0.999 96，可确保火箭准时发射、稳定飞行、精确入轨，从而圆满完成发射任务。

第四节　长征三号

航天一院于1977年开始陆续研制、发射的长征三号子系列运载火箭主要用于发射地球静止轨道卫星，也可用于近地轨道、太阳同步轨道以及飞往月球等深空探测有效载荷的发射。它们包括长征三号、长征三号A、长征三号B和长征三号C，基本上都在西昌卫星发射中心发射，是我国商业应用发射的大型主力运载火箭系列之一。它们个个都是"美男子"，因为其身材修长，体态优美。

长征三号系列运载火箭的主要特点：它们都是三级液体运载火箭，且第三级都采用低温的液氢/液氧作推进剂，第三级的贮箱都是低温共底贮箱；第三级发动机可以多次启动；可以直接将有效载荷送入地球同步转移轨道，因而称得上是登高英雄。

一、长征三号

1974年9月，为完善我国的通信系统建设，我国决定为发射地球静止轨道通信卫星研制长征三号串联式三级液体运载火箭，它是我国研制的第一种地球静止轨道运载火箭。当时确定卫星通信工程的运载火箭采取以长征二号为基础，加常规三级和液氢/液氧三级两种方案同时并举。

1975年3月，长征三号经国务院批准立项。1976年4月，七机部决定采用第三级以液氢/液氧发动机为主要方案的运载火箭发射通信卫星。1977年10月，国防科委、七机部在北京召开该工程研制任务落实会议，明确长征三号的总体设计及第三级火箭的研制由航天一院负责。1978年3月，航天一院完成了火箭总体方案设计，其第一、第二级以长征二号为原型进行修改设计，第三级采用液氢/液氧低温高能推进剂，首要任务是发射我国第一颗试验通信卫星。

图 2-4-1　长征三号准备发射东方红二号试验通信卫星

长征三号的最大特点是第三级采用了以液氢/液氧为推进剂的火箭发动机。这种发动机性能优越，推力大，燃烧产物安全无毒，但液氢/液氧燃料的沸点低、易燃易爆，而且要解决在高真空环境下二次启动的问题，更增加了研制工作的艰巨性。

早在1965年，承担液氢/液氧发动机研制的技术人员就展开了相关探索和预先研究，并不断取得阶段性成果。自1980年起，技术人员陆续攻克了超低温高速轴承强度、液氢动密封、涡轮泵次同步共振等关键技术问题，并于1982年成功进行3次试车，突破了发动机的强度关。此后，他们又针对发动机试车中出现的"喷火—熄火—喷火—熄火"这种会导致火箭飞行失稳的严重问题进行大量分析和试验，终于在1983年5月第一次全系统试车时使"缩火"现象完全消失。长征三号第三级的发动机，是中国自行研制的第一台液氢/液氧发动机，其研制成功使中国的液体火箭发动机技术跃升一个新的水平，为长征三号的成功发射打下了坚实基础。

长征三号长44.56米，第一、第二级直径为3.35米，第三级直径为2.25米，整流罩有A、B两种型号，A型直径为2.6米，B型直径为3米，全箭起飞质量为204吨，地球同步转移轨道运载能力为1.5吨。该火箭其实是在长征二号C的基础上，加装了以液氢/液氧为推进剂且具有高空二次启动能力的低温上面级。

1984年1月29日，西昌卫星发射中心用长征三号进行了试验通信卫星的首次发射，其第一、第二级工作正常，第三级液氢/液氧发动机的第一次点火和关机也很正常，但第二次点火后3秒，发动机失去推力，未能将卫星送入预定轨道。针对这一问题，研制人员和发射试验人员紧密配合，仅用70天就准确找到了故障原因，在待发射的第二枚火箭上采取了三项措施。

1984年4月8日，第二发长征三号发射成功，将东方红二号试验通信卫星准确送入预定的地球同步转移轨道。这使我国成为世界上第三个掌握低温高能推进技术和第二个掌握低温发动机高空2次点火技术的国家。长征三号研制成功，表明中国掌握了火箭低温推进技术，具备了发射地球静止轨道卫星的能力。

1990年4月7日，长征三号首次执行国外卫星发射任务，成功发射了美国研制的亚洲一号卫星，实现了我国火箭国际商业发射服务零的突破，标志着我国运载火箭技术进入成熟和实用阶段。为此，研制人员曾根据卫星的技术要求，对长征三号进行了5项重大修改设计，例如，加长整流罩，改用无污染爆炸螺栓等。

1994年7月21日，长征三号又成功发射亚太一号通信卫星，这是继1990年成功发射亚洲一号之后第二次为国外用户服务。截至2000年6月，长征三号运载火箭共发射13次，其中成功10次，失败的3次均源于第三级的液氢/液氧发动机，成功率仅为77%，2000年6月25日成功发射风云二号B星之后，长征三号正式退役。

长征三号首次采用液氢/液氧作为火箭推进剂，首次实现了火箭的多次启动，首次将有效载荷送入地球同步转移

图2-4-2 长征三号发射亚洲一号卫星

轨道，首次发射了国外研制的卫星，因此它是中国火箭发展史上的一个重要里程碑。

二、长征三号A

长征三号的推力较小，不利于大型卫星或"一箭双星"的发射。为更好地满足卫星通信事业的需要以及开拓国际卫星发射市场，航天一院在长征三号的基础上研制了长征三号A运载火箭。

1986年2月28日，航天部向国务院上报了《关于加速发展航天技术的报告》，提出开展长征三号A运载火箭、东方红三号通信卫星、风云二号气象卫星、资源一号卫星的研制。1986年3月31日，国务院批准了航天部提出的这个规划，明确长征三号A的首要任务是发射东方红三号，并要求在20世纪90年代，将长征三号作为我国运载火箭的一种基本型，完成系列化和商业化，进入国际商业发射市场。为此，航天部、国防科工委决定，对航天一院上报的长征三号"上改下捆"改型方案分两步实施，先进行"上改"，即在长征三号的基础上研制新的高性能液氢/液氧发动机第三级，命名为长征三号A；下一步进行"下捆"，以长征三号A为芯级，并联四枚液体助推器，命名为长征三号B。

长征三号A是在长征三号的基础上，攻克了4项关键技术难关而研制出来的：一是第三级采用经改进的第三级低温发动机，即重新设计的、大直径为3米的YF-75大推力液氢/液氧发动机，其可靠性达到97%；二是攻克了动调陀螺四轴平台，这是当时我国在火箭惯性器件方面的一项重大突破；三是研制出高难度的冷氦加温增压系统；四是研制出低温氢气能源双向摇摆伺服机构，采用低温氢气气动机作为伺服机构的一次能源这一技术在国内是首创，在国外也未见到先例。此外，它还采用了许多其他先进的技术，如数字化、小型化的控制系统和低温推进剂利用系统技术等。

图2-4-3　准备发射嫦娥一号月球探测器的长征三号A运载火箭

长征三号A长52.5米，第一、第二级直径为3.35米，第三级直径为3.0米，起飞质量约243吨，主要用于发射地球同步轨道卫星，可将2.6吨有效载荷送入地球同步转移轨道。经过8

年的艰苦鏖战，1994年2月8日，长征三号A首次发射成功，把实践四号科学探测卫星和夸父一号模拟卫星送入预定轨道。1997年5月12日，长征三号A再次成功发射东方红三号通信卫星，卫星入轨后运行正常。此后，它主要承担了多颗中星系列通信卫星、北斗系列导航卫星、风云二号系列静止轨道气象卫星和嫦娥一号月球探测器等航天器的发射任务。

2000年10月31日，发射第一颗北斗一号导航卫星时，技术人员对长征三号A的关键系统进一步采用了冗余技术等可靠性措施，对动力系统的某些技术参数作了适应性修改，从而提高了可靠性。

2004年10月19日，发射中国第一颗业务型静止轨道气象卫星风云二号时，技术人员为提高火箭的可靠性，又采取多项改进措施，包括首次采用了激光惯性测量组合技术。

2007年10月24日，发射我国首颗月球探测器嫦娥一号时，技术人员对长征三号A也作了一些适应性改进，例如，采用了远距离通用测发控系统总体设计，以实现集中控制、统一管理、信息资源共享的一体化设计目标；采用了激光惯性测量组合技术，标志着我国激光惯组总体设计技术取得新突破；采用了控制系统的系统级冗余技术；等等。到2022年6月，长征三号A已发射约30枚，成功率为100%。

2007年底，长征三号A被中国航天科技集团授予"金牌火箭"称号，成为继长征二号C改进型之后中国第二个"金牌火箭"。

三、长征三号B

为更好地服务国际发射市场，开发运载能力更大、性能更好、适应性更强的运载火箭，1989年7月，推力更大的长征三号B运载火箭的总体方案设计全面展开。1992年4月24日，中国长城工业公司与国际通信卫星组织在美国华盛顿草签了用长征三号B发射国际通信卫星-708合同。这是长征三号B在国际市场赢得的第一个合同，也是长征系列运载火箭第一次被国际上极具权威的卫星商选用。根据合同，国防科工委于1993年2月1日正式批准长征三号B立项研制。

航天一院抓总研制的长征三号B在长征三号A的第一级上并联了4个液体助推器，而且第二级加长，增加了20吨推进剂，直到2023年它仍是我国发射高轨道航天器的主力火箭。它成功运用了模块化组合设计，芯级基本上与长征三号A完全相同，而助推器及其并联结构则与长征二号E基本相同。

长征三号B共有两种构型，即标准型和改进型，其标准型地球同步转移轨道运载能力分别为5.1吨和5.5吨。长征三号B标准型长56.5米，芯一级、芯二级直径为3.35米，芯三级直径为3.0米，单个助推直径为2.25米，起飞质量约456吨；改进型的主要变化是对芯一级和助推器加长，提高了运载能力。它们都主要用于发射地球同步转移轨道的大型卫星，也用于发射嫦娥三号和嫦娥四号月球探测器。

图 2-4-4　打造中的长征三号 B

　　长征三号B经历了曲折的发展。1996年2月15日，长征三号B进行首次发射，运送国际通信卫星-708升空。在起飞2秒后，长征三号B飞行姿态出现了异常，以很大的负俯仰角和负偏航角向右前方快速倾倒。22秒后，火箭撞在发射场附近的山坡上，发射惨遭失败。调查分析表明，发射失败的原因是控制系统惯性基准发生变化。

　　此后，长征三号B的设计师们完成了44项256条改进措施，开展了12个方面的119次地面试验，进一步提高了火箭的可靠性和整体性能。1997年8月20日，长征三号B成功发射了美国为菲律宾制造的"马步海"通信卫星。此后，又成功发射了鑫诺一号、亚太星二号R、中卫一号、委内瑞拉卫星一号、中星十一号、亚太九号、天通一号等多颗国内外通信卫星，还把不少北斗导航卫星送入太空。

　　除了标准型以外，为了满足发射需求，长征三号B还多次改型，主要是在标准型基础上将芯级和助推器加长，使地球同步转移轨道运载能力有所提升。改型包括改一型、改二型、改三型、改三Z型、改三Z型/远征一号（改三Z型+远征一号）和改五型等。其中，改一型曾以"一箭双星"方式发射北斗二号中圆轨道卫星；改二型曾发射尼日利亚通信卫星一号、嫦娥三号和嫦娥四号月球探测器；改三型曾发射中星一号；改三Z型曾以"一箭双星"方式发射北斗三号中圆轨道卫星；改三Z型/远征一号是在改三Z型火箭的基础上，加装了远征一号上面级，形成了一个四级火箭，曾以"一箭双星"方式把北斗三号中圆轨道卫星直接送入最终轨道；改五型曾发射高分十四号卫星。

　　长征三号B改三型运载火箭在发射嫦娥三号、嫦娥四号落月探测器时，直接把它们送到了地月转移轨道，这与以往的将通信卫星发射至地球同步转移轨道有较大不同。同时，此次发射任务的精度要求也较高，最终经过分析和论证，长征三号B采用了双激光惯组加卫星导航修正的复合制导技术，大幅度提高了入轨精度。

　　2022年4月15日，长征三号B在西昌卫星发射中心将中星六号D卫星顺利送入预定轨道。本发火箭主要从3个方面进行了技术优化。一是统型设计：火箭助推器捆绑连杆及防护罩与长征二号F运载火箭统型设计，提高了强度和安装效率；速率陀螺同长二丙运载火箭保持一致，增强箭上产品通用化水平。二是软件升级：结合以往飞行数据，对发射场诸元设计系统等软件进行了优化，实现了数据自动计算、传递，有效避免了人为差错。三是工艺改进：对火箭动力系统实施两项工艺优化，进一步提升产品可靠性。另外，通过岗位再融合，人员精简1/4。例如，以往结构总体、地面总体和仪器电缆安装总体分属3个岗位，经过新一轮岗位融合升级，现在变为由1人承担。这种"一挑多"模式，减少了日常发射场技术支持所需的人手，让设计师系统能将更多精力投入创新设计。后续，这项工作还将推广应用到新一代运载火箭试验当中，推动发射场工作向高质量、高效率、高效益目标发展。

　　2022年7月13日，长征三号B成功发射了天链二号03星。本发火箭主要有3项技术状态变化，研制人员对控制系统、测量系统的电池加温电路以及时序测试仪进行了优化，进一步提高可靠性。研制团队提前开展了发射场地面设备恢复阶段检修工作策划，在常规检查项目基础上，增加了电缆网信号检查、地面电源检查等严检项目，确保地面设备在检修完成后满足后续发射任务要求。截至2022年11月5日，长征三号B已发射了86枚。

四、长征三号C

　　2008年4月25日首飞成功的长征三号C运载火箭在长征三号A的第一级上并联2个助推器，是我国第一种非全对称火箭。该火箭长56.5米，芯一级、芯二级直径为3.35米，芯三级直径为3.0米，单个助推直径为2.25米，起飞质量约345吨。其地球同步转移轨道运载能力介于长征三号A（2.6吨）和长征三号B（5.5吨）之间，为3.9吨。长征三号C与长征三号B的芯级和单个助推器状态完全相同，主要差别体现在3个方面：只并联了2个助推器；取消了助推器上的尾翼；在第一级尾段安装了2片尾翼。

　　其实，早在长征三号A研制之初，航天一院便开始着眼于未来发射市场的需求，树立打造"家族"系列火箭的理念。1995年3月17日，长征三号C正式立项研制，后由于1996年长征三号B首飞失利，正在进行的长征三号C的研制工作中断达2年之久。1998年，长征三号C研制工作重启，型号队伍在设计文件、元器件、原材料、工艺等方面精益求精，严格控制火箭质量。2001年8月23日，经中国航天科技集团专家组评审，长征三号C具备投入使用条

图 2-4-5　长征三号 C 运载火箭发射嫦娥二号月球探测器

件，可以转入应用发射阶段。

　　研制长征三号C填补了我国高轨道运载能力的空白，真正形成火箭运载能力系列化，构成了我国高轨道运载能力最大、适应性最强的火箭群体，可以防止"大马拉小车"，降低成本，也使我国高轨道运载能力的分布梯度更加合理，提高了在国际卫星发射服务市场的竞争力。同时，非轴对称构型运载火箭的设计也开辟出一条新的发展之路。长征三号C先后发射了天链一号中继卫星、北斗导航卫星、嫦娥二号月球探测器等航天器。其中，为了适应嫦娥二号月球探测器的技术要求，研制人员对制导系统和姿控系统的各项设计参数进行了适应性修改，完成了三级发动机预冷程序，以适应不同发射窗口、不同滑行时间的需求。此外，还对整流罩透波口位置进行了适应性更改，对部分线路进行了改进设计，提高了控制系统电缆网的可靠性。

　　总之，长征三号A系列的三种运载火箭充分实现了模块化、系列化以及整体优化设计，相互间的继承性很好、共用性强，这为该系列运载火箭良好的可靠性、经济性奠定了重要基础。该系列近地轨道运载能力达到10吨级，是我国第二代运载火箭。

第五节　长征四号

　　航天八院于1979年开始研制的长征四号子系列运载火箭包括长征四号A、长征四号B和长征四号C等，它们都是采用四氧化二氮/偏二甲肼作推进剂的三级常温运载火箭，主要用于在太原卫星发射中心发射各种极轨卫星或太阳同步轨道卫星，已发射多颗资源和高分系列陆地卫星、风云一号和风云三号系列气象卫星、海洋一号和海洋二号系列等海洋卫星。

一、长征四号A

　　1988年9月7日和1990年9月3日，长征四号A连续两次成功将风云一号卫星送入预定轨道，使中国成为世界上第三个能够独立发射太阳同步轨道卫星的国家。

长征四号A是在用于发射近地轨道卫星的风暴一号两级运载火箭的基础上研制的三级常温运载火箭，全长为41.9米，第一、第二级直径为3.35米，第三级直径为2.9米，起飞质量为241吨，600千米高太阳同步轨道运载能力为2.5吨。

长征四号A第一、第二级由风暴一号火箭第一、第二级改进而成，包括改进研制了大推力的第一级发动机YF-21B，提高了推力；第一级贮箱加长了4米，从而多加注40吨推进剂；新研制的第三级采用了我国首次研制的可双向摇摆发动机YF-40发动机、双向摇摆伺服机构、直径为2.9米高强度铝合金单层薄壁三级共底贮箱、全程常温氦气定压力增压等技术。

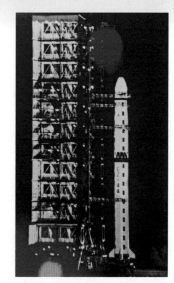

图2-5-1　整装待发的长征四号A

图2-5-2　长征四号B发射时剥落的碎片是泡沫保温层

二、长征四号B

1989年2月，航天部决定，为了发射质量更大的资源一号等卫星，让航天八院在长征四号A的基础上发展运载能力更大的长征四号B。长征四号B全长约47.9米，第一、第二级直径为3.35米，第三级直径为2.9米，起飞质量约249吨，600千米高太阳同步轨道运载能力为2.65吨。

为此，航天八院在长征四号A的基础上进行了多项技术改进。例如，为了满足不同卫星包络要求，新研制了直径分别为2.9米、3.35米、3.8米的三种卫星整流罩；改进了箭体结构部段设计；第三级增压输送系统采用新研制的两级减压系统，从而提高了抗高压冲击能力和增压系统的可靠性；为了适应星罩组合体垂直运输的需要，新增了第三级过渡段；为了满足多星发射要求，新研制了搭载舱组合体、副星适配器及包带连接解锁装置；等等。另外，改进了控制、遥测系统，从而减轻了质量，简化了系统，提高了火箭入轨精度和数据传输性能以及火箭外弹道测量精度和可靠性；为了进一步提高发动机比冲，从而提高火箭的运载能力，第二级主发动机采用大喷管状态；为了提高发动机工作的可靠性，第三级采用在YF-40发动机基础上改进研制而成的YF-40B发动机；为了使发射基地的卫星发射任务实现远距离测试发射指挥的现代化，把中国运载火箭的测试发射技术提高到一个新的水平，采用远距离测发模式；为了消除第三级在轨解体的危险，第三级增设了剩余推进剂排放系统。

1999年5月10日，首枚长征四号B成功发射了风云一号C星和实践五号卫星；此后，长征四号B又成功发射了资源一号、风云一号、资源二号等卫星。截至2022年10月，长征四号B已完成50次左右的发射任务。

三、长征四号C

20世纪90年代末期，随着卫星平台的不断增大，对火箭运载能力的需求越来越迫切。为此，1999年3月，航天八院启动了对长征四号B的改进研制工作，以再次提高火箭的运载能力和"一箭多星"的发射能力。2007年4月，采用第三级发动机二次启动技术状态的长征四号B运载火箭被命名为长征四号C。

长征四号C仍是采用常温推进剂的三级火箭，全长约47.9米，第一、第二级直径为3.35米，第三级直径为2.9米，起飞质量约249吨，600千米高太阳同步轨道运载能力为3.1吨，700千米高太阳同步轨道运载能力为30吨。它有多项技术改进，例如，第三级采用的YF-40A发

图 2-5-3　2021 年 11 月 23 日，长征四号 C
成功发射高分三号 02 星

动机具备二次启动能力；为保证可靠二次点火，第三级采取推进剂管理措施；为适应第三级发动机两次工作，改进了增压输送系统；为适应第三级发动机两次启动推进剂管理的要求，姿控发动机新增加一个25升式贮箱及相应的管路和支架，两贮箱采用并联工作模式；改进了控制、遥测系统，以适应新的轨道和测控要求。

2006年4月27日，首枚长征四号C成功发射遥感一号卫星，创造了二次启动首飞成功的国际先例。到2022年11月底，长征四号C已完成近50次发射任务。

2022年6月27日，长征四号C遥四十六运载火箭在酒泉卫星发射中心点火升空，成功将高分十二号03星送入预定轨道。本发火箭首飞新状态多，例如，为了适应高密度发射，型号首次应用了发射场流程优化、可自主识别射向的全自主对准技术；首次在酒泉卫星发射中心应用了数字增压控制、外安新研设备，实现了酒泉和太原卫星发射中心的统一。2023年4月16日，长征四号B遥四十八成功将风云三号G星送入预定轨道。

第六节　远征系列

被称为"太空摆渡车"的上面级是一种能够进一步将航天器从准地球轨道或地球轨道送入预定工作轨道或预定空间位置的小火箭。它可多次启动，工作时间长，能先后把不同"乘客"送到不同的最终目的地，大大增强了我国运载火箭的任务适应性。

2015年，我国首个自主研发的四级半火箭——长征三号C/远征一号首飞，成功发射了北斗导航卫星。它是在原本三级半的长征三号C上面增加了一级——远征一号上面级，从而变成四级半火箭。以往的三级半火箭只能将卫星送至地球同步转移轨道，即发射轨道是椭圆形的，此后卫星需要自己变轨为圆形轨道。而采用改进后的四级半火箭则可以直接将卫星发送至距离更为遥远的目标轨道，卫星不需要再变轨了，从而能大大节省燃料，甚至取

图 2-6-1　远征一号上面级模型

消卫星上的远地点发动机。一般的三级半火箭只能飞行0.5小时左右，而装有上面级的四级半火箭可飞行6小时左右，能飞到几万千米的外太空。

2016年6月，我国长征七号首飞成功，它装有远征一号A上面级。该上面级通过多项技术改进升级，性能大幅提升，它的在轨飞行时间从6.5小时延长至48小时，主发动机由可以2次启动增加至20次启动，分离次数也由1次增加至7次。所以，它通过多次点火工作，可适应更多复杂的飞行路线，可把更多的"乘客"送到不同的地点，变轨能力大大增强了，拓展了摆渡车的服务功能。

2016年11月，长征五号首飞成功，它装有远征二号上面级。与远征一号上面级相比，远征二号上面级对发动机的推力稳定性和双机推力同步性要求更为严格，热环境、电磁环境更为复杂。

在上述远征上面级家族中，远征一号上面级是基本型，主要针对中高轨的直接

图 2-6-2　远征三号上面级飞行示意图

入轨任务，只有2次启动能力。远征一号A上面级实现了多次启动、长时间在轨，可完成不同轨道的多星部署，被称为"升级版太空摆渡车"。远征二号上面级有2台发动机，运载能力更大，可执行高轨多星的直接入轨任务，被称为"增强型太空摆渡车"。

2018年，长征二号C与远征一号S上面级携手，成功将遥感三十二号01组2颗卫星精准送入预定轨道。该上面级是专门为满足中低轨、短时间的发射需求而研制的一型产品，主要与直径为3.35米的火箭组合完成短时间飞行的发射任务。它执行任务时间短，与基础级分离完成后马上点火加速，整个飞行任务基本上在1小时以内。

我国还研制了更先进的远征三号上面级，可进一步提高上面级任务的适应性。远征三号是由航天八院抓总研制的常规推进剂通用空间轨道运输器，目前主要与长征二号D配合使用，采用"一箭多星"的方式实现不同轨道多颗卫星的快速部署或星座组网部署，亦可有效提升运载系统的运载能力，具有"自主机动、快速部署"的特点。2018年12月，远征三号首飞取得圆满成功。

第七节　长征六号

从2015年首次发射长征六号起，我国开始陆续发射新一代，即第三代小型、中型和大型运载火箭。我国新一代运载火箭的命名也是按立项时间先后排序的，其中长征五号是最先立项的新一代运载火箭，但由于它技术最为复杂，不是最先发射的，所以长征六号是最先发射的我国第三代运载火箭，然后是长征十一号、长征七号、长征五号、长征五号B、长征七号A、长征八号、长征六号A运载火箭。第三代运载火箭的最大特点是使用低温无毒推进剂，其中的长征五号、长征五号B近地轨道运载能力为25吨。我国第一代长征运载火箭是从战略导弹的直接改型，解决了运载火箭从无到有的问题；第二代长征运载火箭主要指长征三号A系列，采用常温有毒燃料，近地轨道运载能力最大达到10吨级；第三代长征运载火箭采用低温无毒燃料，近地轨道运载能力最大达到20吨级；未来的第四代长征火箭采用可重复使用方式，近地轨道运载能力最大达到100吨级。

一、长征六号

2015年9月20日，我国在太原卫星发射中心成功发射了首枚第三代运载火箭长征六号，成功将20颗卫星送入预定轨道。它也是我国第三代小型固体运载火箭。这标志着我国长征系列运载火箭家族再添新成员。

由航天八院抓总研制的长征六号于2009年8月正式批复立项。它采用了

图2-7-1　长征六号水平整体运输

全新的总体方案、结构形式、动力系统和电气系统，自主创新成果达几十项。其发射可靠性提高到0.98，达到了国际先进水平。该火箭首次采用高压补燃循环无毒无污染液氧/煤油

发动机、"三平"（水平整体测试、水平整体星箭对接、水平整体运输起竖发射）测发模式，成功突破了高精度控制技术、氧箱自生增压技术、燃气滚控技术、箭地一体化快速测发技术等一系列关键技术，并按照"通用化、组合化、系列化"的设计思路，可进一步提高运载能力，有效提高国际商业发射市场竞争力。这标志着我国在运载火箭现代化、模块化方面迈出了坚实一步。它的研制成功，填补了我国无毒、无污染运载火箭的空白，对于完善我国运载火箭型谱、提高火箭发射安全环保性、提升进入空间能力具有重要意义。

作为长征六号系列运载火箭中的基本型，长征六号是全新的三级液体火箭，全箭总长约29米，起飞推力1188千牛，起飞质量约103吨，可将1吨的有效载荷发射到700千米高太阳同步轨道，主要用于满足微小卫星发射需求，支持单星发射、多星发射、星座的组网和补网发射。它具有推力大、无毒无污染、发射准备时间短等特点。

长征六号第一级直径为3.35米，采用了1台首次使用的、最大推力为120吨的高压、大推力、无毒无污染的YF-100补燃循环液氧/煤油发动机，这也是该火箭的最大特点，并为我国后续采用120吨液氧/煤油发动机的长征五号、长征五号B、长征六号A、长征七号、长征七号A和长征八号等新一代中型和大型运载火箭发展奠定了基础。其第二、第三级直径均为2.25米，分别装有1台180千牛的YF-115液氧/煤油发动机和1台6.5千牛的YF-50E常温推进剂发动机。

图2-7-2　长征六号起竖准备发射

为了获得更大的运载能力，长征六号采用了一系列全新的设计方案，其中最大的亮点是采用了独特的发动机氧箱自生增压技术。火箭飞行中需要不断对发动机氧箱进行增压，如果用传统设计，需要额外增加独立的增压气瓶，这样会增加火箭的质量。而自生增压方案是利用发动机燃气发生器的富余氧气返回贮箱中为第一级氧箱进行增压，即可为火箭减少12个单独的增压气瓶以及一整套冗余增压系统，这样不仅能简化结构、增加可靠性，也可以大大减轻质量，在国际上还是首创。但是该方案从未有过应用先例，所以一开始受到了专家质疑。为此，上海航天部门组织开展了大量试验和攻关，充分验证了方案可行性，并通过热试车有效验证了增压系统的工作性能，仅增压输送系统就申请了16项专利。

此外，长征六号还创造性地使用了发动机燃气滚控系统，即利用第一级发动机涡轮泵后引出高温高压富氧燃气，与发动机一起对火箭进行滚动姿态控制，以保证火箭飞行过程中的姿态稳定，这在国际上属于首创。

在传统技术中，运载火箭在执行发射任务前都需要分段运输至发射场，再在发射塔架上完成各级火箭的垂直吊装总装和测试。而长征六号针对后续卫星发射的需求，对现役运载火箭的测发模式进行了一次彻底的变革，创造性地采用了"三平"测发模式，即运载火箭在水平状态下在厂房内完成全箭总装和测试，包括与卫星的对接，同时将整发火箭水平放置于专门研制的自行式整体运输起竖车上，由起竖车将火箭水平运输至发射工位，并完成水平对接、翻转起竖、垂直定位、燃料加注和发射等动作。整个过程一气呵成，大大简化了发射区操作时间和发射台占用时间。按照设计，采用"三平"测发模式的长征六号的发射准备周期仅需7天，有力适应了卫星发射低成本、短周期的需求。

长征六号现已投入商用。截至2023年6月20日，该火箭已完成11次发射任务。

二、长征六号A

2022年3月29日，航天八院抓总研制的长征六号A（又称长征六号甲或长征六号改进型）遥一运载火箭在太原卫星发射中心首飞，将浦江二号卫星和天鲲二号卫星准确送入预定轨道，发射任务取得圆满成功。2022年11月12日，长征六号A遥二火箭成功发射了云海三号卫星。

长征六号A的最大特点是在改进的长征六号第一、第二级的基础上并联了4个固体助推器，去掉了第三级，即采用两级半构型，大大提高了太阳同步轨道运载能力。

2015年9月20日长征六号首次发射成功后，面对我国航天事业高密度发射的增长趋势，航天八院抓总研制的现役型号都面临任务量密集、发射周期紧张、运载能力有限的局面，亟须研制一型具备更大运载能力、更强任务适应性的运载火箭。相关专家也指出，只有研制一枚运载能力更强、可靠性更高、性价比更优的新一代中型火箭，才能抢占先机，进一步提升我国进入太空的能力。

早在2010年初，我国就已正式启动长征六号A方案论证工作。综合技术发展趋势和国内研究现状，该火箭从论证之初便确定了采用固体捆绑的总体思路，即采用液体芯一级捆绑固体助推构型。因为航天界对运载火箭动力系统有一个共识，即液体发动机性能高、工作时间长，固体发动机推力大、工作可靠、使用维护简单，可以免去在发射场复杂的加注流程。同时，这也是国际中大型运载火箭的主流方案。当时，在我国现役运载火箭中，有单纯以固体发动机或液体发动机作为推力的运载火箭，但并联固体火箭助推器的研制尚属首次。

在论证初期，为了优化火箭的构型，研制团队针对不同的芯级级数、直径及发动机台数，固体助推器数量、直径、分段数等开展了方案对比论证，组合出的火箭构型有近百种。比如，针对是做两级半火箭还是三级半火箭，研制团队形成了两种不同的观点。他们本着技术民主的原则，展开过无数次激

图 2-7-3　并联了 4 个固体助推器的长征六号 A

烈的辩论：三级半火箭的运载能力更强，但成本更高；两级半火箭可靠性高、成本更低，但运载能力比三级半的小。随着论证工作不断深入，长征六号A的构型在团队一次次的"头脑风暴"中逐渐明朗起来。2017年1月，长征六号A的总体方案确定为两级半构型，即芯一级3.35米直径、使用2台YF-100液氧/煤油发动机，芯二级3.35米直径、使用1台YF-115液氧/煤油发动机，助推采用4台2米两段式固体发动机。2017年9月21日，长征六号A顺利通过由用户组织的立项评审。2018年10月，长征六号A正式立项。

与之前的长征六号相比，长征六号A有明显的继承性，也有鲜明的创新性。例如，动力系统的创新无疑是长征六号A最大的亮点。长征六号A芯一、芯二级直径为3.35米，芯一级采用2台120吨推力的液氧/煤油发动机，芯二级采用1台推力18吨的液氧/煤油发动机，但其芯一级并联了4枚航天四院研发的2米直径固体助推器，这在我国航天领域还是首次出现。4枚助推器共安装了4台两段式120吨推力固体发动机，采用2米/2分段式结构，由航天四院研制提供。火箭全箭总长约50米，起飞质量约530吨，700千米高太阳同步轨道运载能力不小于

4吨。

这型两级半构型火箭成为我国首型固液捆绑式运载火箭，4个固体助推器为全箭提供了近70%的推力。其优点是可以发挥固体和液体动力的综合优势。因为固体发动机结构简单、可靠性高，发射前无须加注推进剂、使用维护简单，易实现大推力，可长时间储存。采用固体助推器与液体芯级发动机组合的方式，可以充分发挥固体动力大推力和液体动力长时间、高比冲的技术优点，从而实现运载火箭动力系统技术性与经济性的完美结合。借助固体发动机的优势，长征六号A箭上管路系统减少55%，可实现固体助推器在发射场直接安装，并实现串并联火箭14天快速发射。

与常规的运载火箭不同，长征六号A发射时芯一级发动机先点火，4个固体发动机助推器再点火。这是因为固体发动机虽然工作可靠、使用维护简单，但"开弓没有回头箭"，一旦点火，将无法实施紧急关机；相反，火箭芯级采用的液体发动机，则可以通过关闭阀门等形式实现紧急关机。在一先一后点火间隙，留出了0.3秒的宝贵时间。这0.3秒要做一件事：完成芯一级动力系统的"健康诊断"。

在芯一级液体发动机点火后的2.5秒，健康诊断系统进入发动机诊断窗口。2.5秒至2.8秒，在短短的0.3秒内，这位"健康管家"需要在前期收集的大量数据基础上，对发动机的健康状况进行诊断：若监测到发动机存在问题，要在须臾间完成故障发动机自动紧急关机，确保固体助推器不再执行点火程序；在确保芯级液体发动机健康无虞的前提下，固体助推器才执行点火程序。

长征六号A配置了3套相同的健康诊断系统，对芯级液体发动机状态进行同时诊断，如果有2套及以上系统诊断同时判断故障存在，才会被认为是发动机故障。目前国内尚无在火箭发射中应用发动机健康诊断系统的先例，此次发射任务的成功进一步验证了健康诊断系统方案设计的正确性以及工程应用的可靠性。

固体发动机推力大，但本身存在推力全程不稳定的问题，不像液体发动机可以持续输出一条平稳的直线，而且捆绑在火箭4个方位的固体助推器，点火后也做不到完全"步调一致"，有的是"急性子"，有的稍微慢一点，这会对火箭产生一定的翻转力矩。为此，长征六号A采用了固体捆绑火箭三通道联合摇摆控制方案，将"液氧/煤油发动机+液压伺服机构"与"固体发动机+电动伺服机构"这种跨界混搭组合牢牢"拿捏"，确保火箭的平稳飞行。

在火箭飞行过程中，芯一级与固体助推器发动机在程序转弯过程中都要摆动，共同参加火箭的姿态控制，而两种发动机的特点不同、伺服机构的动态特性不同，则意味着芯级与助推器之间势必存在相互干扰，对火箭的稳定飞行带来不利影响。为此，长征六号A采用了联合摇摆控制方案，通过优化不同飞行阶段的摆角分配策略，克服了火箭在飞行过程中受到的诸多干扰。

在固体助推器与芯级分离的瞬间，火箭可能会面临"空中大刹车"的局面。为此，研制团队合理选择分离动力源并优化布局，结合分离时序等设计，消除了众多干扰因素对分离的影响，确保助推器分得开、分得稳。

2022年3月29日下午，在距离长征六号A起飞还有4个小时的时候，发射塔架上已无人影，而在距塔架几千米远的测控发射大厅里却是一派繁忙景象——试验队员正在有序推进火箭发射前的各项加注以及测试工作。无人值守是长征六号A带来的改变。与以往运载火箭发射不同，长征六号A发射前，工作人员会撤离发射塔架，所有工作都会在测控发射大厅对火箭进行远程控制，实现了我国在运载领域的三个"首次"：首次采用自动对接加注技术，可实现远程全流程推进剂自动加注；首次采用"零秒脱落"技术，火箭箭地连接器在起飞瞬间自动脱落；首次实现推进剂加注开始后，发射场前端无人员值守，有效保障了火箭发射任务的安全性。

人都撤走了，以前由人干的活现在交给了机器。加泄连接器是火箭在加注/泄出推进剂时，箭上系统与地面支持系统的连接设备。在常规的火箭发射流程中，加泄连接器一般是人工对接、自动脱落。在长征六号A发射流程中，芯一级的加泄连接器被升级为"智能机械臂"，可完成自动对接，实现了我国运载火箭的首次对接加注智能化。

长征六号A的芯二级加泄连接器、卫星整流罩空调送风连接器均可"零秒脱落"，也就是在火箭起飞的瞬间脱落。通过"结构简单、高可靠性的连接技术+多重冗余保障的分离方案+强制收回与捕获系统"配合，确保了"零秒脱落"的万无一失，为发射前4小时全体工作人员从发射塔架撤离提供了保障。"无人值守"让长征六号A的工作人员在发射前4小时撤离，相比常规的运载火箭发射流程提前了近3.5小时。

长征六号A有不少工艺的创新之处，例如，它采用了世界首个3.35米充液拉深超大超薄整体成型贮箱箱底。该箱底由一张直径为4.2米、厚度为10毫米的铝合金板通过充液拉深贮箱整体箱底成型技术生产制造而成，其特性是"超大+超薄"，这个工艺使箱底原本长达10米的焊缝消失得无影无踪，还能使箱底兼具强度、韧度。而传统火箭贮箱箱底是由一块块铝合金板材拼装、焊接而成。为了能让其拥有更强的"铁骨"、更轻的"体重"，长征六号A研制团队通过"以柔克刚"的充液拉深成型技术、"蛋壳上雕花"的镜像铣削技术、"专业防护"的快速防腐技术，提高了贮箱结构可靠性，制造效率提升了60%以上。

长征六号A整流罩是国内最大尺寸的4.2米全透波复合材料整流罩。研制团队应用了水平合罩的总装技术、线性分离的解锁方式，使整流罩的透波性、解锁可靠性得到了显著提高。该

图2-7-4　长征六号A首次升空

整流罩的全方向透波率达到了90%，无须再为每一颗卫星定制"专属"的透波口，简化了生产流程，让整流罩减重30%左右。同时，复合材料的低热导率让整流罩在低温的环境下也不需要使用传统火箭所需的保温层保暖。后续，航天八院将继续推进运载领域火箭整流罩产品复合材料替代化研制进程，实现3.35米、3.8米、4.2米的整流罩产品统型化应用。

第八节　长征十一号

为了满足高密度小卫星经济、快速发射的旺盛需求，中国航天科技集团自筹资金于2010年启动研制长征十一号固体运载火箭。其四级固体发动机均由航天四院负责研制，这是航天四院固体发动机首次进入运载火箭主动力系统。该火箭具有发射准备时间短、可靠性高、经济性好、适应多任务等特点，可执行应急以及日常军用、民用有效载荷的发射等任务，对固体动力技术的发展和领域拓展具有重要意义。

一、陆地发射

2015年9月25日，由航天一院抓总研制的长征十一号固体运载火箭从酒泉卫星发射中心成功发射，成功将用于开展航天新技术、新体制、新产品等空间实验的4颗微小卫星送入预定轨道。这标志着我国在固体运载火箭领域的关键技术取得重大突破，对于完善我国运载火箭型谱，提升进入空间能力具有重大意义。

长征十一号是我国新一代四级小型固体运载火箭，全长为20.8米，箭体直径为2.0米，重58吨，起飞推力为120吨，可把700千克的有效载荷发射到200千米高近地轨道，500千克的有效载荷发射到500千米高太阳同步轨道，350千克的有效载荷发射到700千米高太阳同步轨道。它采用国际通用星箭接口，可满足不同任务载荷、不同轨道的多样化发射需求。

作为长征家族中第一型和唯一型固体火箭，长征十一号具有"快速、可靠、便捷、低廉"的优势，实现了我国运载火箭24小时快速发射的跨越。它在发射点的发射准备时间不大于1小时，具备"日发射"能力。它主要用于1000千米以下太阳同步轨道和近地轨道中小型航天器的单星和多星组合发射，满足自然灾害、突发事件等应急情况下微小卫星发射需求，现已投入商业发射。

长征十一号突破了大型固体发动机、快速测试发射、卫星环境综合保障等多项关键技术，运载能力和适应能力强，火箭规模和起飞推力大，测试发射快速，操作使用简便，一体化、集成化、智能化程度高。长征十一号首次实现了运载火箭的全箭整体储存、星箭快速对接、环境自主保障、高效快速发射，具备全天候数小时内完成发射的能力。其综合性能指标达到国际先进水平，可媲美国际主流固体运载火箭，完善了我国航天运输系统体系。

图 2-8-1　组装完毕的长征十一号固体运载火箭

此次发射任务的成功，标志着我国具备了小卫星快速组网能力，对提升我国快速进入空间能力、航天综合实力具有里程碑意义，有力促进了我国小卫星的规模化发展和应用。

随着航天四院研制的四级固体发动机成功应用于长征十一号，我国固体动力在航天运载领域的应用实现了新的突破。该火箭第一级发动机采用的大推力固体发动机是当时我国最大推力固体发动机，其燃烧室装药量为国内固体发动机中最多的，采用的柔性喷管是我国目前尺寸最大的发动机喷管，刷新了我国固体发动机研制史上多项纪录。

面对壳体最长、喷管最大、进度最紧、柔性接头超大"三最一超"的困难和挑战，以及产品研制加工中的技术难题，航天四院大胆创新，首次采用车、铣、镗复合加工模式，使无超深地坑难题得到有效解决。该院第一次采用100T旋压机进行立式旋压，旋出长度符合壳体研制要求的圆筒，实现了大型超长圆筒旋压的新突破。柔性接头采取数控加工，实现了超大法兰、增强件的数控成型，实现了该领域加工技术的新突破。

截至2023年3月15日，长征十一号已连续12次陆地发射成功。长征十一号拓展了我国航天运输系统新领域，推动我国空间快速响应系统的建设，也必将牵引大推力固体火箭发动机技术，推动固体运载火箭和固体助推器技术的发展。

二、海上发射

2016年以来，航天一院联合海工企业进行了多轮固体运载火箭海上发射工程的论证、技术攻关和研制工作。2019年，长征十一号海上发射技术试验获得国家国防科工局的正式立项。

2019年6月5日，我国首次在海上平台用长征十一号发射卫星获得成功。在海上发射运载火箭，既能降低发射成本、提高运载能力，还可有效解决火箭航区和残骸落区安全性问

题，避免大规模人员疏散，为中国航天发射提供了新的发射模式。同时，我国今后将通过
建设海上发射专用平台，将为用户提供全球海域发射能力，进一步满足低纬度地区卫星组
网发射需求。

首次海射启用的是泰瑞号海上发射平台，它是一艘改装版大型半潜式驳船，甲板长110
米，宽近80米，面积超过一个标准足球场。后来，有的长征十一号海上发射采用规模更大
的德渤3号发射平台，这是交通运输部烟台打捞局旗下的一艘12 000吨打捞工程船。该船最
大载重量达20 500吨，总长为159.6米，最大宽度为38.8米，深度为10.9米，最大单向浮力为

图 2-8-2　长征十一号火箭在海上发射

12 000吨，采用全电推进动力系统，最大航速12节，在此之前主要用于紧急救援和抢救大型
遇险船、受损船舶、海军舰艇等，以及运送大型海上设备和钢结构部件、海上石油开采平
台、车间、船舶部件和其他大型硬件。它们都处在黄海发射区，但具体发射位置还是有所
不同。

截至2022年10月7日，长征十一号已连续4次海上发射成功。

第九节　长征七号

　　2016年6月25日，我国首枚新一代中型运载火箭长征七号在新建的海南文昌航天发射场顺利升空，把远征一号A上面级、多用途飞船缩比返回舱等载荷组合体送入近地点200千米、远地点394千米的椭圆轨道。截至2023年5月10日，它又陆续发射了天舟一号、天舟二号、天舟三号、天舟四号、天舟五号和天舟六号货运飞船。

　　首枚长征七号首飞也是我国大中型运载火箭更新换代的开幕战和海南文昌航天发射场的第一战，为同年晚些时候长征五号新一代大型运载火箭的首飞积累了经验。此次发射验证了长征七号设计正确性和各项性能指标，考核了海南文昌航天发射场系统执行任务能力，检验了工程相关系统间的协调性和匹配性。同时，技术人员还对该火箭搭载的多用途飞船缩比返回舱等载荷开展了相关技术试验。所以，长征七号首飞在中国运载火箭技术发展史上具有重要里程碑意义，对于构建我国未来空间运输体系、加快我国现役运载火箭的更新换代，都具有很大的推动作用。

一、基本情况

　　长征七号是为满足我国载人航天工程发射货运飞船而研制的新一代高可靠、高安全的中型运载火箭，采用两级半构型，于2011年3月立项启动，由航天一院抓总研制。

　　长征七号的最早原型是长征二号H型，即利用长征二号F的成熟技术，在大体不变的情况下换成新研制的液氧/煤油发动机，即属于换发型（H型）。它综合了长

图 2-9-1　长征七号运载火箭整流罩

征二号H的成熟技术和长征五号的新技术，最大的变化是其火箭发动机由原来常温的偏二甲肼/四氧化二氮发动机改为新研制的低温液氧/煤油发动机。后者被誉为世界航天动力领域的珠穆朗玛峰，技术十分复杂，因为液氧的温度为-183℃，火箭要保持低温，防水隔热要面面俱到。例如，必须通过绝热方式对火箭进行严格控制，需给"冰箭"穿上"绝热服"，保证火箭不被热量"入侵"。低温贮箱外表的一层1~2厘米厚的密度极低的隔热结构也像给火箭披上了一件"防寒服"，有了这件"防寒服"，尽管推进剂温度如此之低，但是火箭外表面温度依然可以保持在0℃以上，可防止推进剂贮箱外表面温度过低导致的结冰，以及极低温度对仪器、电缆等的影响。另外，为了防止空气中的水蒸气因低温凝结，这种"冰箭"在设计时必须考虑防水设施。

之所以用低温的液氧/煤油发动机替换以前的偏二甲肼/四氧化二氮发动机，是因为用液氧/煤油发动机优点较多：

一是可以显著提高火箭的运载能力。长征七号上的120吨级液氧/煤油发动机采用了世界上最先进的高压补燃循环系统，其比冲比常规发动机提高了20%，推力比已有长征系列运载火箭发动机提高了60%以上，把我国火箭的近地轨道运载能力由8.5吨一下子提高到13.5吨，700千米高太阳同步轨道运载能力提高为5.5吨。

二是推进剂绿色环保。全箭采用了我国具有自主知识产权、交付前可进行工艺试车的两种液氧/煤油发动机，无毒无污染，液氧和煤油燃料燃烧后产生的二氧化碳和水，不会对环境造成任何污染。它的研制成功并顺利发射，实现了我国火箭动力从常规有毒至绿色无毒的巨大跨越，秉承了中国航天绿色环保的发展理念，顺应了国际潮流。

三是燃料来源广泛、价格低廉，平均价格比现役火箭的推进剂低一个数量级。其中作为燃烧剂的煤油每吨价格约为偏二甲肼的1/8；作为氧化剂的液氧每吨价格约为四氧化二氮的1/9，平均成本比常规推进剂低得多。发射神舟飞船的长征-2F运载火箭如果采用液氧/煤油作为推进剂，每次发射可以节约推进剂费用上千万元。

四是液氧/煤油发动机可以重复使用。我国如果掌握了火箭回收技术，就有望重复使用液氧/煤油发动机，从而大大降低火箭的发射成本。

长征七号是两级半构型的全液氧/煤油火箭，使用了新型的YF-100、YF-115液氧/煤油发动机。其基本型箭体总长53.1米，起飞质量约597吨，起飞推力为720吨，近地轨道运载能力为13.5吨。其芯一级直径为3.35米，装有2台单台推力为120吨的双摆液氧/煤油发动机YF-100，还并联了4个直径均为2.25米的助推器，每个装有1台单台推力为120吨的单摆液氧/煤油发动机YF-100；芯二级直径也为3.35米，装有4台单台推力为18吨的双摆液氧/煤油发动机YF-115。长征七号继承了改进型长征二号F火箭的整流罩，整流罩直径为4.2米。

长征七号目前主要用于发射近地轨道或太阳同步轨道有效载荷，将承担货运飞船等发射任务，未来也可以承担商业航天任务和国内其他航天器的发射任务。该火箭对未来主战场卫星发射任务具有良好的适应性，将成为我国未来航天发射任务的主力军，肩负着技术进步和更新换代的历史重任，其研制成功为我国中型运载火箭型谱的构建奠定了坚实的基础。

图2-9-2　长征七号运载火箭转运至发射区途中

按照我国运载火箭的型谱规划，首次发射的长征七号是我国新一代中型运载火箭的基本型，其成功发射可带动未来其他构型火箭的研制。它采用了高可靠、高安全、通用化、组合化设计，以长征七号基本型为基础，可通过调整助推器个数、增加固体助推器、增加上面级、增加液氢/液氧第三级，衍生出多种构型的火箭，实现我国新一代中型运载火箭的系列化，从而全面满足发射近地轨道、太阳同步轨道和地球同步转移轨道等各种轨道航天器的运载能力的需求。例如，可研制太阳同步轨道运载能力为5.5吨和地球同步转移轨道运载能力为7吨的中型运载火箭，承担国内外主流卫星的发射任务，所以研制该火箭并首飞成功的意义十分重大。由于该火箭的芯级直径和助推器直径分别为3.35米和2.25米，既可以用铁路进行运输，也能采取海运方式，所以长征七号在我国4个航天发射场都能发射。

二、技术特点

长征七号的最大亮点是采用了多台全新的液氧/煤油发动机低温动力系统，该系统由航天六院研制。其中，火箭的助推器与芯一级火箭总共使用6台120吨液氧/煤油发动机，第二级火箭使用了4台18吨液氧/煤油发动机。

在研究这种新一代发动机之初，我国专家就决定选择无毒的液氧和烃类推进剂。通过比较煤油、甲烷和丙烷等几种推进剂，研制人员确定了采用代表技术发展趋势的液氧/煤油作为推进剂。然而，火箭"喝"的煤油不同于一般的煤油，其具有密度大、热值高等特点，经过努力，我国研制出了国产的火箭煤油。

国产火箭煤油的研制突破了近80项设计、制造、试验技术，带动了我国50余种新材料的研制，其中最为突出的是以下新技术：

一是先进的补燃循环技术。液氧/煤油发动机采用的补燃循环是一种闭式循环，能使全部推进剂的化学能得到充分释放，提高了发动机的性能。所谓补燃循环是燃气经涡轮做功后进入燃烧室进行二次燃烧（补燃），从而更充分地利用推进剂的能量。相对发生器循环来说，补燃循环方式的综合效率更高，但结构较为复杂，设计难度大。

二是先进的自身启动技术。补燃发动机首先要解决自身启动这一难题。我国以往的发动机需要依靠专门的火药启动器等装置，而液氧/煤油发动机实现了自身启动，二者的差距如同将老式的手摇拖拉机改为了一拧钥匙即能启动的汽车。

　　三是大范围推力调节技术。为了提高运载火箭的性能和适应性，液氧/煤油发动机具有大范围推力调节能力，如同自动挡的汽车，可以实现无级变速。对于载人航天来说，推力调节可以有效降低火箭飞行中的加速度，提高航天员的舒适度，降低对航天员的体能要求，使普通人也有望遨游太空。

　　四是先进的高效燃烧技术。在空间很小的腔体内完成推进剂的高效燃烧，是液体火箭发动机技术诀窍。液氧/煤油发动机燃烧腔体较小，而燃烧效率达到98%以上。

　　五是高压大功率的涡轮泵技术。涡轮泵是发动机的动力源泉，被称为发动机的"心脏"。液氧/煤油发动机的泵产生的最高压强达到500个大气压，相当于把上海的海水打到海拔5000米的青藏高原。

　　六是多次试车技术。液氧/煤油发动机具有多次工作的能力，发动机生产出来后可以进行试车考核，通过"磨合"试验后重新校准、检查，合格后再交付使用，使发动机的精确度和可靠性得到保证。同时，可以在此技术基础上研制重复使用的发动机，使运载火箭能实现天地往返的可重复飞行。

　　利用这些突出的技术优势，液氧/煤油发动机成为我国长征六号新一代小型运载火箭、长征七号新一代中型运载火箭和长征五号新一代大型运载火箭的主动力，将为我国今后载人航天、探月工程、空间实验室乃至深空探测等重大专项任务提供更加强大、可靠的动力。

　　当然，采用液氧/煤油发动机低温动力系统的长征七号，其燃料加注也不简单，它包括贮箱及加注管路置换、加注管路及箭上贮箱小流量加注预冷、箭上快速加注、减速小流量加注、射前补加几个阶段。

　　从总体上讲，长征七号有六项技术特点。一是新动力，其各级均采用新研制的液氧/煤油发动机及与之相适应的新型低温增压输送系统，研制

图 2-9-3　打造 YF-100 型液氧 / 煤油发动机

难度大。二是新布局，助推器长度为现役运载火箭的2倍，采用三支点超静定捆绑方案。二级尾舱空间紧凑，通过采用二次分离确保级间分离的可靠性。三是新环境，新型动力系统及多发动机并联导致箭上和地面的力、热环境严酷，给海南文昌航天发射场高温、高湿、高盐雾、浅层风及雷电等自然环境条件带来新挑战。四是新结构，采用三维设计/制造技术，打通从设计到制造的全三维流程。五是新体制，使用新型总线控制，实现遥测、外测

一体化设计，采用天基测控实现重要数据中继传输。六是新测发，采用"新三垂"（垂直总装、垂直测试、垂直转场）测发模式，转场过程中保持箭体与气、液、电等连接状态不变，起飞段采用大流量喷水系统进行降温降噪。

长征七号是我国首枚采用全数字化手段研制的"数字火箭"，突破了三维协同设计、三维设计数据管理及基于三维的流程仿真、飞行综合性能仿真等多项关键技术。它从设计到生产均采用全三维数字平台，标志着中国运载火箭迈入了全生命周期数字化的大门。技术人员通过采用三维无图纸设计/制造技术，打通了从设计到制造的全三维流程；广泛应用数字化手段，基于统一的三维模型实现了设计、分析、仿真、生产与总装的数字化研制新模式，建立了标准规范，为其他型号的推广应用树立了典范。基于数字模装及数字化仿真，技术人员在设计阶段提前发现并及时解决大量不协调问题，减小了产品报废率，缩短了研制流程。此外，长征七号采用绿色、环保制造工艺（数控机械铣替代化铣工艺、自动压铆替代冲击铆工艺等）。

长征七号在全研制流程没有一张纸质图纸，火箭设计从纸质"连环画"变成了"3D电影"。在生产加工阶段，该火箭实现了"一键式"加工。长期以来，工艺员加工某金属零部件，首先要根据二维图纸画出工序草图、手工编制工艺规程，然后进行车、铣、镗等系列工序。现在，从原材料变为成品，只需按动数控机床按钮即可完成，且合格率达100%，可谓"一键定乾坤"，极大地提升了生产质量和效率。

在试验、装配阶段，"数字火箭"应用了"虚拟现实技术"，对火箭进行虚拟装配、虚拟试验，真实模拟火箭实际装配和试验环境，提前预见可能发生的问题，确保了火箭试验、装配"一次成"。长征七号的首飞成功，代表了我国近60年运载火箭研制领域的最高水平，标志着我国新一代运载火箭在数字化设计能力上已跻身国际先进行列。

图 2-9-4 长征七号运载火箭通过活动发射平台驶出垂直总装厂房

图 2-9-5　长征七号运载火箭转运至发射架

秉承载人航天标准，按照"一度故障工作，二度故障安全"（出现一度故障不影响正常的工作，如果再有故障出现，也能保障航天员安全返回地面）的设计原则，长征七号采用了高可靠、高安全设计，将高可靠融入设计中，控制系统采用三条1553B总线控制、实现了系统级冗余。长征七号增压系统采用闭环控制技术，实现了部分增压元件级冗余。秉承简单即可靠的理念，长征七号取消了箭上脱落插头，发射可靠性达到0.98，达到国际先进水平。

火箭复杂的结构，给火箭的"大脑"控制系统也带来了全新的挑战，为了更好地控制火箭的飞行过程，将航天器精确送入轨道，长征七号按照载人航天标准设计，控制系统和增压系统实现了冗余，设计可靠性得到大幅提高。控制系统创新采用了143项智能控制软件，这是现役火箭软件使用量的30倍以上，大大提高了控制精确度。在每个舱段中安装控制系统，改变了以往集中处理的方式，减轻了控制系统压力，也标志着我国火箭控制系统已向全面数字化控制模式发展。

三、海南发射

由于长征七号的首飞是我国运载火箭第一次在新建的低纬度发射场——海南文昌航天发射场发射，所以在设计长征七号时，如何适应全新发射场的环境一直是研制人员关注的重点。为此，研制人员采取了一系列应对措施，使火箭呈现出以下新面貌。

图 2-9-6　长征七号运载火箭升空

长征七号运载火箭助推器增长，捆绑点增加。长征七号的外形和我国现有的火箭差别不大，但为了储存更多的燃料，提供更强的动力，它的助推器长约27米，接近现役火箭助推器长度的2倍，而这种改变也需要对火箭的设计进行全面更新。传统火箭固定助推器需要2个捆绑点，而长征七号又增加了1个捆绑点，相对现役火箭静定的捆绑方案，载荷、捆绑装置等设计难度大大增加、可靠性大幅提升。

长征七号具有防水功能。海南文昌航天发射场气候潮湿，全年降水量大且湿度高，同时，长征七号的燃料中有液态氧，它的温度是−183℃，因此火箭表面会出现水蒸气凝结的现象。为此，长征七号采用防风防水设计，并渗透到每个设计细节当中。例如，在常规型号中，用来平衡整流罩内外压力的排气孔，在内陆发射时不用设计专门的防水功能，但是在长征七号身上，排气孔也做了专门的防水措施，使长征七号在雨中也能发射。

长征七号能抗8级大风。在内陆戈壁的发射场，风速一般为9米/秒左右，而文昌航天发射场的风速经常达到20米/秒。为了保证长征七号时刻都站得住、站得稳，设计人员专门为它设计了防风减载装置，可以在8级大风的情况下进行垂直转运，抗风能力是目前长征家族中最强的。

长征七号的结构效率高。长征七号自身质量的近90%为燃料。燃料在火箭整个质量中占比越大，火箭的结构效率就越高，设计也就越合理。作为飞船等航天器前往太空的"专车"，火箭自身质量越低，燃料越充足，能够运送的"乘客"也就越多。

长征七号火箭推进剂可安全停放24小时。以往长征系列火箭推进剂停放时间很短。火箭推进剂安全停放时间长，就能灵活应对多种发射需求，而且在发射前程序最为复杂的阶段减少了工作量，可以为成功发射争取更多有利时间，提高可靠性。

长征七号采用新测发模式，使发射更简便。火箭在发射场进行的垂直总装、垂直测试、垂直转场，被称为"三垂模式"。

图 2-9-7　中国海南文昌航天发射场火箭卫星总装测试厂房，可分别供直径 5 米的长征五号和直径 3.5 米的长征七号两种型号的火箭卫星总装测试，测试厂房的高度分别为 99.4 米和 80 多米

现役火箭中采用的"三垂模式"，其箭地连接工作在技术区和发射区要进行两次，而长征七号采用"新三垂模式"，仅一次连接就可以完成工作，状态的一致性更好，且前端地面测发控设备在技术区进行了充分测试，转至发射区以后出现故障的概率更低，有效提高了发射的可靠性，同时也缩短了发射工作时间，降低了火箭转场后遇到恶劣天气再返回技术区的情况发生。

长征七号是采用海运方式从天津运到文昌航天发射场的，对于海运，过载环境主要表现为低频晃动。过载环境差会危害火箭的结构。为此，我国专家设计出了一整套运载火箭海上环境保障措施和火箭集装箱减摇减振的手段，并使火箭货舱内始终维持适宜的温度、湿度及盐雾度。海运过程中，专家在长征七号的芯一级、芯二级、助推器、整流罩上，以及它"乘坐"的船上、装载的集装箱上布了30个测点，结果表明，其过载环境数据不仅优于设计值，而且仅为铁路运输过载环境数据的1/3、公路运输的1/2。过载数据值越低，火箭的运输环境就越平稳，对火箭结构的影响就越小，这有利于火箭安全抵达目的地。所以专家称，火箭走公路、铁路就像坐"硬板床"，乘船走海运就好像坐"沙发"。

长征七号的首次发射也是我国首次启用新建的海南文昌航天发射场发射。文昌航天发射场于2009年9月14日正式开工建设，2014年10月中旬基本竣工，目前可以发射长征五号、长征七号系列运载火箭。

与使用多次的甘肃酒泉、山西太原、四川西昌3个卫星发射中心相比，海南文昌航天发射场具有纬度低、发射效率高、射向宽、落区安全性好、海运便捷等优势，能够满足新一代无毒无污染运载火箭和新型航天器发射任务需求，未来将主要承担货运飞船、大吨位空间站、地球同步轨道卫星、大质量极轨卫星、深空探测卫星等航天器发射任务。

作为低纬度滨海发射基地（发射塔离海仅800米），海南文昌航天发射场与国内其他3个卫星发射中心相比有几个明显的优势。

一是火箭的射向范围宽。它能够覆盖90°～175°，射向1000千米范围均为海域，可以满足地球同步轨道卫星、大质量极轨卫星、空间站、深空探测等航天器发射任务。

二是火箭发射更安全。由于海南文昌航天发射场建在海边，从那里发射的火箭，其发射方向1000千米范围内是茫茫大海，所以火箭航区、残骸落区的安全性好，坠落的残骸不易造成意外。火箭发射后其第一级坠落于南海，既可以避免对居民人身安全的伤害，又可以避免对地面的危害，并且距离海边近将会大大提升残骸坠落的安全性。而在酒泉、太原、西昌卫星发射中心，每次发射火箭，都要临时迁移大批居民，以防止第一级火箭坠落对当地居民造成伤害。

三是地处低纬，节约能耗。海南文昌航天发射场位于北纬19°，因而具备了低纬度的优势。火箭发射场距离赤道越近，纬度越低，发射航天器时就能借助接近赤道的较大线速度以及惯性带来的较大离心现象，使火箭燃料消耗大大减少，用同样燃料可以达到的速度也更快，从而能提高地球同步轨道卫星的运载能力。西昌、太原、酒泉卫星发射中心的纬度分别为北纬28°、38°、41°。据悉，在文昌发射地球同步卫星比在西昌发射火箭的运载能力可提高10%～15%，并且入轨角度比较好，仅在校正夹角上减少卫星调姿消耗的燃料就可使卫星寿命延长2年以上，效费比高。

四是火箭运输更便利。发射基地选在海南文昌，火箭可以通过海路运输，火箭的大小就不受铁路运输的限制。我国长征二号、长征三号、长征四号子系列火箭由于受到铁路运输的限制，主要是受涵洞大小的影响，其组件的最大直径只能限制在3.5米。而长征五号新

图2-9-8　海南文昌航天发射场全景

一代大型运载火箭的芯级直径为5米，用公路、铁路运输都难以满足要求，只能采用海运。文昌航天发射场具有年发射能力强的优势，每年可进行10～12次发射。

文昌航天发射场本身也有许多亮点。例如，长征七号火箭转场时能拐4个60°的弯，以便和长征五号火箭共用一个转运轨道，节省占地面积。大量的计算表明，要转4个弯，转弯半径应为20米，最大转弯角度在60°左右，这样火箭转弯最省劲儿。而火箭转弯时的速度也是有讲究的。经过3年的努力，文昌航天发射场取得了活动发射平台转弯行走原理试验的成功。这是航天发射支持系统的一次重大突破，使我国运载火箭活动发射平台转弯行走实现了零的突破。除日本外，我国是第2个掌握单轨差速转弯行走技术的国家，也是继美国、欧洲、日本之后第4个掌握发射平台转弯行走技术的国家（地区）。

文昌航天发射场建有专门的脐带塔。这是因为这里风大，而我国台风预测能力仅能提前1周，以往火箭所有的管路连接以及测试验证都是在发射阵地进行，大概需要20天，天气的不确定性，使火箭不能在发射阵地如此长时间工作。为此，设计人员专门设计了脐带塔，使火箭在技术阵地完成相关技术的验证和试验后，在转场过程中可以保证所有连接状态不变，到发射阵地后直接进行加注发射，缩短了火箭在发射阵地的测试时间。长征七号脐带塔高约64.5米，它分上、中、下三段，呈锥形，重约250吨。国外的火箭也有脐带塔，但长征七号火箭的脐带塔较特别，它的两侧装有6根摆杆，内部铺设有加注、供气、空调管路和箭上众多控制电缆，以及配气台和中频电源房间，因此它的结构及组成是最复杂的，这意味着我国运载火箭的研制技术又迈出了一大步。

另外，文昌的火箭发射平台采用了喷水降温措施。长征七号发射点火的刹那，温度会高达3000℃，足以熔化绝大多数金属和非金属材料，即便火箭发射平台由特殊材料制成，表面有防热涂层，也很难承受如此高的温度。和过去主要起支撑作用的钢制发射平台不同，海南文昌发射场使用的新一代发射平台功能更强大，它在综合发射系统主要功能基础上，将火箭总控网、控制系统、测试系统部分设备集于一身。如果温度太高，发射平台将可能遭到损坏，进而影响火箭发射的安全性，所以专门采用了喷水降温和涂特种防护涂层等方式，使它不怕被高温摧毁。

国际上先进的降温方法是喷水降温，文昌发射平台的喷水系统分两级，一级位于发射平台上，在火箭发动机点火前给发射平台喷一层5厘米厚的水膜，二级位于发射平台两旁5米的高空，在火箭飞达5米高以后向箭体尾部火焰中心喷水。两级喷水设施各喷20余秒，完成400吨的喷水量。在400吨水中，有30%的水会汽化到大气中，60%的水则通过导流槽流走，水分蒸发带走大量的热，发射平台核心区降温幅度在1000℃左右。此外，该系统还有良好的降低噪声效果。

四、长征七号A

2020年3月16日21时34分，我国在文昌航天发射场201工位用长征七号A遥一运载火箭将新技术试验卫星六号发射升空，这是长征七号改中型运载火箭后的首次飞行任务。火箭升空后飞行出现异常，发射任务失利，后续有关部门组织专家对故障原因进行了调查分析。

2021年3月12日1时51分，长征七号A遥二火箭成功发射了试验九号卫星。长征七号A采用三级半构型。它是在长征七号的基础上增加了第三级，即长征三号A系列运载火箭的液氢

图 2-9-9　长征七号 A 运载火箭

/液氧末级，从而形成新一代中型高轨三级液体捆绑式运载火箭，以提供能够往更高轨道飞行的动力。

长征七号A全箭总长60.1米，芯一级、芯二级直径为3.35米，芯三级直径为3米，助推器直径为2.25米，起飞质量约为573吨。其芯一级、芯二级及助推器基本上继承了长征七号，采用120吨级推力的YF-100发动机和18吨级推力的YF-115发动机。其芯三级基本继承了长征三号A系列运载火箭的液氢/液氧末级，采用两台推力各为8吨的YF-75液氢/液氧发动机，具备二次启动能力。它主要用于地球同步轨道卫星发射任务，地球同步转移轨道运载能力为7吨，能够满足质量较大的高轨道航天器的发射需要，填补了我国高轨道5.5～7吨运载能力的空白，完善了我国航天运输装备体系。

长征七号A的长细比是目前中国火箭中最大的，所以控制难度比较大，为此，技术人员突破了大长细比火箭姿态控制技术等三项关键技术。另外，长征七号A还有一项重要的技术创新，就是助推不分离和芯级不摇摆技术。发射过程中，其助推器和芯一级作为一个整体与芯二级分离，这样能减少一套分离机构，同时因为芯一级不存在单独工作的飞行段，还能省出一套芯级发动机摇摆和伺服机构，从而大幅降低了分离系统的复杂性，提升了火箭的可靠性和经济性。这在国际上尚属首次，同时也为未来的集束式回收奠定了基础。

2022年9月13日晚，长征七号A遥五运载火箭在文昌航天发射场点火升空，成功将中星一号E卫星送入预定轨道，发射任务获得圆满成功。之前发射过3次长征七号A，但没有遥四。我国长征系列火箭名称中"遥"字后面的数字指火箭的生产序列。

我国航天事业起源于"1059"（东风一号）导弹仿制工程。"1059"前两发虽然成功，但由于未装配遥测系统，没有导弹飞行过程的测量数据，在总结经验时，大家发现对于"为什么成功？后续如何改进？"这些问题无从下手。因此，当时的研制人员将前两发导弹称为"糊涂弹""哑巴弹"。

在总结经验和不足后，第三发"1059"就装配上了遥测系统。之后，在我国自行研制的首枚导弹东风二号上，继续装配了具有更多测量参数的遥测系统。1962年，东风二号首飞失利，遥测系统在故障分析及定位中发挥了重要作用。根据遥测和光测提供的可靠数据，研制人员很快找到了故障原因。此后，遥测系统被确定为飞行试验弹的必备系统，试验弹和运载火箭以生产序列命名为"遥×"，"遥"字其实代表的是"遥测系统"。

虽然遥×指的是火箭生产序列，但跟火箭的发射顺序不一定重合。这是因为火箭在执行不同的发射任务时，每一枚运载火箭虽然整体结构相同，但内部的参数却需要根据航天器的质量、体积和发射轨道参数等因素进行单独调整，同时火箭的"乘客"也在分头研制。

因此，生产序列不同的火箭也具有不同的研制周期。在某些情况下，生产序列数字小的反而研制周期更长，那么序列靠后的火箭具备条件了就可先期发射。比如，长征七号A遥五先期发射，等长征七号A遥四的发射周期到了后，再择机发射长征七号A遥四。

目前，长征七号A可适配直径4.2米和3.7米两种整流罩，具备"一箭一星"和"一箭双主星"发射能力，以后将通过替换第三级形成能够适配5.2米直径整流罩的改进型火箭。该火箭现在每年可生产4～6发，预计到2025年每年可生产8～10发。

第十节　长征五号

2016年11月3日，我国新一代大型运载火箭长征五号首次发射获得成功，在国内外产生重要影响。它是我国目前推力最大的运载火箭，其地球同步转移轨道运载能力达14吨，火箭整体性能和总体技术达到国际先进水平。由于体格大、力气大、难度大，长征五号又被称为"大火箭"。

一、基本情况

进入21世纪以来，世界主要航天强国均推出了新一代大型运载火箭，如美国的宇宙神五号、德尔塔四号和欧洲的阿里安五号等。它们不仅推力大，近地轨道运载能力达到20吨级，而且使用便宜、无毒无污染的低温推进剂。

为了满足未来我国重大航天工程任务的需求，赶上国外新型大推力运载火箭的先进水平，满足未来航天发展的需求，2006年10月，我国立项开始研制长征五号大型运载火箭。它具有一系列新特点：大直径、大推力、少级数、系列化、低成本、高可靠、易操作、无污染、适用广等，运载能力与国外主流运载火箭持平。

长征五号全箭

图 2-10-1　在天津大运载基地总装车间的长征五号运载火箭

采用了247项核心关键新技术，新技术比例几乎达到100%。而国际上研制新型火箭，包括卫星和飞船，采用新技术的比例一般不超过30%。以往长征系列运载火箭使用零部件最多几万个，而长征五号运载火箭使用的零部件达十几万个。它的设计量是以往长征系列运载火箭的3.5倍以上。

长征五号采用二级半构型，最大特点是首次采用5米直径箭体结构，首次使用无毒无污染的液氢/液氧与液氧/煤油发动机组合起飞方案，因而力大无比。此前，我国火箭芯级直径都是3.35米。

由于体格粗壮，所以长征五号的绰号叫"胖五"。其体格粗壮是为了容纳更多的推进剂，产生更大推力。这样也可以减少火箭的级数，从而减少火箭的分离次数，提高火箭的可靠性。

到2021年底，我国已用长征五号成功发射了4次，把实践二十号试验卫星、嫦娥五号月球采样返回器和天问一号火星探测器等大型航天器送入太空。

长征五号火箭全长56.97米，芯一级、芯二级直径为5米，单个助推器直径为3.35米，起飞质量为869吨，起飞推力为1078吨。

长征五号的芯一级装有2台可双向摇摆、推力均为50吨的液氢/液氧发动机；还并联了4个各装有2台推力均为120吨的液氧/煤油发动机的助推器，其中1台为摆动发动机。其芯二级装有2台推力均为9吨的液氢/液氧发动机，它们由长征三号A第三级液氢/液氧发动机改进而来，发动机可双向摆动，具备二次启动能力。其整流罩长12米，直径为5.2米。该火箭地球同步转移轨道运载能力为14吨，地月转移轨道运载能力为8吨，地火转移轨道运载能力为5吨，综合性能指标达到国际上主流运载火箭水平。

长征五号的芯一级、芯二级发动机都采用液氢/液氧推进剂，而助推器采用液氧/煤油推进剂。这种同时采用两种无毒无污染的低温燃料发动机组合起飞方案在我国是首次。为什么采用这种复杂的组合起飞方案？这是因为芯一级、芯二级工作时间长，适宜采用高比冲的液氢/液氧动力系统；助推器工作时间相对较短，因此适宜采用推力大、推进剂密度大的液氧/煤油动力系统，使发动机的密度比冲增加。采用这种方案，火箭规模最小，使用的发动机台数最少，从而可以有效提高运载能力与运载效率。

长征五号的芯级全部采用低温推进剂，这在我国运载火箭的研制历史上也是头一次。由于液氢温度为-253℃，液氧为-183℃，所以长征五号内部是远远低于冰点的超低温，是名副其实的"冰箭"。由于其燃烧产生的是水，所以实现了无毒、无污染，这标志着我国在运载火箭的可靠性、安全性、适应性及环境友好性方面又上了一个新台阶。

二、技术特色

长征五号的起飞推力超过1000吨，使我国进入空间能力一下子提升了2.5倍以上，越过了国际上大型运载火箭低轨道运载能力20吨、高轨道运载能力10吨的门槛，有些技术指标还超过美欧等世界主力大型火箭。

　　作为我国目前运载能力最大的新一代运载火箭，长征五号集成了多项最新航天技术。长征五号上装有3种共12台新型大推力低温发动机和充足的燃料，所以动力十分强劲。它们均采用无毒无污染的推进技术，分别是我国最大推力的液氧/煤油发动机、最大推力的液氢/液氧发动机和比冲性能最高的火箭发动机。这些发动机都由航天推进技术研究院（简称"航天六院"）研制，其中助推级采用120吨液氧/煤油发动机，该发动机已在长征六号、长征七号首飞中表现完美。

图 2-10-2　长征五号芯一级用的 50 吨液氢 / 液氧发动机

　　芯一级上的2台50吨液氢/液氧发动机在国际同类发动机中处于先进地位，使我国液体火箭推进技术的整体地位跨上一个大的台阶。该发动机有以下特点：

　　一是运载效率高。液氢是火箭化学推进剂中能量最高的燃料，氢和氧燃烧所能获得的高空比冲最高能够达到465秒，所以液氢/液氧发动机比现有常规燃料发动机性能提高约50%，是当前已知推进效率最高的化学推进剂火箭发动机。因此，长征五号采用它作为芯级动力。

　　二是推力强劲。与现役上面级液氢/液氧发动机相比，50吨液氢/液氧发动机真空推力是其9倍，推力室室压是其2.7倍，氢涡轮泵功率是其15倍，氧涡轮泵功率是其20倍，所以长征五号是我国目前运载火箭家族中的"龙头老大"。

　　三是绿色环保。50吨液氢/液氧发动机采用液氢、液氧作为推进剂，其燃烧产物为洁净度达99.99%的纯净水，具有绿色环保、零碳排放等优点，是世界上排放种类最少、最绿色环保的发动机，因此长征五号也被称为"绿色火箭"。

　　四是"低温之王"。液氢/液氧发动机是世界上温度最低的发动机。发动机工作前要利用液氢和液氧将发动机各类部件的结构温度预冷至大约-180℃或-250℃，保证液氧和液氢在发动机内部稳定输送。低温条件下保证发动机各部件按照精准的时序可靠动作，需要突破大量的关键技术。

　　芯二级上的2台9吨级液氢/液氧发动机是我国首个采用先进的闭式膨胀循环方式的液氢/液氧发动机，也是我国目前比冲最高的火箭发动机，能大大提高发动机的自身可靠性。该发动机工作时间近800秒，是国内工作时间最长的火箭主动力发动机。它比现役的液氢/液氧发动机性能更高，系统更加简化，可靠性更高。其研制成功，标志着我国上面级液氢/液氧发动机达到了国际先进水平。

4个助推器上的8台120吨液氧/煤油发动机是我国单台推力最大、技术最先进、应用最广泛的新型动力装置，填补了我国补燃循环发动机技术空白，使我国成为世界上第二个掌握高压补燃循环液氧/煤油发动机技术的国家。

长征五号之所以各项性能指标处于国际先进水平，是因为全面突破了12项重大关键技术，如5米直径大型

图2-10-3　这个火箭移动平台不光要会"走"直线，而且要会"拐弯儿"。这个平台本身质量达到1800吨，面积相当于两个篮球场大

箭体结构设计、制造、试验技术，120吨级液氧/煤油发动机（YF-100）技术等。这些均是我国运载火箭研制史上首次遇到的重大核心关键技术，在世界火箭研制中也属高难问题。

另外，长征五号还突破了许多其他技术，例如，其转运技术就非同一般。长征五号长约57米，重600多吨，转运时需要利用半个足球场大的活动发射平台驮着，并且垂直转运速度不得超过每分钟30米，因此它在2800米的无缝钢轨"走"了大约2小时才到发射场。一路上，活动发射平台不仅要载着长征五号出行，还要为火箭供气、供电。这样一来，火箭转场中就可保持箭地连接不变，减少发射区的工作，缩短发射流程。在转场方法上，它与现役火箭还有着很大的不同。其他火箭是"挑担子"，长征五号是"抬轿子"，目的是"走"得更稳。这是什么意思呢？在火箭垂直转场中，现役火箭芯一级的"脚下"共有4个支撑臂，让火箭稳稳地"站"在"座驾"上。火箭助推器则是被芯一级"挑"着"走"，所以叫"挑担子"。而长征五号转场时，有12个支撑臂，但它们是被平均分布在4个助推器的"脚下"，因此是4个助推器"抬"着芯一级走，所以很像"抬轿子"。其转场可抵8～9级风，而且拦腰不用任何防风减载装置。垂直转运的顺利完成，标志着长征五号运载火箭首飞任务正式进入发射阶段。

三、设计方案

长征五号系列运载火箭采用"一个系列、两种发动机、三个模块"的总体思路，贯彻了"通用化、组合化、系列化"的设计思想。"两种发动机"是指研制50吨液氢/液氧发动机和120吨液氧/煤油发动机；"三个模块"是指装有2台50吨液氢/液氧发动机的5米直径模块、装有2台120吨液氧/煤油发动机的3.35米直径模块、装有1台120吨液氧/煤油发动机的2.25米直径模块。采用模块化的设计思想可以实现技术共用，提高可靠性，节省成本，缩短研

制周期。

　　长征五号系列在执行地球同步转移轨道发射任务时采用两级半构型火箭直接入轨，在执行近地轨道发射任务时采用一级半构型火箭直接入轨，其中所谓的半级是指捆绑的助推器。这不仅能大幅度提高火箭运载能力，而且可以降低成本。

　　经过模块化设计的长征五号系列，可实现6个构型的覆盖，使它的近地轨道发射能力从十几吨提升到25吨，地球同步转移轨道发射能力从7吨提升到14吨。长征五号系列自身就是一个体系。在长征五号系列的6种构型中，目前已发射并且推力较大的是以下两种：

　　一种是带4个助推器的两级半构型，其芯一级、芯二级直径均为5米。芯一级采用5米直径模块，还捆绑了4个

图 2-10-4　长征五号运载火箭的斜头锥助推器

图 2-10-5　准备转场的长征五号

3.35米直径模块；芯二级采用2台9吨级推力液氢/液氧发动机捆绑芯一级。其地球同步转移轨道运载能力为14吨。它主要执行地球同步转移轨道航天器的发射任务，在2020年发射了嫦娥五号月球采样返回探测器和天问一号火星探测器。

另一种是在上述方案的基础上去掉芯二级。其近地轨道运载能力为25吨，主要执行近地轨道航天器的发射任务，2021—2022年，中国空间站天和核心舱、问天实验舱、梦天实验舱3个20吨级空间站舱段均由其发射。

在长征五号研制初期，研制团队就进行了我国运载火箭研制史上首次全寿命、全要素的研制策划工作，对型号研制的技术、经济、进度、风险管控、保障条件等全要素进行全面综合分析和评价，形成完整的研制策划，为新型运载火箭研制这类复杂的系统工程管理开创了新的工作模式。

按照系列化、组合化思想，长征五号系列运载火箭首次实现了6种构型同时开展总体设计。这为从低轨道到高轨道的运载能力跨越式提升奠定了坚实基础，使长征五号运载火箭系列化设计与发展的思路在工程实践中得到了最好应用。

长征五号采用大直径薄壳箭体结构，使结构系数大大提高。通过长征五号运载火箭的研制，我国不仅掌握了5米直径结构的设计、制造能力，也突破了千吨级静力试验技术和大集中力、千吨级高轴压、大弯矩和高内压载荷的多点协调平衡加载技术，同时大型结构制造也带动了材料、机械加工、热处理、焊接、检测等装备制造业的大发展。

为了提升运载能力，长征五号采用液氢/液氧和液氧/煤油两种动力系统优化组合。因为芯一级、芯二级工作时间长，分别是一级半构型和二级半构型的入轨级，所以适宜采用高比冲的液氢/液氧动力系统。由于助推器工作时间相对较短，适宜采用推力大、推进剂密度大的液氧/煤油动力系统，使发动机的密度比冲增加。采用液氢/液氧和液氧/煤油两种动力组合方案，火箭规模最小，使用的发动机台数最少，从而可以有效提高火箭的运载能力与运载效率，是最合理的方案。

在长征五号的研制中，技术人员首次在型号研制中全面推进先进的数字化设计手段，引进三维数字化设计工具，构建了我国运载火箭研制历史上第一个全三维数字火箭，开创了火箭型号数字化研制的先河，实现了数字化模装替代实物模装，完成了型号数字化设计、数字化分析、数字化试验的三大数字化工作，大大缩短了研制周期、节约了研制经费。

简而言之，长征五号是我国最复杂、运载能力最大、用途最为广泛的新一代大型运载火箭，它实现了我国火箭运载能力的大幅度跨越，为后续国家重大航天工程任务提供高可靠、低成本、无毒无污染、适应性强、安全性好、运载能力大的先进运载工具。

图 2-10-6　长征五号遥五火箭发射嫦娥五号月球采样返回探测器

四、故障排除

2017年7月，长征五号遥二进行飞行试验时，在飞行至346秒时突发故障，芯一级发动机推力异常下降导致飞行失利。故障发生后，经过100余天的故障排查与定位以及180余天的试验验证，故障原因得到确认。故障原因为芯一级液氢/液氧发动机一分机涡轮排气装置在复杂力热环境下，局部结构发生异常，发动机推力瞬时大幅下降，致使发射任务失利。此后，根据故障调查的结论，研制团队对芯一级液氢/液氧发动机进行了设计改进，从结构、材料和工艺等方面都采取了相应的改进措施，提高了对飞行环境的适应性。

然而，新问题又来了。2018年11月30日，改进后的芯一级液氢/液氧发动机，在长程试车过程中又出现了问题。这一次航天人反应更快，根据故障原因，研制团队对发动机的局部薄弱环节进行了改进，提高了结构的动强度裕度。2019年3月29日，发动机试车故障的归零工作及改进验证全部完成——两次长程试车验证顺利通过，第二次的问题就这样解决了。

但很快就迎来了第三次"遭遇战"。2019年4月4日，在长征五号遥三火箭的总装工作进入最后阶段时，一台用于后续任务的芯一级液氢/液氧发动机在试验数据分析过程中，出现了"异常振动频率"。为此，研制团队又顺藤摸瓜，找到了问题的"症结"所在——发动机局部结构对复杂力热环境非常敏感，容易引起共振，一旦激发，不易衰减。2019年7月，研制团队完成了对发动机的结构改进，并完成了十几次大型地面试验。至此，困扰长征五号2年多的发动机问题，终于排查完毕。

从2017年7月2日长征五号遥二飞行失利，到2019年12月27日长征五号遥三发射成功，历时908天，研制团队累计进行了40余次关键技术试验。

在开展故障归零工作的同时，研制团队深入开展再分析、再设计和再验证的"三再"工作，累计开展400余项"三再"项目，进行了200余项设计改进，通过改进提高了设计裕度，消除了薄弱环节，使火箭的可靠性得到全面提升。为提高产品质量的管控水平，研制队伍提出了设计特性全集管控的思路和全新的工作方法，共识别全箭各类产品设计特性30

000余项，并按照设计特性属性及重要性进行了分类分级管控。设计特性全集管控工作有效确保了火箭产品的质量。

2019年12月27日，长征五号遥三火箭复飞取得圆满成功，进一步验证了改进措施的有效性。2020年7月23日、11月24日，长征五号遥四、长征五号遥五火箭先后圆满完成了中国首次火星探测和首次月球采样返回发射任务。

五、长征五号B

2020年5月5日，长征五号B遥一火箭首飞成功，将我国新一代载人飞船试验船及柔性充气式货物返回舱试验舱的组合体准确送入预定轨道，我国空间站建设的首次飞行任务告捷。长征五号B主要承担着我国空间站舱段等重大航天发射任务，近地轨道运载能力超过22吨。此次任务的成功正式拉开我国载人航天工程"第三步"任务的序幕。2021年4月29日，我国用长征五号B遥二火箭在海南文昌航天发射场成功将天宫空间站的第一个舱段——天和核心舱送入太空，宣告了中国开启空间站任务的新时代。2022年7月24日，我国用长征五号B遥三火箭成功将天宫空间站的问天实验舱送入预定轨道。2022年10月31日，我国用长征五号B遥四火箭发射天宫空间站的梦天实验舱。2024年前后，我国还将用长征五号B遥五火箭发射巡天光学望远镜。

图2-10-7 长征五号B的"头部"——整流罩

长征五号B是在长征五号的基础上改进的，因为是发射近地轨道大型航天器，所以它去掉了长征五号的第二级，换了整流罩。它是我国首个采用一级半构型的新一代大型液体运载火箭，也是目前世界现役火箭当中唯一的一级半构型的运载火箭。为了适应空间站舱段的发射，长征五号B在长征五号的基础上实现了新的发展，突破了20.5米超大整流罩、低温火箭"零窗口"发射、大直径舱箭分离、大推力直接入轨等四大关键技术，为中国空间站建造奠定了基础。

长征五号B最为特殊的本领就是在发射过程中火箭主体不再进行多次分离，只用一级火箭和助推器就能直接入轨，实现"一步登天"。其构型简洁，所有发动机的点火都在地面完成，也无须进行火箭主体之间的分离、高空发动机启动等动作，从而降低了故障发生的概率，有效提升了发射可靠性，更能够胜任重大航天发射任务。

长征五号B火箭总长约53.66米，其中整流罩长20.5米，比长征五号的整流罩长8米，这也是目前我国最大的整流罩，是为装载空间站舱段而量身打造的。其起飞质量约849吨，起飞推力约1078吨，近地轨道运载能力达到25吨。它可以直接飞出大气层，只需400多秒就能够将空间站舱段送入预定轨道。

从用途上看，长征五号主要用于发射高轨道的大型卫星以及各类深空探测器，例如嫦娥五号月球采样返回探测器、天问一号火星探测器等；长征五号B主要用于发射近地轨道的大型卫星及飞船，例如载人空间站的核心舱和实验舱等。

2011年11月，长征五号B正式批复立项，承担发射空间站舱段的任务。2012年1月，长征五号B方案通过评审，转入初样研制阶段。2018年11月，长征五号B转入试样研制阶段。2020年1月19日，长征五号B遥一运载火箭顺利通过出厂评审，首飞任务载荷为新一代载人飞船试验船及返回舱试验舱。

为了当好运送空间站舱段的"专属列车"，长征五号B开展了多项技术攻关和创新，掌握了一批具有自主知识产权的核心技术，主要有四大"黑科技"。

一是研制超大整流罩。长征五号B整流罩直径为5.2米，长度为20.5米，是目前我国最大的整流罩。这样超大的整流罩，是为装载空间站舱段而量身打造的。为了改善气动特性，整流罩采用流线型的冯·卡门曲线外形，可以更好减小空气阻力，减轻载荷影响。同时整流罩分离采用了旋转式分离方案，确保超大整流罩可以安全、可靠地实现分离。

二是验证"零窗口"发射技术。为了满足空间站交会对接的要求，长征五号B需要做到"零窗口"发射，将发射时间误差控制在1秒以内。"零窗口"发射要求火箭各系统在点火前提前做好准备，以准备好的状态等待点火。作为我国首个实施"零窗口"发射的低温火箭，长征五号B需要综合权衡好"提前量"和低温推进剂"蒸发"的"消耗量"的关系。研制团队从发射可靠性提升和发射流程优化两个方面开展了工作。通过可靠性分析和试验，实现了关键系统可靠性提升；通过射前流程优化，提

图 2-10-8　长征五号遥三运载火箭升空

高了各系统对"零窗口"发射的适应性。2022年7月24日，长征五号B遥三火箭发射问天实验舱就采用"零窗口"发射。2022年10月31日，长征五号B遥四火箭发射梦天实验舱也采用"零窗口"发射，以便它升空后与天和核心舱对接。其实，火箭研制团队采取了多项改进措施，以确保按照计划窗口准时发射。这些改进措施包括：优化发射时间流程，解耦系统间动作，关键操作前移等；采取起飞时间偏差及箭上实时修正技术，将"零窗口"拓宽至2分30秒，提高了发射前应急处置能力；发射日测试操作更加细化完善，应急处置能力更加高效。至此，我国天宫空间站的基本型建成。

三是大直径舱箭分离。空间站舱段和长征五号B的连接接口直径超过4米，舱箭分离需要考虑可靠性、冲击环境等多个方面的因素，既要确保安全分离，又要尽量将分离过程中出现的冲击环境等不利影响降到最低。研制团队围绕降低和改善冲击环境开展了专题攻关，采用了"隔冲框＋阻尼盒"的降冲击方案，并应用"颗粒阻尼技术"，实现减振降噪的效果。经过试验验证，舱箭分离界面的分离得到有效改善。

四是大推力直接入轨。作为一级半构型的火箭，长征五号B没有单独的调姿和末速修正系统，而是利用一级火箭直接将有效载荷送入预定轨道。在一级发动机关机时，约140吨的推力在几秒之内消失，相当于一辆高速行驶的火车突然刹车，还要稳稳停靠在指定位置。为了满足入轨精度、分离安全等方面的更高要求，研制团队开展了入轨姿态控制、入轨精度控制、分离安全控制等方面的技术攻关。他们通过采用姿态控制增益优化和复合制导方法，提高了火箭姿态控制精度，降低了制导误差对精度的影响，使火箭在分离时处于最佳姿态和最准位置。同时，设置了2枚离轨火箭，使火箭一级箭体可以及时避开空间站舱段的轨道面，提高了舱箭分离的安全裕度。

2022年7月24日升空的长征五号B遥三执行了"零窗口"发射任务，即点火误差时间小于1秒。它所发射的问天实验舱需要与空间站天和核心舱进行快速交会对接，因此必须在规定时间分秒不差地发射，否则将无法到达指定位置，需要耗费巨大代价调整轨道。这是长征五号系列运载火箭首次执行"零窗口"发射任务。

为保证准时发射，型号队伍对射前负10分钟的发射流程进行了优化，将各系统耦合性高的工作由串联变为并联，为火箭发射前预留了2分30秒的故障处理时间，一旦在点火前暴露一些问题，可以有充足的时间作出反应。

将原来的发射"零窗口"拓展至2分30秒，可以提升火箭的点火可靠性，但需要火箭具备起飞时刻的偏差修正能力。为此，长征五号B创新性地运用起飞时间偏差修正技术，即如果在0至2分30秒的任一时间点发射，火箭都可以在飞行过程中自动修正由推迟发射导致的飞行偏差，将问天实验舱精准送入预定轨道后，火箭依靠先进的制导技术不断调整弹道，直奔空间站。不过，实际发射中没有用到，因为长征五号B遥三实现了"零窗口"发射。

由于有了经验，技术成熟可靠，所以2022年10月31日发射梦天实验舱的长征五号B遥四与长征五号B遥三的情况基本一样。

第十一节　长征八号

2020年12月23日，由航天一院抓总研制的长征八号运载火箭在文昌航天发射场成功发射，将新技术验证七号、海丝一号、元光号、天启星座零八星、智星一号A星等5颗卫星送入预定轨道。这是我国新一代中型运载火箭长征八号的首次飞行任务。

一、基本情况

随着人类和平利用空间事业迅猛发展，中低轨卫星发射需求越来越旺盛，而21世纪以来我国在发射3吨至4.5吨太阳同步轨道卫星方面，还缺乏合适的运载工具。利用在役火箭的共用技术和产品，构建新一代中型运载火箭填补太阳同步轨道卫星发射需求空白，显得尤为急迫。

我国在新一代运载火箭的论证过程中，以液氧/煤油和液氢/液氧发动机为基础，提出了新一代大、中、小型运载火箭的发展构想，并通过20多年的预研和工程研制，成功研制了长征五号、长征七号等新一代运载火箭，形成了2.25米、3.35米、5米直径通用模块，我国新一代运载火箭形成了"通用化、系列化、组合化"发展的思路。

长征八号运载火箭采用绿色环保液体推进剂，按照模块化组合的思路进行研制，充分吸收了在役和新一代运载火箭研制成果，具有良好的继承性、先进性、适应性和经济性，可以填补我国太阳同步轨

图 2-11-1　长征八号运载火箭首飞成功

道运载能力空白，满足未来中低轨高密度发射任务需求。

长征八号是我国新一代中型两级液体串并联式运载火箭，于"十三五"中期批复立项。全箭总长50.3米，芯一级直径为3.35米、第二级直径为3米，单个助推器直径为2.25米，整流罩直径为4.2米，起飞质量约356吨，起飞推力约480吨，主要用于发射太阳同步轨道有效载荷。

长征八号是由长征七号的第一级加上长征三号A的第三级组成的两级半火箭，即芯一级装有2台推力各120吨的YF-100液氧/煤油发动机，第二级装有2台推力各8吨的YF-75液氢/液氧发动机，具备二次启动能力。芯一级并联了2个2.25米直径的液体助推器，每个装有1台推力120吨的YF-100液氧/煤油发动机。

长征八号可在文昌航天发射场和酒泉卫星发射中心发射，可将5吨的有效载荷送入700千米高太阳同步轨道，填补了我国太阳同步轨道3~4.5吨运载能力的空白，并兼顾近地轨道和地球同步转移轨道发射能力，具有发射成本适中、发射周期更短、适应多个航天发射场条件的特点，具备较强的国际竞争力，在商业卫星发射市场前景可观。

长征八号的首飞成功，不仅有力推动了我国中型运载火箭的更新换代，而且将带动和牵引我国未来中低轨卫星的发展，满足未来中低轨高密度发射任务需求。

长征八号突破了基于模块组合的快速集成设计，在研制中遵循"模块化、系列化、组合化"的发展思路，充分继承在役型号的产品和技术，借鉴已有的试验验证成果，实现型号快速集成研制。该火箭基于现有模块组合开展设计，开创了逆向设计的范式，以硬件产品为约束，采用发动机节流、风修弹道设计、主动减载、载荷精细化等多项技术进行迭代优化闭环，以较小成本、最快时间完成集成研制，推动了我国新一代运载火箭模块化、系列化、组合化发展。

长征八号是我国首个研制中未开展全箭模态试验的中大型火箭，采用虚实结合的模态分析技术。全箭动特性数据在已有模块试验数据及动力学模型的基础上，通过全箭动力学模型组装和数值仿真计算获取。长征八号的研制探索为后续其他大型、重型火箭的模态综合技术奠定了基础，有利于大幅缩短它们的研制周期和降低研制费用。

我国后续还可在长征八号的基础上研制融合型火箭，实现电气一体化、"两平一垂"甚至是"三平"快速发射，进而提升火箭的经济性。

所谓"两平一垂"是指水平组装、水平状态整体运输、星罩组合体垂直转场对接；所谓"三平"是指全箭水平组装、水平测试、水平状态转场。"三平"模式（或者"两平一垂"）可以大幅简化发射场建设规模，尤其是简化发射区，不需要再建规模庞大、结构复杂的塔架，减少了建设成本；同时"三平"状态下有利于简化测试项目，通过流程优化，可以大幅提升测发速度。

二、面向市场

长征八号是首款国家立项的面向商业市场的运载火箭。立项之初，研制团队就确立了以市场需求为导向进行研制，从能力指标、经济可靠性等综合考虑，努力实现火箭研制和市场挖潜的"双成功"。这种火箭自设计之初，就充分考虑了技术与经济的一体化，通过包括项目制、高继承性等方面的尝试，降低生产成本，降低配套成本，实现火箭的成本有效控制。

研制团队对市场的重要性有着充分认识，研制之初就确定了以市场需求为导向的研制思路。在此次发射任务中，火箭研制人员一直与卫星用户沟通星箭接口等问题，积极主动为用户服务。后续随着批量化生产能力的提升，从客户签署发射服务合同到实施发射，时间将缩短至一年，组网建设周期将进一步缩短。

长征八号有以下商业优势：

一是性价比高。长征八号自研制之初，就充分考虑了技术与经济的一体化，通过包括项目制的尝试、高继承性等，降低研发的成本，后续的融合型火箭更是通过提升工艺方法、一体化设计等降低生产成本和配套成本，实现火箭成本的有效控制。而且长征八号本身运载能力达到5吨级，起飞质量为356吨，运载效率在国内火箭中是名列前茅的。运载能

图 2-11-2　长征八号遥二运载火箭

图 2-11-3　为长征八号遥二运载火箭扣整流罩

力的提升、成本的下降，必然会带来很高的性价比。

二是履约速度快。从签署发射服务合同到实施发射，时间缩短至一年；如果是组网发射，批量采购，还可以实现批量化生产，将组网建设周期进一步缩短。

三是可靠性高。长征八号继承了已有型号的成熟模块，飞行可靠性经过了充分验证，而且新一代火箭的研制准则较以往更为合理，可靠性设计考虑得更充分，可以有效保障任务实施的可靠性。

四是团队服务意识好。长征八号研制团队对市场的重要性有充分认识，自研制之初就表现出良好的市场意识，积极主动地为卫星、为用户服务。

长征八号已经借助发射任务开展了可重复和智慧化相关技术的验证，比如对二级滑行段飞行故障在线辨识，具备了特定故障工况下自主进行姿态控制重构的能力；再如发动机推力调节技术的工程应用，为后续可重复使用的发动机技术进行部分验证。

长征八号在未来发展中同样会将可重复使用技术、智慧火箭作为发展的重点之一，在飞行中不断摸索，积累飞行子样，为中国航天的发展贡献力量。

三、技术特点

长征八号突破了大静不稳火箭主动减载控制技术，同时兼顾提升对故障的适应能力，为结构轻质化、飞行智慧化打下坚实基础。由于受到现有模块结构特性的限制，该火箭遇到了静不稳定度大的难题，同时对减载控制等提出很高要求。研制人员通过深入研究分析各种减载稳定控制方法，采用了基于角速率和横法向过载信息融合的自适应减载控制技术，提升了轻质贮箱结构对时变不确定风场的适应性，实现了主动减载的目标。研制人员设计了基于控制效果的喷管极性辨识和控制重构算法，开展了滑行段飞行故障在线辨识测试，使长征八号具备了特定故障工况下自主进行姿态控制重构的能力，提升了火箭飞行控制的适应性和智能化水平。

发动机推力调节技术的首次工程应用，提升了运载火箭任务适应性，推进了运载火箭重复使用技术的发展。它在飞行中对液体火箭发动机进行节流控制，这在我国运载火箭中是首次工程应用。该技术将大幅提升总体设计优化能力，助力提升火箭的任务适应能力。同时发动机推力调节技术的使用，将为后续我国一次性运载火箭重复使用技术提前进行相关技术验

图 2-11-4 准备出征的长征八号遥一运载火箭

证，为我国重复使用运载火箭的研制打下坚实基础。

长征八号运载火箭具有以下"三性"。

一是创新性。首飞火箭突破和应用了一批关键技术，实现了包括基于模块组合的快速集成设计技术、发动机节流应用技术、动特性获取技术、姿控设计等重要的技术项目，其中发动机推力调节是国内火箭的首次工程应用。长征八号也是国内首个未开展全箭模态试验的中大型火箭；同时在管理流程中，首次推行项目制的管理尝试；在发射场，施行精细化流程管理。

二是融合性。长征八号体现了继承与融合的特点，一方面充分吸收和继承了现役火箭和新一代火箭的成果和先进技术；另一方面又结合自身特点开展新技术的验证与应用，实现了继承与创新的高度融合。

三是发展性。长征八号目标定位为中低轨的主力火箭，后续还将不断改进，提升经济性和竞争力。研制团队还将把它打造成为新技术验证的试验平台，为后续智慧化、可重复使用等新技术进行搭载验证。

长征八号具有以下特别之处。

一是使命不同。长征八号立项之初，使命目标就和其他火箭有一定差异。长征八号更多以市场需求为导向进行研制，从能力指标、经济性、可靠性等综合考虑，实现工程研制的最优。

二是研制采用新模式。长征八号在研制过程中就践行了低成本的思路，首飞的产品均为自筹，这与其他新一代火箭的研制完全不同，也让设计人员、参试人员真正感觉到这是自己的火箭，要为它负责。

三是具有高度的适应性。长征八号立项之初没有自己的发射工位，首飞也是借用了长征七号的发射工位，这也要求火箭在设计时考虑箭上与地面的兼容性，以适应现有的发射工位。而其他火箭的研制，均配套了独立的发射工位和相关设备。

2022年2月27日，长征八号遥二运载火箭升空，它呈现出两大特点。

一是与2020年发射的长征八号遥一运载火箭相比，长征八号遥二运载火箭在外形上的最大区别就是取消了2个助推器，从两级半构型变成了两级串联构型。它的太阳同步轨道运载能力在3吨级。这是为了避免"大马拉小车"，造成不经济。长征八号系列运载火箭分助推器和无助推器两种状态，而长征八号遥二运载火箭发射的卫星体积较小，质量不到2吨，所以不需要像长征八号遥一运载火箭那样装有助推器和那么大的整流罩。减少2个助推器，可以缓解生产、总装和测试的压力，让研制周期缩短、研制成本降低。

二是长征八号遥二运载火箭一箭发射了22颗卫星，创造了当时我国一次发射卫星数量最多的纪录。

第十二节　其他火箭

一、风暴一号

　　风暴一号是上海机电二局在东风五号导弹基础上研制的两级液体运载火箭，主要用于地球低轨道卫星发射。它采用四氧化二氮/偏二甲肼作为推进剂。该火箭于1970年启动研制，1972年8月10日首次发射获得基本成功，此后又发射10次，其中共成功了6次、失败了4次。1982年，该火箭停止使用。

　　上海是老工业基地，早就有了探空火箭和防空导弹的抓总研制经验，而且本身工业基础条件比较好，人才优势比较突出。鉴于此，1969年8月14日，国务院总理周恩来指示：上海不仅可以搞导弹，也可以搞火箭和卫星，还可以搞洲际导弹。根据周恩来的这一指示精神，同年10月31日，中共中央、国务院、中央军委向上海下达了"701工程"任务，主要包括由上海抓总研制火箭和卫星。火箭命名为"风暴一号"，卫星命名为"长空一号"。

图 2-12-1　风暴一号运载火箭

　　风暴一号的原型是七机部航天一院正在研制的远程地对地导弹（亦称"地地导弹"），改型后为二级火箭。上级要求一定要在1970年完成初样。任务明确后，上海立即抽调一批骨干去七机部学习，调集图纸资料，随后七机部还支援上海一些技术人员。

　　1969年10月，上海机电二局本着立足上海的原材料、元器件和工艺条件以及充分利用上海已有研制成果的原则，以七机部航天一院远程洲际导弹的方案为基础，对风暴一号的总体方案重新进行论证，并进行大量技术改进。在风暴一号设计过程中，由于各分系统硬件质量超标，运载能力难以满足要求，设计团队决定总体采取挖潜措施以提高运载能力。经论证，二级游动发动机的推进剂供应系统采用泵压式方案。方案采用一台独立的涡轮泵为4台游动发动机单机增压/输送推进剂，使游动发动机在二级主发动机关机以后可以长时间单独工作，实现二级的变推力"滑行"，从而提高了火箭的运载能力。风暴一号一方面因为继承了地空型号的研制成果，另一方面因为独立的游动发动机能解决就地试车问题，从而大大缩短了研制周期，成果显著。此外，设计团队还多次对测控系统进行了改进。

　　风暴一号运载火箭全长为32.57米，箭体直径为3.35米，起飞质量为192.7吨，起飞推力为280吨，近地轨道运载能力为1.5吨。它由两级火箭组成，除箭体结构外，箭上装有控制系统、遥测系统、跟踪测量系统、安全自毁系统、推进系统和电源配电系统等设备。其第一、第二级的布局与长征二号B基本相同，主要不同处在火箭头部。为使卫星免受大气层气流冲刷，风暴一号在卫星外部装设了球锥形整流罩。仪器舱位于第二级前部，前端与卫星及整流罩相连，仪器舱壳体作为其支承件，内部装有控制系统、跟踪系统、安全自毁系统的大部分仪器。其他仪器安装在箱间段、级间段及尾段舱体内部。

　　风暴一号的箭体结构由整流罩、仪器舱、推进剂贮箱、级间段、箱间段、尾段等部分组成。箭体结构的主要材料是铝合金。其中，第一级箭体结构由级间段、氧化剂贮箱、箱间段、燃料贮箱、后过渡段和尾段组成，级间段由级间壳段和级间杆系两部分不同的结构构成；第二级箭体结构由仪器舱、氧化剂贮箱、箱间段和燃料贮箱等部分组成。燃料贮箱和氧化剂贮箱均为承力式结构，都由椭球形前后底和较短的筒段构成。贮箱内都安装有防晃板、消旋器、增压兼安全溢出管、液位传感器、温度传感器等。卫星整流罩由端头帽、前锥段、圆柱段、倒锥段组成。端头帽由玻璃钢纤维材料制成，具有良好的无线电透波性。前锥段和圆柱段是由金属蜂窝材料制成，倒锥段由化铣合金材料制成。如果需要，无线电透波窗口和操作窗口可以在柱段和前锥段上开口。

　　风暴一号采用由液体火箭发动机、泵压式推进剂输送系统和自生增压系统组成的推进系统，使用的氧化剂为四氧化二氮，燃料为偏二甲肼。第一级推进系统由组合发动机、推进剂输送系统、增压系统、火工品及电缆、机架等构成。火箭发动机是由4台独立的单机通过机架并联而成的组合发动机。第二级推进系统由推力室、涡轮泵、涡轮工质供应系统、推进剂供应系统、增压系统、火工品及电缆和机架等组成。

　　不到一年，上海基本形成了大型运载火箭的设计、生产和试验能力。至1970年11月，风暴一号试车火箭就完成了总装，并被运往酒泉卫星发射中心，准备进行二级以及一级、二级组合的全箭热试车。1971年4月，全箭热试车结束，结果表明火箭

图 2-12-2　准备发射的风暴一号运载火箭

技术方案基本可行。

1972年8月10日，风暴一号进行了首次发射，获得了基本成功，验证了火箭总体设计方案的基本正确，各系统工作协调，为正式发射卫星打下了扎实的基础。但火箭起飞后平台基准漂移，火箭偏右飞行，二级火箭游动发动机工作异常。由于对此异常未足够重视，1973年9月18日，风暴一号第二次飞行试验时，其二级火箭游动发动机再次发生故障，长空一号卫星未能入轨而在空中自毁。

在改进了游动发动机涡轮泵后，1974年7月12日，风暴一号第三次发射长空一号卫星时，由于火箭二级主发动机出现故障，火箭飞行速度没有达到第一宇宙速度，卫星又没能入轨，火箭和卫星在空中爆炸。

图 2-12-3　长空一号卫星模型

经过继续改进，1975年7月26日，风暴一号终于成功发射长空一号卫星，卫星质量1107千克，为当时我国发射成功的最重有效载荷。

1975年12月16日和1976年8月30日，风暴一号分别发射了2颗长空一号卫星，都取得成功。但1976年11月10日，风暴一号因故障再次发射失败，二级游动发动机工作出现故障，卫星未能进入轨道。

1979年7月28日，风暴一号携带实践二号系列3颗空间物理探测卫星从酒泉卫星发射中心起飞。该火箭一级、二级主机工作正常，但在滑行段飞行中游动发动机推力下降，直至起飞后297秒自行关机，终因飞行姿态失稳在空中自毁。

由于风暴一号的第二级发动机屡次出现故障，设计团队决定更换第二级发动机，同时对总体进行适应性更改。更改后的风暴一号火箭于1981年9月20日最后一次执行发射任务，火箭点火起飞7分20秒后，将第二组实践二号、实践二号A、实践二号B共3颗卫星按照设定的程序逐一与火箭分离，进入各自预定的轨道。风暴一号火箭因此成为我国首次成功完成"一箭三星"发射的运载火箭，我国也从此成为世界上第三个掌握"一箭多星"技术的国家。

图 2-12-4　风暴一号纪念火箭

为了保证用1枚火箭成功发射3颗卫星，设计团队首先通过重新组织全箭振动试验，准确掌握了多星状态下的结构动力学特性；合理设计卫星结构和安排3颗卫星的位置，改进稳定系统使之具有更大的灵活性和宽裕度，解决了多星的火箭结构动力学问题。其次是通过精心安排卫星的分离程序，增加反推火箭的数量、调整反推火箭的位置，合理安排卫星的位置和分离方向，确保卫星分离时不发生碰撞，不被燃气污染，可靠地进入各自的轨道。最后是通过严格控制惯性器件引起的误差和改进制导方法，提高了入轨精度。此外，设计团队还通过挖潜提高火箭的运载能力和卫星的轨道高度，从而延长了火箭使用寿命。

风暴一号火箭在研制中取得了一些重大技术进步，如增加运载能力的小推力滑行方案，提高制导精度的速度导引和高度导引混合制导方法，克服发动机大振动的S2A方案，控制系统有源网络的应用以及LD10材料焊接技术的突破，首次实现"一箭三星"发射等。风暴一号的研制经验和教训，对于上海迅速发展成为中国航天事业的又一重要基地，有着极其深远的意义。

20世纪80年代初，我国对火箭的研制发射任务作了调整，上海不再继续研制风暴一号，其成熟的技术融入和延续到了上海后来研制的长征系列运载火箭中。

二、开拓者系列

开拓者系列运载火箭是由中国航天科工集团组织研制的固体运载火箭，已先后成功发射了开拓者一号和开拓者二号，它们具有快速发射近地轨道小型卫星的能力。

开拓者一号由企业自己筹资进行开发研制，属于一个靠近市场的行为。其方案论证工作在20世纪90年代初就开始了，但是直到1999年中国航天科工集团成立之前，由于多种原因，始终没能列入国家发展计划当中。

从20世纪90年代开始，国际卫星发射市场出现了发射小卫星和微小卫星的发展趋势，这些小卫星和微小卫星组成星座，可执行各种复杂的航天任务。随着商业发射市场对小型卫星和运载火箭发射需求的不断增长，具有灵活、快速、便宜

图 2-12-5　开拓者一号运载火箭

等特点的全固体运载火箭具有广阔的市场前景。为此，中国航天科工集团认准了固体运载火箭有广泛的应用前景。经过反复咨询和论证，2000年5月，中国航天科工集团自筹资金组建研制队伍，正式开展开拓者一号四级全固体运载火箭的研制工作。

开拓者一号总长为13.6米，最大直径为1.4米，起飞质量为19.3吨，近地轨道运载能力为100千克，太阳同步轨道运载能力为50千克。其控制系统采用速率捷联惯导，具有可机动发射、操作简单、发射速度快等特点，最快可在12小时之内将小卫星送入太空，以满足资源普查、环境监测、科学实验等领域的需要。

2003年9月16日，我国在太原卫星发射中心成功发射了首枚四级全固体运载火箭开拓者一号，把PS3小卫星送入太空。2017年3月3日，我国在酒泉卫星发射中心用开拓者二号运载火箭成功将天鲲一号新技术试验卫星发射升空，卫星顺利进入预定轨道。开拓者二号的直径为1.4米，700千米高太阳同步轨道的运载能力为250千克，近地轨道的运载能力为350千克。

三、快舟系列

为初步形成我国应对突发事件的空间快速响应能力，中国航天科工集团第九研究院（现为中国航天科工集团第四研究院，又叫中国航天三江集团有限公司）于2005年开始论证"快舟"项目。2009年6月1日，总装备部和科学技术部联合下文在"863计划"框架内开展研制，项目代号"快舟"。快舟项目分为六大系统，其中中国航天科工集团第四研究院负责运载火箭系统的研制。运载火箭被命名为快舟一号固体运载火箭。

1. 快舟一号

快舟一号由三级固体加一级液体助推末级组成，全长约19.4米，第一、第二级直径为1.4米，第三、第四级直径为1.2米，整流罩直径有1.2米、1.4米两种，起飞质量约30吨。其太阳同步轨道运载能力200千克，低地球轨道运载能力为300千克，主要用于发射各类灾害应急监测和抢险救灾信息支持卫星，是我国首型车载机动发射的固体运载火箭。

图2-12-6　组装完毕的快舟一号运载火箭

快舟一号应用了导弹武器的设计理念，通过"一车一箭"的机动发射方式，简化了保障条件，减少了保障装备配置，降低了发射成本，提高了航天发射的灵活性；采用了星箭（卫星和火箭）一体化、侧喷流、栅格舵等多项创新设计以及基于总线网络的分布式、实时控制体系，具有小型化、高载荷比、入轨精度高的特点。

所谓星箭一体化技术，即火箭作为一种快速应急部署的星箭一体化组合体，出厂时就

图 2-12-7　快舟一号运载火箭准备发射

是"卫星—运载火箭—发射筒—发射车"的组合体。该技术打破了传统火箭与卫星系统界面关系，加强了两系统技术耦合，通过共用动力、结构、控制、测量等系统，将运载火箭末级整体送入预定轨道并在轨长期工作实现卫星功能，大幅度提高了有效载荷利用率，拓展了应用空间，使任务载荷运送能力提高两倍以上。采用星箭一体方案可以快速集成、快速入轨，主要优点包括四个方面：一是制造时间短，能在半年内提供定制化发射服务；二是发射准备周期短，可以在几天内实现移动发射；三是入网精度高，可靠性高，即固体火箭的技术可靠性非常高，而且发射入轨的精度也很高；四是可以车载机动方式发射，这种发射方式不依赖固定发射场，只需要篮球场大小的硬质地面就可以发射，从而可以满足商业卫星的高密度、快速发射的需求。

　　一般运载火箭及其有效载荷各有电源、电子系统、制导导航与控制和推进剂罐，而快舟系统只有一套发射装置和有效载荷共用的这些系统，从而大大降低了系统的复杂性，并允许在入轨后利用运载火箭内的剩余推进剂。集成的末级/卫星还消除了对有效载荷整流罩、卫星适配器和分离机构的要求，从而进一步降低了重量和复杂性。

　　对于快舟发射系统，卫星在生产线上与运载火箭集成，可以在准备发射的条件下储存数月甚至数年。一旦下达发射任务，运载火箭和有效载荷可在数天内将储存设施准备就绪。发射系统随后用轮式运载工具运送到预先勘测过的发射场，在那里可以在几个小时内进行检查和发射。另外，它在国内首次采用栅格舵控制技术，是中国首个具有快速集成、快速入轨能力的小型固体运载火箭，创造了中国航天发射的最快纪录，使中国航天发射运载工具由液体运载火箭拓展到固体运载火箭，初步形成了中国亟须的空间快速响应能力。

　　快舟一号的第一、第二、第三级固体发动机全部为新研制的。第一、第二级发动机采用了成熟的技术方案与制造工艺，第一级发动机于2005年3月首次试车，2010年1月研制成功；第二级发动机于2007年11月首次试车，2010年1月研制成功。第三级发动机的高质量比是其主要设计目标，采用了碳纤维缠绕壳体等技术，对轻质碳/碳扩散段喷管开展了技术攻关，显著减轻了发动机消极质量，于2010年11月研制成功。其末级采用的液体推进姿控和轨控动力系统是一项全新技术。为解决液体推进姿控和轨控动力系统贮箱安装空间小、质量要求轻和推进剂预包装等需求问题，研制团队创新性地研制了一种全新的双元共体波纹膜片式推进剂贮箱、功能高度综合的推进与姿控系统和双组元高室压新型发动机，有效减轻了系统的消极质量。

2012年3月17日，快舟一号进行了飞行试验，火箭点火起飞正常，三级分离后，分离体在发动机残余推力的作用下与末级发生碰撞，导致末级未能进入预定轨道。此后，研制团队对三级分离时序及三级分离机构进行了适应性更改。

2013年9月25日，快舟一号以"一车一箭"车载机动发射方式，成功将快舟一号飞行器送入太空。此次成功发射标志着中国成为首个完整发射星箭一体化快速应急空间飞行器的国家，具有重要的战略意义。2014年11月21日，快舟一号成功完成了快舟二号飞行器的发射任务，创造了我国航天发射的最快纪录。

快舟一号是中国成功研制的第一型固体运载火箭，该火箭的研制成功，首次验证了固体火箭车载机动发射卫星的新能力，标志着我国航天发射运载工具从液体运载火箭拓展至固体运载火箭，发射方式由依托固定塔架发射拓展至无依托车载灵活移动发射，在应急快速发射方面迈出了重要一步。

2. 快舟一号A

2017年1月9日，我国在酒泉卫星发射中心用快舟一号A（又叫"快舟一号甲"）小型运载火箭，首次成功发射了吉林林业一号卫星，同时搭载行云试验一号、凯盾一号2颗立方体星。快舟一号A是一款小型固体运载火箭，具有飞行可靠性高、入轨精度高、准备周期短、保障需求少、发射成本低等特点。

图 2-12-8　快舟一号 A 执行"一箭多星"发射任务

快舟一号A是在快舟一号的基础上改进研制的一款低成本、高可靠性的通用型三级固体运载火箭，采用车载机动发射方式。它全长约20米，最大直径为1.4米，起飞质量约30吨，700千米高太阳同步圆轨道的运载能力为200千克，近地轨道运载能力为300千克，主要面向微小卫星发射和组网，具备"一箭多星"发射能力。

快舟一号A仍采用三级固体动力加末级液体助推的串联式布局和国际通用接口以及车载机动发射方式，扩展了整流罩的长度和直径，提高了任务适应性，在保证运载能力的同时增加了搭载卫星的空间，具有发射成本低、准备周期短、保障条件少、快速集成和快速入轨等特点。

快舟一号A采用了水平总装、水平测试、水平运输的"三平"测发模式，有效提高了操作的便利性；由移动发射车在普通硬实地面实施发射，不需要复杂的发射塔架，简化了发射保障设施；具有先进末级，可同时保证多轨道发射能力和高精度入轨姿态，满足"一箭多星"用户的快速发射和部署需求。

"快速响应、快速集成、快速发射"是快舟系列的特点，就拿快舟一号A来说，自签订合同到发射最快3个月就能完成，火箭从运抵发射场到完成发射任务只需要7天时间，整个发射区流程不到4小时。

2022年9月25日，我国在太原卫星发射中心使用快舟一号A以"一箭双星"方式，成功将试验十四号和试验十五号卫星发射升空，卫星顺利进入预定轨道，发射任务获得圆满成功。这次任务是快舟一号A的第18次飞行。至2023年6月9日，该火箭已发射了20次。

3. 快舟十一号

2014年9月，中国航天科工集团正式立项研制快舟十一号火箭。它是按照新一代航天发射和应用战略发展规划及部署，面向全球商业航天发射需求研制的固体运载火箭，充分继承了快舟一号的技术特点，能满足卫星商业化高密度、快速发射需求。其最大运载能力是快舟一号A的5倍，单位质量发射费用低于1万美元，实现了快舟系列运载火箭跨越式发展，能够更好地满足卫星规模化、高密度、快速发射的需求，将有力带动我国固体

图 2-12-9　快舟十一号固体运载火箭

运载火箭及其动力技术发展。

　　快舟十一号采用三级构型和移动方式发射，主直径为2.2米，发射质量为78吨，可安装两种有效载荷整流罩——直径2.2米和2.6米，近地轨道运载能力为1.5吨，700千米高太阳同步轨道运载能力为1吨，而且将每千克的发射费用控制在1万美元以内，主要面向400—1000千米近地轨道和太阳同步轨道卫星，执行单星或多星组网发射服务。快舟十一号全箭主体结构采用碳纤维复合材料，具有"移动测试对接、移动发射、移动云测控"等特点，具备快速发射能力，能够适应多样化发射任务，总体技术水平达到固体运载火箭国际先进水平。不过，2020年7月10日，快舟十一号在酒泉卫星发射中心进行首次发射时出现异常，发射任务失利。

　　2022年12月7日，快舟十一号遥二固体运载火箭在我国酒泉卫星发射中心点火升空，成功将行云交通VDES试验卫星送入预定轨道，发射任务取得圆满成功。中国卫星发射测控系统部负责发射场及测控系统组织实施。此次任务是快舟系列运载火箭第23次发射。

四、捷龙系列

　　捷龙一号是航天一院面向商业航天市场打造的一款微小型固体运载火箭，火箭总体构

图 2-12-10　捷龙一号微小型商业固体运载火箭

型为四级固体发动机串联，700千米高太阳同步轨道运载能力不低于150千克。该火箭可为卫星提供直径为1.1米、高度为1.5米的完整舱段空间，满足用户"一箭一星"或"一箭多星"的发射需求，其单位载荷入轨成本低于国际同类产品，同时还具备发射准备周期短、发射模式更加灵活的特点，可填补我国低倾角航天发射能力的空白。2019年8月17日，捷龙一号完成首飞。

航天一院研制的捷龙三号为四级固体运载火箭，全箭总长31.8米，箭体最大直径为2.64米，起飞质量为140吨，500千米高太阳同步轨道运载能力为1.5吨，适应公路、铁路以及海上三种运输方式，支持陆基及海上快速发射，可实现零窗口、全方位发射，72小时内完成星箭技术准备和发射任务，可安装2.9米直径或3.35米直径整流罩，任务性价比与适用性高。2022年12月9日，捷龙三号在黄海海域首飞成功，标志着我国固体运载火箭系列化发展取得重大进展。它首次实施了中国运载火箭海上热发射。

捷龙系列固体运载火箭追求"高性价比、高可靠、快履约、快发射"目标，为国内外商业卫星用户的星座组网、补网、载荷验证等提供可靠、便捷、经济的专属发射、定时定轨道发射和搭载服务。

五、谷神星和智神星系列

2018年2月6日，从事低成本商业航天发射业务的民营航天企业星河动力（北京）空间科技有限公司（简称"星河动力"）成立。其核心产品及服务包括谷神星系列小型固体运载火箭发射服务，以及智神星系列中型重复使用液体运载火箭发射服务等。2022年12月，星河动力完成股改，并取得了市场监督管理局核发的营业执照，名称正式变更为"北京星河动力航天科技股份有限公司"，迈入了新的发展阶段。

2020年11月7日15时12分，首枚谷神星一号遥一运载火箭在中国酒泉卫星发射中心成功首飞，并顺利将"天启"星座十一星送入500千米高太阳同步轨道，星河动力也因此成为继星际荣耀公司之后中国第二个成功完成运载火箭入轨发射任务的民营公司。谷神星一号是星河动力研制的一款小型商业固体运载火箭，可满足近地轨道微小型卫星发射需求。

2021年12月7日，谷神星一号遥二运载火箭发射成功，顺利将天津大学一号、丽泽一号、宝酝号、金紫荆五号、金紫荆一号03星5颗商业卫星精确送入500千米高太阳同步轨道。本次发射实现了国内民营火箭的首次连续成功和首次"一箭多星"商业发射的新突破，标志着谷神星一号商业火箭的技术状态日趋成熟，在国内民营商业运载火箭型号中率先迈入了商业化发射交付的新阶段。

2022年11月16日，谷神星一号遥四运载火箭发射成功，将吉林一号星座的高分03D08、03D51～54共5颗卫星送入太阳同步轨道。本次发射是谷神星一号商业火箭的连续第四次发射圆满成功，至此星河动力保持了100%的成功率，并已累计为7家卫星客户完成了14颗卫星发射，再次创造了中国民营商业火箭发射交付的新纪录。同时，本次也是国内低轨星座首次采用民营商业火箭进行组网发射，推动了国内商业航天产业生态健康发展，具有里程碑意义。2023年1月9日，谷神星一号遥五运载火箭成功发射了5颗卫星。

星河动力在此次发射中首次采用了自研的转运发射车执行转运和发射任务，该转运发射车具备环境温度控制、机动转场运输、快速起竖发射等功能，进一步降低了对发射区发射前保障的要求，将发射准备时间由4小时大幅压缩至1小时，有效解决了火箭发射准备时间长、发射频次低的问题，为谷神星一号

图 2-12-11　吊装谷神星一号

商业火箭的批量化发射交付提供有力的地面支撑。

谷神星一号是四级小型商业运载火箭，目标是为商业微小型卫星提供定制化发射服务。其第一、第二、第三级采用固体发动机，第四级为液体上面级。该火箭直径1.4米，全长约20米，起飞质量约33吨，500千米高太阳同步轨道运载能力为300千克，近地轨道运载能力为350千克。该火箭可为国内外卫星客户提供微小型卫星的专属、共享、搭载等定制化服务。

谷神星一号采用了总体动力联合优化设计、矢量固体推力控制、分布式轨姿控动力、3D打印轨控发动机、垂直自瞄准、取消滚控装置等创新设计；采用自研转运发射车执行转运和发射任务，具备

图 2-12-12　谷神星一号升空

环境温度控制、机动转场运输、快速起竖发射能力，有效缩短发射准备时间、提高发射频次。多项创新技术在民营商业运载火箭上实践应用，为四次火箭发射取得圆满成功及后续商业火箭批量化发射交付奠定了坚实的技术基础。

星河动力正在研制的智神星一号为两级液体运载火箭，近地轨道运载能力为5吨，太阳同步轨道运载能力为3吨。其第一级火箭采用7台苍穹液氧/煤油发动机（具备一个发动机失效仍可完成任务能力），第二级采用单台苍穹发动机，计划2024年实现首飞。

苍穹发动机采用液氧/煤油推进剂，真空推力为60吨，海平面推力为40吨，可重复使用次数为50次，真空比冲为330秒，海平面比冲为265秒，变推范围为25%～125%。

在中大型液体运载火箭智神星一号研制方面，星河动力率先推进国内首款采用针栓式喷注技术的大推力、深度变推液氧/煤油发动机苍穹的研发工作，其采用的多回流涡球锥形燃气发生器、同轴双吸涡轮泵、多功能一体化组合阀均属国内首创，亦属于国际领先水平，深度变推能力达到40%～105%。其首飞工作已在稳步推进。

智神星一号采用多次点火减速、动力/控制冗余、在线轨迹规划等技术，实现子级自主着陆回收，通过子级回收重复使用降低发射成本；采用"三平一竖"测发模式、前端无人值守发射技术，将发射准备时间降低到15天，提供快速进入空间能力。它还采用模块组合化设计思想，可由目前起飞质量260吨的两级构型，无缝拓展为起飞质量730吨的两级半捆绑构型，在降低研发成本、缩短研制周期条件下实现运力的大幅提升。

六、双曲线系列

2019年7月25日，北京星际荣耀空间科技股份有限公司（简称"星际荣耀"）的双曲线一号遥一运载火箭在酒泉卫星发射中心成功发射，按飞行时序将多颗卫星及有效载荷精确送入预定300千米高圆轨道，发射任务取得圆满成功。它创造了中国民营航天历史上的三个首次：中国民营商业航天运载火箭首次成功发射并高精度入轨；中国民营商业航天首次"一箭多星"发射入轨；中国民营商业航天首次实现太空广告并回传视频。此举使中国成为世界上继美国之后，第二个拥有能够成功发射运载火箭民营企业的国家。

双曲线一号运载火箭为四级小型固体运载火箭，四级均为团体发动机，辅以液体姿控发动机。火箭直径1.4米，总长24米，总质量约42吨，起飞推力为770千牛，500千米高太阳同步轨道运载能力大于300千克，700千米高太阳同步轨道运载能力225千克。它是当时中国民营航天起飞规模最大、运载能力最强的运载火箭。本次任务的圆满成功，表明星际荣耀全面掌握了运载火箭总体及系统集成、固体及姿轨控动力、电气综合、导航制导与控制、测试发射、总装总测及核心单机等软硬件核心技术，具备了运载火箭系统工程全流程、全要素的研发与发射服务能力，实现了商业模式的基本闭环，正式启动商业运营。

不过，2021—2022年双曲线一号火箭经历了连续3次发射失败。

2021年2月1日，双曲线一号遥二火箭在酒泉卫星发射中心点火升空，飞行过程中出现明显的姿态异常，发射任务失败。双曲线一号遥二火箭的飞行故障原因是理应脱落的一块保温泡沫在脱落后掉在了四号栅格舵上，在空气动压作用下引起四号栅格舵舵机堵转，在后续飞行过程中泡沫又从四号栅格舵被再次吹落，四号栅格舵恢

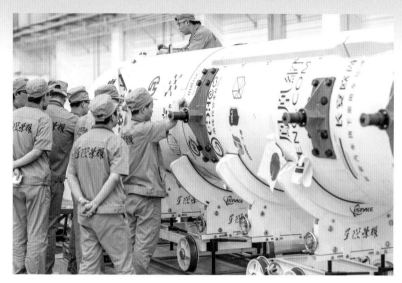

图 2-12-13　双曲线一号运载火箭正在涂装

复控制系统跟踪指令后，舵偏角在短时间内完成超过30度偏转，引起箭体姿态突变，进而导致飞行任务失败。

2021年8月3日，双曲线一号遥三火箭升空。发射后，各级固体发动机、液体姿轨控动力导航制导与控制工作正常，全程姿态稳定，各级间分离及星箭分离正常，但是由于整流罩未正常分离，未能将卫星送入500千米高SSO预定轨道，飞行任务未达到预期目的。此次发射进一步验证了双曲线一号火箭总体方案的正确性，获取了有效的飞行数据，积累了宝贵的经验教训。

2022年5月13日，双曲线一号遥四运载火箭在我国酒泉卫星发射中心点火升空，火箭飞行异常，发射任务失利。2022年10月18日，星际荣耀组织召开了双曲线一号遥四运载火箭飞行故障归零评审会，与会专家一致认同火箭故障原因是多余物导致箭上2000牛姿控发动机燃料路主阀关闭不严导致燃料泄漏，燃料提前耗尽后姿轨控动力系统失去控制能力，三级飞行段姿态超差，触发箭上主动交接条件，火箭执行自毁指令，飞行失利。然而，星际荣耀没有气馁，在总结了经验教训后，于

图 2-12-14　发射双曲线一号运载火箭

2023年4月7日，成功发射了双曲线一号遥六运载火箭。

星际荣耀是中国第一家成功完成运载火箭入轨发射任务的民营企业，成立于2016年10月，是一家总部位于北京的民营航天发射公司。它以拓展人类生存空间为使命，致力于研发商业运载火箭并提供系统性的发射解决方案，服务于国内外商业卫星客户，为全球商业航天客户提供高效、优质、高性价比的发射服务。作为中国民营商业航天的杰出代表，星际荣耀的产品具有低成本、高可靠和快速响应的特点，具备在全球卫星发射市场与国际商业航天企业进行角逐的能力。

星际荣耀正在研制的双曲线二号是两级小型液体运载火箭。该火箭长28米，一级箭体直径为3.35米，二级箭体直径为2.25米，起飞推力为106吨，近地轨道运载能力为1.9吨。其第一级具有垂直着陆回收功能，可以重复使用，进一步降低卫星发射服务成本。

双曲线二号采用自行研制的焦点一号液氧/甲烷变推力液体发动机，其真空推力为15吨，可重复使用次数30次，真空比冲大于355秒，变推范围为40%～105%。2022年6月，星际荣耀在酒泉卫星发射中心完成双曲线二号验证火箭液氧液氮全流程合练工作，为双低温可重复使用火箭垂直起降飞行试验打下了基础，预计2023年底完成双曲线二号的首飞任务。不过，它是进行重复使用的亚轨道飞行试验。

星际荣耀基于100吨级液氧/甲烷变推力火箭发动机——焦点二号发动机构建的双曲线三号中大型可重复使用液体运载火箭，已完成初步方案设计，并针对公路运输、发射场条件等开展了调研协调工作，预计2025年首飞。

未来由星际荣耀构建的较为完整的运载火箭型谱，可满足我国空间站以及全球各类卫星与有效载荷的发射需求，并代表中国商业航天的最高水平参与国际航天的竞争。

七、力箭系列

2022年7月27日，由中国科学院力学研究所（简称"中国科学院力学所"）抓总研制的力箭一号运载火箭在酒泉卫星发射中心成功发射，采用"一箭六星"的方式，成功将6颗卫星送入预定轨道，力箭一号首次飞行任务取得圆满成功。本次发射任务共搭载6颗卫星，分别是中国科学院卫星创新院抓总研制的空间新技术试验卫星、轨道大气密度探测试验卫星、低轨道量子密钥分发试验卫星、电磁组装试验双星，以及上海航天空间技术有限公司研制的南粤科学星。其中，空间新技术试验卫星是可通用、可扩展、快速响应的空间新技术试验卫星平台，用于开展新型空间科学载荷的试验。力箭一号作为中小型卫星发射优先选择，丰富了我国固体运载火箭发射能力谱系。

2023年6月7日，力箭一号遥二火箭成功发射26颗卫星，刷新了我国"一箭多星"的最高纪录。力箭一号由中国科学院"十四五"重大项目支持，是中国科学院在空天科技领域的又一次创新性尝试。面向空间科学和空间技术发展需求，中国科学院以"工程科学"思想

142

为指导，以创新、先进、高效为设计思路，发展创新性、先进性、经济性运载火箭，对于推动我国运载技术和研制模式的变革与创新、推动空间科学发展具有重要意义。

力箭一号是由中国科学院力学所抓总、北京中科宇航探索技术有限公司（简称"中科宇航"）参与研制的首型固体运载火箭，是我国当前最大的固体运载火箭，在运载能力、入轨精度、设计可靠性、性价比等方面迈入世界固体运载火箭领域先进行列。该款火箭是四级固体运载火箭，起飞质量为135吨，起飞推力为200吨，总长为30米，芯级直径为2.65米，首飞状态整流罩直径为2.65米，500千米高太阳同步轨道运载能力达1500千克。

中科宇航于2016年1月28日成立，是国内首家混合所有制商业航天企业，依托中国科学院力学所和空天飞行科技中心的科研力量与资源优势，基本定位是国家重大科研项目的

图 2-12-15　力箭一号首飞成功

成果转化平台。公司致力于太空科技探索和空天飞行器研发集成、技术成果转化和提供宇航发射服务。

力箭一号以前叫中科一号A，中科宇航曾宣布还在研制中科二号，它们的起飞质量分别为135吨、343吨，近地轨道运载能力达到2~4吨，起飞质量在全球现役、在研固体运载火箭中位居前列，进一步实现了大型化，将有效满足全球尤其是中国商业航天发射的旺盛需求。

在力箭一号运载火箭的研制过程中，中国科学院相关院所、航天四院等单位联合展开科研攻坚任务，秉承"创新、创新、再创新"的设计理念，突破了大吨位固体运载器总体优化设计与试验技术、先进动力系统与推力矢量控制技术、集中—分布式现代航天电子技术、低成本箭体结构与分离技术、智慧飞行控制技术、大吨位固体火箭地面使用及热发射技术等多项重大关键技术。研究范式的创新实现了高效低成本敏捷开发，为我国运载火箭领域的技术变革作出了重要贡献。

力箭一号具有运载能力大、入轨精度高、固有可靠性高、响应速度快、发射效率高、保障要求低、发射成本低、使用灵活便捷、环境适应性好等一系列突出优点，适用于中/小卫星载荷的中/低轨低成本快速组网发射。

八、朱雀系列

蓝箭航天空间科技股份有限公司（简称"蓝箭航天"）成立于2015年，是一家总部位于北京的民营航天发射公司。

2018年10月27日，蓝箭航天自主研发的朱雀一号固体运载火箭在酒泉卫星发射中心发射，由于该火箭第三级工作出现异常，卫星最终未能入轨。

朱雀一号是蓝箭航天自主研发的三级运载火箭，全箭总长为19米，箭体直径为1.3米，整流罩直径为1.3米，起飞质量为35吨，起飞推力为56吨，500千米高太阳同步轨道运载能力为200千克，200千米高近地圆轨道运载能力为300千克。全箭实现了独立设计、独立研发，具备快速响应、灵活发射、技术成熟、性价比高等特点，主要面向微小卫星和立方星星座组网等商业发射市场。

蓝箭航天自主研发的朱雀二号为两级液体中型运载火箭，采用自主研发的液体发动机。全箭总长为49.5米，直径为3.35米，整流罩直径为3.35米，起飞质量为216吨，起飞推力为268吨，近地轨道运载能力6吨，500千米高太阳同步轨道运载能力为4吨，1100千米高太阳同步轨道运载能力为2.2吨。

图2-12-16 朱雀一号首飞失利

朱雀二号第一级火箭采用4台天鹊-12液氧/甲烷发动机，推力达到216吨；第二级采用1台天鹊-12和1台天鹊-11的组合，以天鹊-11作为游标发动机。其中，天鹊-11发动机的推进剂为液氧/甲烷，真空推力为8.2吨；天鹊-12发动机的推进剂为液氧/甲烷，真空推力为80吨。

朱雀二号是国内首枚采用液氧/甲烷发动机的运载火箭。这种新型发动机有以下优点：一是甲烷作为一种无毒无污染的绿色燃料，比冲虽然不如液氢，但比其他所有常见燃料都高。甲烷密度比冲虽然不如煤油，但比液氢又高多了，综合比较起来有一定优势。二是甲烷价格不仅比液氢低得多，只有液氢价格的1/30，也比煤油便宜很多，大概是煤油价格的40%，能够明显降低燃料成本，而且在火星等外星球上，甲烷还是比较容易获得的一种燃料。三是液氧/甲烷发动机可以在原有液氢/液氧发动机的基础上进行研发，构型差不多，且对材料性能的要求还要低一些，毕竟燃烧温度比液氢要低一些。液氧/甲烷发动机的研发难度相对较小，同时这种发动机更容易实现大幅度的动力调节。四是液氧/甲烷发动机，燃烧更加充分，不容易产生积碳，几乎不用清洗，就可以在短时间内再次重复使用。同时，液态的甲烷相对于煤油来说更适合做发动机的冷却剂，甲烷的比热更高，粘度更小，还不容易结焦。从理论上讲，液氧/甲烷发动机可重复使用的次数比其他常见发动机都要多。

2022年12月14日，朱雀二号首次飞行任务失利。火箭一级、二级主机飞行正常，二级游标发动机异常，2023年3月18日飞行故障通过归零评审。2023年7月12日，朱雀二号遥二运载火箭在酒泉卫星发射中心发射升空，按程序完成飞行任务，发射任务获得圆满成功。

第十三节　新型火箭

图 2-13-1　新一代载人运载火箭模型

未来，我国还将研制和发射智慧运载火箭、可重复使用运载火箭、新一代载人运载火箭（长征十号）和重型运载火箭（长征七号）等更先进的运载火箭。

一、新型载人火箭

目前，我国使用长征二号F运载火箭发射神舟系列载人飞船。我国现在已开始研制新一代载人运载火箭，它是根据我国载人航天工程发展规划，为发射我国新一代载人飞船而全新研制的高可靠、高安全的载人火箭。新一代载人运载火箭由助推器、芯一级、芯二级、芯三级、逃逸塔和整流罩组成，全长约90米，起飞质量约2187吨，起飞推力约2600吨，可以将27吨有效载荷直接送入奔月轨道，满足我国载人登月相关需求，或者将70吨有效载荷送入近地轨道，它还可以与多种模块组合使用，形成近地轨道运载能力40～70吨、地球同步转移轨道运载能力10～32吨的系列化型谱，并且采用多台发动机并联布局可以实现垂直起降重复使用。它可以具备线上自主健康诊断、自主故障识别、故障检测和逃逸相关功能，使航天员在上升段飞行过程中更加安全，预计2027年具备首飞条件。

新一代载人火箭按照载人飞行的最高安全标准设计，未来可用于载人月球探测，将快速推动我国运载火箭技术和进出空间能力的提升与跨越。它在长征五号、长征七号新一代运载火箭研制基础上，按照"立足成熟技术、确保安全可靠，能力上台阶、技术上水平"发展需求，对标世界一流运载火箭技术。我国于2016年初开展新一代载人运载火箭论证工作，2017年针对相关关键技术开展预先研究工作。新一代载人运载火箭全面应用了我国运载火箭发展的最新技术，具有"高效率、高可靠、高安全、新材料、新结构、新模式"的显著特点，运载效率提高10%～30%，全面实现无人操作、无人加注。目前，我国已经完成新型泵后摆高压补燃发动机、固体可调推力姿控发动机、新型无毒姿控发动机的点火试车。

我国新一代载人运载火箭由长征五号改型而来，主要有两种构型——长征五号DY和长征五号ZR，采用模块化、通用化设计，具有载人和载货的能力。长征五号DY采用三级火箭加一级捆绑的构型，芯一级的2个捆绑与芯一级配置一致，具有27吨地月转移轨道运送能力；长征五号ZR为二级配置，芯一级为光杆，复用型和消耗型的近地轨道运送能力分别为14吨和18吨。新一代一级火箭采用垂直回收的方式，回收过程中将采用发动机减速和基于空气舵的姿态控制，在着陆阶段将采用阻力绳回收设施实现火箭的软着陆。

2022年6月14日，在航天六院101所，我国新一代载人运载火箭三级发动机整机首次长程多次点火试验圆满完成，标志着该发动机具备转入初样研制阶段的条件。该发动机是我国首台采用低压火炬点火方式的上面级液氢/液氧发动机。本次试验考核了发动机及组件状态、火炬点火系统工作可靠性、实时故障诊断系统原理验证等关键技术。承担本次试验的101所六号试验台，作为见证长征五号芯二级发动机成长过程的"排练场"，也托举起新一代载人运载火箭三级发动机的飞天梦想。可服务载人登月任务的新一代载人运载火箭将于2026年前后具备载人飞行能力，同时其70吨级近地轨道运力以及一子级重复使用能力将有效满足2035年前各项航天任务需求。

2022年10月下旬，我国首型高空型泵后摆大推力YF-100K/M液氧/煤油发动机进行了300秒长程试车，试车取得圆满成功。该发动机具有比冲高、启动入口压力小等特点，将用于我国新一代载人运载火箭二级动力装置。自2022年9月28日以来，该发动机共完成3次650秒试车，三战三捷，发动机各项指标基本满足总体要求，标志着该型发动机关键技术已突破。三次试车成功获得了高空型泵后摆大推力液氧/煤油发动机主要工作特性，扫清了新一代载人运载火箭工程研制中最大的"拦路虎"，为我国新一代载人火箭工程研制顺利推进奠定了坚实基础。2023年第二季度在第六次试车时，发动机累计试车时长达3300秒，再创我国百吨级发动机单方试车秒纪录。

二、重型火箭

正在研制的长征九号重型运载火箭是我国目前运载能力最大的一型火箭，用于执行未来载人月球探测、火星采样返回、建造太空电站等超重大航天工程任务。国家国防科工局于2010年就开展论证，于2015年开始陆续提出多种重型运载火箭技术方案。

在2022年11月举行的珠海航展上，我国展出了新的重型运载火箭模型。其芯级箭体直径为10米，采用三级串联构型，具备芯一级可重复使用能力，起飞质量达4000吨，起飞推力超过5000吨，近地轨道运载能力为150吨，地月转移轨道运载能力为50吨，地火转移轨道运载能力为35吨，是支撑我国航天强国建设的重要标志，预计2030年前后完成首飞。随着研究不断深入，重型运载火箭的方案还有可能变化。

长征九号重型运载火箭综合性能指标达到国际运载火箭的先进水平，重型运载火箭研制成功后，可以满足未来较长时期国内深空探测、月球基地等国家重大科技活动的任务需求，确保我国在2030年前运载火箭技术迈入世界一流梯队。

三、新型动力

2021年10月，由航天四院自主研制的世界上推力最大、工作时间最长、冲质比最高、可工程化应用的整体式固体火箭发动机地面热试车获得圆满成功。该发动机直径为3.5米，装药量为150吨，最大推力为500吨，采用高压强总体设计、高性能纤维复合材料壳体、高装填整体浇注成型燃烧室、超大尺寸喷管等多项先进技术，发动机综合性能达到世界一流。试验的成功打通了我国千吨级推力固体发动机发展的关键技术链路，标志着我国固体运载能力实现大幅提升，对推动我国未来大型、重型运载火箭技术的发展具有重要意义。目前，基于500吨推力整体式固体发动机，航天四院已经在开展直径3.5米级分段发动机的研究，发动机分5段，最大推力将达到千吨级，可应用于大型、重型运载火箭固体助推器中，以满足我国空间装备、载人登月、深空探测等航天活动对于运载工具的不同发展需求，为建立国内固体、液体运载火箭相得益彰、完善的航天运输系统提供更加强大有力的动力支撑。

2022年11月5日，由航天六院自主研制的中国最大推力液体火箭发动机首次整机试车圆满成功。该型发动机设计推力500吨级，采用世界上最大的补燃循环发动机推力室。首次整机试车的成功，标志着该型发动机研制取得重大突破，具有重大里程碑意义，航天液体动力技术支撑航天强国建设跃上新台阶。500 吨级液氧/煤油发动机的推力是现役120吨级液氧/

煤油发动机的4倍。

2022年11月16日，航天六院完成25吨级闭式膨胀循环氢氧发动机全系统试验。本次试验首次搭载推力闭环调节，主级工作过程中实现多个工况深度变推，试验按照预定程序启动，发动机工作正常，试验数据获取完整，试验取得圆满成功。该发动机作为航天六院"八年九机"（从2021年至2028年，利用8年左右的时间，研制以500吨/240吨级液氧/煤油发动机和220吨/120吨级大推力液氢/液氧发动机为代表的9型泵压式液体火箭发动机）中的一型产品，是目前世界上推力最大的闭式膨胀循环氢氧发动机，性能显著提升，将支撑重型运载火箭研制进程。

2022年11月26日，航天六院自主研制的130吨级重复使用液氧/煤油补燃循环发动机首台两次启动试车取得圆满成功。该型发动机是瞄准我国新一代运载火箭重复使用打造的天地往返动力装置，具有综合性能高、拓展能力强、可靠性高等特点，将有力支撑我国重复使用航天运载器发展，满足我国空间站运营等航天活动需求，提升我国大规模、低成本进出太空能力。

电推进是通过对电离后的工质加速喷出产生推力，将电能转化为航天器动能的空间先进推进技术。霍尔电推进技术是当前最为主流的发展方向，具有结构简单、可靠性高、推功比大、体积小、布局灵活等优点，可应用于卫星、在轨服务领域航天器的空间姿态控制、轨道转移、轨道控制、离轨以及深空探测主推进等空间任务。

图 2-13-2　早期长征九号示意图

航天六院801所是国内霍尔电推进技术研发和工程研制的优势单位。从1994年开始在国内首次开展霍尔电推进研究，近30年来，801所先后攻克了一系列关键技术，研制了推力覆盖5～5000毫牛的霍尔推进器产品型谱，可以满足50千克级微小卫星至10吨级的大型卫星的任务需求。产品已陆续成功实现在轨飞行应用，技术指标国际领先。其中，40毫牛霍尔推进器及系统是国内研发的首款霍尔电推进产品，也是国内首个经过空间飞行验证的霍尔电推进产品；80毫牛霍尔推进器累计完成点火9240小时，达到国际先进水平，完成了国内首次千瓦级霍尔推进器长寿命试验；2020年初，20千瓦大功率霍尔推进器首次点火成功，实测推力1牛、比冲3068秒。该推力器的成功研发，实现了我国霍尔推进器从毫牛级向牛级的跨越。

2022年珠海航展展出的50千瓦级多模式大推力霍尔推进器最大功率可达50～100千瓦，最大推力可达2.5～5牛，比冲可达5000秒以上，将霍尔推进器的性能进一步提高。

四、总体规划

2023年5月8日，我国可重复使用试验航天器在轨飞行276天后，成功返回预定着陆场。这标志着我国可重复使用航天器技术研究取得重要突破后可为和平利用太空提供更加便捷、廉价的往返方式。根据规划，2025年前后我国有望研制成功可重复使用的亚轨道运载器，亚轨道太空旅游将成为现实。同时，空射运载火箭将快速发射能力提升到小时级，智能化低温上面级投入使用，运载火箭将有力支撑空间重大基础设施建设、空间站运营维护、无人月球科考站建设，商业航天建成集地面体验、商业发射、太空旅游、轨道服务于一体的系统体系。

到2030年前后，除了重型运载火箭将实现首飞外，以火箭发动机为动力的两级完全重复使用运载器将研制成功，火箭型谱更加完善，我国航天运输系统水平和能力位居世界航天强国前列。

到2035年左右，我国运载火箭可实现完全重复使用，以智能化和先进动力为特点的未来一代运载火箭实现首飞，高性能智能化空间运输系统将实现广泛应用，航天运输系统为基本实现社会主义现代化提供有力支撑。

到2040年前后，未来一代运载火箭投入应用，组合动力两级重复使用运载器研制成功，核动力空间穿梭机出现重大突破，运输工具能够有效支持大规模的空间资源勘探和开发，小行星采矿和空间太阳能电站有望成为现实。

组合动力飞行器是一种集成涡轮发动机、冲压发动机、火箭发动机等多种动力的飞行器。根据设计，它在起飞时，会使用普通飞机所配备的涡轮发动机，当飞行器达到一定速度后，再使用适应高速飞行的冲压发动机进行冲刺，最后在大气稀薄的地方点燃火箭发动机，实现入轨。通过多种发动机"各司其职"，在距离地面几十千米的大气层以内，组合动力飞行器利用氧气就可以完成飞行，进入太空之后，再使用不依赖空气的火箭发动机，这样就可以大大降低进入太空的成本，未来它将主要应用于距离地球几十千米到几百千米的太空飞行。

预计到2045年，我国进出空间和空间运输的方式将出现颠覆性变革，组合动力单机入轨重复使用运载器研制成功，新型动力进入实用性开发，天梯、地球车站、空间驿站建设有望成为现实。此外，在先进运输系统的支持下，针对太阳系内的行星、小行星、彗星等目标的人机协同探索可以常态化、规模化开展，探索和利用空间进入高速增长期。到那时，我国航天运输系统将处于国际领先地位，航天综合实力位居世界前列，具有强大的国际竞争力、国际影响力和自主创新能力，航天梦将有力助推中国梦的实现。

第三章

中国试验卫星和
科学卫星发展

　　试验卫星和科学卫星对空间技术、空间科学的发展具有奠基和推动作用，在航天事业起步初期，我国便着重发展了这两种卫星。几十年来，中国试验卫星和科学卫星的制造水平、试验水平、探测水平经历了由简单到复杂、由低级到高级的发展过程，目前这两种卫星有的已名列国际前茅。这些卫星主要由航天五院、航天八院和中国科学院卫星创新院等研制。

第一节　东方红一号

　　1970年4月24日，中国第一个航天器暨中国第一颗人造地球卫星东方红一号由中国第一枚运载火箭长征一号送入太空，这标志着中国成为继苏联、美国、法国、日本之后，世界上第五个能自行研制和发射卫星的国家，拉开了中华民族进军太空的序幕。

图 3-1-1　至今仍在太空飞行的东方红一号卫星示意图

一、首星揭秘

　　1958年5月17日，毛泽东在中共八大二次会议上提出："苏联卫星上天，我们想不想搞个把两个卫星，我们也要搞一点卫星。"毛泽东的指示，后来被概括为"我们也要搞人造

图 3-1-2　"两弹一星"功勋科学家钱骥

卫星"。对此，中国科学院经过研究后决定抓紧做两项工作：一是起草中国第一个卫星规划，二是制作中国第一个卫星模型。接着，中国科学院党组还把卫星研制列为该院1958年第一项重大任务，代号"581"，并秘密成立了专门研究卫星的581研究组，由钱学森任组长，赵九章、卫一清任副组长。该研究组只用2个多月就完成了运载火箭结构的初步设计和载有多种高空环境探测仪器及动物舱的两种探空火箭头部模型。

1964年，周恩来收到赵九章关于建议开展人造地球卫星研制工作的信，随即指示罗瑞卿找有关同志商讨研制卫星的问题。随后，罗瑞卿找到有关部门领导和专家进行研究，起草了《关于人造卫星方案报告》。中央批准了这个报告，作出关于人造卫星研制工作的决定。这是中央关于研制我国第一颗人造地球卫星的第一次决策。

1965年1月8日，钱学森建议受三年困难时期等影响而暂停研制的人造地球卫星应该重新上马并列入国家任务。这一建议得到了聂荣臻副总理的赞同。

1965年5月，周恩来指示中国科学院拿出第一颗人造卫星的具体方案。负责卫星总体组的钱骥带领年轻的科技工作者很快便拿出了初步方案。后来该方案由钱骥等直接向周恩来作了汇报。周恩来得知钱骥姓钱时风趣地说，我们的卫星总设计师也是姓钱啊，我们搞尖端的，原子、导弹和卫星，都离不开"钱"啊！

1965年8月，周恩来主持中央专委会议，原则批准了中国科学院《关于发展我国人造卫星工作规划方案建议》，确定将研制人造卫星列为国家尖端技术发展的一项重大任务，还确定整个卫星工程由国防科委负责组织协调，卫星本体和地面检测系统由中国科学院负责，运载火箭由七机部负责，卫星发射场由国防科委试验基地负责建设。

因为是1965年1月（钱学森提出建议的时间）正式提出建议，所以国家就将人造地球卫星工程的代号定为"651"。这样，中国的人造地球卫星事业从多年的学术和技术准备，转入有计划、有步骤地开展工程研制的时期。

在中国运载火箭技术取得一定进展的情况下，1965年9月，中国科学院开始组建由赵九章任院长、代号为"651"的卫星设计院，并把中国第一颗卫星命名为东方红一号。从此，中国人造地球卫星研制工作正式开始。

1965年10月20日至11月30日，中国第一颗人造地球卫星总体方案论证会召开，会议最后确定东方红一号卫星属于科学探测性质，其主要任务是：测量卫星本体的工作参数，为此后发展中国的资源遥感、通信广播和天气预报等各种卫星取得必要的设计数据；探测空间环境参数；奠定卫星轨道测量和无线电遥测技术基础。会议进一步明确第一颗卫星"必须首先考虑政治影响，应该比苏联和美国的第一颗卫星先进、可靠，要比他们的卫星质量大、发射成功率大、工作寿命长、技术新、能听得见"。

东方红一号的发射时间定在1970年，成功的标志，即总体要求有四项："上得去，抓得住，听得到，看得见。"所谓"上得去"就是首先要保证卫星飞上天；"抓得住"就是卫星上天以后地面设备能对卫星实施测控；"听得到"就是卫星要播送音乐，且可被地面接收和听到；"看得见"就是卫星在轨飞行时能让地面上的人用肉眼直接看得见，以便鼓舞人心。

1967年初，中央正式确定中国第一颗人造地球卫星播送《东方红》乐曲，以便让全世界人民都能听到中国卫星的声音。同年底，中央最后审定了中国第一颗人造地球卫星的方案，规定该卫星不小于150千克（最终确定为173千克），用长征一号运载火箭发射，并正式命名为东方红一号。《东方红》是一首中国人民熟知的陕北民歌，它歌颂了新中国的缔造者毛泽东。因此，以它命名中国第一颗人造地球卫星意义十分深远。

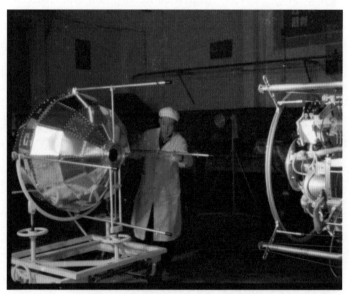

图 3-1-3　打造东方红一号人造地球卫星

为了做低温试验，1968年夏天，科技人员借用了海军一个存放食物的冷库，技术人员穿上棉大衣，进入零下十几摄氏度的冷库，将卫星放置于冷库中，模拟太空的环境温度。冷库里的温度很低，110瓦的电烙铁拿进去一会儿就不热了，那时是在夏天，技术人员都穿着塑料鞋，把技术人员冻得一会儿就得从冷库里跑出来。

电抛光试验是在一间临时搭起的小棚子里进行。面对扑面而来的有毒气体，技术人员用湿毛巾捂住鼻子，实在憋不住了，就跑出来吸几口气，又钻进小棚子里。

技术人员把一间废品仓库改成天线离心

图 3-1-4　为东方红一号卫星钛框加热

试验室，自己设计制造出简易的模拟卫星自旋试验设备。飞速旋转的天线危险性极大，为了保证安全，他们找来废包装箱盖作盾牌，从箱盖缝隙中观察天线的工作情况。在第一次短波天线伸展试验中，最后一节天线甩了出去，此后又经历了多次失败，最后获得成功。

卫星制造中的一道工序是铆接。在卫星的初样阶段没有铆枪，更没有固定工件的桁架，铆接就靠一把小锤，几个自制的铆模，以身体当桁架将铆钉一个一个敲上去。据悉，因为没有合适的设备，东方红一号外壳的72面体是靠一个技术高超的老工人一点一点敲出来的。

为了完成卫星蒙皮阳极化电抛光工序，没有房子就在露天下进行；没有容器就铸造了三个大铝槽，在雪地里挖个坑，把铝槽架在上面用木柴烧。就是在这样极其艰苦的条件下，技术人员开展了阳极化电抛光试验，经过了两个月上百次试验，终于使蒙皮的辐射率和吸收率达到了规定的技术指标。

1970年2月，当时的国防科委向酒泉卫星发射中心下达了发射东方红一号任务的预先号令。2月4日，长征一号从北京总装厂乘专列出发，几天后安全送达酒泉进行合练。但在这时，大家对于采取"两步走"还是"一步到位"的发射方案仍有不同的意见。所谓"两步走"就是用一枚火箭先发射一颗与卫星同质量的模拟星，成功后再发射真正的卫星；而"一步到位"就是直接发射真正的卫星。由于在1970年2月11日，日本发射了其第一颗人造地球卫星大隅号，成为世界上第四个发射卫星的国家。同月25日，国防科委即决定：采用"一步到位"的发射方案。

发射东方红一号的长征一号采用三级构型，这是导弹技术和探空火箭

图3-1-5 长征一号火箭准备发射东方红一号卫星

技术相结合的方案，即第一、第二级采用当时我国发射远程战略导弹所用的液体火箭，第三级是新研制的固体火箭。该火箭低轨运载能力为300千克，为我国多级火箭技术的发展奠定了全面技术基础，尤其是掌握了多级火箭稳定和姿态控制技术。

二、卫星组成

东方红一号的具体任务是测量卫星本体的工作参数，探测空间环境参数，为中国奠定卫星轨道测量和无线电遥测技术基础。为了完成上述任务，专家们多次论证，最后确定东

方红一号由结构系统、热控系统、能源系统、乐音与遥测系统、跟踪系统、天线系统、姿态测量系统7个分系统组成。由于是首次研制，所以每一个分系统的研究、设计、试制、试验、生产都是十分艰难的攻关过程。

东方红一号质量为173千克，采用自旋姿态稳定方式，转速为120转/分，利用太阳角计和红外地平仪测定姿态。其结构包括外壳、仪器舱和承力筒。外壳为蒙皮骨架式结构，表面采用按温度控制要求经过处理的铝合金材料。仪器舱呈圆柱形，安装在卫星中部，内装各种仪器和电池。其底部就是承力筒，即卫星与火箭连接的重要部件。

东方红一号工作在近地点439千米、远地点2384千米、倾角68.5°、运行周期114分钟的近地椭圆轨道上。卫星上的电源为银锌电池，采用被动式热控制。它装载的主要有效载荷有：2.5瓦的20兆赫兹短波发射机、100毫瓦的200兆赫兹超短波发射机、

图3-1-6 东方红一号的内部构造

图3-1-7 组装东方红一号卫星

遥测装置、乐音发生器、雷达应答机、雷达信标机、科学实验仪器和工程参数测量传感器等。其顶部装有1根0.4米超短波单振子天线，腰部装有4根约3米的拉杆式短波鞭状天线、4组5厘米微波应答机的发射及接收天线和4个10厘米微波引导信标机的发射天线。

东方红一号以20.009兆赫兹频率发射《东方红》乐音，并测量了卫星工作参数、空间环境数据，还进行了轨道测量控制。星上各种仪器实际工作的时间远远超过了设计要求，《东方红》乐音装置和短波发射机连续工作了28天，取得了大量工程遥测参数，为后来卫星设计和研制工作提供了宝贵的数据和经验。

东方红一号卫星外形为近似球体的72面体，直径约1米。东方红一号采用近似球体的72面体，主要有以下考虑：一是可使卫星有较大的结构利用空间。二是在平面上粘贴太阳能电池片比在曲面上粘贴更方便可靠。三是由于卫星采用自旋稳定方式，即卫星自旋轴相对于太阳的取向是不断变化的，在72面球体上粘贴太阳能电池片可便于太阳能电池片在不同

径向的面上适当地均匀布设，使任何时刻太阳能电池的总输出变化很小。这对整星能源系统的设计很有利（虽然后来因卫星任务和技术方案有所变化，东方红一号上最终未粘贴太阳能电池片，而采用所携带的银锌电池供电，但结构设计未改动。此后，在与东方红一号相同外形的中国第二颗人造卫星——实践一号上成功地使用了这一设计方案，寿命超过8年）。四是采用球形设计，可使卫星飞行时的弹道截面基本不变，不用在卫星上安装探测仪器就能用卫星的测轨跟踪数据反演推算卫星飞经高度的大气密度值及其变化，从而多得到一些科学数据。

对于如何产生《东方红》乐音，专家们曾提出几种方案，经比较决定，采用可靠性高、工作寿命长、消耗功率小、乐音悦耳嘹亮的电子音乐。对于如何发送《东方红》乐音，也曾提出3种方案，最后经研究决定，采用1台发射机交替发送卫星遥测信号和《东方红》乐音。

不过，要让普通收音机直接收听到东方红一号卫星播发的《东方红》乐音，需在卫星上安装大功率发射机，但那将使卫星的质量超过1吨，这对于当时中国火箭的运载能力来说是不可行

图 3-1-8　东方红一号乐音装置

的。为此，设计人员采用先由大型地面站接收，再通过广播电台转播的办法来实现收听。所以，在卫星发射上去后，全国人民听到的《东方红》乐音都是经广播电台转播的卫星信号。设计人员曾打算在东方红一号上镶满毛泽东像章，但后来在周恩来的指示下，为了减轻卫星质量，这些像章没有一起升空。

当时正处于"文化大革命"时期，播送《东方红》乐音不仅是科研任务，也成了责任重大的政治任务。卫星总体组组长何正华和乐音装置的主要设计者刘承熙冒着政治风险，开始了技术上的探索，解决了乐音错乱和乐音变调等一系列问题。《东方红》乐音最后采用电子线路产生模拟铝板琴声奏出。乐音装置的第一批正样产品是1968年上半年在重庆一家工厂生产的，由于当时生产秩序极不正常，产品中许多元件出现虚焊现象，最后上天的产品是由上海科学仪器厂重新生产的。

东方红一号卫星直径只有1米，为了使地面"看得见"，技术人员把卫星外形设计成由72面体组成的一个球体，目的之一是使卫星在轨运行时能闪光，因为该卫星采用自旋稳定方式稳定，所以当它转起来以后，随着角度不同，就会产生一闪一闪的效果，这样在地面就比较容易观测。但研究表明，由于卫星太小，即使这样，在天气不好时仍看不见卫星，

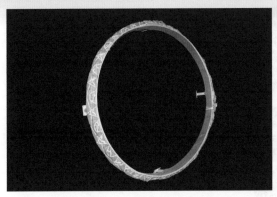
图 3-1-9 "观测裙"展开前

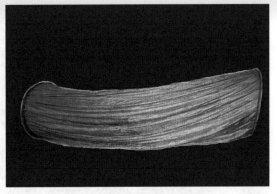
图 3-1-10 "观测裙"展开后

实际上卫星本体的亮度只有6等星左右。所以，技术人员集思广益又想出一个新办法：

把长征一号第三级固体火箭的"外衣"由锥形的"裙"变成球状的"体"，通过第三级固体火箭的旋转运动和观察体结构自身的伸展运动，最终成为4米直径的球台。换句话说，为了在地球上用肉眼看见卫星，在末级火箭上加上"观测裙"，使末级火箭的亮度提高为2～3等星，从而便于人们观看。具体做法是：

做一个布的"观测裙"把第三级火箭包上，发射的时候先不把它放开，等上天以后再吹大，让它能撑开至3米或者更大一点；同时，这个布"观测裙"外头也镀上铝，大面积反射太阳光，那样的话视觉效果就比1米大得多，大大提高了观测亮度，因而就能看见了。不过用肉眼看到的是带着"观测裙"的末级火箭，而不是卫星本身。"观测裙"起引导作用，看见"观测裙"之后，由于第三级火箭是跟卫星一块入轨的，与卫星一前一后，速度轨道差不多，前后距离并不远，所以在其附近很容易就找到东方红一号。

在东方红一号上天后，遵照周恩来的要求，中国对东方红一号飞经各国首都上空的时间进行了预报，以便各国观测，因而在当时引起许多国家的强烈反响。

多普勒测控技术是为实现东方红一号 "抓得住"设计目标的卫星测轨技术。1966年初，技术人员首先提出了将多普勒测控技术用于中国第一颗人造卫星测轨的设想。中国科学院随即集中了有关专家对多普勒测控技术的可行性进行论证。专家们使用中国刚研制成功的第一台半导体大型计算机进行了3个月的模拟定轨计算，得出了肯定的结论，并最终确

图 3-1-11 集体收听《东方红》乐音的情景

158

图3-1-12 专家们对东方红一号卫星进行精心检测

定了多站多普勒测轨的方案。

1968年2月20日，航天五院的成立，大大加速了东方红一号的研制进程。1970年4月1日，装载着2颗东方红一号的专列抵达酒泉卫星发射中心。

4月2日下午，周恩来在人民大会堂听取即将发射的中国第一颗人造卫星及其运载火箭情况的汇报。4月24日凌晨，毛泽东批准实施发射。因此，东方红一号终于在1970年4月24日21时35分由长征一号运载火箭从甘肃酒泉卫星发射中心发射，21时48分进入预定轨道。

东方红一号不仅全部达到了设计要求，而且质量比前4个发射卫星的国家发射的第一颗卫星质量总和还大。同时，在卫星的跟踪手段、信号传输形式和星上温控系统等技术领域，也都超过了前4个国家第一颗卫星的水平。由于能源系统的保证，东方红一号上的各种科学仪器实际工作时间远远超过了设计额定要求，取得了大量的工程遥测参数，为后来的卫星设计和研制工作提供了重要依据。

东方红一号技术发展非常稳健，为中国的卫星技术打下了良好的基础。尤其是卫星热控非常出色，日本、法国的第一颗卫星都因为热控问题，很快失去了工作能力。在测控跟踪上，东方红一号启用了多普勒跟踪测速技术，这项技术在当时是很先进的，不但为东方红一号卫星，也为后续型号的测控发挥了重要作用。

由于东方红一号的近地点高度较高，其目前仍在轨道上飞行。

图3-1-13 为了保证东方红一号顺利升空，在发射前后，与酒泉卫星发射中心相连接的通信线路派了大量民兵进行守卫

三、重要意义

发射人造地球卫星是一项非常复杂

图3-1-14 东方红一号成功发射后，《人民日报》联合《解放军报》发布的喜报

图3-1-15　东方红一号发射升空后，天安门广场群众欢呼的场面

的系统工程，它包括研制运载火箭、建设发射场、研制卫星本体和卫星所携带的科学仪器、建立地面观测网等，其每一部分都是高新技术的综合应用和集智创新。

东方红一号就是在攻克了结构系统、热控系统、能源系统、跟踪系统、天线系统、科学探测系统、乐音与短遥测系统等一系列技术难关的基础上研制成功的。

从1965年卫星工程研制任务列入国家计划并明确争取在1970年左右发射之后，中国在成功地研制了东方红一号、长征一号的同时，还于1970年建成了酒泉卫星发射中心和测控网。

第一颗卫星成功升空运行的实践证明，这些系统技术性能可靠，不仅出色地完成了当时预定的任务，而且为中国航天事业后来的发展奠定了扎实的基础和提供了宝贵的经验。所以，它的发射成功，在中国航天史上具有划时代的意义。

东方红一号的升空，在全世界引起了轰动，大大提高了中国在国际上的威望。用邓小平的话来说就是：没有"两弹一星"就没有中国的大国地位。常言道，万事开头难。东方红一号开创了中国空间事业的新纪元，此后50多年中国空间事业取得了日新月异的进步。

第二节　实践系列

航天器技术非常复杂，且常采用许多新概念、新技术、新材料和新型设备等，所以每种航天器在刚开始研制时必须反复试验。这种试验虽然在地面上要进行许多次，但是地面的环境条件与实际的太空总是不一样的。因此，一般常先发射技术试验卫星（简称"试验卫星"），然后再发射业务卫星。另外，别人已经解决但自己尚未掌握的技术，在正式应用之前也应在太空进行试验，因为实际航天飞行试验是非常关键的一步。

我国航天初期发射过多颗实践系列试验卫星。随着空间技术的日新月异，我国又根据需要陆续发射了包括实践系列在内的多种新型试验卫星。

实践系列试验卫星是我国空间科学与技术试验卫星，主要用于航天技术试验、空间环境探测和空间科学研究。从1970年实践一号卫星开始研制，到2021年底，我国先后研制和发射了30余颗实践系列卫星，使中国空间科学和试验技术水平稳步提升。

一、早期实践系列

1. 实践一号

早在20世纪70年代初，随着我国首颗人造地球卫星东方红一号升空，考虑到空间技术发展的需要，研制以试验长寿命供电系统为主要任务的第二颗人造地球卫星的设想就应运而生了。1970年5月，按照"综合利用""一次试验，全面收效"的原则，我国提出了卫星总体方案，并将这颗卫星命名为实践一号，同年8月，批准了实践一号卫星研制项目。该卫星除了进行空间环境参数探测外，还对硅太阳能电池阵和镍镉蓄电池组构成的电源系统、无源主动式热控制系统、小型化长期遥测系统进行在轨飞行试验。

图3-2-1　外形与东方红一号相似的实践一号表面贴有太阳能电池片

长征一号成功发射东方红一号后不到一年，1971年3月3日，基于东方红一号备份星所研制的实践一号，作为我国第一颗科学试验卫星，在酒泉卫星发射中心由长征一号成功发射，进入高度为近地点266千米、远地点1826千米、倾角为69.9°的轨道。它是中国发射的第二颗卫星，外形与东方红一号相似，直径也是1米，呈72面球形多面体，采用自旋稳定控制方式，但其质量为221千克，并且不像东方红一号那样只有28天的寿命，它的设计寿命为一年，实际在太空中工作了8年之久，于1979年6月11日在大气层中陨落。

实践一号无论在空间科学还是空间技术方面都具有开创性的贡献。其有效载荷主要包括测量高能带粒子的宇宙射线计和测量太阳X射线强度的X射线计。在轨期间，它进行了高空磁场、X射线、宇宙射线和外热流等空间物理环境参数的测量，让我国第一次直接探测宇宙空间环境。实践一号还进行了硅太阳能电池供电系统、主动式无源热控制系统等应用卫星的一些关键技术的试验。它在轨运行的时间大大超过设计寿命，为中国设计和制造长寿命卫星提供了宝贵经验，尤其为卫星的电源、热控和无线电测控系统的研制开辟了成功的道路，实现了中国空间环境探测零的突破，是中国空间环境探测的重要里程碑。

2. 实践二号

实践一号发射成功后，我国着手考虑空间物理探测卫星的研制。1972年4月，实践二号作为中国第一颗专门用于空间物理探测的科学实验卫星被列入国家计划。经过反复研究、论证，我国于1974年9月提出了卫星总体方案。实践二号系列包括实践二号、实践二号A和实践二号B共3颗卫星。为了充分利用风暴一号运载火箭的能力，1977年有关部门提出了

图 3-2-2　实践二号卫星模型

"一箭多星"的设想，即把另外2颗科学实验卫星——实践二号A、实践二号B与实践二号卫星一起送入太空。

1979年7月28日，实践二号、实践二号A和实践二号B在酒泉卫星发射中心由风暴一号进行"一箭三星"发射，后因火箭故障未能成功入轨。

经过改进，1981年9月20日，风暴一号一举成功地发射了实践二号、实践二号A和实践二号B，把它们送入近地点230千米、远地点1640千米、倾角为59°的轨道。此次发射不仅探测了空间环境参数，进行了太阳电池翼（简称"太阳翼"）和整星对日定向、整星无源主动式热控制等卫星新技术的试验，使中国在空间探测和新技术试验方面取得重要成果，提高了我国人造卫星的技术水平，并且使中国成为世界上第三个掌握"一箭多星"技术的国家。

由于要验证自旋稳定技术，所以实践二号是圆筒形状，其太阳翼装在圆筒壁上。卫星外接圆直径为1.23米、高为1.1米，为八面棱柱体，质量为257千克，采用自旋稳定和整星对日定向的姿态控制方式。它采用了无水肼推进的自旋稳定且固定帆板对日定向的姿控方式、整星无源主动式热控等新技术，为中国此后研制各种卫星提供了宝贵经验。其任务还包括空间科学和空间技术两方面：一是探测空间物理环境参数，二是试验自旋稳定及对日定向的姿态控制方式等新技术。

实践二号上携带了用于探测太阳活动、地球附近空间的带电粒子、地球和大气的红外和紫外辐射背景、高空大气密度等11种仪器，包括半导体电子单向强度探测器、半导体质子单向强度探测器、闪烁计数器、紫外辐射计、太阳X射线探测器、红外辐射计、热密度计等。

一起发射的实践二号A、实践二号B也取得了重要的科学探测数据和有关技术试验数据，为空间科研提供了资料。其中，实践二号A是一颗电离层探测信标卫星，其测量原理为：地面站分别接收上述两个信号穿过电离层的多普勒频移和信号的法拉第旋转，以此反演出电离层的积分电子浓度，利用的

图 3-2-3　"一箭三星"发射的实践二号、实践二号 A、实践二号 B 卫星

效应就如同迎面开来的火车汽笛声会越来越"尖"一样。实践二号B为无源雷达定标试验卫星，它用直径为4米的气球作为引导用的光学信标，用直径为0.45米的金属球作为地面雷达标校用的金属球，两球之间用600米的丝绳连接。

原计划研制用于天文观测的实践三号，后来由于多种原因而取消。

3. 实践四号

为了探测近地空间的带电粒子环境，研究它们对航天任务的影响，1994年2月8日，长征三号A将实践四号送入近地点203千米、远地点36 000千米、倾角为28.6°的地球同步转移轨道。

实践四号是一颗用于探测空间辐射环境及其效应的小型科学实验卫星。该卫星直径为2米、高1.6米，构型为圆柱体，质量为400千克，采用自旋稳定控制方式。针对地球同步转移轨道的特殊环境，我国科学家专门设计了空间辐射环境及其辐射效应试验项目。

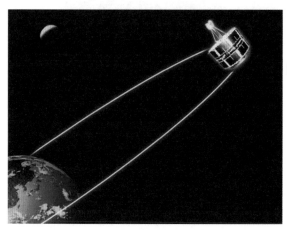

图 3-2-4　在轨飞行的实践四号科学实验卫星示意图

卫星上的环境探测仪器选用了3种：质子（含重离子）探测器、电子探测器和等离子体探测器。它包括半导体高能电子能谱仪、半导体高能质子和重离子探测器、静电分析器、电位差计、静态单粒子事件监测器等。质子、电子和等离子体是空间主要带电粒子，研究这些粒子的带电量和分布对于空间飞行器往返空间和在轨服务的安全性具有重要意义。该卫星在轨运行了6个月，取得了大量宝贵数据，成为我国独立获取探测数据开展空间环境研究的良好开端，使我国首次获得了地球同步转移轨道上即200～36 000千米之间的空间环境参数和高能粒子效应资料。

4. 实践五号

1999年5月10日升空的实践五号是我国第一颗采用公用平台思想设计的小型科学实验卫星，应用工业级和商业器件，采用多模式姿态系统，质量为297.7千克，设计寿命为3个月。其有效载荷包括单粒子检测器、单粒子翻转试验仪、高能质子和重离子探测器、高能电子探测器等，为中国小卫星快速发展奠定了基础。

实践五号运行在870千米高近圆形太阳同步轨道，结构外形为边长近似1.2米的六面体，折叠式太阳翼展开后翼展约为5米。它有3项任务：在轨正常运行3个月，完成两层流微重力科学实验；新技术演示验证试验；单粒子探测与对策研究。实践五号圆满地完成了全部任务，其中空间单粒子效应及其对策研究取得了可喜成果，为中国今后航天器的抗辐射加固设计提供了重要环境参数；出色完成的空间流体科学实验，获得了国际微重力学领域的重大成果；首次在中国卫星上成功地应用了国际上先进的空间数据系统咨询委员会（CCSDS）数据传输标准1553B总线技术。它在两层流微重力科学实验、新技术试验、单粒子探测与对策研究等方面取得的试验

图 3-2-5　中国第一颗采用公用平台思想设计的小型科学实验卫星实践五号

结果和数据对中国新型航天器和电子信息系统的设计具有重要意义。

二、新世纪实践系列

从2004年起至2021年底，我国还研制、发射了多颗实践系列卫星，包括实践六号、实践七号、实践八号各一颗，实践九号两颗，实践十号一颗，实践十一号多颗，还有实践十二号、实践十三号、实践十五号、实践十六号、实践十七号、实践十八号、实践二十号、实践二十三号等科学实验卫星。它们在空间环境探

图 3-2-6　实践十三号进行试验

测、空间辐射环境及其效应探测、空间物理环境参数探测，以及其他相关的空间科学实验与技术试验等方面取得了重要成果。

实践系列卫星虽然不都是"亲兄弟"，但都在我国空间科学和技术领域立下了赫赫之功，使国人更加了解太空。我国利用实践系列卫星对有关卫星平台和有效载荷的各类新技术进行了飞行试验，同时，有针对性地开展了近地空间环境的探测。卫星进行的新技术试验有效解决了多项航天技术问题，获取的大量空间环境探测数据促进了对空间环境的了解，在改进中国航天器性能、提高系统的可靠性、延长卫星的寿命等方面起到了重要作用，对推动中国航天技术的发展有着重要意义。下面再细说几颗重要的实践系列卫星。

1. 实践八号

通过空间诱变育种试验可选育出高产、质优和抗病能力强的农作物。我国曾多次以返回式卫星平台为基础，把农作物种子和微生物带到200～400千米的太空，利用空间宇宙射线、交变磁场、微重力等特殊的太空环境因素对种子和微生物的影响，使农作物种子产生在地面环境中得不到的变异，最终筛选出有着优异变异性能的农作物新品种。仅在1987—1996年，我国就利用返回式卫星进行了8次计300多个品种的农作物种子微重力搭载试验，对培育新型良种、提高农作物产量和质量起到了积极的推动作用。这些搭载项目有的已达到国际先进水平。

2006年9月9日，长征二号C火箭成功地将实践八号育种卫星送入太空。实践八号由航天五院研制，运行轨道为倾角63°、近地点180千米、远地点460千米。

图3-2-7　实践八号安装质心试验台

完成空间诱变育种试验后，装载种子的卫星返回舱于9月24日在四川遂宁着陆，仪器舱还进行了为期3天的空间科学留轨实验。

实践八号总长5.144米，最大直径2.2米。实践八号以返回式卫星平台为基础研制，由返回舱和仪器舱组成，其中返回舱由回收舱和制动舱组成，仪器舱由服务舱和密封舱组成。在卫星上升段、太空运行段及返回再入段，卫星舱内温度可控制在15～26℃。它把粮、棉、油、蔬菜、林果花卉等9类2000余份约215千克农作物种子和菌种等，带到200～400千米高太空进行空间环境下的诱变飞行试验，共包括152个物种，其中植物133种、微生物16种、动物3种。

实践八号主要用于航天育种试验和研究，进而探索出空间育种方面的规律。卫星上还装载了用于探测空间环境辐射、微重力和地磁场等空间环境要素的细胞培养箱和植物培养箱等两套空间生命科学实验装置，所获得的数据提供给用户，用于研究各种空间环境因素的生物效应与作用机理。

针对有效载荷是有生命的种子，实践八号在设计、研制时重点考虑了温度和防水等方面。实践八号设计了安装种子载荷的特殊支架，用来固定2000多份种子样品。在防水设计方面则采用一种透气不透水材料，保证卫星返回地面时即使落入水中，种子短时间内也不会因被水浸泡而受损。

包括实践八号在内的中国新一代返回式卫星，实现了多项技术飞跃：①姿态控制精度和可靠性的提高，更好地满足了卫星有效载荷的要求；②采用对流换热和各种热控制等技术，使卫星内部关键部位温度控制误差仅为±0.2℃；③采用S频段统一测控通信系统结合超短波、GPS等手段，大大提高了卫星的测控精度；④程序控制更先进，能够让卫星在太空中准确地进行各种动作；⑤卫星质量由过去的3吨左右提升到近4吨；⑥采用锂电池作为主电源，持续供电的飞行能力由15天增至近1个月；⑦轨道控制和返回指令的精确，使回收落点误差大大缩小，多项指标达到国际领先水平。

2. 实践九号

2012年10月14日，我国用长征二号丙火箭以"一箭双星"方式成功发射实践九号A星、实践九号B星，运行轨道均为太阳同步轨道，采用CAST2000卫星平台，采用三轴稳定的控制方式，整星质量均为802千克，设计寿命为3年。

实践九号A星、实践九号B星主要用于卫星长寿命、高可靠、高精度、高性能、国产核心元器件和卫星编队及星间测量与链路等试验，以此提升我国航天产品国产化能力。其中实践九号A星搭载的光学成像有效载荷技术试验项目为高分辨率多光谱相机，分辨率为全色2.5米/多光谱10米，并携带霍尔推进器和离子电推进器上天进行了轨

图 3-2-8　实践九号 A 星

道验证。B星搭载的光学成像有效载荷技术试验项目为分辨率73米长波红外焦平面组件试验装置。作为中国新技术试验卫星系列的首发星，实践九号在轨开展了24类中国卫星发展急需的新产品验证和10类20余种国产核心元器件及原材料的考核评价。

2012年10月18日，实践九号A星上的高分辨率多光谱相机首次开机成像，下传了第一轨数据，中国资源卫星应用中心随后对数

图 3-2-9 实践九号 B 星示意图

据进行处理，发布了高分辨率多光谱相机的快视图。这两颗卫星是我国民用新技术试验卫星系列的首批星，由航天五院所属航天东方红卫星有限公司负责研制，主要用于包括国产化微波开关、新一代轻小型中继用户终端、精密恒温固态控制器等十余个验证项目，以此提升我国航天产品国产化能力。

作为国防科工局"十一五"重点支持的民用航天科研工程，实践九号A星、实践九号B星能在轨验证我国卫星发展急需的新原理、新技术、新设备和新材料，对提高我国卫星研制基础能力，推进我国卫星技术水平的快速提升具有重要意义。这些新技术、新产品进行充分在轨试验、测试和验证后，可加快新技术和新产品的工程化、国产化进程。此外，卫星上还专门选用了新型空间环境效应探测器等，以进一步收集空间数据，为提升卫星可靠性与安全性做好保障。

实践九号A星、实践九号B星以系统级创新为牵引，目的是在轨进行星间编队飞行技术试验和微小型卫星平台技术的在轨集成验证，从而提升我国微小卫星平台总体技术水平。另外，它们以提高关键核心产品性能指标和自主化为目标，对多种新产品进行在轨试验，提升我国卫星能源、推进等关键分系统的性能和可靠性，推动产品升级换代；以高端元器件、原材料自主化为突破口，进行多种国产核心元器件和原材料考核评价，从而提升我国航天级核心元器件的技术水平。其中，实践九号B星控制计算机的核心是我国首枚应用于航天的系统级芯片（SoC）——SoC2008，该芯片有完全自主知识产权，这标志着我国已经全面突破和掌握了系统级芯片设计、抗辐射加固设计、容错设计、高可靠实时操作系统设计以及验证等关键技术，在国际上处于领先地位。

3. 实践十七号

2016年11月3日，我国长征五号新一代大型运载火箭首飞大捷，把实践十七号地球同步轨道新技术试验卫星送入预定轨道。该卫星采用东方红四号S卫星平台，该卫星平台重近4吨。实践十七号在入轨后验证了30余项新技术，如东方红五号卫星平台关键技术、新型电源、新型测量、新型测控和新型热控、自主导航、无毒推进等技术，其中包括世界上第一套完成在轨飞行验证的磁聚焦霍尔推进系统；还充分验证了先进综合电子系统在东方红四号S卫星平台的应用，这对提高我国高轨卫星技术发展、拉动大型新平台尤其是东方红五号平台的关键技术具有重大意义。

航天五院研制的实践十七号如同一个小型实验室，试验的项目可谓"高精尖"。目前，航天器上的太阳能电池多采用单结或三结砷化镓制成，其转化效率最高在30%左右。实践十七号验证的一项新技术就是新型能源技术。科研人员将之前太阳能电池片的材料升级为四结砷化镓和倒装砷化镓，以验证其在太空中的适应性。航天器上的太阳能转化效率每提高1%，都将极大地提升经济效益。同时，电池片单位面积利用率愈高，愈有助于航天器减重。

二硝酰胺铵（ADN）无毒推进技术是我国近年来研发的一种新型推进技术，此次也出现在实践十七号试验卫星搭载项目的名单中。不同于传统的卫星推进剂，二硝酰胺铵推进剂具有无毒、高密度、低冰点、低挥发性、高性能等特点。这次任务中装载的无毒推进子系统是我国第一套星上应用的无毒推进系统，其在轨飞行可对新型推进技术和东方红五号平台贮箱等关键技术展开试验。太空碎片由退役、失效的空间飞行器形成，目前地球同步轨道的碎片已有上千个，且还在日益增加，这对太空环境极为不利。欧美一些国家也在探索解决问题的方法，而实践十七号就承担了试验高轨空间碎片观测技术的任务。

图 3-2-10　转运实践十七号试验卫星

4. 实践二十号

2019年12月27日，航天五院研制的实践二十号新技术试验卫星由长征五号遥三运载火箭成功发射。该卫星采用东方红五号卫星平台，是当时我国质量最大、技术含量最高的地球同步轨道卫星，用于在轨全面验证东方红五号卫星平台八大关键技术，为东方红五号卫星平台的全面推广与应用奠定坚实基础。

实践二十号于2017年8月启动研制，历时28个月完成，

图 3-2-11　采用东方红五号平台的实践二十号排字

瞄准航天未来发展需求。实践二十号卫星搭载了激光通信、Q/V频段通信等十余项国际领先的前沿性、战略性技术试验载荷，其中多项为国际或国内首次。它验证的一批新技术可进一步推进高通量通信卫星、高分辨率遥感卫星为代表的卫星技术进步，对提升新技术成熟度、促进新技术应用、进一步推动我国航天技术发展具有重要意义。

实践二十号在供配电方面也取得了突破性进展，先后攻克二维二次展开半刚性太阳翼、20千瓦大功率电源控制器、高比能量的锂离子蓄电池等关键技术，大幅提高卫星电源效率。为保证卫星散热能力，实践二十号采用了万瓦级高效散热技术，依托可展开热辐射器和新型流体回路，有效提升了载荷舱容纳比和散热能力。此外，它还采用了更为高效的化学推进技术，使推进剂利用效率得到有效提升。采用大推力、多模式电推进技术，大幅提升了平台能力，可实现卫星发射质量不变的情况下承载能力提升，大幅提高其使用效益。

实践二十号以实现"国家使命、超越领先、技术引领"为设计原则，采用了许多"黑科技"。例如，采用了国内展开面积最大、翼展最长、展开方式最复杂的太阳翼。双翼展开后有40多米，比波音737飞机的翼展还要宽上10米，而且"身轻如燕"。作为国内首个"绷弦式"太阳翼，机电部分的重量比由以往型号的1∶1下降至1∶2，机电重量比为历史最低。该太阳翼首次采用二维二次展开方式。当火箭将卫星发射入轨后，太阳翼进行第一次展开；当卫星在太空飞行约一周后，太阳翼在3.6万千米的地球同步轨道进行二次展开。

实践二十号巨大的太阳翼还能够低速转动，保证始终朝向太阳，从而最大限度地获取太阳能。而带动太阳翼转动的则是一个"小关节"——太阳翼驱动机构。虽然该机构个头

娇小，但却是一个耐冷耐热耐冲击的"大力士"。它能轻轻松松承受巨型太阳翼展开带来的冲击载荷，驱动50千克左右的质量转动也不在话下。通过机构内部的导电环，它还能将星外的电能源、电信号转化为固定电通路，传输到星内，并且在传输电流时做到"热"不改色，绝对称得上是国产太阳翼驱动机构中的王者，在国际上也达到先进水平。

为了让卫星提供的巨大电流既不过大也不过小，而且能"听话"地流到卫星每一个角落，维持卫星的健康运转，研制人员为卫星配备了一颗"大心脏"——国内功率最大的21.6千瓦电源控制器。与第一代电源控制器相比，它在功率增大3倍以上、功率密度提升2.5倍的情况下，质量却只增加了40%，实现了国产电源控制器从跟跑、并跑到领跑的跨越。

随着卫星互联网业务的增加，用户对于大容量通信卫星的需求越来越迫切。为此，实践二十号搭载了甚高通量通信载荷，它涵盖了Q/V频段载荷、宽带柔性转发器等。与之前发射的我国首颗高通量卫星实践十三号（又名"中星十六号"）相比，实践二十号的Q/V频率带宽提高了近3吉赫兹，达到了5吉赫兹，能够为用户提供更多频率资源。作为未来高通量通信卫星使用的主要频段，Q/V频段是将来研制1太比特每秒及以上超大容量通信卫星主要使用的频段。通过实践二十号的搭载验证，技术专家不仅能积累更多工程经验和在轨研制经验，也打开了Q/V频段在高通量卫星应用上的新天地。

激光通信是天基信息网上的骨干节点及导航卫星组网运行的重要手段，近年来一直是航天领域研究的一个热点问题。实践二十号搭载的激光终端实现了在轨的星地通信，通过双通道信号传输，可以实现10吉赫兹左右的通信容量，相比于传统的微波通信，实现了指数级的增长，而且具备传输速率大、保密性好等优势。相比于当时在轨应用的单一体制的激光终端，实践二十号搭载了三种体制的激光终端，可进行长期的星地通信验证，为后续不同体制的激光终端的研制积累了大量的在轨数据，为这项"黑科技"在空间站等未来航天器上的应用奠定了基础。

图 3-2-12　实践二十号试验卫星飞行示意图

为了让卫星飞行更稳定、更精准，实践二十号装了一套混合推进系统，由化学推进和电推进提供混合动力。化学推进虽然力量大，但效率低，适合快速变轨和调整卫星姿态，尽快将卫星送入既定工作轨道；电推进虽然力量小，但推力精度高、效率高，适合在轨长期精确轨道调整。其化学推进系

图 3-2-13　实践二十号卫星使用的 LIPS-300 电推进系统

统使用了最新的板式贮箱、超声波流量计、高精度压力传感器和热容法等产品和技术，实现了对燃料的精确测量和管理，确保一滴推进剂都不浪费；电推进方面则是首次采用了LIPS-300电推进系统。

较上一代LIPS-200产品，除推力、比冲等综合性能显著提升外，LIPS-300首次拥有了低、中、高三种功率的工作模式，任务能力由南北位保单项任务拓展

图 3-2-14　希望二号由 6 颗小卫星组成

到变轨、位置保持和动量轮卸载多项任务。而且LIPS-300具有三挡工作模式，就跟汽车的不同挡位一样，每挡输出的动力不同，这样就可以更好满足卫星变轨、位置保持和动量轮卸载等各类多任务的动力需求。此外，LIPS-300流量的控制精度相当于以3小时流完一滴水的速度，为电推进系统的多模式转换提供了最精确的保障，让卫星的"静"更稳如泰山，"动"更丝毫不差。这些"黑科技"向世界宣示了中国电推进研制水平成功跻身国际领先行列。

实践二十号尺寸大、体积大、质量大、功耗大，产生的热量多，如果不及时散热，就可能造成各种设备失效从而无法正常工作。为此，它采用了一个"降温神器"——基于单相流体回路的可展开式热辐射器。卫星发射时，它紧紧收拢在卫星内壁上，一旦卫星准确入轨，它就会自动解锁并向外展开。这就像小狗热了吐出舌头一样，这扇特殊的窗户就相当于卫星的"舌头"。

除了实践系列试验卫星外，我国还发展了几十颗其他系列试验卫星，如希望系列等，它们主要用于验证小卫星平台技术、测控技术，对卫星部组件功能、性能进行空间试验和空间环境适应性考核，国产元器件及多种新型载荷的在轨试验与评估等。

第三节　脉冲星导航星

2016年11月10日，我国脉冲星试验卫星升空。它重243千克，是世界首颗尝试、验证脉

图 3-3-1　脉冲星试验卫星局部特写

冲星导航技术体制可行性的卫星。脉冲星是自然界最精准的天文时钟，脉冲星导航是以脉冲星发射的X射线信号作为天然信标，引导航天器在宇宙空间进行自主航行的导航方式。脉冲星导航有望进一步提高卫星定位精度，并为深空探测器导航奠定基础。

脉冲星属于一种高速自转的中子星（恒星演化末期形成天体的一种，质量介于白矮星与黑洞之间），其磁极会辐射特定的电磁波束。脉冲星高速稳定的自旋运动，使其发出的脉冲周期极其稳定，远优于目前国际最先进的星载铷钟和氢钟。因此，脉冲星被誉为自然界最精准的天文时钟。

脉冲星是一种优良的天然导航信标，具有固定的空间角位置和极其稳定的自转周期，采用脉冲星的脉冲信号作为时钟源进行导航定位，可实现基于绝对时空基准的航天器自主导航，能够长期、自主、稳定地为航天器自身提供位置、速度、时间和姿态等高精度自主导航信息。这种新的导航定位技术，被称为"脉冲星导航技术"。

应用脉冲星导航技术可不依赖于现有的导航星座系统，可大幅减少航天器对地面测控系统的依赖，增强系统的抗干扰和自主生存能力。此技术是下一代导航系统自主运行的基础，是实现未来深空探测、星际飞行等系统自主导航的主要技术手段，对我国未来航天器技术水平的提升具有极其重要的战略价值。脉冲星导航技术属于战略性和前沿性研究领域，国内外航天机构均在积极推进脉冲星导航技术的研究与应用。

针对脉冲星导航技术，国内外科研机构都开展了长期深入的理论研究和地面试验等工作。目前，我国在此领域的研究工作处于国际领先地位。

2013年底，航天五院确定了自主研制我国首颗脉冲星导航专用试验卫星的任务目标，卫星总体及核心载荷均由航天五院自主研制完成，历时2年多，脉冲星试验卫星于2016年10月研制完成，后于同年11月10日升空，成为世界首颗开展脉冲星X射线在轨探测以及脉冲星导航技术验证的卫星。

脉冲星试验卫星由有效载荷和卫星平台组成，其中有效载荷包括微通道板探测器、掠入射聚焦型探测器等；卫星平台包括结构机构组件、综合电子组件、控制组件、电源组件、数传组件、热控组件和天线组件。其主要任务是开展脉冲星的空间观测以及脉冲星导航技术的试验验证。脉冲星导航专用试验卫星将成为我国首颗开展脉冲星X射线在轨探测的卫星系统。

脉冲星试验卫星采用一体化综合电子设计，把星务、控制运算、测控、全球卫星导航、电源控制集成于综合电子组件。控制方式为整星零动量和磁控三轴稳定姿态，结构为铝蜂窝板箱式，供配电体制为集中不调节母线，电源为工业级锂电池组和固定展开三结砷化镓太阳能电池阵，星地测控为S频段非相干扩频体制，数传用X频段。

脉冲星试验卫星搭载试验了两种探测器，其中一种微通道板探测器是用大面阵通道板探测器实现对X射线脉冲星的探测，获取脉冲星X射线光子到达时间数据。这种探测器由光子探头、综合控制器和高压配电器组成。光子探头实现对X射线光子的光电转换；高压配电器对所有探头的内置高压进行控制和遥测采集，并与综合控制器进行数据传输；综合控制器完成光子到达时间信号的采集、科学数据的传输、内部数据管理，以及与平台的信息交互等功能。另一种探测器是掠入射聚焦型脉冲星探测器，它由探测器光学头部、探测器线路以及铷钟组成。其中光学头部用于把脉冲星的X射线光子聚焦在探测器上，增大探测器的有效探测面积；探测器线路是利用光电效应和康普顿效应，通过测量入射光子与探测器物质碰撞作用而释放的次级电子，从而间接探测X射线光子；为获取X射线光子到达时间，对快速变化的模拟脉冲经过比较器转换为触发信号，并采用星载时钟标记X射线光子的到达时间。卫星平台时间系统结合星载铷钟，实现星上时间的高稳定性。最终，星载计算机对到达时间进行转换和修正之后，进行历元折叠得到X射线脉冲星的测量脉冲轮廓，并与标准脉冲轮廓进行互相关处理，得到时间差。结合观测多颗脉冲星的时间差，估计航天器的位置，实现航天器的自主导航。

脉冲星试验卫星是我国脉冲星导航技术发展规划的第一阶段标志性成果。它实现了我国X射线脉冲星的在轨观测与脉冲星导航技术体制的试验验证。

我国未来计划从整体上验证X射线脉冲星导航系统，并实现地面脉冲星射电观测，补充和完善国内射电脉冲星观测设施，形成高精度的地面射电脉冲星观测网络，构建与精化完整的脉冲星导航数据库，利用装载X射线脉冲星导航设备的多颗卫星，组成太阳系质心空间基准星座，提供轨道精度100米、时间精度1微秒的时空基准信息，用于开展大型星座系统的自主运行。

在更远的未来，我国将实现X射线脉冲星导航技术的工程化应用，满足未来航天器的轨道精度10米和时间同步精度1纳秒的长时间

图 3-3-2　脉冲星试验卫星示意图

高精度自主运行需求；实现X射线脉冲星导航探测器型谱化以及小型化导航终端，使脉冲星导航技术可以应用于各类空间系统飞行器之中，提高航天器的自主运行能力；实现深空飞行器无缝导航与精密控制，持续探索更优的导航信号源，完善导航数据库，构建并维持我国绝对时空基准系统，大幅度提升我国空间飞行器的自主运行能力以及深空探测等科学领域的技术支持能力。

第四节　张衡一号

2018年2月2日，我国首颗电磁监测试验卫星张衡一号成功由长征二号D运载火箭从酒泉卫星发射中心送入太空。它是我国地震立体观测体系的第一个天基平台，即首颗观测与地震活动相关电磁信息的卫星，也是我国地球物理场探测卫星计划的首发星。它旨在建造全球电磁场和电离层监测平台，对中国及其周边地区开展电离层多种物理量动态准实时监测，使我国首次具备全疆域和全球三维地球物理场动态监测能力。它通过监测全球空间电磁场、电离层变化，探索、研究与地震前兆相关的空间环境信息，可开展中国及周边区域的地震前兆跟踪和空间电磁环境监测数据应用服务，为未来建立地震电磁监测卫星业务化系统进行技术准备。

一、地震监测和预报

地震是危害性极强的自然灾害之一。据联合国统计，20世纪以来，全世界因地震死亡人数达260多万。地震预报是一个世界性难题，至今人们虽然研究出一些方法，但效果都不太理想。

发射张衡一号是为了尝试开展地震电磁信息分析研究，探索地震电离层响应变化的信息特征及其机理，为地震观测研究提供有价值的信息；还将研究地球系统特别是电离层与其他相关圈层相互作用及其效应，向航空航天、导航通信等相关领域提供空间电磁环境监测数据应用服务。

目前，世界各国监测地震的主要手段仍是地面台站观测。我国也已建立覆盖全国

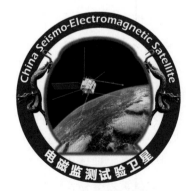

图 3-4-1　张衡一号电磁监测试验卫星标识

的数字地震台网、数字前兆台网、数字强震台网和国家GPS观测网络等。不过，用地面台站观测具有很大的局限性，这是因为受观测环境和生活环境等诸多客观条件的限制，在国境边界、海洋、高山和原始森林等地区建台比较困难，全球的观测台网密度很不均匀，存在许多监测空白区。同时，现有的地面观测台站受到越来越严重的干扰。这些都会导致地震监测区域空白和观测资料不足。此外，用地面台站观测存在全天候、全球性和动态性较差等先天不足，不利于地震预报和地震科学研究的进一步发展。

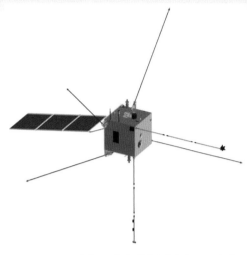

图 3-4-2　张衡一号电磁监测试验卫星全貌

利用卫星进行对地观测可以克服地面台站观测的许多不足，因为它具有覆盖范围广、电磁环境好、动态信息强、无地域限制，以及全天候、全天时、周期短、效率高和动态性强等优点，能够从更大尺度上提高对地震孕育发生规律的研究和认识，弥补常规地面地震监测手段的不足。例如，通过导航卫星可有效监测板块之间以及板内各块体之间的相对运动和地壳应力场变化，监测地质结构随时间的变化就能探索预报地震的可能性。另外，用卫星图像可描述地球的新构造运动结构，确定地震风险带的地震构造条件；用卫星遥感能克服地面测地勘探、测量中的许多限制，更好评估地球断层、板块边界运动、位移情况，精度甚至可达毫米级；用卫星的甚长基线干涉仪，可精确地记录板块（沿数百千米基线）的移动情况，精度达厘米级；用星载合成孔径雷达能获得危险源目标的三维信息，用差分合成孔径雷达进行干涉测量还可提供有效的地球动力学信息，这种方法在长期监视断层缓慢运动方面的能力已得到验证。

通过卫星监测地震有望获取地震扰动信息，推进地震预测科学研究。我国地震卫星专家指出，用空间技术手段进行地震监测有其自身优势。首先，地震是个小概率事件，所以需要尽可能多地观测到地震，积累数据，如果利用卫星来观测地震，地震事件经验的积累可比只在国内地表观测提高二三十倍。其次，利用空间技术手段，能观测地球板块之间的相互作用，提高板块动力学研究能力，推进地震预测研究。

现在，用卫星直接预报地震的方法主要有两种：一种用气象卫星通过监测某地地表热红外辐射的异常变化来预报地震；另一种是用电磁监测卫星（也称地震卫星）监测某地电磁场的异常变化来预报地震，且已成为发展主流。

需要说明的是，地球周围存在空间等离子体环境，当受到地壳运动、人类活动等影响时，其中的电磁波就会像水中的涟漪一样在等离子体环境里传播。科学家已发现地震也会对空间等离子体环境的电磁场产生影响，甚至会在地震前就产生影响。因此，科学家希望通过研究空间等离子体变化与地震活动的关联规律，来探索如何攻克地震预报这一千年难题。

二、中国地震预报经验

实践和研究都表明，在地震发生前，震区岩层大面积受力，使震中周围的岩层产生裂隙，二氧化碳、氢气、氮气和甲烷等气体从岩层的裂隙中释放出来。同时，地表电磁场的异常变化会轰击这些气体，从而释放出热量，产生热红外异常。因此，通过卫星遥感技术对地面热红外辐射进行观测，再综合地质构造、地震带分布和其他气象情况的分析，可预报地震发生的时间、震中的位置和震级。

有理论认为，地球板块碰撞会把地下热挤压出来，造成地表异常增温，通过地表出现异常增温，就可反推出该地区有可能发生地震。科学家通过卫星能获得大幅宽的资料和进行连续不断的观测，监测地球表面的异常增温，进行地震预报分析。

用气象卫星上的红外遥感器能得到昼夜云和地表的红外辐射信息，把这些信息以图像形式表示就是红外云图。在红外云图上，物体的色调取决于其自身的温度，物体温度越高色调越暗。当某地温度偏高时，在红外云图上的体现就是深红的一片。通过卫星上的红外遥感器能发现这种"危险信号"，这时就可对该地区严密监测，以判断是地震前兆还是其他自然或人为事件。

我国处于世界两大地震带之间，境内地震分布广、强度大、震源浅，是世界上大陆地震活动最强烈、灾害最严重的国家之一。资料显示，20世纪有1/3的陆上破坏性地震发生在我国，致约60万人死亡，占全世界同期因地震死亡人数的一半左右。我国幅员辽阔，地震多发区多，已建和筹建的地震监测台还不能满足预报需求。用人造地球卫星对地观测具有覆盖范围大，不受地面自然条件限制，且空间电磁场动态信息强于地面信息的特点，可对地震预报起到积极的推动作用。因此，我国发展地震卫星十分必要。

早在20世纪70年代末期，我国就开始初步应用卫星光学遥感影像解译线性构造，监测地震灾害。20世纪80年代末期，我国开始应用卫星导航技术监测地壳形变，用卫星红外遥感监测地震前兆的温度变化。20世纪90年代中期，我国进行了干涉雷达技术应用于地震形变研究，开创了地震监测新理论与新技术。21世纪初，我国多源遥感技术应用逐步成熟，为推动地震科学研究创新发展创造了有利条件。其中，用气象卫星预报地震成果比较显著。

20世纪80年代末，我国地震工作者开始利用气象卫星获取的热红外数据进行地震预报试验研究。1990—2000年，国家地震局和气象局借助气象卫星、资源卫星获取的红外实测数据，首创了地震短临预报技术，成果比较显著。

比如，2003年1月20日，一幅风云一号D卫星遥感图像显示，在墨西哥科利马州附近，图像颜色呈深红色，增温3℃左右，其附近10多万平方千米海域也显示明显增温。此前两三天的风云一号D卫星全球拼图都有类似现象。大面积水域增温1℃都算是非常显著的变化，而在这一地区附近明显增温3℃左右，说明地下释放了巨大的热能，也就是这种能量转换导致了2003年1月21日晚8时许，墨西哥科利马州太平洋沿岸发生里氏7.6级地震。

2003年5月21日，阿尔及利亚地震的前两天，风云一号D气象卫星云图已显示，在地中海地区有异常增温现象，预示着这一地区将发生地震。果然两天后，阿尔及利亚首都阿尔及尔附近发生里氏5.4级地震。

我国汶川大地震前，由于当地连日阴雨，受云层的干扰，卫星热红外辐射计探测不到云层下低空大气的温度，所以无法作出临震前预报。有专家指出，如果事先有该地区连续的空间监测的热和电磁效应的图像，可能会做出预报。

实践和研究证明，利用卫星热红外信息进行地震短临预报在预报强震方面有一定效果，因为强震前异常反应强烈，在图像上显示的异常增温较明显；而小地震前异常反应不明显，预报判读准确性较强震差。大量的观测事实显示，在多数大地震发生前，在震中及其邻区均发现过大量与电磁波有关的异常现象。而这些电磁场的变化会最终反映在大气的电离层中，因此使用卫星监测电离层变化，可以为人们准确预报地震提供参考。

国外利用卫星进行地震前空间电磁异常现象的研究已经有多年的历史。统计结果表明，空间电磁扰动与地震发生具有明显的相关性，构建空间电磁监测体系对研究地震机理与空间电磁扰动的耦合关系、探索地震预测新方法有着重要意义。所以，我国研制和发射张衡一号是顺应地震预报科学的发展潮流之举。

受到运行周期、卫星性能等的影响，用1颗地震卫星观测只能获取有限的地震前兆信息。在一次较大地震发生前的一个月时间内，1颗卫星飞过地震震中上空的次数也就几次，而且持续时间非常短，可以获得的观测数据非常少，仅凭这些数据来判断地震的时间、空间和强度是非常困难的。如果能建立包括监测电磁、重力、热红外辐射等多种不同类型卫星的星座，则可满足地震预报要求。卫星数量和种类越多，资料积累就越多，有利于地震电磁耦合机理、地震前兆特征和干扰研究。

三、张衡一号项目概况

张衡一号电磁监测试验卫星计划是按照2006年国务院发布的《国家防震减灾规划（2006—2020年）》等文件提出的天地一体化地震立体监测网络发展的要求，发展天基地震监测手段的第一步。项目建成后，在国家防震减灾和相关科学技术领域具有广阔的应用和发展前景。

我国首颗电磁监测试验卫星以"张衡"为名是为纪念

图3-4-3　张衡雕塑

张衡在地震观测方面的杰出贡献，传承以张衡为代表的中国古代科学家群体的宝贵精神，牢固树立和充分彰显中国科技文化自信，鼓励科技工作者为新时代中国科技发展与世界科技进步作出更大贡献。

张衡（78—139）是我国东汉时期的天文学家。132年，他发明地动仪（亦称候风地动仪），可测知震中的大概方位。据史书记载，它曾成功测报陇西（今甘肃省天水地区）地带发生地震，引起举国震动。此地动仪亦为世界上最早的地动仪，先于西方国家用仪器记录地震约1800年，开创了世界地震勘测研究的先河。此外，张衡还发明了世界上最早利用水力转动的浑天仪，制造出指南车、自动记里鼓车、飞行数里的木鸟等。为了纪念张衡杰出的科技贡献，1970年联合国天文组织将月球背面的一个环形山命名为"张衡环形山"；1977年又将太阳系中的1802号小行星命名为"张衡星"。2003年，国际小行星中心为纪念张衡及其诞生地河南南阳，将小行星9092命名为"南阳星"。

张衡一号是我国第一颗专业进行电离层电磁扰动监测的卫星，用于监测全球空间电磁场、电磁波、电离层等离子体和高能粒子沉降等物理量，为探索地震前兆信息、空间环境监测预报和地球系统科学研究提供新的技术手段服务，为未来建立地震前兆电磁监测卫星业务化系统进行技术准备。

张衡一号的工程目标是：建设重点监测中国全境，并能获取全球电磁信息的试验卫星及其地面、应用系统，检验卫星电磁监测新技术设备的效能和空间适应性。同时搭载国际相关载荷，开展全球7级以上、我国6级以上地震电磁信息分析研究，总结地震电离层扰动特征，为地震观测研究提供有价值的信息，为航空航天、导航通信等相关领域提供空间电磁环境监测数据应用服务。在监测空间电磁环境状态变化的基础上，研究地球系统特别是电离层与其他各圈层相互作用及其效应，初步探索地震前后电离层响应变化的信息特征及其机理。其科学目标是：研究地震电磁电离层信息特征及机理，研究地震电磁电离层前兆信息提取方法；分析卫星在轨期间全球7级、我国6级以上地震电磁电离层信息特征，积累典型震例；初步建立全球电离层和地磁场模型，研究地球系统各圈层相互作用及其效应。总之，就是为未来建立地震前兆电磁监测卫星业务化系统进行技术准备。

发展张衡一号的科学意义有三点：一是获取全球地磁场和电离层环境及其变化信息，填补我国在该领域信息获取能力空白，支撑构建全球地磁场

图 3-4-4　张衡一号卫星在轨飞行仿真状态

和电离层模型。二是基于天基观测优势，提升中国全境电磁场和电离层监测能力，填补地面观测台网在青藏高原和海域地区观测的不足，获取全球震例，大幅增加震例检验机会。三是为空间天气预警、通信导航环境监测、空间物理和地球物理研究提供重要数据支持，服务于基础科学研究。

由于受到自然条件的限制，我国在以青藏高原为主的近200万平方千米的陆地面积缺乏地震前兆监测能力，在国境线和海域地震等方面的监测能力也几乎处于空白。张衡一号入轨后，可迅速填补我国对上述地区地震前兆监测的空白，提高我国地震监测能力。它将为地震电磁立体观测提供更多种类、更加海量的电磁类信息，同时还可带动其他空间信息技术在防震减灾领域的应用，加快地震立体观测体系建设，提高地震监测能力，进一步丰富地震预测预警手段。利用张衡一号卫星获取的数据，我国可以提高地球物理场反演能力，自主建立全球基本地球物理场模型，取得具有自主知识产权的研究成果。

张衡一号采用航天五院航天东方红卫星有限公司自主研发的CAST2000平台进行设计，并进行针对性的改进，发射质量约730千克，外形为1.4米×1.4米×1.4米的立方体，装载了6根伸展长度为4米多的伸杆，采用单太阳翼及三轴对地稳定姿态，设计寿命为5年。它装载了高精度磁强计、感应式磁力仪、电场探测仪、等离子体分析仪、朗缪尔探针、全球导航卫星系统掩星接收机、三频信标机和高能粒子探测器8种科学探测有效载荷，可实现在低地球轨道对空间电磁场、电离层等离子体、高能粒子的监测，每5天对地球上同一地点进行重访，观测区域可覆盖地球南北纬65°内的区域，重点观测区域覆盖我国陆地全境和陆地周边约1000千米区域以及全球两个主要地震带。

张衡一号创造了我国卫星研制领域的多项首次，总体技术指标达到国际先进水平，部分技术指标达到国际领先水平。

作为国内地震立体观测体系首个天基平台和首个地球物理场探测卫星，张衡一号主要用于获取全球空间电磁场、电磁波、电离层等离子体和高能粒子沉降等科学数据，为地震机理研究、空间环境监测和地球系统科学研究提供新的技术手段，为研究地震电磁电离层信息特征及机理提供新的途径。同时，该卫星探测数据也能为空间物理和地球物理研究提供重要数据支持。

结合地震电磁辐射及其传播特征，张衡一号搭载了3类8种有效载荷。

一是探测电磁场的高精度磁强计、感应式磁力仪和电场探测仪，它们用于测量直流和低频电磁场及其变化信息。

高精度磁强计测量磁场时是用传感器将它转变为电信号。这台仪器有2种传感器：一种采用电磁感应原理，即通过一系列设计好的线圈系统，在电和磁的交替感应过程中将空间磁场的信息调制为最终的电信号；另一种是利用铷-87原子这种与磁场有关的量子效应进行磁场测量。第一种可以准确测量磁场方向，第二种能准确测量磁场大小，两种结合就可以准确测量磁场的大小和方向，也就是磁场"矢量"。

　　航天五院510所研制的电场探测仪用于探测卫星轨道环境空间电场，它是目前国际上运行在太阳同步轨道上功能配置最全的空间电场探测仪器。为了感知空间三维电场，该探测仪通过伸杆向卫星本体外伸出4台传感器。每个传感器都能准确感知周围等离子体环境电势，而2台传感器间电势差与距离的商就是2台传感器方向的电场，多组不共面方向的电场便能换算出空间三维电场，探测到非常微小的等离子体电势变化，如同在喜马拉雅山那么高的浪头上分辨出一滴水珠一样。然后，卫星的信号处理分系统把传感器探测到的微小波动细分成十几个通道进一步精细处理，变成数字量，分成频谱，再依靠卫星的通信分系统把科学数据传到地面进行研究。

　　二是测量电离层原位参数的朗缪尔探针、等离子体分析仪和高能粒子探测器，它们用于测量电离层电子和离子的密度、温度、漂移速度以及带电高能粒子通量与运动方向。其中的高能粒子探测器高能段由意大利国家核物理研究院提供，绝对磁场校准装置由奥地利空间研究所提供。意大利载荷与中方研制的高能粒子探测器互为补充，联合完成空间高能粒子的探测；奥地利载荷为中方研制载荷的矢量磁场探测数据提供标量的校准，该绝对磁场校准装置，是全球第一个发射入轨使用相干粒子数俘获效应精确获得磁场强度的传感器。

　　地震活动所辐射的电磁波可以传播到太空，引起高能粒子运动和分布的变化。因此这些高能粒子可作为探索空间监测和研究地震的一条有益途径。高能粒子探测器主要探测粒子的能量、种类和入射方向。由于高能粒子能量高，所以它会和粒子探测器的灵敏材料发生相互作用，产生电信号；它也能在晶体探测器中沉积能量激发出荧光，再通过对荧光的收集和光电转换转化成电信号。对这些电信号计算和处理后就形成了原始数据。对通过标定得到的数据与粒子入射能量的关系进行研究计算之后，可获得粒子的能量。粒子鉴别主要基于不同种类的粒子在探测器中物理过程的不同，使它们在各层探测器中沉积能量之间的关系具有显著差异，这也需要结合标定来实现。入射方向是通过记录粒子的入射痕迹反推得到的。

　　三是电离层结构层析成像载荷，包括全球导航卫星系统掩星接收机和三频信标机，它们用于测量电离层二维、三维等离子体精细结构及其变化。该掩星接收机是利用地球轨道上"全球导航卫星星座—地球—近地轨道卫星"之间发生掩星现象进行地球电离层与大气测量的气象遥感技术。导航卫星信号切割地球大气层与电离层剖面时，穿过该剖面的导航卫星信号由于受到电离层电子密度影响会发生传播特性的变化，从而探测地球的电离层和中性大气层。

　　利用上述科学探测有效载荷，能获取全球低频电磁场和电离层等离子体及高能粒子观测数据，研究与地震相关的电离层变化现象，总结地震电离层前兆特征，探索地震电离层耦合机理和地震预测方法，为空间科学、电波科学以及地球物理研究等提供数据信息服务。

为了满足高精度磁强计等有效载荷探测要求，张衡一号的工作模式分两种：载荷工作模式和卫星平台调整模式。在载荷工作模式下，太阳翼停转、磁卸载停止，最大限度保证卫星平台对有效载荷的扰动；在卫星平台调整模式中，有效载荷停止工作，太阳翼对日跟踪来补充能量，同时进行动量轮的磁卸载来保证整星的三轴零动量稳定系统的平衡。

张衡一号在轨期间可提供全球地震观测能力，建成我国立体观测体系中第一个电磁立体观测系统，制作我国第一张自主的全球地磁图，构建我国第一个自主的全球电离层模型，对通信、导航、空间天气预警、地球物理勘探等战略应用具有重要作用。

张衡一号运行于约500千米高太阳同步轨道，重访周期为5天，即卫星每5天在同一个时间从同一个位置的上空飞过，其目的是给地震前兆的扰动监测提供便利，使研究人员更容易地从相同地点的不同观测中分辨出扰动的成分。此外，该轨道的降交点时间为下午2时，即卫星从北往南飞的时候卫星下的地球上大约是在下午2时，而卫星从南往北飞的时候卫星下的地球上大约是在凌晨2时。由于电离层的各种因素随着一天太阳照射的状态会产生变化，所以选择这样的轨道最大的好处是能在电离层最活跃和最平静的期间进行观测，从而可对整个电离层的活动现象和扰动有一个更加全面的认识和评估。

四、亮点及意义

1. 主要亮点

常言道，"没有金刚钻，不揽瓷器活"，张衡一号有以下一些亮点：

一是在国内首次实现了在轨精确磁场探测。张衡一号装载高精度磁强计、感应式磁力仪载荷，填补了我国在近地磁场精确探测领域的空白。与国际上先进的执行地球磁场探测任务的德国"挑战性小卫星有效载荷"卫星和欧航局"蜂群"卫星相比，其载荷技术指标相当，达到国际先进水平，使我国第一次有望获取十分宝贵的全球地磁场数据。

二是在国内首次实现了低地球轨道卫星高精度电磁洁净度控制。俗话说，"打铁还需自身硬"。张衡一号运行在近地轨道地球磁场很强大的情况下，要精确探测6级以上地震引起的电离层的微弱变化，积累高质量的观测数据，对卫星本体的电磁洁净度提出了非常高的要求，即卫星本体磁性对磁场测量影响不确定性需控制在0.5纳特，这相当于地球表面磁场强度的十万分之一。经过艰苦攻关，张衡一号实现了国内低轨道卫星磁洁净度控制的最高水平，为卫星开展精确的地球磁场测量打下坚实基础。

张衡一号采用了国内首颗控制整星磁洁净度小于0.5纳特的卫星平台，整星磁洁净度达到了0.33纳特，具备独一无二的高磁洁净度的特性，达到国际先进水平。张衡一号弥补了我国天基科学探测领域发展的一大短板，对后续空间电磁场探测任务的发展具有重要意义。

三是在国内首次实现了高精度电离层电子、离子原位探测。张衡一号装载的我国自主研发的等离子体分析仪和朗缪尔探针，实现等离子体原位探测，突破了高精度、大动态范围的微弱电流测量技术。该技术还可直接应用于我国其他地球电离层探测的航天器和对其他行星的电离层探测。另外，它在国内还首次实现了利用三频信标技术进行空间电离层探测，填补了我国在星载无线电信标探测电离层领域的空白。

四是建立了我国首个天基地震电磁综合观测平台。张衡一号是我国首个天基地震电磁综合观测平台，开辟了我国地震监测研究的新途径。它通过发挥卫星对地观测的大动态、宽视角和全天候的优势，可获取全球电磁场、电离层等离子体和高能粒子观测数据，研究地球系统特别是电离层与其他各圈层相互作用及其效应，能对中国及其周边区域开展电离层多种物理量动态准实时监测，弥补地面观测的不足，填补了我国在该领域的空白。

张衡一号采用了多载荷集成技术，把8台套3类载荷有机地集成在一起，在国内首次将电场、磁场、等离子体和高能粒子等多种有效载荷集成在同一颗卫星上，所以在总体设计中需要考虑对各个探测对象的无干扰独立同步观测，使这些需求各异的载荷在同一颗卫星上能够"和谐相处"，并取得有效的科学数据。这是相当不易的，需要充分考虑卫星轨道运动与太阳的关系，卫星与空间等离子体的相互作用关系，卫星与空间磁场、高能粒子的相互关系，以及每个载荷工作时是否通过等离子环境的相互作用进而影响别的载荷，所以卫星系统设计难度大。

五是采用了高精度标定技术，这对验证科学载荷实现性能、实现定量化测量十分关键。在张衡一号研制中，技术人员解决了极低噪声、超大动态范围和极高灵敏度的动态标定问题以及直流/交流磁场、等离子体和粒子的定量标定技术，全面验证了各载荷性能，确保了各载荷在轨科学数据质量满足要求。

六是在国内首次研制了超高收纳比（展开后长度与收拢状态长度之比）的伸杆机构。它可将有效载荷展开至远离星体的位置，从而提高有效载荷的探测精度。

张衡一号在国内首次自主研制了具有轻质、低磁、一维展开特点的卷筒式伸杆机构，首次实现了弹性卷筒国产化，机构的伸杆指向精度、展开状态基频等关键性能指标达到国际先进水平。它是目前国内安装伸杆机构最多的卫星，除太阳翼机构外，它还有6套伸杆机构，作用就是把有效载荷展开至远离星体所指定的位置，避免星体电磁环境对有效载荷测量精度的影响。

张衡一号有两类新机构，一种类似魔术棒，即卷筒式伸杆机构，其收拢时只有手掌大小；另一种类似人的手臂，即铰链式伸杆机构。这两种机构展开后长度均可超过5米，前者收纳比为39，达到国际领先水平。

这两类伸杆机构有几大特点：一是能缩能伸，发射时牢固压紧在卫星表面以承受发射过程中的巨大力学载荷而不损坏，入轨展开后将端部产品运送至指定位置；二是伸杆机构在轨展开可靠，在经历超过200℃的温度交变时，5米左右的机构端部位置变化量不大于2毫米，大约为一枚硬币的厚度；三是用料更精，由于伸杆机构距离终端载荷产品距离更近，其磁洁净度要求也更为苛刻，伸杆机构上的每种材料都经历过严格筛选和测试。

多伸杆机构卫星的在轨有效应用，极大地突破了卫星本体尺寸对载荷探测需求的约束。在CAST2000小卫星平台基础上，张衡一号将星上探测载荷之间的距离由不到2米延展至超过10米，创造了国内小卫星伸展载荷的新纪录，具有良好的经济可行性和庞大的市场背景。

2.重大意义

按照计划，张衡一号先安排了6个月左右的在轨测试工作，并通过星地比测和国际联测，检验和评价卫星数据质量，之后交付中国地震局进行使用。此后，中国地震局通过张衡一号开展了相关数据研究应用工作，加速构建天空地一体化的地震立体观测体系，为国家战略决策提供翔实、可靠的依据，履行我国第一颗以地震电磁前兆研究为主要应用背景、专业进行电离层电磁扰动监测卫星的使命，使我国首次具备全球地磁场和电离层信息获取能力，构建具有完全自主知识产权的全球地磁场和电离层模型。

张衡一号的发射和投入使用，可使我国首次具备全疆域和全球三维地球物理场动态监测的技术能力，将使我国成为世界上拥有在轨运行多载荷、高精度地球物理场探测卫星的少数国家之一。它具有如下重大意义：

一是首次基于天基电磁观测的平台可获取全球电磁信息。张衡一号是我国自主研制、具有高度创新性的天基电磁观测科学卫星，多项指标达到国际先进水平，首次实现了在低地球轨道对空间电磁场、电离层等离子体和高能粒子的监测，获得了高精度的全球地球物理探测量，填补了我国从空间电磁环境方面开展地震学、地质学等相关研究领域的空白，大幅提升了全球空间电磁场、电离层等探测数据获取能力。

二是大幅提升了空间电磁场和电离层监测水平。张衡一号是由我国完全自主研发的，以重大科学为牵引，围绕空间电磁场、电离层等离子体和高能粒子开展研究，实施创新性的空间对地观测科学任务。我国通过它可实现多项电磁场和等离子体探测技术的国产化，填补了传统的地面监测手段的不足，大幅增加震例检验机会，为地震机理研究和理论探索提供重要数据支撑，对于提升空间电磁场和电离层水平具有重要意义。

三是为空间天气预警、空间物理和地球物理研究提供重要支撑。张衡一号能够有效监测地球电离层环境、地球磁场及其扰动变化，为我国自主建立全球地磁场模型和电离层模型，开展空间天气预警及通信导航环境研究提供重要的基础数据，并有望取得重大突破，为服务我国空间物理等基础科学研究奠定重要基础。

四是提升我国在地球物理场研究领域的国际影响力。中国国家航天局已会同中国地震局制定对外发布张衡一号卫星数据国际合作政策，建立观测数据的共享和发布机制，并有效地提高卫星数据应用效率和科学成果的产出，加强国际交流与合作，提升全球地震科学研究水平，搭建国际合作平台，显著提升我国在地球物理场研究领域的国际影响力，为推动构建人类命运共同体作出贡献。

在国家主管部门的领导下，张衡一号正为全球用户提供电磁场、高能粒子、等离子体等多方面的数据，并与国际上多个国家开展卫星应用和科学研究方面的深入合作，带动引领我国地震监测领域研究的国际化发展潮流。

现在张衡一号还主要是用于对地震前兆信息研究，为未来建立地震监测预报体系进行前期技术储备。虽然目前利用电磁监测试验卫星尚不能直接预测预报地震，但是随着在地震电磁耦合机理的突破、观测数据资料的积累、地震前兆信息特征和干扰排除方法研究的深入以及其他信息如重力、红外、形变的综合，地震预测科学研究还将逐步取得进步。

截至2023年2月12日，张衡一号已圆满完成设计目标，并将继续超期服役。

今后，我国还可以与国外的卫星合作，组成星座编队飞行，提高电磁监测的时间分辨率。另外，张衡一号的02星正加快研制发射进程。

第五节　"双星计划"

科学卫星用于科学探测和研究，可以不受大气层的限制和影响，通过卫星上的各类遥感器了解高层大气、地球辐射带和极光等空间环境，观察太阳和其他天体。它又细分为空间物理探测卫星、天文卫星、实验卫星和生物卫星等多种。

科学家可利用科学卫星在太空直接探测地球大气层外的空间物理现象和过程，研究中性粒子、高能带电粒子、固体颗粒、低频电磁波、等离子体波、磁场、电场和微流星体等，获得大量的定量数据。

一、"双星计划"

1997年1月，我国首次提出了"地球空间双星探测计划"（简称"双星计划"）的构想，并在4月举行的香山科学讨论会上进行汇报，受到与会专家和国家领导人的高度重视。这一计划提出后，受到了国际空间物理界的关注，欧航局和国际空间机构协调组在工作会议上通过了"双星计划"的推荐书，表示要积极与"双星计划"进行合作。

2000年1月7日，"双星计划"科学目标和有效载荷方案通过专家评审。同年3月，中国"双星计划"代表团应邀出席了欧航局本部召开的"双星计划"A阶段研讨会，代表团详细介绍了A阶段方案报告，欧航局表示将积极支持"双星计划"及双方合作。同年12月，中国政府批准将"双星计划"列入"十五"计划中的重要空间探测项目。2001年2月，"双星计划"卫星工程大总体讨论会在北京召开，研制工作正式启动。同年7月9日，中国国家航天局与欧航局正式签署了"双星计划"的合作协议。2002年9月20日，地球空间双星探测工程研制正式批准立项。

图 3-5-1 由探测一号、探测二号组成的中国双星探测星座示意图

　　"双星计划"是中国第一个以科学目标为牵引立项的空间科学卫星计划，也是中国第一项与欧洲合作研制的重大国际合作项目。它包括"赤道星"探测一号和"极轨星"探测二号2颗卫星，其主要科学目标是研究当时地球空间最具挑战性的科学问题——磁层空间暴驱动和触发机制的全球多时空尺度物理过程。其轨道设计充分考虑了对亟须探测的地球磁层空间区域的覆盖，利用大椭圆轨道的特点，使其覆盖率达到最优，并与欧航局"星簇计划"——4颗团星二号科学卫星形成人类历史上第一次对地球空间的六点立体探测，受到世界高度关注，使中国空间科学计划一步走向了国际，也为中国今后多点卫星计划奠定了坚实基础，是21世纪初国际上重要的空间探测计划。

二、"双星"概况

　　2003年12月30日、2004年7月25日，我国先后发射了探测一号、探测二号卫星，这2颗探测地球磁层空间的卫星，分别运行在当时国际上地球空间探测卫星尚未覆盖的地球赤道轨道和极地轨道，相互配合，构成具有明显创新特色的星座式独立探测体系，对地球近赤道区和极区两个地球空间环境变化最为重要的区域进行宽能谱粒子、高精度磁场及其波动的立体探测，研究太阳活动、地球空间暴、行星际磁层空间暴和灾害性地球空间天气的物理过程、发生机制和发展规律。

　　探测一号由星体结构、姿控、热控、电源、总体电路、星务、测控和有效载荷等系统组成，主要探测近地磁尾区的磁层空间暴过程及向阳面磁层顶区太阳风能量向磁层中的传输过程。星上载有磁场测量仪、电子和电流仪、热离子分析仪、电位主动控制仪、低频电磁波探测器、高能电子探测仪、高能质子探测仪、高能重离子探测器共8台探测仪器，其中前5台是欧洲研制的，后3台由中方研制。

　　探测二号主要探测太阳风能量和近地磁尾区能量向极区电离层和高层大气，以及电离层粒子向磁层传输的过程。星上也载有8台探测仪器，但有3台与探测一号不同：用中国的低能离子探测器取代了欧洲的热离子分析仪；用中国的低频电磁波探测器取代了欧洲的低频电磁波探测器；用中国与瑞典、爱尔兰等联合研制的中性原子成像仪取代了欧洲的电位主动控制仪。这是因为在探测二号的运行轨道上，不需要用电位主动控制仪来中和某些带电粒子。

图 3-5-2　在伦敦联调中国双星上的欧方仪器

探测一号、探测二号卫星外形、展宽、高度基本相同，都采用航天五院的CAST968平台，只是质量上有一些差别。探测一号质量为335千克，设计寿命为1.5年；探测二号质量为343千克，设计寿命为1年，它们正好可以在太空搭档工作1年。探测一号、探测二号卫星本体是直径为2.1米、高1.4米的圆柱体，加上天线等则高近4米，在轨道上最大展宽为8.3米。与探测一号相比，探测二号在磁洁净度方面有明显改善。2颗卫星配置的16台科学探测载荷，覆盖了宽能谱粒子、磁场和低频波等空间环境物理参数，它们共同运行在近地磁层的重要活动区，取得了大量具有原创性和前沿性的科技成果。

这两颗卫星要飞到产生地球空间暴的区域探测信息，这些地方是国内外任何卫星都没有工作过的危险区域，其中探测二号每天要4次穿过辐射带。所以在这个区域工作的卫星必须经过创新研究，采用特殊材料制成，以解决防辐射的问题。另外，它们是人类首次在太空对地球空间暴进行研究，要求获取没有被调制、修改、污染的第一手空间信息，故卫星平台本身对太空信息信号可能产生的任何干扰都必须尽量消除。为此，探测一号、探测二号卫星在国内首次采用了无磁材料制造，取得了首次对称布线等多项第一。

图 3-5-3　组装完毕的探测一号卫星

这两颗卫星采用自旋稳定，自旋轴垂直于黄道平面，误差小于5°，自旋速率为15±2转/分钟。为了完成科学任务，设计人员对卫星技术提出了一些特殊要求，例如，严格的磁洁净度、严格的静电洁净度和抗高辐射度等。探测仪器装到

图 3-5-4　中国探测一号、探测二号在轨飞行示意图

卫星上以后，模拟了卫星从起飞到星箭分离这段距离的运行状况，进行了振动、噪声等各项环境试验，考核了卫星的装配是否符合预定要求。同时还在真空环境下模拟了卫星在轨运行时对环境的适应性，以保证卫星能在低温和高温状态下正常运行。此外，这两颗卫星主要是为了探测空间磁暴环境，因此要求卫星本身磁性越少越好。为了保证探测数据的准确性和空间磁场探测的精确度，它们都采取了剩磁控制技术，进行了一系列磁试验，以减少卫星本身磁场对空间磁场的干扰。为了同样的目的，探测磁场的2台仪器要放在尽量远离卫星的地方，这就需要卫星伸出可以作为磁场探测仪器工作平台的伸杆，即采用伸杆技术。

探测一号、探测二号的轨道运行于其他国际卫星不能覆盖的磁层亚暴、磁暴和磁层粒子暴的主要活动区，即覆盖了目前国际上正在运行的几颗卫星不能覆盖的近地磁层的重要活动区，适于探测磁层空间暴的触发过程及其对电离层和热层大气影响的大尺度过程。它们相互配合，形成了有特色的星座，其主要优势是适于探测磁层空间暴，这是国际上正在运行的卫星所不能取代的。

探测一号运行在近地点为555千米左右，远地点为78 051千米，倾角大约为28.5°的椭圆轨道上；探测二号运行在近地点700千米，远地点39 000千米，倾角为90°的椭圆轨道上。探测一号、探测二号上的有效载荷分4种类型——三分量空间磁场探测、不同能量粒子探测、卫星电位主动控制、低频电磁波探测。

三、成就及意义

探测一号、探测二号取得了三个第一：①它们是当时中国发射的距离地球最远的人造地球卫星，其中探测一号远地点高度比地球同步轨道高了1倍多，达到了7万多千米，突破了中国卫星以往跨入太空的最远距离，成为目前世界上少有的高轨道卫星，推动中国空间探测技术的跨越式发展。②探测一号、探测二号是中国首批发射高轨道卫星。③中国"双星"同欧航局4颗团星二号相配合，实现不同区域同时探测，形成了人类历史上第一次对地球空间的六点立体探测。

　　探测一号探测了太阳风等重要空间区域的高能粒子空间分布和演化情况，采集了大量科学数据。它所取得的大量观测数据对揭示磁层亚暴、磁暴和磁层粒子暴的触发机制及其对太阳活动和行星际扰动的响应过程起到了重要作用，具有重要的科学意义。它还探测到一个新的高能电子带，同时发现地球上空的高能质子峰值期高度大大降低。探测一号首次观测到当行星际磁场存在东西分量时，向阳磁层顶边界存在着磁场重联，还观测到通量管事件，也观测到

图 3-5-5　中国"双星"与欧洲航天局 4 颗团星二号形成人类历史上第一次对地球空间的六点立体探测

2004年7月底到8月上旬连续磁暴产生的高强度的高能电子事件。

　　探测二号上的中性原子成像观测仪观测到南极上空的中性原子极光分布结构等新的有趣的现象，观测到极隙区结构变化、运动特性与太阳风和磁层顶变化的关系。

　　实施"双星计划"显著提高了中国科学卫星技术，包括卫星的磁洁净技术和卫星表面等电位技术、火箭上面级固体发动机技术和发射卫星轨道精度；提高了科学运行计划编制、卫星在轨运行期间星上仪器数据快速检查、订正和数据产品研制等有关技术；提高了多卫星数据联合分析能力；培养出一支年轻的科学和技术队伍，显示了中国的实力，提高了中国在国际空间界的地位和作用。

　　"双星计划"取得了大量的科学探测数据和一些重要的科学探测成果，在平台和有效载荷的研制过程中获取了一系列重大技术成就，提高了空间物理研究和空间环境预报的创新能力，使中国的空间科学卫星事业实现了跨越式的发展，并获得2010年中国国家科学技术进步一等奖。该计划的实施极大提高了国内对于空间科学和空间探测的认知度，在科学普及方面起到了表率作用。此外，"双星计划"与"亚太合作小卫星计划"和地面"子午链工程"相配合，形成中国的星地联合观测系统，对空间物理和空间环境研究及预报起到重要的推动作用。其重大创新成果已经在探月工程及大量应用卫星型号中采用，为中国空间设施安全的环境保障提供了重要的科学依据，对中国科技进步产生了重大推动作用。

　　"双星计划"打开了中国与欧航局开展空间科学与技术合作的大门，并与"星簇计划"卫星团队共同获得了国际宇航科学院2010年杰出团队成就奖，受到了国际社会的高度关注，推动了国际上对地球磁层开展多点联合探测的热潮，使中国的空间探测走向了世界，大幅提高了中国在空间科学和技术方面的国际地位。

第六节　"悟空"暗物质粒子探测卫星

"十二五"时期以前，我国发射的应用卫星比较多。随着经济、科技的迅速发展，我国现在更加重视空间科学的发展。从"十二五"时期开始实施的空间科学战略性先导科技专项，使我国科学卫星有了较大的发展。

一、"悟空"项目概况

空间科学是以航天器为主要平台，研究发生在日地空间、行星际空间乃至整个宇宙空间的物理、天文、化学和生命等自然现象及其规律的科学。经过多年努力，2011年1月，空间科学先导专项作为中国科学院首批启动的A类战略性先导科技专项，经院长办公会议审议通过后正式立项。该专项在获得重大原创性天文学成果，改变我国主要是天文知识的使用国而非产出国的局面，并使我国有能力为人类的太空探索、技术进步及社会发展作出持续性的贡献。

空间科学先导专项的总体目标是：在最具优势和最具重大科学发现潜力的科学热点领域，通过自主和国际合作科学卫星计划，实现科学上的重大创新突破，带动相关高新技术跨越式发展，发挥空间科学在国家发展中的重要战略作用。

为保证我国空间科学的可持续发展，空间科学先导专项在"十二五"期间开展了"慧眼"硬X射线调制望远镜卫星、"墨子号"量子科学实验卫星、"悟空"暗物质粒子探测卫星和实践十号返回式科学实验卫星4个空间科学卫星工程任务的研制，同时部署了空间科学背景型号和空间科学预先研究项目，为下一个五年计划及更长远的空间科学发展奠定了基础。

空间科学先导专项在"十三五"期间，从2019年开始，陆续发射太极一号、怀柔一号、爱因斯坦探针、先进天基太阳天文台、太阳风-磁层相互作用全景成像卫星等多颗科学卫星，有望在太阳爆发活动、时域天文学、日地关系等方面取得重大原创性成果。

天文卫星能摆脱大气层的封锁，在全频段范围内对宇宙空间进行详细观测，对人类科学认识宇宙有革命性的推动，使天文学产生了第三次飞跃。

按照观测的目标不同，天文卫星可以分为以观测太阳为主的太阳观测天文卫星和以探测太阳系以外的天体为主的非太阳探测天文卫星；按所观测的宇宙中电磁波谱分为可见光天文卫星、X射线天文卫星、γ射线天文卫星和红外天文卫星等。

因为宇宙中的天体由于温度不同而发出各种频段的电磁波，所以靠1颗天文卫星很难进行全频段观测。一般来说，温度越高，发出的电磁波波长越短。利用这一特性，通过观测天体发出的电磁波可分析它们的类型和特征。在电磁波谱中，γ射线的波长最短，X射线次之，后面依次是紫外线、可见光、红外和射电波。

暗物质是由万有引力效应明确证实其存在，但却无法通过电磁波被直接观测到的物质，这是长久以来粒子物理和宇宙学的核心问题之一，其研究成果很可能带来基础科学上的重大突破，完善、更新甚至扬弃粒子物理标准模型和大爆炸宇宙论，预示着人类对物质世界认识的新革命，直接推进人类对宇宙的演化、物质的基本结构和基本相互作用的理解。所以，不少国家都在开展这一方向的研究。中国科学院的研究团队近年在高能宇宙线探测、γ射线探测取得了国际领先的突破性成果，为暗物质粒子的探测奠定了坚实基础。

2015年12月17日，我国发射了空间科学先导专项的首颗卫星——"悟空"暗物质粒子探测卫星，从而拉开我国空间天文学发展的序幕。它是中国科学院空间科学战略性先导科技专项中首批确定的科学实验卫星之一，也是迄今为止观测能段范围最宽、能量分辨率最优的暗物质粒子探测卫星。它平均每秒就能"捕捉"60个高能粒子，可以对吉电子伏特到数十太电子伏特量级之间的电子、γ射线等宇宙线粒子进行测量。这是什么概念？1吉电子伏特是10亿电子伏特，1太电子伏特是1万亿电子伏特。而人眼所能接收到最敏感的可见光能量，约为2电子伏特。该卫星有望在暗物质探测和宇宙线物理两大前沿领域取得重大突破，并可望在γ天文方面取得重要成果。

"悟空"这个名字是从来自全世界的3万多个命名提案中脱颖而出的。这是因为我们期待，暗物质粒子探测卫星能像齐天大圣孙悟空一样，领悟太空、探索太空，并取回"真经"，而"悟空"要取回的真经，就是有关暗物质的线索。

"悟空"项目的工程目标是：研制一颗围绕科学探测载荷一体化设计并具有大载荷质量比的暗物质粒子探测卫星，同时研制生产一发长征二号D运载火箭，在发射场、测控系统支持下将卫星发射至预定轨道。由测控系统完成在轨卫星平台的管理，由地面支撑系统完成有效载荷运行管理，并接收、预处理卫星探测数据，传送给科学应用系统。科学应用系统处理和分发经过标定的科学数据产品。其科学目标是：通过在空间高分辨、宽波段观测高能电子和γ射线寻找和研究暗物质粒子，在暗物质研究这一前沿科学领域取得重大突破；通过观测太电子伏特以上的高能电子及重核，在宇宙射线起源方面取得突破；通过观测高能γ射线，在γ天文方面取得重要成果。

"悟空"项目分为立项论证、工程研制、在轨运行三个大阶段：2011年为立项论证，2012—2015年为工程研制，2015—2018年为在轨运行。它是我国第一颗由中国科学院完全研制、生产的卫星。中国科学院国家空间科学中心负责暗物质粒子探测卫星工程大总体工作；卫星系统由上海微小卫星工程中心负责抓总并承担卫星平台的研制，有效载荷由中国科学院紫金山天文台负责抓总研制，中国科技大学，中国科学院高能物理研究所（简称"中国科学院高能所"）、近代物理研究所，国家空间科学中心等参加；地面支撑系统由中国科学院国家空间科学中心牵头负责研制、建设和运行，对地观测与数字地球科学中心等单位参加；科学应用系统由中国科学院紫金山天文台负责研制、建设、运行。

二、暗物质探测技术

暗物质是一种比电子和光子还要小的物质，不带电荷，不与电子发生干扰，能够穿越电磁波和引力场，是宇宙的重要组成部分。其密度非常小，但是数量庞大，因此它的总质量很大，它们代表了宇宙中84.5%的物质含量，其中人类可见的只占宇宙总物质量的10%不到（约5%）。暗物质无法直接观测到，本身不和已知的任何明物质发生关系，唯一

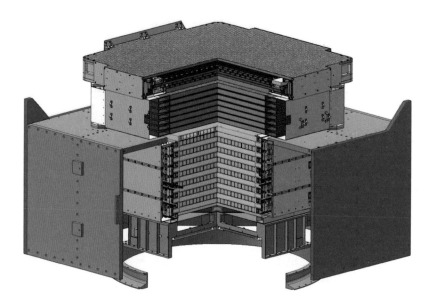

图3-6-1 "悟空"暗物质粒子探测卫星的结构示意图

发生关系的就是引力的变化，能干扰星体发出的光波或引力，其存在能被明显地感受到。

探测宇宙线分为地面探测和空间探测，两者各有千秋。后者的优点是能测量低能宇宙线，并且能区分宇宙线的种类，不足之处是受技术难度和费用的限制，目前难以测量高能区的宇宙线，而前者反之，所以它们之间可以取长补短。

现在，通常有三种探测机制了解暗物质的本质：地面直接探测、加速器实验探测和太空间接探测。其中地面直接探测的实验至今对研究暗物质存在的参数空间存在一定的局限；地面加速器上的实验目前没有明确地给出暗物质搜寻的结果；太空间接探测实验看到了一些暗物质粒子存在的迹象，但仍需要进一步的数据积累以及更高能量的精确测量，以确定这些信号究竟是来自暗物质还是其他天体物理过程。

科学家通过太空间接探测可以了解暗物质在整个宇宙或者特定星系中的情况，这些情况与暗物质的空间分布、作用本质联系更加紧密。其最好的探测对象是光子，因为光子不受磁场影响而偏转，可直接反映粒子产生的源信息。暗物质卫星探测的是暗物质粒子之间相互碰撞湮灭后所产生的明物质高能粒子，这种暗物质粒子湮灭的物理机制在国际上是一

种比较认可的物理模型。

　　测量宇宙线粒子能量的探测器一般有量能器和磁谱仪两种，其中量能器用于测量宇宙线在探测器中产生的簇射，无法区分宇宙线的电荷符号；磁谱仪用于测量宇宙线在其磁场中的偏转，能够区分正反物质。我国暗物质粒子探测等天文卫星使用量能器探测暗物质；国际空间站上的α磁谱仪二号等使用磁谱仪探测暗物质。

　　"悟空"暗物质粒子探测卫星的科学目标是间接探测暗物质，研究宇宙线物理和γ天文。它主要探测电子宇宙射线、高能γ射线等，即通过在高空间分辨、宽能谱段观测高能电子和γ射线寻找和研究暗物质粒子，在暗物质研究这一前沿科学领域取得重大突破；通过观测能谱范围在太电子伏特以上的高能电子及重核，在宇宙射线起源方面取得突破；通过观测高能γ射线，在γ天文学方面取得重要成果。该天文卫星长为1.5米，宽为1.5米，高为1.2米，有效载荷质量为1.4吨，总重1.85吨，相当于一辆四四方方的小客车。它采用以载荷为中心的设计方案，其有效载荷包括塑闪阵列探测器、硅阵列探测器、锗酸铋晶体（BGO）量能器、中子探测器及载荷数据管理器。

　　塑闪阵列探测器采用国内研制的世界最大闪烁体，用于测量入射宇宙线的电荷以区分不同核素，区分高能电子和γ射线。该探测器攻克了"塑闪晶体温度形变适应结构的设计与实现"这一关键技术，比国外同类探测器技术领先。与欧洲合作研制的硅阵列探测器达到国际领先水平，主要功能是测量入射宇宙线粒子的方向和电荷。γ射线首先在硅阵列探测器中转化为正负电子对，然后进入锗酸铋晶体量能器。

　　锗酸铋晶体量能器是"悟空"最核心、最重的设备，尺寸为60厘米×60厘米×60厘米，其中有数百根晶体棒横竖分层排列。其晶体跟铁比重一样，是一种被广泛用来探测高能带电粒子和γ射线的闪烁体材料，功能是测量宇宙线粒子尤其是电子和γ射线的能量。当高能宇宙线粒子打入锗酸铋晶体量能器后，根据那些发光的晶体可判断粒子到达的方向，因为粒子会在锗酸铋晶体中产生级联簇射。由于宇宙线电子和质子在探测器中产生的簇射的形状完全不同，所以根据宇宙线粒子产生的簇射的形状能判断入射粒子的种类。入射粒子的能量越高，产生的簇射就越大，沉积在探测器内的能量就越多，根据在探测器中的能量沉积可确定入射宇宙线的能量。

　　探测器做得越厚，能量分辨率就会越高，能量探测范围也就越大。现在，由于这种60厘米长的锗酸铋晶体只有中国科学院上海硅酸盐研究所能做

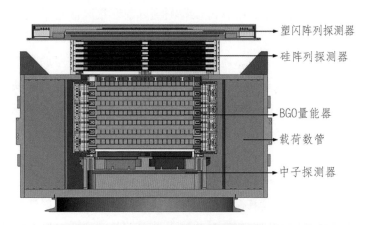

塑闪阵列探测器

硅阵列探测器

BGO量能器

载荷数管

中子探测器

图 3-6-2　"悟空"暗物质粒子探测卫星的有效载荷结构示意图

出来，所以"悟空"是目前观测能段范围最宽、能量分辨率最优的空间探测器，超过国际上所有同类探测器。

中子探测器用于测量宇宙线粒子与中子探测器上层的物质发生相互作用产生的次级中子，进一步区分宇宙线的成分。

三、"悟空"优势及成果

"悟空"对高能粒子的探测方法与国际空间站上探测暗物质的α磁谱仪二号不同。它虽然不能像α磁谱仪二号那样探测粒子在磁场中的变化，区分粒子的电极性，但是测量的能量谱段是最高的，可以探测能量极高的粒子。

暗物质相互碰撞并湮灭时会产生明物质，其能量很高。"悟空"探测的是暗物质粒子相互碰撞湮灭后所产生的明物质高能粒子，这种暗物质粒子湮灭的物理机制在国际上是一种比较认可的物理模型。

如果没有暗物质，通常宇宙中高能粒子的分布是逐渐下降的，因此，如果在太空中确定某一个方向观测，从那个方向过来的高能粒子会随着能量谱段的升高越来越少。要想观测到高能谱段，并减少干扰就必须发射天文卫星，探测器要更大，才能看得更加清楚。天文卫星飞行2～3年，持续收集很多数据，就能看到能量谱是不是按照通常理解的方式分布的。如果不是，需要解释为什么会这样。假如探测器什么都没有看到，至少也可以证明这种关于暗物质的理论不成立。

"悟空"进行巡天观测。经过1～2年的巡天后，如果对某一方向的粒子特别感兴趣，发现新的物理现象，"悟空"就会调整探测器，集中观测这个方向；假如存在暗物质，还可以进行连续的观测。

受限于发射升空的磁铁的大小，α磁谱仪二号只能测量600吉电子伏特，而"悟空"工作能段为5吉电子伏特～10太电子伏特，并能首次在空间进行1～10太电子伏特的高能电子宇宙射线的测量，所以可以观测到以前在很高能量谱段没有发现的现象。另外，"悟空"有非常高的能量分辨率（优于1.5%，超过国际上所有同类探测器），有望在寻找γ射线线谱信号方面有所突破。还有，它不仅做到了能量谱段的高覆盖，而且由于使用的锗酸铋晶体量能器的晶体有60厘米长，所以探测面积很大，使其捕获稀少高能粒子的能力很强。"悟空"可测量高达100太电子伏特的核子宇宙线，并且能够区分各种宇宙线成分，因此将实现地面探测和空间探测在能谱上的衔接。另外，α磁谱仪二号成本高达20亿美元，"悟空"则低得多。

"悟空"具有能量分辨率高、测量能量范围大和本底抑制能力强三大优点，在暗物质间接探测方面具有很强的国际竞争力。例如，在γ射线观测方面，其灵敏度远高于α磁谱仪二号等探测器，高能量分辨大大高于美国"费米"γ射线大面积空间望远镜，整体谱线

图 3-6-3　"悟空"在轨飞行示意图

探测能力要比"费米"高10倍以上；在宇宙射线重核探测方面，超过目前国际上所有实验探测器。所以，它有望在暗物质探测和宇宙线物理两大前沿领域取得重大突破，并有望在γ天文方面取得重要成果，一旦取得突破，将很可能会带来物理学新的革命。

　　"悟空"已取得很大成果，在太空飞行的前6年，它已经完成全天区扫描超过11次，获取了百亿个高能宇宙射线事件。2021年5月，"悟空"团队绘出迄今最精确的高能氦核宇宙线能谱，并观测到能谱新结构。这是"悟空"继精确测量电子能谱、绘制高能质子宇宙线能谱后，第三次发布重要科学成果，标志着我国空间高能粒子探测已跻身世界前列。2021年9月7日，"悟空"暗物质粒子探测卫星首批γ光子科学数据向全球公开。到2022年12月，它还在超期服役。

　　未来，我国还将用装在空间站上的高能宇宙辐射探测设施，重点探测暗物质湮灭的γ射线谱线，它将有可能测量到暗物质湮灭的确凿的信号。我国之所以在发射了"悟空"后还要搞高能宇宙辐射探测设施，主要是为了增加搜寻暗物质的手段和扩大搜寻参数空间，各实验互相补充。

第七节 "慧眼"硬X射线调制望远镜

　　X射线起源于天体上的高能物理过程，与高温、高密度、强磁场、强引力场等极端物理条件相关，是研究黑洞、中子星等天体性质的主要手段。由于地球大气的吸收，对天体的X射线观测只能在地球大气之上进行。近些年，X射线天文卫星成果颇多，越来越受青睐。这种空间望远镜主要用于观测宇宙中的高温天体和宇宙中发生的高能物理过程。宇宙中许多天体都散发X射线，因此，探测宇宙中的X射线对探索宇宙奥秘具有重要意义。但由于X射线极易被介质吸收，介质对于X射线的折射率近于1，所以在地面将高能X射线收集和聚焦是非常困难的事情，只能在太空进行观测。

　　2017年6月15日，我国发射了"慧眼"硬X射线调制望远镜，这是我国第一个X射线空间望远镜。该项目最早于1993年由中国科学院高能所李惕碚院士、吴枚研究员等人提出，2011年3月由国家国防科工局与财政部共同批复立项。其研制得到了国家国防科工局民用航天科研经费和中国科学院空间科学先导科技专项的共同支持。航天五院为卫星总体单位，中国科学院高能所负责卫星有效载荷、地面应用系统和科学研究工作，清华大学为卫星有效载荷和地面应用系统联合承研单位，参加"慧眼"卫星工程的还有中国科学院国家空间科学中心、北京师范大学等。

　　在研制中，承担卫星平台研制任务的航天五院和承担科学目标的提出、有效载荷研制的中国科学院高能所两个"国家队"，坚持精诚合作、精湛技术、精细管理、精准试验的理念，打造出用中国的理论、中国的卫星，提供给中国和全世界的科学家使用的太空望远镜，树立了工程与科学、工程与技术完美融合的典范。

　　"慧眼"的科学目标是：实现宽波段X射线（1～250千

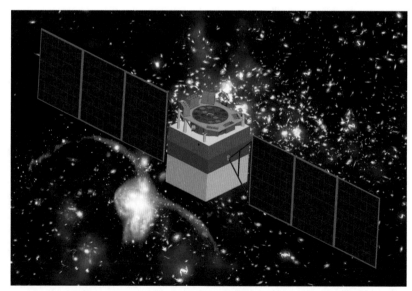

图 3-7-1 　"慧眼"硬X射线调制望远镜在轨运行示意图

电子伏特）巡天，发现被尘埃遮挡的超大质量黑洞和未知类型天体，研究宇宙硬X射线背景辐射的性质；通过观测黑洞、中子星、活动星系等高能天体，分析其光变和能谱性质，研究致密天体和黑洞强引力中物质的动力学和高能辐射过程；探索利用X射线脉冲星实现航天器自主导航的技术和原理。

"慧眼"可探测大批超大质量黑洞和其他高能天体；定点观测黑洞和中子星、活动星系等高能天体。该卫星运行在550千米高的近地圆轨道，设计寿命为4年，采用定点和巡天观测工作模式；有效载荷包括高能、中能、低能X射线望远镜各1台及1台空间环境监测器。"慧眼"曾在2017年10月观测到中子星并合产生的引力波。

一、观测原理和配置

至今，国外已发射多颗X射线天文卫星。我国X射线天文卫星起步晚，但起点高，"慧眼"就与众不同，它主要是探测宇宙中的硬X射线。根据波长，X射线波段可细分为三段：通常把波长在0.1～10纳米的X射线称为软X射线，其能量相对较低；波长在0.01～0.1纳米之间的X射线称为硬X射线，其能量相对较高；波长在0.001～0.01纳米的被称为超硬X射线，是能量相对最高的X射线。或者说，硬X射线是能量比较高的电磁波（10～250千电子伏特），具有很强的穿透能力，医院里人体透视检查用的就是它，而它对应的能量较低的（0.1～10千电子伏特以下）的电磁波就叫作软X射线。

很多巨型黑洞被尘埃包围，软X射线无法穿透，只能用硬X射线探测器去发现它们。硬X射线来自最靠近黑洞视界的区域，是探测黑洞和研究黑洞附近物理过程的一个关键窗口，我国的"慧眼"主要对这一段进行探测，并采用了一个"绝招"——直接解调成像。

硬X射线波长很短，很难用光学望远镜成像，因而对于硬X射线的探测，国际

图 3-7-2　研制完毕的"慧眼"

上的普遍办法之一便是采用准直型望远镜。但是，准直型望远镜的缺点在于它会损失很多探测光子的信息，从而导致这种方法的探测结果精度较低。在20世纪90年代，中国科学院高能所的李惕碚院士和吴枚研究员提出了用非线性数学手段，直接对探测器阵列的扫描数据进行求解成像，这一直接解调法能够使低分辨的非成像探测器实现高分辨成像。调制望远镜中的"调制"就是源自这一算法。

应用我国科学家首创的直接解调成像方法，可以实现宽波段、高灵敏度、高空间分辨率X射线巡天和定点观测，绘制高精度X射线天图，探索新的天体类型，实现空间硬X射线高分辨巡天，发现大批高能天体和天体高能辐射新现象，并对黑洞、中子星等重要天体进行高灵敏度定向观测，推进人类对极端条件下高能天体物理动力学、粒子加速和辐射过程的认识。

与国外复杂和昂贵的编码孔径成像系统相比，采用直接解调成像的方法分辨率高，同时可有效抑制噪声干扰，背景异常干净，并简单准确，极大提高探测定位的精度，其定位精度可以接近可见光探测精度，从而为"慧眼"探测宇宙空间各种高能事件、取得令人振奋的成果提供了保障。

"慧眼"继承了资源二号遥感卫星平台技术状态，设计寿命4年，质量为2496千克，运行在高550千米、倾角43°的圆轨道上。卫星本体呈立方体构型，装载高能（工作能段为20～250千电子伏特）、中能（工作能段为5～30千电子伏特）、低能（工作能段为1～15千电子伏特）3个X射线望远镜和空间环境监测器共4个探测有效载荷。其中高能X射线望远镜是世界上在20～250千电子伏特能区探测器面积最大，可同时用于对特定X射线源进行高精度定点观测，又可以进行扫描成像观测的望远镜。

高能、中能、低能3个X射线望远镜都是准直型望远镜，即只有位于准直器视场内的天体发出的X射线才能入射到探测器上，而且与视线方向的夹角越大，有效探测面积越小。在扫描观测模式下，由于天空中存在着亮度不同的X射线源，望远镜在扫过不同区域时探测器的计数率也在变化，通过分析计数率变化和望远镜姿态之间的关系，可以重建获得天空X射线源的位置和流强。扫描观测是"慧眼"发现监视已知源的流强变化以及发现新天体的主要手段。定点观测则

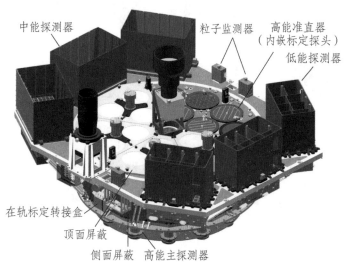

图 3-7-3　"慧眼"上的科学仪器示意图

是指向某一天体进行长时间的观测，可以研究天体的X射线光变和能谱性质。我国科学家又开发了一种新的观测模式，即通过调整高能X射线望远镜主探测器光电倍增管的高压，可以使其中的CsI晶体成为一个大面积的大视场监视器，探测天空的硬X射线和软γ射线爆发现象。

　　3个X射线望远镜可在不同能段同时观测一个天体，能观测1～250千电子伏特能量范围的X射线。不同能量的X射线辐射起源于天体上不同的物理过程或者具有不同物理条件的区域，因此在不同的能段观测天体，可对天体的活动给出更全面和准确的诊断。空间环境检测器装在卫星载荷舱的外面，是为了监测卫星所处的带电粒子环境，对"慧眼"在轨可能出现的故障进行诊断，并为望远镜的本底估计提供辅助数据。

二、主要任务和优势

　　"慧眼"有四大主要任务：一是进行大天区的X射线巡天，发现新的天体或已知天体的新活动；二是对X射线双星系统进行高精度的定点观测，研究其快速光变；三是观测孤立脉冲星、强磁场中子星和中子星X射线双星中的X射线暴，研究致密物质的状态方程；四是监测200千电子伏特至3兆电子伏特能区爆发现象，研究γ射线暴，寻找引力波暴的电磁对应体。其主要工作模式包括巡天观测、定点观测和小天区扫描模式。在正常工作模式下，"慧眼"可以实现1～250千电子伏特能区的大天区巡天和定点观测；在γ射线暴工作模式下，可以监测超过一半的天空在0.2～3兆电子伏特软γ射线能区的爆发现象。

　　与目前在轨运行的多个国外X射线空间望远镜相比，"慧眼"有以下优势：具有大天区、大有效面积的宽波段X射线扫描巡天能力；具有大面积、宽波段、高时间分辨率的定点观测能力；是国际上最大面积的硬X射线/软γ射线能段探测器。它既可以通过最高的灵敏度和分辨率实现大天区成像、宽波段X射线巡天，还可通过对黑洞和其他高能天体宽波段X射线时变和能谱的观测，研究致密天体极端物理条件下的动力学和辐射过程。

　　"慧眼"探测器能谱范围非常宽，除了可探测空间X射线外，还可拓展进行γ射线暴、恒星爆炸、黑洞等探测；不仅能将宇宙事件从发生、发展到结束全过程

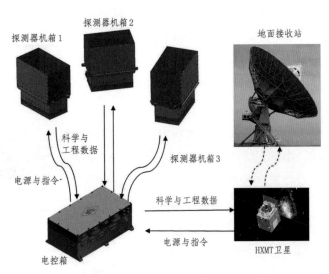

图 3-7-4　"慧眼"卫星系统示意图

的壮丽景象尽收眼底，还可看到这些壮丽景象出现时的时变过程，且比国际上其他同类卫星时间分辨率有大幅提升，这对于推动突发天体现象研究的深入意义重大。

"慧眼"具有国际先进的暗弱变源巡天能力，可进行引力波暴电磁对应体的寻找和后随观测；其高能X射线望远镜可以探测到高至几兆电子伏特的光子，能在200千电子伏特至3兆电子伏特能区全天监测γ射线暴，且接收面积10倍于目前国际上最好的设备，从而大幅提高在该能区探测γ射线暴、搜索引力波暴的电磁波对应体的灵敏度，对γ射线暴和引力波暴电磁对应体的观测具有重要意义。"慧眼"在国际上具有明显的竞争力，且预期能够产生重要的科学成果。它将在国际上首次系统性地获得银河系内高能天体活动的动态图景，发现大量新的天体和天体活动新现象。"慧眼"具有独特的研究X射线双星多波段X射线快速光变的能力，预期可以在黑洞和中子星双星的研究中获得大面积新成果。

"慧眼"具有比欧洲"国际γ射线天体物理实验台"、美国"雨燕"等γ射线空间望远镜更强大的成像能力和独一无二的定向观测能力，能以最高灵敏度和分辨率发现大批被尘埃遮挡的超大质量黑洞和其他未知类型高能天体，并研究宇宙硬X射线背景的性质。其直接解调扫描数据能实现高分辨和高灵敏度成像以及对弥散源的成像；而大面积准直探测器又能获得特定天体目标的高统计和高信噪比数据，使"慧眼"既能实现大天区成像，又可通过宽波段时变和能谱观测研究天体高能过程。它将实现世界上最高灵敏度和最好空间分辨率的硬X射线巡天，将通过对黑洞和其他高能天体宽波段X射线时变和能谱的观测，研究致密天体极端物理条件下的动力学和辐射过程。

三、先进技术和成果

其实，"慧眼"不仅望远镜本领很大，其支撑平台也非常了不起。因为"慧眼"上的科学设备需要在-60～-80°C的低温下才能可靠地工作，所以必须确保望远镜不见太阳、地球和卫星本体，以免辐射增温；同时，安装在同一支架上的高、中、低能X射线望远镜对温度指标要求悬殊，指标最大温差达60°C，必须采取主动控温和被动控温相结合的方法，多种控温手段并用。这就需要通过安装遮阳板、采取多极隔热、采用深冷热管技术以及优化观测状态等方法实现载荷要求。

图3-7-5 "慧眼"卫星进行上天前的试验

"慧眼"不同于常规太阳同步轨道对地遥感卫星，实现全天区扫描对"慧眼"姿态稳

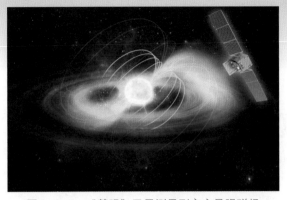

图 3-7-6　"慧眼"卫星测量到宇宙最强磁场

定提出了极大的挑战。为了实现对全天球的空间天体高灵敏度的观测需求，并满足空间望远镜能源和散热要求，"慧眼"必须采用倾斜轨道，并采用对日定向慢旋姿态、三轴稳定惯性定向姿态、惯性稳定小角度旋转姿态、三轴稳定轨控定向姿态共4种惯性定向姿态控制方式，还需具有大角度姿态机动的能力，从而保证空间望远镜巡天、定点、小天区、银道扫描4种观测模式的实现。同时，探测器对时间要求很高，要求记录某一个到达X光点的准确时间，便于事后分析，因此必须做到分毫不差。

特别值得一提的是，"慧眼"的研制充分吸收了航天五院几十年来卫星工程的成功经验和技术成果，充分体现出研制队伍满足用户需要进行产品设计制造的创新能力，充分展现了航天五院在空间科学卫星领域研制成本更低、速度更快、可实现方法多、可拓展能力强的雄厚实力和研制水平。完整的科研生产体系和完备的试验验证设施，充分彰显出中国航天多领域、多平台、全方位服务科学探测和研究的能力，这些能力和水平可以保证实现按照用户提出的具体要求量身定制。

"慧眼"现已取得很大成果，并超期服役。例如，它直接测量迄今为止宇宙最强磁场、认证了快速射电暴来自磁星、发现了逃离黑洞的高速等离子体等。"慧眼"还首次清晰观测到了黑洞双星爆发过程的全景，揭示了黑洞双星爆发标准图像的产生机制；完整探测到了第24太阳活动周最大耀斑的高能辐射过程，获得了耀斑过程中非热电子的谱指数演化，为理解太阳高能辐射随时间演化提供了新的观测结果。

据中国科学院高能所2022年7月5日透露，"慧眼"团队在编号为Swift J0243.6+6124的中子星X射线双星发现了能量高达146千电子伏特的回旋吸收线，对应超过16亿特斯拉的中子星表面磁场，继2020年直接测量到约10亿特斯拉的宇宙最强磁场之后，再次大幅度刷新了最高能量回旋吸收线和宇宙最强磁场直接测量的世界纪录。

"慧眼"目前状态良好，预期可运行10年，将在极端爆发现象、X射线双星系统吸积演化、黑洞和中子星等致密天体基本性质以及银河系内宽能区巡天等方面开展深入观测和研究，取得更多科学成果。

第八节　太阳观测卫星

　　2021年10月14日，我国成功发射了首颗太阳观测卫星——太阳Hα（氢阿尔法）光谱探测与双超平台科学技术试验卫星，昵称"羲和号"。该卫星由航天八院抓总研制，它的成功发射标志着我国正式进入"探日时代"。2022年10月9日，我国第一颗综合性太阳观测专用卫星——先进天基太阳天文台卫星"夸父一号"发射升空，它是由中国科学院空间科学（二期）先导专项部署和研制的，可进一步增强我国对太阳的认识。

一、观测太阳

　　太阳是地球的生命之源，为地球上的生命提供光和热，使万物葱茏。但这个"脾气有些暴躁"的火球也经常对地球人的生活造成威胁。因为它有一些特别显著的特征对地球影响很大，例如太阳黑子，其本质是太阳光球层磁场强、温度低的区域。太阳黑子的数量和位置呈现出的周期性变化，即太阳11年活动周期。太阳耀斑是一种强烈的辐射爆发，非常明亮，可以持续几分钟至几小时，它是太阳系中最激烈的爆炸事件，所辐射出的光的波长横跨整个电磁波谱（从射电波到γ射线）。日冕物质抛射，即太阳的外层大气日冕会突然猛烈地释放出等离子体和磁场，一个巨大的日冕物质抛射可包含数十亿吨的物质，这些物质会被加速到极高的速度冲向太空，旅途中可与任何行星或航天器发生撞击。

　　无论是太阳黑子、太阳耀斑抑或日冕物质抛射，它们的根源都是太阳磁场。变化的太阳磁场不仅可以在光球层产生黑子，还能触发耀斑和日冕物质抛射。

　　太阳耀斑和日冕物质抛射产生的磁云会裹挟着大量带电高能粒子直奔地球而来，导致地球磁层和电离层扰动，造成航天器轨道衰变，卫星载荷发生故障甚至毁坏，威胁载人任务的航天员健康，干扰通信和导航系统，引起电网超载等。例如，1989年发生的一次太阳风暴就使加拿大魁北克地区发生大规模停电；2003年再次发生类似情况，使瑞典电网电力中断，并导致多颗在轨卫星发生故障。

　　其实，科学家们很早就开始观测太阳，因为它是与我们关系最密切的一颗恒星，也是唯一可以详细研究的恒星。观测或探测太阳有两大基本意义：一是太阳是宇宙中目前唯一可以进行高空间分辨表面观测的恒星，对其进行观测式探测具有天体物理学上的重要性；二是由于人类依存于太阳，需要认识太阳的变化及对人类的影响。但在地面上的可见光波

图 3-8-1 太阳对地球有巨大影响

段观测会受到阴雨天气影响，无法做到连续观测，而且会受到地球大气吸收、扰动等因素的影响，观测分辨率很低。所以，用卫星观测太阳就成为了解、研究太阳的一个重要技术手段。换句话说，太阳会释放出不同波长的光，但地球的大气并非对所有的波段都是透明的，在地面上只能观测到可见光和红外光，以及有限的紫外光和射电辐射，它们在宽广的太阳辐射波谱中只占很小的一部分。所以，只有将太阳望远镜发射到太空中去，避开地球大气的影响，从各个波段研究太阳，才能够描绘出一幅完整的图像。

通过太阳观测卫星持续监测太阳的活动，一旦发生太阳耀斑、日冕物质抛射等爆发活动，科学家可以至少提前40个小时得到信息，从而及时采取相关的防护举措，尽量避免对人类生存环境造成不利影响。

从20世纪60年代起至今，全球已有几十颗太阳观测卫星升空，以便摸清太阳的"脾气"，了解太阳磁场中蕴藏的能量以及该能量对地球的影响，实现空间天气预报。这不仅对认识宇宙有重大意义，而且可为有效避免太阳的危害提供可靠的依据。近些年来，人类发现太阳对地球气候和空间天气影响越来越大，监测和研究太阳的活动十分重要，所以全球越来越重视太阳观测卫星的研制和发射。

二、中国新星

1."羲和号"

我国2021年发射的"羲和号"太阳观测卫星运行在517千米高的太阳同步轨道上，主要科学载荷是带有Hα滤光片的太阳Hα成像光谱仪，它在国际上首次实现对太阳Hα波段的光谱成像观测，填补了太阳爆发源区高质量观测数据的空白。

太阳Hα谱线是太阳爆发时响应最强的色球谱线，能够直接反映太阳爆发的源区特征，

图 3-8-2 "羲和号"太阳观测卫星

通过对这条谱线的数据分析，可获得太阳爆发时大气温度、速度等物理量的变化，有助于研究太阳爆发的动力学过程及物理机制，弥补当前空间望远镜在太阳低层大气（光球和色球）观测上的不足，显著提高我国在太阳物理领域的国际影响力。

"羲和号"可在同一时间得到Hα波段附近任意波长点的全日面图像，实现全天候、高时空分辨率、高光谱分辨率的太阳观测，为太阳爆发的研究提供准确可靠的数据。卫星在轨运行期间，它将观测太阳耀斑和日冕物质抛射的光球及色球表现，探究太阳爆发的源区动态特性和触发机制，同时探测太阳暗条形成和演化过程的色球表现，揭示其与太阳爆发的内在联系，还将获取全日面Hα波段多普勒速度分布，研究太阳低层大气动力学过程，为解决"太阳爆发由里及表能量传输全过程物理模型"等科学问题提供重要支撑。

但是，实现高光谱分辨率成像则要求成像过程中探测载荷具有极高的指向精度和稳定度，所以对"羲和号"卫星平台的性能提出了极大的挑战。为此，它采用了超高指向精度、超高稳定度平台（简称"双超"卫星平台）设计，首次在轨应用磁浮技术，实现了平台舱、载荷舱可分离式构型设计，从而使载荷舱具有超高精度指向控制和超高稳定度，较现有水平提升1~2个数量级。这对我国卫星空间科学探测及卫星技术发展具有重要意义。

2. "夸父一号"

2022年10月9日，我国发射第二颗太阳观测卫星"夸父一号"。其主要科学目标是揭示太阳磁场、太阳耀斑和日冕物质抛射（"一磁两暴"）的起源、相互作用和彼此关联。因为无论是太阳黑子、太阳耀斑抑或日冕物质抛射，它们的根源都是太阳磁场。变化的太阳磁场不仅可以在光球层产生黑子，还能触发耀斑和日冕物质抛射。

"夸父一号"重888千克，运行在720千米高的太阳同步轨道上，能24小时对太阳进行连续不断观测，设计寿命为4年，因此可在太阳第25活动周的峰年期间（2024—2025年），对太阳上两类最剧烈的爆发现象——太阳耀斑和日冕物质抛射，以及全日面矢量磁场开展同时观测，也能为灾害性空间天气预报提供支持。"夸父一号"入轨后，每天将产生大约500吉字节的观测数据，且全部科学数据和分析软件将面向全球用户开放共享，共同实现其科学目标。

为了测量太阳磁场，观测日冕物质抛射和太阳耀斑，"夸父一号"携带3台科学观测仪器。其中的莱曼阿尔法

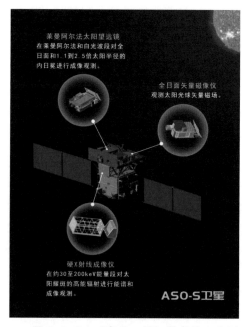

图 3-8-3 "夸父一号"装备的 3 台科学观测仪器

太阳望远镜工作在一个国际上最新的观测波段窗口，用于在紫外莱曼阿尔法与可见光波段对日面和内日冕进行成像，观测日冕物质抛射、太阳耀斑以及暗条等剧烈的太阳大气爆发活动，为空间天气预报提供内日冕的观测数据支持，填补国际上对该波段内日冕观测的空白，揭开更多关于太阳爆发的谜底；硬X射线成像仪拥有国际上同类望远镜中最多的99个探测器，用于观测太阳耀斑爆发的非热现象；全日面矢量磁像仪的时间分辨率相对较高，用于观测太阳磁场。

"夸父一号"能同时观测对地球空间环境具有重要影响的太阳耀斑和日冕物质抛射，研究它们的相互关系和形成规律；观测全日面太阳矢量磁场，研究太阳耀斑爆发和日冕物质抛射与太阳磁场之间的因果关系；观测太阳大气不同层次对太阳爆发的响应，研究太阳爆发能量的传输机制及动力学特征；探测太阳爆发，预报空间天气，为我国空间环境的安全提供保障。

第九节　实践十号

实践十号返回式科学实验卫星是由中国科学院胡文瑞院士提出的、专门用于微重力科学和空间生命科学空间实验研究的返回式卫星。其主要任务是充分利用卫星留轨舱和回收舱，开展多项空间科学实验。

21世纪初，我国明确提出"促进我国空间微重力科学和空间生命科学发展"这一科技战略目标；2010年，实践十号被列入中国科学院空间科学先导计划一期任务，2012年12月，实践十号卫星项目正式批复立项，自此，卫星研制的大幕徐徐拉开。

2016年4月18日，实践十号回收舱在预定区域顺利着陆。实践十号的主要科学目标是：开展空间科学实验，研究、揭示微重力条件和空间辐射条件下的物质运动及生命活动规律，取得创新科技成果。

实践十号共搭载19项科学实验项目，是迄今为止单次搭载空间微重力和生命科学实验项目及种类最多的卫星，其中的每一项实验都具有很强的科学研究价值。实践十号进行了多项技术创新，如首次在返回式卫星上采用流体回路系统，首次构建基于平台数管分系统和服务支持子系统的两级架构机制，首次采用高精度、多模式工程参数测量分系统，首次探索返回式卫星低成本技术和航天器产品可重复使用技术。

一、总体概述

目前，不少国家的科学家都想利用多种方式营造微重力环境开展研究，比如抛物线飞机、探空火箭、宇宙飞船、空间站等实验平台，但它们有的只能提供几分钟甚至更短的微重力环境，有的则价格昂贵，带回样品比较有限，周期也较长，这对空间生命科学等一些短周期科学实验有较大限制。要想进行时间和价格都合适的微重力研究，返回式卫星是一个很好的选择。返回式卫星运行周期短，适合开展短周期的空间科学实验。这种卫星技术现已比较成熟，且比较便宜，其外形类似于弹头，所以发射时不需要整流罩，卫星的星体就承担了整流罩的作用。

实践十号是目前我国科学实验卫星系列中唯一的返回式卫星，也是我国开发出的一个专门用于开展微重力科学和空间生命科学研究的高效、短期、综合空间实验

图 3-9-1 实践十号实验卫星初样

平台，使我国的空间微重力研究有了新的技术手段。它利用我国成熟的返回式卫星技术，紧密围绕有关能源、农业和健康等领域国家科技战略目标，结合航天器防火等关键技术需求，促进地面生物工程、新材料等高技术发展和生命科学等基础研究取得突破，获取具有国际先进水平的、具有自主知识产权的创新性重大科技成果，对于推动我国空间微重力科学和空间生命科学发展具有重要意义。从2016年4月6日成功发射到4月18日成功回收，实践十号这一在太空中临时搭建的实验室在太空飞行12天，其工作时间与其上电池的电量有关。这颗卫星没有装太阳翼，以免产生振动而影响科学实验。

实践十号的主要任务是充分利用卫星留轨舱和回收舱，结合"促进我国空间微重力科学和空间生命科学发展"这一国家科技战略目标，开展涉及微重力流体物理、微重力燃烧、空间材料科学、空间辐射效应、重力生物效应、空间生物技术六大领域的19项空间科学实验，其中有11项收回、8项不收回，得到第一手数据。该卫星返回舱把实验样品带回地

球后，用于为科学家提供微重力环境及复杂辐射环境中物质运动规律的研究，留轨舱继续工作。这是我国第一次进行这么大规模的微重力科学和空间生命科学实验，其中的关键问题是要解决多实验载荷在太空协同工作且互不影响的问题。

实践十号的工程目标是：研制一颗返回式空间科学实验卫星，通过卫星系统、运载火箭系统、发射场系统、测控系统、地面支撑系统和科学应用系统协调工作，完成多项科学研究空间实验任务，实现科学实验样品的回收和科学数据的下传。实践十号的总质量约为3600千克，搭载了600多千克科学载荷，运行在高约252千米、倾角43°的圆轨道，星上微重力水平优于$1 \times 10^{-3}g$。卫星由有效载荷、结构、热控、控制、推进、供配电、测控、天线、数管、工程参数测量和回收共11个分系统组成。卫星整体为柱锥组合体形状，分为返回舱和仪器舱两个舱段，其中仪器舱包括服务舱和密封舱，返回舱包括回收舱和制动舱。回收舱在完成任务后再入大气软着陆并回收。

实践十号的科学目标是：开展空间科学实验，研究、揭示微重力条件和空间辐射条件下物质运动及生命活动的规律，取得创新科技成果。它开展三方面科研：一是用于研究对流、相变传热的内在机理及动力学过程和不稳定性；验证类分子气液相分离理论；研究纯熵驱有序相形成和演化过程，探索裂纹形核、液晶相形成和金属纳米粒子自组装机制；研究多组分介质的交叉扩散规律；揭示微重力下着火、燃烧、污染物生成的规律。二是在空间制备新型的半导体晶体、金属合金及复合材料，揭示晶体生长过程中掺杂原子的选择性占位规律和合金组织形态形成与演化机制，深入理解材料从熔体中形成的界面动力学过程并发展相关理论。三是研究生命体对微重力的感受、传导、响应机理及其功能调控的机制，探索细胞、胚胎和组织对微重力的响应机制，揭示生物的空间辐射损伤及遗传变异机制。

实践十号的有效载荷分系统由19个科学实验装置和载荷支持子系统（包括载荷管理器和数传发射机等）组成，科学实验装置在载荷支持子系统的控制下，开展空间科学实验，接收和传输科学实验数据，实现科学目标。

在卫星搭载的19项科学实验项目中，有10项微重力科学实验项目、9项空间生命科学实验项目，是迄今为止单次空间微重力科学和空间生命科学实验项目及种类最多的卫星空间科学实验研究，每一项都具有很强的科学研究价值。

10项微重力科学实验项目分别是：①蒸发与流体界面效应空间实验研究；②颗粒物质运动行为—颗粒流体气液相分离空间实验研究；③微重力沸腾过程中的气泡动力学特征研究；④热毛细对流表面波空间试验载荷初步方案；⑤胶体有序排列及新型材料研究载荷初步方案；⑥石油组分的Soret系数测量；⑦导线绝缘层着火特性实验载荷初步方案；⑧微重力下煤燃烧及其污染物生成特性研究载荷初步方案；⑨典型非金属材料在微重力环境中的着火及燃烧特性研究；⑩空间材料生长研究。

9项空间生命科学实验项目分别是：①辐射生物学试验载荷初步方案；②空间辐射对基

因组的作用和遗传效应研究；③空间环境对家蚕发育的影响与变异机理的研究；④微重力植物生物学效应及其微重力信号转导研究；⑤微重力下细胞间相互作用的物质输运规律研究；⑥空间微重力条件下光周期诱导高等植物开花研究；⑦微重力条件下造血与神经干细胞三维培养与组织构建研究；⑧微重力条件下哺乳动物早期胚胎发育研究；⑨空间骨细胞定向分化效应研究。

这19项实验中的每一个都具有创新性，都具有很强的科学研究价值，可带来一大波具有自主知识产权的重大创新科技成果，帮助科学家们突破生物技术、高新材料和生命科学等领域的难题。例如，在卫星"回家"之前，我国科学家已通过实践十号下传的实验图像看到一项重大科研成果——首次实现哺乳动物胚胎在太空发育。未来，科学家将进一步分析、研究太空环境对胚胎发育的影响及机理。

二、技术应用与突破

实践十号科学应用系统由空间实验运控中心和空间科学实验项目组成。其主要任务是：审定空间实验项目的科学目标和研究内容的调整，确定空间实验技术方案，及时进行空间在轨科学实验下传结果分析判断并提出空间实验任务计划调整方案；开展空间实验地基相关研究，涉及各有效载荷的空间实验环境匹配研究、样品与载荷的相容性试验研究、空间实验关键技术研究、地基对比实验及地基参比实验等；对空间实验材料、生物样品进行处理、分析，空间实验数据进行处理、分析，形成高级数据产品；根据获得的空间实验数据及回收的材料和样品，分析各种空间因素及实验条件和环境对物理过程的影响，给出初步研究结论，深入开展相关的理论和实验分析研究，得出正确的科学结论，达成实践十号卫星工程预定的科学目标。

以实践十号为平台，研究人员首次实现了在微重力条件下小鼠2细胞胚胎至囊胚的发育，揭示了影响太空哺乳动物早期胚胎发育的关键因素。研究人员还通过在微重力环境下开展颗粒流体实验，获取了颗粒分聚现象的微观结构和动力学关联，对需要混合或分离的工业过程具有借鉴意义。

实践十号充分利用了我国成熟的返回式卫星技术，并在研制过程中攻克了许多技术难题，取得了一系列新的技术突破。与以往返回式卫星相比，实践十

图 3-9-2　实践十号返回式科学实验卫星进行总装测试

号拥有一连串"第一"的头衔。

实践十号是我国第一颗专门的微重力科学实验卫星。实践十号是为开展多项微重力科学和空间生命科学空间实验而量身定制的返回式科学实验卫星。该卫星的承载能力、微重力水平、试验载荷服务支持能力等较以往返回式卫星均有进一步提升，实践十号是我国新一代具有安全回收、适应中长期在轨试验、应用灵活和成本低廉的空间科学实验平台。

在结构布局上，实践十号充分继承了以往返回式卫星的结构特点，外形是一个圆柱、圆锥组合体，内部则是由4个舱段构成的仪器舱及返回舱。根据任务要求，实践十号在轨道设计上也进行了调整，由以往返回式卫星的椭圆轨道变为圆轨道，这一改变大大提高了微重力水平，为更好地开展微重力环境下的科学实验提供了有力的支撑。

实践十号选择在内蒙古四子王旗回收，而不是以往返回式卫星的"回家"地点四川遂宁。这主要是由于遂宁山区人员密度增大，新建房屋林立，为了保护当地百姓的人身和财产安全，同时也为了便于卫星搜寻回收，于是选择了具有比较成熟回收条件的四子王旗。这是实践十号在回收方面的一个比较大的变化。

此外，与以往在四子王旗回收的神舟飞船和嫦娥五号飞行试验器采用的半弹道式回收方式不同，实践十号是我国卫星第一次在四子王旗实现弹道式回收。它开创了我国航天器在四子王旗采用弹道式回收方式的先河。

实践十号首次在返回式卫星上采用流体回路系统，大幅提升载荷功耗承受能力。实践十号的太空之旅携带19项科学实验项目，开展异常复杂的空间微重力和空间科学实验，这对于卫星的热控、微重力、供配电能力、回收保温等方面提出了非常高的要求。特别是卫星回收舱的载荷功耗相较以往大幅提升，由30瓦增至300瓦，而以往卫星的被动热控方案远远不能满足任务需求；同时，空间科学实验中涉及多种生命体，要求提供冷热温度适宜的舒适环境，卫星回收舱温控指标要求基本控制在5～35℃。为此，实践十号首次引入流体回路系统，增加了冷板、流体回路断接、辐射器防护罩弹抛等，并成功研制出我国最大的航天器热控冷板，开展了多项专项分析和验证，为"太空实验室"安全、舒适地良好运行扫平了道路。

实践十号首次构建基于平台数管分系统和服务支持子系统两级构架机制。与以往的返回式卫星相比，实践十号在技术状态上存在较多重大变化，主要涉及大系统方案、系统方案、分系统方案以及关键单机层面。比如，实践十号将原来的程控、遥测、遥控分系统的功能整合，形成了数管分系统；同时，为了适应19项科学实验项目的数据管理要求和微重力平台能力需要，首次构建了基于数管分系统和服务支持子系统的两级构架机制，以便更好地适应多任务、多载荷的适配要求。换句话说，就是进入太空的19项实验项目中，有的项目是从任务开始就一直持续进行实验的，而有些项目则需要根据不同的时间段开展相应的实验，这就要求数管分系统这个"大管家"根据不同的实验项目开展系统优化和合理安排，并根据实验需求随时给供配电、热控等系统分配任务，合理安排在轨时间，进行天地遥操作等一系列任务，为"空间实验室"保驾护航。

实践十号首次采用高精度、多模式工程参数测量分系统。微重力环境保障与测量能力是实践十号卫星工程总体和科学应用系统非常关注的项目。为精准测量卫星的在轨微重力水平，实践十号首次采用了高精度、多模式工程参数测量分系统。利用这一新增的分系统，实践十号能够"用数据说话"，准确地"告诉"科学家们平台的微重力是多少，便于更好地开展空间科学实验。

实践十号首次探索返回式卫星低成本技术和航天器产品可重复使用技术。近年来，可重复使用运载器和航天器技术得到了国内外航天领域的广泛关注，其发展核心意图在于降低成本、增强效用。随着具有返回需求的空间任务日益增加，返回式卫星面临着更低成本、更强返回能力、更好在轨服务的发展要求。为此，实践十号在低成本技术和可重复使用技术方面进行了大胆的尝试和探索。例如，为

图 3-9-3　试验中的实践十号

了进一步降低成本，实践十号首次尝试采用商业现货产品，在市场中采购了普通的商用部组件，将其按照航天标准进行加工加固，然后经风险评估后应用到卫星研制中，既顺利完成了相关航天任务，又大大降低了研制成本。又如，实践十号跨领域选用了成熟产品，重复使用了返回式卫星、神舟飞船、遥感卫星、导航卫星、"嫦娥"等多个型号和平台的成熟产品，为我国航天器产品可重复使用开辟了一条新路。

第十节　"墨子号"量子科学实验卫星

量子力学理论自20世纪初创立至今，量子密钥分发、贝尔不等式检验和量子隐形传态已成为当前量子信息技术研究的前沿，西方发达国家为此投入大量人力、物力开展广域量子通信理论和实验研究，并进行空间与地面量子通信实验。中国科学家潘建伟院士带领的团队近些年来在自由空间量子纠缠分发和隐形传态实验方面不断取得国际领先的突破性成

果，为基于卫星的广域量子通信和量子力学基础原理检验奠定了坚实基础。

2016年8月16日，我国发射了世界首颗量子科学实验卫星"墨子号"。它旨在建立卫星与地面远距离量子科学实验平台，在国际上首次在空间大尺度下实现星地自由空间量子密钥生成和分发、量子力学基本问题及非局域性检验等具有重要科学和实用意义的实验，以期取得量子力学基础物理研究重大突破和一系列具有国际显示度的科学成果。该项目借助卫星平台，寻求量子理论在宏观大尺度上的应用，使量子信息技术的应用突破距离的限制，促进广域乃至全球范围量子通信的最终实现。同时，该项目能够在更深层次上认识量子物理的基础科学问题，拓宽量子力学的研究方向，对量子理论乃至整个物理学的发展有着至关重要的意义。

"墨子号"的主要科学目标是：进行星地高速量子密钥分发实验，并在此基础上进行广域量子密钥网络实验，以期在空间量子通信实用化方面取得重大突破；在空间尺度进行量子纠缠分发和量子隐形传态实验，开展空间尺度量子力学完备性检验的实验研究。它在国际上首次在空间大尺度下实现星地自由空间量子纠缠分发、量子隐形传态等具有重要科学和实用意义的实验，以期取得量子力学基础物理研究重大突破和一系列具有国际显示度的科学成果。

一、量子的奇妙特性

随着通信技术的广泛应用，通信安全与保密的重要性已引发各国政府以及广大公众的普遍关注。就目前和可以预见的未来来看，量子通信被公认是迄今为止唯一被严格证明能"无条件安全"的通信方式，能从根本上永久性解决国防、金融、政务、商业等领域的通信安全问题。

量子不是一种粒子，而是一个能量的最小单位。所有的微观粒子（包括分子、原子、电子、光子）都是量子的一种表现形态。以光为例，一个光量子的能量就是光能量变化的最小单位，光的能量是以光量子的能量为单位一份一份地变化的。其他粒子的情况也是类似的。大量实验现象表明，量子有两大"特异功能"：

一是量子叠加，即所谓"分身术"。它指一个量子可以像孙悟空一样同时存在多种状态，只有在被观测或测量时，才会随机地呈现出某种确定的状态。因此，对物质的测量意味着扰动，会改变被测量物质的状态。在量子世界里，不仅有0和1的状态，某些时候像原子、分子、光子等可以同时处于0和1状态的相干叠加。比如光量子的偏振状态，在真空中传递的时候，可以沿水平方向振动，可以沿竖直方向振动，也可以处于45°斜振动，这个现象正是水平和竖直偏振两个状态的相干叠加。利用这一功能可以完成量子保密通信等。

二是量子纠缠，即所谓"远程心灵感应"。它指如果两个相似的量子距离足够近，就会发生纠缠，随后无论把它们分开多远，这两个量子的状态就像一对有心灵感应的双胞胎一样：一个开心，另一个也会笑；一个哭泣，另一个一定也会难过。用这一功能可以完成量子隐形传态等，即将甲地某一粒子的未知量子态，在乙地的另一粒子上还原出来。当隐形传输的量子态是一个纠缠态的一部分时，隐形传输就变成了量子纠缠交换。利用纠缠交换，可以将两个原本毫无联系的粒子纠缠起来，在它们之间建立量子关联。产生这一功能的原因目前还搞不清楚。

图 3-10-1　量子模拟实验室的工作人员调试超冷原子光晶格平台的激光伺服系统

此外，量子还有两个重要特性：不可分割、不可精确复制。利用量子这两个特性可以制作出最安全的密钥，让信息传输变得更安全。

量子通信是利用量子叠加和量子纠缠这两大"特异功能"以及量子不可分割、不可精确复制这两个重要特性进行信息传递的新型通信方式，即把量子比特作为信息载体来传输信息。从广义上说，量子通信包括量子隐形传态、量子保密通信和量子密集编码等。但由于其中的量子保密通信是目前最接近实用化的量子信息技术，通常提到的量子通信一般指量子保密通信，即狭义上的量子密钥通信。它是通过量子纠缠手段实现密钥的高保密传递，密文本身仍然通过经典信道传送。

不用量子通信的方式传递全部经典信息的原因是，在目前和可以预见的未来，这样做的成本都太高，并且可能效率低下、不够安全。因此，目前只利用量子通信来产生密钥，以便提高效率。只采用量子密钥分发还有一个好处——不需要大面积地改造现有的通信设备和线路。

目前使用的传统的通信加密和传输安全都是依赖于复杂的算法，但是只要对方的计算能力足够强大，尤其是以后出现量子计算机之后，再复杂的保密算法都能够被破解，所以都不能够做到绝对安全。而量子通信的安全性基于量子物理基本原理，作为光的最小能量单位，单个光量子在传输信息的时候具有不可分割和不可精确复制两大特性，从而能保证信息的不可窃听和不可破解。

二、量子通信的主要优点

量子保密通信就是将量子密钥应用于量子通信中。所以，在量子通信过程中，其关键要素就是量子密钥。它是用具有量子态的物质作为密码，即发送方和接收方采用单个光量子的状态作为信息载体来建立密钥。

量子具有叠加性，可同时表示0和1，处于叠加态的量子比特能以量子纠缠的现象相互联系，即一个量子比特的行为能瞬间影响到另一个量子比特。这样的特性意味着窃听者不可能实现对一个未知量子比特的精确复制。因为一旦信息被人挟持，量子会自动发生变化，接收者因此能察觉，而窃听者也看不到原貌。换句话说，量子通信是将信息编码加载到单个光量子叠加态的偏振

图 3-10-2　"墨子号"量子科学实验卫星的科学有效载荷

方向上。在量子保密通信过程中，发送方和接收方都采用单个光量子的状态作为信息载体来建立密钥。由于单个光量子是光能量的最小组成单元，不能被再分割，所以在单个光量子发射的情况下，窃听者无法将单个光量子分割成两部分，让其中一部分继续传送，而对另一部分进行状态测量以获取密钥信息。又由于光量子不可被精确复制，所以窃听者无论是对单个光量子状态进行测量或是试图复制之后再测量，都会对光量子的状态产生扰动，从而使窃听行为暴露。

传统通信信号只有0和1，发生窃听时这两种信号不会被扰动。量子通信则完全不会出现这个问题，这是因为量子信号有0、1、0+1、0-1等量子叠加态，而且这种叠加态不可复制，若要对单个光量子的状态进行复制，就要首先对其进行测量，但量子相干叠加决定了测量会对单个光量子的状态产生扰动，因此无法获得其状态的精确信息。量子信号一旦被窃听，量子叠加态就会受到扰动，有可能"塌缩"成另一个量子态。这样一来，通信双方能立即察觉并规避。

简言之，量子通信绝不会泄密，其一体现在量子加密的密钥是随机的，即使被窃听者截获，也无法得到正确的密钥，因此无法破解信息；其二，分别在通信双方手中具有纠缠态的两个粒子，其中一个粒子的量子态发生变化，另一个粒子的量子态就会随之立刻变化，根据量子理论，宏观的任何观察和干扰，都会立刻改变量子态，引起其坍塌，因此窃

听者由于干扰而得到的信息已经破坏，并非原有信息。

量子通信可以真正实现密码无法破译。它采用的是"一次一密"的工作机制，两人通话期间，密码机每分每秒都在产生密码，牢牢"锁"住语音信息；一旦通话结束，这串密码就会立即失效，下一次通话绝对不会重复使用，而且量子通信所提供的密钥无法被破解。

另外，量子通信可实现超光速通信。研究发现，即使将两个纠缠态亚

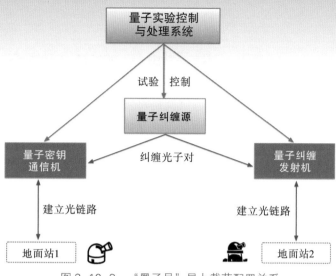

图 3-10-3　"墨子号"星上载荷配置关系

原子粒子分隔到宇宙距离，它们之间的通信也几乎是即刻的。与传统光速通信相比，量子通信的线路时延为零，量子信息传递的过程不会为任何障碍所阻隔，所以完全环保，不存在任何电磁辐射污染。这种基于量子纠缠的量子隐形传态传输的不再是经典信息而是量子态携带的量子信息。其携载的信息量很大，使一般的光纤网络和普通卫星网络只能望尘莫及，3G、4G甚至5G、6G网络也无法媲美。

量子通信也是超时空穿越的远距离通信。它属于隐形传输技术，与人类历史上此前已有的通信技术有着本质的差异。科学实验证实，量子隐形传态过程中穿越大气层的可能性，为未来基于卫星量子中继的全球化量子通信网奠定了可靠基础。量子隐形传态如同科幻小说中描绘的超时空穿越，量子在一个地方神秘消失，又在另一个地方瞬间出现。

量子通信还具有超高信道容量。信道容量指信道在噪声环境下有效传输信息的能力，是信道每秒钟能传送的最大信息。量子信道不仅可以传输经典信息，也能传输私密信息和量子信息，每种情况对应一个信道容量。

总之，与成熟的传统通信技术相比，量子通信具有以下主要特点：一是保密性强。二是隐蔽性高，量子通信是一种完全无"电磁"的通信技术，现有的无线电探测系统无法对其进行探测。三是应用性广，量子既可在太空中进行通信，又可以在海底等恶劣条件下通信，还可以在光纤等介质中进行信息"传递"，可以应用到各种应用场景。四是时效性高，量子通信时延为零，能极大地提高通信速度。

由此可见，量子通信技术具有众多卓越的性能。随着近几年物联网的兴起与发展，人们对于通信性能及安全性方面有了更多的要求，因此物联网量子通信技术得到高度重视。事实上，无论是在国内还是在国外，量子通信技术已经开始由实验室走向人们的日常生活。

现在，量子通信正由理论发展到实验，并将在不久的将来有望实用化。我国于2011年开始研制量子科学实验卫星。它将连接中国和欧洲之间的量子通信网，旨在建立卫星与地

面远距离量子科学实验平台，在国际上首次在空间大尺度下实现星地自由空间量子密钥生成和分发、量子力学基本问题及非局域性检验等具有重要科学和实用意义的实验。2012年，潘建伟等人在国际上首次成功实现百千米量级的自由空间量子隐形传输和纠缠分发，为我国发射全球首颗量子通信卫星奠定了技术基础。

三、技术实验和科学应用

我国"墨子号"的科学目标是进行星地高速量子密钥分发实验，如果量子通过光纤来传播，最多一两百千米就会失去信号，而通过大气层可以传递几千千米，因此需要卫星作为中介进行协助。

不过，在太空进行量子科学实验非常复杂，对实验设备要求也超乎寻常的高。在空间载荷方面，卫星与地面站的微弧度高精度跟瞄、近衍射极限量子光发射、高保偏量子信号偏振调制、高精密量子纠缠光源的航天工程化等方面，都需要突破技术瓶颈。

"墨子号"系统总体单位是上海微小卫星工程中心，其中有效载荷分系统总体单位为中国科学院上海技术物理研究所，科学应用系统总体单位为中国科学技术大学。

我国给量子科学实验卫星起名叫"墨子"，是为了纪念这位生活于2000多年前的古人。墨子是世界上较早开展光学实验的科学家，他首先通过小孔成像实验发现了光沿直线传播，而且提出了某种意义上的"粒子论"。

"墨子号"已开展了基于卫星平台的广域量子通信和量子力学基础原理检验。该项目借助卫星平台，寻求量子理论在宏观大尺度上的应用，使量子信息技术的应用突破距离的限制，促进广域乃至全球范围量子通信的最终实现；能在更深层次上认识量子物理的基础科学问题，拓宽量子力学的研究方向，对量子理论乃至整个物理学的发展有着至关重要的意义。

"墨子号"卫星质量约640千克，由长征二号D运载火箭发射，运行于500千米高太阳同步轨道，轨道倾角为97.37°，设计在轨运行寿命2年。科学家们在地面上已在相距300千米的距离成功进行了量子纠缠实验，而"墨子号"是把这个实验带到外层空间，在国际上首次实现空间大尺度的量子纠缠分发和量子隐形传态实验，推进人类对大尺度范围量子力学规律的认识，并带动我国量子物理整体水平大幅提升。

整个项目分为地面和卫星两大部分。在地面部分，项目已经完成了一系列关键技术测试；在

图 3-10-4 "墨子号"量子科学实验卫星在轨飞行示意图

卫星部分，发射后将完成三大任务，即卫星和地面绝对安全量子密钥分发、验证空间贝尔不等式和实现地面与卫星之间量子隐形传态。这些实验通过我国自主研发的星地量子通信设备完成，它能够产生经过编码的甚至是纠缠的光子并发射到地面上，与之对接的地面系统则负责"接收光子"，这种被称为"针尖对麦芒"的光子的发射和接收需要超高精度的瞄准、捕获和跟踪。

发射"墨子号"的主要目的是开展卫星与地面之间绝对安全的高速量子密钥分发实验，通过高精度的捕获和跟瞄系统，建立超远距离的量子信道，并在此基础上进行广域量子通信网络的演示。

图 3-10-5　量子密钥通信机

"墨子号"包括卫星平台和科学有效载荷两部分，采用卫星平台和有效载荷一体化设计，所以体积不大。它借鉴了成熟的小卫星平台，由结构与机构分系统、热控分系统、电源分系统、测控分系统、姿控分系统、星务分系统、数传通信分系统等组成。科学有效载荷包括量子密钥通信机、量子纠缠发射机、量子纠缠源及量子实验控制与处理机，还配置两套独立的有效载荷指向机构，通过姿控指向系统协同控制，可与地面上相距千千米量级的两处光学站同时建立量子光链路，光轴指向精度优于$3.5\,\mu\,\mathrm{rad}$。

量子密钥通信机的主要功能是量子密钥产生发射、纠缠发射、量子光接收探测、信标光及同步光

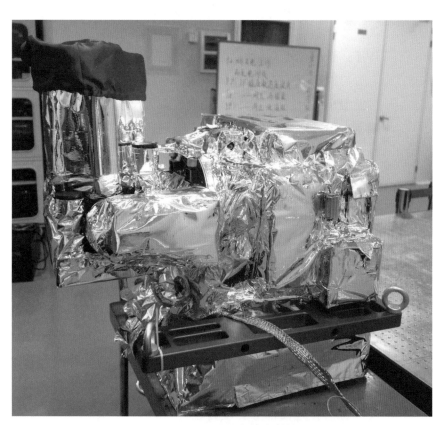

图 3-10-6　量子纠缠发射机

发射和捕获跟踪瞄准等。它由三个功能部分组成：摆镜光机系统、捕获跟踪瞄准控制电子学以及量子电子学。其结构上分为两个单机，量子密钥通信机光机主体与量子密钥通信机电控箱。

量子纠缠发射机的主要功能是量子纠缠发射、量子密钥产生发射、信标光及同步光发射和大范围捕获跟踪瞄准。它由三个功能部分组成：捕获跟踪瞄准光机系统、捕获跟踪瞄准控制电子学以及量子电子学。其结构上分为两个单机，量子纠缠发射机光机主体与量子纠缠发射机电控箱。

量子纠缠源是星上纠缠光量子对的产生源头，也是纠缠分发实验核心。它由两个功能部分组成：光机子系统和量子电子学，主要具备与量子密钥通信机分系统、量子纠缠发射机分系统的光接口以及与量子实验控制与处理机分系统的电接口。

量子实验控制与处理机的主要功能实现密钥分发实验的密钥基矢比对、密钥纠错和隐私放大，最后提取最终密钥，此外实现纠缠试验的数据分析处理。它包括电源管理、量子通信及流程控制电路、量子实验处理电路、随机数功能电路、电路箱结构等五个部分。

图 3-10-7　量子纠缠源

"墨子号"通过这四个科学载荷，在广域范围开展量子密钥分发、广域量子密钥网络、量子纠缠分发和量子隐形传态四项科学实验。

科学应用系统负责整个"墨子号"工程科学实验计划的制订、实施，科学数据和应用的处理、传输、存储、管理与发布。该系统由1个中心（科学实验中心）、2套网（广域量子密钥应用平台）和5个站（4个量子通信地面站、1个空间量子隐形传态实验站）三部分组成。

表3-10-1　"墨子号"科学实验任务与系统配置

科学实验任务	科学应用系统
星地高速量子密钥分发	科学实验中心 量子通信地面站（河北兴隆、乌鲁木齐南山）
广域量子通信网络	科学实验中心 广域量子密钥应用平台（河北兴隆、乌鲁木齐南山） 量子通信地面站（河北兴隆、乌鲁木齐南山）
星地双向纠缠分发	科学实验中心 量子通信地面站（乌鲁木齐南山—青海德令哈、青海德令哈—云南）
地星量子隐形传态	科学实验中心 空间量子隐形传态实验站（西藏阿里）

乌鲁木齐南山站和青海德令哈站依托现有天文台新建量子通信地面站和2台口径1.2米的光学望远镜；河北兴隆和云南天文台依托现有的光学望远镜进行改造，建成量子通信地面站。

光学望远镜主要用于对星上量子光、信标光和同步光的接收，其包含的粗精跟踪单元能够实现对卫星的精确指向和跟踪，同时旁轴发射信标光，用于卫星载荷对地面站跟踪。

按照规划，我国在建设以4个量子通信地面站和1个空间量子隐形传态实验站为核心的空间量子科学实验系统。"墨子号"已在轨成功完成预定任务，曾进行1200千米量子纠缠传输和白天远距离（53千米）自由空间量子密钥分发。

2017年6月，潘建伟院士研究团队联合微小卫星创新研究院等机构和科研团队，利用"墨子号"在国际上率先成功实现了千千米级的星地双向量子纠缠分发，并在此基础上实现了空间尺度下严格满足"爱因斯坦定域性条件"的量子力学非定域性检验，在空间量子物理研究方面取得重大突破。这一重要成果为未来开展大尺度量子网络和量子通信实验研究，以及开展外太空广义相对论、量子引力等物理学基本原理的实验检验奠定了可靠的技术基础。2017年8月初，中国科学院召开新闻发布会，宣布"墨子号"在国际上首次成功实现从卫星到地面的量子密钥分发和从地面到卫星的量子隐形传态，两项成果于8月10日同时在线发表在国际权威学术期刊《自然》杂志上。这是继先前在国际上率先实现千千米级星地双向量子纠缠分发和量子力学非定域性检验的研究成果以封面文章形式发表在《科学》杂志后，我国科学家利用"墨子号"实现的空间量子物理研究另外两项重大突破。至此，"墨子号"提前圆满实现全部三大既定科学目标，为我国未来继续引领世界量子通信技术发展和空间尺度量子物理基本问题检验前沿研究奠定了坚实的科学与技术基础。《自然》杂志审稿人称赞"这些结果代表了远距离量子通信持续探索中的重大突破"，"这个目标非常新颖并极具挑战性，它代表了量子通信方案现实实现中的重大进步"。

2017年8月，"墨子号"全部既定科学目标提前完成，为项目本身画上了一个圆满的句号。与此同时，"墨子号"也开启了全球化量子通信、空间量子物理学和量子引力实验检验的大门，为我国在国际上抢占量子科技创新制高点，成为国际同行的标杆，实现了"领跑者"的转变。在完成既定科学任务后，"墨子号"也制定了后续拓展实验计划，包括基于纠缠的量子密钥、全天时量子通信等，又陆续取得更多的科学成果。

2022年5月，潘建伟及其研究团队利用"墨子号"首次实现了地球上相距1200千米两个地面站之间的量子态远程传输，向构建全球化量子信息处理和量子通信网络迈出重要一步。

"墨子号"的成功激发了国际空间量子科学的研究热潮，进一步激发了全球关于空间量子实验的竞赛。美国、日本和欧盟等国际上的各方力量随后皆开始探索自己的广域量子通信之路，提出或加速了一系列空间量子科学布局。2017年，美国国家航空航天局（又称美国航天局）发布了关于未来空间量子物理发展方面的白皮书。同期欧航局也发布了空间量子技术的白皮书。在"墨子号"成功发射之后，世界各大强国纷纷开始了自己的量子卫星研发，推出了基于低轨道小型化量子卫星的计划和时间表。2021年6月，美国、英国、日本、加拿大、意大利、比利时和奥地利7国更是在G7峰会上达成合作，首次计划联合开发一个基于卫星的量子加密网络——"联邦量子系统"，利用量子技术的突破来防范日益复杂的网络攻击等。可以说，"墨子号"系列实验开启了利用空间平台开展量子信息和量子物理前沿研究的广阔天地。

第十一节　空间引力波探测卫星

2016年2月11日，美国激光干涉引力波天文台宣布，该天文台于2015年9月14日在全球首次直接探测到引力波。这一划时代的发现产生了巨大影响，开启了引力波物理和天文学以及量子宇宙物理研究的新纪元。

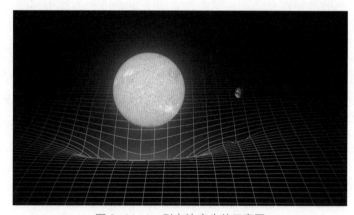

图 3-11-1　引力波产生的示意图

倘以水面比喻时空，引力波就是引力在时空间留下的涟漪，它为人类探索宇宙奥秘打开了有别于电磁波的全新窗口。由于引力波非常微弱，所以迄今为止，只有美国率先直接探测到引力波。地面引力波探测设施会受到地面震动噪声、热噪声、引力梯度噪声等噪声的影响，探测器的臂长也非常有限，只能检测到由恒星级黑洞或中子星并合所发出的频率较高的短暂强烈的引力波。因此，如果要探测更为微弱的低频引力波，最佳办法就是把干涉仪放到太空中探测。

目前，我国已开始实施空间"天琴计划"和"太极计划"来探测引力波，并在2019年先后发射了各自的第一颗卫星。

一、 "天琴计划"

2015年7月，我国探测引力波的"天琴计划"在中山大学正式启动，预计投资约150亿元。该计划采用3颗全同的卫星（天琴卫星）构成一个等边三角形阵列。卫星采用高精度无拖曳控制技术，以抑制太阳风、太阳光压等外部干扰。卫星之间用激光精确测量由引力波造成的距离变化。

每颗卫星内部都包含一个或两个极其小心悬浮着的检验质量块。卫星实时控制姿态，使检验质量块始终保持与周围的保护容器互不接触的状态。这样检验质量块将只在引力的作用下运动，而来自太阳风或太阳光压等细微的非引力扰动将被卫星外壳屏蔽掉。其

图 3-11-2　用卫星组探测引力波示意图

上的高精度激光干涉测距技术用来记录由引力波引起的、不同卫星上检验质量块之间的细微距离变化，从而获得有关引力波的信息。

"天琴计划"的卫星是在以地球为中心、高度约10万千米的轨道上运行，针对确定的引力波源进行探测。这样的选择能够避免测到引力波信号却无法确定引力波源的问题，而且有望帮助节约大量卫星发射成本。中国科学院的"太极计划"更像欧洲的"空间天线激光干涉仪（LISA）计划"，它是绕着太阳转，而天琴卫星则是绕着地球转。

"天琴计划"按照"0123"技术路线图逐步推进。其中，第"0"步开展地月激光测距实验，为天琴卫星的高精度定轨提供技术支撑；第"1"步开展单星试验，对高精度空间惯性基准技术进行在轨试验验证；第"2"步开展双星试验，对星间激光干涉测量技术进行在轨试验验证；第"3"步发射天琴三星，进行引力波的空间探测和长期科学值守。具体来说，为了满足天琴卫星对入轨精度的要求，科学家将首先完成月球和深空卫星激光测距技术，帮助实现对天琴卫星毫米级的定轨精度；然后发射1颗卫星到约700千米高的轨道进行空间等效原理检验实验；接着，发射2颗卫星到400千米高的轨道，借助激光测距对全球重力场进行高精度测绘；最后，发射3颗卫星进行空间引力波探测实验，探测引力波。

实施"天琴计划"的具体时间表是：2016—2020年，完成月球/深空卫星激光测距、空间等效原理检验实验和下一代重力卫星实验所需关键技术研发。2021—2025年，完成空间等效原理检验实验和下一代重力卫星实验工程样机，并成功发射下一代重力卫星和空间等效原理实验卫星。2026—2030年，完成空间引力波探测关键技术，完成卫星载荷工程样机。2031—2035年，进行卫星系统整机联调测试、系统组装，发射空间引力波探测卫星。

"天琴计划"能严格验证爱因斯坦广义相对论中的有关理论。爱因斯坦在广义相对论中提出了"时空涟漪"的概念，指出引力波按照光速运动，美国激光干涉引力波天文台就

是假定引力波以光速到达地球，但其到底是不是真的以光速到达地球，用天琴卫星可以检验。因为天琴卫星可以用光学手段看到双星系统目标对象。天琴卫星可探测低频段的引力波，因此能探测到比美国激光干涉引力波天文台更大质量的黑洞，即探测到相当于几万个太阳质量以上的黑洞。

图 3-11-3　天琴一号卫星示意图

　　2019年12月20日，中国天琴引力波探测计划的首颗技术验证卫星——天琴一号技术试验卫星搭载长征四号B运载火箭升空，开启了空间引力波探测之旅。作为"天琴计划"的先行军，天琴一号肩负着对无拖曳控制技术、惯性传感技术、高精度激光干涉测量技术、微牛级连续可变微推进技术等进行在轨验证的使命，是空间引力波探测的探路者。

　　作为第"0"步的地月激光测距项目已于2019年11月测到月球表面全部五个激光反射器的回波信号，由此使中国成为全球第三个完成该实验的国家。2022年12月，"天琴计划"中作为第"1"步的天琴一号技术试验卫星通过国家航天局的验收，评定等次为"优秀"。经验收专家组评审，天琴一号技术试验卫星在轨验证的高精度惯性传感技术、无拖曳控制技术、一体化粘接集成的空间激光干涉技术、卫星的高精度质心控制和测量技术及对核心载荷的高稳定度温度控制技术指标均达到国内最高水平；连续可调的冷气微推进器噪声达到国际先进水平；惯性传感核心指标较国内原有水平提高约2个量级；并获得全球重力场数据，这是中国首次使用国产自主卫星测得这一数据，为中国后续重力卫星的数据处理奠定了基础。

　　目前，"天琴计划"按照"0123"技术路线图逐步推进。作为"天琴计划"第"2"步的天琴二号技术试验卫星项目正在顺利推进，预计将于2026年初具备发射条件。

二、"太极计划"

　　2008年，中国科学院开始前瞻论证中国空间引力波探测的可行性，经过多年科学前沿研究，提出了中国空间引力波探测"太极计划"，确定"单星、双星、三星"的"三步走"发展战略和路线图。

　　2016年2月16日，中国科学院公布"太极计划"，拟在2033年前后发射由位于等边三角形顶端三颗卫星组成的引力波探测星组，用激光干涉方法进行中低频波段引力波的直接探测。

"太极计划"是由中国科学院提出和支持，院内外十多个科研院所共同参与的空间引力波探测计划。该计划可追溯到2008年，当时，由中国科学院发起，院内外多家单位参与，以胡文瑞院士为召集人成立了空间引力波探测论证组，开始规划我国空间引力波探测在未来数十年内的发展路线图。2009年，空间引力波探测计划被列入中国科学院制

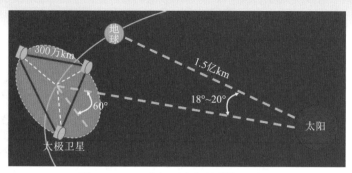

图3-11-4 空间"太极计划"示意图

定的空间2050年发展规划。2010年，在中国科学院战略先导以及中国科学院装备研制项目的支持下，空间引力波论证组开始启动可行性方案研究以及相关的关键技术研制。结合空间引力波探测论证组的多次讨论和论证，2010年胡文瑞院士作为联系人经中国科学院提交了国家重大科技基础设施中长期重点建设项目的建议——"空间引力波观测"，提出了空间引力波探测的一个初步方案。该方案提出采用三颗卫星编队，跟随地球绕太阳运行的轨道，但其星间距初步设计为50万千米。

中国科学院于2012年成立了空间引力波探测太极计划工作组，由胡文瑞院士和吴岳良院士担任首席科学家。太极计划工作组初步制定了"两步走"的中国空间引力波探测计划路线图：一方面，积极参与欧航局的国际合作，突破空间激光干涉引力波探测相关的关键技术；另一方面，加快推进我国独立研制的空间引力波探测"太极计划"。考虑到技术实现的难度以及目标波源的特性，空间太极计划工作组经多次讨论和论证，选择更具挑战性的技术指标及任务设计，并对外公布了空间太极计划的新方案，此方案中卫星间臂长由原计划的50万千米改为300万千米。

"太极计划"主要采用空间激光干涉法测量中低频段引力波，此频段除了覆盖欧航局的项目探测频段外，其波源还包括超大质量和中等质量黑洞的并合、极大质量比绕转系统、河内白矮星绕转以及其他的宇宙引力波辐射过程。"太极计划"方案侧重于在0.01～1.0赫兹频段具有比国外更高的探测灵敏度，有别于国外的科学目标，可将重点瞄准总质量在几百至十万太阳质量范围内的中等质量双黑洞绕转并合系统，具有明显优越的探测能力。

"太极计划"规划在2033年左右发射三颗卫星组成的等边三角形引力波探测星组。在地球绕日轨道发射入轨后位于偏离地球太阳方向约18°～20°的位置进行绕日运行（与地球距离约5000万千米），以便避开地球重力梯度噪声的影响。三颗卫星组的质心位于地球绕日轨道所构成的平面与黄道面之间约60°夹角，使卫星始终面对太阳保持热辐射的稳定性，有利于满足探测器温度变化控制在百万分之一的要求。

"太极计划"的主要科学目标是通过引力波的精确测量，测定黑洞的质量、自旋以及分布，探索中等质量种子黑洞是如何形成的、暗物质能否形成种子黑洞、种子黑洞是如何

成长为大质量黑洞和超大质量黑洞的，寻找第一代恒星形成、演化、死亡的遗迹，对原初引力波强度给出直接限制，并探测引力波极化，为揭示引力本质提供直接的观测数据。

展开引力波精确测量将为我国引力波天文学、引力波物理和量子宇宙物理研究提供一个广阔的发展前景，对认识宇宙起源和时空结构具有革命性的意义。通过引力波精确测量可开展对宇宙大尺度结构、星系形成和演化过程进行深入的研究，在对爱因斯坦广义相对论给出更精确检验的同时，可更好地研究强引力场的高度非线性行为。同时，为寻找超出爱因斯坦广义相对论的引力理论提供更直接和有效

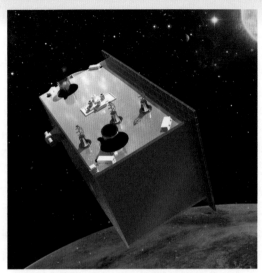

图 3-11-5　"太极一号"卫星

的实验数据，检验相关的量子引力理论，更好地发展和建立超越爱因斯坦广义相对论的量子引力理论，揭示引力本质，帮助理解暗物质和暗能量的性质、黑洞的形成和宇宙暴胀的产生。此外，由此发展的前瞻技术对提升我国空间科学和深空探测的技术水平具有重要意义，对惯性导航、地球科学、全球环境变化、高精度卫星平台建设等应用领域也将发挥积极的作用。

"太极计划"涉及学科领域和前端技术广泛，需要许多先进技术。例如，稳频和锁相的大功率激光器和激光干涉系统，用无拖曳技术控制的高精度光学平台，测量超低重力水平的惯性传感器，控制各种噪声以分辨出引力波引起的微小距离（10～12米）的变化。目前，我国的技术能力与国际先进水平还有一定的差距，所以通过良好的国际合作可以得到一定的弥补。

2019年8月31日，太极一号成功发射，这是中国首颗空间引力波探测技术实验卫星。作为一颗技术验证星，太极一号的工程任务是对空间引力波探测太极计划实验所需载荷和卫星的关键技术，包括激光干涉仪、引力参考传感器、无拖曳控制技术、微推进器技术、超稳超静卫星平台等进行在轨功能验证，同时检验卫星各系统间在轨协同工作的性能；对核心探测载荷性能基线及在轨适应性进行确认；并实现无拖曳控制系统的在轨检验和标定，以及加速度模式和位移模式下的无拖曳控制技术。2020年1月，太极一号完成在轨交付。

太极一号第一阶段在轨测试和数据分析结果表明，激光干涉仪位移测量精度达到百皮米量级，约为一个原子直径；引力参考传感器测量精度达到地球重力加速度的百亿分之一量级，相当于一只蚂蚁推动太极一号卫星产生的加速度；微推进器推力分辨率达到亚微牛量级，约为一粒芝麻重量的万分之一。

2021年7月，太极一号首批成果发布。太极一号实现了我国最高精度的空间激光干涉测

量，完成了国际首次微牛量级射频离子和双横霍尔电推进技术的全部性能验证，并率先实现了我国两种无拖曳控制技术的突破，达到我国最高水平，从而验证了空间引力波探测核心技术的可行性，迈出了我国空间引力波探测的第一步，为我国在空间引力波探测领域率先取得突破奠定了基础。

三、"天琴计划"和"太极计划"的联系与区别

中国的"天琴计划"和"太极计划"，通过优势互补、相互协作，将有望确定引力波波源等重大宇宙信息，从而为人类揭开更多的宇宙奥秘。

"天琴计划""太极计划"都是探测低频引力波的太空探测方案。如果未来21世纪30年代这两项计划都得以顺利执行，到时它们不仅能各显神通，更重要的科学意义在于这两个空间引力波观测站可以互相协作，共同揭示更深刻的引力物理本质与宇宙奥秘。

"天琴计划"的方案被称为中国方案，它的目标是在2035年前后，在约10万千米高的地球轨道上，部署3颗全同卫星，构成边长约为17万千米的等边三角形星座，建成空间引力波天文台"天琴"，开展引力波的空间探测。

"太极计划"与欧洲计划基本相同，在距离地球约5000万千米的轨道上，发射3颗全同卫星，3星编队轨道以太阳为中心，设计干涉臂臂长即卫星间距300万千米。2016年，提出该计划的中国科学院为实现它制定了"三步走"发展路线。

"天琴""太极"两个计划，前者是地心轨道方案，后者是日心轨道方案，它们需要

图 3-11-6　打造中的天琴一号

相同的核心技术，也有各自不同的技术难题，但对空间引力波探测具有互补性。在这两个探测计划里，单个探测器对于不同空间方位的敏感度不同。三个探测器联合起来不仅可以覆盖更宽广的空间，而且可以更加精确地确定引力波源的物理参数，从而更好地理解种子黑洞的起源及演化、宇宙的起源及演化与引力的本质特性等。

与"太极计划"相比，"天琴计划"对相对高频信号（0.1赫兹）观测更加敏感，由于波源定位能力随频率增大而提高，"天琴计划"在对高频引力波波源的定位能力方面具有明显的优势。考虑到"太极"与"天琴"不同的设计理念与运行轨道，它们联合观测时能互补，在1～100毫赫兹范围内，它们联合观测网的定位精准度比单个探测器高且定位效率也高，覆

图3-11-7　打造完毕的太极一号

盖天区范围更广阔。"天琴"的敏感频率在几十毫赫兹频段，它的定位及探测能力不会受到探测器平面指向固定参考源的影响。联合观测不但可以极大提高对引力波源的空间定位能力，而且可以观测到更宽的频段及更大的空间范围，从而为研究哈勃常数等宇宙学参数及宇宙演化提供新的观测手段。

目前，"天琴计划""0123"技术路线图中的第"0"步的地月激光测距和第"1"步的"天琴一号"技术实验卫星项目已经顺利开展，作为第"2"步的"天琴二号"卫星项目正在顺利推进中。"太极计划"也完成了三步走中的第一步，正在推进后续工作。两个计划的工作得到了国际上越来越多科学家的关注和重视。

第十二节　其他科学卫星

除上述科学卫星之外，我国还研制和发射了一些其他科学卫星。

一、怀柔一号

2020年12月10日，我国在西昌卫星发射中心用长征十一号遥九固体运载火箭将"引力波暴高能电磁对应体全天监测器"（GECAM）的两颗空间科学卫星发射升空，卫星顺利进入预定轨道。

"引力波暴高能电磁对应体全天监测器"卫星是北京怀柔综合性国家科学中心空间科学实验室挂牌后发射的首颗科学卫星，中国科学院与北京市人民政府共同将其命名为"怀柔一号"。为了利于科学传播，怀柔一号昵称为"极目"，两颗卫星"小极"和"小目"分布于地球两侧，形成两"极"之势，犹如二"目"，它们将对黑洞、中子星等极端天体的剧烈爆发现象进行观测，快速下传并发布观测警报，引导国内外科学家利用各类望远镜进行后随观测。

引力波暴是指两颗致密星（两颗黑洞、两颗中子星或一颗黑洞及一颗中子星）并合产生的引力波，它是一种高频引力波，频率一般是从几十到一千赫兹，也是目前为止唯一探测到的引力波。X射线和γ射线能段的电磁波能量较高，因此这个波段的电磁对应体被称为引力波高能电磁对应体。它们在双致密星并合之后往往最先出现，探测它们可以为其他波段进行后随观测提供目标位置等重要信息。同时，引力波事件的高能辐射转瞬即逝、难以捕捉，蕴含引力波源的重要信息，对其进行高灵敏度的全天监测显得尤为重要。

在上述研究背景下，怀柔一号应运而生。它专门针对引力波伽马暴的探测而设计，由两颗微小卫星组成，采用一系列创新的技术方案，不仅具有全天视场、高灵敏度、良好定位精度、宽能段和低能阈的综合性能优势，而且具备即时发布观测警报，引导其他设备进行后随观测的能力，将在引力波高能电磁对应体、快速射电暴的高能辐射、各种类型的伽马暴、磁星暴发以及太阳耀斑和地球伽马闪等领域取得系列原创成果。

为了捕捉转瞬即逝的引力波高能电磁对应体，抓住引力波天文学时代的重要研究机遇，中国科学院高能所于2016年3月提出了"引力波暴高能电磁对应体全天监测器"项目概念，2018年12月正式批复立项。怀柔一号是中国科学院空间科学先导专项的首发空间科学卫星。

怀柔一号包含两颗完全相同的微小卫星，每颗卫星重约160千克，由有效载荷（科学仪器）和卫星平台组成。卫星轨道高度600千米，倾角29°。两颗卫星运行于相同轨道面内，且轨道相位相差180°。每颗卫星可监测除了地球遮挡之外的全部天区，两颗卫星联合可形成对全天完整监测。对于转瞬即逝的引力波高能电磁对应体，怀柔一号也能毫不费力地捕捉

图 3-12-1　怀柔一号

到，而且能利用新型实时下传系统，引导各类观测设备进行后随观测。

怀柔一号在监测天区范围、能区覆盖、探测灵敏度和定位精度等指标方面相对于国际上其他卫星具有显著的综合优势，预期将发现最大样本的引力波伽马暴和新型引力波电磁对应体，探索河外快速射电暴的产生原因，发现一批特殊伽马暴，监测一批磁星的完整爆发过程，推动破解黑洞、中子星等致密天体的形成和演化以及双致密星并合之谜。此外，它还将观测快速射电暴高能辐射、高能中微子伴随的高能辐射并探测其他类型的伽马暴、磁星爆发、太阳耀斑和地球伽马闪等，进一步研究其物理机制。

怀柔一号的工程任务由中国科学院负责组织实施，国家空间科学中心负责工程大总体和地面支撑系统的研制建设，微小卫星创新研究院负责卫星系统研制，高能物理研究所为任务科学目标提出单位，并负责卫星有效载荷、科学应用系统研制建设，空天信息创新研究院负责科学数据的地面接收。测控系统由中国西安卫星测控中心负责。

2022年12月10日，在怀柔一号发射两周年之际，中国科学院国家空间科学中心、高能物理研究所，国家空间科学数据中心和国家高能物理科学数据中心联合发布了怀柔一号首批科学数据。此次发布的数据包括首批75个伽马暴的详细观测数据，将助力中外天文学家开展伽马暴的"多波段、多信使"联合观测研究。这是怀柔一号继实时发布天文警报信息之后，又一次向全世界科学家提供科学研究服务。

二、广目卫星

2021年11月5日，我国在太原卫星发射中心用长征六号运载火箭成功发射了"广目地球科学卫星"（简称"广目卫星"，又称"可持续发展科学卫星1号"）。它是中国科学院首颗地球科学卫星，还是全球首颗专门服务联合国2030年可持续发展议程的科学卫星，由中国科学院地球大数据科学工程先导专项研制。

这颗卫星运用空间观测技术高效获取数据。2015年，联合国发展峰会上通过了《变革我们的世界：2030年可持续发展议程》，提出了17个可持续发展目标，旨在以综合方式解决人类社会、经济和环境3个维度的发展问题，转向可持续发展道路。然而，实现这些目标还面临着一大挑战——数据缺失。目前，仅有少数几个可

图 3-12-2　广目卫星

持续发展目标指标的数据覆盖超过了80%的国家，且对于大部分目标而言，数据存在时间滞后的问题。这对实时监测各目标进展及评估区域间差异造成了障碍。为了解决当前面临的数据缺失问题，亟须探索新数据来源和技术，用于收集数据和整合各种数据来源。而空间观测被认为是高效的数据获取手段和研究方法之一。于是，我国科学家们开始研制广目卫星，并仅用3年时间就完成这颗卫星的全部研制工作。

广目卫星搭载有热红外、微光和多谱段成像仪3个有效载荷，通过3个载荷全天时协同观测，旨在实现人类活动痕迹的精细刻画，为表征人与自然交互作用的指标研究和对全球可持续发展目标实现进行监测、评估和科学研究提供数据支持。

为了对人类活动痕迹进行更精细的刻画和还原，广目卫星练就了两项高超技能：一是看得更细，该卫星拥有目前同类卫星中较高的分辨率，可以实现对地面物体更精细的探测，因而分析、识别或确认地面小型物体的能力更强。以观测某条河的污染情况为例，一般卫星只能观测到这条河存在温度异常升高的迹象，广目卫星则可以观察到这里有工厂排污。二是效率更高，广目卫星拥有300千米的观测幅宽，11天可实现全球覆盖。此外，它设计有"热红外+多谱段""热红外+微光"以及单载荷观测等普查观测模式，还可以实现24小时全天时、多载荷协同观测。

借助这些技术，广目卫星可以利用微弱的光观测夜间人类活动和极地冰雪变化，比如夜间颗粒污染、极地冰雪覆盖等情况。它还能够研究近海、海岸带等区域状况和人类活动影响，比如土地利用、海岸带破碎、海岸带红树林、陆源污染、近海养殖产业等情况。广目卫星也可以研究生物多样性与生态系统，以及人居环境、城市发展等情况。河边、海边往往是人类活动频繁的区域，也是情况复杂、很难研究的区域。获得这部分数据也是广目卫星的重点任务之一。

广目卫星的成功发射凸显了中国在科技领域为落实联合国2030年可持续发展议程所作的努力和贡献。卫星在轨运行后，其数据产品将面向全球共享，为国际社会特别是发展中国家开展可持续发展研究提供数据支撑。它是中国实质性贡献联合国2030年可持续发展议程的重要体现，其观测计划是根据国内外用户的需求和星上资源情况编制的。目前，广目卫星可为17个可持续发展目标中的6个提供数据服务。未来，它将获取海量数据，结合大数据、人工智能、区块链等技术，为可持续发展作出更大贡献。

三、未来之星

我国科学家建议研制以下科学卫星，其中有的已经立项研制，主要包括"磁层—电离层—热层耦合小卫星星座探测计划"、"爱因斯坦探针卫星"（已开始研制，计划2023年底发射）、"全球水循环观测卫星"、"太阳风－磁层相互作用全景成像卫星"（已开始研制）等科学卫星，它们将在基础科学方面不断产出重大原创性成果。

1. "磁层—电离层—热层耦合小卫星星座探测计划"

"磁层—电离层—热层耦合小卫星星座探测计划"是利用小卫星星座系统，对近地磁层高度以下的磁层—电离层—热层耦合关键区域进行探测，揭示电离层向磁层的上行粒子流的起源、加速机制与传输规律，认识来自电离层和热层的物质外流在磁层空间暴触发与演化过程中的重要作用，了解磁层空间暴引起的电离层和热层全球性多尺度扰动特征，揭示磁层—电离层—热层系统相互作用的关键途径和变化规律。该计划一共有4颗卫星，包括电离层/热层星和磁层星。其中，电离层/热层星将运行在近地点为500千米、远地点为1500千米、倾角为90°的低轨椭圆轨道，质量约500千克，设计寿命为5年；磁层星则将运行于近地点为1Re（Re是地球半径的缩写，通常为6370千米）、远地点7Re、倾角为90°的高轨大椭圆轨道，质量约650千克，设计寿命为5年。

2. "爱因斯坦探针卫星"

"爱因斯坦探针卫星"计划运行于600千米高近地圆轨道，倾角为30°，平台质量小于300千克，有效载荷不大于200千克，其寿命为5年。该卫星致力于发现和探测几乎所有尺度上的沉寂的黑洞，探测引力波爆发源的电磁波对应体并对其精确定位，系统性深度探测和研究各类X射线暂现天体，快速定位并发布预警。

3. "全球水循环观测卫星"

"全球水循环观测卫星"计划运行于600千米高的晨昏轨道，倾角为97°。其平台质量约1050千克，有效载荷质量约450千克，设计寿命为3年。卫星将首次开展全球水循环关键多要素、高精度、同时相的综合观测，实现对地球系统中水的分布、传输与相变过程的机理及水循环系统的时空分布特征认识上的突破；实现对历史观测数据和水循环模型的改进，揭示全球变化背景下水循环变化特征，深化理解水循环对全球变化的响应与反馈作用的科学规律等。

4. "近邻宜居行星巡天计划"

2022年，中国科学家提出一项通过太空望远镜开展巡天的计划，寻找距离地球约32光年的太阳系外宜居类地行星。这是国际上首次专门在近邻类太阳型恒星周围寻找宜居类地行星的空间探测任务。

中国科学家提出的"近邻宜居行星巡天计划"已入选中国科学院空间科学三期卫星的候选项目。在中国科学院空间科学先导专项支持下，由中国多家科研机构组成的团队已开

图 3-12-3　"全球水循环观测卫星"示意图

展前期研究。2022年，"近邻宜居行星巡天计划"团队基于外差式激光干涉焦平面定标技术，在微像素级星间距测量关键技术方面取得了重要进展。

"近邻宜居行星巡天计划"计划发射一个高精度天体测量空间望远镜，在拉格朗日L2点常规运行至少5年时间，拟探测距离地球约32光年处的100个类太阳型恒星，期望发现首颗太阳系外宜居带"地球2.0"。其科学载荷是一台口径为1.2米、焦距为36米的高像质、低畸变、高稳定光学望远镜，可实现全视场近衍射极限成像。望远镜的探测精度将达到前所未有的微角秒级，相当于在地球上看向月球，分辨出放在月球上的一元硬币的边缘。

"近邻宜居行星巡天计划"将采用空间微角秒级的高精度天体测量法，精确测量1颗目标恒星和6～8颗参考恒星之间的微角秒级的星间距，这一细微的变化反映了目标恒星因其绕转行星的引力扰动而引起的非常微小的摆动。

根据计划，"近邻宜居行星巡天计划"空间望远镜将被送入拉格朗日L2点的Halo轨道，并在该轨道维持至少5年的稳定运行时间，其间将对100颗类太阳型恒星进行科学探测，其中每颗恒星观测不少于50次，预计发现约50颗类地行星。这一轨道受地球引力影响小，热辐射环境比较稳定，卫星消耗很少的燃料即可长期驻留，非常适合天文卫星开展全天时观测。此前中国的嫦娥二号在开展拓展任务时也曾航行至该轨道，因而技术相对成熟。

"近邻宜居行星巡天计划"团队经过多年的努力，在微像素级星间距测量等关键技术上取得了突破，可以满足宜居行星的探测精度要求。"近邻宜居行星巡天计划"除了探测宜居行星外，对于暗物质、黑洞等前沿科学研究也会作出相应的贡献。

目前，由中国多家科研机构组成的团队在中国科学院空间科学先导专项支持下已开展了前期研究，攻克了主要的关键技术，并开展了广泛的国际合作，期待更多的天文学家参与。

5. 其他空间计划

另外，我国空间科学家还提出了到2030年我国空间科学的一些计划和任务建议，如：黑洞探针计划，目标是研究宇宙天体的高能过程和黑洞物理；天体号脉计划，旨在理解各种天体的内部结构和剧烈活动过程，主要项目包括中国引力波计划等；系外行星探测计划，拟探索太阳系外类地行星等，初步回答"宇宙中是否存在另一个地球"这一基本问题；火星探测计划，拟以全球遥感、区域巡视和取样返回等方式探测火星；"腾云"计划，研究空间特殊环境下的生命活动规律等；"桃源"计划，旨在探索地外生命和智慧生命，研究普适的生命起源、演化与基本规律等。我国将通过一系列科学卫星计划与任务及载人航天工程相关科学计划，取得重大科学发展与创新突破，推动航天和相关高技术的跨越式发展。

未来，中国空间科学将围绕两大发展战略目标，即"宇宙和生命是如何起源和演化的"和"太阳系与人类的关系是怎样的"，围绕极端宇宙、时空涟漪、日地全景、宜居行星等4个科学主题，勇闯前沿探索的"无人区"，将使重大基础前沿突破前瞻早日变成有重要国际影响的诺贝尔奖级成果。中国空间科学将在发现暗物质信号、直接探测到低频引力波、探索宇宙黑暗时代和黎明、系外宜居行星、太阳活动及其对地效应等科学前沿方向上率先突破，这不仅能拓展人类认知边界，开辟新的发展疆域，更能树起全球探索太空的新丰碑。

第四章

中国应用卫星发展

应用卫星直接为国计民生和国防建设等服务，能产生较大的经济效益和社会效益，因此我国研制和发射了较多的应用卫星。按用途分，应用卫星主要包括通信卫星、遥感卫星、导航卫星三种。

第一节　东方红系列

在应用卫星的"集团军"里，通信卫星可谓一支"王牌部队"，因为这种卫星已率先形成一种产业，使现代通信发生了质的飞跃，产生了巨大的经济、社会和军事效益，成为推动人类社会发展的重要基础。

我国通信卫星起步于20世纪70年代初，在80年代以后得到快速发展。自1984年东方红二号通信卫星成功发射以来，我国通信卫星走过了从探索到实践、从试验到实用、从自旋稳定型到三轴稳定型、从小容量到大容量、从单星到公用平台、从国内到国际的道路，先后取得了自主研制实用通信卫星，开发大容量、长寿命、高可靠通信卫星平台，通信卫星整星出口等成就。现在，我国主要使用东方红三号、东方红三号B和东方红四号等卫星平台，其中东方红四号卫星平台是目前我国地球静止轨道通信卫星的主流平台。

一、东方红二号

我国第一颗人造地球卫星发射成功后不久，通信部门就迫切希望我国的通信卫星尽早问世，以改变我国通信技术落后的状况。为此，1970年6月，航天一院和航天五院就分别组织队伍，开展了运载火箭及通信卫星新技术的研究。

东方红二号通信卫星的研制经历了试验型和实用型两个阶段，包括3颗东方红二号和4颗东方红二号A（又叫"东方红二号甲"）通信卫星。

经过几年的方案探索和可行性研究，1975年我国首颗通信卫星立项，航天五院确定选用地球静止轨道试验通信卫星的方案。这是一种"一步走"的方案，即不进行中高轨道试验，而是直接发射地球静止轨道试验通信卫星。这能较快地缩短研制周期，把试验和使用结合起来，取得较好的效益。

在解决了一系列关键技术之后，1984年1月29日，我国第一颗试验通信卫星由长征三号运载火箭发射升空。但由于火箭第三级二次点火未获成功，该卫星未进入预定轨道。不过卫星进行了部分试验，结果证明卫星设计方案是正确的，卫星性能满足设计要求。于是同年4月8日，长征三号运载火箭又发射了1颗与第一颗卫星基本相同的试验通信卫星。该卫星于4月16日成功定点在东经125°赤道上空，这是我国第一颗地球静止轨道卫星，被命名为"东方红二号"。该卫星携带2台C频段转发器，使用全球波束的喇叭天线，可进行24小时全天候通信，包括电话、电视和广播等各项通信试验，并承担了部分国内通信任务。这次试验取得了满意的效果，卫星实际工作寿命也大大超过了设计要求。东方红二号的发射成功，使中国成为世界上第五个独立发射地球静止轨道卫星的国家，迈出了中国通信卫星的第一步。

图4-1-1　庆祝我国试验通信卫星发射成功大会

在此后不到两年时间里，东方红二号实用通信广播卫星由航天五院研制成功，并于1986年2月1日顺利入轨，定点于东经103°。它与试验通信卫星在构造与性能上相当，只是前者采用覆盖国内领土的窄波束抛物面天线，从而提高了波束的等效辐射功率，使通信地球站的信号强度明显提高，接收的电视图像质量大为改善，通信容量也大大增加，传输质量超过了当时租用的国际通信卫星。原来在接收试验通信卫星的电视图像时，地面需用10米直径的天线，而使用实用通信卫星只需用3米直径天线。我国从此告别了只能租用外国卫星看电视、听广播的历史，开始了独立自主研制、发射通信卫星的时代。

后来发射的改进型卫星东方红二号A实用通信卫星采用了中国第一代地球静止轨道卫星平台东方红二号。该卫星平台与美国HS-376卫星平台类似，为自旋稳定方式，是地球静止轨道小容量卫星平台。

东方红二号本体外形为直径2.1米、高1.6米的圆柱体，包括通信天线在内卫星总高约3.1米。它采用双自旋稳定、体装式太阳能电池和具有中国特色的微波统一测控体。卫星起飞质量约920千克，进入转移轨道后由卫星本身的固体远地点发动机完成变轨至地球准同步轨道。卫星工作寿命3年，星上每台转发器的功率放大器输出功率为8瓦。通信天线安装在消旋组件上，卫星工作时一直对准地球，完成电视、广播、电话和传真等项转发业务。

第一颗东方红二号的通信天线为圆锥喇叭，具有约14°的角覆盖范围。其服务区域很宽，不但可以完成国内陆地地球站的卫星通信，还可供远离国土的海上移动站进行通信试验。但卫星等效全向辐射功率和接收站品质因数（G/T值）较低，使通信容量较小，影响了卫星的经济效益。第二颗东方红二号在这方面进行了改进，它采用国内波束抛物面天线，具有5°×8°的椭圆波束，天线增益比第一颗东方红二号的喇叭天线大约提高6～9分贝，明显增加了通信容量，也降低了对地球站发射功率的要求。虽然东方红二号容量较小，但完成了中国通信卫星从无到有的跨越。

随着国际通信卫星技术的发展和国内对卫星通信需求的增加，1980年，国家又提出了对东方红二号总体性能进行改进的初步设想，并从1984年4月起全面开展了设计工作。1984年5月，这颗基于东方红二号的改进型卫星被正式命名为东方红二号A。该卫星虽然仍采用东方红二号卫星平台，但在设计上有较大改进，性能有了较大提高。星上通信转发器由2台增至4台（C频段），使电视转播能力由2个频道增至4个频道，电话传输能力由1000路增至3000路，设计寿命由3年增至4年半，其等效辐射功率也提高了许多。

图4-1-2 中国首颗通信卫星——东方红二号试验通信卫星采用全球波束的喇叭天线

1988年3月7日、12月22日，1990年2月4日，1991年12月18日，中国相继发射了4颗东方红二号A实用通信卫星，除最后1颗因火箭故障未能入轨外，前3颗均状态良好，分别定点于东经87.5°、98°和115°赤道上空，实际工作寿命均超过5年，使中国的卫星通信和电视转播跨入一个新阶段，大大缓解了边远地区收视难、通信难的状况，尤其是促进了卫星电视教育的发展。

虽然东方红二号A属于小容量通信卫星，但它曾一度使卫星通信转发器应用的国产化程度达到2/3。它所载的转发器占当时国内使用的转发器总数的50%～55%，且全部超期服役，大大加速了中国通信事业的发展速度。

尽管东方红二号和东方红二号A都属于中国第一代通信卫星，但后者比前者性能有所提高。东方红二号A电源分系统在维持太阳能电池片布片面积不变的情况下，尽量挖掘潜力，以供给有效载荷更多的功率，而卫星平台其他分系统基本保持不变，或只进行适应性修改。该卫星平台为双同心圆筒式结构，内筒为承力筒，外筒为上、下太阳能电池壳，中间用腰带连接，外部敷贴太阳能电池片。其星体外形呈圆柱体构型，高为1.606米，直径为2.1米，表面粘贴了近2万片太阳能电池片，星箭分离后，卫星最大高度为4.376米，远地点发动机分离后卫星

图4-1-3 采用窄波束抛物面天线的东方红二号A进行光照试验

高度为3.081米。东方红二号卫星平台的自旋转速为100±1圈/分钟。此外，东方红二号卫星平台后续又支撑了风云二号系列静止轨道气象卫星的研制。

另外，东方红二号A不仅增加了转发器数量，而且每台转发器的功率放大器输出功率也提高到10瓦，其通信天线仍采用国内波束抛物面天线。虽然从外形上看，它与第2颗东方红二号差别不大，但功能已有明显提高，服务区内等效全向辐射功率值大于32分贝瓦，接收站品质因数大于-11分贝/开。其起飞质量约1040千克，设计寿命为4年。

二、东方红三号

研制中容量通信卫星东方红三号是中国通信卫星发展的第二步。随着时间的推移，东方红二号与东方红二号A的一些不足逐渐显现出来，已不能满足我国卫星通信事业迅速发展的需要。从1986年开始，我国正式启动了第二代通信卫星——东方红三号的研制工作，并把此项工作列为重点科研任务，给予高度重视。广大科研人员攻克了多项关键技术和难题，于1994年完成第一颗东方红三号的研制工作。该卫星于同年11月由长征三号A运载火箭发射进入地球同步转移轨道，但由于推进剂泄漏，最终未能定点。经故障分析和局部改进后，第二颗东方红三号于1997年5月12日用长征三号A成功发射，并在同年5月20日定点于东经125°，它主要用于电话、数据传输、传真、甚小孔径终端网和电视等项业务。该卫星使中国通信卫星水平一下子跨越了20年。

东方红三号从东方红二号的20世纪60年代水平起步，瞄准的是20世纪80年代的国际水平，以满足20世纪90年代我国日益增长的通信广播需求。该卫星本体为箱体结构，起飞质量约为2250千克，载有24台C频段转发器，其中6台是16瓦中功率转发器，用于传输电视信号；其余18台是8瓦低功率转发器，用于传输电话、电报、传真信号及数据。在服务区边缘，其等效全向辐射功率为33.5分贝瓦（8瓦低功率转发器信道）和36分贝瓦（16瓦中功率转发器信道），接收站品质因数值大于-2分贝/开。这些转发器可连续向全国同时传输6路彩色电视节目和15 000路电话（采用频带压缩传输技术后能传送得更多），工作寿命达8年。与东方红二号A相比，东方红三号的转发器数量增加了5倍，设计寿命也大为延长，从而大大缓解了中国卫星通信的紧张状况。

东方红三号也是中国第一颗面向全

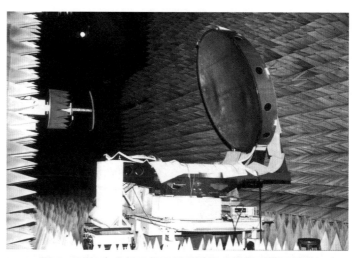

图4-1-4　东方红三号卫星采用的C频段双栅反射器

社会的商业卫星。星上24台转发器全部投入使用，用于电视、电话、电报、传真和数据传输等通信业务，其中22台开展了电信部门的公众通信业务，1台用于临时性电视节目传送，另外1台一半用于临时性电视节目传送，另一半用于甚小孔径终端通信。公众通信业务中包括3.5万条单向话路，主要用于23个省会的一级干线通信网，还用于新疆、内蒙古等边远地区及厦门、烟台等重要城市的干线网。临时性电视节目传送，包括甲A足球赛各比赛城市的实况互传、每年两会期间各电视台的新闻传送、重要体育赛事转播、昆明世博会转播和新闻转播等。其使用效果较好，用户满意。

东方红三号采用的是我国第二代地球静止轨道卫星平台，属于中容量卫星平台，实现了我国地球静止轨道通信卫星从自旋稳定型到三轴稳定型的飞跃。东方红三号采用全新的总体设计和总装、试验思路，对分系统提出了高标准要求，并攻克了多项关键技术，使其有效载荷能力（质量、功率、天线安装面、指向精度和转发器数等）有了明显提高。该卫星平台已成为目前中国性能最稳定、经过多次飞行考验的成熟中等容量地球静止轨道卫星平台，它先后用于中星系列通信卫星、天链一号系列中继卫星、中星九号A直播卫星、鑫诺三号通信卫星等通信卫星，还用于北斗系列导航卫星和嫦娥一号、嫦娥二号月球探测器等。

东方红三号卫星平台本体为2.22米×1.72米×2.2米的箱体结构，装有大型展开式太阳翼和直径达2米的通信天线，发射时它们处于折叠状态，卫星入轨后先后展开，翼展达18.1米，高度为5.7米。

东方红三号的结构按分舱段设计，即分为通信舱、推进舱和服务舱。这种设计有利于各舱段并行总装测试。卫星又分为控制、电源、测控、推进、热控、结构和通信等7个分系统，前6个组成卫星的平台部分，后者为卫星的有效载荷。它采用三轴稳定方式，卫星平台的姿态和轨道控制分系统由敏感器、控制器、执行机构3类硬件及软件组成。敏感器包括太阳敏感器、地球敏感器和速率积分陀螺。控制器包括中心线路和星上计算机。执行机构包括远地点发动机、偏置动量轮及太阳能电池阵驱动装置等，推进分系统的490牛发动机和10牛推进器也用作执行部件。该分系统有太阳捕获、地球搜索、地球指向、远地点点火、正常运行、位置保持、过渡、故障安全和星地大回路控制等9种工作模式。根据卫星情况，地面指令可启动相应的工作模式。

东方红三号卫星平台取得了许多重要成果，还在后来其他卫星研制中发挥了更加重要的作用。其主要技术进步如下：

一是采用了先进的卫星公用平台概念和舱段化、模块化的总体构型。这一设计思想大大拓宽了东方红三号的应用前景，提高了平台性能，缩短了研制周期。

二是优化了卫星任务分析。它包括在卫星定点前约1200条遥控指令的安排，太阳能电池阵和天线的展开，节约推进剂的3次变轨策略的设计和优化等，这些都是在国内通信卫星上首次实施的。

三是在整星级试验和测试中的技术上取得进步。它在国内首次成功地进行了整星级的电磁相容性试验，并在多次试验和分析基础上，实现了不带工质的整星级环境试验，解决了在试验中对占起飞质量58%的推进剂的模拟问题；此外，还在国内首次研制成功了总控加专检设备的整星地面自动化电测设备和相关软件。

四是采用了许多当时具有世界水平的新技术，如全三轴稳定技术、统一双组元液体推进技术、公用平台设计、大面积密栅太阳翼、双栅双抛物面多馈源成形波束天线、正交线极化隔离频率复用技术和高强度轻质量碳纤维多层复合材料等。它的成功研制标志着中国通信卫星技术跨上了一个新台阶。而且，它取得的许多重要成果还在后来的其他卫星研制中发挥了重要作用。

五是首次成功研制了一些卫星关键设备，如先进的碳纤维波纹承力筒、大直径表面张力储箱、490牛远地点发动机、长寿命星载计算机、45安时镉镍蓄电池、宽带微波接收机和模板电缆等。

东方红三号卫星平台可分为不同的舱段，平台服务分系统和有效载荷（通信舱）相对独立，具有较大的适应性，在一定的质量和功耗范围内可用于不同有效载荷的多种卫星。考虑到数字压缩技术的飞跃进展，1台转发器可传多路电视，这使东方红三号卫星平台已能涉足某些直播卫星领域。此外，对于功能

图 4-1-5　装配东方红三号通信卫星星体

比较简单的跟踪和数据中继卫星，这种平台也有用武之地。

采用卫星平台生产可实现批量化，具有较高的可靠性；另外，它也使卫星的研制周期缩短，性能价格比提高，市场应用前景变好。因此，充分发挥东方红三号卫星平台的作用是我国通信卫星今后发展的方向之一。实际上，我国一些通信卫星基于这一平台，有效载荷包括UHF、S、C和Ku频段。

此后，东方红三号A卫星平台问世。它在东方红三号卫星平台基础上进行了扩容和改进，载荷舱高度增加了400毫米，有效载荷承载能力在东方红三号卫星平台基础上提高了40%～50%。该平台采用六面体结构，由推进、服务与通信舱、天线与太阳翼组成，并采用三轴稳定姿态控制。

现在，更先进的东方红三号B卫星平台也已投入使用。它使用了达到国际领先水平的新一代星载综合电子、锂离子电池等许多小型化、轻量化、模块化技术，具备"小而精"的特点，大大提升了卫星的综合应用效果，不仅减轻了卫星质量，而且使卫星功能更强，提

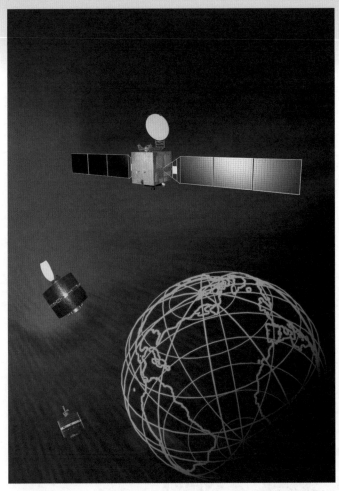

图4-1-6 东方红二号(下)、东方红二号A、东方红三号(上)通信卫星

高了卫星承载比。这些技术也在后来的东方红四号增强型和东方红五号卫星平台上得到直接应用，使我国通信卫星平台研制从跟踪发展转向领先发展。东方红三号B卫星平台填补了东方红三号中容量与东方红四号大容量卫星平台之间的空白，很好地满足了中等容量、高技术指标的国际用户需求，标志着我国卫星平台技术性能已全面与国际先进水平接轨。东方红三号B卫星平台已用于2015年11月21日升空的老挝一号通信卫星和2017年4月12日升空的实践十三号/中星十六号高通量通信卫星等通信卫星，其中后者是第一颗采用全配置东方红三号B卫星平台的卫星。

采用东方红二号、东方红三号、东方红三号A、东方红三号B卫星平台的卫星起飞质量分别为1044千克、2320千克、2740千克、3800千克，有效载荷质量分别为40千克、230千克、360千克、450千克，太阳翼输出功率分别为0.28千瓦、1.7千瓦、4千瓦、7.8千瓦，设计寿命分别为 4年、8年、12年、12～15年。

东方红三号使我国在地球静止通信卫星领域达到了20世纪80年代的国际先进水平。基于东方红三号卫星平台的后续星的成功发射，标志着我国在卫星通信技术上又有了新的发展，中国通信卫星不仅可应用于各种C频段固定通信业务，而且可用于UHF、Ku等频段的各种移动通信业务以及其他频段的导航定位业务。

三、东方红四号

为适应地球静止轨道卫星向高可靠、长寿命、大容量发展的趋势，我国在"九五"期间开始论证东方红四号卫星平台。

1. 平台概述

东方红四号卫星平台于1999年立项，围绕着卫星长寿命、高可靠的要求进行了12项关键技术攻关，如卫星电源及控制技术、星上综合数据管理技术等项；2000年完成方案论证和初步设计；2001年1月完成预研制阶段任务，并通过国家组织的专家评审；2002年2月，转入初样研制阶段；2003年12月，转入正样研制阶段。

东方红四号卫星平台是航天五院研制的我国第三代大型静止轨道卫星平台，具有输出功率大、承载能力强和服务寿命长等特点，卫星整体性能达到当时同类通信卫星的国际先进水平。该卫星平台可用于建造大容量通信广播卫星、视频/音频直播卫星、数据中继卫星、区域移动通信、高轨遥感卫星等多种国民经济建设和国内外市场急需的业务类型，并具有确保信息传输安全可靠的有效技术手段。以该卫星平台为基础研制开发的东方红四号增强型、东方红四号全电推型等卫星平台，采用了电推进、综合电子和锂离子电池等许多先进技术，选配载荷更加灵活，为差异化的市场需求提供了更多选择。

图 4-1-7　打造中的东方红四号卫星平台

东方红四号卫星平台的技术水平和建造卫星的能力与当时国际上通信卫星平台的水平相当，因而具备了开发同等容量通信卫星的技术基础和能力。该卫星平台采用了高效率的砷化镓太阳翼和氢镍蓄电池组，母线电压为100伏；应用了星上数据管理系统，可以自动控制星上正常设备工作温度和进行蓄电池充放电管理；装载了V型动量轮控制系统和星上计算机，能提供更高的姿态和轨道控制精度。

通过东方红四号卫星平台的研制，我国自主掌握了多项关键技术，形成了一批具有自主知识产权的智力成果，促进了中国航天技术的跨越式发展，同时带动了相关部件、元器件、原材料等基础行业的技术进步和产品升级。不过，我国没有研制过名为东方红四号的卫星，而是用东方红四号卫星平台研制各类其他名称的卫星。

东方红四号卫星平台的尺寸为2360毫米×2100毫米×3600毫米，卫星起飞质量为5400千克，平台质量为1500千克，有效载荷承载能力为600千克，姿轨控制方式全三轴稳定，太阳翼输出功率10千瓦，可提供有效载荷功率8千瓦，设计寿命为15年。它采用中心承力筒加壁板的构成形式，由结构、热控、姿态与轨道控制、推进、测控、供配电、数据管理7个分系统组成。根据功能和构型，平台划分为推进舱、服务舱、载荷舱（不包括有效载荷）和太阳翼4个部分。由于技术复杂，所以东方红四号卫星平台的应用在刚开始也走过了一条曲折的道路。

2. 鑫诺二号

2006年10月29日，首颗采用东方红四号卫星平台的鑫诺二号在西昌用长征三号B运载火箭成功发射。该卫星质量约5.1吨，整星设计功率为10千瓦，有效载荷功率为5.6千瓦，载有22台大功率Ku频段转发器和5副天线，采用圆极化方式，等效全向辐射功率为45.8～57.5分贝瓦，设计寿命为15年。它是中国首颗直播卫星和具备抗干扰能力的大型通信广播卫星。

由于鑫诺二号入轨后太阳翼二次展开和通信天线展开未能完成，所以该卫星无法提供通信广播传输服务，但卫星平台的

图 4-1-8　总装完毕的鑫诺二号准备进行噪声试验

其他系统在轨运行正常。在鑫诺二号出现故障后，东方红四号卫星平台的研制团队并没有泄气，而是认真总结经验教训，并精心打造出第二颗采用东方红四号卫星平台的尼日利亚通信卫星一号（简称"尼星一号"）。

3. 尼星一号

2007年5月14日，中国承制的尼星一号由长征三号B运载火箭发射至近地点209千米、远地点41 951千米、轨道倾角25°的超地球同步转移轨道。这次发射是中国首次以火箭、卫星及发射支持的整体方式，为国际用户提供商业卫星服务，使中国从此打入商业卫星的国际市场。

尼星一号升空后，先后完成了太阳翼和业务天线展开，实施了5次复杂的变轨，最终于

2007年5月22日定点在东经42°赤道上空，进入了预定的工作轨道。经过有效载荷在轨测试后，尼星一号于2007年7月6日正式交付用户——尼日利亚宇航局使用，从而证明了中国人有制造大平台通信卫星的能力。

尼星一号起飞质量为5.1吨，寿命末期整星输出功率约8千瓦，其中有效载荷质量为470千克，直流功率为5.3千瓦，射频功率为3.25千瓦。卫星设计寿命为15年，采用了80安时的氢镍蓄电池组，每个太阳翼包括3块电池板，增加了遥控解密机，具备提供更多有效载荷容量的能力。卫星装载4个频段28台转发器（4台C频段、14台Ku频段、8台Ka频段和2台L频段）和7副特别设计的反射型面天线（Ka、Ku、C、L频段），使用了150瓦大功率Ku频段行波管放大器及最大直径为3米的双反射抛物面天线。

图 4-1-9　对尼星一号天线展开试验

尼星一号主要由卫星平台和有效载荷两大部分组成，总共有9个分系统。其中卫星平台包括结构分系统、热控分系统、供配电分系统、测控分系统、数管分系统、控制分系统、推进分系统；有效载荷包括转发器分系统和天线分系统。

尼星一号使中国卫星平台研制能力得到了大幅提升。卫星寿命从东方红三号卫星平台的8年提高到了15年，卫星输出功率从东方红三号卫星平台的2千瓦提高到8千瓦。卫星有效载荷质量从东方红三号平台的220千克提高到470千克，有效载荷射频功率从东方红三号卫星平台380瓦左右提高到3250瓦。卫星的测控能力、控制能力、热控能力、星上自主管理能力和布局空间等也得到了大幅增长。

通过尼星一号的研制，我国在多项空间技术领域取得了新的跨越式发展，如多频段、大功率有效载荷研制技术，大容量表面张力贮箱技术等。

尼星一号研制周期仅有26个月，而国外同等规模的卫星交付周期一般在30个月以上，所以它是世界上交付周期最短的一颗大型通信卫星。为此，该卫星走国际商业卫星研制的路线，一次正样，不安排初样阶段的研制。这在中国大型卫星型号中是很少见的。为圆满完成这颗卫星的研制任务，航天五院采用与国际接轨的项目管理方式。根据商业卫星长寿命和高可靠的要求，大量选用中国航天已有的成熟技术，并采用先进的系统优化设计手段，完成了复杂的有效载荷设计和整星设计。在研制中，研制团队进行了系列流程再造和优化设计工作。为了确保尼星一号的产品质量全程受控，在研制初期，研制团队就制定了与国际接轨的产品保证计划，并确定了17个关键项目、117个强制检验点，开展了元器件、软件、技术状态更改，质量归零，可靠性、安全性等几大专项评审。

尼星一号在质量控制方面按照国际惯例进行了用户全程的监造，并由世界知名卫星服务运营商负责监督检查。经过不断探索，航天五院现已建立起商业卫星保密管理、知识产权、客户管理、大系统协调等一整套国际商业卫星管理模式。

当时，尼星一号项目竞争激烈，中国、美国、法国、英国、意大利、以色列等国的22家公司参与项目竞标。中国航天通过自己的卫星、火箭、地面、保险、融资、培训6大模块，以最符合用户需求的"星箭地捆绑"一揽子解决方案一举中标。中国航天赢在协同优势上，赢在优质特色服务上。

尼星一号的发射是我国首次用自己的火箭和卫星向国际用户提供在轨交付服务。此举标志着中国航天整星出口实现零的突破，向世界证明了中国能够出口高水平大容量通信卫星，为后来的中国航天带来了更多的机会。

4. 委星一号

2008年10月30日，东方红四号卫星平台发射了委内瑞拉一号通信卫星（简称"委星一号"）。委星一号本体长2.36米、宽2.1米、高3.6米，太阳翼展开后跨度为26米，设计寿命为15年，起飞质量为5100千克，定点于西经82.7°。它装有14台C频段、12台Ku频段、2台Ka频段共3个频段28台转发器，并载有4副通信天线，输出功率为7.75千瓦。

与之前发射的尼星一号相比，委星一号的

图4-1-10　组装委星一号通信舱

太阳翼驱动机构进行了重大技术更改。卫星在轨运行期间，为了充分利用太阳能，太阳翼必须时时正面朝向太阳。委星一号定点后，能根据太阳光线角度的变化，每天在太阳翼驱动机构的调节下，自动旋转一周。因此，太阳翼驱动机构对卫星能量的获得至关重要。在委星一号研制中，研制团队重新设计了更高性能的太阳翼驱动机构，以确保卫星在15年的在轨运行期间太阳翼能够为卫星提供充足的电源。另外，研制团队首次在中国研制的卫星上使用具有国际先进水平的C频段双栅天线，克服了传统双反射面天线和长焦距天线占用空间大、自身质量大、极化隔离度差的弊端，使卫星天线摆脱了多方面的限制，大大降低不同转发器之间的干扰，传播的信号更加清晰。

5. 东方红四号增强型

截至2022年，我国已用东方红四号卫星平台打造了20多颗通信卫星，包括委星一号、鑫诺六号、巴基斯坦通信卫星一号R、尼星一号R、中星十一号、亚太九号、白俄罗斯通信卫星（中星十五号）、亚太六号C等多颗大型通信卫星。其中，2015年发射的装载有46台转发器的亚太九号是东方红四号卫星平台当时装载转发器数量最多的一颗卫星。

通过东方红四号平台的研制，我国自主掌握了多项关键技术，形成了一批具有自主知识产权的成果，促进了中国航天技术的跨越式发展，一举扭转了中国通信卫星长期依赖进口、受制于人的被动局面，更开启了国际商业通信卫星市场大门。通过国际化发展道路，我国形成了与国际接轨的通信卫星建造体系，建立了中国第一个长寿命、高可靠的航天级元器件选用标准和一系列元器件相关的可靠性设计、分析和试验规范。

此后，航天五院在东方红四号卫星平台的基础上，又研制出东方红四号增强型、东方红四号全电推型等能够满足多种需求的东方红四号卫星平台型谱。

2011年底，中国航天科技集团要求充分借鉴欧洲"阿尔法平台"开发的经验，加速新技术的应用，提升卫星能力。航天五院立即作出反应，启动东方红四号增强型卫星平台的研制。2015

图 4-1-11　采用东方红四号增强型卫星平台的亚太六号 D 卫星

年12月，基于该卫星平台的首发星中星十八号卫星项目启动。2019年8月20日，中星十八号发射，但因故障失效。2020年7月9日，基于该卫星平台的亚太六号D卫星升空，运行正常。2022年11月5日，基于该卫星平台的中星十九号升空，它是一颗高通量通信卫星，具有传输速率快、覆盖范围广等特点，采用了C、Ku和Ka等多频段通信载荷，主要覆盖中国东部、东南亚，以及包括北美航线在内的大部分太平洋区域，可以更好地服务于远洋运输通信、航线通信互联网等业务。

东方红四号增强型卫星平台在东方红四号平台的基础上，通过增加结构尺寸、应用先进技术，采用电推进、大功率供配电、多层通信舱、大承载结构、通信舱高效热控、双天线重叠压紧和展开等多项新技术，有效提升了通信卫星平台服务寿命、载荷容量、载荷功率和载干比等主要技术指标，进一步提升了东方红四号平台卫星的综合能力，可装载70台转发器。

东方红四号增强型卫星平台有三大特点：一是应用多项国际先进技术，主要包括大承载能力结构、多层通信舱、大功率供配电、先进推进系统、三维热管网络、高精度姿态控制、重叠压紧展开天线等技术，使卫星平台技术水平显著提升，并通过优化平台设计、增加平台结构尺寸、提高供配电能力等，显著提高平台承载能力。二是在系统设计、关键技术研究、关键单机研制、平台验证等领域，充分继承中国各个通信卫星平台的研制基础，具有良好的继承性，技术可靠性高。三是研制程序优化，开创出一种新型工程验证程序，摒弃传统的专项验证星模式，采用工程验证星模式，针对性覆盖电性能测试、力学性能测试、热性能测试等多项系统级试验，缩短研制周期，节省研制经费。

6. 未来平台

为适应下一代大型地球同步轨道通信卫星和对地观测卫星等需求，2010年航天五院就以"新型卫星平台研究室"为依托，正式启动对新一代通信卫星平台的研制工作，并自筹经费进行先期技术攻关。作为我国下一代地球同步轨道大型卫星平台，东方红五号卫星平台注定要成为中国卫星研制历史上的又一座里程碑。东方红五号卫星平台可以满足典型通信与遥感载荷的应用需求，具有五大特点：一是高承载。整星发射质量8000千克，有效载荷承载质量1500千克，有效载荷功率18千瓦，有效载荷布局能力达到120台（等效C频段透明转发器）以上。二是大功率。它采用二维二次展开半刚性太阳翼、锂离子蓄电池等技术，整星寿命末期功率达到28千瓦以上。三是高散热。它采用主动热控、被动热控结合的手段，实现有效载荷散热能力9千瓦以上。四是长寿命。它具备提供在轨服务16年的能力。五是可扩展。该卫星平台设计预留了承载、供配电、姿轨控以及热控等扩展能力。以典型通信卫星为例，扩展后整星发射质量9000千克，有效载荷质量1800千克，载荷功率22千瓦，布局转发器150台（等效C频段透明转发器）以上。

东方红五号卫星平台的设计充分考虑了后续的升级需求和多载荷适应性需求，按照族谱设计，包括基本型、全化学推进型、光学遥感型以及扩展型。通信类卫星在轨服务寿命按照16年设计，遥感类载荷在轨服务寿命按照12年设计。它可广泛用于高轨通信、微波遥感、光学遥感、空间科学探测、科学实验、在轨服务等多个领域，使用了多项新技术，如电推进技术、网络热管和可展开式热辐射器技术、二维二次展开半刚性太阳翼、全管理贮箱、新一代电源控制器技术、综合电子技术等，是世界航天领域少有的多适应性平台。

图 4-1-12　在采用东方红五号卫星平台的实践二十号前排字

东方红五号卫星平台由供配电、测控、综合电子、姿轨控、化学推进、电推进、结构和热控八个分系统组成，采用分舱段模块化设计，包括推进舱、服务舱以及有效载荷舱，其中推进舱与服务舱组成平台的公用舱段部分，采用桁架式主承力结构，大幅降低公用舱段的高度，并为不同形式载荷舱提供多个硬点连接的统一接口形式，实现公用舱段与有效载荷舱并行研制、快速连接。它在配置化学推进分系统的基础上，采用电推进技术，可大幅减少卫星推进剂携带量。平台采用智能化、自主化设计，采用高轨自主导航系统实现了卫星在轨自主姿态和轨道控制，并通过在轨自主的星务、能源、热控管理以及在轨故障诊断、隔离与恢复设计，能大幅提升卫星的好用性和易用性，减少地面操作，提升用户使用体验。

2019年12月27日，采用东方红五号卫星平台研制的实践二十号卫星在文昌航天发射场随长征五号运载火箭发射升空。2020年1月5日，卫星成功定点于东经105.5°，几个月后在轨完成全部功能验证和新技术试验。东方红五号卫星平台能满足2030年前中国地球静止轨道通信和遥感领域卫星的需求，卫星平台指标达到国际一流水平。

长期以来，我国形成了以东方红三号、东方红四号等为代表的东方红系列卫星公用平台及型谱化产品。东方红五号卫星平台、东方红四号增强型卫星平台、东方红三号B卫星平台、全电推卫星平台这四款主打产品推向市场，意味着我国的通信卫星在国际市场上从"追跑者"变身为"并跑者"甚至"领跑者"。2021年4月28日，中国卫星网络集团有限公司（简称"星网集团"）揭牌。它将打造中国的卫星互联网星空。

第二节 天链中继卫星

跟踪与数据中继卫星（简称"中继卫星"）的问世是通信卫星的一个重大发展，它也被称为"卫星的卫星"，可跟踪、测量和控制其他航天器，并将其他航天器的轨道数据和遥测数据等转发给地面测控站。这种卫星具有全轨道连续覆盖、全天候数据收集、高速率数据传输能力，是大型空间系统的重要组成部分，可为各类航天器提供良好的测控和通信手段。中继卫星在覆盖性、实时性、经济性及链路上等都有明显的优点，但要求用户航天器装有专用的中继终端。中继卫星研制需要突破一些独特的关键技术，如星载闭环捕获跟踪技术、多频带跟踪天线技术、卫星姿态和天线指向的复合控制技术等。

一、中继卫星发展历程

我国中继卫星发展历程大致可分为三个阶段：

一是概念论证阶段。这可追溯到20世纪七八十年代，当时我国正第一次着手进行有关载人飞船和空间站的预先研究，人们意识到载人航天器在我国地球站视线范围内的时间十分有限的缺点。我国传统使用地面测控站对航天器进行管控的模式存在明显的缺憾，对地观察卫星传输效率低，单个地球站和一颗低轨卫星在一天内可直接传输的轨道段不足3%。经过论证，我国提出研制中继卫星解决这一问题的论断，开始了中继卫星的相关概念研究，积累了一些知识和资料，但由于技术难度大和其他方面的原因，进展缓慢。

二是预先研究阶段。随着我国神舟载人飞船任务的论证和立项，中继卫星再度成为被关注的热点之一。20世纪90年代后期，航天五院成立了专题组，结合新型卫星平台的预研（预先研究）进行论证。经过几年的工作，航天五院取得了可喜的成绩。这阶段后期主要的精力集中在天链一号卫星的预研上，并对大系统和卫星的关键功能进行了演示验证。

在我国载人航天技术发展初期，可控陆地站点、海洋船组成的地基站网每天只有约3小时可与飞船实时联系，无法满足高实时性、高轨道覆盖要求已成为制约我国载人航天快速发展的瓶颈。而诸如此类的问题，唯有中继卫星系统能够解决。2003年，上级批准天链一号中继卫星系统工程立项。

三是型号研制阶段。型号立项使卫星研制工作正式开始。经历初样和正样两个阶段，研制团队经过几年刻苦努力，攻克该类卫星的各个难点，成功研制多个具有自主知识产权、性能优异的关键部件。卫星总装后经过各项大型试验和测试，以性能全部满足研制300多项总要求指标、无超标项的优异成绩通过出厂评审。2008年4月25日，我国第一颗数据中继卫星天链一号01星成功发射，此后，又陆续发射了4颗天链一号。

二、天链一号

2008年4月25日，航天五院研制的我国第一颗中继卫星——天链一号01星升空，它采用东方红三号卫星平台，使我国对中低轨用户航天器的轨道覆盖率达到50%；2011年7月11日，天链一号02星成功发射，把对中低轨用户航天器的轨道覆盖率提高到75%左右；2012年7月25日，天链一号03星成功发射，我国中继卫星系统对中低轨用户航天器具有了近100%的轨道覆盖率，并能提供

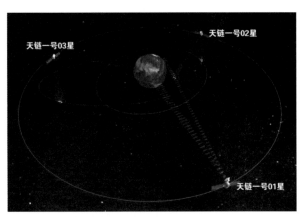

图 4-2-1　由 3 颗天链一号中继卫星组成的星座示意图

百兆以上的高数据传输速率。为此，我国成为继美国之后世界上第二个拥有准全球覆盖能力中继卫星系统的国家。

这一系统也是我国第一个提供全球范围实时信息传输服务的卫星系统。这标志着我国首个天基测控和数据"中转站"正式建立，开辟了一个新的卫星应用领域。中继卫星的成功发射和定点使用，是我国在航天领域的又一大进步。作为"中、低轨航天器效能倍增器"和"天基信息传输系统的关键成员"，它已在我国国民经济建设中发挥越来越明显的作用。

2016年11月22日，我国成功发射天链一号04星。该卫星是我国中继卫星系统的备份星，因为天链一号01星已经超期服役。作为备份星，天链一号04星可以在多个轨位上工作，卫星的灵活机动能力大大增强。所以，它的升空无疑对整个应用系统以可靠性、稳定性为标志的健壮性保证起到提升作用。同时，其研制在国产化方面向前迈进了一大步，减少了60%的进口产品，整星国产化率提升了10个百分点。

2021年7月6日，天链一号05星进入预定轨道。它与天链一号01星、02星、03星、04星以及天链二号01星实现全球组网运行。至此，我国第一代数据中继系列卫星系统圆满收官，我国成为世界上第二个具有全球覆盖能力的中继卫星系统的国家。该卫星系统自投入使用以

图 4-2-2　天链一号中继卫星飞行示意图

来，为中国载人航天、空间站、中低轨航天器、运载火箭等提供了天基测控和数据中继服务，是中国空间信息传输的重要枢纽，为中国天基测控系统发展奠定了坚实基础。

三、天链二号

2011年10月，我国第二代数据中继卫星系统工程天链二号正式批复立项。

2019年3月31日，我国发射了首颗第二代数据中继卫星天链二号01星。它采用东方红四号卫星平台，所以载重更大、技术更强、性能更优、寿命更长（12年）；兼容天链一号卫星的工作频率，并扩展了工作频率的带宽和转发器的通道数量，可以兼顾部分地球同步轨道用户航天器的服务需求；突破了星间链路天线的大量难题，使传输速率增加了一倍，对用户目标服务数量增加了一倍，传输总速率达到了每秒千兆比特量级；配有多副新型天线，最关键的就是负责捕获跟踪的天线，其提供了卫星大范围、高精度捕获跟踪目标用户和为用户提供高速数传的功能，性能至今仍是国际领先；服务多目标，覆盖范围广，服务效能大幅提升。

2021年12月14日，天链二号02星升空。该卫星是我国第二代数据中继卫星系统的首颗装备星，标志着我国向新一代中继卫星系统组网迈出重要一步。和天链二号首发星01星相比，02星在充分继承首发星技术状态的同时，服务多用户能力增强，可满足更多用户同时接入的需求；同时可工作在不同轨位，具有较强的轨道适应能力，提升了在轨的机动性和灵活性；单机国产化率显著提升，研制周期大幅缩短。

2022年7月13日，天链二号03星升空。它与之前发射的天链二号01、天链二号02星三星组网，组成我国第二代数据中继卫星系统，大大提升了我国天基测控与数据中继的能力，使其发挥"1+1+1＞3"的应用效能，可具备满足中低轨道航天器全球覆盖的能力，并提供24小时无间断通信。它也验证了天链二号卫星具备快速研制的能力，为后续多星快速在轨组网提供了支撑，进一步加快了我国天基测控与传输网络建设的步伐。

天链二号03星是与天链二号02星组批生产的。它们与天链二号01星相比，在主要微波部件上全部实现了国产化。针对天链二号卫星对转发器信道线性度、群时延等特性要求高的特点，研制团队根据国产产品现状，从单机和分系统两个层面进行优化设计，保证了天链二号03星在有效载荷层面的主要性能和天链二号01星相当，充分满足了用户的使用需求。

我国已经成功研制、发射了两代地球同步轨道数据中继卫星系统。到2022年11月，我国已成功发射5颗天链一号第一代中继卫星和3颗天链二号第二代中继卫星。如果说天链一号实现了我国中继卫星从无到有，那么天链二号就是我国中继卫星从有到强的开始。

与第一代中继卫星相比，第二代中继卫星是一次跃迁式的升级。首先是扩大服务目标用户数量。相比于天链一号，天链二号可以同时为多出几倍的用户提供服务，且覆盖范围更加广泛，可以实现为200～20 000千米轨道高度的用户航天器服务。同时，中继卫星对

图 4-2-3 天链二号中继卫星星座示意图

在轨用户的实时管控能力和接入能力也得到极大提升。天链二号还提高了卫星在轨机动能力。为应对卫星多轨位变化需求，天链二号02星和天链二号03星由适用于单区单轨位工作改进为适用于多区多轨位工作的设计，即可以适用于轨道上现有的全部轨位，这大大提高了卫星在轨道上的机动能力。单星机动能力的提高，极大地提升了整个天链中继卫星系统的健壮性和灵活性。良好的轨道机动能力，使卫星在执行任务时具有更大的弹性，可根据需要多次进行轨道调整。此外，卫星平台的适应性和兼容性也有所增强。天链二号02星和天链二号03星启动研制时，核心单机都已实现国产化，且产品性能稳定。同时，卫星研制团队通过对卫星架构设计以及硬件与软件的通用化、模块化设计等手段，使卫星平台的硬件设备与主要软件系统功能完备、适应性兼容性强，达到"去任务化"的目的。

我国的数据中继卫星系统建设走出了一条符合国情、技术上自主创新的道路。系统建设科学提出基于国内建站、多星组网、全球覆盖的总体技术路线，解决了不依靠国外建站实现对用户航天器全球覆盖的难题；中继卫星星上自主闭环精密捕获跟踪，多挠性卫星姿态和跟踪天线指向高精度复合控制，星载宽带转发器，长寿命、高精度、大型可展开跟踪天线，复杂热环境热控等多项关键技术的突破，解决了高速运动航天器之间跟踪与高速数据中继问题；建立的星—星、星—地技术体制和全程链路指标体系，为实现用户终端的系列化、规范化、通用化打下坚实基础。

相比于国外中继卫星系统，我国天链中继卫星系统优点显著。例如，天链中继卫星系统解决了天线波束极窄条件下高速运动航天器之间精密捕获跟踪的难题，实现了多种复杂情况下的高精度跟踪，技术体制优于传统的星地大回路自动跟踪体制。先进跟踪天线和转发器技术的研制成功，使整星返向数据传输最高速率和国际上先进在轨中继卫星相当。天链具有自动化资源分配、星—星—站集中管理，多功能一体化的中继卫星综合地面应用系统，实现了管理与应用的全面自动运行。和国际上现有的数据中继卫星系统相比，天链中继卫星系统所需的卫星数量少、地面管控网络简单且工作效率高，更符合我国国情。

第三节　移动通信卫星

2008年汶川大地震中，震区的地面通信系统均受到不同程度损毁，难以满足通信基本需求。受灾群众和救援队伍，只能依赖空投卫星通信设备进行对外联络，尤其是在地震发生31个小时后，要依靠租用国外卫星电话，指挥部才与重灾区取得联系。地震过后，孙家栋院士和沈荣骏院士一道，呼吁国家立项建设独立自主的卫星移动通信系统，首要任务就是要确保我国遭受严重自然灾害时的应急通信。2011年，天通一号卫星移动通信系统在时代的召唤下，正式启动立项研制。

2016年8月6日，我国用长征三号B运载火箭成功发射了天通一号01星。该卫星是航天五院负责研制的我国首颗大容量地球同步轨道移动通信卫星，技术指标与能力水平达到国际第三代移动通信卫星水平。它可为我国国土及周边海域的各类手持和小型移动终端提供话音和数据通信覆盖，开启了我国自主卫星移动通信系统的新时代，填补了国家军用、民用自主卫星移动通信服务的空白，并在个人应用方面发挥重大作用，使我国进入卫星移动通信的手机时代，具有里程碑意义。

一方面，天通一号卫星移动通信系统正式开通服务，可利用卫星通信覆盖优势，与地面移动通信网络形成有效互补，既能解决地面移动通信网覆盖盲区的"痛点"，又能补齐传统卫星通信"开通难、操作难、资费昂贵"的短板。另一方面，作为我国应急卫星通信基础网络的核心，天通一号卫星移动通信系统开通服务能有效提升中国应对突发事件的能力，为国民经济发展提供有力保障。

天通一号卫星移动通信系统是我国自主研制建设的卫星移动通信系统，也是我国空间信息基础设施的重要组成部分。该系统由空间段（多颗地球同步轨道移动通信卫星）、地面段（卫星管控运维站）和用户段（多类型用户终端）组成，其中空间段计划由多颗地球同步轨道移动通信卫星组成。它主要为中国及周边、中东、非洲等相关地区，以及太平洋、印度洋大部分海域的用户提供全天候、全天时、稳定可靠的移动通信服务，支持话音、短信息和数据业务。

天通一号01星采用我国成熟的东方红四号卫星平台（此前已有12颗卫星采用该卫星平台），在载荷及散热能力等方面均实现了突破。天通一号01星引入了三维数字化设计技术，采用了单机集成设计、混合集成电路等技术，集成多种信息处理功能，用一台单机就可以实现过去多台单机完成的任务，有效提高了卫星的效能。另外，它采用S频段，该频段信号传输损耗小、雨衰小，可实现地面终端设备小型化，便于携带，同时保证通信质量。

在天通一号01星研制过程中，研制团队历经艰苦攻关，终于完成国际首次整星级无线无源互调试验，验证了载荷系统无源互调指标，满足卫星任务要求，标志着我国这一技术处于国际领先水平。所谓无源互调是指天线在大功率发射信号时，由于天线接收灵敏度高，所以产生的杂波会落入接收通道，形成自身干扰，严重影响通信能力。例如，原本卫星可以同时支持5000条话音，

图4-3-1　为天通一号01星扣合整流罩

由于无源互调问题存在，可能只能同时支持500条话音通话甚至更低。因此，低无源互调技术是当今国际航天界共同关注的技术难题。

天通一号01星的关键技术均为自主知识产权。该卫星搭载的大口径环形天线具有极其复杂的电气机构、电磁特性和火工控制器件。同时，这种多波束天线承担波束赋形的重要功能，对在轨展开的指向精度、姿态精度等方面要求很高。因天线尺寸远远超过运载火箭

图4-3-2　采用巨大天线的天通一号移动通信卫星示意图

整流罩直径，只能使用复杂的机构对天线进行收纳折叠后装入火箭整流罩，发射入轨后再受控展开，同时还要保证天线在轨精度。天通一号卫星的成功应用，标志着我国在大口径柔性折叠天线技术上取得重大突破。

卫星管控运维站从软件到硬件全范围都是自主操作。该站是天通一号卫星移动通信系统"联天通地"的关键枢纽，其中"联天"是指实现对卫星平台与载荷管控，"通地"是指实现对卫星通信网的规划、建立、资源调配及用户管理。其上所有硬件设备，包括接入网的基带处理设备、信号转换设备，核心网的信令处理设备、信息交换设备等，均为国产自主可控产品。在软件方面，操作系统平台、数据库、通信信令及协议栈等，也均为国内厂商开发的自主知识产权产品。

用户终端从芯片到整机全链条自主可控。作为天通一号卫星移动通信系统用户终端的核心，芯片组是实现用户终端易用性和小型化的决定性因素，也是实现系统自主可控的核心环节。从用户需求到芯片设计，从仿真测试到流片验证，从系统联试到回归归零，芯片

研发团队克服了重重困难，于2015年12月成功打造出核心芯片组，并成功完成第一次话音通话。这是国内卫星通信领域第一套芯片，拥有完全自主知识产权，打破了国外对卫星移动通信领域核心芯片技术的垄断，更助力中国卫星移动通信实现自主可控。目前，基于国产芯片组设计生产的天通一号卫星终端产品，多采用安卓智能机操作系统，已成为应急通信、抢险救灾、野外勘探等必不可少的通信保障手段。

由于受到地面基站覆盖区域的限制，地面移动通信系统一般在边远山区、沙漠戈壁、森林、边境等地区不能实现通信的全覆盖。据统计，我国地面移动通信覆盖率不足国土陆地面积的40%，像中国南海这样广阔的区域，地面移动通信就更难以实现全覆盖。而有了卫星移动通信系统后就不存在这样的限制，移动通信可以自上而下实现区域的全覆盖，不受地形等因素的影响。

天通一号01星移动通信系统可容纳200万用户。该卫星发射后，经过3年多的天地联试、功能验证、互通建设等工作，于2020年1月10日由中国电信正式开通商用服务，这标志着我国自主卫星移动通信系统形成能力。

2020年11月12日，天通一号02星升空。2021年1月20日，天通一号03星升空。这3颗天通一号共同组网运行，构成了全规模、完整的天通一号卫星移动通信系统，用户总量成倍增加，覆盖范围可扩充至东

图4-3-3 天通一号卫星移动电话

北亚、第二岛链和南印度洋等地区，可为中国及周边地区，乃至太平洋、印度洋大部分海域用户，提供全天候、全天时、稳定可靠的卫星移动通信服务，支持话音、短信息和数据业务。

"十三五"期间，我国进一步提升了卫星移动通信服务容量和覆盖区域，实现卫星移动通信的规模化应用与运营，为国家"一带一路"空间信息走廊建设与应用搭建重要的支撑平台。预计到2025年前，我国卫星移动通信系统的终端用户将超过300万户，用户可以依赖我们实现个人通信、海洋运输、远洋渔业、航空客运、两极科考及国际维和等方方面面的工作。其强大功能很快就会展现出来，能够支持保密的话音通信、数据传输和视频会议，能够实现灾难救援、海上救助和偏远地带救援，可以开展远程教育、远程医疗、广播和直播等业务，也能够为科考、勘探等高端商业用户提供互联网接入、个人移动通信等服务。

第四节　高通量通信卫星

近年来，经济社会发展对信息通信技术的巨大现实需求，刺激了光纤通信技术、地面移动通信技术和卫星通信技术等持续蓬勃发展。其中，在卫星通信领域出现了容量能够上百倍增加的高通量通信卫星。与以往通信卫星利用C、Ku频段不同，高通量通信卫星主要利用Ka频段，因为该频段的频率资源更加丰富，可以实现更高的数据速率和频谱利用率，具有卓越的特性，能够实现对宽带任务的灵活支持。这为用户提供了一种完全可用的、可靠的、灵活的、可负担的卫星通信解决方案。利用Ka频段的高通量通信卫星，也成为很多用户的首选之一。我国实践十三号（又称"中星十六号"）正是这样一颗具有重要战略意义的通信卫星。

一、实践十三号

1. 立项研制

经报国务院批准，2013年4月27日，国家国防科工局、财政部联合批复东方红三号B平台高轨技术试验卫星工程立项，并将该工程命名为"实践十三号工程"。东方红三号B卫星平台是我国研制的新一代中等容量通信卫星平台，实践十三号是该卫星平台首发星，主要用途是先在轨验证该卫星平台和载荷新技术，然后开展通信业务运营。

实践十三号的设计寿命为15年，起飞质量为4600千克，定点于东经110.5°。航天五院的研制团队攻坚克难、顽强拼搏，终于在短短4年里攻克了一系列重大技术难题。2017年4月12日，我国用长征三号B运载火箭将首颗高通量通信卫星实践十三号成功发射升空。实践十三号采用Ka频段、激光通信和电推进等一系列新技术，通信总容量超过了我国此前研制的所有通

图 4-4-1　实践十三号进行太阳翼展开试验

信卫星容量的总和，这标志着我国卫星通信进入高通量时代，实现了真正意义上的自主通信卫星宽带应用，填补了我国在该领域的空白。这对我国卫星通信产业的发展起到极大的促进作用，为我国卫星通信应用市场的长远发展提供了根本性的支撑。

实践十三号工程由卫星、运载火箭、发射场、测控、运控和试验应用等六大系统组成。国家国防科工局负责工程组织实施管理和大总体协调，战略支援部队航天系统部负责卫星测控和发射，航天五院、航天一院分别负责实践十三号和长征三号B遥四十三火箭的研制，中国卫星通信集团公司负责卫星运行管理、试验应用系统以及河北怀来站、喀什站的建设，并牵头组织平台和试验项目的在轨考核，哈尔滨工业大学承担星地激光链路试验研究，负责河北涞水激光通信地面站的建设。

图 4-4-2 吊装实践十三号

实践十三号在国内高轨卫星领域创造了多个第一。例如，它是第一颗采用全配置东方红三号B卫星平台的卫星。它是第一颗采用电推进技术的高轨卫星，无须消耗化学推进剂即可完成全寿命期内南北位置保持任务。这对我国高轨卫星来说是具有革命性的技术突破，表明卫星承载能力显著提升。它第一次在我国卫星上应用Ka频段多波束宽带通信系统，通信总容量超过20吉比特/秒，引领我国高通量卫星通信技术发展。它第一次在我国高轨卫星上搭载激光通信系统。它第一次在我国高轨长寿命通信卫星上100%工程化应用国产化产品，改变了相关产品长期依赖进口的局面。它第一次在我国卫星上把技术试验和示范应用相结合。

作为我国首颗Ka频段宽带通信卫星，实践十三号在完成东方红三号B卫星平台和载荷新技术一系列在轨试验验证后，被纳入"中星"卫星系列，并被命名为中星十六号卫星，所以该卫星有两个名字。它已用于开展Ka频段宽带通信系统的应用推广，提供双向宽带通信示范化运营服务，这样可加速科研成果的应用转化，既达到了新技术在轨试验的目的，又满足了载荷示范应用的要求，提高了工程综合效益。

2. 技术特点和亮点

实践十三号有26个用户点波束，总体覆盖我国除西北、东北外的大部分陆地和近海近200千米海域。用户终端可以方便快速地接入网络，下载和回传速率最高分别达到150兆比特/秒和12兆比特/秒，实现了真正意义上的卫星宽带通信应用，填补了我国在该领域的技术空白。地面无线网络信号覆盖不到或光缆宽带接入不到的地方，都可以通过该卫星方便地接入网络。

实践十三号卫星通信系统的空间段卫星资源、地面段网络系统及业务运营系统采用天地一体化设计，卫星网络与地面网络互联互通，用户无须建设主站，仅需购买终端站就可使用宽带卫星服务，终端站通过卫星的用户波束接入所属信关站，为用户节省了网络建设的投资。该卫星系统可支持宽带接入、基站回传、视频内容分发、视频新闻采集、机载（船载或车载）通信、企业联网、应急通信等方面的应用；除支持固定终端外，还支持机载、车载和船载等移动终端的应用，能够实现跨波束自动无缝切换。其3个信关站可支持30万终端接入，并可扩展至百万量级。

图 4-4-3　装有多个天线的实践十三号进行试验

实践十三号采用了Ka频段通信，不仅容量大，可传送高清视频，而且能使其卫星用户终端做得较小，从而便于装备、携带和使用，无须单独建网，性价比高。虽然，与目前国际先进的高通量Ka卫星相比，我国首颗高通量卫星实践十三号的通信容量、覆盖区域等还相对有限，但它将引领我国高通量卫星通信技术发展。实践十三号有以下七大亮点：

一是新卫星平台亮相。实践十三号是首个采用全配置东方红三号B卫星平台的首发星。作为东方红三号卫星平台的改进型，东方红三号B卫星平台是我国研制的最新一代中等容量通信卫星平台，它采用了综合电子、电推进、高效热控、锂离子蓄电池等先进技术，这些技术可推广应用至其他平台，有效促进卫星平台能力提升。

二是电推进工程应用。实践十三号是我国首颗电推进工程化应用的卫星，既装

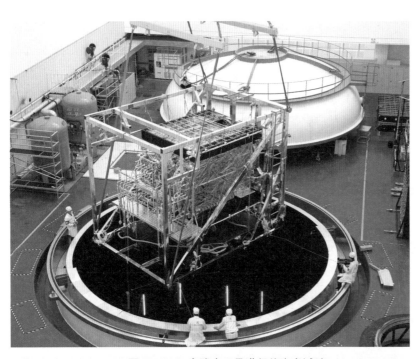

图 4-4-4　实践十三号进行热真空试验

有化学推进分系统，也装有采用氙离子推进器的电推进分系统，后者无须消耗化学推进剂即可完成全寿命期内南北位置保持任务，承载能力显著提升，在轨寿命为15年。这对我国高轨卫星来说具有革命性技术突破。

实践十三号采用的电推进分系统选用航天五院510所研制的LIPS-200氙离子电推进系统，用于执行卫星在轨的南北位置保持任务，卫星在轨寿命15年，标志着我国新一代航天电推进技术跻身世界前列，为我国高轨卫星带来了革命性技术突破，也为未来我国全电推进卫星平台的应用奠定坚实的基础。

电推进系统的优点是比化学推进系统的推进效率高10倍左右，具有比冲高、省燃料、振动小、寿命长、安全性高和综合性能好等一系列优点。所以，采用电推进系统的卫星比采用化学推进系统的卫星，在完成同样任务时所需的推进剂少得多，这样就可以显著降低发射质量，从而大幅降低发射成本；或明显增加卫星上的有效载荷数量，从而提高商业竞争力；或大大增加推进剂携带

图4-4-5　为实践十三号扣合火箭整流罩

量，从而延长卫星的使用寿命。实践十三号采用的是半电推进卫星平台方案。现在，我国已完成全电推进卫星平台方案的详细设计，其性价比和载荷比达到或略优于国外同类卫星水平。

三是卫星通信容量大。实践十三号首次搭载Ka频段通信载荷，通信总容量达到20吉比特/秒，超过之前我国研制的所有通信卫星容量的总和。这是我国卫星通信进入高通量时代的标志，真正意义上实现了自主通信卫星的宽带应用，填补了我国在该领域的空白，也会对我国卫星通信产业的发展起到极大的促进作用。

实践十三号在我国高轨卫星领域首次采用了多口径多波束天线、固面反射器高形面精度控制等一系列先进技术，并且首次将空间技术试验和示范应用相结合，提供双向宽带通信示范化运营服务。

四是高轨道激光通信。实践十三号是我国首次在地球同步轨道卫星上开展对地高速激光通信技术试验的卫星。卫星激光通信具有通信容量大、传输距离远、保密性好等优点，在高速空间信息网络数据传输方面具有不可替代的作用，是国际科技竞争的重要战略高地。此前，我国曾在海洋二号上开展低轨卫星与地面激光通信试验。在实践十三号上开展高卫星与地面双向激光技术通信，速率最高可达到2.4吉比特/秒，标志着我国在该领域的研究达到国际先进水平。

五是实现无缝"动中通"。实践十三号可以助力运营商实现无缝"动中通"。"动中

通"是指车辆、轮船、飞机等移动载体在运动过程中的卫星通信保障。据统计,我国平均每天的飞机乘客超过120万人,平均每天的铁路客运量达到760万人,但乘客的上网体验不佳:飞机机舱内无法上网,高铁列车上手机信号时断时续,游轮驶离港口后变成信息孤岛,乘客随时随地上网的需求长期得不到满足。以上问题是由于地面移动网络无法实现全面覆盖,或即使能覆盖但跨越不同区域导致切换过于频繁,难以为高速交通工具提供服务。实践十三号采用天地一体化设计理念,其中一项重要业务就是提供高速"动中通",通过多波束无缝切换配合机载、车载或船载终端的自动跟踪捕获功能,可为航空、航运、铁路等交通工具上的乘客联通世界,彻底改善上网体验。

六是用户终端尺寸小。实践十三号采用了频率更高的Ka频段通信,不仅容量大,可传送高清视频,而且可使卫星的用户终端小,容易装备、携带和使用,无须单独建网,性价比高。

据统计,我国有超过6000万人参与徒步、登山、越野、骑行、海钓、自驾游等户外项目,但因为户外地区通信信号差甚至完全没有信号,每月有近千起迷路或失联事件发生。更重要的是,当发生地震、水灾、海啸等紧急突发事件时,一旦地面固定和移动通信业务发生瘫痪,就无法与外界取得联系,不能及时、快速、准确地传递灾情信息,导致不可挽回的生命或财产损失。采用Ka频段通信的实践十三号,可有效缩小用户终端天线尺寸,非常便于携带。所以,无论是户外游客还是受灾民众配备这种用户终端后,他们都可以随时与卫星建立话音、数据和视频的传输,把途中或灾区的情况第一时间传递出去,为展开救援提供通信保障,将损失降至最低,发挥应急通信的关键作用。

七是国产化水平很高。实践十三号的国产化水平在我国高轨长寿命通信卫星中达到了新的高度,首次实现100伏电源控制器、地球敏感器、Ka频段宽带接收机和多功能组件等国产化产品的工程应用,改变了相关产品长期依赖进口的局面,关键核心单机实现自主可控,平台产品国产化率达到100%。这对推动我国商用卫星国产化进程,对我国后续卫星载荷技术发展起到至关重要的作用。

二、亚太六号D

2020年7月9日,通信容量更大的亚太六号D通信卫星在西昌卫星发射中心由长征三号B运载火箭成功发射。

亚太六号D是一颗地球静止轨道高通量宽带通信卫星,由航天五院抓总研制,采用我国自主研发的新一代东方红四号增强型卫星平台建造,发射质量约5550千克,在轨服务寿命为15年。它是我国首个Ku频段全球高通量宽带卫星通信系统的首发星,同时也是到2022年为止我国通信容量最大、波束最多、输出功率最大、设计复杂程度最大的民商用通信卫星,代表了我国高通量通信卫星研制能力达到国际先进水平。

亚太六号D主要面向亚太区域用户提供优质、高效、经济的全地域、全天候的卫星宽带通信服务，用以满足其海事通信、航空机载通信、陆地车载通信以及固定卫星宽带互联网接入等多种应用需求，在商业通信、应急通信和公共通信方面发挥重要作用，有力促进和推动服务地区的社会进步和经济发展。

2016年7月，亚太六号D项目签约仪式在深圳市举行，标志着我国首个Ku频段全球高通量宽带卫星通信系统启动建设，而亚太六号D正是该系统的首发星。亚太六号D采用Ku/Ka频段进行传输，通信总容量达到50吉比特/秒，单波束容量可达1吉比特/秒以上，可以为用户提供高质量的话音、数据通信服务；采用90个用户点波束，实现可视范围内全球覆盖，在载荷重量、通信容量、设计复杂程度等方面，刷新了国内同类通信卫星的最高纪录。

在研制过程中，项目团队先后攻克了Ku频段超宽带多端口功率放大器、关口站灵活切换、新一代小型化轻量化变频器等诸多关键技术，使卫星技术指标与研制能力达到国际先进水平。

2010年，着眼于未来通信卫星发展趋势和应用需求，我国提出在东方红四号卫星平台基础上，进一步开展技术创新，全面提高我国通信卫星平台的国际竞争力。2012年，东方红四号增强型卫星平台研制工作正式启动，经过多年的刻苦攻关，基于东方红四号增强型卫星平台的亚太六号D成功发射，实现了该平台在国际商业航天舞台上的首次亮相。

东方红四号增强型卫星平台具有高承载、大功率、长寿命、高可靠性等优势，能力更强、更加智能，能够满足未来各类卫星通信应用需求，具有广阔的应用前景。亚太六号D上转发器数量是采用普通东方红四号卫星平台卫星的2~3倍，波导数量是采用普通东方红四号卫星平台卫星的近6倍。结合东方红四号增强型卫星平台的结构特点和亚太六号D的实际需求，项目团队创新提出"扩展通信舱"构型和"通信舱水平板"的结构形式，并通过耦合热管设计，确保了亚太六号D超大规模的有效载荷既"放得下、摆得好"，又"散热快、不发烧"。

供配电系统是卫星的"心脏"和"血液循环系统"，确保着星上设备有效运作。为了满足卫星供配电需求，项目团队依托东方红四号增强型卫星平台，为亚太六号D量身定制了"大功率供配电套装"：在民商用通信卫星领域，首次采用新一代14.4千瓦电源控制器、一维二次展开太阳翼、大功率太阳翼驱动机构、大容量锂离

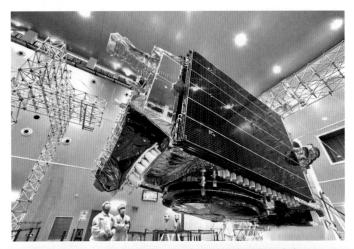

图4-4-6 中国研制的第2颗高通量通信卫星亚太六号D

图 4-4-7　亚太六号 D 在轨飞行示意图

子电池组，自主研发全新能源自主管理软件等。通过这些创新应用，亚太六号D整星大功率需求得到有效满足，平台供电安全防护、电源系统在轨自主管理能力等均达到国际先进水平。

在平稳安全的情况下，汽车的长距离行驶依赖充足的燃油或电力，而通信卫星的服务寿命往往取决于推进剂的限制。亚太六号D采用化学推进和电推进全配置，就像太空中的"油电混合动力汽车"，采用我国自主研制的长寿命、高可靠LIPS－200离子电推进技术完成南北位置保持，全面满足15年的服务寿命要求。通过采用电推进技术，采用东方红四号增强型卫星平台的卫星可以节省大量的化学推进剂，从而提高有效载荷的质量上限，进一步提升卫星的应用价值。

作为东方红四号增强型卫星平台的全配置首发星，亚太六号D在任务执行期间对这一全新平台进行了全面验证，不断扩展该平台的技术能力，不断推动该平台的技术完善与后续推广应用。

虽然亚太六号D携带的有效载荷质量是以往采用东方红四号卫星平台卫星携带有效载荷的1.5倍，但卫星的起飞质量没有发生较大改变。尽管采用电推进技术节省了部分化学推进燃料，但仅仅这样还远远不够。于是，大到卫星的结构设计，小到轻量化、小型化设备的选择，为了帮这个5吨重的"大块头"减重，研制团队可没少动脑筋。经过严苛的设计优化，亚太六号D的贮箱和气瓶减重近20%，超小型化国产变频器减重30%，双频点信标机合二为一，大量应用小型化产品……通过各种创新优化，亚太六号D全面满足各项设计指标，其以出色承载能力成为我国通信卫星的新标杆。

继实践十三号、亚太六号D之后，2023年2月23日，航天五院研制的我国第三颗高通量卫星中星二十六号升空。它是我国首颗通信容量达到100吉比特/秒的高通量卫星，配备了50台转发器，这也是迄今为止装转发器最多的卫星，采用东方红四号增强型卫星平台。

三、直播卫星

通信卫星分很多种，其中的电视直播卫星（简称"直播卫星"）相当于把电视塔搬到太空去扩大电视信号的覆盖面，从而将视频、图文和声音等节目进行点对面的广播，直接供广大用户接收。直播卫星功率较高，地面用户使用较小口径的固定天线就可以直接接收上百套电视节目广播信号。与地面有线数字电视相比，直播卫星除具有传播质量高、容量大和能提供多媒体业务的特点外，还具有覆盖面积大，地面接收设备便宜、易于安装等优点，对于偏僻、边远及欠发达地区的用户，更具有独特的优势。因此，直播卫星作为一个不可替代的广播电视传播手段在全世界范围内得以蓬勃发展。电视直播业务是当前通信卫星商业化运营最主要的应用方式和收入来源。

1. 中星九号

2008年升空的中星九号直播卫星是我国购买的，它采用法国原阿尔卡特宇航公司空间客车-4100系列成熟商用卫星平台，装有22台Ku频段转发器，发射质量4500千克，在轨服务寿命15年，用于开展我国电视节目直播到户的传输业务。该卫星投入运营以来，国内电视直播业务发展迅速，国内电视直播用户上亿。

2. 中星九号A

2017年6月19日升空的中星九号A是航天五院抓总研制的首颗国产直播卫星。它采用东方红四号卫星平台，包含24台Ku BSS频段转发器，起飞质量为5020千克，在轨服务寿命15年。它是在原国家新闻出版广电总局支持下研制的一颗地球静止轨道卫星，承担我国广播和电视直播业务，作为中国卫通集团有限公司在轨工作的中星九号直播卫星的备份星。

中星九号A主要用于广播和电视直播业务，可进一步满足中国广播电视、数字电影、数字宽带多媒体系统及各种信息传输的需求，满足国家广播电视安全播出和灾害防备策略，扎实推进广播与电视直播业务普及，持续推动我国"村村通""户户通"业务的发展。

中星九号A是在鑫诺四号卫星存储6年的

图 4-4-8　准备发射的中星九号 A

基础上，根据用户新的需求，重新启动研制的一颗卫星。卫星研制单位组织制定了长期留存产品选用原则，创造性地开展了留存产品性能评估工作，从多层面开展复查、复测、补充试验验证等。项目队伍首次使用全息三维成像手段，对卫星天线安装结构、通信舱总装后状态进行三维照相，利用信息化手段，对产品状态进行评估，为留存结构产品评估、总装风险评估和实施操作提供有益的参考。它针对长期存储航天器产品的评估与应用实践，为实现国产卫星"快、好、省"的研制目标，为国内批量生产航天器产品都积累了宝贵的工程经验，对国内航天器产品存储规范制定、长期存储的航天产品再利用具有重要的借鉴意义。其成功发射和在轨稳定运行将为卫通用户节省研制经费、节约资源、提高运营效率提供有力保障。

为在中国领土和领海区域构建全方位、多层次、复合型的互联互通网络，中星九号A增加了南海区域波束天线，主要覆盖中国南海及海南岛等地区，从而填补了我国直播卫星在南海区域覆盖的空白，为我国构建全方位、多层次、复合型的互联互通网络提供了宣传媒介，对宣示中国在南海的主权和权益起到了不可替代的作用。作为空间信息通道的组成部分，中星九号A通过广播和电视直播业务应用，利用上行点波束天线接收区域可灵活设置、运动范围大的优势，助推了我国"一带一路"建设，把来自"一带一路"共建国家的多元文化引入中国，推动文化交流和经济交往，让更多的人共享信息化互联带来的多彩生活。

3. 中星九号B

2021年9月9日，航天五院研制的中星九号B直播卫星升空。它采用东方红四号增强型卫星平台，该卫星平台具有高承载、大功率、长寿命、高可靠性优势，能够满足未来各类通信卫星应用需求，具有广阔的卫星应用市场。作为东方红四号增强型卫星平台全化推首发星，中星九号B产品国产化水平再创新高，可靠性、安全性大幅提升，业务连续运行能力、用户友好性进一步增强，太阳翼的快速展开使卫星发射后的能源安全性得到稳定保障。

中星九号B比中星九号、中星九号A覆盖范围更大，覆盖区域能力更强，显著提高了直播卫星传输性能，可为中国广大直播卫星用户提供更为优质的广播电视直播服务。它具有3个下行波束，分别为全国波束、海域波束和西南波束。海域波束全面覆盖我国四大领海，西南波束为新增波束，可

图4-4-9　中星九号B卫星试验队

实现卫星对西南地区覆盖能力的进一步提升。它特别设计了专门的转发器，下行信号强度明显增强，可以用于开展直播业务，新增54兆赫兹宽带通道，可实现8K超高清电视节目转播，为北京2022年冬奥会等大型活动提供了高质量直播传输服务的能力。

中星九号B对区域信号覆盖进行了增强，可支持应急广播、教育、医疗等行业信息服务，针对移动人群的小码率直播、信息推送等业务，助力卫星通信由"户户通"向"人人通""移动通""终端通"发展。

四、商业通信卫星

近些年，我国涌现出一些商业通信卫星公司，其典型代表就是北京国电高科科技有限公司（简称"国电高科"）和银河航天（北京）科技有限公司（简称"银河航天"）。

1. 天启星座

国电高科正在自主建设运营我国首个低轨卫星物联网星座——"天启星座"，星座计划由38颗低轨卫星组网，能为全球用户提供"空天地海、四位一体"卫星窄带物联网数据通信应用服务。

天启星座系统是一种天基新型实时短数据收发系统，即我国首个提供低轨卫星数据服务的窄带物联网星座系统，星座包含高度900千米的36颗45°低倾角轨道卫星和2颗97°倾角的太阳同步轨道卫星，对纬度67°以下区域全实时覆盖，对纬度67°～90°区域最大重访时间

图 4-4-10　天启通信卫星

约为25分钟。2021年7月，在轨运营14颗卫星后，星座系统第一阶段的组网工作顺利完成，可实现覆盖全球区域90分钟内重访能力，满足大部分业务场景需要。

天启星座系统功能是在较短时间内将分散于全球的卫星终端进行数据采集、传输、汇集、处理，通过卫星通信回传至信息中心，经过分包处理分发给相应的行业用户，具有高容量、低功耗、低成本等特点，主要解决传感层数据接入问题，可以为海洋海事、交通物流、农林水利、电力、石油管网、应急救援、环境监测、地震预报、野生动物保护等多行业用户提供覆盖全球、准实时、全天候的数据采集及通信服务，为满足用户的特殊需求提

供完善的定制化服务，全面填补空天海地的网络盲区，为人们提供安全快捷的信息服务，提升信息社会的智能化水平，实现空天海地于一体的万物互联。其地面段计划分别在黑龙江漠河、海南陵水、新疆喀什或伊犁、宁夏中卫、山西忻州等地筹建卫星地面接收站，形成覆盖全国疆土的卫星地面接收站网格局。其用户段充分发挥低轨道卫星传输延时短，路径损耗小，自研卫星终端具有低成本、低功耗、低时延的明显优势，为行业用户提供广域覆盖、全天候的空间信息服务。

2022年2月27日，天启星座19星搭载长征八号遥二运载火箭发射升空，天启星座第二阶段组网由此拉开序幕。2022年12月9日，天启星座的第16颗卫星升空，为天启星座2023年全面建成，具备全球实时数据通信能力奠定了坚实基础。

2. 银河航天

2020年1月16日，银河航天01星（首发星）在酒泉卫星发射中心成功发射，该卫星是银河航天生产的当时唯一在轨的宽带互联网卫星。银河航天01星是银河航天自主研发的具有国际先进水平的低轨宽带通信卫星，采用Q/V和Ka等通信频段，具备10吉比特/秒速率的透明转发通信能力，可

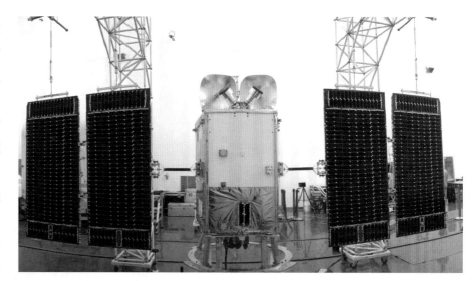

图4-4-11　银河航天01星

通过卫星终端为用户提供宽带通信服务。

银河航天01星在轨30天后成功开展通信能力试验，在国际上第一次验证了低轨Q/V和Ka等频段通信。银河航天还将通过建设国内首个卫星超级工厂，实现卫星生产达到日均一颗以上的能力。

2022年3月5日，我国在西昌卫星发射中心用长征二号C运载火箭成功将我国首次批量研制的6颗低轨宽带通信卫星——银河航天02批卫星送入预定轨道，任务获得圆满成功。这次任务的成功发射验证了我国具备建设卫星互联网巨型星座所必需的卫星低成本、批量研制以及组网运营能力，对于推动我国商业低轨卫星通信遥感一体化技术发展具有积极意义。

银河航天02批卫星是银河航天公司自主研发、批量制造的具有国际先进水平的低轨宽带通信卫星，单星设计通信容量超过40吉比特/秒，卫星平均质量约为190千克。这6颗卫星将在轨与银河航天01星共同组成我国首个低轨宽带通信试验星座，并构建星地融合5G试验网络"小蜘蛛网"，具备单次30分钟左右的不间断、低时延宽带通信服务能力，可用于我国低轨卫星互联网、天地一体网络等技术验证。

目前，银河航天公司的6颗批产宽带通信卫星在轨运行顺利，12副Q/V天线均成功解锁并展开到位，并且实现我国首例V频段低轨卫星测控。可以说，中国首次批量研制的低轨宽带通信卫星是可靠的，验证了中国已经具备建设卫星互联网巨型星座所必需的卫星低成本、批量研制能力。

在不到11个月的时间里，银河航天完成了6颗低轨宽带通信卫星的全部设计、总装、测试、试验和出厂。值得一提的是，用于6颗卫星整星组装、集成、测试的时间仅为75天左右，相比传统模式已大幅下降，实现了卫星从"单星研制模式"向"批产模式"的跃升。

从全球范围来看，卫星批产正在成为新的发展趋势，因为它能使卫星研制成本大幅降低、生产效率大幅提升，是构建大规模星座的必要条件。卫星批产将对中国卫星产业链的发展起到积极推动作用。在银河航天02批卫星的研制过程中，银河航天自研产品涉及约4000种元器件，国产化率达到90%以上，其中关键器件、核心部件实现了100%国产。

此外，银河航天通过通信载荷、卫星平台及其核心单机的自主研发，构建基于民用工业体系的商业化供应链，构建卫星生产线和精益生产管控系统，创新探索"卫星设计—生产线—供应链"的量产铁三角模式，提供了卫星低成本批量研制的重要实践。

第五节　返回式卫星

号称"千里眼"的遥感卫星站得高、看得远，是一种利用自身所装载的各种遥感器对地球进行连续、快速、大面积详细观测的应用卫星。它把人类认识地球、研究地球的视点从地面、低空扩展到太空，从而可以居高临下，利用各种遥感器对地球进行详细观测。

遥感卫星又叫"对地观测卫星"，根据用途可分为陆地卫星、气象卫星和海洋卫星等多种，它们的主要区别在于时间、空间和光谱分辨率及谱段不同，因而用途不一。气象卫星的轨道一般比陆地卫星高，所以观测面积大，时间分辨率很高，其中极轨气象卫星每天能对全球任何一个地点观测2次，但空间分辨率较低。陆地卫星与海洋卫星的主要不同是有效载荷的不同。我国已研制、发射和应用了这些卫星。

我国于1966年开始研制遥感卫星，是世界上发展遥感卫星较早的国家，从返回式遥感卫星起步，经历了轨道高度由低轨道到中、高轨道，卫星分辨率由中到高，成像技术由单一可见光成像到可见光微波成像，观测对象覆盖了陆地、气象、海洋和环境灾害监测，在轨设计寿命由几天提升至8年左右。我国现已建成返回式、资源、高分、遥感、天绘、高景、环境减灾、风云、海洋等系列卫星，对地观测能力不断增强，各系列体系初具规模，卫星获取的数据广泛应用于国土普查、灾害监测、太空育种、气象预报和气候变化监测、海域监测、资源勘探、城市规划等领域，在中国以及世界其他多个国家的经济建设中发挥了重要作用。

返回式遥感卫星（简称"返回式卫星"）是中国最早的应用卫星，因为当时我国是用胶片相机对地进行拍摄，所以必须回收胶片才能掌握对地观测影像。我国用这种陆地卫星不仅进行了遥感、微重力实验和新技术试验，还为掌握载人飞船返回技术提供了重要借鉴。我国未来将研制商用可重复使用返回式卫星。

一、中国返回式卫星发展概况

我国返回式卫星的研制工作是从1966年开始的。在攻克卫星姿态控制技术、卫星再入防热技术和卫星回收技术等一道道难关后，1975年11月26日，我国第一颗返回式卫星终于由长征二号运载火箭成功发射。它在轨运行了3天，于11月29日按预定时间返回我国大地。该卫星是一种在低轨道上运行、采用三轴稳定方式、对地心定向和返回舱可安全返回地面的卫星，主要用于国土普查。其运行轨道为近地点173千米，远地点483千米，倾角63°，轨道周期91分钟。它由仪器舱和返回舱组成，质量为1790千克。仪器舱携带的1台可见光地物相机用于对地摄影，获取地球遥感资料；另外1台星空相机用于对天空摄影，以测定对地摄影时刻的姿态精度。卫星在完成摄影任务后，存放胶片的返回舱返回预定的回收地区。

第一颗返回式卫星的成功发射、入轨使中国成为继美国、苏联之后世界上第三个掌握返回式卫星技术的国家。这项技术在当时可以说是一道世界难题，就是在今天掌握它的国家也寥寥无几。为此，美国曾付出12颗卫星失败的高昂代价，苏联也同样支付了13颗卫星失败的学费，相比之下，中国则少

图4-5-1 中国返回式卫星首任总设计师王希季（右一）在某返回式卫星测试现场

得多。

众所周知，大多数卫星不需要再返回地面，但返回式卫星则不同，它取得的工作成果必须在返回地面以后才能为人所用。比如，使用胶片的遥感卫星，它是以普通的照相机原理工作的，也就是把信息存储在胶片上，人们只有拿到胶片再经过加工处理才能得到信息；微重力实验卫星也是如此，它的实验装置和产品需要回收后才能进行分析和利用。所以，这些用途的卫星就必须返回地面。

从1974—2006年，我国先后进行了24次返回式卫星的发射，其中23颗返回式卫星顺

图 4-5-2 返回式卫星返回地面示意图

利入轨，22颗成功回收，是中国最成功的航天计划之一。利用返回式卫星不仅可以进行遥感、微重力实验和新技术试验，还能为中国掌握载人飞船返回技术提供重要借鉴。

我国返回式卫星主要任务是对地观测，同时利用剩余载荷能力搭载进行一些国家科学、技术发展急需的试验项目，在一定程度上弥补了我国目前没有专用的微重力实验卫星和技术试验卫星的不足。

卫星返回是个极其复杂的过程，这是因为卫星在轨道上是以7千米/秒左右的速度高速飞行的，当它返回时，就以同样的速度冲向地球大气层，在入大气层时和空气产生强烈的摩擦，卫星表面产生很高的温度，所以返回式卫星必须能可靠防热，否则会在大气层中烧毁。理论和实践均已证明，返回式卫星要想安全返回，起码要具备以下条件：①卫星的控制系统要能够准确调整卫星的状态，使它从轨道的飞行状态调整成返回姿态。②如果卫星是由多舱段组成，且只回收其中的一部分，则它必须能够可靠分离。③卫星要自带动力系统，使它能够脱离原来的飞行轨道进入返回轨道。④要有良好的防热性能和隔热性能，卫星不但不能被烧毁，而且应保证星内的温度不能过高，内部的成果完好无损。⑤卫星上要有良好的减速和缓冲设备，例如降落伞等，使它安全地降落在地面。⑥卫星上还要有无线电信标机、闪光灯和海水染色剂等标位装置，以便在接近地面及落地以后发出声、光或颜色等信号，从而能够被迅速找到和回收。

二、返回式卫星的更新换代

返回式系列卫星采用近地椭圆轨道，轨道倾角63°，卫星质量由早期的1860千克，逐步增加到近4000千克，姿态控制采用三轴稳定控制方式。它是目前我国发射次数最多的一种卫星，产生了明显的社会效益和经济效益。

我国先后研制并发射了返回式卫星0号、返回式卫星一号、返回式卫星二号、返回式卫星三号、返回式卫星四号和实践八号共6种型号卫星，其中返回式卫星0号是我国第一代国土普查卫星；返回式卫星一号是我国第一代摄影测绘卫星；返回式卫星二号是我国第二代国土普查卫星；返回式卫星三号是我国第二代摄影测绘卫星，用于高精度摄影测绘，其测绘精度比第一代有较大的提高；返回式卫星四号是我国第一代国土详查卫星；实践八号是太空育种卫星。

这6种型号卫星的外形分为两种：第一代国土普查卫星和第一代摄影测绘卫星为钝头圆锥体，锥角为20°，总长为3.144米，头部半径为0.65米，最大直径为2.2米。第二代国土普查卫星、第二代摄影测绘卫星和第一代国土详查卫星为钝头圆锥体下加圆柱段，它又有两种尺寸。第二代国土普查卫星总长为4.64米，第二代摄影测绘卫星、第一代国土详查卫星总长为5.14米，钝头球部半径为0.65米，锥体母线锥角为20°，柱段直径为2.2米。返回式卫星均于酒泉卫星发射中心采用长征二号系列运载火箭发射。

图 4-5-3　早期某颗返回式卫星的返回舱落到郊外

通过6种型号卫星的研制，我国解决了返回卫星的总体设计、制造、大型试验、卫星发射、跟踪测控和卫星回收等各种关键技术，尤其是完成返回式卫星三号、返回式卫星四号任务后，使返回式卫星平台不断成熟、发展，有效载荷的性能得到很大的提高。

我国返回式卫星经历了一个从初级到高级，技术不断进步的过程，先后研制了两代返回式卫星平台，它们均由仪器舱和返回舱组成。

早在1966年初，我国就开始对返回式卫星0号的总体方案进行探讨，并在1967年9月完成卫星的总体方案。在总体方案的基础上，航天五院于1970年3月完成第一颗返回式卫星方案阶段的全部工作，随即开展卫星的初样研制。在初样阶段攻克降落伞安全开伞、烧蚀防热材料热相容性等关键技术问题，于1973年1月转入正样研制。1974年进行了返回式卫星试验星的发射，由于运载火箭故障，故卫星未能入轨。1975年11月26日，中国第一颗返回式卫

图 4-5-4 吊装返回式卫星

星成功发射，在轨运行3天后按预定时间返回，取得基本成功。1975—1987年，我国共成功发射9颗返回式卫星0号，其飞行时间由3天增至5天，获得了大量对地摄影相片，发展了卫星制造、卫星发射、跟踪测控和卫星回收等技术。

返回式卫星一号于1974年开始进行方案论证，后于1979年7月进入方案研制，同年11月获得正式立项。卫星采用了画幅式相机，并开始利用剩余的载荷能力搭载其他空间实验。1987—1993年，返回式卫星一号共发射5颗，其中第五颗因控制故障未能回收。该型号卫星在计算机控制、舱压控制技术等方面有比较大的进步，卫星飞行时间也增加到8天。

返回式卫星0号和返回式卫星一号具有相同的几何外形，都为羽毛球状的钝头截锥体，采用第一代返回式卫星平台。其最大直径为2200毫米，总长为3144毫米，是半锥角为10°的球冠圆台组合体。其容积为7.6立方米，起飞质量视有效载荷的不同为1800～2100千克，返回有效载荷260千克，在轨飞行3～8天。在主动段飞行阶段，卫星外面没有整流罩保护。

第一代返回式卫星平台由仪器舱和返回舱两个舱段组成。仪器舱壳体为铝合金结构，舱内主要安装照相机及在轨工作的仪器。它具有良好的密封性，可以满足照相机在轨工作的压力环境。返回舱内衬为铝合金，外部为耐高温的烧蚀材料。它在再入大气过程中，由于严重的气动加热会产生高温，外部的烧蚀材料一边烧蚀一边将热量带走，从而保证舱体不会烧毁，并且内部有合适的环境温度。

仪器舱和返回舱用爆炸螺栓相连接，卫星在轨道上完成预定的任务之后通过电控引爆使两舱分离。返回舱在制动火箭的作用下脱离原来的运行轨道进入稠密大气层，在一定高度开伞后安全返回地面；而仪器舱则继续在轨道上运行，其轨道逐渐衰减，最后陨落入稠密大气层焚毁。

返回式卫星0号有11个分系统：有效载荷、结构、热控、姿控、程控、遥测、遥控、跟踪、天线、回收和电源分系统。之后的返回式卫星一号增加了一个压力控制分系统，其功能是控制密封舱的压力，以满足相机工作的压力环境要求。

返回式卫星0号采取被动热控措施，返回式卫星一号采用被动热控与主动热控相结合的方式，以保证星上设备具有正常的温度环境。返回式卫星一号姿态控制是对地定向三轴稳定系统，可以满足有效载荷对地摄影的姿态要求，还用于给出返回前的姿态基准。它用陀螺和红外地球敏感器作姿态测量部件（第一代摄影测绘卫星和第二代国土普查卫星增加了太阳敏感器），用冷气喷气系统作执行机构来完成控制功能。从返回式卫星二号以后增加了轨控发动机，作为长时间飞行的轨道维持手段。从返回式卫星一号开始，遥控分系统还增加了数据注入的功能。

返回式卫星二号相比返回式卫星0号可以获得更高分辨率的图像，其姿态首次实现全姿控捕获式。返回式卫星二号于1990年2月开始研制，采用直接扫描式全景相机。返回式卫星二号分别于1992年8月、1994年7月和1996年10月共发射了3颗。卫星设有轨道控制系统，能每隔数天调整轨道，因此留轨时间得以延长至15天，返回落点精度也得到提高。

1992年开始使用的返回式卫星二号的外形与返回式卫星0号、返回式卫星一号相差较大，采用第二代返回式卫星平台。它在返回式卫星0号、返回式卫星一号的结构底部增加了一段高度为1.5米、直径为2.2米的圆柱段，使卫星总长达到4.6米，容积达到12.8立方米，能在轨飞行15～20天，一次飞行所获得的卫星遥感信息量比第一代返回式卫星增加了13倍以上，卫星照片的地面分辨率也提高了3倍。它使中国返回式卫星技术以及对地观测水平向前推进了一大步，回收控制技术也达到世界先进水平。

返回式卫星二号起飞质量为2800～3100千克，返回有效载荷达到310千克左右，不返回有效载荷为500～600千克，微重力量级10^{-3}～10^{-5}gn，轨道倾角57°～70°，近地点高度175～200千米，远地点高度为300～400千米，轨道周期约90分钟。该卫星也包括仪器舱和返回舱两个舱段。仪器舱由非密封的服务舱和密封舱组成，两者是铆接在一起的。返回舱由回收舱和制动舱组成。返回时，返回舱先和仪器舱分离，在位于制动舱底部的制动火箭工作完毕后，制动舱与回收舱分离。制动舱在再入大气层过程中焚毁，只有具备防热功能的回收舱可安全通过大气层，在预定的回收区安全着陆。

图4-5-5　返回式科学技术试验卫星搭载天安门广场国旗展示交接仪式

与返回式卫星0号、返回式卫星一号相比，返回式卫星二号的总容积增加了68.4%，其中回收舱容积增加了15%，密封舱容积增加了20.3%；起飞质量增加了19%～48%，其中可回收的有效载荷质量增加了53%，不可回收的有效载荷质量增加了11%～33%。

用于遥感的返回式卫星的有效载荷都是胶片型可见光遥感相机。返回式卫星0号采用一台棱镜扫描式全景相机，返回式卫星一号采用一台画幅式相机，返回式卫星二号则采用一台节点扫描式全景相机。卫星发射前装有一定数量的胶片，发射入轨后通过星上的程序装置或地面遥控使相机对地开机照相，按计划的摄影区域，获取地物目标信息。卫星完成全部摄影任务后，返回舱脱离运行轨道，带着摄影胶片返回地面。应用系统将摄影胶片冲洗处理后，获得地面景物的照片。

返回式卫星0号、返回式卫星二号不具有轨道控制能力，从返回式卫星二号开始卫星都具有有限的轨道控制能力，主要用于轨道保持。返回式卫星一号的轨道寿命为8天，而返回式卫星二号的轨道寿命为15～20天，比返回式卫星一号的轨道寿命延长了87.5%～150%。

第二代返回式卫星平台的主要技术特点为：①增加了卫星的有效载荷和轨道寿命，具有有限的轨道控制能力和可靠性更高的遥控装置。②采用了新型可见光遥感设备，对地观测的地面分辨率和获取的信息量成倍提高。③采用了全新的姿态和轨道控制系统、三冗余计算机控制及现代控制理论、卡曼滤波以及最优控制设计方法，提高了卫星控制精度，具有全姿态捕获、单红外地球敏感器控制、三冗余计算机可降级运行、卫星姿态的反调等一系列抗干扰功能，提高了卫星的生存能力。④其先进的平台设计，可使卫星"一星多用"，仪器舱在与返回舱分离后，通过全姿态捕获功能，可恢复正常运行姿态，成为一颗新的技术试验卫星，完成卫星的留轨试验。

一般卫星在返回过程中，仪器舱在与返回舱分离后，继续留在原来的轨道上飞行，成为无用的太空垃圾，其轨道逐渐衰减，直至陨入稠密大气层焚毁。卫星留轨试验是指仪器舱在与返回舱分离后，利用它本身的全姿态捕获功能，将仪器舱恢复正常的运行姿态，成为一颗新的技术试验卫星。这样就可在其上进行一系列科学技术试验，特别是那些不宜在卫星正常运行情况下进行的故障模式试验，从而变废为宝。1994年7月和1996年11月，在第2颗和第3颗返回式卫星二号上，先后成功地进行了两次留轨试验。

在完成对地观测的大前提下，在返回式卫星二号上以搭载的形式进行了一些科学项目，达到了"一星多用"、多方收效的预期目的，获得圆满成功。在3颗返回式卫星二号上

图 4-5-6　对新型返回式卫星进行检测

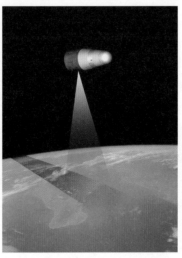

图 4-5-7　返回式卫星四号对地摄影示意图

图 4-5-8　返回式卫星组装现场

的搭载项目中所谓有源搭载是指该搭载项目需要星上提供电源以及遥测、遥控、程控、热控、数传等服务；无源搭载是指无须星上供电或其他的服务。第3颗返回式卫星二号搭载的有效载荷总质量达到了265千克，相当于发射了一颗小型科学技术试验卫星。

1988年12月，我国开展了返回式卫星三号的论证，以满足高精度摄影测绘需求。1999年10月，返回式卫星三号正式立项，随后分别于2003年11月、2004年9月和2005年8月发射了3颗卫星，遥感信息品质好，测绘精度比第一代有较大的提高，飞行时间延长到18天。

返回式卫星四号于2000年4月正式立项研制，分别于2004年8月、2005年8月发射2颗卫星，获得了高分辨率的遥感卫星图像，飞行时间增加到27天。

返回式卫星三号是第二代摄影测绘卫星，返回式卫星四号是国土详查卫星。针对高精度摄影测绘和详查的不同使用要求，我国分别开展了这两个型号的总体方案设计，其中对相同的分系统和设备统一进行设计与制造，这样大大提高了型号的总体设计水平和制造、试验与飞行任务的效率。实践八号平台方案与返回式卫星三号基本相同。

返回式卫星三号、返回式卫星四号和实践八号卫星在完成飞行任务的同时，取得了一系列科学技术成果。我国能够"快、好、省"地完成这些卫星的制造和飞行任务，其重要的原因就是利用公用平台技术。我国返回式卫星继承性比较好的主要有结构部件，返回舱的气动外形，控制、返回、程控、压控、遥测、遥控等分系统。在继承成熟技术的基础上，这些分系统都有技术上的进步。

返回式卫星大都采用蓄电池供电。我国卫星以前大都用锌银蓄电池，现随着卫星飞行天数的增加，我国新型返回式卫星采用了能量高于锌银电池的锂亚硫酰氯电池，将卫星飞行时间从原来的15天增加至现在的27天。700安时大容量锂亚硫酰氯电池较大规模地在返回式卫星三号、返回式卫星四号上使用，这在中国航天器史上是首次，它解决了锂电池上星使用的总体技术问题，使相同容量电池在体积上减少1/3，质量上减少1/2。

我国返回式卫星在回收落点技术、卫星加固减振技术和卫星包装运输技术方面也有较大提高。新研制的3种返回式卫星都取得了技术上的重要进步。其中的第二代摄影测绘卫星（返回式卫星三号）把大地测量精度提高到一个新的水平。第一代国土详查卫星（返回式卫星四号）的分辨率达到国内最高水平，为用户提供了有价值的遥感资料。在完成主任务的同时，我国还用返回式卫星开展了微重力搭载科学实验，取得了空间科学实验新的成果。

新一代返回式卫星充分地继承了前一代卫星的成熟技术和经验，在此基础上又有较大的创新和改进，从而为国家提供了一种崭新的用途广泛的返回式卫星平台。这也是我国返回式卫星实现高可靠性、低成本和短研制周期的关键。

三、返回式卫星的主要用途

我国返回式卫星带回了大量遥感数据和照片，广泛应用于国土普查、地质调查、水利建设、石油勘探、地图测绘、环境监测、地震预报、铁路选线、考古研究等领域，产生了很好的社会和经济效益。

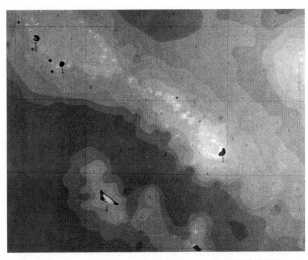

图 4-5-9　返回式卫星拍摄到的南沙北部海域图

返回式卫星拍摄的一幅照片覆盖面积可达3.2×10^4平方千米。这些照片比例尺大、图像清晰、视野宽阔、分辨率较高。我国曾用返回式卫星拍摄的国土照片对京津唐地区5.5×10^4平方千米的区域进行了资源和环境的调查研究，查明了该地区47个县级单位的土地、水域、森林、耕地、盐碱地、风沙地、居民用地以及侵蚀地的面积；查明了北京市自1951—1988年耕地减少35.5万亩，京、津、唐地区人均耕地面积仅为1.35亩，约为全国平均水平的60％等情况。这些调查研究所用费用仅为常规调查费用的1/13～1/3，并证明了卫星遥感的实效性。

中国还利用返回式卫星拍摄的国土照片进行了矿藏地质调查，在塔里木盆地发现了新的成油构造；在大同煤田圈定了煤田范围，直接划分了含煤层；在北京地区找到了7个成矿预测区。通过卫星照片进行地震地质调查，科研人员可直接绘制出地震地质图。

在测绘方面，我国用返回式卫星拍摄的照片完成了黄河三角洲1∶50 000和1∶100 000地图的修订；绘制了中国第一幅南沙群岛的影像地图；在港口河道建设方面，查清了黄河、滦河、海河三大水系泥沙流的活动规律和相互作用情况。

在铁路选线方面，我国利用卫星照片对河北兴隆县至天津蓟县（今蓟州区）铁路东西两个方案进行对比选择，结果发现西线方案不仅断层破碎带少，而且比东线短2千米，从而节省投资300多万元；为建造穿过六盘山的铁路选择了一条绕过危险断层带的路线。

在考古研究方面，通过返回式卫星拍摄的照片，科技人员在内蒙古自治区发现了金代的界壕和元朝时的古应昌城遗迹。

我国返回式卫星搭载质量由一开始的十几千克增加到几百千克，1987年首次用返回式卫星为法国搭载藻类培养试验装置，迈出了中国应用卫星走向国际市场的第一步。此后，我国返回式卫星还搭载过国外其他试验装置。我国在返回式卫星上进行的搭载试验有半导体晶体生长、蛋白质生长、微生物试验、高等动物小白鼠和育种等，所获成果令人十分满意。例如，在太空获得的砷化镓单晶，结构完整，无杂质、无条纹，组分均匀，具有很高的科学价值和经济价值。

第六节　资源系列

资源卫星是一种利用星载遥感器获取地球表面图像数据从而进行资源调查的卫星，通常载有可见光、红外、多光谱、紫外和微波5类先进的遥感器。这种卫星运行于700～900千米高的圆形太阳同步轨道，10～30天可观测地球一遍。它不仅使人类从新的高度观测地球上的千变万化成为现实，还把人的视野从可见光扩展到紫外、红外及微波辐射区，从而发现了许多以前因人迹未到或手段落后而没找到的自然资源，节省了大量人力、物力和财力。此外，和气象卫星类似，资源卫星还是环保、减灾方面的能手。

我国于20世纪80年代初开始进行资源卫星的可行性论证工作。1986年3月31日，中巴地球资源卫星一号（又叫"资源一号01星"）的研制工作正式启动。1988年7月6日，中国和巴西两国政府基于1984年签署的科学技术合作协定补充协议，签署了《中华人民共和国政府和巴西联邦共和国政府关于核准研制地球资源卫星的议定书》，中巴地球资源卫星合作从此拉开序幕。

至2022年11月，我国已成功发射7颗资源一号系列卫星，它们的特点是中等分辨率、大幅宽和多谱段。其中5颗是与巴西合作研制的，最高分辨率为2.36米。资源一号02C星、资源一号02D星则由我国自主研制。我国还自主研制、发射了3颗资源二号和3颗资源三号卫星，其中资源三号是我国民用立体测绘卫星，2016年发射的资源三号02星分辨率为2.5米。

一、资源一号

1.资源一号01星

经过长期努力，中国和巴西合作研制的资源一号01星于1999年10月14日由长征四号B运载火箭成功发射，从而结束了中国没有陆地资源卫星的历史。该卫星能实时接收覆盖中国全境及部分邻国领土的卫星遥感数据，弥补了以前北京地面站接收不到中国西部地区和南部海区的国外遥感卫星数据的缺憾，树立了中国航天遥感新的里程碑，为全国遥感界的广大用户又提供了一种遥感数据源的选择。它标志着使用中国研制的卫星获取实时遥感数据的开始，特别是首次直接获取了中国西部边陲地区的遥感图像资料，为开发西部作出了一定的贡献。

资源一号01星在轨安全运行了3年10个月，于2003年8月13日失效，超出了卫星设计寿命2年。它共环绕地球运行20 074圈，其中7796圈在中国地面接收站覆盖范围内成像，覆盖中国领陆、领海和周边国家53遍，前后共165次利用星上磁带机，记录2196分钟接收站覆盖范围之外的数据。中国资源卫星应用系统共接收、处理、存

图4-6-1　资源一号01星进行太阳翼展开试验

档CCD图像数据228 893景、红外图像数据217 313景、宽视场成像仪图像数据3796景。

资源一号01星由卫星平台和有效载荷舱两个舱段构成，舱段内采用分小舱设计，以形成分系统之间电磁和热方面的隔离。它所采用的资源一号卫星平台是中国第一代传输型对地观测卫星平台，包括热控、测控、姿控、轨控、结构和电源等分系统，具有较高自主能力和高精度的姿态控制系统以及适应变轨能力的轨道控制系统。其太阳翼能单翼也可双翼，以适应不同能源的需求。平台中心承力筒可以装配500～1000千克的有效载荷，采用了S频段统一测控和超短波测控方式，星载数据管理系统能适应不同卫星的整星信息管理要求，并可以改变远置单元的数目，从而满足不同卫星测控的需要。它可据任务需求搭载多种遥感设备，完成多种飞行任务，适应多用途太阳同步轨道卫星。

资源一号01星为2000毫米×1800毫米×2250毫米的长方体，质量为1540千克，姿控和轨控方式为三轴稳定，电源为单翼太阳翼，设计寿命为2年，电源系统的末期输出功率为1100瓦。其高码速率数传和高密度磁记录器是国内首次研制的多载波、X频段高码速率传输系统，采用了QPSK、BPSK调制技术，分别传送CCD相机、红外扫描仪、宽视场成像仪的数据，总码速率为113兆比特/秒。高密度磁记录器采用42个磁道，记录重放码速率为53兆比特/秒，数据总容量大于50吉比特，数据线路中采用先进的R-S码进行纠错，消除了磁带录放抖动的影响。通过数传系统（包括磁带机），卫星获取了大量国内外清晰的图像。

资源一号01星首次在国内采用以4个偏置动量轮组成的整星零动量的三轴稳定对地定向和单翼太阳翼对日定向控制技术，姿控系统具有高度的星上自主故障诊断和系统重构以及程序修改的能力。其太阳翼驱动机构、红外地球敏感器、动量轮及一组速率积分陀螺仪均由国内研制。其太阳翼驱动机构技术更是达到了国际先进水平。卫星采用3块大面积太阳能电池板组成1个单翼，并首次采用国内研制的展开机构，进行了展开试验和装调技术试验，还采用了降压式充放电调节器和开关式分流调节器，使输出电源母线电压稳定在28伏。

资源卫星轨道及遥感设备的特点，造成卫星内部和外部热流变化大。针对热控这一大热流瞬变问题，研制团队采用"分段周期循环法"解决了整星瞬态热网络分析的问题，替代了传统的稳态分析设计方法。在卫星出厂前，研制团队第一次使用了100多台程控电源模拟卫星在轨飞行的各种工作模式，圆满完成了卫星瞬态热平衡试验。在轨运行期间，星上各处温度均保持在规范值内。

图 4-6-2　资源一号卫星平台

资源一号01星运行在圆形太阳同步轨道，与赤道平面倾角为98.5°，轨道高度为778千米。它准确进入预定轨道后，于1999年11月4日至9日进行了7次轨道调整，在国内第一次实现了具有极高稳定性的太阳同步、回归和冻结轨道，并在其后每2~3个月对卫星进行一次精确的轨道调整保持，该技术达到了国际先进水平。

资源一号01星综合了美国陆地卫星五号和法国斯波特三号的优点，并且比它们具有更广的应用范围。星上有3台遥感器：分辨率为20米、幅宽113千米的5谱段CCD相机（天底点，侧视范围 -32°~32°），分辨率为80米（可见近红外谱段和短波红外谱段）和160米（热红外谱段）、幅宽为120千米的4谱段红外扫描仪（是当时中国空间分辨率最高的红外多光谱遥感器），分辨率为256米、幅宽为890千米的2谱段宽视场成像仪。卫星遥感系统共有11个谱段、4种不同分辨率，以及26天、5天的重访观测周期，这种配置方式此前国外还未有过，具有自身特色。星上还有高密度磁带记录仪，用于记录各接收站覆盖圈外感兴趣地区的数据。

2003年8月，资源一号01星停止使用。2003年10月，接替资源一号01星的资源一号02星升空，经在轨测试后于2004年2月正式交付使用。资源一号01星和资源一号02星的成功发射和稳定运行，结束了我国长期依赖国外卫星遥感数据的历史，使我国有了自主的连续可靠的卫星遥感数据信息源。

继资源一号02星后，此后发射的资源一号系列卫星在质量、性能和可靠性上都有了较大提高。

2. 资源一号02B星

为了保证国家和广大用户对资源卫星数据产品的连续性需求，结合中国航天技术的发展水平和资源卫星的技术现状，2007年9月19日，资源一号02B星升空。该卫星继承了资源一号02星的有效载荷设备，并增加了新的兼具试验功能的载荷设备，对后续中巴资源卫星的研制生产起到了极其重要的作用。

研制资源一号02B星有一个重要的特点，即一步正样而没有初样，没有做电性星、温控星、热控星的试验，只是进行详细方案设计，然后直接投产组装正样星。这为后续星研制找到了捷径和经验。

为了扩展卫星的应用范围，提高国内外用户的应用水平，改善和提高图像数据的质量，资源一号02B星在继承资源一号02星优点的基础上实施了几个比较重大的技术改进。一是增加了1台分辨率为2.36米的高分辨率相机和2台固态存储器，取消了资源一号02星上的红外扫描仪和磁带机。这是中国首次在民用卫星上使用高分辨率的CCD相机。当时国内所有高分辨率的卫星数据基本上都是依赖国外卫星公司提供。这颗卫星不但可以试验中国高分辨率相机的有效载荷，而且可以缓解国内用户严重依赖国外高分辨率卫星数据的情况。因此，这一技术对于用户来说，意义非常重大。同时，为了保证用户在卫星数据使用上的连续性，该卫星还装载了一台和资源一号01星、资源一号02星分辨率相同的CCD相机。CCD相机是资源一号02B星完成对地观测任务最重要的遥感器，它在可见光和近红外光谱段产生4个多光谱谱段和1个全色谱段的地面景物图像，能提供幅宽为113千米的全色地面景物图像。二是为了提高数据系统的几何定位精度，该卫星增加了高精度的GPS定位设备和用于姿态测量的高精度星敏感器，地面系统利用星敏感器数据和GPS数据能大幅提高图像产品的定位精度，从而保证卫星测量数据的几何定位精度和处理能力达到较高水平。

资源一号02B星上的高分辨率相机是一个重要遥感器，采用TDI-CCD传感器，在可见光0.5～0.8微米范围内产生空间分辨率为2.36米的全色谱段图像，

图 4-6-3 吊运资源一号 02B 星星体

幅宽27千米，利用整星侧摆，可以拍摄±4°范围内地面目标，其积分时间、级数及增益可调。它采用2.36米的高分辨率相机，是第一颗国产民用高分辨率卫星，其发射代表20世纪90年代以来国外公司在中国高分辨率卫星数据市场垄断地位的终结。其宽视场成像仪具有宽达890千米的观测带，可以在较短的时间内对地面实现重复覆盖，是对CCD相机的重要补充。

图 4-6-4　为资源一号 02B 星装配高分辨率相机

长期以来，我国一直在大量使用国外中高分辨率卫星的遥感数据，1999年资源一号01星的发射运行打破了国外遥感数据的垄断，2003年资源一号02星产品质量的提高及其2006年免费分发遥感数据，使国产中分辨率卫星数据在很多县级单位得到广泛使用。资源一号02B星的发射对中国对地观测具有划时代的意义。

资源一号02B星保持了资源一号01星、资源一号02星应用的连续性，继续应用于农业资源调查与监测、森林资源调查与监测、地质调查、灾害和环境监测以及空间信息数据库建立与更新等方面，同时，由于在技术水平、性能指标等方面的提高和高分辨率数据的获取，其数据应用进一步扩大。在测绘方面，资源一号02B星的数据可用于国家1：50 000地形图的编制、1：250 000和1：50 000基础地理信息数据库的更新等方面。

资源一号02B星发射之后，我国在国外建立了接收处理系统，从而实现了国产卫星数据跨出国门的第一步。

3. 资源一号02C星

2011年2月，资源一号02C星立项，由中国自主研制发射，用于满足国内需求。2012年4月18日，我国研制的首颗民用宽带、高空间分辨率遥感卫星——资源一号02C星正式在轨交付给国土资源部使用。该卫星于2011年12月22日发射，是首颗专门为我国国土资源用户定制的业务化运行卫星，发射质量约为2056千克，整星功率大于2400瓦，设计寿命为3年。它装有2台空间分辨率为2.36米的全色高分辨率相机，1台空间分辨率为5米全色、10米多光谱的相机，具有宽覆盖、快重访等特点。

为了更好地满足用户的业务应用需求，资源一号02C星在资源一号02B星的基础上提高了多光谱谱段的分辨率，更好地实现了全色和多光谱数据的融合。该卫星采用2台全色高分辨率相机拼接的方式提供54千米的成像幅宽，最大限度提升了高空间分辨率数据的观测幅宽。在轨测试表明，该卫星运行稳定正常，图像质量超过以前国内陆地观测卫星，接近或达到国际先进水平，数据质量满足1：25 000至1：100 000国土资源调查监测精度要求，最小监测图斑面积达到133.34平方米，可满足对经济发达地区、重点关注区域资源现状高分辨率调查监测的要求，融合影像的属性精度、面积精度、最小监测图斑等指标与常规使用的法国斯波特五号、德国"快眼"卫星数据接近。

图4-6-5　资源一号02B星拍摄的北京首都国际机场

4. 资源一号04星

资源一号03星于2013年10月发射，但因火箭故障未能入轨。与其一样的资源一号04星于2014年12月7日成功发射。

资源一号04星在保持资源一号01星可见光、红外谱段成像特点的基础上，对有效载荷成像的性能指标进行了全面提升，其中红外相机分辨率提升至40米、80米，宽视场相机的分辨率提升至73米。该卫星是首颗成功入轨的第二代资源一号，以覆盖特性为主要设计条件进行轨道设计，可在较短时间内完成全球陆域范围的覆盖，通过与在轨运行的中国资源一号的02C星组网运行，可进一步缩短覆盖周期，提升对50万以上人口城市、经济建设热点地区以及中大型矿山等遥感目标的数据获取能力。

资源一号04星立项时间早，其有效载荷配置从方案设计起即紧紧瞄准国际技术发展前沿，并充分考虑我国自身的技术发展水平和应用需求，与美国陆地卫星七号和法国斯波特五号卫星相比毫不逊色。

这颗卫星采用三轴稳定，运行在太阳同步轨道，总质量小于2000千克。其星体为长方体，采用单翼太阳翼，星体外形尺寸为2000毫米×1800毫米×2250毫米，飞行状态尺寸为2000毫米×8440毫米×3215毫米，电源功率为2300瓦。星体采用分舱设计，包括有效载荷和卫星平台两部分。

资源一号04星在技术上上了一个新的台阶，属于多种有效载荷联合成像的综合型遥感卫星，其有效载荷覆盖了可见光到热红外谱段，具备全天候的成像能力。2014年12月9日，中国国家航天局对外公布了资源一号04星成功获取的首批影像图。该批影像图像清晰，色彩丰富，质量优良，达到设计要求，这是资源一号04星取得的重大阶段性成果。当天，中巴两国航天局还签署了双方关于后续卫星合作项目的意向书。

资源一号02B星、资源一号04星都具有可见光全色高分辨率、多光谱以及红外等多谱段的综合遥感信息获取能力，达到了20世纪90年代末至21世纪初国际先进水平。中巴地球资源卫星开创了发展中国家在航天领域开展合作的成功先例，被誉为"南南合作"的典范。目前，非洲、南美等地区多个国家均使用了中巴地球资源卫星的相关数据，使中国的高分辨遥感数据成功进入国际市场。同时，中巴地球资源卫星也成功开启了中国长寿命、三轴姿态控制、太阳同步轨道对地观测卫星发展应用的新纪元。

二、资源一号的主要作用

为什么我国有了高分系列卫星，还要发展中分辨率的资源一号卫星？这主要是为了满足普查的需求，例如，农作物的面积、长势监测，国土资源普查，森林资源调查，突发环境事件的实时检测，这就要求卫星具有大幅宽、重访时间短的特点，以满足快速、大范围成像的需求。而分辨率与幅宽的关系就好像鱼和熊掌的关系，两者不可兼得：分辨率上去了，幅宽可能就相对较窄，时间分辨率就高、重返周期就长。在合适的重返周期条件下，将幅宽和分辨率做得更精是发展的方向。资源一号反应快，幅宽大，覆盖面积广，因此得到了更加广泛的应用，人称"百家星"。

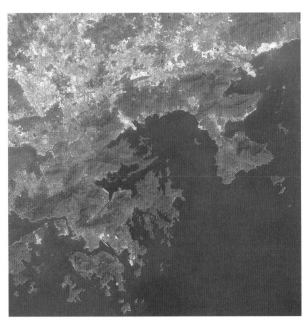

图 4-6-6　资源一号 02 星 CCD 相机拍摄的香港

资源一号卫星已广泛用于农业、林业、水利、海洋、环保、国土资源、城市规划及灾害监测等领域。它能监测国土资源的变化、灾害和空间环境，评估森林储量、作物长势和产量，勘探地下资源。其遥感资料具有可替代性、自主性和经济性，在黄河三角洲可持续发展应用、珠江三角洲城镇体系变迁、辽东区域环境监测、西藏森林调查等方面作出了贡献，创造了巨大的经济效益和社会效益。

在农业方面，我国利用资源一号开展江苏省农作物长势监测研究，获取的数据为指导农田管理提供了科学的基础资料；对东北和黄淮海地区大豆长势实行遥感监测，获取了作物长势，预测了产量，并以此作为制定作物种植计划的基础。除了有效监测农作物生长状况、评估作物产量等外，资源一号还积极拓展了经济作物新品种培育种植方面的新业务。例如，2006年，用资源一号卫星数据开展了陕西省商州区人工种植丹参光谱动态分析的研究工作，通过分析丹参叶片叶绿素含量与土壤条件、卫星图像反射率之间的关系，为丹参的种植研究打开了新的思路。

　　在资源调查方面，资源一号卫星数据成为国土资源大调查项目的重要遥感数据源，为查明资源状况、监测土地利用动态变化提供了有力支撑。在贵州贵阳地区，应用资源一号卫星数据进行了森林资源清查，如果没有国产数据的支持这些工作是难以开展的。位于西藏东南部的林芝地区，交通闭塞，人工调查难以到达，致使难以清晰把握该地区森林资源状况。2001—2002年，国家林业局利用资源一号01星的数据首次对该地区的森林资源进行摸底，取得了极为宝贵的第一手资料，使该地区的卫星遥感信息源

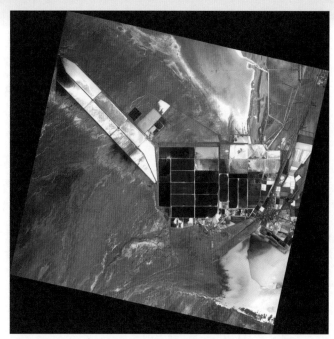

图 4-6-7　资源一号 02B 星高分辨率数据与资源一号 02 星 CCD 数据的中国西部盐田融合图像

得到保证，实现了对该地区森林资源的全面调查。

　　2007年5月，中国加入了空间与重大灾害国际宪章，成为该组织的第10个成员国。中国资源卫星应用中心被授权在救援任务中获取并向受灾地区提供相关空间数据，资源一号卫星成为该国际减灾合作机制的空间资源之一，它在国际减灾行动中承担以下任务：

　　①满足对要求20米左右分辨率的灾害项目的监测需求，并在受灾地区上空无云或少量云层覆盖的条件下获取具有使用价值的卫星数据；②通过侧摆功能适量的缩短获取灾情数据的时间；③利用星上磁带机记录北纬81°与南纬81°之间且超出地面站接收范围的任何地域的灾害监测数据，并在卫星进入地面站接收范围时及时回放；④数据处理中心在执行紧急任务时24小时值班，接收到数据2小时内能通过互联网向受灾国救灾权威机构提交降分辨率的卫星2级产品（数据接收、处理均正常，且云盖量符合要求）；⑤卫星可向资源一号的3个地面站接收覆盖范围内的国家或地区实时下传观测数据。

三、资源二号

　　1991年12月，资源二号卫星立项。2000年9月1日，性能更加优异的资源二号01星升空。2002年10月27日和2004年11月6日，我国又陆续发射了资源二号02星、资源二号03星，其中资源二号03星的总体性能和技术水平与前两颗相比，有了改进和提高。它们主要用于国土

资源勘查、环境监测与保护、城市规划、农作物估产、防灾减灾和空间科学实验等领域。

　　资源二号卫星运行在高度约500千米的太阳同步轨道，卫星包络直径2.85米，高度4.59米，质量为2840千克，设计寿命为2年。它采用新型高性能太阳同步轨道卫星平台，不仅比资源一号性能更加优异，而且工作寿命长，可靠性不断增强，荣获2003年度国家科学技术进步奖一等奖。其中的资源二号01星超期服役3年多，成为我国当时寿命最长的传输型对地遥感卫星之一，标志着中国航天遥感技术日臻成熟，卫星可靠性不断增强。

　　资源二号之所以"长寿"，是因为采用航天五院研制的新型高性能太阳同步轨道卫星平台。该卫星平台具有很好的两舱结构，并贯彻了通用化、系列化、组合化设计思想。它可搭载高分辨率相机等多种遥感设备，能够完成多种飞行任务。其突出的特点为承载能力强、姿态控制精度高、具备机动变轨能力、数据存储量大、数据传输率高，所以其实际工作寿命大大超出设计工作寿命，已成为中国太阳同步轨道卫星的基本平台，具有广泛应用前景。

四、资源三号

1. 项目由来

　　原国家测绘局争取发射测绘卫星的工作由来已久，在"九五""十五"期间多次向有关部门提出了卫星使用需求和研发测绘卫星的建议。从2004年开始，在国防科工委等部门的领导下，国家测绘局牵头开展了测绘卫星发展规划编制和一系列的技术可行性论证工作。

　　在技术论证工作的基础上，2005年9月，国家测绘局联合中国航天科技集团向国家递交了资源三号卫星工程立项的请示。在技术可行性论证中，

图4-6-8　研制中的资源三号卫星

项目组完成了资源三号卫星的需求和使用要求报告，明确了卫星研制的总体技术指标，提出了资源三号卫星工程初步建设方案。

　　根据原国土资源部、住房和城乡建设部、原国家林业局等各部门对基础地理信息的强烈需求和综合论证意见，我国急需建立并持续更新全国1∶50 000地形数据库，建立全国2.5米分辨率正射影像数据库，并更新1∶25 000地形图。按照以上业务需求，2008年3月，国务

院批准了资源三号卫星工程研制立项的请示，标志着资源三号卫星工程的正式启动。2008年7月，国家国防科工局组织召开资源三号卫星工程大总体专题协调会，研究讨论并初步确定了卫星研制总要求的各项关键技术指标。2009年1月，资源三号卫星整星设计方案通过有关部门的评审，标志着资源三号卫星工程正式转入初样研制阶段。

资源三号卫星工程的建设，可大力增强我国独立获取地理空间信息的能力，提升测绘服务保障水平，提高国土资源调查与监测的数据保障能力，加快空间数据基础设施建设，推动地理信息产业的发展。

首先研制的资源三号01星是一颗光学传输型立体测绘卫星，集测绘和资源调查功能于一体，用于1∶50 000立体测图及更大比例尺基础地理信息产品的生产和更新，开展国土资源调查与监测。它于2008年4月立项进入工程研制阶段，经历方案、初样、正样的研制过程，于2011年11月出厂。

2. 卫星概述

2012年1月9日，资源三号01星由长征四号B运载火箭从太原卫星发射中心发射升空。这颗光学传输型立体测绘卫星运行在高约506千米的太阳同步圆轨道，质量约为2650千克，设计寿命为5年。它采用适应性改进的资源二号卫星平台，配置了三线阵测绘相机和多光谱相机等有效载荷，采用三线阵成像方式，装有正视、前视、后视相机和多光谱共4台相机，可对地球北纬84°至南纬84°以内地区实现无缝影像覆盖，首次实现中国遥感卫星多角度、多光谱综合立体成像，并通过星地一体化设计，第一次使中国卫星遥感图像质量达到国际先进水平。经过在轨验证，卫星取得了良好的效果，图像层次分明，动态范围良好，细节表现力强，彩色融合图像效果显著，图像质量和定位精度得到用户、同行的一致认可。

资源三号01星的主要功能包括：充分利用三线阵立体影像以及多光谱影像，制作1∶50 000地形图，包括数字高程模型、数字正射影像、数字线划图；对1∶25 000及更大比例尺的地形图的修测、更新；制作各种初级和高级的遥感影像产品；进行国土资源详查、城市变化监测、电子政务、卫星导航定位、地质、矿产、林业、水利、农业、环境监测、交通、减灾防灾、海洋、气象、通信、电力等领域的应用。资源三号01星主要用于测绘行业的立体测图和资源遥感应用，为国民经济和社会信息化建设服务；对全国范围实施立体测图，加快我国空间信息基础设施建设和测绘信息产品的生产更新；支持国土资源调查、测绘和城市规划的国民经济建设。

资源三号01星是原国家测绘地理信息局作为用户的首颗1∶50 000比例尺立体测绘

图4-6-9 资源三号卫星在轨飞行示意图

卫星。从影像来看，图像层次分明，动态范围良好，细节表现力强，彩色融合图像效果显著；从利用三线阵影像生产的DSM/DOM检查精度来看，卫星已经达到了国外同等商业测绘卫星的精度水平，标志着我国高精度遥感卫星设计、制造和地面处理水平达到国际先进水平，具备强大的市场竞争力和广阔的应用前景。

图 4-6-10　资源三号卫星拍摄的红绿立体影像

2016年5月30日，资源三号02星升空。相较于资源三号01星，它的相关技术得到改进，例如，提高了立体影像的分辨率，进一步提高了测绘精度；提高了用户使用便捷性，星载软件系统进行了升级，大大降低了用户上行注入命令块的复杂度，保证了地面运行系统的方便快捷。

这两颗卫星在轨组网工作，立体影像分辨率达到2.5米，为更新1∶50 000全球基础地理信息提供高精度、长期、稳定、连续的数据源，可实现重点城市地理信息3个月更新一次、全国一年更新一次的任务要求。

2020年7月25日，资源三号03星升空，它具备多角度立体观测和激光高程控制点测量能力，是中国空间基础设施"十三五"规划的卫星任务之一。资源三号03星与在轨运行的资源三号01星、资源三号02星共同组成了我国立体测绘卫星星座，主要用于获取高分辨率立体影像和多光谱数据，为地理国情监测、国土资源调查、防灾减灾、农业水利、生态环境、城市规划建设等领域提供应用服务。资源三号成功发射并在轨运行标志着中国卫星测绘技术的重大突破，有效缓解了航天遥感影像数据获取的瓶颈，对于我国把握航天遥感影像获取自主权，维护国家安全，促进地理信息产业发展具有重大意义。

第七节　高分系列

随着经济社会的不断发展，人类对卫星的分辨率和使用寿命要求越来越高，对地观测已进入高分辨率卫星时代。一般而言，空间分辨率优于1米的光学成像卫星和空间分辨率优于3米的雷达成像卫星被称为高分辨率对地观测卫星或高分辨率遥感卫星，简称"高分卫星"。

高分系列卫星是高分辨率对地观测系统重大专项（简称"高分专项"）的重要组成部分，高分专项是《国家中长期科学和技术发展规划纲要（2006—2020年）》确定的十六个重大科技专项之一，由天基观测系统、临近空间观测系统、航空观测系统、地面系统、应用系统等组成，形成全天候、全天时、全球覆盖的对地观测能力，旨在建设中国自主的陆地、大气、海洋高分辨率对地观测系统，大幅度提高中国自主对地观测信息获取能力。

2006年，高分专项实施方案论证工作正式启动。2010年5月12日，高分专项进入全面实施阶段。高分专项中天基观测系统规划了7颗不同类型的民用高分辨率对地观测卫星，它们覆盖了从全色、多光谱到高光谱，从光学到雷达，从太阳同步轨道到地球同步轨道等多种类型，构成了一个具有高空间分辨率、高时间分辨率、高光谱分辨率、高精度观测能力的自主、先进的对地观测体系，是整个专项建设的主体。2013—2019年，我国已先后发射了上述7颗不同类型的高分辨率对地观测卫星。

高分卫星的特点简单说就是高分辨率（包括高空间分辨率、高时间分辨率和高光谱分辨率），从而能更好、更快、更广、更长地进行对地观测，有力地促进我国国计民生相关领域水平的高速发展。我国现已建成高空间分辨率、高时间分辨率、高光谱分辨率的对地观测系统，每颗高分系列卫星都有各自的特点。

图 4-7-1　高分一号卫星进行振动试验

一、高分一号

2013年4月26日发射的高分一号卫星由航天五院抓总研制，它采用成熟的CAST2000小卫星平台，有效载荷配置包括2台分辨率为2米全色和8米多光谱的高分辨率相机和4台分辨率为16米的多光谱宽幅相机等，可在同一颗卫星上实现高分辨率和宽覆盖的成像能力，配合整星侧摆可以实现对全球小于4天重访。整星质量约为1060千克，采用降交点地方时为10：30、高度为645千米的太阳同步轨道。高分一号有以下特点：

一是空间分辨率高。我国民用卫星资源一号02C星具有2.6米分辨率，资源三号具有2.1米分辨率，高分一号具有2米分辨率，当时这是国内分辨率最高的民用卫星。

二是相机数量多。高分一号任务模式复杂，共配置了16台相机，在一颗卫星上实现高分辨率、宽覆盖的成像能力，可满足多种空间分辨率、多种光谱分辨率、多源遥感数据需求，具有灵活的成像及数据传输等多个模式，具有大范围景物监测能力。

三是中分辨率遥感视场大。国际上高于20米分辨率遥感卫星观测幅宽一般不到200千米，如美国陆地卫星八号分辨率15米，幅宽185千米，高分一号多光谱分辨率16米，拥有830千米幅宽，无疑是目前世界上同等分辨率下幅宽最大的卫星。

四是下行码速率高。国外卫星传输码速率最高为世界观测三号，达1200兆比特/秒，其质量在2800千克左右。此前，国内卫星最高码速率的卫星是资源三号，为900兆比特/秒，其质量也在2000千克以上。在1000千克量级的卫星中，高分一号数传码速率是最高的，达2.64吉比特/秒。

五是具备中继测控能力。高分一号是我国民用遥感卫星中第一个具备中继测控能力的小卫星。

六是具备偏航定标能力。高分一号采用了偏航90°定标模式，不仅可降低地面辐射场要求，同时可实现全视场、多相机同时定标，大大提高定标效率，是国内首颗可在轨实现该模式的卫星。

七是设计寿命长。高分一号是我国首颗设计寿命大于5年的低轨卫星，相当于2颗一般对地观测卫星的寿命，其经济效益不言而喻。这主要是高分一号的设计团队在飞轮、陀螺、地球红外敏感器等活动部件方面展开了攻关。例如，该卫星上装配了全新陀螺，减小了摩擦，从而降低了耗损，提高了产品寿命。此外，卫星电池更换为容量大、质量小的锂电池；太阳翼也采用了发电效率较高的三级砷化镓。到2023年4月26日，它已在轨稳定运行了10年。

八是有效载荷占重比大。高分一号有效载荷占整星质量达47.2%，为当时国内同类卫星规模最高之一。

另外，高分一号采用了80安时锂离子电池、二浮陀螺、高码速率数传及点波束天线、USB测控中继终端、新一代GPS接收机等产品，实现了对CAST2000小卫星平台的升级。

高分一号的优势是实现了高空间分辨率与高时间分辨率的优化组合。它在保障高空间分辨率的前提下，利用卫星上的另外4台宽幅多光谱相机，通过多角度拼接视场，使卫星成像幅宽达到了830千米。只需4天，高分一号就能完整地把地球看一遍。所以，把它拍摄的影像与高分辨率相机拍摄的影像融合，能很好满足用户需求。

二、高分二号

2014年8月19日发射的高分二号由航天五院抓总研制，是当时我国空间分辨率最高的光学遥感卫星。该卫星采用CS-L3000A卫星平台，运行于631千米高的太阳同步回归轨道上；

装有两台分辨率为0.8米全色、4米多光谱，幅宽26千米的对地成像相机，通过拼接可实现45千米大幅宽图像；图像平面定位精度优于50米；卫星具备180秒内35°侧摆的能力；设计寿命为5～8年。它具有亚米级空间分辨率、高辐射精度、高定位精度和快速姿态机动能力等特点，主要用户为原国土资源部、住房和城乡建设部、交通运输部、原国家林业局，同时还为其他用户部门和有关区域提供示范应用服务。

研制高分二号在诸多方面实现了技术突破，实现了亚米级空间分辨率、多光谱综合光学遥感数据获取，攻克了长焦距、大F数、轻型相机（2台相机总质量为460千克）及卫星系统设计难题，突破了高精度高稳定度姿态机动、高精度图像定位，提升了低轨道遥感卫星长寿命高可靠性能，对推动我国卫星工程水平提升，提高我国高分辨率对地观测数据自给率具有重要意义。

高分二号作为我国分辨率达到亚米级的宽幅民用遥感卫星，其在设计上具有诸多创新特点，在产品实现上做到完全自主可控，关键单机全部自研，是部件、单机国产化程度较高的遥感卫星，国产化率达到98%以上。

高分二号发射升空后，与高分一号相互协作，既能拍下高分辨率影像，也能快速覆盖全球。高分一号和高分二号投

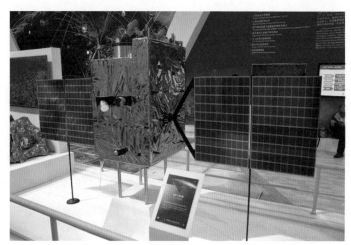

图 4-7-2　高分二号卫星模型

入使用后，已为各行各业提供了大量数据作为服务支撑，在自然灾害面前也发挥了重大作用。例如，2017年8月8日晚，四川九寨沟县发生了里氏7级地震。地震发生后，卫星中心迅速紧急调度多颗卫星连续对灾区进行成像，其中，高分一号和高分二号立即提供了灾区灾后影像，为地震灾区遥感监测提供了强有力的帮助。

三、高分三号

2016年8月10日发射的高分三号01星由航天五院抓总研制，它是我国高分专项的首颗合成孔径雷达成像卫星，也是世界首颗分辨率达1米的C频段多极化合成孔径雷达卫星。高分三号能够全天候和全天时实现全球海洋和陆地信息的监视监测，可服务海洋、减灾、水利及气象等多个行业及业务部门。卫星具备12种成像模式，除了传统的条带成像和扫描成像模式外，还包括面向海洋应用的波成像和全球观测成像模式，所以它还是世界上成像模式

最多的合成孔径雷达卫星。高分三号的成功发射和应用，标志着我国低轨道合成孔径雷达卫星研制技术实现了重大突破，雷达成像卫星全面服务国民经济建设时代来临，中国空间技术发展又跃上了一个新的高度。

高分三号是高分家族里唯一的相控阵雷达成像微波遥感卫星，与光学遥感卫星相比，其最大的特点就是全天时、全天候的成像能力。

作为雷达成像卫星，高分三号系列卫星在立项之初就受到各方密切关注。航天技术人员通过对21种典型的遥感应用观测目标雷达适应工作频率进行统计，认为C频段对18种遥感应用观测目标具有很好的适应性，可以满足海洋、减灾、水利、气象和其他用户的广泛需求。因此，有关部门决定研制高分辨率、多模式、多极化、C频段的合成孔径雷达卫星高分三号。

高分三号具有高分辨率、大成像幅宽、高定量精度、多成像模式、长时工作和长寿命运行的特点。研制团队先后攻克了50多项关键技术，实现了我国低地球轨道长寿命、高分辨率合成孔径雷达卫星研制技术里程碑式的重大跨越。

高分三号还是一颗胸怀家国天下的"百姓星"，它能够提高目标发现、分类和识别的概率，满足不同用户的观测需求，服务用户包括国家海洋局、民政部、水利部、中国气象局等十几个部门，其获取的信息在海洋观测、水利应用、灾害监测、环境监测等方面具有独特的优势，可以"不眠不休"地对全球海洋和陆地信息进行实时监视检测，真正做到了"海陆全能"，为各部门用户提供连续、高质量、高精度对地观测数据，特别是对于海洋维权、海洋开发和海洋资源保护具有重要意义。此后，我国又先后发射了高分三号02星、高分三号03星。

2021年11月23日，航天五院抓总研制的高分三号02星在酒泉卫星发射中心成功发射。作为高分三号系列的第二颗卫星，02星与01星在轨组网，为我国海洋观测、水利应用、灾害监测、环境监测等领域提供更强的信息支撑。

高分三号02星并不是对高分三号01星的简单"复制"，而是在研制团队的优化设计和充分验证下，实现了三大性能提升、装载了两大"独家利器"，实现两星组网后"看得更久、看得更清、看得更快、本领更强"，极大提高在轨应用效能。

高分三号的应用让我国实现了高分辨率多极化数据的自主可控。高分三号02星的成功发射，促进了我国微波雷达卫星实现从"有得用"到"用得好"的飞跃提升，极大提高了微波遥感数据的连续性，为应用提供了更为丰富的信息源，进一步巩固了我国在该领域的优势地位。

2022年4月7日，高分三号03星是在酒泉卫

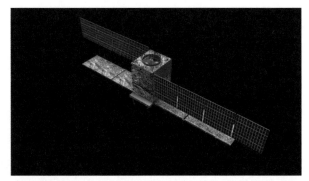

图 4-7-3　高分三号合成孔径雷达飞行示意图

星发射中心由长征四号C运载火箭成功发射。它与2021年发射的高分三号02星均在高分三号01星的基础上，增加了船舶自动识别系统，并对部分性能进行了升级优化。高分三号03星的成功发射标志着高分三号系列卫星发射任务圆满完成，三星携手在太空中织就一张"天眼网"。

三星组网后，整体成像能力大幅提升，标志着我国民用高分辨率合成孔径雷达卫星数据由示范应用阶段正式跨入业务化应用阶段。首先，三星组网大大缩短了重访周期。其次，三星组网使海洋大面积成像能力大幅提升。最后，三星组网更精确监测重大灾害和基础设施。

高分三号系列卫星功能强大、性能优越，可满足海洋防灾减灾、海洋动力环境监测，以及减灾、国土、环保、水利、农业和气象等领域应用需求。

四、高分四号

2015年12月29日发射的高分四号由航天五院抓总研制，是中国高分专项首颗高轨道高分辨率、设计使用寿命最长的光学成像卫星，也是目前世界上空间分辨率最高、幅宽最大的地球同步轨道遥感卫星，填补了我国乃至世界高轨道高分辨率光学遥感卫星的空白。其空间分辨率为50米，可观测的面积大，能长期对某一地区固定连续观测，在气象观测、应急救灾、环境保护、国土普查等动态实时监测方面有很高的应用价值，可成为现有太阳同步轨道对地观测体系的重要补充。

高分四号采用我国首个高轨遥感卫星平台和首台高轨高分辨率面阵凝视相机。其发射质量约5吨，设计寿命为8年，为我国首颗遥感类8年长寿命卫星，具备高精度定位及姿态快速机动能力。卫星配备1台面阵CMOS相机，并首次采用可见光近红外和中波红外共口径技术，可见光近红外谱段分辨率优于50米，中波红外谱段分辨率优于400米。针对多方面的任务需求和全新的载荷成像方式，高分四号设计了单景凝视、区域拼接、机动巡查等多种与中低轨道遥感卫星完全不同的全新工作模式，可通过卫星平台的快速机动和高稳定控制能力，完成对运动目标持续监视、大范围区域目标快速成像以及多个热点地区的交替巡查。高分四号还可在紧急情况时根据用户需求开启"全天时工作模式"，如观测台风形成过程、监控森林火灾等。

2016年1月5日，高分四号发回首张图像，图像质量优异，达到预期目标。此次成功成像，意味着卫星抓总研制单位航天五院在多项关键技术上实现了突破。例如，高分四号取得了诸多方面的技术创新与突破：配置有目前我国口径最大的面阵凝视相机、首次研制的大面阵红外探测器，攻克了高轨遥感卫星总体设计、姿态快速机动与高稳定控制、长寿命高可靠、复杂条件下成像质量保障等一系列关键技术，大幅提高了我国遥感卫星的整体设计、研制水平。高分四号主要用户为民政部、中国地震局、原国家林业局、中国气象局。

利用长期驻留固定区域上空的优势，高分四号能够高时效地获取地球同步轨道50米分辨率可见光、400米分辨率中波红外遥感数据，重点针对国内用户对高时间分辨率遥感图像数据的要求，为综合防灾减灾、地质灾害调查、林业灾害监测、气象预警预报等应用领域提供遥感数据，并为海洋、农业、国土资源、水利等行业提供遥感数据服务。

图4-7-4　高分四号装运

　　高分四号的成功发射意味着我国遥感卫星跨入协同配合时代，不断向着更好更快地满足用户需求、服务国计民生而迈进。高分四号实现了高时间分辨率和较高空间分辨率的结合，开辟了我国高轨道高分辨率遥感卫星技术新领域。

五、高分五号

　　2018年5月9日发射的高分五号由航天八院抓总研制，是我国首颗高光谱综合观测卫星，也是我国高分专项中唯一的高光谱观测卫星，更是全球首颗能够同时对大气和陆地进行综合观测的全谱段高光谱卫星。

　　高分五号工程由国家国防科工局组织实施，高分五号及其运载火箭由航天八院研制，发射和测控任务由中国卫星发射测控系统部负责，中国资源卫星应用中心、中国科学院遥感与数字地球研究所共同承担地面系统数据接收及处理相关任务，生态环境部、自然资源部、中国气象局等负责应用系统建设和示范应用。

　　高分五号瞄准国际高光谱光学遥感卫星的技术前沿，具有谱段范围宽、光谱分辨率高、探测手段多、定标精度高、高可靠长寿命设计等特点。它配置了6台全新研制的有效载荷，包括2台先进的高光谱/多光谱陆地观测载荷（可见短波红外高光谱相机和全谱段光谱成像仪）和4台先进的大气类观测载荷（大气环境红外甚高光谱分辨率探测仪、大气主要温室气体监测仪、大气痕量气体差分吸收光谱仪和大气气溶胶多角度偏振探测仪），实现了从紫外至长波红外全谱段的高光谱观测，光谱分辨率国内最高，可获取大气和地物特征的

"指纹"光谱信息。

高分五号的主要任务是对内陆水体和陆表生态环境进行监测，对二氧化碳、甲烷、臭氧、二氧化氮、二氧化硫等大气成分和大气气溶胶特性进行监测，对地质找矿典型蚀变矿物及主要岩石类型等进行勘测，为我国环境综合监测、国土资源勘察、气候变化研究、防灾减灾、农作物分类与估产等提供有力支撑，在高光谱分辨率遥感卫星应用方面发挥重要示范作用，为建设美丽中国发挥积极作用。

图 4-7-5　高分五号进行太阳帆板展开试验

2012年12月31日立项之初，研制团队对标国际同期在轨运行的大气高光谱探测仪器和规划中的新一代星载高光谱成像仪的技术指标，决定要搭载6台全新研制的有效载荷。

高分五号其实是将大气和陆地观测两类卫星的功能集合在一颗卫星上。卫星的论证和设计体现了超前的前瞻性和预见性。其谱段范围宽、光谱分辨率高，可实现紫外至长波红外谱段的高光谱观测，填补了我国国产卫星此前无法有效探测区域大气污染气体的空白。高分五号通过对大气污染气体、温室气体、气溶胶等物理要素的监测，可动态反映我国大气污染状况。同时，高分五号可对内陆水体、陆表生态环境、蚀变矿物、岩矿类别探测，为我国环境监测、资源勘查、防灾减灾等行业，提供高质量、高可靠的高光谱数据。高分五号具备的光谱成像技术，可使光谱与图像结合为一体，探测物质的具体成分，可以说是太空里的"火眼金睛"。

原定设计寿命8年的高分五号，因故障在2019年失效。为此，我国在2022年12月9日又发射了高分五号01A星。2021年 9月7日，高分五号02星升空。该星能全面提升我国大气、水体、陆地的高光谱观测能力，满足我国在环境综合监测等方面的迫切需求，为大气环境监测、水环境监测、生态环境监测以及环境监管等环境保护主体业务提供国产高光谱数据保障。

高光谱遥感是当前遥感技术的前沿领域。地球上不同的元素及其化合物都有独特的光谱特征，是识别和分析不同物体特征的一种重要"身份证"。相比光学成像卫星只能看到物质的形状、尺寸等信息，高光谱卫星具备的光谱成像技术，可使光谱与图像结合为一体，探测各类物质的具体成分。

高分五号02星仍采用航天八院成熟的SAST3000卫星平台，运行于太阳同步轨道上。卫星共装载了6台探测仪器，覆盖了从紫外到长波红外谱段，融合了成像技术和高光谱探测技术，可实现空间信息、光谱信息和辐射信息的综合观测。凭借4000余个高光谱遥感探测通道，高光谱观测卫星将实现从几何形状、彩色感知到光谱信息的拓展，为我国遥感观测开启新的视角。

六、高分六号

2018年6月2日发射的高分六号由航天五院抓总研制，是2013年发射的高分一号的"亲兄弟"，同属我国成熟的CAST2000小卫星平台，无论体量和型制都变化不大。但高分六号能力比高分一号更胜一筹，是我国第一颗设置红边谱段的多光谱遥感卫星，也是高分专项天基系统中兼顾普查与详查能力、具有高度机动灵活性的高分辨率光学卫星。

高分六号与高分一号组网实现了对我国陆地区域2天的重访观测，极大提高了遥感数据的获取规模和时效，有效弥补了国内外中高空间分辨率多光谱卫星资源的不足，提升了国产遥感卫星数据的自给率和应用范围。它主要应用于农业、林业和减灾等业务领域，兼顾环保、国安和住建等应用需求，图像数据将作为国家宏观决策的有力依据，成为基础性和战略性资源。

高分六号与高分一号组网运行后，形成"2米/8米光学成像卫星系统"，以星座方式实现时间分辨率从4天缩短到2天，可实现大范围遥感数据的快速获取和高效利用；每轨均可成像，每天累计数据获取量翻倍。同时，高分六号与其他观测手段相结合，可形成时空协调、全天候、全天时的对地观测系统，其2米分辨率全色、8米和16米分辨率多光谱成像数据产品，进一步改善了我国高分辨率数据主要依靠进口的状态，对掌握信息资源自主权、满足国家的紧迫需求具有重大战略意义。

在轨测试期间，高分六号已为安徽、河南受灾农作物损失评估、全国秋播作物

图4-7-6　高分六号拍摄的北京大兴国际机场

面积监测等提供了数据保障。此外，高分六号为2018年6月大兴安岭森林火灾、10—11月金沙江白格滑坡堰塞湖和雅鲁藏布江米林滑坡堰塞湖，2018年9月印尼海啸等国内外重特大灾害及时提供了应急观测服务。

七、高分七号

2019年11月3日由航天五院抓总研制的高分七号升空，开启了精准测绘之旅。该卫星是我国首颗民用亚米级高分辨率传输型立体测绘卫星，能在国土测绘、城乡建设、统计调查等方面发挥重要作用，为城市群发展规划、农业农村建设提供有力保障，为全面建成小康社会提供重要支撑。

高分七号是高分系列卫星中测图精度要求最高的科研型卫星，搭载了双线阵立体相机、激光测高仪等有效载荷，突破了亚米级立体测绘相机技术，能够获取高空间分辨率光学立体观测数据和高精度激光测高数据。

高分七号不仅具备同轨道前后视立体成像能力及亚米级空间分辨率优势，还能利用激光测高仪获得的高精度高程信息，大幅提升光学立体影像在无控条件下的高程精度，实现我国民用1：10 000比例尺卫星立体测图，可满足测绘、住建、统计等用户在基础测绘、全球地理信息保障、城乡建设监测评价、农业调查统计等方面对高精度立体测绘数据的迫切需求，提升我国测绘卫星工程水平，提高我国高分辨率立体测绘图像数据自给率。

高分七号上承担测绘成像主任务的双线阵相机由航天五院508所研制，任务是进行全球首个采用两线阵+激光测高体制实现1：10 000精确比例尺立体测图和数字影像制作。高分七号在8年使用寿命内，可为地球绘制彩色立体的精准图像，服务于测图生产及更大比例尺基础地理信息产品的更新，大幅提升我国卫星对地观测与立体测绘的水平。该卫星不仅可以满足国内用户的有关数据需求，还可为"一带一路"共建国家和地区提供有力的空间信息支撑，对服务经济社会发展、提升我国航天国际影响力具有重要意义。

高分七号也是一颗光学遥感卫星，但不同的是它属于光学立体测绘卫星，是家族中唯一可以拍摄3D立体图像的卫星。作为我国自主研发的亚米级民用光学立体测绘卫星，高分七号在高分辨立体测绘图像数据获取、高分辨率立体测图、城乡建设高精度卫星遥感和遥感统计调查等领域取得了突破。

高分七号拥有很多高强本领，还有不少特殊功能。比如，与一般光学遥感卫星只能拍摄平面图像相比，高分七号可以

图 4-7-7　高分七号卫星飞行示意图

绘制立体图像,投入使用后,建筑物在地图上不再只是一个方格,而是一个个立体模型。高分七号的分辨率不仅能够达到亚米级,而且定位精度是目前国内最高的,也就是说它不仅能够拍出画面高清晰度的地表图片,更重要的是它能够对图片中每一个像素点的横竖坐标位置明察秋毫,做到心中有数。与它的前辈我国首颗民用高分立体测绘卫星资源三号相比,高分七号卫星能够测制1:10 000比例尺地形图,远远高于资源三号的1:50 000比例尺地图。如果说资源三号解决了我国立体测绘卫星从无到有的问题,那高分七号则在技术上迈了一个大台阶,是名副其实的升级版。

高分七号的定位精度是目前国内最高的。例如,在以前利用资源三号绘制的立体地图上能够准确定位高速公路,而使用高分七号后则能够精准定位乡间小路。之所以能够实现如此高的定位精度,开展立体测绘,主要得益于航天五院508所研制的两只明亮的"大眼睛"——前后视相机。同时,高分七号还随身携带了一个"秘密武器"——激光测高仪。在前后视相机和激光测高仪的加持下,高分七号如虎添翼,测高精度进一步提高,能够在太空轻松拍出高清精准的3D影像。此外,它还有许多高强本领,比如,可自适应提高数据传输速率;具有自主任务功能,高智能处理能力极强,操作极其简便,方便用户使用;有自主健康管理功能,可及时发现故障,做出正确判断进行处理,从而确保8年在轨稳定运行目标的顺利实现。

高分七号主要为自然资源部、住房和城乡建设部和国家统计局等用户提供良好服务,使我国能够拥有世界一流的立体测绘技术,为我国乃至全球的地形地貌画出一幅误差在1米以内的立体地图。它不仅能够为规划、环保、税务、国土、农业等部门提供宝贵的信息,而且是高德地图等民用导航领域核心竞争力所在。

高分七号入轨后,与当时两颗已在轨运行的资源三号组建了首个光学立体测绘卫星星座,三星组网运行后可有效提高国土立体覆盖能力,更快更好地完成国土测绘和全球测图,打破地理信息产业上游的高分辨率立体遥感影像市场大量依赖国外卫星的现状,开启我国自主大比例尺航天测绘新时代。

高分七号的成功研制填补了我国民

图 4-7-8 高分七号拍摄的高分辨率立体影像

用高分卫星1米精度高程信息获取能力的空白，和其他高分系列卫星共同构建天基高空间分辨率、高时间分辨率、高光谱分辨率、高定位精度的对地观测能力。同时，高分七号能通过数据共享促进国际高科技产业合作，为国家"一带一路"建设提供有力支撑。

此外，需要说明的是商用吉林一号系列卫星中也有名为"高分"的卫星，但它们不属于国家高分专项。同时，2020年7月3日升空的"高分多模卫星"也不属于国家高分专项，而是我国第一颗分辨率优于0.5米的敏捷智能遥感卫星，可以用于大比例尺的平面测图和更新，它还是《国家民用空间基础设施中长期发展规划（2015—2025年）》中分辨率最高的光学遥感科研卫星，并能实现多种成像模式切换。高分多模卫星采用了新型中型敏感遥感卫星公用平台，配置了1个全色、8个多光谱谱段，标志着我国光学遥感卫星研制总体水平进入国际先进行列。它在轨应用后进一步提升了我国遥感卫星技术水平，满足自然资源、开发利用、地质勘查以及应急减灾、农业调查等领域高精度遥感影像数据的需求。

第八节　风云系列

气象与国计民生密切相关。在没有气象卫星之前，场地观测是气象工作者获取气象信息的主要手段。气象卫星的问世，使气象监测工作发生了根本的变化，大大提高了气象预报的准确度，在减灾、防灾、环保等许多方面有着不可替代的作用。气象卫星可以近实时地获得全球的天气变化状况，提供常规观测手段无法获取的大量宝贵信息，从而解决广大海洋水域和人烟稀少地区气象观测资料不足的难题，使人类对地球及其大气的了解在深度和广度上达到前所未有的程度。

一、艰难起步和稳定发展

气象卫星"站得高，看得远"，可不受地理条件、自然环境及国家区域行政疆界的限制，实现快速、长期、连续、全球、全天候、全天时和多方位的观测。其最大特点是具有很短的覆盖周期和在很短时间内重复观察某一固定地区的气候变化，能大大提高天气预报的准确率。

气象卫星通过多通道高分辨率扫描辐射计、红外光谱仪和微波辐射计等成像仪和垂直探测器来探测和监视地球大气状况和地球环境。气象卫星分为两种：一种是极轨气象卫星，另一种是静止气象卫星。前者可实现全球覆盖，每天能绕地球运行14圈，对同一地区

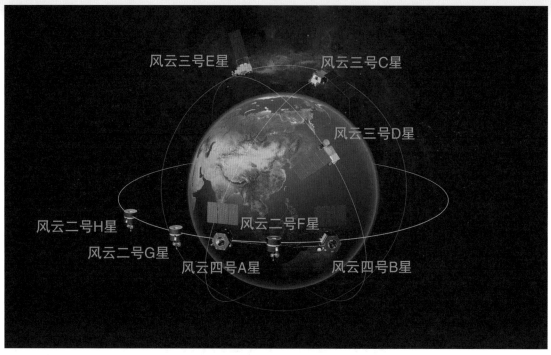

图 4-8-1 我国气象卫星在轨布局（2021年）

观测2次，并且分辨率较高，适于全球长期天气预报；后者可对卫星下方40%的地球进行连续观测，能持续不断地对同一地区观测，每隔30分钟即可获得一幅地球圆盘图像，特别适合监测生命期较短而危害又大的强对流灾害性天气，开展地区性短期天气预报业务。这两种卫星互相补充，基本可以做到对全球的连续监测。

我国是世界上自然灾害最严重的国家之一，灾害种类多，分布地域广，发生频率高，所以我国很重视气象卫星的研制、发射和应用。到2023年5月，我国已先后发射了风云一号、风云三号极轨气象卫星和风云二号、风云四号静止轨道气象卫星，两代四型共20颗风云气象卫星，其中8颗卫星目前在轨业务运行，已形成极轨和静止两个系列气象卫星的组网观测体系，实现了气象卫星系列化、业务化自主发展。

1969年初，我国南方发生冰冻雨雪灾害，首都北京到"南大门"广州的通信中断。当时世界上拥有气象卫星的国家只有苏联和美国。我国预报员虽能接收国外气象卫星云图，但那只是单纯的"黑白图像"，无法挖掘原始数据、有效显示各种气象要素，应用受到极大限制。

周恩来非常心焦，找相关部门商讨对策。"要赶快改变落后面貌，搞我们自己的气象卫星。"周恩来语重心长地说。1970年2月，周恩来签发中共中央、国务院、中央军委给上海市的专信，正式下达研制气象卫星的任务，要求在上海地区开展太阳同步轨道气象卫星的研制。当时正值"文革"，初期的气象卫星事业进展非常缓慢。由于当时国民经济十分困难，有些人对发展气象卫星不理解，有的甚至持否定态度，认为发展气象卫星是"劳民伤财""误人青春"，提出气象卫星项目应该下马。直至"文革"之后，邓小平提出科学技术是第一生产力的思想，加快了现代化建设步伐，气象卫星才再次被列入现代化建设的议事日程。

1977年11月，气象卫星大总体方案论证会在上海召开，统一了对气象卫星研制工作的认识，确定气象卫星工程代号为"711"工程，将我国第一代极轨气象卫星命名为风云一号，明确了工程的五大系统总体单位。自此，我国气象卫星领域开启"风云"纪元。

1988年9月7日4时30分，航天五院研制的中国第一颗气象卫星——风云一号A星在太原卫星发射中心用长征四号A运载火箭成功发射，并将第一次自主拍摄的卫星云图回传地球。这是中国自行研制和发射的第一颗极地轨道气象卫星，也是我国第一颗传输型极轨遥感卫星，标志着中国已跻身世界少数几个有能力自己研制、发射和运行气象卫星国家的行列。从此，我国结束了完全依赖外国气象卫星数据的历史。不过，风云一号A星发射39天后失控，于1988年10月停止数据接收和产品处理，留下了"39天之痛"。1990年9月3日，风云一号B星升空，10多天后卫星出现异常，经过75天抢救，卫星挽救回来了，但寿命大打折扣。风云一号B星正常运行165天后，由于星载计算机突发故障造成姿态失控，后经抢救恢复正常工作。但星载计算机受到空间环境的影响工作不稳定，卫星断断续续工作至1991年11月，在轨累计正常运行285天。两颗卫星获取的试验数据和运行经验为后续卫星的研制和管理提供了有意义的借鉴。

其实，这两颗风云一号01批卫星的不少关键技术采用了当时在国内具有领先意义的技术，如大面积刚性多层折叠式太阳能电池阵及其展开机构；反作用飞轮全数字的姿态轨控系统；首次使用五通道扫描辐射计，并实现了辐射制冷技术等。风云一号01批卫星失败的教训，让航天科技工作者深刻认识到，卫星研制必须以长寿命和高可靠性为目标，把卫星产品的质量和可靠性及性能指标放在同等重要的位置上。

为了形成低轨全球观测和高轨局部观测相结合的气象卫星体系。1986年3月，国家正式批准了第一代静止轨道气象卫星风云二号的研制任务。

风云二号卫星研制之路同样坎坷。1994年，风云二号01星在发射前测试过程中发生意外。3年后的1997年6月10日，风云二号A星成功发射，这标志着我国成为继美国、欧盟之后世界第三个同时拥有极轨和静止气象卫星的国家（地区），风云气象卫星星座初具雏形。但风云二号A星运行3个月左右就出现故障，每天只能间歇性工作6~8小时，在轨正常运行了仅8个月，最终没有实现业务化。之后升空的风云二号B星在轨正常运行也只有10个月。它们虽然没有达到设计寿命，但有限运行时间的观测数据仍然在监测台风和海洋天气、暴雨预报、防汛服务、航空气象保障等方面发挥了重要作用，也给风云二号气象卫星后续卫星积累了大量的经验。

接二连三的事故让风云卫星研制之路充满挫折与挑战，科研团队一次次从跌倒的地方爬了起来。他们在争议中起步，在挫折中前行，在挑战中发展，为后续攻关积累了经验。

1998年，国务院批准设立气象卫星专项资金，明确了气象卫星发展的投资渠道；1999年，国务院批准了《"九五"后两年至2010年我国气象卫星及其应用发展计划》……风云气象卫星迎来了大发展时代。

经过航天科技工作者的重点攻关，我国实现了风云卫星稳定长寿命运行，气象卫星事业驶入快车道。

在极轨气象卫星方面，1999年，风云一号C星成功发射，打了一场漂亮的翻身仗，卫星在轨运行寿命达到6年零5个月。2002年，最后一颗风云一号卫星——风云一号D星发射升空，第一次实现了遥感卫星的长寿命业务运行。风云一号D星在轨运行寿命达到10年，大大超过设计寿命，突破了多项关键技术，翻开了我国气象卫星事业新篇章。风云一号C星、风云一号D星突破了长寿命稳定运行的技术瓶颈，具备了长期连续业务观测的能力，使我国成为世界上第二个具有全球观测能力的国家。

在静止气象卫星方面。2004年，风云二号C星成功定点，成为当时国内应用最为广泛的业务应用卫星。世界气象组织将其列为全球气象卫星观测网的重要业务卫星之一。2004—2008年，我国先后成功发射风云二号C、D、E业务星，它们远超2年设计寿命指标，在轨运行寿命为5～10年，形成了静止气象卫星"双星运行、在轨备份"的业务格局，扩展了对地观测范围，增加了观测频次，提升了灾害应急观测能力。

至2018年，我国又先后发射了风云二号F星、G星、H星（风云二号系列收官星）等卫星，颗颗成功。长期稳定运行的风云二号卫星，挑起了国家重大活动的气象保障之担，服务于国民经济，造福万千百姓。

风云二号C星和D星实现了我国静止气象卫星从试验应用型到业务服务型的转变。随着风云二号E星、F星和G星成功发射，我国气象卫星实现了"多星在轨、统筹运行、互为备份、适时加密"的业务格局。而后的风云二号H星西移至印度洋上空，定位于东经79°，肩负服务国际社会的使命，主要为"一带一路"共建国家和地区提供精细化的服务，风云气象卫星国际服务的新纪元由此开启。

二、第二代气象卫星

风云一号、二号都属于我国第一代气象卫星。在做好第一代气象卫星研制、发射和应用的同时，我国科研人员早早启动了第二代气象卫星的研制工作。

2008年和2010年，我国先后成功发射了第二代极轨气象卫星风云三号A、B试验星，每颗卫星的载荷数量由风云一号的1个增加到11个，分辨率达到百米量级，实现了从紫外线、可见光、红外线到微波探测的多载荷，全球、全天候、多光谱、三维、定量综合对地观测，探测能力达到并部分超越国际先进水平，是当前世界上唯一能够实现三维大气动态监测的卫星，这标志着我国气象卫星技术已迈入世界先进行列。它们获得的全球资料观测时

图 4-8-2　风云三号卫星太阳翼展开试验

效从12小时提高到4.5小时，实现了我国极轨气象卫星升级换代。

风云三号采用了新的卫星平台，装载了多种高性能探测仪器，特别是其中有些有效载荷在国内属于首次研制。风云三号实现了从二维成像到三维探测、从单一光学到全谱段宽波谱探测、从千米级到百米级观测、从国内组网接收到全球组网接收的四大技术跨越。

2013年9月，业务应用卫星风云三号C星升空后，3颗风云三号气象卫星实现组网运行，实现了中国第二代极轨气象卫星的业务化，带动中国气象卫星应用进入成熟发展阶段。2017年11月，风云三号D星成功发射，其上搭载的中分辨率光谱成像仪是世界上首台能够获取全球250米分辨率红外分裂窗区资料的成像仪器，可每日无缝隙获取全球250米分辨率真彩色图像。风云三号卫星有诸多技术特点：载荷多、转动部件多、观测谱段宽、电磁环境复杂、空间分辨率高、频谱范围宽、观测刈幅宽、大冷量辐射制冷等。无论从探测手段、探测能力，还是性能指标等方面来看，风云三号卫星都较风云一号卫星有了新的突破和跨越式的发展，卫星研制技术基本与美国和欧洲新一代极轨气象卫星处于同一水平。通过风云三号02批卫星的发展，我国气象卫星形成"业务稳定可靠、信息充分共享、服务优质高效"的应用格局，应用深度和广度明显提升，在政府决策、防灾减灾、经济社会发展以及国家安全和国防建设中发挥显著作用。

2021年7月5日升空的风云三号E星是风云三号极轨气象卫星系列的第5颗卫星，是风云卫星家族也是世界业务气象卫星家族中首颗晨昏轨道卫星。它在保持高精度全球成像和大气垂直观测能力的基础上，增加了主动遥感仪器风场探测能力、太阳和空间环境综合探测能力，有效提高了全球数值天气预报精度和时效，进一步提升风云卫星的国际影响力。

随着第二代极轨业务气象卫星风云三号C星、D星和E星成功发射，我国成为世界上首个拥有黎明、上午、下午三星组网能力的国家。它们是目前国内光谱测量通道最多、功能最全、性能最先进、精度最高的极轨遥感卫星，实现了高时效全球、全天候、全谱段观测和高精度大气垂直观测，极大提升了我国生态环境监测服务能力、中长期数值天气预报支撑能力，增强了我国对空间天气的监测和预警能力。

2023年4月16日升空的风云三号G星是中国首颗低倾角轨道降水测量卫星，主要用于灾害性天气系统降水监测，以50°倾角运行在非太阳同步的倾斜轨道。

2016年12月11日，我国成功发射首颗第二代静止气象卫星——风云四号A星，突破了静止轨道三轴稳定姿态下高精度实时扫描成像的图像导航核心技术，完成了新技术、新体制、新方法、新系统、新应用的试验验证，实现了我国静止气象卫星的更新换代。作为国际上首颗同时装载多通道扫描成像辐射计和干涉式大气垂直探测仪的高轨气象卫星，风云四号堪称"以一顶俩"。其中的干涉式大气垂直探测仪相当于对大气进行CT扫描，把世界气象卫星界梦寐以求的干涉仪搬到了高轨上。

相较于第一代静止气象卫星风云二号，风云四号的观测效率提升20倍、探测通道提升3倍、空间分辨率提升4倍、时间分辨率提升2倍、观测数据量增加160倍，在世界上首次实现了成像观测和红外高光谱大气垂直探测综合观测，成为我国气象卫星技术从跟跑并跑转向并跑领跑的实践者。根据气象部门数据，风云四号投入运行后，我国对台风、暴雨等灾害性天气的监测识别时效从15分钟提高到5分钟，暴雨预警准确率提高到89%，24小时台风路径预报误差从95千米减小到71千米，最高分辨率从1.25千米提高到500米，全球首次实现静止轨道大气高光谱垂直探测，综合探测水平国际领先。

2021年6月3日升空的风云四号B星部分性能指标较风云四号A星提高了一倍。风云四号A星是我国首颗第二代静止气象卫星，属于科学试验型卫星，而风云四号B星在风云四号A星的基础上进行了系统升级优化，各方面技术更为成熟，是我国首颗第二代静止气象卫星中的业务星。风云四号B星的测量精度更高，可以更好服务于气象预报。它入轨以后，测量分辨率达250米，能提供0.05K（开氏温度）的测量灵敏度，这些均比风云四号A星提高了一倍。

风云四号B星携带了一台快速成像仪，可以更快速对地球进行扫描成像，进行优于1分钟间隔的区域高分辨率昼夜连续监测，能在短时的天气预报方面发挥重要作用。此外，风云四号B星上还搭载了多通道扫描成像辐射计、干涉式大气垂直探测仪以及空间环境仪器包等设备。它同风云四号A星组网，形成了"双星运行、在轨备份"的业务格局。

三、风云系列卫星概况

1.风云极轨卫星

风云卫星系列共分两个类型，即风云极轨卫星和风云静止卫星，其中风云极轨卫星包括风云一号和风云三号系列卫星，风云静止卫星包括风云二号和风云四号系列卫星。

风云一号气象卫星是中国第一代极轨气象卫星，其主要任务是获取国内外大气、云、陆地、海洋资料，进行有关数据收集，用于天气预报、气候预测、自然灾害和全球环境监测等。

风云一号气象卫星是我国最先研制和发射的对地遥感应用卫星，解决了太阳同步轨道卫星的发射和精确入轨、长寿命的三轴稳定姿态卫星平台、高质量的可见和红外扫描辐射计、全球资料的星上存储和回放，对卫星的长期业务测控和管理、地面资料接收处理应用系统的建设和长期业务运行等一系列关键技术问题。风云一号系列卫星包括风云一号A星、B星、C星、D星，共4颗卫星，分为两个批次，各两颗星。01批的A星于1988年9月7日发射，B星于1990年9月3日发射。02批的C星于1999年5月10日发射，D星于2002年5月15日发射。02批卫星在01批星的基础上，改进了姿态控制系统的可靠性和扫描辐射计的性能，将5个通道增加到10个；甚高分辨率图像传输数传码速率相应提高一倍；星上装置了固态存储器，实现了延时图像传输的数字化。这一系列的改进使02批卫星性能得到大幅度的提高，寿命都大大超过2年的设计寿命。其中，风云一号C星因其在轨运行的稳定性和获取数据的准确性，而被世界气象组织正式列入世界业务极轨气象卫星序列，成为中国第一颗被列入世界气象业务的卫星，并荣获2001年度国家科学技术进步奖一等奖。至2012年4月，风云一号两批卫星均已经停止工作。

风云三号气象卫星是我国的第二代极轨气象卫星，它是在风云一号气象卫星技术基础上的发展和提高，在功能和技术上向前跨进了一大步，具有质的变化，具体要求是解决三维大气探测，大幅度提高全球资料获取能力，进一步提高云区和地表特征遥感能力，从而能够获取全球、全天候、三维、定量、多光谱的大气、地表和海表特性参数。

风云三号的研制和生产分为三个批次，其中，01批共两颗卫星，包含：A星，于2008年5月27日在太原卫星发射中心由长征四号丙运载火箭发射成功；B星，于2010年11月5日在太原卫星发射中心由长征四号丙运载火箭发射成功。02批卫星对部分遥感仪器作增加、更换和性能改进，共发射两颗卫星，包含：C星，于2013年9月23日在太原卫星发射中心由长征四号丙运载火箭发射成功；D星，于2017年11月15日由长征四号丙运载火箭在太原卫星发射中心成功发射。03批卫星包含四颗卫星（E星、F星、G星、H星），按照晨昏、上午、下午三颗近极地太阳同步轨道卫星和一颗倾斜轨道降水测量卫星布局安排，已发射晨昏轨道卫星，即E星于2021年7月5日升空，G星于2023年4月16日升空，而F星也预计于2023年底发射。

风云三号气象卫星的应用目的包括四个方面：为中期数值天气预报提供全球均匀分辨率的气象参数；研究全球变化包括气候变化规律，为气候预测提供各种气象及地球物理参数；监测大范围自然灾害和地表生态环境，为各种专业活动（航空、航海等）提供全球任一地区的气象信息，为军事气象保障服务。

风云三号是中国自主研制并达到国际先进水平的新一代极轨气象卫星，它创造了诸多第一：星载有效载荷数量第一，它采用新型卫星平台，装载着11台高性能的有效载荷探测仪器，在国内卫星上是首次；单机活动部件数量第一，它的20台单机有活动部件35个，是国内卫星活动部件最多的；气象卫星观测功能第一，它的遥感仪器观测谱段从真空紫外线、紫外线、可见光线、红外线一直到微波频段样样齐全，既有光学遥感，又有微波遥感，能实现全天候、全天时、多光谱、三维、定量探测，与欧美新一代气象卫星处于同一发展水平。

风云三号是国内搭载遥感探测仪器最多的一颗对地遥感卫星，卫星创新性地采用了先进的综合对地观测卫星总体技术、高可靠卫星姿态控制技术、先进的定量遥感技术、天地一体化的数据获取与预处理技术、全球三维大气高精度定量反演技术、数值天气预报卫星资料同化应用技术和地球气候系统卫星信息提取及应用等七项新技术，实现了从二维遥感成像到三维综合大气探测，从单一的光学探测到紫外、可见、红外和微波的全谱段宽波谱探测，从宽覆盖公里级观测提高到百米级观测，从国内组网接收到全球组网接收等四大技术跨越，其整体探测能力和应用水平达到当今国际先进水平。

风云三号是中国自主研制并达到国际先进水平的新一代极轨气象卫星，其观测资料和产品的主要用户包括气象、海洋、农业、林业、环保、水利、交通、航空、军事等部门，广泛应用于天气预报、气候预测、灾害监测、环境监测、军事活动气象保障、航天发射保障等重要领域，特别在台风、暴雨、大雾、沙尘暴、森林草原火灾等监测预警中发挥重要作用，增强我国防灾减灾和应对气候变化能力，为各级政府的决策提供了准确信息。

2014年4月，风云三号C星被空间与重大灾害国际宪章纳入值班卫星。风云三号D星是国内首颗利用南极卫星数据接收站接收数据的对地遥感卫星。2021年风云三号E星的发射成功有效补充了6小时同化窗内卫星观测资料的空白，对南北半球预报和洲际尺度的区域预报有积极的贡献，弥补了全球观测资料的不足。目前，在轨正常运行的风云三号卫星有风云三号D星、风云三号E星，风云三号C星运行于退化状态下，风云三号G星在轨测试，同时，世界许多国家和地区都在接收和利用风云三号卫星资料。

风云三号的发展，带动了我国的气象卫星及卫星应用进入成熟发展阶段，逐步形成"业务稳定可靠、产品适用定量、信息充分共享、服务优质高效"的应用格局，使气象卫星的应用深度和广度明显提升，在政府决策、防灾减灾、经济社会发展以及国家安全和国防建设中发挥显著作用。

2. 风云静止卫星

风云二号是我国自行研制的第一代地球静止轨道气象卫星，可获取白天可见光云图、昼夜红外云图和水汽分布图，同时收集气象、水文和海洋等数据收集平台的气象监测数据，监测太阳活动和卫星所处轨道的空间环境，为卫星工程和空间环境科学研究提供监测数据；可定向覆盖、连续遥感地球表面与大气分布，具有实时性强、时间分辨率高、客观性和生动性等优点。风云二号与极地轨道气象卫星相辅相成，构成了我国气象卫星应用体系，在重大的灾害性天气过程以及重大的气象自然灾害监测方面，发挥着非常特殊的作用。

20世纪80年代，中国开始研制地球静止气象卫星和建设地面应用系统。风云二号为第一代地球静止气象卫星，它既是高科技的产物，同时也是一个复杂的系统工程，涉及电子技术、光学技术、材料技术、关键的元器件技术以及应用技术，其背后体现的是国家综合科技实力。从风云二号项目立项到第一颗风云二号卫星成功升空，参与卫星、运载、测控、发射、应用五大系统的科技人员成千上万，历经近20年，我国科研人员付出了极其艰苦的努力。

风云二号卫星分为3个批次，共8颗。其中，01批卫星属于试验型地球静止气象卫星，包括2颗星：A星，于1997年6月10日利用长征三号运载火箭在西昌卫星发射中心发射成功；B星，于2000年6月25日利用长征三号运载火箭从西昌卫星发射中心发射成功。02批卫星为业务型地球静止气象卫星，相对于01批卫星，02批卫星技术性能有较大改进（主要包括星载扫描辐射计由01批的3通道增加到5通道，若干主要技术指标也有所提高，增加了星上蓄电池供电能力），包括3颗星：C星，于2004年10月19日在西昌卫星发射中心由长征三号A运载火箭发射成功；D星，于2006年12月8日在西昌卫星发射中心由长征三号A运载火箭发射成功；E星，于2008年12月23日在西昌卫星发射中心由长征三号A运载火箭发射成功。03批卫星的主要目的是确保在轨运行的第一代地球静止气象卫星向第二代静止气象卫星实现连续、稳定的过渡，卫星性能在02批卫星的基础上有适当改进，包括3颗星：F星，于2012年1月13日在西昌卫星发射中心由长征三号甲运载火箭成功发射；G星，于2014年12月31日在西昌卫星发射中心成功发射；H星，于2018年6月5日成功发射。

截至2022年底，中国已成功发射全部8颗风云二号地球静止气象卫星，其中A星、B星、C星、D星、E星、F星5颗卫星已停止工作。目前在轨运行，并提供应用服务的是风云二号2颗卫星，即G星、H星。

风云四号是我国第二代静止气象卫星，主要满足海洋、农业、林业、水利以及环境、空间科学等领域的需求，以实现综合利用。它的主要发展目标是：卫星姿态稳定方式为三轴稳定，提高观测的时间分辨率和区域机动探测能力；提高扫描成像仪性能，以加强中小尺度天气系统的监测能力；发展大气垂直探测和微波探测，解决高轨三维遥感；发展极紫外和X射线太阳观测，加强空间天气监测预警。

风云四号目前包括2颗卫星，即A星和B星。2016年12月11日，风云四号科研试验卫星在西昌卫星发射中心成功发射，12月17日定点于东经99.5°赤道上空静止轨道位置，并正式命名为风云四号A星。2017年2月27日，随着我国新一代静止气象卫星风云四号A星获取首批图像和数据，世界第一幅静止轨道地球大气高光谱图正式亮相，与此同时，我国首次获取彩色卫星云图和闪电分布图。2017年9月25日，风云四号A星正式交付用户投入使用，它的成功发射在技术体制上实现了更新换代。风云四号B星于2021年6月3日，在西昌卫星发射中心搭乘长征三号B运载火箭发射，是我国新一代静止轨道气象卫星风云四号系列卫星的首发业务星，标志着我国新一代静止轨道卫星观测系统正式进入业务化发展阶段，对确保我国静止气象卫星升级换代和连续、可靠、稳定业务运行意义重大。风云四号B星与A星组成我国新一代静止轨道气象卫星观测系统，实现双星组网，共同对大气和云进行高频次监测，获取晴空和薄云区域的大气垂直信息；监测地球辐射、冰雪覆盖、海面温度、气溶胶和臭氧等；实时监测洪涝、高温、寒潮、干旱、积雪、沙尘暴和植被；获取空间环境监测数据；生成各种大气物理参数和定量化产品。观测数据将广泛应用于数值天气预报、灾害天气预警、气候预测服务、生态环境监测、通信导航安全等领域。双星组网进一步满足了我国及"一带一路"共建国家和地区气象监测预报、应急防灾减灾等服务需求。2022年6月1日，B星及其地面应用系统转入业务试运行，开始为全球用户提供观测数据和应用服务。

3. 重要国际贡献

到2023年4月，风云气象卫星共有8星（包括4颗静止气象卫星和4颗极轨气象卫星）在轨工作，其中的静止轨道气象卫星形成"多星在轨、互为备份、统筹运行、适时加密"的业务格局；极轨气象卫星在轨运行使用，形成上午、下午星组网观测，可对全球和区域范围内的极端天气、气候和环境事件展开及时高效观测。

我国风云气象卫星作为全球对地观测的重要成员之一，观测数据面向全球开放、实时共享，各级气象部门利用以风云气象卫星为主的多源卫星资料，开展了城市热岛、水体洪涝、火情、植被等特色卫星遥感应用服务，在生态气象要素监测、生态环境灾害监测、生态红线保护、生态质量综合评价、生态变化气象贡献率评估等工作中，均发挥了重要作用。

当前，风云系列气象卫星已被世界气象组织列入国际气象业务卫星序列，成为全球综合地球观测系统的重要成员，同时是国际灾害宪章机制的值班卫星。风云气象卫星数据也已成为全球数值预报模式系统的重要来源，应用服务潜力正在逐步释放。

风云系列卫星是目前世界上在轨数量最多、种类最全的气象卫星星座。截至2022年底，使用风云气象卫星数据的国家和地区已达到124个，其中包括92个"一带一路"共建国家和地区。在国际防灾减灾方面，已有30个国家注册成为风云卫星国际用户防灾减灾应急保障机制成员；风云气象卫星加入空间和重大灾害国际宪章机制值班卫星序列后，已为印度、菲律宾等40多个国家提供应急保障服务70余次……风云气象卫星国际用户"朋友圈"正不断扩大，不仅是发展中国家，欧美发达国家在数据同化、短临预报、海洋监测等业务和研究中使用的风云气象卫星资料也在逐年增加。风云气象卫星已成为全球对地观测网中的"主力军"，成为服务全球的"中国星"。

未来，风云系列卫星将继续在全球的气象预报、自然灾害应对和生态环境治理等方面贡献中国力量。

四、风云系列之外的气象卫星

1. 碳卫星

全球二氧化碳地面观测站点仅有数百个，难以满足监测需求，只有用卫星俯瞰，才能绘制二氧化碳分布的全景图。为有效掌握全球二氧化碳分布情况，"十二五"国家863计划设置了"全球二氧化碳监测科学实验卫星与应用示范"重大项目（简称"碳卫星"）。

碳卫星是由中国自主研制的首颗全球大气二氧化碳观测科学实验卫星。2016年12月22日，碳卫星在酒泉卫星发射中心成功升空，卫星发射质量620千克，运行在高712千米、轨道倾角98.16°的太阳同步轨道，采用三轴稳定姿态稳定方式，平均功率为600瓦。由于技术难度极高，此前全球仅有两颗卫星从太空监视地球温室气体排放：一颗由日本2009年发射，一颗由美国2014年发射。

图 4-8-3 中国碳卫星飞行示意图

航天八院抓总研制的碳卫星搭载了一体化设计的高光谱温室气体探测仪以及起辅助作用的多谱段云与气溶胶探测仪，以高空间分辨率和高光谱分辨率监测全球二氧化碳等温室气体，旨在为全球学者开展碳排放和气候变化研究，为我国政府开展气候变化谈判和环境外交提供重要支撑。

碳卫星上的高空间分辨率的高光谱温室气体探测仪，是在可见光和近红外谱段利用分子吸收谱线探测二氧化碳等温室气体浓度。多谱段的云与气溶胶偏振成像仪可以测量云、大气颗粒物等辅助信息，为科学家精确反向推演二氧化碳浓度剔除干扰因素，还可帮助气象学家提高天气预报的准确性，并为研究$PM_{2.5}$等大气污染成因提供重要数据支撑。它们可为温室气体排放、碳核查等领域的研究提供基础数据，为节能减排等宏观决策提供数据支撑，增加中国在国际碳排放方面的话语权。

我国碳卫星以二氧化碳遥感监测为切入点，建立高光谱卫星地面数据处理与验证系统，形成对全球、中国及其他重点地区二氧化碳浓度监测能力，监测精度优于4ppm，这一精度已达到高光谱大气痕量气体探测方面的国际先进水平。

我国发射的碳卫星通过地面数据接收、处理与验证系统，定期获取了全球二氧化碳分布图，使我国在大气二氧化碳监测方面跻身国际前列。

2. 大气环境监测

2022年4月16日，我国成功研制发射了全球首颗激光二氧化碳探测卫星——大气环境监测卫星。该卫星由航天八院抓总研制，采用主动激光、高光谱、偏振、多光谱、多角度等多种探测手段，实现高精度、大范围、全天时、多要素综合观测，多项指标国际领先，显著提高了我国在大气遥感领域以及激光遥感领域的国际影响力，助力我国实现碳达峰、碳中和、生态文明建设等国家战略目标。该卫星采用主被动结合，填补全天时高精度碳监测空白；采用多手段联合，推动多领域服务能力跨越式提升。大气环境监测卫星的成功发射和在轨应用标志着我国在大气遥感领域达到国际先进水平，"十四五"期间我国还将发射高精度温室气体综合探测卫星，与大气环境监测卫星组网观测，进一步提升我国天基碳监测能力，为我国实现碳达峰、碳中和目标、建设美丽中国提供科学数据支撑。

3. 句芒号

2022年8月4日，由航天五院抓总研制的陆地生态系统碳监测卫星"句芒号"，在太原卫星发射中心由长征四号B运载火箭成功发射。"句芒"是中国古代民间神话中的木神、春神、东方之神，主管树木发芽生长，象征人类对自然环境的敬畏与责任。

句芒号是世界首颗森林碳汇主被动联合观测的遥感卫星，能实现对森林植被生物量、气溶胶分布、叶绿素荧光的高精度定量遥感测量。该卫星可广泛应用于陆地生态系统碳监测、陆地生态和资源调查监测、国家重大生态工程监测评价、大气环境监测和气候变化中气溶胶作用研究等工作，使我国碳汇监测进入天基遥感时代。

研制团队创新性地将天基测绘"激光雷达+光学相机"为代表的主被动联合观测手段应用到森林监测中，提出"激光雷达波束翻倍、重频提升逾30倍，配置5个多光谱相机进行5角度综合观测"的方案，满足了森林碳汇监测的需求。

句芒号配置了多波束激光雷达、多角度多光谱相机、超光谱探测仪、多角度偏振成像仪等载荷，支持获取以上数据，并确保数据"准、全、细、精"。卫星上的多波束激光雷达通过计算激光到达树冠以及地面的时间差，可计算出树木的高度。卫星一次测量发射出激光的光束数量、发射频次则决定测量精度。句芒号可1秒发射测量激光200次，最终实现测点间隔由公里级跨越至百米级，植被测高精度大幅提升。

为了准确还原森林茂密程度，句芒号安装了5个多光谱相机，实现对地5角度立体观测，并创新性采用月球定标方法，以确保5角度成像光谱响应一致，从而使5角度多光谱相机能绘制一幅立体植被分布图，精准覆盖观测区域的一草一木。

叶绿素荧光高精度制图是句芒号支撑高精度碳汇监测的重要环节，但叶绿素荧光的能量仅有0.5%～2%以荧光的形式发射出来。为此，句芒号配置了超光谱探测仪，并创新使用了光栅分光原理，将光谱分辨率较传统提升了10倍，实现国际首次0.3纳米精细探测，可探测到太阳光细微的明暗变化。

句芒号配置了偏振成像仪，以去除大气对卫星监测数据的影响，支持35个角度监测大气$PM_{2.5}$含量，获取大气横向$PM_{2.5}$含量信息。其上的大气激光雷达用于获取大气纵向$PM_{2.5}$含量信息。这一横一纵，就可将数据结果由二维变成了三维立体信息，确保大气校正更精准。

句芒号的运行标志着中国的碳汇监测已经从地面走向空间，从平面走向立体，从局部走向全局。句芒号能为中国的碳中和、碳达峰提供更为精确的科学数据，有利于完成中国的碳减排任务，为缓解气候变化作出中国的贡献。

句芒号除了能进行森林碳汇监测外，还可广泛应用于环保、测绘、气象、农业、减灾等领域，支撑作物评估、植物病虫害监测、灾害应急成像等，为建设美丽中国贡献力量。

第九节　海洋系列

21世纪被人类称为"海洋世纪"，是人类大步走向海洋、开发利用海洋的世纪。然而，要想对这一占地球表面积70.8%的不断运动着的水体进行全面、及时的了解，掌握其活动规律，探清其蕴藏的巨大资源，用一般方法是很难实现的。就目前和可以预见的未来来看，海洋卫星是认识海洋真面目的最佳利器，利用它可以方便地对大面积海域实现实时、同步和连续的监测，它已经被公认是海洋环境监视监测的主要手段。到2023年5月。我国已发射了4颗海洋一号海洋水色卫星和4颗海洋二号海洋动力环境卫星，以及1颗中法海洋卫星，均由航天五院抓总研制。

中国海洋卫星的发展目标是建起一整套海洋卫星体系，最初包括三个卫星系列，分别是海洋水色卫星系列（海洋一号）、海洋动力环境卫星系列（海洋二号）和海洋监视监测卫星（或叫海洋雷达观测系列，即海洋三号），现已逐步形成了以卫星为主导的立体海洋空间监测网。不过后来，海洋三号卫星的载荷搭载在高分三号卫星上了，所以没有单独研制海洋三号卫星。另外，海洋一号是小卫星，海洋二号是大卫星。

海洋一号系列卫星以可见光、红外探测水色水温为主，其探测要素包括：叶绿素、悬浮泥沙、海面温度、污染物质等。通过海洋一号系列卫星观测海水光学特性、叶绿素浓度、海面温度、悬浮泥沙含量、黄色物质和海洋污染物质，了解海洋水色、水温、污染物质以及浅海水深等环境要素，能掌握海洋初级生产力分布情况、海洋渔业及养殖业资源与环境质量状况，为海洋生物资源合理开发与利用提供科学依据；了解重点河口港湾的悬浮泥沙分布规律，可为沿岸海洋工程及河口港湾治理提供基础数据；监测海面赤潮、溢油、热污染、海冰冰情、浅海地形，可为海洋环境监测、环境保护和执法管理提供基础信息，并为海洋科研提供大洋水色环境资料。

海洋二号系列卫星以主动微波探测全天候获取海面风场、海面高度和海面温度为主，其探测要素包括：海面风场、海面高度、海面温度等。它可满足部分海洋预报应用要求，达到减灾、防灾的目的。海洋一号、二号系列卫星相互独立，重点突出，各自可尽快发挥效益，做到有所为、有所不为，同时两个系列可起到一定的互补作用。

海洋三号卫星主要对海面进行监视和监测，解决中国海洋专属经济区监视和近海海洋环境监测面临的全天候高分辨率遥感资料与技术手段缺乏的问题，满足中国海洋专属经济区和近海的海洋权益维护、海洋环境保护、防灾减灾、海域管理使用、执法监察等业务化需求，提高对突发事件的快速反应能力。相对于海洋一号、二号系列卫星来讲，海洋三号是一种合成孔径雷达卫星（SAR），可全天候、全天时获取环境信息，每天在运行时间上与前两类卫星错开，以实现互补。该卫星配置针对海洋特点的多频段、多极化、多分辨率的合成孔径雷达，实现对海洋环境的动态监测。

海洋卫星已与海监飞机、船舶、浮标和岸站等观测手段一起，构成了我国管辖海域的立体动态监测网和军民兼用的海洋环境保障体系。我国将逐步形成以卫星为主导的海洋空间监测网。

总之，这三种海洋系列卫星各有所长，它们能与气象卫星、资源卫星、环境与灾害监测卫星系列一起，共同构成中国长期稳定运行的卫星对地观测体系。

一、海洋一号

中国国家海洋局早在20世纪80年代就开始了海洋卫星的立项论证工作，1996年成立专门机构，负责海洋卫星综合立项论证工作，航天五院东方红卫星公司研制的海洋一号A星和B星分别于1997年和2005年通过国家立项批复。

1. 海洋一号A星

2002年5月15日，我国在太原卫星发射中心用长征四号B运载火箭"一箭双星"发射海洋一号A星和风云一号D星。其中的海洋一号A星是中国第一颗用于海洋水色探测的试验型

图 4-9-1　海洋一号 A 星进行太阳翼展开试验

业务卫星，也是中国首颗采用CAST968平台的小型应用卫星。2002年5月29日，海洋一号A星有效载荷按预定时间开始进行对地观测。

海洋一号A星的质量为368千克，初始轨道为870千米高的太阳同步轨道，经过7次变轨后运行在高798千米的太阳同步近圆轨道，以可见光、红外探测水色、水温为主，设计寿命2年。它对渤海、黄海、东海赤潮实施了预警和监测，对渤海每年冬季3个月左右的结冰期进行了海冰预报，获取了大量南北极冰盖数据，为南极科学考察和北极考察选址提供了基础数据，结束了中国没有海洋卫星的历史，实现了中国实时获取海洋水色遥感资料零的突破，使中国海洋观测跨入卫星海洋时代。

海洋一号A星采用三轴稳定姿态控制，载有十通道（或叫波段）海洋水色扫描仪和四通道CCD海岸带成像仪。海洋水色扫描仪有8个可见光和2个红外谱段，可见光谱段主要用于探测海洋水体颜色，红外谱段用于探测海温、海冰，海岸成像仪重点探测海陆交界处的水体颜色，主要探测叶绿素浓度、悬浮泥沙浓度、可溶有机物等海洋水色要素及温度场，用于评估渔场、预报鱼汛、监测海洋污染和冰情等；CCD海岸带成像仪主要用于监测河口悬浮泥沙、海岸带生态等，以获得海陆交互作用区域的较高分辨率图像。星上数字图像信息经X频段数传系统向地面站发送。

海洋一号A星采用的先进设计和技术与当时国际同类卫星水平相当，使卫星具备了长期的业务化运行能力。同国外同类型卫星相比，它体积小、质量轻，技术指标先进，可见光和红外遥感探测并存，谱段较全，对于提取海洋水色和海表温度等多种信息能达到更佳的效果。它还拥有多项创新特点，主要包括：利用小卫星技术，突出总体优化、星上网络和软件冗余等技术，实现了整星质量轻、功能密度比高；有效载荷集成合理、指标先进、实用，能同时进行水色、水温观测，兼顾海陆交互衔接；卫星采用机械制冷、一带二的太阳翼驱动机构等技术。这些特点在中国卫星研制中均属首次。

海洋一号A星在轨交付后，国家卫星海洋应用中心在保证卫星地面应用系统业务运行的前提下，采取了"点面结合"的方式，积极开展了卫星应用和应用推广工作，在海洋环境污染监测、海洋环境和海洋灾害预报、海洋资源开发和海洋科学研究等领域，取得了重要成果。海洋一号A星的成功发射填补了我国海洋卫星领域的空白，实现了我国海洋卫星"零"的突破，使我国跻身于世界海洋空间观测强国之列，意义重大，影响深远。它也开启了海洋一号系列卫星发展的新纪元。在轨运行期间，海洋一号A星获取了大量水色遥感探测数据，探测范围覆盖了全球海域，在我国海洋权益维护、海洋资源开发、海洋环境监测、海洋灾害预报等方面发挥了重要作用。

2. 海洋一号B星

2007年4月11日，中国第二颗海洋卫星——海洋一号B星由长征二号C运载火箭发射升空，卫星准确进入距地球798千米高的太阳同步近圆轨道，标志着中国海洋卫星和卫星海洋应用事业向系列化和规模化方向又前进了一大步。

海洋一号B星是海洋一号A星的后续星，星上仍载有一台十波段海洋水色扫描仪和一台四波段CCD海岸带成像仪。该卫星在海洋一号A星的基础上研制，其观测能力和探测精度进一步增强和提高。

海洋一号B星基本延续了海洋一号A星的主要设计，但其各项指标和功能都有了较大提高，取得多项技术突破：星上的海洋水色扫描仪和海岸带成像仪的

图 4-9-2　海洋一号 B 星海洋水色扫描仪拍摄的图片

性能都大幅提高。水色仪遥感视场的幅宽由约1600千米增至3000千米左右，对全球观察的重复观测周期由原来的3天缩短为1天，即每天都可对海洋进行预测，水平不亚于美国、欧盟、日本等同类型卫星；海岸带成像仪光谱分辨率大幅提高，对特定水体发出的颜色分辨得更清楚，从而对海洋泥沙和叶绿素的观测更精确；每天成像由2～3次增加到7～8次；星上存贮量由80兆字节扩展为2吉字节；卫星质量增加了75千克，其中燃料由13千克增加到21千克，设计工作寿命由2年提高到3年；结构更加可靠，卫星能够承受更大的外界震动和冲击；专用的太阳翼带式压紧机构，使太阳翼压紧与释放展开可靠性大大提高；卫星整星质量水平大大提高，可靠性设计方面用软件冗余替代硬件冗余。

与海洋一号A星相比，由于寿命延长、性能提高，海洋一号B星提供的信息量增加了3倍以上，使用价值成倍增长。该卫星在中国国内首次采用最低功耗模式进行设计。一般卫星功能失效均是由卫星电源功能丧失引起，而大部分卫星电源功能丧失都是由于其蓄电池放电过度造成的损坏，为此卫星进行最低功耗模式设计，即可在应急条件下，降低蓄电池功

耗输出，从而达到在卫星供电出现异常时增加可抢救性、延长卫星寿命的目的。对低轨道卫星而言，最低功耗模式设计尤为重要。

与海洋一号卫星相比，海洋一号B星的观测能力进一步提高，同时最大限度地保证了在轨运行的稳定与可靠，实际在轨寿命达到9年10个月，成为我国小卫星领域有名的"寿星"。

3. 海洋一号C星

2012年3月，国务院批复了《陆海观测卫星业务发展规划（2011—2020年）》，明确要建成满足国土资源领域各主体业务应用系统规模化运行、支持其他行业相关应用需求的卫星业务体系。按照这一规划，2018年9月7日，海洋一号C星由长征二号C运载火箭于太原卫星发射中心成功发射。该卫星是我国海洋水色系列卫星的第三颗卫星，也是我国民用空间基础设施中"十二五"海洋业务卫星的首发星，标志着我国海洋遥感探测领域迈出了新的一步。

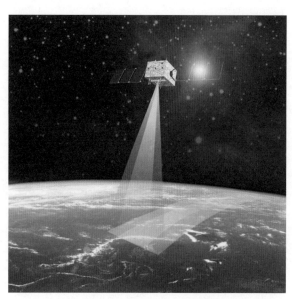

图4-9-3　海洋一号C星模拟图

海洋一号C星采用成熟的CAST2000小卫星平台，具备±25°侧摆机动能力和±20°俯仰机动能力，设计寿命5年，主要任务包括为全球大洋水色水温环境业务化监测、研究和掌握海洋初级生产力分布、研究全球气候变化与中尺度海洋环境变化提供连续稳定可靠的定量化基础数据，为我国近海海域与海岛、海岸带资源环境调查、海洋防灾减灾、海洋资源可持续利用、海洋生态预警与环境保护等业务化服务提供中等分辨率的业务化遥感数据以及为地方省市自然资源调查、环境生态监测、防灾减灾应急处置以及气象、农业、水利等行业提供数据服务。

随着海洋一号A星、海洋一号B星的退役，海洋一号C星开始承担起我国海洋水色观测的使命。海洋一号C星共配置有海洋水色水温扫描仪、海岸带成像仪、紫外成像仪、星上定标光谱仪和船舶自动识别系统五大载荷，可实现对全球海洋水色的长期、连续、稳定探测，并支撑海洋环境信息保障、海洋预报减灾、海岛海岸带动态监测与海域使用管理、全球变化数据服务等业务。自成功发射以来，海洋一号C星在远洋渔业巴布亚新几内亚金枪鱼渔场海域水色、水温监测，黄海、东海浒苔覆盖面积、分布范围及漂移方向实时监测，海冰、赤潮、溢油、森林火灾、围填海监测，可可西里盐湖的封冻结冰监测中都作出了突出贡献。2019年8月，海洋一号C卫星为我国第十次北极科学考察任务提供了海冰密集度、海冰分布范围和海冰覆盖面积等观测数据，为此次北极科考顺利完成提供了高效环境信息。

海洋一号C星的成功发射和在轨运行拉开了国家民用空间基础设施中长期发展规划海洋业务卫星的序幕，将实现对全球海洋水色的长期、连续、稳定探测，支撑海洋环境信息保障、海洋预报减灾、海岛海岸带动态监测与海域使用管理、全球变化数据服务等业务，并服务于气象、环保、农业、水利、减灾、交通等行业，为我国实现建设海洋强国的目标谱写新的篇章。

4. 海洋一号D星

2020年6月11日，海洋一号D星由长征二号C运载火箭在太原卫星发射中心成功发射。它是我国海洋水色系列卫星的第四颗卫星，属于我国民用空间基础设施规划海洋业务卫星。

与海洋一号C星基本一样，海洋一号D星也采用航天五院东方红卫星公司自主研发的CAST2000小卫星平台，设计寿命5年。卫星运行在太阳同步轨道，卫星上配置五个载荷，其中海洋水色水温扫描仪用于探测全球海洋水色要素和海面温度场，海岸带成像仪用于获取海岸带、江河湖泊生态环境信息，紫外成像仪用于近岸高浑浊水体大气校正精度，定标光谱仪用于监测水色水温扫描仪可见光近红外谱段和紫外成像仪在轨辐射稳定性，船舶自动识别系统用于获取大洋船舶位置信息。

海洋一号D星上的海岸带成像仪和定标光谱仪由航天五院508所研制。海岸带成像仪的成像要兼顾海洋水色、陆地生态和极地冰川。海水的反射率低，而冰川的反射率非常高，因此，海岸带成像仪具备很大的动态范围和很高的信噪比，对图像的分辨更加精确、清晰。定标光谱仪就像一把尺子，能够精确地测量该星上其他三台光学载荷（海洋水色水温扫描仪、紫外成像仪和海岸带成像仪）的数据精度，通过它可以监测该星上其他载荷在轨期间性能变化情况。这两台载荷将助力实现海洋水色遥感和海岸带探测，为海洋生物资源、海岸带资源开发利用、海洋污染监测与防治、海洋科学研究以及气象、农业、水利等提供服务。船舶自动识别系统由航天五院513所研制，主要用于获取大洋船舶位置信息。它能识别船只、协助追踪目标、简化信息交流、提供其他辅助信息以避免碰撞发生，为海上权益维护、海洋防灾减灾和大洋渔业生产活动等提供数据服务。

此外，海洋一号D星和海洋一号C星组成了我国首个海洋民用业务卫星星座。双星组网后，实现了上、下午组网观测，每天可获取两幅全球海洋水色、植被指数遥感图和四次海面温度产品，大幅提高对全球海洋水色、海岸带资源与生态环境的有效观测能力，使我国在海洋水色遥感领域跻身国际前列，有力推动我国迈向航天强国的步伐。

海洋一号D星与海洋一号C星就像一对"双子星"，不仅长相相似，技术性能也基本相同。它们能够连续获取全球大洋水色水温资料，为我国近海海域与海岛海岸带资源环境调查、海洋防灾减灾、海洋资源可持续利用、海洋生态预警与环境保护提供数据服务，同时服务于自然资源调查、环境生态、应急减灾、农业、气象、水利、交通等行业。它们并肩作战，是我国跻身国际海洋水色遥感领域前列的一大里程碑。

了解海洋资源各要素的分布及变化过程、探究变化规律，离不开全面、长期、连续有效的监测。多星组网观测为合理做出空间规划、科学开发管控自然资源、及时监测和处置自然灾害提供了技术支持，正成为海洋业务卫星的"新常态"。

二、海洋二号

1. 海洋二号A星

海洋二号于2007年1月正式立项。2011年8月16日，中国第一颗海洋动力环境卫星——海洋二号A星由长征四号B运载火箭成功发射。它运行在971千米高的太阳同步轨道上，卫星质量为1575千克，设计寿命为3年，创造了我国五个"第一"：第一颗获取海洋动力环境数据的卫星，第一颗高精度航天器，第一颗定量观测的微波遥感卫星，第一次搭载进行星地激光通信试验的有效载荷，第一次开展微波遥感器的海上辐射校正和真实性检验。

航天五院研制的海洋二号A星集主、被动微波遥感器于一体，具有高精度测轨和定轨能力。卫星主要用于监测和探测海洋动力环境参数，实现全天候、全天时对海面风场、海面高度场、浪场、海洋重力场、大洋环流和海表温度场等重要

图 4-9-4　海洋二号 A 星运行示意图

海洋参数的监测。它所获得的观测数据不仅在海况预报、风暴潮监测、巨浪监测、重力场调查、海平面变化、厄尔尼诺监测和大洋极地航行保障等方面发挥了重要作用，而且使中国具备了独立获取全球海洋动力环境信息的能力。

海洋二号A星装载有雷达高度计、微波散射计、微波辐射计、校正辐射计和激光通信终端5个有效载荷。雷达高度计采用Ku、C双频工作体制，用于校正电离层时延；微波散射计采用笔形波束圆锥扫描的工作体制，具有观测幅宽大、无星下点盲区的特点，可快速对全球海面进行观测，每天可覆盖全球90%的海域；微波辐射计采用圆锥扫描工作方式，根据海

洋应用选取了5个频段、9个极化通道测量海洋表面辐射量温度；校正辐射计探测频率选择了包含大气水汽吸收谱线和大气窗通道的3个微波频段；激光通信终端利用激光作为数据传输的载体，完成星地双向数据传输任务。

海洋二号A星使我国海洋卫星首次以厘米级定轨精度和微波探测方式，全天时、全天候地获取宝贵的海洋动力环境数据，极大提升了我国海洋监管、海权维护和海洋科研的能力，也标志着我国海洋卫星向系列化、业务化方向迈出了一大步。海洋二号A星在轨获得的数据提高了我国灾害性海洋预报的水平，为国民经济建设和国防建设、海洋科学研究、全球变化提供了实测数据，同时也在国际对地观测体学中发挥着重要作用。例如：

2012年4月11日，印尼苏门答腊北部附近海域发生里氏8.5级地震。用户方国家卫星海洋应用中心利用海洋二号A星对印尼地震前后海域波高进行分析，判定了"在印度洋海域不会发生海啸"的结论。美国随后也发布消息，取消了印度洋相关地区海啸的预警。

2012年10月28日至30日，"桑迪"飓风横扫美国东部海岸，海洋二号A星在27日成功观测到该飓风及其移动方向，这为有效防范飓风在28日的登陆提供了预警时间。海洋二号A星是当时全球唯一获取到飓风期间风浪信息的卫星。

2. 海洋二号B星

2018年10月25日，航天五院研制的海洋二号B星在太原卫星发射中心升空。海洋二号B星是我国海洋卫星全球组网的首发卫星，标志着我国自主研制的海洋动力环境监测卫星正式进入业务运行阶段，为全球海洋卫星发展贡献了中国智慧中国力量。

海洋二号B星是我国第二颗海洋动力环境卫星，该卫星在海洋二号A星的基础上新增了船舶识别和数据收集分系统，从而不仅能对海面高度、风场、温度等海洋动力环境要素精准观测，还承接了两项"副业"——具备对全球船舶自动识别以及接收、存贮和转发我国近海及其他海域的浮标测量数据的能力。海洋二号B星设计寿命长达5年，搭载了雷达高度计、微波散射计、扫描微波辐射计、校正辐射计、数据收集系统和船舶自动识别系统等共6个有效载荷。其中，雷达高度计主要用于测量海面高度、有效波高、海流和重力场参数，微波散射计用于观测全球海面风场，扫描微波辐射计用于观测海面温度、水汽含量、液态水和降雨强度等参数，校正辐射计用于为雷达高度计提供大气湿对流层路径延迟校正服务。船舶自动识别系统可为海洋防灾减灾和大洋渔业生产活动等提供服务。数据收集系统用于接收我国近海及其他海域的浮标测量数据。与海洋二号A星相比，B星在观测精度、数据产品种类和应用效能方面均有大幅提升。

海洋二号B星发射后，卫星获取的海风、海浪、海流、海温等海洋动力环境信息，可进一步满足海洋业务需求，并兼顾气象、减灾、水利等其他行业应用需求，为国民经济建设、海洋科学研究、全球气候变化提供实测数据，同时也在国际对地观测体系中发挥重要作用。

随着人类探索宇宙的步伐不断前行，卫星的发展趋势逐渐从原有的功能单一化卫星向多功能集成化转变，但实现起来却步履维艰。以海洋二号B星为例，六大载荷的存在让卫星的工作频率跨越8个波段，天线数量国内最多，电磁环境十分复杂。为了实现载荷彼此间的"和谐共处"，海洋二号研制团队在测试方法上进行了系统规划，从整星总装、分系统、载荷、单机以及电缆包覆等层面做了针对性处理，使得各个载荷互不影响，能够正常的收发信号。

作为微波遥感卫星，海洋二号B星的优势在于其不受天气、光照等客观条件的干扰，能够提供全天时、全天候的不间断服务，对海面进行持续监测，形成连续、稳定的海洋环境监测与数据获取能力。这颗卫星就像一台飘在太空中的手机，随时随地保持着开机状态，且设计寿命长达5年。太空中的环境相比受到臭氧层保护的地表要恶劣许多，除了充满辐射的真空环境、相差数百度的巨大温差，还有随时可能致命的"单粒子效应"。为了保证卫星长期稳定的在轨运行，B星针对A星在轨出现的问题做了优化设计，并通过大量的地面验证试验和关键环节冗余设计优化给卫星在轨上上了"双保险"，兑现了24小时不间断服务的庄严承诺。

海洋二号B星发射后，卫星获取的海风、海浪、海流、海温等海洋动力环境信息，可进一步满足海洋业务需求，并兼顾气象、减灾、水利等其他行业应用需求，为国民经济建设、海洋科学研究、全球气候变化提供实测数据，同时也在国际对地观测体系中发挥重要作用。海洋二号B星将进一步提高我国海洋预报与监测预警水平，以及海洋防灾减灾与海上突发事件响应能力，从而服务于海洋资源开发利用，为我国参与全球治理、共同应对气候变化提供技术支撑。

3. 海洋二号C星

2020年9月21日，航天五院抓总研制的海洋二号C星在酒泉卫星发射中心由长征四号B运载火箭成功发射。它是我国海洋动力环境监测网的第二颗卫星，也是我国首颗运行于倾斜轨道的大型遥感卫星，其入轨后与海洋二号B星组网，大幅提升了我国海洋观测范围、观测效率和观测精度。此外，海洋二号C星通过整星带太阳翼运输等方式实现了大型遥感卫星的发射场流程优化，大幅缩短了发射场工作周期，对后续大型遥感卫星和商业卫星流程优化具有良好的推广和示范效应。

海洋二号C星具有身手敏捷、眼疾手快的特性，能够实现更高的海洋风场观测频度。相较于传统遥感卫星运行所在的太阳同步轨道，海洋二号C星的"站位"十分独特，运行在66°倾角倾斜轨道。在研制团队的精心设计下，它在倾斜轨道上"全力奔跑"，进一步提升我国的海洋观测能力，其功能概括为"捕风、勘海、鉴舟、汇志"。从测量全球海洋表面风矢量和全球海面高度，到全球船舶自动识别以及接收、存储和转发全球海上浮标测量信息，海洋二号C星的这一系列能力，得益于五院遥感卫星总体部研制团队要实现卫星多功能集成化发展的高目标和高要求。

海洋二号C星上的雷达高度计、微波散射计可以对海面高度、有效波高、海面风场实现高精度、高分辨率的实时观测。卫星搭载的AIS舰船自动识别系统具备全球船舶识别的能力，DCS分系统可以接收、存贮和转发海域中的浮标测量数据，有效提高数据精度。包括微波散射计、船舶识别系统和数据收集系统在内的有效载荷都精巧布局于卫星之上，多项指标达到国际先进水平。船舶识别系统可以实现全球海面船舶位置、航向航速等数据测算，极大提升海上交通和海上安全能力；数据收集系统可有效获取海上浮标信号数据，并将浮标点测信息统一传输到地面进行处理，通过点面结合的精准测量大幅提升海洋预报系统的精度。

海洋二号C星入轨后，可不受天气和光照条件影响，实现全天时、全天候连续开展海洋动力环境监测，为"一带一路"共建国家和地区提供有效服务。同时，其遥感数据还可应用于海洋地球物理学、海洋动力学、海洋气候与环境监测、海冰监测等方面研究。海洋二号C星入轨与B星实现双星组网后，观测周期由单星3天缩减到1天，并可在6小时内完成全球80%的海面风场监测。

4. 海洋二号D星

2021年5月19日，航天五院抓总研制的海洋二号D星，在酒泉卫星发射中心由长征四号B运载火箭成功发射。该卫星与2018年发射的海洋二号B星、2020年发射的海洋二号C星在轨组网，建成全球首个海洋动力环境观测网，实现对全球海面一系列海洋动力环境要素的观测，为我国海洋防灾减灾、气象、交通及科学应用等提供信息支撑，助力打造全球海洋观测网，提高我国海洋卫星体系的国际地位。

十余年来，海洋二号卫星研制团队坚持"多功能、集成化"的设计理念并不断优化升级，使海洋二号B星、海洋二号C星、海洋二号D星具备全天时、全天候、高精度的海面风场、海面高度、有效波高、海面温度等海洋动力环境数据监测的能力。随着三星组网，我国全球海洋监测覆盖能力达80%以上，海洋监测的效率和精度大幅提升，达到国际领先水平，将高效服务于海洋防灾减灾、海上交通、发展海洋经济等工作。海洋二号D星投入使用后，海洋动力环境监测网对台风的监测和预警能力将得到更大程度的提升，从而为沿海城市灾害预测和防灾减灾提供强大助力。

海洋二号D星的导航系统全面升级，具备GPS和北斗双模数据接收功能，进一步实现了导航能力的自主可控。该卫星的成功发射，可发挥海洋动力环境卫星组网优势，进一步提升持续观测能力，进一步完善服务于全球变化研究的数据体系构建，大幅提升我国适应气候变化数据保障能力，在支持和服务全球气候变化研究中彰显大国使命和担当。在其研制过程中，科研团队将"一次把事情做对、一次把事情做好"的质量工作理念贯穿全流程，充分识别各阶段关键要素、关键环节，精准施策；在研制流程方面大胆创新、勇做减法，实现了发射场工作周期缩短22%、人员规模减小36%。

海洋二号B星、海洋二号C星、海洋二号D星组网运行后，相当于在太空中织就"天眼"，实现全球海面船只的位置、航向、航速精确勘测，为支持和服务全球海上定位、导航、搜救等提供重要保障。

自海洋二号系列卫星在轨应用以来，多家渔业公司利用海洋二号卫星数据在远洋渔业上进行推广应用，可燃油节约5%，渔获量提高2%～3%，取得了很好的经济效益。我国利用海洋光学卫星，结合海洋二号系列卫星数据，可发布大洋渔场的快速预报。当前，我国已具备三大洋17个大渔场的预报能力。

除了测量有效波高之外，海洋二号系列卫星装载雷达高度计还可以精准地完成全球海面高度的测量。海洋二号D星海面高度测量精度优于5厘米，已达国际先进水平，将为全球性气候研究提供数据支撑。

海洋二号B星、海洋二号C星、海洋二号D星奔跑在不同的轨道上，其组网运行将使全球海洋监测进入"小时级"时代。曾经单颗星20多天才能针对全球观测一次，无法满足海上运输、大洋渔场、海洋科考、海上安全等多方面要求。我国首个海洋动力环境监测网建成后，全球海洋观测仅需6小时。

此外，三星组网后，海洋二号观测网格间隔将优于100千米，满足亚中尺度海洋现象观测的要求，达到国际先进水平。与全球海洋总面积相比，其观测精度相当于足球场上的一张报纸。

随着海洋二号D星成功发射，全球海洋动力环境监测网落成，海洋动力环境卫星组网的优势将得到进一步发挥，有利于加快构建服务于全球变化研究的数据体系，提升中国应对气候变化的能力，为全球气候变化提供有效建议，在环境保护和气候变化这一维度上彰显大国的使命和担当。

5. 中法海洋卫星

2005年，中法两国签署《中华人民共和国政府和法兰西共和国政府关于天文和海洋领域合作的协议》，同意推动天文卫星和海洋卫星领域合作，中法海洋卫星项目组正式成立，中法两国航天领域的首颗合作卫星项目正式启动。

2006年10月，中法两国航天机构签署《中国国家航天局和法国国家空间研究中心关于合作实施中法海洋卫星谅解备忘录》，明确双方职责分工。中法海洋卫星由法方提供海浪波谱仪，由中方提供散射计和卫星平台，并负责卫星发射与测控。根据备忘录，双方各自建立地面应用系统。法方地面接收站由加拿大依诺维克站、瑞典基律纳站组成，中方地面站由自然资源部国家卫星海洋应用中心的北京站、牡丹江站、海南站组成。双方各自建立任务中心，共同开展研制与应用，以获取海面风场、海浪等海洋动力环境参数。

2009年，中法海洋卫星工程研制得到中国国家航天局、财政部批复正式立项。之后，中法双方开展了包括机载航空校飞试验、星地对接实验、机电热试验等工作，2015年完成卫星系统详细设计联合评审。

2015年，在中法两国总理见证下，中国国家航天局与法国国家空间研究中心签署谅解备忘录，为未来利用科学数据及应用合作奠定了基础。同年12月，在巴黎召开的全球气候变化大会上，中法两国航天局发表联合声明："共同促进中法海洋卫星的应用，扩大其国际影响，并使之为全球气候变化研究做出贡献。"

2018年9月，中法双方组织召开中法海洋卫星项目联合出厂评审会议，明确卫星具备发射条件。

2018年10月29日，中法海洋卫星在酒泉卫星发射中心成功发射，主要用于海洋动力环境监测，可以实现对海洋表面风和浪的大面积、高精度同步观测。卫星还能观测陆地表面，获取土壤水分、粗糙度和极地冰盖相关数据。这是落实中法两国航天合作协议，面向海洋风浪探测和全球气候变化需求研制的一颗具有海风海浪联合探测能力的卫星，率先实现了全球海浪谱信息的空间连续获取能力。值得关注的是，卫星搭载两台海洋科学观测设备，一台是海风观测载荷——全球首台新型体制的微波散射计，另一台是海浪观测载荷——全球首台新型体制的海浪波谱仪。借助两台先进载荷，卫星首次实现了全球海风、海浪同步观测。

图 4-9-5 中法海洋卫星全景

中法海洋卫星工程立项审批、组织管理由国防科工局负责，自然资源部为用户部门。整个工程由五大系统组成，其中卫星系统由航天五院东方红卫星公司抓总，有效载荷由中国科学院空间中心和法国国家空间研究中心研制；长征二号C运载火箭系统由航天一院研制；发射、测控由中国卫星发射测控系统部负责组织实施；中方地面应用系统由自然资源部所属国家卫星海洋应用中心负责，并与法国地面应用系统进行数据交换。

中法海洋卫星的主要任务是在500多千米的轨道上监测全球海面，获取全球海面波浪谱、海面风场、南北极海冰信息，进一步加强对海洋动力环境变化规律的科学认知；提高对巨浪、海洋热带风暴、风暴潮等灾害性海况预报的精度与时效；同时获取极地冰盖相关数据，为全球气候变化研究提供基础信息。中法海洋卫星可提高两个国家和国际科学界在观测研究和预报海洋气象以及理解海气相互作用，预测洋面风浪，监测海洋状况，同时还能在大气-海洋界面建模、海浪在大气-海洋界面作用分析以及研究浮冰与极地冰性质研究等方面发挥作用，并可以对陆地表面参数进行观测，帮助人们更好地了解海洋动力以及气候变化。

中法海洋卫星是世界首颗具备全球全天候、全天时连续同步获取海洋风浪信息的卫星，在海洋防灾减灾和海上航行安全保障等方面较其他卫星优势明显，主要用于获取全球大面积海洋波浪谱、有效波高、海面风场和极地海冰信息等。它首次实现了海风和海浪同步观测。中国提供卫星运载、发射、测控、卫星平台和扇形波束旋转扫描散射计及北京、三亚、牡丹江地面站和数据处理中心；法国提供海浪波谱仪、数传射频组件及北极地面站和数据处理中心。双方约定，散射计载荷和生成的数据归中国国家航天局所有，波谱仪载荷和生成的数据归法国国家空间研究中心所有，1级和2级数据产品可免费用于非商业用途。

中法海洋卫星基于我国CAST2000卫星平台，卫星平台上创新集成了两种新型微波遥感载荷，赋予了卫星更多新技能。星上搭载了我国研制的微波散射计和法国研制的海浪波谱仪，在距地520千米的轨道上24小时不间断工作，用于获取海面风场、海浪波谱信息等海洋动力环境参数，实现了对全球海洋表面风浪的大面积、高精度同步观测，并通过相关科学实验和应用，进一步科学认知海洋动力环境的变化规律，提高对巨浪、海洋热带风暴等灾害性海况预报的精度与时效。

在中法海洋卫星的有效载荷中，由航天五院西安分院与兄弟单位联合研制的微波散射计是全球首台扇形圆锥扫描散射计，以每10分钟转35圈的速度在卫星上转着圈圈测量风，大大增加了观测方向的数目，从而提高海面风速和风向的反演精度，更加精准地观测海面风场，可同步获取海面多方位角组合观测数据，降低数据处理复杂度，提高海面风场反演精度，能够对海面风速和风向进行高精度观测。该载荷天线和转动部件的重量和转动惯量较小，在运行中对平台造成的扰动较小，适合于小卫星的应用。它具有大尺度、全天时、全球观测的特点，一天可以覆盖全球的海域面积，能在海面台风等海洋环境监测中发挥独特作用。

法国提供的海浪波谱仪是国际上首个采用六波束真实孔径雷达方式连续测量全球海面波浪谱的波谱仪，可以开展海浪有效波高、海浪波向、海浪波速等海浪谱物理量的测量。该扫描散射计选用扇形波束天线，可以与海洋波谱仪实现观测角的互补，对研究海洋动力环境作用过程和表面散射特性具有重要意义。

正式交付使用后，我国借助中法海洋卫星可以实现对全球海洋表面风和浪的大面积、高精度同步观测，进一步提升对海上航行安全、全球海洋防灾减灾、全球海洋资源调查的服务保障能力。卫星24小时不间断工作，每天绕极地飞行15轨，对世界范围内的海洋动力环境，如风场和浪场等海洋状态进行观测。其下行数据由双方地面接收站实时接收，中法双方各自处理中心制作1～4级产品。经地面应用系统输出的全球海面风场、海浪谱产品在台风飓风灾害监测、南北极海冰监测、海洋数值预报、短期海洋预报、南北极与大洋科学考察中得到应用与验证，效果良好。

中法海洋卫星设计寿命为3年，圆满完成寿命周期内既定的各项目标任务，现已进入延寿期运行。中法海洋卫星与海洋二号卫星组网为全球海洋动力环境业务化监测提供了有效支撑，每年每个台风过程监测频次实现每天1到3次，星地一体化管理大大提高了海洋灾害监测时效，双方团队在海风、海浪联合监测方面取得了一系列原创性成果，同时加深了对海洋动力环境变化、南北极海冰变化规律的科学认知。

另外，我国高分三号合成孔径雷达卫星上有面向海洋应用的波成像模式和全球观测成像模式，其在海洋监视监测方面可获取我国3×10^6平方千米管辖海域的监视数据，提供油气资源勘探开发、船舶作业、岛礁变化、海面溢油、风暴潮、巨浪、海冰等信息，提升海洋权益维护能力，为海上侵权突发事件快速响应提供保障。同时，该卫星还可获取全球大洋和近海预报及海况预报精度，更新海岛和海岸带环境综合督查数据，为海洋综合管理提供服务。

中法海洋卫星是中国航天领域第一次与先进宇航国家开展系统性、全流程合作的项目，也是中法两国在航天工程领域、海洋科学领域高水平合作的重要成果。中法海洋卫星项目充分体现了创新、协调、绿色、开放、共享的新发展理念，谱写了共商、共建、共享新篇章。2020年2月19日，法国国家科学研究中心发布公告称，法中双方达成一致，同意开放共享中法海洋卫星的观测数据，已有来自法国、中国、美国、俄罗斯等多个国家和地区的40多个科研团队使用了该卫星数据服务科学研究和优化天气预报系统。未来，中法海洋卫星将在全球海洋环境监测、防灾减灾、气候变化研究方面发挥重要作用，有效提升中法两国海洋卫星工程研制应用水平。

第十节　北斗系列

导航定位是人类社会所必需的，它是将载体从一个位置引导到另一个位置的过程。从古至今，人类在生产和生活实践中发明了多种导航方法。例如，天文导航是通过观测天体的位置来确定自身的位置和航向，此法设备简单，但受到气象条件的限制；无线电导航是接收海岸电台发出的无线电波来确定舰船自身的位置，它虽不受气象条件的影响，但由于无线电波的传播距离有限，故用于远航时有困难。其他导航方法均受到一定条件的限制，也不尽如人意。

一、卫星导航技术概况

从目前的技术水平和可以预见的未来来看，卫星导航是一种比较理想的导航工具。导航卫星实际上是把无线电导航台放在卫星上，以增加覆盖范围，因而能克服地面无线电导航台传播距离有限的先天不足，并且不受气象条件的限制，导航精度也比较高。

卫星导航技术目前分两大类：一类是采用多普勒测速原理，即根据接

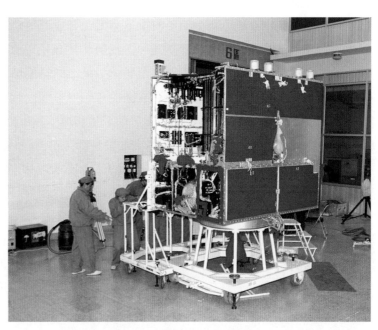

图 4-10-1 组装北斗一号导航试验卫星

收到的卫星信号的多普勒频移曲线、导航卫星的轨道参数，推算出用户位置。美国建造的世界第一个卫星导航系统——"子午仪"就是采用这种方式。其主要缺点是不能连续实时导航，两次定位的时间间隔太长，只能提供二维定位，对高速移动物体测量误差大，现已基本没有这种导航卫星了。另一类采用时间测距原理，即根据天上几颗导航卫星发来信号的传播时间求出距离，完成数学运算，得出用户的三维坐标与速度。这类卫星又分为有源（主动式）和无源（被动式）两种。简单来说，有源就像对讲机，对讲机有发射有接收，这就是有源的，导航的计算通过卫星转到地面站计算。无源的是光接收卫星的信号，然后计算即可。它们之间的差别就相当于对讲机和收音机一样。具体来说，采用有源时间测距定位技术时，用户终端主动通过导航卫星向地面控制中心发出定位申请信号，地面控制中心发出测距信号，然后根据信号传输的时间测定用户到两颗卫星的距离，并推算出用户位置，最终发送到用户终端。采用无源时间测距定位技术时，用户被动测量来自至少4颗导航卫星发出的信号，并根据信号传输时间测定用户到这些卫星的距离，然后通过数学运算得到用户的三维坐标与速度。

我国北斗一号卫星导航系统采用有源方式，即用户进行导航定位时要主动向卫星发送信号；北斗二号和北斗三号卫星导航系统采用无源和有源相结合的方式，进行无源卫星导航时，用户只需接收导航卫星信号。美国的全球定位系统（GPS）、苏联（俄罗斯）的格洛

纳斯（GLONASS）、欧洲的伽利略（GALILFO）等卫星导航系统都采用无源方式。

根据导航卫星的信号覆盖范围，卫星导航系统还可分为区域性卫星导航系统和全球性卫星导航系统，我国的北斗一号、二号卫星导航系统以及日本、印度的卫星导航系统等属于前者，美国、俄罗斯、欧洲的卫星导航系统和我国的北斗三号卫星导航系统属于后者。

另外，导航卫星还可根据卫星的轨道高度，分成近地轨道、地球中圆轨道、倾斜地球同步轨道和地球静止轨道导航卫星几种。我国北斗一号为地球静止轨道导航卫星，而北斗二号和三号导航星座都由地球中圆轨道导航卫星、倾斜地球同步轨道导航卫星和地球静止轨道导航卫星组成。美国、俄罗斯和欧洲的导航卫星都运行在地球中圆轨道，印度和日本的导航卫星星座均由倾斜地球同步轨道导航卫星和地球静止轨道导航卫星组成。

在当今的信息社会里，由于70%以上的信息都与定位和时间有关，所以卫星导航与互联网、移动通信被誉为21世纪信息技术领域的三大技术。卫星导航可以军用、民用和商用以及混用，现已成为重要的空间信息基础设施，影响着人类的工作、生活甚至思维方式，因而具有广泛的社会、经济、科技和国防等意义。

我国高度重视卫星导航系统的建设，很早就开展了导航卫星的研制工作。1967年，海军司令部向航天五院筹备处提出研制导航卫星的建议，1968年7月9日，国防科委要求尽快论证导航卫星的研制方案。1970年11月，论证工作基本结束，并将中国的导航卫星命名为灯塔一号。1972—1979年，灯塔一号先后完成了模型星、初样星、热控星、结构星、电性星的模装与试验。但由于时代环境、技术方向转型、财力有限等原因，1980年12月31日，国防科委决定终止灯塔一号卫星研制任务。灯塔一号项目研制虽然停止了，但通过该项目，我国不仅积累了经验，还培养了一批高素质科研人员，为后来北斗卫星导航系统的研制打下了基础。

进入20世纪80年代后，中国航天界和有关科学家再次提出研制中国的导航卫星问题，开始谋划发展北斗卫星导航系统。鉴于美国和俄罗斯研制卫星导航系统十分复杂，耗资巨大，所以在北斗卫星导航系统的发展战略上，我国专家曾就是分阶段走还是一步跨到全球组网有过不小的争议。最终，根据国情，我国决定采用"先国内有源、再区域无源、最后全球无源"，即先建造有源区域卫星导航系统，再建造无源与有源相结合的区域卫星导航系统，最终建造无源与有源相结合的全球卫星导航系统，这一"三步走"的北斗发展战略。

1994—2000年为第一阶段。我国先后研制和发射了2颗北斗一号导航卫星（后来又发射2颗备份星），它们运行在经度相距60°的地球静止轨道，从而建成了世界首个有源区域卫星导航系统。该系统不仅可提供区域导航定位，还能进行双向数字报文通信和精密授时，特别适用于需要导航与移动通信相结合的用户。

2004—2012年为第二阶段。我国研制和发射了16颗北斗二号导航卫星，最终建成了由14颗北斗二号卫星组成的、采用无源与有源卫星导航方式相结合的区域卫星导航系统。它

图4-10-2　北斗卫星导航系统应用示意图

以地球静止轨道卫星和倾斜地球同步轨道卫星为主，从而具有最佳的"鲁棒性"（稳定性）和经济性。

2009—2020年为第三阶段。我国研制和了30颗北斗三号导航卫星，最终建成了由30颗北斗三号卫星组成的、采用无源与有源导航方式相结合的全球卫星导航系统。其中24颗地球中圆轨道卫星主要用于增加覆盖面。

北斗卫星导航系统在建设和发展过程中，通过技术攻关和工程实践，突破了星载铷原子钟、高精度星地时间比对、复杂导航电文形成、多通道大功率抑制微放电及无源互调、三轴轮控和偏航控制、高精度热环境控制、监测接收机和用户终端等多项关键技术，并形成了系列创新成果，为系统建设和可持续发展奠定了基础，也为全球导航卫星系统技术发展作出了贡献。例如，北斗卫星导航系统采用了三种轨道非均匀混合星座，快速形成应用能力，为世界各国以较低的成本建设自主卫星导航系统提供了借鉴；首次将无线电导航卫星业务、广域差分及短报文服务统一设计与实现，优化了系统体制、节省了系统资源。

二、北斗一号

20世纪80年代初，随着我国综合国力的不断增强，我国又开始积极探索适合国情的卫星导航定位系统的技术途径和方法。虽然当时美国的全球定位系统、苏联（俄罗斯）的格洛纳斯导航卫星星座都已开始建造，但是我国专家经过论证分析认为，美苏的全球导航卫星星座都将由20多颗卫星组成，规模太大、造价太高，根据我国当时的国情，很难效仿；同时，它们的导航卫星只能导航定位，无法进行通信，所以满足不了日益增长的用户需求；此外，仅依赖国外导航卫星会受制于人，对国家的经济安全、国防建设等产生不利影响。

那么，有没有解决这些问题的新方法呢？为此，我国航天专家决定为第一代北斗开辟了一条物美价廉的新途径。1983年，中国科学院院士陈芳允创造性地提出采用"双星定位"的设想，即利用两颗地球静止轨道导航卫星，实现国内导航定位，解决卫星导航系统的有无问题。

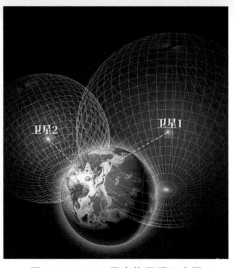

图 4-10-3　双星定位原理示意图

随即，国家有关部门、用户及研制单位在此基础上进行了大量理论和基础研究，形成了"双星快速定位系统"的概念。1986年，该项目经批准开始进行预先研究。有源"双星定位"是通过采用卫星无线电测定业务方式来确定用户的位置，在国际上是首次。

所谓"双星定位"，即通过采用卫星无线电测定业务方式来确定用户的位置，它是以2颗卫星的已知坐标为圆心，各自以测定的本星至用户机距离为半径，形成2个球面，用户机必然位于这2个球面交线的圆弧上。电子高程地图提供一个以地心为球心、以球心至地球表面高度为半径的非均匀球面，求解圆弧线与地球表面交点即可获得用户位置。该系统具体工作过程是：在平时，地面中心站经2颗地球静止轨道卫星不断向用户询问是否需要定位的信号，而用户终端一般只处于光收听不发信息的状态。当需要定位时，用户终端分别经2颗北斗一号地球静止轨道卫星向中心站发送需要定位的申请信号。这时，地面中心站通过测量信号的往返时间来算出用户终端分别到每颗卫星的距离。由于卫星的位置是已知的，所以可以用这2个距离测量数据进一步推算出用户位置。最后，地面中心站将该定位信号经1颗卫星传给用户终端。

虽然这种用2颗卫星组建导航系统的设想是美国吉奥星公司首先提出来的，但美国和欧洲的公司在这方面的研制工作均以失败告终。因此，要想率先实现这种卫星导航定位是一项有较大风险的创新工程。为此，陈芳允院士、童凯院士等专家，积极对这种"双星定位"系统方案展开立项论证。

1989年，我国首次利用已有的2颗C频段通信卫星进行了"双星定位"演示验证试验，实现了地面目标利用2颗卫星快速定位、通信、授时的一体化服务，证明了该技术的正确性和可行性，为我国第一代北斗——北斗一号启动实施奠定了基础。1990年前后，我国又组织开展了双自旋导航卫星平台的技术攻关。1993年初，航天五院提出了卫星总体方案，初步确定了卫星技术状态和总体技术指标，并进一步开展了双星定位系统地面试验，从而奠定了全面建设双星导航定位系统的基础。1994年，双星导航定位系统，即后来被称为北斗一号的卫星导航试验系统经国家批准正式立项。

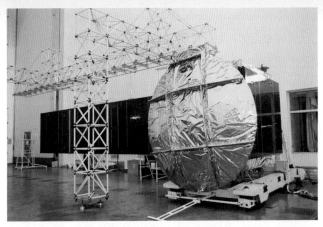

图 4-10-4　北斗一号导航试验卫星进行太阳电池翼展开试验

经过不断攻关，2000年10月31日和12月21日，我国相继成功发射了第一颗和第二颗北斗一号导航试验卫星，分别定点于东经80°、110.5°，标志着我国建立了自主的第一代卫星导航定位系统，使我国成为世界第三个拥有卫星导航系统的国家，打破了美、俄在此领域的垄断地位。2003年和2007年，我国又发射第三颗、第四颗北斗一号导航试验卫星，进一步增强了系统的性能，其中第四颗不仅作为前三颗的备份，同时还用于开展北斗卫星导航定位系统的相关试验。北斗一号卫星系统采用有源定位体制，服务范围为北纬5°～55°、东经70°～145°，定位精度为20米，授时精度为100纳秒，支持用户每次能发120个汉字的短信。

北斗一号卫星系统采用无线电测定卫星业务原理，是国际上首次实现的无线电测定卫星业务卫星导航定位创新工程，具有周期短、投资少等优点。它不仅可全天候、全天时提供有源导航定位和精密授时，还能进行双向数字区域短报文通信服务；不仅能使用户知道自己的所在位置，还可以告诉别人自己的位置，特别适用于需要导航与移动数据通信相结合的用户。北斗一号实现了对中国及周边地区的有源导航定位、单双向授时及短报文通信业务服务，是一个十分符合当时中国国情的卫星导航系统。研制北斗一号为我国北斗卫星建设积累了大量技术经验，培养了一批优秀人才，并研发了一些地面应用的基础设施，具有重要意义。在2008年的汶川地震抗震救灾中，北斗一号卫星系统发挥了重要作用。地震发生后，中心为救援部队紧急配备了1000多台北斗一号终端机，实现了各点位之间、点位与北京之间的直线联络。在灾区通信没有完全修复，信息传送不畅的情况下，各救援部队利用北斗一号及时准确地将各种信息发回，为指挥部指挥抗震救灾提供了重要的信息支援。北斗一号卫星系统的优秀表现坚定了我国发展更先进卫星导航系统的决心。

三、北斗二号

北斗一号存在一些明显的先天不足，例如，它在定位精度、用户容量、定位的频率次数、隐蔽性等方面均受到限制，而且无法测速，只能用于国内导航定位。为此，1997年，中国开始研究第二代卫星导航定位系统，对可能的方案进行了分析和探讨。1999年10月，二代卫星导航定位系统深化论证专题论证组成立，重点对"一代与二代的关系""区域系统与全球系统的关系""技术与经济的可行性分析"等方面进行深入论证。2000年6月，论证组形成《第二代卫星导航定位系统深化论证总结报告》，提出二代导航定位系统的发展目标和步骤。2004年11月，第二代卫星导航系统工程，即北斗二号正式立项，明确工程先建成"区域卫星导航系统"再扩展为"全球卫星导航系统"。

北斗二号卫星导航系统方案是在国际上首次实现采用卫星无线电测定业务和卫星无线电导航业务相结合的集成体制方式来为区域用户导航、定位、授时、通信等。该系统由运行在三种轨道的北斗二号导航卫星组成，其中北斗二号地球静止轨道导航卫星具备卫星无线电导航业务、卫星无线电测定业务功能，以及站间时间同步与数据转发、上行注入与精密测距；北斗二号倾斜地球同步轨道导航卫星和北斗二号地球中圆轨道导航卫星具备卫星无线电导航业务功能，以及上行注入与精密测距。所以，该卫星导航系统既能为区域用户提供卫星无线电导航服务（低、中、高动态连续服务，用户自主完成连续定位和测速），又具有位置报告及短报文通信功能，从而克服了北斗一号的许多不足之处。

所谓卫星无线电导航业务，就是用户接收机自主精确测量系统中至少4颗导航卫星发来信号的传播时间和星历表数据，然后完成一组包括至少4个方程式的数学模型运算，最终用

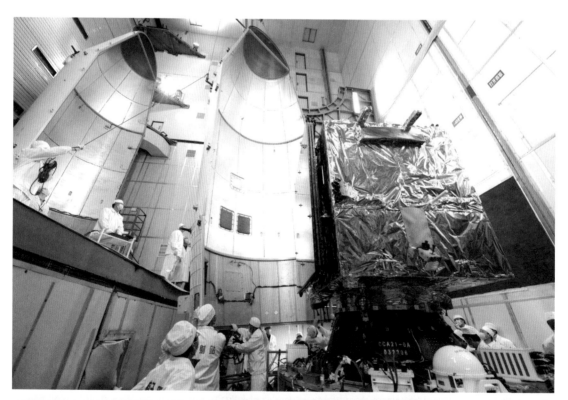

图 4-10-5　为总装完毕的北斗二号导航卫星扣整流罩

测距交会方法解算出接收机所在的三维坐标、速度和时间信息。它实际上是采用4球交会定位的方式：以已知卫星（或加上地球质心）为球心，以已知卫星（或加上地球质心）到用户距离为半径，绘制三球的交汇点，来推算出用户的位置。具体工作过程是：用户被动测量来自至少4颗在卫星时钟控制下的导航卫星连续发送的无线电导航信号，并根据这些卫星信号的不同传输时间，来测定用户到这些卫星的不同距离，然后通过用户终端的数学运算得到用户的三维坐标与速度。

2012年，我国建成了由14颗北斗二号卫星（5颗北斗二号地球静止轨道导航卫星＋5颗北斗二号倾斜地球同步轨道导航卫星＋4颗北斗二号中圆地球轨道导航卫星）组成的北斗二号区域导航卫星星座。北斗二号系统在兼容北斗一号系统基础上，采用了混合星座，增加了无源定位体制，为亚太地区用户提供定位、测速、授时和短报文通信服务。其服务范围为东经55°～180°、南北纬55°，定位精度为10米，测速精度为0.2米/秒，授时精度为50纳秒，短信的字数仍为每次120个汉字。

北斗二号工程建设的圆满完成，使我国拥有了完全自主的高性能卫星导航系统，服务区内系统性能与国外同类系统相当，达到同期国际先进水平，为我国经济建设和国防安全提供了有力保障。探索宇宙时空，是中华民族的千年梦想。从夜观"北斗"到建用"北斗"，从仰望星空到经纬时空，中国北斗未来可期、大有可为。中国将坚定不移走自主创新之路，以下一代北斗系统为核心，建设更加泛在、更加融合、更加智能的综合时空体系，书写人类时空文明新篇章。然而，北斗二号系统的建设并非一帆风顺，经历了北斗人艰苦卓绝的集智攻关。

在北斗二号立项前的2003年9月，我国打算加入欧盟的伽利略导航卫星系统，并在接下来的几年中投入了2.3亿欧元的资金。在北斗二号立项的同年，即2004年10月9日，中国与欧盟正式签署伽利略计划技术合作协议。然而，后来由于欧盟委员会采取安全与技术独立性政策，因此中国实际上被伽利略系统排除在外，中国之前的投资也没有得到回报，但这更促使了我国建设自己的卫星导航系统。在北斗二号系统建设过程中，我国曾打算从欧洲购买技术含量较高的原子钟，但欧洲不卖给我国，而是卖给印度。结果，我国通过自力更生，研制出了质量更高的原子钟，而欧洲导航卫星上的原子钟和印度导航卫星上使用的欧洲原子钟都曾在轨出现故障。

"六七十年代我们有原子弹，现在我们有原子钟"，北斗因自主创新使国人挺起了脊梁。

2012年12月27日，北斗卫星导航系统正式提供区域服务。中共中央、国务院、中央军委在贺电中指出："该系统建成并投入使用，是国家和军队信息化建设的重要里程碑，是对我国经济社会发展的重要贡献。"北斗二号系统建成后，广泛应用于交通运输、海洋渔业、水文监测、气象预报、测绘地理信息、森林防火、通信时统、电力调度、救灾减灾、应急搜救等领域，服务于智慧城市建设和社会治理。北斗日益走进百姓生活，世界主流手机芯片大都支持北斗，国内销售的智能手机上北斗正成为标配。支持北斗的手表、手环、学生卡，更加方便和保护人们日常生活。北斗逐步渗透到人类社会生产和人们生活的方方面面，为全球经济和社会发展注入新的活力。北斗二号工程实现了国际卫星导航领域和我国航天领域的多个首创，走出了一条符合中国国情、独具中国特色的卫星导航系统发展道路，荣获2016年度国家科学技术进步奖特等奖。

怀揣北斗报国情，一代又一代北斗人接续拼搏二十载，练就了一支技术精湛、作风过硬、开拓奋进的人才队伍，传承经验和文化，铸就了"自主创新、团结协作、攻坚克难、追求卓越"的北斗精神，携手塑造了中国北斗这个响当当的品牌。

四、北斗三号

作为"三步走"发展战略的最后一步，我国在北斗二号正式提供区域导航定位服务前，就于2009年正式启动了北斗三号的建设，并明确了研制要求，确定了建设独立自主、开放兼容、技术先进、稳定可靠的全球卫星导航系统的发展目标。建设高性能、高可靠的北斗三号全球卫星导航系统，是我国科技领域中长期发展规划的16项重大专项之一，可使我国卫星导航系统达到国际先进水平。

站在前两代北斗的肩膀上，北斗第三步迈得无比自信。北斗三号需采用许多新技术，为此，我国在2015—2016年陆续发射了5颗北斗三号试验导航卫星，验证了以高精度星载原子钟、星座自主运行等为代表的卫星载荷关键技术，以轻量化、长寿命、高可靠为典型特征的卫星平台关键技术，基于星地链路、星间链路、全新导航信号体制的导航卫星运行控制关键技术，以及98%的国产化器件、关键器件均为"中国造"。秉承"探索一代，研发一代，建设一代"的创新思路，中国北斗始终把发展的主动权牢牢掌握在自己手中，以志不改、道不移的坚守拼下累累硕果。

高精度、高可靠、高保险、多功能的北斗三号系统具有一些国外全球卫星导航系统不具备的性能和特点，例如：它采用三种轨道卫星组成混合星座，且高轨卫星更多，因此抗遮挡能力强，尤其在低纬度地区性能特点更为明显；可提供多个频点的导航信号，能通过多频信号组合使用等方式提高服务精度；融合导航与通信能力，具有实时导航、快速定位、精确授时、位置报告和短报文通信服务等功能。

从2017年11月5日发射首批北斗三号（2颗）中圆地球轨道导航卫星起，我国正式开始建造北斗全球卫星导航系统。至2020年6月23日，我国终于建成了由30颗北斗三号导航卫星（3颗北斗三号地球静止轨道导航卫星＋3颗北斗三号倾斜地球同步轨道导航卫星＋24颗北斗三号中国地球轨道导航卫星）组成的全球导航卫星星座。其星座服务范围为全球，定位精度为2.5～5米，测速精度为0.2米/秒，授时精度为20纳秒，区域短信发送能力从一次120个汉字提升到一次1000个汉字。

2020年7月31日，北斗三号全球卫星导航系统建成暨开通仪式在北京举行，标志着北斗工程"三步走"发展战略取得决战决胜，我国成为世界上第三个独立拥有全球卫星导航系统的国家。中国向全世界郑重宣告，中国自主建设、独立运行的全球卫星导航系统全面建成，开启了高质量服务全球、造福人类的崭新篇章。目前，北斗三号系统运行稳定，已在全球超过200个国家和地区得到应用，向一二十亿用户提供服务。

与北斗二号相比，北斗三号除了把服务区域由区域覆盖扩大到全球覆盖外，在定位精度和授时精度明显提高，短信字数、卫星寿命大大增加。例如，卫星寿命由8年提高到10～12年，并首次提出"保证服务不间断"指标；区域短信发送能力从一次120个汉字提升到一次1000个汉字；通信带宽从50万用户能力提高到500万用户。它还按照国际标准，增加了全球搜救、全球位置报告和星基增强等拓展服务，能提供全球范围内的卫星无线电导航业务、位置报告/短报文通信服务，在我国及周边地区提供卫星无线电测定业务、星基增强、功率增强等服务；具备自主运行与服务能力，星上具备导航信号完好性监测与报警能力。

北斗三号具有星基增强服务功能，可为应急通信、飞机起降提升热点服务能力，满足特殊用户的需求。北斗三号的服务能力较北斗二号拓展了10倍，在通信、电力、金融、测绘交通、渔业、农业、林业等领域，可为更多用户提供普惠服务。

北斗三号有不少重大技术创新或改进，突破了新型导航信号生成、星间链路、卫星自主健康管理、全桁架式卫星平台、导航卫星高精度光压建模、导航星座健康评估及预测等关键技术，实现了导航大型星座高效管理和我国导航卫星能力的提升和跨越。例如，其最大特色就是星座首次采用了星间链路技术，实现了星间数据传输和精密测量，可快速建立与中轨卫星、高轨卫星、地面之间的信息链路，满足卫星一站式测控需要，从而大幅提高卫星测定轨精度，提升电文注入频度，并解决了境外监测卫星的难题，大大减少了对地面站的依赖，提高了卫星自主导航的能力。

导航卫星的原子钟性能对整个卫星导航系统有重要影响。原子钟是利用原子跃迁频率稳定的特性保证产生时间的精准性。

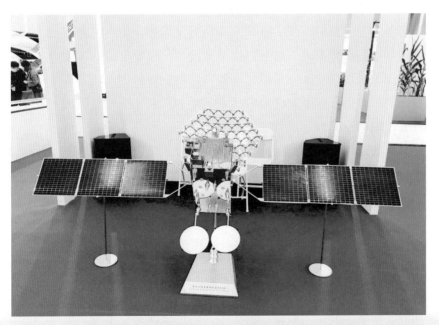

图 4-10-6 北斗三号倾斜地球同步轨道导航卫星模型

星载原子钟被称为导航卫星的"心脏"。北斗三号采用新型高精度铷原子钟和氢原子钟，体积、质量等比北斗二号大幅降低，每天的频率稳定度提高了10倍，达到国际领先水平。其原子钟精度由北斗二号的每30万年误差1秒，提高到每300万年误差1秒。原子钟技术的进步，直接推动了北斗系统的定位精度由10米量级向米级跨越，测速和授时精度同步提高一个量级。

图 4-10-7　北斗三号地球中圆轨道卫星模型

北斗三号具有一些国外全球卫星导航系统不具备的性能和特点。例如，美俄全球导航卫星星座都运行在地球中圆轨道，这样可以很好地覆盖全球。而北斗三号采用独特的三种轨道卫星组成混合星座，且高轨卫星更多，这样既能用地球中圆轨道卫星实现全球覆盖、全球服务，又可用高轨道卫星抗遮挡能力强的优点，尤其在低纬度地区性能特点更为明显，为亚太大部分地区用户提供更高性能的定位导航授时服务。北斗三号首次实现导航定位、短报文通信、差分增强三种服务融为一体，能为用户提供更多的可见卫星，支持更长的连续观测时间和更高精度。

另外，美国全球定位系统使用的是双频信号，它可以减弱电离层延迟的影响。而北斗三号是全球第一个提供三频信号服务的卫星导航系统，这是北斗的后发优势。使用三频信号可以构建更复杂模型消除电离层延迟的高阶误差，并且能提高载波相位模糊度的解算效率，理论上还可以提高载波收敛速度。所以，北斗三号通过多频信号组合使用等方式，有效地提高了服务精度。北斗三号还拥有美俄导航卫星各自的优点。例如，北斗三号与美国全球定位系统一样用码分多址方式传输信息，而不像俄罗斯格洛纳斯采用频分多址方式传输信息，目的是大大降低用户接收机的成本，以便地面应用。在地球中圆轨道卫星入轨方式和星座优化设计上，北斗三号没像全球定位系统那样把卫星布置在6个轨道面上，而是与格洛纳斯一样，采用3个轨道面均匀分布的对称星座设计，这样有利于"一箭多星"发射，从而降低发射成本。与全球定位系统相比，北斗三号的首次定位速度和授时精度都表现出更好的优越性。北斗三号结网完成后，系统用户定位，电文通信和位置报告只需要几秒钟，而GPS首次定位却需要1~3分钟。

北斗三号是世界上首个集定位、授时和报文通信为一体的全球卫星导航系统，免费发送短报文是其独有的一种重要功能，很多时候是"救命"的法宝。通过全球定位系统，用户只能知道"自己在哪"。但是通过北斗，用户还能让别人知道"自己在哪"。北斗三号把导航与通信紧密结合起来，适用于交通运输、调度指挥、搜索营救、地理信息实时查询等需要把导航与移动数据通信相结合的用户。

北斗三号卫星系统建设全面实现了自主可控原则，卫星上的全部单机产品及元器件实现了100%国产化，彻底摆脱了原子钟、行波管放大器等卫星产品长期依赖进口受制于人的局面，为我国导航卫星批产研制奠定了基础。

北斗三号导航卫星还有许多"绝活"。例如，北斗三号采用了以信号频谱分离、导频与数据正交为主要特征的新型导航信号调制体制，这能显著提高卫星导航信号的抗干扰能力和测距精度，为信号扩容提供了基础。另外，该卫星系统具备下行导航信号体制重构能力，可根据未来发展和技术进步需要进一步升级改进。此举进一步改善了北斗导航卫星信号的性能，提高了信号利用效率和兼容性、互操作性。

为了保证北斗卫星导航系统安全、持续、稳定发展，连续可靠自主运行，北斗三号使用了更多的国产关键元器件和部件产品，还采用了交互支持的信息融合技术，可实现S、L、Ka频点之间的信息交互备份。这可拓展卫星上行能力，提高系统可靠性。

北斗三号进一步提升了连续性、稳定性和可用性的指标，采用多项新技术提高了卫星的抗干扰能力，非计划中断指标为每年0.4次，达到国际先进水平。它采用了多重可靠性"加固"措施，可最大限度增强系统的保险系数。比如，配备了多台铷原子钟，形成"双保险"一起提供服务；还采用了软件冗余、故障自我诊断和故障自我修复等多项措施，可保证系统可靠性。

北斗三号还在世界上首次实现了卫星的在轨自主完好性监测功能，这一功能对民航、自动驾驶等生命安全领域用户来说，具有极强的实用价值。它能增加性能更优的互操作信号，即与世界其他卫星导航系统兼容性更好的信号B1C和B2a信号。其全新的导航信号体制和强大的在轨重构功能，也极大地提升了用户体验，因为通过兼容互操作技术，可为用户能在终端上接收多个信号奠定基础，给用户提供多种选择方案。

简言之，北斗三号继承了北斗二号有源服务和无源服务两种技术体制，通过改进导航信号体制，提高星载原子钟性

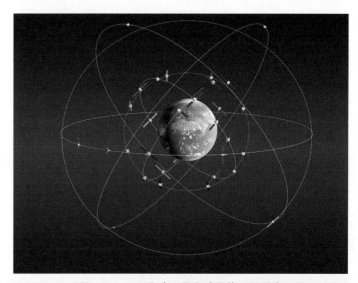

图4-10-8　北斗三号全球导航卫星星座

能和测量精度，建立星间链路等技术，采取星间传输、地基传输功能一体化设计，实现了全球服务、性能提高、业务稳定和与其他系统兼容互操作，以及高轨、低轨卫星及地面站的链路互通等目标。卫星具备自主运行与服务能力，星上具备导航信号完好性监测与报警能力。随着北斗地基增强系统提供初始服务，它还可提供米级、分米级，甚至厘米级的服务，定位精度能与美国全球定位系统相媲美。

经全球连续监测评估系统实施测试表明，北斗三号定位、测速、授时精度及服务的可用性、连续性等均满足指标要求。这意味着北斗三号的系统服务能力步入世界一流行列。北斗三号具备导航定位和通信数传两大功能，可提供定位导航授时、全球短报文、国际搜救、区域短报文、精密单点定位、星基增强和地基增强七种服务。当前，已在中国全境内建设框架网基准站和区域网基准站，可以面向行业和大众用户提供实时厘米级、事后毫米级定位增强服务。

北斗三号可提供三种服务面向全球，包括导航定位授时、全球短报文通信和国际搜救服务；三种服务面向中国及周边地区，包括星基增强、精密单点定位和区域短报文通信，能更好地满足了用户的多元化需求，其技术方案和系统成果引领了全球卫星导航系统技术体系多功能聚合的发展趋势。

北斗发展蓝图是构建国家综合定位、导航和授时体系建设。2035年前，我国将以北斗系统为核心，建成天地一体（包括太空、地面、水下、室内）、覆盖无缝、安全可信、高效便捷的国家综合定位、导航和授时体系，显著提升国家时空信息服务能力，满足国家安全和国民经济需求，以更强的功能、更优的性能服务全球，造福人类。

2023年5月17日，第56颗北斗导航卫星成功发射。它是北斗三号系统的首颗备份星，运行在地球静止轨道上，具有无线电导航、无线电测空、星基增强、站间时间同步和定位、精密单点定位共五大功能。它可增强系统的可用性和稳健性，提升系统现有区域短报文通信容量 1/3，提升星基增强和精密单点定位服务性能，有助于用户实现快速高精度定位。

2022年，我国卫星导航与位置服务产业总体产值已达5007亿元。

第五章

中国载人航天发展

载人航天是航天技术向更高阶段发展的技术，因为人在太空能完成复杂的太空开发工作，大大提高开发太空的效率。例如：进行多种科研、生产和其他活动；开展各种在轨服务，包括维修、升级航天器，更换部件和加注燃料；等等。因此，我国很早就开始发展载人航天了，虽然其间走过了一条曲折的道路，然而现已大放异彩。

第一节　生物试验

载人航天的意义十分远大，但它又是一项非常复杂的技术，而且投资和风险也很大，所以至今独立掌握载人航天技术的国家只有苏联（俄罗斯）、美国和中国三个国家。

人一旦暴露在太空中，将面临失压、缺氧、低温和辐射损伤四大危险，因此人必须乘坐与外界隔绝的载人航天器才能安全地在太空生活和工作。如果要离开航天器进入开放的太空，就必须穿上舱外航天服。

进行载人航天活动有三大要素：一是要拥有推力较大的运载工具，而且可靠性必须极高；二是要研制出能仿造地球生活的载人航天器；三是要弄清高空环境和飞行环境对人体的影响。为此，苏联、美国的载人航天活动都是先通过送动物上天，来弄清高空环境和飞行环境对人体的影响，我国也是一样。

一、探空火箭

1960年2月19日是我国航天史上一个值得纪念的日子，由上海机电设计院自行设计制造的我国第一枚探空火箭发射成功。这枚命名为T-7M的探空火箭，是后继实用型探空火箭的缩比试验型号，主要用来验证火箭设计、生产工艺和试验技术的正确性，以达到摸索经验、培养队伍的目的。

T-7M探空火箭全长5.345米，直径0.25米，起飞质量190千克。火箭是在上海市南汇梁老港镇东进村一块水泥基

图 5-1-1　T-7M 探空火箭加注推进剂

座上发射的。当时的发射设施非常简陋，推进剂加注时用的加压设备是自行车打气筒，遥测数据是靠手动天线跟踪火箭飞行来接收的。就是在这样的条件下，火箭从发射台上腾空而起，飞上蓝天。其飞行高度虽然只有8千米，但是它标志着中国人迈出了飞向太空的第一步。

1960年9月，从安徽省广德县603发射基地传来了T-7探空火箭首次发射成功的喜讯，T-7探空火箭是我国自行研制的第一种实用型液体推进剂探空火箭，它的成功发射为等待已久的空间生物试验提供了条件。

二、生物试验

T-7探空火箭改进后的型号为T-7A。为了进行生物试验，T-7A又改装成了生物试验火箭，它的箭头由密封生物舱、遥测舱和回收舱组成，内部装有生命保障系统、摄像系统和磁记录等设备，为生物在空间试验中的生存创造条件，并记录生物的姿态变化和各种生理参数。

为了进行生物试验，中国科学院组建了生物物理研究所，承担航天飞行环境对人和生物的影响及其防护方法的研究工作。在20世纪50年代，这还是一门新兴学科，人们在这方面的知识几乎是一片空白。在实现载人航天之前，必须把一些基本问题搞清楚。例如：人在火箭发射、上升以及返回着陆过程中可以承受多大的环境载荷；人能否适应失重状态，生命过程会有什么表现；如何防护宇宙射线的伤害；在航天飞行中需要什么样的基本条件才能保障人的正常生活和工作能力；长期航天飞行对身体健康的影响；在航天飞行中如何解决空气、水和食物的供给以及大小便问题；等等。要回答这些问题，除了开展地面模拟试验以外，最重要的是通过宇宙生物试验，直接取得第一手材料。

图5-1-2 从实验舱中取出大白鼠

1964年7月19日，我国第一枚载有大白鼠等生物试验火箭发射升空。1965年6月1日和5日又进行了两次相同的试验，飞行高度均约70千米。研究人员在每枚火箭的箭头内装载了4只大白鼠和4只小白鼠，以及12支生物试管，试管中分别装有果蝇和其他生物样品。所有试验生物都安全回收，试验获得圆满成功。这一系列试验的目的是测量白鼠在飞行过程中的心电变化曲线，进行血液理化分析，研究太阳辐射对白鼠的影响，连续拍摄白鼠由超重状态到失重状态的姿态变化，通过解剖观察飞行环境和高空环境对白鼠组织器官的影响等。同时，对回收后的白鼠和果蝇进行繁殖试验，观察飞行环境和高空环境对遗传的影响。

小型动物试验后是大型动物试验。1966年7月15日和28日，2只分别叫"小豹"和"珊珊"的小狗成为我国生物试验火箭的首批大型动物乘客。飞行试验记录了狗的心电、血压、呼吸和体温等生理参数，用条件反射试验装置观察了狗的高级神经活动。两只小狗回到地面后状态良好。

这些生物火箭试验开创了我国宇宙生物试验的先河，为航天医学的发展积累了宝贵的经验。

第二节　"714"工程

曙光代表希望，它会引起人们对未来美好前景的遐想，也预示着新事物即将来临。早在20世纪70年代初，我国就曾经闪现过载人航天的第一缕曙光。

一、首个规划

我国载人航天技术从一开始就与卫星技术的发展联系在一起。在我国研制第一颗人造卫星的同时，对载人航天的探索也提上了日程。

1965年，为拟定我国人造卫星规划方案建议书，4个专业组成立了，其中就有一个由中国科学院生物物理研究所负责的生物组。生物组在随后的卫星系列研讨会上提出了发展我国生物卫星以及载人飞船的设想。1966年5月11日，在卫星系列规划论证会上提出了"以科学试验卫星作为开始和打基础，特别是以返回式卫星为重点，在返回式卫星的基础上发展载人飞船"的规划设想。与此同时，中央专委委托中国科学院、中国军事医学科学院和中国医学科学院拟定"载人宇宙航行规划"中的医学生物学部分。规划设想的总目标是在1973—1975年发射我国第一艘载人宇宙飞船。这是我国第一次把载人航天列入了航天发展规划中。

这份规划还提出了为保证航天员在航天飞行中的安全和正常的活动必须解决的关键技术问题，主要包括生命保障措施、安全返回与救生、航天员的选拔训练、飞行全过程中的医学监督和保证航天员与飞船之间的人—机关系、航天员的生理遥测和数据处理问题等，为了训练航天员，还须建立各种大型的环境模拟试验设施等。

1968年4月，由中国科学院生物物理研究所、中国军事医学科学院和中国医学科学院抽调的研究人员正式组建了宇宙医学及工程研究所，承担有关航天员生命保障、医监医保以及航天员选拔训练的任务。宇宙医学及工程研究所后来改名为北京航天医学工程研究所，目前的名字叫中国航天员科研训练中心，即中国航天员中心。

二、曙光初现

在中央专委制定的发展我国载人宇宙飞船规划的基础上，有关部门在1968年1月8日召开了我国第一艘载人飞船总体方案设想论证会，在这次会上，我国第一艘载人飞船被命名为曙光一号。

图 5-2-1　曙光一号飞船外形

1970年4月24日，我国长征一号运载火箭把我国第一颗人造卫星东方红一号送上了太空。这个喜讯进一步激发了航天人要把千年飞天梦想变成现实的热情。当时，全国80多个单位的400多位专家和工程技术人员汇集北京，展开了全面的飞船方案论证工作。

1970年7月14日，毛泽东圈阅了我国发展载人飞船的报告，由此，我国第一艘载人飞船曙光一号开始进入工程研制阶段。这项工程的代号为"714"工程。

在曙光一号飞船研制期间，研制单位进行了防热材料研究和大型试验，制造了一个全尺寸模型，研制了飞船的运输车辆和航天食品，在西昌卫星发射中心修建了通向载人航天发射场的专用铁路。

与此同时，航天员的选拔也紧锣密鼓地开展了起来。1970年从全国1800多名飞行员中初选出的88名飞行员于1971年春来到北京进行复选，选拔过程既是对受试人员身体功能的检测，也是对意志品质的考验。参试人员经过了振动、冲击、离心、低压、高温以及失重飞机等12项训练试验项目的严格测试，最后选出了我国首批20名预备航天员。

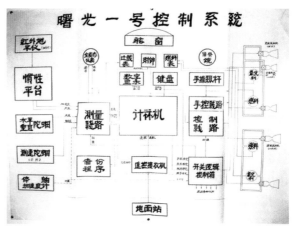

图 5-2-2　曙光一号控制系统方案

图 5-2-3　1968 年开始研制的进行超重训练的"离心机"

　　由于当时我国的经济、技术等基础都非常薄弱，所以曙光一号载人飞船工程实际上在 1972年已处于半停顿状态。1975年3月，国家正式宣布"714工程"下马。

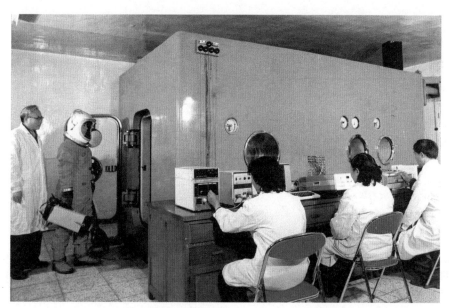

图 5-2-4　我国载人航天早期航天志愿者进入低压变温舱进行有关测试

第三节 “三步走”战略

进入20世纪80年代，我国的航天技术有了长足的进步，长征二号、长征三号运载火箭相继研制成功，返回式卫星和地球同步轨道通信卫星等投入了应用。

此时世界各主要国家都争先恐后地制定和发展航天技术，以争夺战略制高点，并把它看作国家实力和地位的重要标志。

为此，我国决定将航天技术领域列入国家高技术发展计划，该领域包括“大型运载火箭及天地往返运输系统”和“载人空间站系统及其应用”两个主题项目。此后，航天技术领域专家委员会对于发展中国载人航天的必要性与可能的技术途径进行了深入论证。可供选择的天地往返运输系统方案开始共有五种，后来逐渐聚焦于载人飞船和小型航天飞机两种方案，经过认真权衡、比较和分析，到1989年达成普遍共识：为了国家早日实现载人航天，应从“投资较小、风险也小、把握较大”的飞船方案起步。

一、“863”计划

1986年3月3日，中国著名科学家王大珩、王淦昌、杨家墀、陈芳允根据世界科技发展态势，联名向中央提交了《关于跟踪研究外国战略性高技术发展的建议》。

这个建议迅速得到了中央的回应。1986年3月5日，邓小平批示：这个建议十分重要……找专家和有关负责同志讨论，提出意见，以凭决策。此事宜速作决断，不可拖延。这是一个具有深远意义的重大决策，从此，中国的高技术发展进入了一个崭新的阶段。

从1986年4月起的半年内，中共中央、国务院组织了全国数百位专家，经过严格的科学和技术论证，批准了《高技术研究发展纲要》，主要选取了生物技术、航天技术、激光技术、自动化技

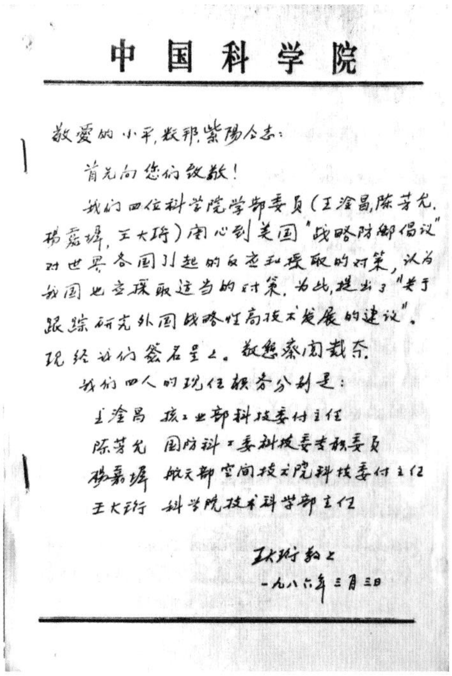
中国科学院

敬爱的小平、耀邦、紫阳同志：

首先向您们致敬！

我们四位科学院学部委员（王淦昌、陈芳允、杨嘉墀、王大珩）关心到美国“战略防御倡议”对世界各国引起的反应和采取的对策，认为我国也应采取适当的对策。为此，提出了“关于跟踪研究外国战略性高技术发展的建议”。现经我们签名呈上。敬恳察阅裁夺。

我们四人的现任职务分别是：

王淦昌 核工业部科技委副主任

陈芳允 国防科工委科技委专职委员

杨嘉墀 航天部空间技术院科技委副主任

王大珩 科学院技术科学部主任

王大珩 敬上

一九八六年三月三日

图 5-3-1 1986 年，4 位科学家给中央写信建议发展高技术

术、信息技术、能源技术和新材料等7个领域中的15个主题项目，目标是在其后的15年里，在选取的7个高技术领域，跟踪国际水平，缩小同国外的差距，并力争在我国有优势的领域有所突破。因为科学家们的建议和邓小平的指示都是在1986年3月作出的，所以这个《高技术研究发展纲要》被称为"863"计划。

中央为发展高技术决定拨款100亿元，这在当时可是一个巨大的数字，而航天技术领域则占其中的40%之多，可见航天技术在我国高技术发展计划纲要中的重要地位。中国的载人航天终于迎来了难得的发展机遇。

二、途径选择

"863"计划中列出了7个高技术领域，其中第2个便是航天技术领域（简称"863-2"），863-2规定了研究的两个主题项目，一是大型运载火箭及天地往返运输系统（简称"863-204"），二是空间站系统及其应用（简称"863-205"）。

1987年4月，在国防科工委的组织下，成立了"863"计划航天技术专家委员会和两个主题项目专家组（863-204专家组和863-205专家组），负责提出我国载人航天技术的发展途径和总体方案。

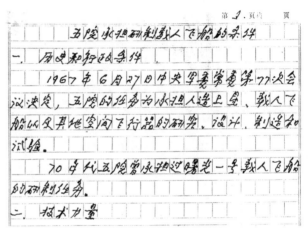

图5-3-2　"两弹一星"功勋科学家王希季院士手稿：五院承担研制载人飞船的条件

1987年4月，863-204专家组提出以招标方式选择在技术方面有优势的单位进行载人航天技术的概念研究和方案论证工作。不到两个月，全国60多个单位一共提出了11种可供选择的技术方案，专家组经过筛选，确定对以下5种方案进行进一步论证，要求论证单位在1988年6月底完成技术可行性报告。

1. 载人飞船

航天五院508所提出了载人飞船方案。这个方案是用火箭把飞船送入轨道，飞船靠制动火箭从轨道返回大气层，最后用降落伞着陆，类似于当时苏联的联盟号飞船。它在研制时间上能够保证在21世纪初期投入使用，其研制费用在5种方案中是最低的。根据我国国情，基于在很长一段时间内载人航天运输任务的规模不会很大的判断，采用一次性使用的载人飞船方案在投资效益上比可重复使用的方案要好。载人飞船还可以为今后发展可重复使用运输器起到技术探路的作用。空间站建成后，载人飞船还可作为救生船，长期停靠在空间站上。

图 5-3-3　天骄一号小型航天飞机方案

2．天骄一号

航天一院一部提出了天骄一号小型航天飞机方案。其轨道器类似于美国航天飞机的缩小版，但是不带入轨时使用的主发动机，轨道器靠运载火箭送入轨道，后靠制动火箭返回，在大气层中滑翔后，像飞机一样在地面上着陆。

3．长城一号

航天八院805所和航空部640所共同提出长城一号航天飞机方案。这是一种两级航天飞机的方案，第一级由火箭组成，第二级就是一台带主发动机的火箭飞机。它采用垂直起飞方式，从轨道上返回后以水平方式着陆，第二级火箭飞机可以重复使用。

4．火箭飞机

航天部北京11所提出了V-2两级火箭飞机方案。这是一种一级和二级火箭飞机并联组合的方案。第一级火箭飞机在完成助推任务后可以滑翔方式飞回地面，因此两级火箭飞机都可以重复使用。

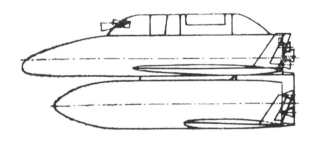

图 5-3-4　火箭飞机方案

5．空天飞机

航空部601所提出了H-2空天飞机方案。这是一种完全重复使用的方案，可以像飞机一样水平起落，在地面和地球轨道之间往返飞行。

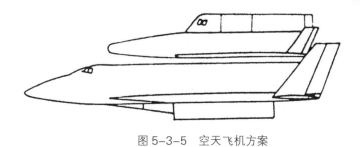

图 5-3-5 空天飞机方案

三、飞船起步

中国载人航天发展的第一步怎么走，起点多高，与后续发展如何衔接这些问题看似简单，却让中国的航天专家们苦苦思考和争论了将近4年。发展途径的选择不仅是个技术问题，而且涉及国家财力、综合国力、人才培养和国际影响力等各方面。

经过长时间的分析和思考，评判的天平渐渐地向"飞船起步"倾斜。1989年7月，863-

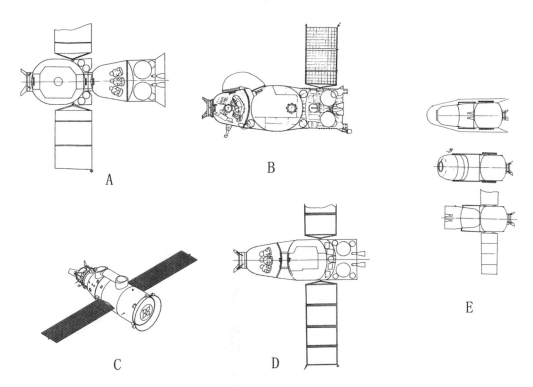

图 5-3-6 我国载人飞船初始的多种方案（A.轨道舱留轨方案；B.柔性通道方案；C.硬通道方案；D.大底开口方案；E.在轨旋转方案）

204专家组完成了《大型运载火箭及天地往返系统可行性及概念研究综合报告》，报告提出充分利用我国返回式卫星回收技术，以较少的经费和较短的周期（在2000年左右）研制出初期的天地往返运输系统——多用途飞船，使得我国尽快突破载人航天技术，解决载人航天的有无问题，满足初期空间应用的需要。

1990年5月，"863"计划航天技术专家委员会最终确定了"投资较小，风险也小，把握较大"的飞船方案，即利用我国现有的长征二号E运载火箭发射一次性使用的宇宙飞船，作为突破我国载人航天的第一步。

1991年6月，"863"计划航天技术专家委员会正式提出了《关于发展我国载人航天的意见》，至此，我国载人航天以飞船起步的发展途径取得了专家们的一致认同。

四、工程论证

1. 开始启动

1992年1月8日，李鹏召开中央专委第五次会议，专门研究我国发展载人航天的问题。会议认为，从政治、经济、科技等诸多方面考虑，立即发展我国载人航天是必要的，我国发展载人航天要从飞船起步。

会议决定，在"863"计划航天技术专家委员会和航空航天部论证的基础上，由国防科工委组织各方面专家，进一步对载人飞船工程研制问题进行技术、经济可行性论证；在组织形式上成立论证领导小组和论证办公室，并组建了工程总体、航天员、飞船应用、载人飞船、运载火箭、发射场、测控通信和着陆场8个论证组；论证组由"863"计划航天技术专家委员会委员、航天一院院长王永志（兼任工程总体组组长）领导，由全国各相关单位抽调约200名专家和科技人员分别参加8个组的论证工作，每个参与人员的背后都有研究院所、基地的大量科技人员作为后盾，提供着更详细的分析计算和论证材料。

图 5-3-7　载人飞船模型封面

2. 中国特色

整个论证工作持续了半年，于1992年6月底圆满完成，论证组提出了《载人飞船技术经济可行性论证报告》，它确立了我国未来几十年内载人航天技术的发展方向。我国载人飞船工程的中国特色主要体现在以下几个方面。

（1）我国载人航天工程采用

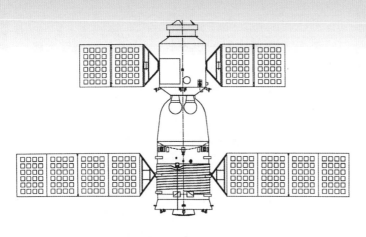

图 5-3-8　神舟飞船方案

"三步走"的发展蓝图。第一步，在2002年前，发射两艘无人飞船和一艘载人飞船，建成初步配套的试验性载人飞船工程，开展空间应用实验。第二步，在第一步载人飞船发射成功后，在2007年左右，继续突破载人飞船和空间飞行器的交会对接技术，并利用载人飞船技术改装，发射一个8吨级的空间实验室，解决有一定规模的、短期有人照料的空间应用问题。第三步，建造20吨级的空间站，解决有较大规模的、长期有人照料的空间应用问题。

（2）我国载人飞船采用三舱式构型，即返回舱居中、轨道舱置前、推进舱置后的三舱串联模式，看起来和俄罗斯"联盟"飞船相似。我国载人飞船的最大特点是轨道舱被设计成一种多功能舱，可留轨利用，也能作为气闸舱试验太空行走技术，还能用于交会对接。在初期试验阶段进行无人和载人飞行试验时，轨道舱作为空间实验舱，舱内放置各种科学仪器；在飞船返回地球面前，轨道舱与返回舱分离，继续留在轨道上进行空间科学实验；在航天员出舱活动时，轨道舱作为航天员进出飞船过渡用的气闸舱，不影响返回舱内航天员的正常工作环境；轨道舱的前面安装有对接机构，在飞船与其他空间飞行器对接时可以作为对接舱，以便对接过程中保障航天员的安全；在向空间实验室或空间站运送人员时，轨道舱还可以作为货舱携带一定的货物同时运往空间站。飞船采用三舱构型，为今后的发展预留了空间。

（3）巧解海上救生难题。为了保证航天员的生命安全，我国载人航天飞船确立了"上升段全程逃逸救生"的原则。在贯彻这一原则时遇到一个难题：由于从运载火箭起飞一直到飞船入轨之前约10分钟的飞行过程中，每个时刻出现故障，飞船返回舱的落点都不一样，其范围长达7000多千米。在从酒泉到青岛约1800千米的陆地航迹上，可以通过在几个地点布设直升机的办法进行搜救，但是还有5000多千米的航迹在海上，这对于我国当时海军力量薄弱、打捞能力不足的国情来说确实是个难题。为了克服这个困难，论证组提出了利用飞船自身动力，把落点调整到几个相对较小的区域范围内的方案。经过反复论证，论证组确认可以把飞船的海上落点集中在我国东海、琉球群岛以东和巴布亚新几内亚以北的3个区域内，这就使每次载人航天发射时，在海上值班搜救的船只规模大为缩减。

（4）巧布地面测控网。神舟载人飞船离开发射台之后，保持地面与飞船之间的通信联系就非常重要。我国虽然幅员辽阔，但是在经度方向只覆盖了地球的1/6。飞船以大约90分钟绕地球一圈的速度飞行，一天要绕地球转16圈，可是经过我国上空的机会没有几圈，而

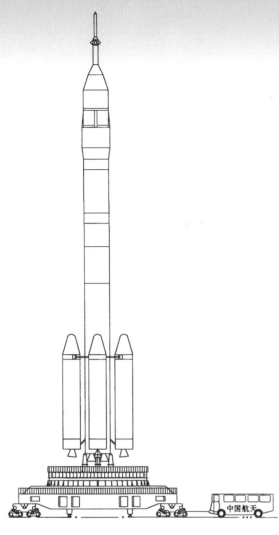

图 5-3-9　垂直转运图

且每次时间也不长，因此，要想与飞船保持一天24小时的联系是不可能的，但是也不能长时间与飞船失去联系。解决这个问题的方法之一是在海上布设测控船。考虑到测控船造价昂贵、运行维护费用高的情况，测控船的数量不能太多。为此论证组采用"确保两头，适当兼顾中间"的方针，也就是确保对从上升段到入轨的全过程进行测控，并保证制动返回段关键区域的测控覆盖。在这一原则下，论证组确定在黄海、南太平洋、靠近西非的大西洋上布置3艘测控船，在印度洋布置1艘通信船。当时已有2艘测控船，只需建造测控船和通信船各1艘，再加上国内现有的测控站，就可以基本满足对飞船的测控要求。这是一个既省钱又能满足要求的好方案。

（5）发射载人飞船的火箭采用先进的"三垂"模式。运载火箭和飞船在发射场进行垂直状态下总装、垂直状态下测试和垂直状态下整体运往发射区的"三垂"模式，在国外已有应用。这种模式的优点是始终按垂直发射的状态进行火箭和飞船的总装、对接、测试和检查，并且以测试完好的状态直接将船箭组合体运往发射区，这不仅可以改善操作环境、缩短发射准备时间，更重要的是提高了运载火箭和飞船的可靠性。

另外，在发射场垂直总装测试厂房采取了双工位方案，也就是具有同时进行两枚运载火箭和飞船组合体总装和测试的能力，这是为可能发生的空间救生采取的措施，一旦需要，可以在3天内发射另一艘飞船，实施空间营救行动。

3. 最终立项

1992年8月1日，李鹏再次召开中央专委会，听取了可行性论证情况的汇报。与会者一致同意论证组提出的中国载人航天分三步走的意见，并且认为，发展我国的载人航天事业对增强综合国力，促进科技进步，培养科技队伍，提高国家威望，增强民族自豪感和凝聚力等都有着十分重要的意义。

1992年8月25日，中央专委向党中央、国务院、中央军委呈上了《关于开展我国载人飞船工程研制的请示》，建议我国载人航天工程计划分三步走，并且建议第一艘无人飞船要争取1998年、确保1999年首飞。

1992年9月21日，中共中央政治局十三届常委会第195次会议在中南海勤政殿召开。会议听取国防科工委和航空航天部的汇报，并审议中央专委提交的《关于开展我国载人飞船工程研制的请示》。常委们从国家利益和凝聚民心的高度、从培养新人和推动各个领域发展的深度，对开展载人航天工程的必要性给予了充分的肯定。江泽民在最后总结时指出，要下决心搞载人航天，这对我国的政治、经济、科技等都有重要意义，载人航天是综合国力的标志，要坚持不懈地、锲而不舍地去搞。会议正式批准载人飞船工程立项上马，并要求要像当年抓"两弹一星"那样抓载人航天工程。当日，中国载人航天工程正式立项，代号为"921"工程。

五、工程实施

1. 七大系统

中国载人飞船工程的第一步规划由载人飞船工程总体和7个系统组成。这7个系统分别是航天员系统、飞船应用系统、载人飞船系统、运载火箭系统、发射场系统、测控通信系统和着陆场系统。各系统的主要任务和技术方案如下：

航天员系统的主要任务是选拔、训练中国第一批航天员，并在训练和飞行试验过程中，对航天员实施医学监督和医学保障。在北京建设航天员

图 5-3-10　我国航天员在模拟失重水槽环境中训练太空行走技术

科研训练中心，研制航天员地面模拟器等大型试验和训练设备以及研制舱内航天服和航天员的其他个人装备。

飞船应用系统的主要任务是研制用于空间对地观测和空间科学实验的船载有效载荷。在飞船飞行试验中，进行空间对地观测、空间遥感、空间环境监测，开展生命科学与生物

技术、材料科学与材料加工、空间天文与物理和微重力流体力学等空间实验，考核实验系统并进行初步试验应用，为以后空间站的应用积累经验。

载人飞船系统的主要任务是研制神舟飞船，为航天员提供必要的生命和工作条件，可装载各种有效载荷，进行空间对地观测和空间科学与技术实验，保障航天员和有效载荷安全返回地面，并为交会对接、航天员出舱活动、建立载人航天第二步的空间实验室和提供初期的天地往返运输器奠定技术基础。

运载火箭系统的主要任务是研制满足载人航天高可靠性和高安全性要求的大推力运载火箭，能将载人飞船安全、可靠地送入预定轨道。在长征系列运载火箭的基础上，研制长征二号F运载火箭，火箭控制系统采用冗余技术，增加故障检测和逃逸救生等功能，为提高可靠性、安全性进行多方面改进设计。

发射场系统的主要任务是完成飞船和运载火箭的总装、测试、燃料加注等发射前的技术准备工作并实施载人飞船的发射。在酒泉卫星发射中心新建载人航天发射场，采用"垂直总装、垂直测试、垂直运输"及远距离测试发射控制的先进测试发射模式。

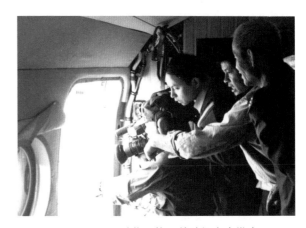

图 5-3-11　对载人航天着陆场空中勘察

测控通信系统的主要任务是完成运载火箭和飞船的测控、遥测参数接收，飞船电视图像接收和航天员通话，并对轨道舱留轨运行进行测控管理。在原有卫星测控通信网的基础上，增加建设符合国际标准体制的、可进行国际联网的S波段统一测控通信设备，形成新的陆海基载人航天测控网。

着陆场系统的主要任务是回收载人飞船的返回舱和搜救航天员。主着陆场建在内蒙古自治区中部苏尼特右旗以西、四子王旗以北地区，副着陆场建在酒泉卫星发射场以东地区，在榆林、邯郸、遂宁等陆上多处及海上三个海域还设置了飞船发射过程中的应急救生区。

2. 组织管理

载人航天工程是一项相当复杂的系统工程，技术难度大、系统组成复杂、涉及面广，必须采取特殊的组织管理模式。为此，载人飞船工程实施专项管理，由中央专委直接领导，国防科工委全面负责工程的组织实施，在国防科工委设立专项工程管理办公室——中国载人航天工程办公室。研制和基本建设技术改造的项目审批、计划和经费的管理由国防科工委统一负责，通过中国载人航天工程办公室进行方案、状态等的技术管理，使得技术方案、计划安排和配套设施建设统一筹划、统一协调、统一管理，从而有效控制研制质量、进度和经费。

中国载人飞船工程最初的7个系统中，航天员系统由国防科工委航天员科研训练中心负责研制建设；飞船应用系统由中国科学院有关研究所负责研制；载人飞船系统以航天五院、八院为主负责研制；运载火箭系统以航天一院为主负责研制；发射场系统由国防科工委工程设计所设计，酒泉卫星发射中心负责建设；测控通信系统由国防科工委测通所负责总体设计，以电子科技集团公司为主负责设备研制，酒泉卫星发射中心、西安卫星测控中心和北京航天指挥控制中心等负责建设；着陆场系统由国防科工委测通所负责总体设计，酒泉卫星发射中心、西安卫星测控中心负责建设。工程总体设在国防科工委。

为了加强工程实施中的领导，载人飞船工程各系统分别建立了行政和技术两条指挥线，各系统总指挥（副总指挥）、总设计师（副总设计师）在工程总指挥、总设计师领导下开展工作。建立了总指挥、总设计师联席会议制度，研究决策工程实施中的重要问题，有关工程的重大决策请示中央专委审议后实施。

同时，根据以往航天型号研制的经验，结合载人飞船工程的实际，制定下发了一系列关系工程研制、建设、财务、引进、质量管理等方面的规章制度。

图5-3-12 2003年7月26日，酒泉卫星发射中心举行首次载人飞行动员誓师大会

在技术管理方面，工程总体在工程总设计师（副总设计师）的领导下，负责提出工程总体技术指标、总体方案和对各系统的技术要求等。在研制、建设计划管理方面，工程实行指令性计划。

1992年，中国载人航天工程论证组经过深入研究和论证，结合国外载人航天的发展历程和趋势，分析了中国的基础条件和技术储备，提出了中国载人航天发展的初期目标和基本任务。初期目标是：在20世纪末至21世纪初，建成初步配套的试验性载人飞船工程，开展空间应用实验。在确保安全可靠的前提下，从总体上体现中国特色和技术进步，全面完成四项基本任务。这四项基本任务是：突破载人航天基本技术；进行空间对地观测、空间科学及技术实验；提供初期的天地往返运输器；为载人空间站工程大系统积累经验。

3. 工程实施

"921"工程的实施按方案阶段、初样阶段、正样（试样）和无人飞行试验阶段、载人飞行试验阶段进行。从1992年9月到1995年7月为方案阶段，确定了工程各系统研制方案，完成了产品模样的设计、生产与试验，开展了工程地面设施的建设和技术改造。1995年7月到1998年上半年为初样阶段，完成了火箭、飞船和其他产品的方案设计和试验，开展了航天员的选拔培训，完成了测控通信主要设备的生产、安装和调试，大部分基本建设和技术改造项目基本完成。从1998年上半年开始，正样（试样）与无人飞行试验阶段完成了参试产品的正样生产，进行了神舟一号到神舟四号4次无人飞船飞行试验。在载人航天工程七大系统都得到了充分检验并证明达到了预期目标的情况下，载人飞行试验阶段正式开始。

工程进入实施阶段后，在"三步走"发展战略的指引下，取得了很多重大进展，同时这一发展战略也得到了不断丰富、完善。

第一步是突破和掌握载人天地往返运输技术，即用载人飞船将航天员安全地送入轨道，并安全返回地面。这一步我国通过2003年发射神舟五号飞船，把航天员杨利伟送上了太空，进行单人单天飞行，以及2005年发射神舟六号飞船进行两人多天飞行完成了。

第二步是突破航天员太空行走、空间交会对接两项关键技术，并发射空间实验室和货运飞船，这些也都是建造空间站的基础。它分两个阶段完成。

在第一阶段，我国于2008年发射神舟七号载人飞船升空，航天员翟志刚完成空间出舱活动，突破了太空行走技术；然后在2011年先发射天宫一号目标飞行器，在2011—2013年陆续发射神舟八号、神舟九号、神舟十号飞船与之分别对接，突破和掌握了载人航天活动中重要的自动和手控交会对接技术，验证了组合体飞行技术，飞船也定型了。

此后，进入第二阶段。我国先于2016年发射了天宫二号空间实验室，然后在2016—2017年先后发射神舟十一号载人飞船和天舟一号货运飞船分别与之对接，验证了航天员中期在轨驻留技术、在轨加注技术、货运飞船技术和未来空间站的部分新技术，并进行了较大规模的科学实验和技术试验。

第三步是在2022年建成长期载人的大型空间站"天宫"，开展大规模、长期有人照料的空间应用。"天宫"空间站建造和运行分为三个阶段：2021年为关键技术验证阶段，先后发射了"天和"核心舱和"天舟"货运飞船、"神舟"载人飞船各两艘；2022年为在轨建造阶段，先后发射问天实验

图5-3-13　我国航天员进行出舱活动前在轨检查和程序训练

舱和梦天实验舱以及"天舟"货运飞船、"神舟"载人飞船各两艘；此后为"天宫"空间站发展与应用阶段。从2023年起，我国空间站进入了为期至少10年的发展与应用阶段。

第四节　航天员选拔与训练

2021—2022年，我国先后有4个飞行乘组进入空间站生活和工作3～6个月，他们都是从第一、第二批航天员里选拔的。2023年以后，还有从第三批航天员里选拔的飞行乘组进入空间站工作。另外，由于我国空间站将在轨运行10年以上，所以我国将陆续选拔第四、第五批航天员。

科学选拔和训练航天员，对完成载人航天飞行任务有着重要作用。截至2023年6月，神舟五号至神舟七号，神舟九号至神舟十六号等11个飞行乘组的18名航天员29人次进入太空顺利完成任务表明，我国航天员的选拔和训练是科学和有效的。

一、超高标准

由于载人航天飞行任务具有任务艰巨、技能复杂、环境特殊、危险性大等特点，需克服失重、超重、缺氧、孤独、震动、噪声等一系列艰难险阻，所以对航天员的生理条件、心理素质要求很高，否则难以完成航天任务。

一是航天员要有强烈的事业心和献身精神，因为载人航天飞行任务风险很大，至今全世界已有22名航天员血洒蓝天。

图5-4-1　1998年1月5日，中国人民解放军航天员大队正式成立，首批14名航天员庄严宣誓

二是航天员要有良好的体格。航天员不能有影响穿戴或使用航天服、操作仪器的肢体障碍，不能有外伤及其后遗症，更不能患有慢性病、精神病；喜欢吸烟和喝酒的人也会被

图 5-4-2　2018 年 1 月 5 日是中国航天员大队成立 20 周年纪念日。2018 年 1 月 4 日，当时我国已执行过飞行任务的 11 名航天员重温入队誓词

排除在外，因为载人飞船等航天器内部空间狭小，设备多，吸烟会污染空气，并易引发火灾，而喝酒会使人神志不清或诱发潜在疾病，干扰正常工作。

三是航天员要有良好的心理素质。航天员要胆大心细，遇事不慌，善于控制情绪，能与他人和睦相处。

四是航天员要有较高的科学文化水平和学习能力。航天员要接受多种航天技能的训练，以胜任复杂的载人航天飞行任务，因此需要较高的科学文化水平和学习能力。

五是航天员还要有非凡的工作能力和丰富的工作经验，要能独立并实时处理险情。我国从飞行员中选拔航天员的原因之一就是他们具有多年的飞行实践经验。我国第一批航天员、第二批男航天员都是从战斗机飞行员中选拔出来的。因为他们过往的工作环境和自身具备的素质与航天员的工作环境和素质要求最为接近。

航天员的科学选拔对其之后的训练乃至载人航天飞行任务的顺利完成具有重要的奠基意义。经过20多年的发展，到2022年我国已选拔出三批共39名航天员，其中有3名是女航天员。现在，我国已有一套完整的航天员选拔标准。

我国选拔出来的第一、第二批航天员是不分类的，但随着载人航天器越来越大、寿命越来越长，任务的参与人数越来越多、工作越来越复杂，尤其是空间站在轨运行以后，我国从第三批航天员的选拔训练开始，进行了专业分工。他们分为飞行专家（又叫航天驾驶员）、任务专家（又叫航天飞行工程师）和载荷专家（即科学家）三类，其中对飞行专家的要求最高。

二、千挑万选

目前，我国男女航天员的选拔标准和过程基本一致，因为严酷的太空环境对所有人而言都是平等的。航天员申请人都要历经预备航天员选拔、训练期选拔和飞行乘组选拔三个阶段，而且选拔过程越来越复杂，这是因为第二、第三阶段选拔不光要考察航天员的身体和心理素质，还要考察航天员的文化、技能水平以及乘组整体效能等各方面情况。

1. 预备航天员选拔

预备航天员选拔是最难的一个阶段，它是从申请人中选拔出达标的可参训者的过程。这种选拔通常要经过基本资格审查、临床医学检查、生理机能选拔、心理素质选拔、特殊环境因素耐力和适应性选拔等。其实施一般又分为初选、复选、定选三个阶段，时间在1年以上。

初选就是进行基本条件审查，它包括对申请人提供的个人资料、档案进行资格审查和通过初步临床体检筛除有明显疾病和功能障碍者。另外，飞行专家候选人要有600小时以上的航空飞行经验，任

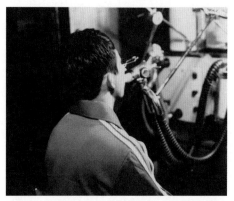

图5-4-3　测试航天员申请者的肺功能

务专家和载荷专家候选人要有相关的工作经验、较强的工作技能和独立的工作能力。

复选是对初选合格者进行全面而细致的医学、生理、耐力和心理等检查，也是预备航天员选拔的最重要一环。

定选阶段即评定录取阶段，是对候选者各项检查结果进行综合评析，最终确定参加训练的合格人选。

2. 训练期航天员选拔

训练期航天员的选拔是预备航天员为取得和保留航天员资格必须经过的检查、考核与评定。在训练过程中，主要对受训者的思想作风、身体心理、知识技能进行全面考察，重点进行全面深入的医学检查和心理观察，了解受训者在各种训练中的反应和心理相容性，考察他们在飞行期间完成任务和适应航天环境的能力。在训练期间，还要对预备航天员进行各种训练科目考核、训练阶段考核及训练结业考核与评定，这些多方面的综合考察是决定预备航天员能否获得航天员资格的因素。此外，如果预备航天员身体出现问题，被医学鉴定为不合格，则可能面临淘汰。训练期选拔与预备航天员选拔在选拔策略和方法上略有不同，注重采用系统全面考察与系统综合分析相结合的方法将选拔与训练有机地结合起来，从而对预备航天员进行更客观、全面和准确的评价，淘汰不合格者。

3. 飞行乘组选拔

飞行乘组选拔是为某次航天飞行任务，从合格的预备航天员中选拔出最佳飞行乘组。该选拔贯穿于某次飞行任务训练的全过程，直至发射当天才结束，它不光评价航天员个体，还评价乘组整体效能。已执行过飞行任务的航天员如要再次执行飞行任务，需重新参加飞行乘组的选拔。

我国1998年选拔出了第一批14名航天员，虽然他们在训练期选拔中全都合格，但由于在载人航天工程的第一、第二阶段，发射神舟载人飞船的次数很少，所以飞行乘组的选拔只能优中选优，致使其中5名航天员直到退役都没有机会出征太空，但他们都是无名英雄。

图 5-4-4　在天宫一号模拟舱内，教员指导神舟九号飞行乘组航天员进行实验操作训练

三、严格训练

被选拔出来的预备航天员要接受严格而特殊的训练，从而提高其体力、智力、生理功能和工程技术、科学知识水平；使其适应与耐受航天中遇到的特殊应激环境，胜任特定飞行任务。目前，我国男女航天员的训练过程基本一样，大体分四个阶段：

一是航天基础理论学习与训练阶段。在该阶段航天员主要学习载人航天工程基础、航天飞行动力学、航天器设计基础、天文学和航天医学基础等课程，时间约为1年。

二是航天专业技术训练阶段。在该阶段航天员主要了解航天器的基本性能和各种界面的特征；通过各种职能训练器和飞行模拟器学习航天飞行所需的各项专业知识和技能，还要进行救生与生存训练，学会自救互救的医疗技术等，时间约为1年半。

三是航天飞行任务模拟训练阶段。在该阶段航天员主要进行各项飞行模拟训练，掌握各种飞行程序（包括应急程序、救生程序、修理程序等）、交会对接技术、舱外活动技能，学习科学载荷实验操作、对地对天观察、乘组成员相互配合等，时间约为1年。

四是强化训练与任务准备阶段。在该阶段航天员主要针对飞行任务进行大型联合演练，进行飞行程序与任务模拟的强化训练，使飞行乘组进一步熟练和保持航天器操作技

图 5-4-5　神舟十三号航天员王亚平在水下进行出舱活动训练

能，时间约为半年。

在第一阶段训练结束时，需要对受训预备航天员的训练成绩、身体和心理等方面进行全面的综合评价，以确定其是否能参加下一个阶段的训练，这是确定预备航天员能否进入航天员队伍的关键阶段。第二个训练阶段结束时，考核合格的航天员方可继续进入下一个阶段的训练。如果被选入飞行乘组或候补航天员，则开始以乘组的形式进行第三个阶段的训练。通过前三个阶段的训练，飞行乘组航天员基本上掌握了本次飞行所需的各种操作技能和专业知识，具备了执行飞行任务的能力。

航天员的体质训练、心理训练及航天环境适应性训练贯穿训练的全过程。在整个训练期间，有些训练项目或内容即使已经达到了训练要求，每隔一段时间，还要安排适当的复习训练。像这样周期长、内容多、强度大、难度高，还具有一定危险性的训练，是成为航天员的必经之路，中国的航天员队伍也正是在这样的训练中不断超越自我，实现飞天梦想的。

图 5-4-6　杨利伟在离心机内准备进行超重训练

从2017年3月开始，航天员训练全面转入为空间站任务做准备，针对空间站任务特点，航天员系统本着"从难从严、从实战出发、试训一体"的原则，设计并实施了八大类两百余项训练科目，包括基础理论培训与文化素质培养、体质训练、心理训练、航天环境适应性训练、救生与生存训练、航天专业技术训练（空间站、交会对接、机械臂、货运飞船、载人飞船、出舱活动技术等）、飞行程序与任务模拟训练、大型联合演练等。

图 5-4-7　翟志刚在进行水上救生训练

四、中国英豪

1. 三批航天员的选拔

我国第一批航天员是从空军歼击机或强击机在飞的合格飞行员当中挑选的，年龄在

25～35岁，身高在1.60～1.72米，体重在55～70千克，飞行时间累计600小时以上，具有三种以上气象条件飞行的能力且飞行成绩优秀，有坚定的意志、献身精神和良好的相容性。

在第一批航天员的选拔过程中，经过层层推荐审核，空军机关从全军挑选出1506名符合条件的飞行员。接下来

图5-4-8　1999年7月26日，潘占春、李庆龙、费俊龙、刘旺（从左至右）在俄罗斯进行失重飞机训练

就是一轮一轮的选拔，体检结束，1506人中只剩下了886人，一轮大淘汰，有资格参加复选检查的仅剩60人，紧接着又一轮淘汰，最后剩下30多人，30多名候选人被安排前往北京航天医学工程研究所，接受特殊生理功能检查，这是从飞行员迈进预备航天员队伍的最后一道门槛。经过好几个月的测试，最后，只有20名候选者成功过关。

1997年4月，中国载人航天工程指挥部从受检成功者中录取了12人作为预备航天员，他们中就有杨利伟、翟志刚、费俊龙、聂海胜、刘伯明、景海鹏、刘旺、张晓光等人，同时加入这支队伍的还有另外两名战友——吴杰和李庆龙。

1998年1月5日，脱颖而出的14名航天员邓清明、聂海胜、杨利伟、吴杰、费俊龙、赵传东、翟志刚、刘旺、景海鹏、刘伯明、李庆龙、陈全、张晓光、潘占春进驻北京航天城，正式由空军部队移交给国防科工委管理，翻开了中国航天史上重要的一页——中国人民解放军航天员大队正式宣告成立。

第二批航天员选拔工作于2009年5月全面启动。2010年5月从空军现役飞行员中选拔出了中国航天员大队第二批7名航天员，分别是刘洋（女）、王亚平（女）、陈冬、汤洪波、叶光富、蔡旭哲、张陆。7名航天员平均年龄32.4岁，其中5名男航天员均是现役空军歼（强）击机飞行员，2名女航天员均是现役运输机飞行员。这些航天员除有思想作风好、政治素质高、心理稳定和临危不乱等"软性"条

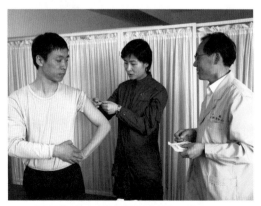

图5-4-9　刘洋在练习预充式药液注射

件外，还有高超的飞行技术、丰富的飞行经验以及强健的体魄。

　　第三批航天员选拔工作于2018年5月启动，2020年10月从约2500名候选对象中选拔出了符合条件的18名航天员，包括7名航天驾驶员、7名航天飞行工程师以及4名载荷专家。其中航天驾驶员仍是从战斗机飞行员里选拔的，航天飞行工程师是在从事航空航天工程以及相关领域的工程师里选拔的，他们主要负责维护、维修、升级和管理航天器以及开展相关技术试验。载荷专家则是在从事空间科学研究以及应用领域的科研人员里选拔的，他们主要负责空间科学实验载荷的在轨操作。

　　2022年9月，为满足载人航天工程后续飞行任务需要，我国第四批预备航天员选拔工作开始启动。本次共选拔12～14名预备航天员，包括航天驾驶员7～8名，航天飞行工程师和载荷专家共5～6名，其中，载荷专家2名左右。此次预备航天员选拔，由中国载人航天工程办公室统一组织实施，预计1年半左右完成，并首次在港澳地区选拔载荷专家。

2. 历次任务飞行乘组

　　神舟五号飞行乘组的选拔，是先在14名航天员组成的航天员大队中筛选出3名候选人，并排定递补顺序，最后，各方面都出类拔萃的杨利伟脱颖而出。选拔过程中，航天员最后时刻的临场表现十分重要，良好的心理状态更是起着至关重要的作用，主要包括三点：熟练掌握复杂的操作技能，在发生意外情况时从容不迫、沉着应对；有献身精神，以适应航天探险活动；坦然面对外界各种压力，不骄不馁。

　　神舟六号飞行乘组由2名航天员组成，所以在飞行乘组的选拔时，除了要像神舟五号飞行乘组选拔那样认真考查每名航天员的个体状况外，2名航天员之间的配合，即心理相容性也成为选拔中要考虑的重要因素，因为在较长的太空飞行中，它直接影响到任务能否圆满完成。如果乘组成员配合默契，性格相投，

图 5-4-10　费俊龙和聂海胜在飞船模拟舱内训练

兴趣一致，可以做到事半
功倍。最终，神舟六号飞
行乘组由费俊龙和聂海胜
组成，费俊龙是指令长。

由于神舟七号载人飞
行任务将首次进行出舱活
动，为此任务增加了很多
全新的操作，包括对舱外
航天服和飞船气闸舱的操
作，所以神舟七号飞行乘
组的选拔、训练又有不少
新的变化。神舟七号飞行
任务不仅要求3名航天员

图 5-4-11　景海鹏（右）、刘旺（中）、刘洋（左）在模拟
返回舱内进行手控交会对接训练

要配合默契，而且对出舱活动的航天员的体能、上肢力量和应对突发情况的处置能力提出
了更高要求。神舟七号飞行乘组由翟志刚、刘伯明和景海鹏组成，翟志刚是指令长，他在
刘伯明的配合下完成中国人的首次出舱活动，景海鹏则在返回舱进行监控。

神舟九号、十号飞行乘组将控制载人飞船与天宫一号目标飞行器进行交会对接，并且
将进入天宫一号内开展科学实验和技术试验。这两个飞行乘组是同时选拔出来的，神舟九
号乘组由景海鹏、刘旺、刘洋组成。其中指令长是景海鹏，负责手控交会对接的是刘旺，
他在地面进行了1500次交会对接训练，成功率是100%，刘洋则主要承担任务专家的工作，
她在天宫一号里完成了15项空间科学实验。神舟十号乘组由聂海胜、张晓光和王亚平组
成，聂海胜是指令长，王亚平进行了中国首次太空授课。

神舟十一号飞行乘组的主要任务是在天宫二号空间实验室里进行30天中期驻留验证，
所以选拔时主要考核组合体对航天员生活、工作和健康的保障能力以及航天员执行飞行任

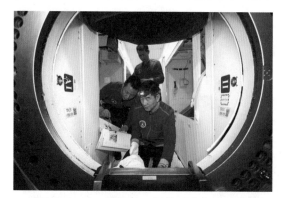

图 5-4-12　聂海胜、刘伯明和汤洪波在空间
站核心舱模拟器内训练

图 5-4-13　翟志刚（中）、王亚平（右）、
叶光富（左）在中国空间站向全国人民挥手致意

务的能力。最后选拔出景海鹏和陈冬两名航天员担任该次任务。

在2021年、2022年我国空间站关键技术验证与建造阶段，共安排4次载人飞行任务。与前期飞行任务相比，空间站关键技术验证与建造阶段航天员的驻留时间为3～6个月，任务极为艰巨复杂，对航天员的身心素质、知识技能、应急决策与处置能力、心理调适能力都提出了极高要求，航天员选拔与训练面临的挑战前所未有。

图5-4-14　神舟十四号飞行乘组出征仪式在酒泉卫星发射中心举行

针对空间站任务特点，航天员系统调整了选拔策略，按照"统筹规划、新老搭配、继承与发展"等原则，2019年12月，完成了神舟十二号至神舟十五号飞行任务的飞行乘组选定，每个乘组由3名航天员组成，指令长均由执行过飞行任务的航天员担任。其中，神舟十二号飞行乘组由聂海胜、刘伯明、汤洪波组成（排名第一的为指令长，下同），神舟十三号飞行乘组由翟志刚、王亚平、叶光富组成，神舟十四号飞行乘组由陈冬、刘洋、蔡旭哲组成，神舟十五号飞行乘组由费俊龙、邓清明、张陆组成。

这4个飞行乘组的选拔，仍从思想政治素质、身体情况、心理素质、知识与技能掌握情况等方面进行全面考察和评定，并加大了对临床潜在问题的排查，增加了高空减压病易感性检查，采取了+8g的超重耐力选拔。同时在选拔中综合考虑了飞行经验、出舱活动要求、与各次任务的匹配度、年龄、新老搭配、心理相容性等方面因素，在确保航天员个体满足任务要求的基础上，统筹分析确定了各次任务飞行乘组。

图5-4-15　神舟十五号与神舟十四号飞行乘组在空间站"会师"

神舟十六号载人飞行任务是空间站应用与发展阶段首次载人飞行任务，飞行乘组需要承担非常繁重的空间科学实（试）验任务，是目前开展在轨实（试）验项目最多的乘组。同时，乘组需要对空间站组合体平台进行长期的运行管理和维护照料。航天员系统综合考虑了神舟十六号任务特点、航天员队伍可持续建设发展等各方面因素，按照飞行乘组选拔原则，于2022年6月完成了神舟十六号飞行乘组选拔，从首批航天员中选出1名指令长（景海鹏），从第三批航天员中选出2名航天员，其中一人为航天飞行工程师（朱杨柱）、另一人为载荷专家（桂海潮），共同组成飞行乘组。之后，飞行乘组进行了近一年的任务强化训练和准备。这是我国首个由三种类型航天员组成的飞行乘组，在飞行中他们将发挥各自的优势，形成优势互补，更高效地完成各项飞行任务。

第五节　神舟系列飞船

截至2022年11月，我国已成功发射了15艘神舟系列飞船，其中5艘是无人飞船，10艘为载人飞船，成功率是100%，所以该系列载人飞船在技术上非常成熟。

一、起点很高

考虑到我国在火箭和返回式卫星方面已拥有相当坚实的技术基础和丰富的研制经验，在借鉴国外研制载人飞船的经验后，中国载人飞船最终决定一步到位，越过一舱式飞船、二舱式飞船，从最先进的飞船起步，直接研制三舱式载人飞船"神舟"，达到国际第三代载人飞船的水平。

发展载人飞船有六大实际用途：为突破关键技术，掌握载人航天基础技术和航天医学工程基础知识进行演示验证；进行两个航天器（其中至少有一个载人航天器）太空交会对接和航天员出舱活动等试验；作为空间站的运输器，为其运送航天员和物资；作为空间站的应急救生船；开展空间应用和科学技术试验；为载人月球航行和载人行星航行创造条件。

实践证明，我国从研制宇宙飞船起步的决策非常英明，少走了一大段弯路，节省了大量经费。美国、苏联（俄罗斯）、欧洲和日本都曾研制过航天飞机，但最后只有美国航天飞机投入了使用。此外，美国研制了6架航天飞机，在发射了5架、升空了135架次后，又回归研制新一代飞船，原因是航天飞机耗资太大，达2000亿美元，相当于每次飞行约15亿美元，而且还损失了2架，牺牲了14名航天员。

图 5-5-1　神舟一号结构

二、三舱式构型

　　神舟系列飞船采用由轨道舱、返回舱和推进舱组成的三舱式构型，总长为8米（不包括附加段或对接机构），圆柱段的最大直径2.5米，推进舱后端面与运载火箭对接处最大直径2.8米，总重约8吨，乘员人数3人，飞船内航天员自由活动空间6立方米。飞船有效载荷质量在入轨时不小于300千克，返回时约100千克。其可靠性为0.97，航天员的安全性为0.997。该飞船可自主飞行7天，停靠飞行180天。

1. 轨道舱

　　轨道舱位于飞船前部，为密封舱结构，外形为两端带有锥段的圆柱体，圆柱段直径2.25米，总长为2.8米，前端法兰连接附加段，后端连接返回舱。轨道舱在圆柱段侧壁开有一个直径0.75米内开式密封舱门和一个直径0.53米的对地观察窗，供航天员进出飞船和在空间对地观察及摄影使用。

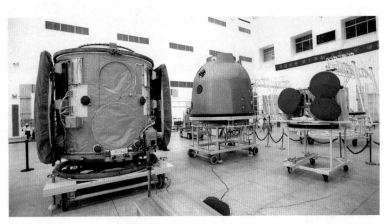

图 5-5-2　组装完毕的"神舟"系列飞船轨道舱（左）和返回舱（中）

在外壁装有推进剂贮箱和发动机系统，为留轨飞行期间的轨道维持和姿态控制提供所需动力。飞船在轨运行后，航天员由返回舱进入轨道舱生活和工作。

2. 返回舱

　　返回舱位于飞船中部，为密封舱结构。其外形为由球形大底、锥段和小端球台构成的钟形，最大直径2.5米，长度也为2.5米。返回舱是航天员的座舱，也是飞船的控制中心，还是唯一可以再入大气层返回着陆的舱段。航天员在上升段和返回段飞行过程中都坐于返回舱内。返回舱具有着陆后支持航天员陆上生存48小时、海上生存24小时的能力。

　　飞船在返回地面时，为了减速、防热及结构上的需要，返回质量越小越好。为此，一般真正返回地面的只有返回舱，这也是飞船采用分舱设计的重要原因。返回舱的外形设计十分重要，通常采用无翼的大钝头旋转体，有的是球形，有的是漏斗形，有的是钟形。神舟系列飞船返回舱采用钟形设计，这种简单外形具有结构简单、工程上易于实现等特点。

图 5-5-3　神舟七号返回舱着陆

3. 推进舱

推进舱位于飞船后部,为非密封结构,为轨道和姿态控制提供动力,为飞船提供电源并负责飞船密封舱内的排热调温。在轨飞行期间三舱状态下,推进舱还负责为航天员供氧,并为各分系统的部分设备提供安装空间,因此推进舱在飞船中起着服务舱的作用。

图 5-5-4　推进舱上的太阳翼进行光照试验

4. 飞行状态

飞船在执行飞行任务时,在不同的飞行阶段,飞船舱段的组合和状态是有所不同的。

发射时,太阳能电池阵呈收拢状态,整个飞船置于运载火箭整流罩内,通过推进舱的后端框和运载火箭锁紧装置将飞船安装在运载火箭的飞船支架上。飞船入轨后,船箭锁紧装置解锁,实现船箭分离。分离后船上位于轨道舱和返回舱的两对太阳能电池阵随即展开,开始并网供电。在运行段飞行期间只有推进舱上的太阳能电池阵进行对太阳能的跟踪控制。飞船制动返回前,轨道舱与返回舱分离,轨道舱留在轨道上继续飞行。返回舱与推进舱一起制动,并在进入大气层前实施两舱分离,返回舱继续再入大气层,在离地面约10

千米高度时开启降落伞，在着陆反推火箭的协助下实现软着陆。分离后的推进舱则在再入大气层的过程中烧毁。

5. 飞行方案

运载火箭将神舟飞船送入轨道倾角约为42.5°、近地点高度约200千米、远地点高度约为350千米（从神舟十一号起提高到400千米）的初始轨道。飞船在第5圈远地点处进行变轨，变轨后的飞船进入轨道高度约为343千米的圆轨道运行。飞船在这样的轨道高度上飞行阻力较小，因此轨道维持需要消耗的推进剂也就比较少；这样的轨道高度距离地球内辐射带有一定距离，这对航天员的安全也较为有利。

飞船的运行轨道是一条两天回归的轨道，也就是说飞船在第1、3、5、7天或更多，每隔一天其飞行轨道就正好经过主着陆场上空，这样就方便了返回时间的选择。

飞船返回地面的轨道有两种。在正常情况下，飞船采用升力控制返回；在制导导航与控制等分系统出现故障时，采用弹道式返回。升力控制返回轨道的制动点是在南太平洋靠近非洲西海岸位置的上空，变轨发动机在此处制动点火，经过从350千米到约100千米高度的滑行以后，飞船以约-1.5°的再入角进入地球稠密大气层。此后通过对飞船侧倾角的变化来实现返回升力控制，从而使返回时的过载不大于4g，而且可以比较精确地返回到着陆场。

6. 特殊之处

神舟系列飞船是在充分继承中国人造地球卫星研制技术的基础上，加以创新、增补而建造的。载人飞船与人造地球卫星都属于在太空自动化运行的航天器。二者有许多共同之处。它们都必须备有电源、姿态与轨道控制、推进、热控制、数据管理和无线电测控等系统，载人飞船的这些系统与卫星上的系统大同小异。飞船与卫星最大的不同在于有人，保证航天员的安全和提供尽可能方便的生活、工作条件是飞船头等重要的任务，飞船的设计严格地遵守"以人为本"的准

5-5-5　进行返回舱缓冲发动机点火试验

则。为此，飞船需在卫星的基础上增加新的功能和系统。

首先，航天员居留的返回舱和轨道舱必须可靠地密封，使舱内维持在规定的大气压力。

其次，有无环境控制和生命保障系统是载人航天器与无人航天器的分水岭。环境控制系统负责维持舱内规定的大气压力，调节大气成分中氧和氮的比例，排除人体呼出的二氧化碳和其他有害气体，保持舱内对人体最合适的温度和湿度等。生命保障系统要为航天员提供饮水、洗涤水、食物、睡袋、大小便收集器等最基本的生活物资和条件。由于飞船内地方狭小，像卧室、厨房、餐桌、便所、淋浴、运动器械等"豪华"设施就只能"忍痛割爱"了。

再次，载人飞船必须安全返回。飞船安全返回是一项高难度的技术。中国是世界上第三个拥有返回式卫星的国家，且多次成功发射和返回多颗返回式卫星，熟练掌握了卫星返回技术，为神舟载人飞船的安全返回着陆奠定了坚实的基础。

最后，载人飞船必须时刻准备好应急救生措施。从航天员进入飞船的一刻起，经过在发射台上准备，运载火箭点火、起飞、上升，飞船入轨、在轨运行、任务结束后脱离轨道、再入大气层、打开降落伞、软着陆，直到航天员被地面人员发现、接走为止，整个过程都配备应急救生系统或预设应急救生方案，以保证航天员的安全。

三、各分系统

虽然神舟系列飞船是一种小型载人航天器，但它的载人飞船系统由飞船系统总体和13个分系统组成。这13个分系统分别是结构与机构、环境控制与生命保障、热控、制导导航与控制、推进、测控与通信、数据管理、电源、返回着陆、逃逸救生、仪表与照明、有效载荷、乘员。这些分系统是飞船上为完成某一特定功能的仪器、设备或部件的组合，它们涉及物理、化学、生物、天文、医学和环境等数十种学科领域，技术多样，研制复杂。

神舟载人飞船各个分系统大同小异，以神舟五号为例，各个分系统如下：

1. 结构与机构分系统

结构与机构是飞船的主体，由本体结构、防热结构和机构3部分组成。本体结构为飞船乘员和仪器设备提供支撑和空间；防热结构用以在飞船再入返回过程中，隔离气动热环境，保护飞船乘员和仪器设备；机构用来完成各种展开、分离、解锁、弹抛和对接等动作。

结构的主要功能是航天员居住及安放各种仪器设备，它主要包括舱体结构、伞舱结构、发动机舱结构和座椅结构等；机构的主要功能

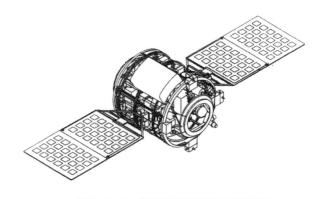

图 5-5-6　需要留轨利用的轨道舱结构

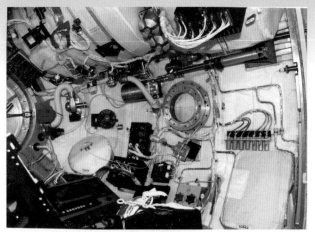

图 5-5-7 神舟飞船轨道舱内的设备

是连接结构各部分以形成整体并按需要实现分离等机械动作，它主要包括对接机构、连接分离装置、舱门机构、太阳能电池阵展开机构以及座椅缓冲装置等。

2. 环境控制和生命保障分系统

环境控制和生命保障分系统用于为飞船乘员创造合适的舱内环境，保证舱内适宜的温度、湿度和通风条件，清除舱内的有害气体，收集处理废物，为乘员提供用水和氧气等。换句话说就是为飞船航天员生活和工作的座舱创造一个接近地球上地面大气的生存环境，提供航天员生命活动所必需的物质条件、生活设施和安全保障条件。

3. 热控分系统

热控制分系统用于合理调配飞船各部分之间热量的传输，并将废热排放到宇宙空间，保证飞船各舱仪器设备、结构以及飞船乘员所需要的环境温度条件。它通常采用流体对流换热方式，其热传输回路可以采用泵驱动液体回路、热管辐射器式和毛细抽吸回路等。

图 5-5-8 神舟飞船热控装置

4. 制导导航与控制分系统

飞船的制导导航与控制分系统承担着飞船从起飞到返回的全部运动控制任务。其任务是稳定和控制飞船在轨道运行段和再入返回段的姿态，控制飞船轨道，进行机动交会飞行以及完成返回再入轨道控制等。它由自动控制系统和手控系统两部分组成，自动控制系统包括导航和姿态测量部件、计算机和执行部件，手控系统包括显示器、手控器以及与自动控制系统共用的控制计算机和执行部件等。

5. 推进分系统

推进分系统用于为姿态稳定、姿态控制、变轨机动、轨道交会对接以及飞船脱轨返回提供所需要的冲量。它通常由多种不同推力的发动机、气瓶、推进剂贮箱、阀门、管道、过滤器和测量传感器等组成。

　　推进系统由神舟飞船上的52台发动机和燃料供应设备组成。在运载火箭把飞船送入太空后，飞船就得依靠自己的推进系统完成飞行任务。飞船上的发动机按照飞行任务要求分布在飞船的3个舱，即推进舱、返回舱、轨道舱里，组成了3个用途不同的独立的推进系统。

图 5-5-9　用于控制飞船姿态的动量轮

6. 测控与通信分系统

　　测控与通信分系统负责完成飞船轨道的跟踪测量、飞船数据和图像的传输、话音通信、飞船乘员电视监视和返回舱着陆搜寻标位等。它可由飞船上的S波段收发机、短波双向通信机、卫星导航接收机等组成。当要求长期不间断测控与通信时，还需要借助跟踪与数据中继卫星。

　　另外，因为飞船的外形限制和防热要求，飞船的天线也不得不因地制宜设计成各种形状，有的像船上的补丁，有的像门把手，有的像炮管，甚至有的利用降落伞的伞绳、返回舱的舱门充当天线，它们在不同的飞行阶段起不同的作用，形成了飞船上的一道独特的风景线。

图 5-5-10　神舟飞船推进舱尾部安装了 4 台变轨发动机

7. 数据管理分系统

　　数据管理分系统用于随时采集飞船的工程参数和运行参数，对采集的数据进行处理，建立相应的文件并进行必要的分发。该分系统接收地面测控中心的命令或乘员的控制命令，指挥各分系统工作，完成飞行使命。它由硬件和软件两部分组成，其中硬件包括计算机和远置单元等，其重要成员就是飞船的"黑匣子"。"黑匣子"是橘红色的，这主要是为了便于工作人员辨认寻找。

图 5-5-11　装在神舟飞船返回舱内的橘红色"黑匣子"

　　飞船的"黑匣子"安装在飞船的返回舱内，用于记录飞船的飞行数据的电子设备。飞船在每个阶段工作的重要数据，例如飞船内的大气压力、温度和姿态，船上的发动机是否工作，工作多长时间，船上电源供电状况，电压和电流大小，各种主要仪器设备的工作状态等，都要及时存进"黑匣子"。存进"黑匣子"的飞行数据是飞行任务结束后技术人员分析判断飞船在各个阶段工作是否正常的重要依据。

8. 电源分系统

电源分系统的功能是为保障所有需要用电的船载设备的正常工作提供电能，其基本任务是产生电力，并把电力传送、分配到各用户，确保飞船各个飞行阶段对电力的需求。飞船的电源可以采用化学蓄电池、太阳能电池和燃料电池等。

图 5-5-12　推进舱上的太阳翼在地面进行展开试验

神舟载人飞船上配置有主电源、应急电源、返回电源、火工品电源和留轨电源5种电源和三舱口配电器及电缆网，它们分别安装在推进舱、返回舱和轨道舱内，具有并网或独立供电功能，以满足飞船在各个飞行阶段的用电需求。

9. 返回着陆分系统

返回着陆分系统的基本任务是利用展开式阻力装置来减速和稳定飞船返回舱，最后通过着陆缓冲等手段保证飞船乘员安全着陆。神舟飞船的返回可分为制动减速阶段、自由滑行阶段、再入大气层阶段和回收着陆阶段。飞船返回时先使飞船脱离原来的飞行轨道，沿一条下降的轨道进入地球大气层，然后飞船通过与空气摩擦减速，安全降落到地面上。载人飞船通常利用降落伞作为减速稳定装置，用气囊、缓冲杆和着陆火箭减缓着陆冲击。

图 5-5-13　正在进行零高度逃逸试验的逃逸塔

10. 逃逸救生分系统

逃逸救生分系统负责在发射台上待发期间、发射阶段在轨期间和返回着陆时运载火箭或飞船出现危险故障而又不能排除情况下的逃生。它的任务是从航天员进舱，经发射进入轨道、在轨飞行、返回着陆，至航天员出舱为止，一旦发生危及航天员安全的险情时，要按预定的救生程序和措施，对航天员实施救生，以保障航天员的生命安全。目前航天员一般采用逃逸救生的方式逃生，这不仅可用于发射台救生和低高空救生，还可用于高空救生。

11. 仪表与照明分系统

仪表用于显示飞船各分系统的工作参数、飞船乘员生理数据和有效载荷的工作状态。此外，仪表还显示各种指令、飞行计划以及飞船乘员执行命令的结果。它由多功能显示器、数码显示器、报警指示器和控制键盘等组成。仪表板采用白色、绿色、黄色和红色等不同颜色，以区别显示参数的性质和重要程度。

除用眼睛看仪表外，航天员还可以用耳朵听"仪表"，为减轻航天员的视觉负担，在仪表系统设计中专门设置了语音通报装置。该设备核心由计算机控制，可以把飞行中的重要事件、提示内容和报警信息等按通报内容的重要和紧急程度有次序地用语音通报给航天员。

飞船上的照明系统为航天员提供工作和生活的照明。照明灯的结构、颜色、亮度等都是为飞船环境专门研制的，航天员可以根据需要，通过专门的开关将灯调亮或调暗。飞船上的照明灯都是"绿色"照明设备，因为它们不会闪烁不定，不会损害航天员的眼睛和干扰其他设备工作。

12. 有效载荷分系统

有效载荷分系统是指安装在飞船上进行科学实验、技术试验或进行天体和地球观测的设备。例如，为了监测地球环境的变化，神舟飞船曾携带太阳常数监视器、太阳紫外光谱监视器、地球辐射收支仪等，以定量测量太阳常数、太阳紫外辐照度和地气系统红外可见光辐射，监测大气臭氧总浓度分布等地球环境重要参数。由于载人飞船的容积限制和电源功率的限制，载人飞船的有效载荷不宜太多，通常仅用于短期试验目的。

图 5-5-14　曾搭载在神舟飞船上的多工位空间晶体生长炉

13. 乘员分系统

乘员分系统为飞船提供合格的乘员、航天服和航天食品，提供乘员的医学监督和医学保障设备以及乘员生活用品和个人救生装备。该分系统由航天员、航天食品、航天服、医监医保设备、个人救生装置、缓冲减振坐垫和空间医学实验室7个部分组成。

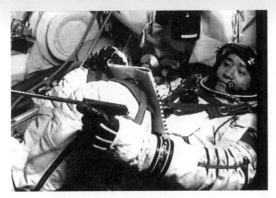

图 5-5-15　神舟飞船中的航天员

四、三种技术状态

为适应不同阶段的任务变化，神舟飞船先后有三种技术状态。在这三种基本技术状态中，飞船的总体构型基本不变，船上的基本系统组成不变。实际上每次飞行试验的飞船技术状态都不完全一样，需根据每次飞行试验的目的和任务对乘员、有效载荷和其他相应分系统的配置进行一些调整。

1. 初期试验技术状态

这是在载人飞船发展初期，进行无人飞行试验和载人飞行试验时的技术状态，神舟二号至六号飞船就是采用这种技术状态。其特点是轨道舱留轨利用进行空间应用试验，所以轨道舱上安装有一对太阳能电池阵和独立的姿态控制系统，具备卫星所应有的功能。为增加空间应用试验的有效载荷，必要时可在轨道舱前面增加一个附加段。

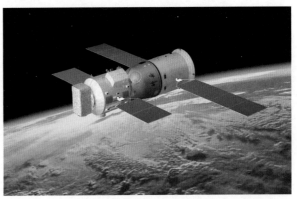

图 5-5-16　神舟五号采用初期试验技术状态示意图

2. 出舱活动试验技术状态

神舟七号飞船就是采用这种技术状态。因为该飞船要用于完成太空行走任务，所以其轨道舱除具备生活舱功能外，还作为出舱活动用的气闸舱，航天员从轨道舱的侧舱门出舱。轨道舱贮运了舱外航天服，配置轨道舱泄复压系统、出舱支持设备和舱外行走的扶手。轨道舱不再执行留轨任务，所以取消了太阳翼和姿态控制系统。

3. 天地往返运输器技术状态

从神舟八号起之后的飞船都采用这种技术状态。因为从神舟八号起之后的飞船都用于与天宫一号目标飞行器进行交会对接试验，以及作为天地往返运输器与空间实验室和空间站之间进行人员和物资往来运送，轨道舱也不再留轨利用，所以轨道舱都没有太阳翼和姿态控制系统等设施，而且在轨道舱的前端会安装一套空间对接机构和用于交会对接的测量、运动控制等设备。

第六节　航天发射场

进行航天发射离不开发射基地。至今，我国建造了酒泉卫星发射中心、西昌卫星发射中心和太原发射中心3个航天发射中心，还有隶属于西昌卫星发射中心的海南文昌航天发射场。近年，我国还在烟台建造了海上发射母港，今后还将建造商业航天发射场。

航天发射场是为航天器和运载器进行装配、测试、转运、加注等发射前准备及实施发射的综合体，通常由技术区、发射区、试验协作区、指挥控制中心、测控通信站和勤务保障系统等组成，载人航天发射场还设置了航天员区。航天发射场的使命就是成功完成航天器发射任务，准确获取各种试验数据。

一、酒泉卫星发射中心

酒泉卫星发射中心位于内蒙古自治区额济纳旗与甘肃省酒泉市交界处，占地面积约2800平方千米，是中国建设最早、规模最大的航天发射场。中心北部为居延海盆地，东部和东南部紧接巴丹吉林沙漠，西临马宗山山脉，南靠甘肃酒泉地区，平均海拔1000米，地势由南向北倾斜，弱水河由南向北纵穿，地下水源丰富。20世纪五六十年代，这里是"平沙万里绝人烟""飞鸟千里不敢来"的地方，经过几代航天人的努力，已经旧貌换新颜，成为一个现代化的航天城，被称为"西部戈壁的璀璨明珠"。

酒泉卫星发射中心是以解放军20兵团总部为基础组建的试验基地，所以也叫20基地。早在1960年11月，在这里就发射了我国仿制的第一枚导弹，后来又进行过几十次导弹发射试验。

1965年8月，为了适应人造地球卫星发射的需要，中央专委批准由西北综合导弹试验基地负责建设卫星发射中心。整个工程分两期进行。1967年4月第一期工程竣工，建成了包括技术测试、发射、跟踪测量和特种燃料贮存、加注等50多项发射试验配套设施，以适应发射低轨道小型卫星的需要。1970年，用长征一号运载火箭发射了我国第一颗人造地球卫星。

1967年7月，发射中心开始第二期工程建设，以满足发射大型卫星的需要。3年后，先后建成了大型发射台、发射塔、地面发射控制室、推进剂贮存加注系统、高压气体供应系统等发射试验配套设施，以及无线电弹道测量、安全控制系统及其配套设施，成为具备技术检测、星箭装配、跟踪测控和发射各类低轨道卫星能力的卫星发射中心。到1977年，又陆续建成了数据处理中心、安全控制中心和通信、时统中心、新型火箭测试厂房、卫星测试装配厅，以及各种专门的精密仪器实验室等，使发射中心的发射试验能力进一步提高。

发射中心的技术测试区，设有运载火箭和卫星的装配、检测设备，各种单元仪器的实验设备以及计算机数据信息采信系统，用以完成星箭的各种检测和综合技术准备工作；在发射区，设有高达55米的大型活动勤务塔和两座高耸的发射塔。勤务塔用来完成运载火箭和卫星的吊装对接、检测和维护工作，发射塔用以完成星箭的临射准备和发射工作。发射场的核心设施是发射控制室，星箭各系统的主要测试设备和发射控制设备都安放在这里。通过室内指挥台上的潜望镜及安装在各测试厅（间）的电视监视器，可将发射场上的作业与发射情况尽收眼底。

1992年9月21日，我国载人航天工程正式立项。作为实施载人航天工程的关键地面设施之一，载人航天发射场的选址被提上了日程，为此专家们跑遍了祖国的戈壁沙漠，对发射区、落区、应急救生区都作了详尽考察和分析，经过对酒泉、太原、西昌三个发射中心的严谨、科学、客观的比较、分析和论证，最终确定在酒泉卫星发射中心新建中国载人航天发射场。

图 5-6-1　地势平坦、视野开阔的酒泉卫星发射中心

载人航天发射场主要有以下四个方面的任务和作用：一是为运载火箭、飞船、有效载荷以及航天员系统的装船设备提供检查、测试、加注、充气和发射的设施设备和保障条件，实施运载火箭的加注及发射；二是为航天员提供发射前的训练、生活、医监医保和锻炼的特殊设施和工作条件；三是为测试发射提供气象、计量、运输等勤务保障；四是实施待发段航天员紧急撤离和逃逸救生的判决、指挥和控制，并提供相应的保障条件。

图 5-6-2　载人航天发射场全景

作为载人航天发射场场址，酒泉卫星发射中心具有以下几方面的有利条件：一是测量控制、通信、气象保障、交通运输以及生活设施等基础设施配套完善，具有良好的载人航天发射物质技术基础；二是地域广阔，地势平坦、视野开阔，地形多属戈壁沙漠，对发射前后异常情况下航天员的应急救生和搜索救援极为有利；三是可以充分利用国内已形成的陆上航天测控网，保证上升段100%的跟踪测控；四是周边为戈壁滩，火箭飞行经过的航区内人烟稀少，火箭残骸坠落不会造成大的危害，航区安全性好；五是气象条件好，干燥少雨，雷电日少，全年满足发射条件的发射日达300天以上。

1994年7月3日，中国载人航天发射场在酒泉卫星发射中心奠基，开工建设，4年后竣工。1999年，中国载人航天工程迎来了首次发射任务——发射我国第一艘试验飞船神舟一号，到2023年6月，已成功发射了16艘神舟系列飞船。

酒泉卫星发射中心的载人航天发射场拥有先进完善的发射设施，为载人飞船的发射新建、改建了测试厂房、发射塔架，并采用了改进的发射技术——"三垂一远"技术，即火箭在垂直状态下进行总装和测试、火箭连同飞船在垂直状态下整体运输、火箭在发射塔架处于垂直状态以及船箭组合体采用远距离测试发射模式。这种模式的优点是不仅可以改善操作环境、缩短发射准备时间，更重要的是提高了运载火箭和飞船的可靠性。

根据总体技术方案，中国载人航天发射场系统主要由五个区和四个系统组成。五个区分别是技术区、发射区、试验指挥区、航天区及试验协作区。四个系统分别为测试发射指挥监控系统、待发段航天员应急救生指挥控制系统、推进剂加注供气系统及技术勤务系统。

二、西昌卫星发射中心

1970年12月，为了适应航天事业发展的需要，国务院、中央军委批准在四川西昌建设卫星发射中心，又叫27基地，于1983年建成。

西昌卫星发射中心位于四川省凉山州境内，所处纬度低，可以充分利用地球自转的附加速度，节省运载工具的能量消耗。西昌海拔约1800米，属亚热带气候，年平均气温为16℃，夏季最高平均温度为25℃，冬季最低平均温度为2℃。全年风速都不大，无霜期长，每年雨季是6—9月，所以，最佳发射季节为10月到次年的5月。西昌交通也很方便，成昆铁路和川滇公路都从此通过。西昌机场可以起降波音747和大力神C130等大型飞机。

西昌卫星发射中心由总部、发射场（技术区和两个发射工位）、通信总站、指挥控制中心和三个跟踪测量站等组成，主要用长征三号A子系列运载火箭发射高轨道航天器，除发射通信卫星和导航卫星外，我国嫦娥一号至嫦娥四号都是在这里发射的。

西昌卫星发射中心的技术厂区位于发射场区不远的山坳里。指挥控制大厅位于距发射城几千米以外的山湾里。该卫星发射中心目前拥有两个发射塔架：3号工位于1978年底竣工，1984年1月29日首发长征三号遥一运载火箭，2007年重建以满足发射嫦娥一号的需要，又称为新3号工位。目前主要用于发射长征三号A运载火箭（也可发射长征二号C、长征二号D运载火箭）。2号工位于1990年投入使用，早期用于发射长征二号E与长征三号A运载火箭，目前主要用于发射长征三号B、长征三号C运载火箭。1号工位原计划用于发射曙光一号载人飞船，但只完成了铁路、隧洞等基建施工就因工程下马没有再建造了。

2009年9月14日正式开工建设，2014年10月中旬基本竣工的文昌航天发射场位于海南省文昌市龙楼镇，隶属于西昌卫星发射中心，是中国首个开放性滨海航天发射基地，也是世界上为数不多的低纬度发射场之一，2016年6月25日首次使用。

图 5-6-3　坐落在山坳里的西昌卫星发射中心

该发射场用于发射长征五号、长征七号、长征八号系列运载火箭以及正在预研制中的其他系列运载火箭，主要承担地球同步轨道卫星、大质量极轨卫星、大吨位空间站和深空探测卫星等航天器的发射任务。

文昌航天发射场主要由发射场区、配套测控站等区域组成，发射场区包括发射区、技术区、试验协作区、技术勤务保障系统等。项目用地总面积约

18 531亩。现已建设有两个工位，大火箭用101工位，中型火箭用201工位。

在文昌航天发射场组织发射时，火箭装载运输船可从天津港出发，经渤海、黄海、东海、台湾海峡、南海、琼州海峡等海域，经过五至七天时间、航行约一千八百海里，到达海南省清澜港西码头，再通过公路运往火箭水平转载准备厂房。航天器可空运至海口美兰机场，经公路运往航天器总装测试厂房。火箭在综合测试大厅进行测试后，进入垂直总装测试厂房进行起竖、对接、综合测试。航天器完成总装测试后，以垂直状态转运到加注与整流罩装配厂房，进行推进剂加注和整流罩装配，然后以航天器/整流罩组合体形式垂直转运至火箭垂直总装测试厂房与火箭对接安装。火箭、航天器联合总检查以及相关转场准备工作后，垂直整体运输至发射工位，实施燃料加注，直至火箭点火发射。

作为低纬度滨海发射场，海南文昌航天发射场具有三大优势：

第一，靠海港，运输方便。火箭可以海上运输，箭体直径不再受铁路桥梁涵洞限制，进一步释放了火箭设计的潜力。

第二，纬度低，发射效率高。在这里发射同型火箭燃料消耗大大减少，运载能力可提高10%，卫星寿命可延长2年以上。

第三，射向宽，安全性好。从东射向到南射向，1000千米范围均为海域，也就是说从

图 5-6-4　海南文昌航天发射场

海南岛发射的火箭，其发射方向1000千米范围内是茫茫大海，因此坠落的残骸不易造成意外，航区及落区安全性好。

三、太原卫星发射中心

太原卫星发射中心，又叫25基地，始建于1975年，1988年9月7日正式投入使用。它位于山西省忻州市岢岚县原神堂坪乡的高原地区，地处温带，这里冬长无夏，春秋相连，无

图 5-6-5　太原卫星发射中心

霜期只有90天，全年平均气温5℃。该发射中心具备多射向、多轨道、远射程和高精度测量的能力，是多功能、多发射方式，集指挥控制、测控通信、综合保障系统于一体的现代化发射场，主要用长征四号、长征六号、快舟一号子系列运载火箭发射太阳同步轨道遥感卫星，我国运行在太阳同步轨道的风云、资源、海洋、高分、环境减灾系列卫星以及多颗美国制造的"铱星"，都是从这里发射的。它同时负责我国海上卫星发射。

其7号发射场区（旧工位）于1979年竣工，用于发射长征二号C、长征二号D、长征四号B运载火箭，后经过现代化改造重新投入使用；9号发射场区（新工位）于2008年竣工，具有低温发射能力，用于发射长征二号C、长征二号D、长征四号B和长征四号C运载火箭。16号发射场区（新工位）于2015年竣工，用于发射长征六号、长征六号A运载火箭；快舟一号子系列运载火箭，采用机动发射方式。

四、海上发射母港

2019年，航天一院、烟台市政府与海工合作伙伴三方联合在山东烟台海阳市打造了我国首个海上发射母港——东方航天港。同年6月，在这里用长征十一号运载火箭完成了我国首次海上发射任务。

海阳市位于山东半岛东南部，坐落于此的东方航天港是按照航天研发、制造、发射一体化思路建设的航天产业集群，既是固体运载火箭的生产基地，也是航天发射星箭准备的技术中心。

它依托烟台优越的地理位置和港口条件，发挥航天、海工等工业制造基础雄厚的独特优势，打造航天海上发射母港，以及火箭研发制造中心、卫星载荷研发制造中心、海上发射平台研发制造中心和卫星数据应用开发中心，辐射带动智能制造装备、物流装备、能源装备、航天新材料、航天旅游等相关产业。

经过几年快速发展，东方航天港已具备年产20发固体运载火箭总装测试能力和海上发射支持保障能力，为高密度商业化发射提供了必要条件。

此前，火箭生产制造完成后，要组装成整个火箭进行测试，测试后再经铁路运输至发射场，过程相对复杂。如今，固体运载火箭产业基地距码头仅有5千米，火箭在这里完成对接、测试、装填等环节后，经转运上船、全系统合练，航行至预定发射海域后即可完成发射，整个过程只需要3至4天时间。

据悉，与前两次海上发射任务相比，2022年完成的第3次海上发射实现了本土化总装总测和星箭对接等发射准备，大大缩短了任务周期，简化了作业流程，东方航天港的优越性愈加凸显。

时下，一座国际一流的海上发射母港正在山东海阳加快建设，迎接中国高频次、常态化的海上发射时代。

五、商业发射场

2022年7月6日，我国第一个商业航天发射场——海南商业航天发射场项目开工仪式在海南省文昌市举行。海南商业航天发射场由新成立的海南国际商业航天发射有限公司投建，致力于打造国际一流、市场化运营的航天发射场，进一步提升我国商业运载火箭发射能力。该公司由海南省政府和中国航天科技集团有限公司、中国航天科工集团有限公司、中国卫星网络集团有限公司共同出资成立。

据悉，该航天发射场将先建设两个发射工位，在2024年启用并首次进行发射。海南将充分发挥商业航天发射场主场优势与自贸港政策优势的叠加效应，瞄准世界商业航天发展前沿，加快构建火箭链、卫星链、数据链产业生态体系，支持文昌建设世界一流的国际航天城。

与我国已有的航天发射场不同，商业航天发射场将按照市场化机制由企业运营，这将有利于更灵活、更高频地开展发射和测试活动，对于商业航天快速迭代的研制模式至关重要。本次开工对于我国全面加速推进商业航天建设也具有里程碑意义。

第七节　测控通信系统

航天测控网依照测控对象大体上可以分为三类：卫星测控网、载人航天测控网、深空测控网。卫星测控网为各种应用卫星和科学试验卫星服务；载人航天测控网为载人航天器服务，配有与航天员通话和传递电视图像的设备；深空测控网为探测月球和其他天体的空间探测器服务。我国的航天测控网是在导弹测控系统和卫星观测网的基础上发展起来的。
导弹测控系统创建于20世纪50年代末，卫星观测网的建设始于20世纪60年代中期。

一、发展概述

1958年10月，我国在内蒙古自治区西北部的巴丹吉林大沙漠西部正式组建起导弹试验基地，并设置了导弹测控管理机构，后来改为测量部。导弹测量是为导弹试验服务的一种必要手段。

与此同时，我国开始建设通信系统。通信系统是测控系统的重要组成部分，它包括数据传输、时间统一、调度指挥等分系统。1960年10月，西北综合导弹试验基地基本建成了以有线为主，短波无线为辅的通信网络。

图 5-7-1 中国远望号航天测量船

从20世纪70年代初开始，我国研制出了高精度无线电测量系统，建立了具有控制和回收功能的卫星测控网。1984年，我国建成了高精度测量带、远望号测量船和微波统一系统，基本形成了导弹、卫星测控网。此后，我国测控网逐步完善，技术水平和服务能力日益提高。20世纪80年代末，我国已经具备了为国内外发射卫星提供测控支持的能力。

我国早期的测控技术，基本上每试验一种型号，就要研制一种相应的测控设备，这样既不利于测控技术的发展，又悖于节省投资、综合利用、提高效率的原则。1972年9月，钱学森在测控系统规划会上提出，要在全国建立一个测控网。

1976年5月，国防科委下达了《关于开展导弹与航天测控网规划和设计工作的通知》。1977年1月，国防科委确定重点建设北京试验指挥所、洲际导弹全程飞行试验测控、通信系统和海上测量船队。在此基础上，再建设潜地导弹海上飞行试验测控、通信系统和地球同步通信卫星测控、通信系统，逐步形成一定规模的导弹、卫星测控网。

1977年8月和10月，我国两艘主测量船先后在上海江南造船厂剪彩正式下水，并分别命名为远望一号和远望二号。远洋测量船的研制成功，填补了中国海上测量的空白，使中国的导弹、卫星测控网从西北、华北延伸到了世界三大洋任何一个海域。

为了适应航天测控的需要，1985年底，国防科工委决定新建西安卫星测控中心，以取代工作多年的渭南卫星测控中心。1987年12月，西安卫星测控中心建成并投入使用，与此同时，对卫星测控站进行了调整，加强了长春、闽西、渭南、南宁、喀什等站和各活动站的测控能力，在此基础上先后关闭了海南、湘西、胶东、昆明、拉萨等站。到1988年底，我国已经建成酒泉、马兰、西安、西昌、北京、洛阳等卫星通信固定地球站，以及4个活动站、1个搬运站和2个船载站，大大增强了导弹、卫星测控网的通信能力。

20世纪90年代初，为适应载人航天任务的特殊需求，我国开始筹建新一代航天测控网。我国新建了北京航天飞行控制中心和东风发射指挥控制中心，改造了西安卫星测控中心；对各测量船、测控站测控通信设施进行了适应改造，还提高了航天测控网的可靠性、适应性，对中、低轨道航天器的覆盖率达到了15%以上，天地数据传输速率高达2兆比特/秒，可满足载人航天的测控通信要求。

此后，我国发射了多颗天链系列中继卫星，建立了天基测控网，大大提高了测控覆盖率。

二、载人航天测控网

中国载人航天工程的测控通信系统负责火箭和载人航天器的测控和通信。

对火箭和载人航天器的测控是指对火箭和载人航天器的跟踪、测轨、遥测和遥控的总称。它包括对火箭和载人航天器的跟踪观测和轨道测量，以便确定火箭和载人航天器的轨道，为预报未来的轨道提供依据；获得火箭和载人航天器内部工程参数，以便了解火箭和载人航天器系统或部件的工作状态；对火箭和载人航天器进行指令控制，使火箭和载人航天器按任务需要工作和飞行。

对火箭和载人航天器的通信是指火箭和载人航天器与地面之间的信息交流，包括获取火箭助推器分离的图像信息、火箭级间分离的图像信息、载人航天器舱内外图像信息、航天员工作和生活图像、航天员与地面间通话以及其他形式的信息交流。

中国载人航天测控通信系统由航天飞行控制中心（包括北京航天飞行控制中心、西安卫星测控中心、酒泉卫星发射中心）、测控站（包含发射首区各光学测量站、山西兴县站、陕西渭南站、厦门站、新疆喀什站、和田站、巴基斯坦卡拉奇站、南非站、智利圣地亚哥站等）和远望号测量船（如参加神舟七号飞行任务的测量船为远望一号、远望二号、远望三号、远望五号和远望六号，共5艘）、天链系列中继卫星以及通信网络等组成。

三、深空测控网

自2004年开始研制嫦娥一号绕月探测器之后，我国就开始建造深空测控网。嫦娥系列月球探测器抵达月球后，距离地球约38万千米，比人造地球卫星与地球的距离远许多，而测控通信的信号强度与距离的平方成反比，所以要对月球探测器进行测控通信，使其正常稳定运行，准确向地面发回探测数据，必须建立和使用技术更为复杂的远程测控通信系统。简单地说，就是在地面与嫦娥系列月球探测器之间，用无线电架起一座跟踪导航、遥测和遥控的桥梁。

1. 无线电桥梁

无线电跟踪导航是指地面利用嫦娥系列月球探测器发出的无线电信号跟踪嫦娥系列月球探测器，并利用接收到的无线电信号延迟时间和多普勒频率变化确定嫦娥系列月球探测器与地面的距离，从而确定月球探测器飞行的位置和速度，计算出嫦娥系列月球探测器飞行轨道的偏差，引导嫦娥系列月球探测器沿着正确的轨道飞行。

在嫦娥系列月球探测器发射入轨至在月球表面着陆期间，地面需要及时了解嫦娥系列月球探测器上设备的工作状态，评估其飞行姿态是否正确，设备工作是否正常，反映嫦娥系列月球探测器设备工作状态和飞行状态的信息统称为卫星遥测信息。通过嫦娥系列月球探测器上的数据采集系统将这些遥测信息收集整理并通过电波传回到地面。地面测控站接收到嫦娥系列月球探测器的遥测信息，从而能够及时了解和掌握嫦娥系列月球探测器工作状态和飞行状态。这个过程称为无线电遥测。

无线电遥控是指通过无线电手段，实现远距离控制嫦娥系列月球探测器，从而改变嫦娥系列月球探测器设备工作状态和飞行状态。通常情况下，在完成对嫦娥系列月球探测器跟踪的基础上，地面站天线对准嫦娥系列月球探测器，将地面生成的遥控指令通过电波发射出去，嫦娥系列月球探测器接收到地面发来的遥控信号，按照遥控指令改变嫦娥系列月球探测器工作状态和飞行状态。

可以说，无线电遥测是地面了解掌握嫦娥系列月球探测器状态的先决条件，无线电遥控是地面采取远距离控制嫦娥系列月球探测器的必要手段。

2. 天罗地网

地面测控网是完成对嫦娥系列月球探测器无线电跟踪导航、无线电遥测、无线电遥控的地面综合电子系统。由于地球曲率的影响，一个地面测控站不可能实现对嫦娥系列月球探测器进行全程跟踪和测控，需要分布在陆地和海洋上不同地点的多个地面测控站和测量船"接力"才能完成测控任务。地面测控网由多个地面站、测量船、测控中心以及用于相互间沟通的通信系统构成。

地面测控网中各部分的作用如下：地面测控站、测量船直接对卫星实施无线电跟踪测轨、遥测信号接收、发送遥控指令和注入数据。测控中心对各测控站、测量船进行任务管理，将测量数据汇集，对遥测信息进行还原、显示；对测轨数据进行分析处理，确定卫星轨道，并预报卫星将来的位置和速度，用于对卫星进行导航；根据卫星遥测处理和导航信息，确定采取的控制措施，生成遥控指令和注入数据，并向相关测控站、测量船传送；向各测控站传送时间统一勤务信号，实现地面测控网内部的时间统一。

通信系统完成测控中心与各测控站、测量船之间的数据、图像、语音传输。通信系统采用有线、无线和卫星通信等多种手段，专用于测控网。

我国月球探测工程测控网主要由西昌卫星发射中心、北京航天飞行控制中心、西安卫星测控中心、喀什测控站、青岛测控站以

图 5-7-2 位于黑龙江佳木斯的 66 米深空测控天线

及远望系列测量船等组成。这样布下天罗地网，就可以使嫦娥系列月球探测器按预定要求稳定工作。

后来，为了满足深空探测的需求，我国又在佳木斯建造了天线口径66米的深空测控站，在喀什和阿根廷各建造一个35米直径天线测控站。其中佳木斯深空测控站是我国第一个深空测控站，这也是亚洲口径最大、接收灵敏度最高、连续波发射功率最强和作用距离最远的天线。它于2008年立项，在历经3年多的方案设计、方案论证、研制生产、系统联试、入网验证后，在2012年5月正式建成投用。

2020年，经过近两年的建设，我国首个深空天线组阵系统在西安卫星测控中心喀什深空站正式建成并完成各项调试测试工作正式启用，直接投入到天问一号火星探测器、嫦娥四号落月探测器任务中。该系统提高了地面系统对深空探测器下行数据的接收能力，为我国执行各类深空探测任务提供有力测控支持。

图 5-7-3 我国在阿根廷建造的深空站机房和 35 米天线

深空天线组阵系统包括3座35米口径天线与原有的一座35米天线，它们组成的4×35米的深空天线组阵系统达到等效66米口径天线的数据接收能力。不仅如此，该系统还可以同时实现对单个、多个深空探测器的高精度跟踪测控，成为中国深空探测网的重要组成部分。深空天线组阵系统优异的性能，体现了我国作为一个航天大国的整体测控水平，代表着非常高的水平。

3. 国际合作

目前，美国、俄罗斯、欧航局等国家和组织都建有自己的深空测控网。由于地球自转的影响，地球上的一个测控站对深空目标每天的观测时间最长不超过13小时(10°以上仰角)，剩余的11小时内由于受到地球的遮挡，无法连续跟踪深空目标。为此需要在地球上不同经度的位置布设地面站，以"接力"方式实现地面连续跟踪深空目标。最佳的布站是在地球上相隔经度120°布设三个深空站。

我国月球探测工程先是在国内东部和西部分别建立了两个接近20米口径的测控站，后来又在东西部边疆地区建立了两个大口径天线深空站。

随着深空探测活动的深入开展，国际合作已经成为利用现有测控资源和地理区域上的优势的有效手段之一。在月球探测工程中，我国与欧航局的库鲁站、新诺舍站等开展了国际合作。

第八节　载人航天

截至2022年11月，中国第一代载人飞船神舟系列飞船已发射了15艘，它们分别执行不同的任务，其成就都是非同凡响的。

一、神舟一号

经过7年的论证、设计、攻关、建造和试验，1999年11月20日6时30分，新型长征二号F运载火箭从酒泉卫星发射中心托举着神舟一号试验飞船直上云霄。这是中国自行研制的第一艘无人飞船，在太空全程飞行21小时11分，绕地球14圈后，于北京时间11月21日凌晨平安着陆在内蒙古中部草原的预定区域。

神舟一号是中国载人航天工程的一次飞行试验飞船。它首次采用了"三垂"新模式。这次发射着重考核整个载人航天工程总体设计方案的可行性，特别是飞船系统的舱段分离技术等五大关键技术的可靠性。因此，飞船采用了最小的配置，仅上了与飞船返回系统紧密相关的9个分系统，飞船的轨道舱也没有进行留轨试验。此次飞行取得了圆满成功，它证明了中国研制的飞船和新型运载火箭性能优良，新建的载人航天发射场和航天测控网具有先进水平。

神舟一号飞船实现了天地往返，标志着中国载人航天技术有了新的重大突破，中国人千百年的飞天梦想从这一刻起开始一步步走向现实。其成功发射创造了多项中国第一：一是飞船上的有效载荷公用设备在国内航天器中首次采用先进的CCSDS高级在轨系统数据标准，并采用了新研制成功的能将来自不同有效载荷、不同速率的数据汇集在一起的高速多路复接器。二是在地面准备阶段，酒泉卫星发射中心首次采用了与国际先进水平接轨的"三垂一远"新模式，即在技术厂房完成对飞船、火箭联合体进行垂直总装与垂直测试，然后将其整体垂直运输至发射场，并远距离测试发射控制，其优点是能够最大限度地保持火箭和飞船的状态不变，从而极大地提高测试发射的可靠

图 5-8-1　神舟一号飞船在轨飞行示意图

性、安全性。垂直转运仅用2个小时便可完成，能使发射工位占位时间由原来的10~15天缩短到3~4天。三是中国在原有的航天测控网基础上新建的符合国际标准体制的陆海基航天测控网，也在这次发射试验中首次投入使用。

　　神舟一号飞船主要是利用长征二号F运载火箭发射的机会，着重考核整个载人航天工程总体设计方案的可行性，特别是飞船系统的舱段分离技术、调姿制动技术、升力控制技术、防热技术、回收着陆技术等五大关键技术的可靠性。因此，飞船采用了最小的配置，没有像正样飞船那样安装13个分系统。

　　按照科学家的设计，载人飞船返回的落点偏差允许值一般为纵向（航向）±15千米，横向±9千米；无人飞船的偏差可以稍微大一点，纵向为±30千米，横向为±18千米。而神舟一号作为第一艘无人飞船落点就达到了很高的水平，偏差仅为12千米。

二、神舟二号

　　2001年1月10日凌晨1时，中国第二艘无人试验飞船——神舟二号在酒泉卫星发射中心发射升空，约10分钟后成功进入预定轨道。神舟二号在太空停留7天，环绕地球运行约108圈。神舟二号是中国第一艘正样飞船，按预定计划在太空完成空间科学和技术实验任务后，其返回舱于1月16日19时22分在内蒙古中部地区着陆。

　　神舟二号飞船是我国第一艘按载人飞行要求而采用全系统配置的无人正样飞船，它完善了神舟一号飞船在舱内温控、系统配合等方面存在的不足，重点考核了环境控制与生命保障、应急救生两个分系统的功能，进一步检验了飞船系统与其他系统的协调性，同时，其轨道舱进行了长达半年之久的留轨试验。该飞船装载了"模拟人"航天员，它由人体代

谢模拟装置、拟人生理信号设备
和形体组成的假人，能够定量模
拟航天员在太空中的重要生理活
动参数，如耗氧、脉搏等，并随
时受到地面指挥中心的监控。以
"模拟人"这种无生命载荷取代
动物，在飞船内模拟、检验飞船
载人状态，这在世界上是首创。

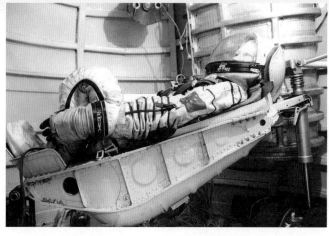

图 5-8-2　"模拟人"航天员

三、神舟三号

　　神舟三号飞船于2002年3月25
日22时15分发射升空，在遨游太空6天18小时，巡天540余万千米后，飞船返回舱于2002年
4月1日16时51分在内蒙古中部预定区域准确降落，其轨道舱则按预定计划继续留在轨道上运
行大约半年时间，进行了有关的空间科学和应用实验。

　　神舟三号是第二艘无人正样飞船，飞船技术状态与载人状态完全一致。与神舟二号飞
行试验相比，神舟三号飞船和长征二号F 运载火箭全面完善了逃逸与应急救生功能，在火
箭飞行过程中，一旦出现危及航天员生命的情况，带有返回舱的逃逸飞行器可以与火箭分
离，使航天员得以逃生。逃逸与应急救生功能可以通过地面发出指令控制，也能由火箭自
行实施。

　　神舟三号的发射经历了一些波折。神舟
三号在发射场进行三舱对接时意外发现，船
舱插座有一个接点的信号受阻，在检查了故
障原因后发现，有77个这种插座在设计上存
在隐患。换插座是非常困难的，但为了确保
安全、可靠，经工程领导批准，最终决定将
神舟三号的不合格插座全部重新设计、评
审、生产和更换。虽然发射时间被迫推迟了3
个月，但神舟三号最后以其完美的升空、运
行和返回，为我国从事空间科学与应用技术
研究的科学家们带回了一批具有重要价值的
科研样品。

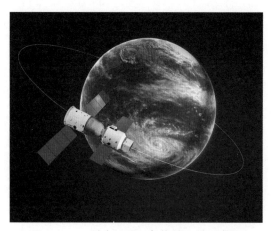

图 5-8-3　神舟三号飞船绕地飞行示意图

四、神舟四号

2002年12月30日凌晨0时40分，神舟四号飞船在酒泉卫星发射中心发射升空，在太空飞行了6天18小时，于2003年1月5日19时16分，在内蒙古中部地区准确着陆。

神舟四号是第三艘无人正样飞船，除没有载人外，技术状态与载人飞船完全一致，发射该飞船是发射载人飞船前的最后一次演练。针对神舟三号的不足，神舟四号进一步完善了应急救生系统功能，增加了航天员手动控制系统，增强了整船偏航机动能力。同时，还改善了舱内载人环境，充分考虑了航天员座椅使用、出舱进舱、操作是否方便舒适等因素，为航天员创造了安全舒适的工作与生活环境。

图 5-8-4　神舟四号准备进行热真空试验

神舟四号的发射过程也出现了一些小插曲。本来发射前的准备工作很顺利，但没想到在临近发射之际，一场大雪突然降临，发射中心出现了30多年来罕见的寒冷天气，最低气温接近-30℃，超过低温发射条件近10℃。发射中心迅速成立"抗寒抢险小组"，动用了上百床军用棉被为火箭御寒，启动20多台大功率空调24小时不间断地给火箭和飞船送暖，确保了船箭安然无恙。

与神舟一号、神舟二号、神舟三号不同的是，神舟四号在应急救生系统中新增加了自主应急返回功能。它的作用是当飞船入轨后自主运行阶段一旦发生意外，如碰上陨石、流星、太空垃圾撞伤飞船，或航天员生病，需临时决定返回，这时，航天员可直接按下按钮，不需要地面支持，可在6小时内返回到应急着陆区。

神舟四号飞船还增加了返回副着陆场。除了设置一个主着陆场之外，还分别在海上和陆地设置了副着陆场，这主要是考虑到在飞船返回时，如果遇到气候异常，如地面风大、气候不适等原因，影响返回舱返回到主着陆场时，神舟四号飞船可启动副着陆场功能，确保返回舱安全返回地面。

此外，神舟四号飞船的所有舷窗玻璃都换成一种新材料，保证返回舱再入大气层后舷窗透光性能良好，使航天员着陆后能可靠地判断着陆地形，决定是否脱掉主伞。另外，飞船还采取了增加备份伞舱防撞气囊，改用长寿命电池，增加舱内灭火器等保险措施。

五、神舟五号

在发射了4艘神舟系列无人试验飞船后，有关领导和专家就何时发射中国第一艘载人飞船进行反复争论。苏联在发射过5艘无人飞船后才开始载人，美国发射的无人试验飞船就更多了，中国只发射了4艘无人飞船，能否在未用猩猩、猴子之类的动物做实验之前就直接载人？载几个人？神舟五号可装载3人，当时有人建议至少载2个人，目的是要比世界上任何国家第一次载人航天都装载的人多，而且神舟五号已有这个能力。但经过反复争论，最后出于稳妥考虑，还是决定在神舟五号先只载一个人，但比其他国家第一次载人航天飞行的时间长，约21小时。

图 5-8-5　打造中的神舟五号载人飞船

2003年10月15日9时整，中国第一艘载人飞船神舟五号飞船托举着中国首位航天员杨利伟从酒泉卫星发射中心顺利飞向太空，这标志着中国成为世界上第三个能够独立开展载人航天活动的国家。

在绕地球飞行14圈，飞行21小时后，2003年10月16日6时28分，神舟五号载人飞船搭载杨利伟在内蒙古自治区四子王旗阿木古朗草原的主着陆场成功着陆。"阿木古朗"在蒙语中是"平安"的意思，实际着陆点与理论着陆点仅相差4.8千米，返回舱完好无损，航天员杨利伟自主走出返回舱，状态良好，神舟五号载人飞行试验取得圆满成功，标志着我国载人航天飞行初战告捷。

神舟五号是中国第一艘载人飞船，它的升空飞行是世界载人航天历史上的第241次飞行，乘坐该飞船的杨利伟成为世界上第431位进入太空的地球人。在神舟四号飞船的基础上，技术人员对神舟五号航天员乘坐的座椅的安全性和舒适性作了进一步改进和完善，同时设置了多种安全救生模式和百余种故障对策方案，确保了航天员的安全。

伴随着杨利伟历史性的太空之旅，一个新造的词——"taikonaut"问世了。这个词的前半部分"taiko"类似于中文"太空"的拼音，它的后缀部分"-naut"与西方语言中代表航天员的词"astronaut"的尾缀完全一样，代表水手或航行家。从字面上看，它的意思就是"太空航行家"或者"航天员"，是一个绝妙的中西合璧产品。这个词被收入新版《牛津简明英语辞典》《英文朗文辞典》等主流英文辞典，以区别于专指苏联（俄罗斯）航天员的"cosmonaut"一词，"taikonaut"成为世界媒体对中国航天员的专用称呼。

神舟五号载人飞船的主要任务是：完成首次载人飞行试验；在整个飞行期间为航天员提供必要的生活与工作条件；为有效载荷提供相应的试验条件；确保航天员和回收的有效载荷在完成飞行任务后，安全地返回地面；在飞行过程中，一旦发生重大故障，在其他系

统支持和在航天员的参与下，能自主或人工控制返回地面，并保证航天员的生命安全；飞船的轨道舱留轨进行空间应用实验。

针对航天员的安全问题，在设计神舟五号飞船时有一个原则，就是飞船的每一个系统要做到"一次故障，正常飞行；二次故障，安全返回"，意思是说，当一个系统第一次出现故障时，要做到飞船能正常运行；第二次出现故障时，能保证航天员安全返回。

图 5-8-6　对飞船座椅进行试验

与神舟四号相比，神舟五号飞船进行了39处提高可靠性的改进和20处提高安全性的改进，并安排了56项可靠性试验和9项安全性试验。为确保安全，神舟五号飞船设计了123种故障模式对策，其中航天员可以参与的有30种。从发射前5分钟起至船箭分离阶段，飞船设计有8种逃逸救生模式，其中大气层内4种，大气层外4种；在轨运行段，飞船设计了第2圈返回、自主应急返回、第2天返回、第3天返回及航天员半自动手控返回等工作模式；回收段设计有启动备份伞、弹道式返回等工作模式。

神舟五号飞船认真汲取前4艘飞船的研制经验，在诸多关键技术方面又进了一步，使安全性、可靠性更高。比如，轨道舱和返回舱连接处需要多个螺栓来加固，但当2个舱在太空分离时，螺栓需要立即"松绑"，也就是"连要连得可靠，断要断得干脆"，这就是舱段之间的连锁技术。通过前几次上天测试，这项技术在神舟五号得到了升华。

神舟五号载人飞行的成功对中国的政治、军事、经济和科技等方面的发展均有重要的战略意义：带动了一大批高新技术领域的水平提高，促进了中国科学技术水平的全面进步；为未来开发太空，获取经济利益奠定了基础；培养了尖端科技和管理人才；带动了相关产业的发展；极大地振奋民族精神。

六、神舟六号

2005年10月12日9时整，费俊龙和聂海胜2名航天员乘神舟六号从酒泉卫星发射中心成功飞向太空。5天后的2005年10月17日4时33分，神舟六号载人飞船搭载费俊龙、聂海胜在绕地飞行77圈后返回内蒙古自治区四子王旗阿木古朗牧场的主着陆场。

神舟六号是中国第一艘有人参与科学实验的飞船，也是中国第1艘进行多人多天太空飞行的飞船，所以难度比神舟五号大许多。其返回舱是直立着陆的，这个状态是最安全的，从神舟一号到神舟六号，只有2次返回舱是以这种状态着陆的。另外，其着陆点离预定的理论落点只有一两千米，这样的精准度，相当于射中10环靶中的10环。

神舟六号飞船实现了2人多天的航天飞行，并为适应这一需要进行了重大配置调整，同时对可靠性、安全性和环境控制及生命保障系统等进行了多项改进，航天员首次脱下舱内航天服，换穿了工作服，进入轨道舱并参与有效载荷的操作；首次装有热饭用的电加热器、睡袋和"太空马桶"。该飞船的亮点是舱门技术、生保技术、姿控技术、缓冲技术等。这些标志着我国真正有人参与的航天活动的开始。

神舟六号的成功发射和返回全面考核了载人飞船的生命保障功能，以及结构与机构系统和制导导航与控制系统等系统，其核心任务是突破四大基本技术。

一是长时间的环境控制技术。航天员进舱后大气环境需长时间保持良好，需要做好舱内除湿、二氧化碳比例控制等。比如舱内除湿，飞船空间容积只有15立方米，可每个航天员一天产生的水蒸气就有1.8升，只需几个小时，船舱水蒸气就将处于饱和状态。除湿在地面很容易做到，但在飞船内，没有对流，水蒸气既无法结成露珠、滴落，也不会飞到收集装置中，只会到处飘。一旦飘到电气设备、插头上，就会引发短路等安全问题。所以，船舱内配备了冰凝干燥器，风机把水蒸气驱赶到冰凝干燥器附近，水蒸气被抽进去冷凝。此外，舱内还有吸湿材料可吸附水蒸气。

二是多人多天的生命保障技术。航天员必须解决在太空中吃喝拉撒睡问题，如多人多天在轨飞行中要保证航天员吃上热饭热菜、喝上热水，大小便收集装置要保证不能让气味发散出去，睡袋则要让航天员在太空中能够安睡。

三是长时间的医学监督医务保障技术。如航天员唾液、小便都留样保存，用于研究航天员的内分泌状况，为航天医学监督和医学保障提供第一手资料。航天员本身就是受试对象，随身携带了大量传感器，每时每刻监测心电、血压、呼吸、心率等，数据同步传到地面，以便地面及时了解在各种情况下人体的各种反应，考验和解决太空运动病等问题。

四是人和船运动的相互协调技术。航天员在舱内要完成许多动作：脱换舱内航天服、穿舱活动、直接操作实验等，每一个动作都对飞船运行有扰动影响。飞船处在没有重力的漂浮状态，受一点力就会转变姿态，所以需要通过试验考核并提出解决措施。人船之间的相互协调性是神舟六号的重点研究问题，即研究飞船控制规律。当时的技术可使飞船即使彻底被扰乱了也有能力矫正过来，但这些技术需要通过航天员的实际感受来检验。

七、神舟七号

2008年9月25日21时10分，举世瞩目的中国第三艘载人飞船——神舟七号把翟志刚、刘伯明、景海鹏3名航天员顺利送入太空，这3位都属马的中国航天英雄开始了在太空天马行空般的旅行。飞船历时2天20小时27分钟，在太空预定轨道绕地球飞行45圈后，2008年9月28日17时40分，神舟七号载人飞船搭载翟志刚、刘伯明、景海鹏返回内蒙古自治区四子王旗。此次任务实现了准确入轨、正常运行、出舱圆满、安全健康返回的4个目标。

除延续神舟系列飞船进行相关飞行验证外，神舟七号飞船此行有四大突破。

一是成功实施了我国航天员的首次出舱活动，我国自主研制的用于保障航天员完成出舱活动任务的气闸舱和舱外航天服这2项关键技术经受住了实践的考验，中国研制的第一件"飞天"舱外航天服通过了太空环境的严峻考验。另外，出舱航天员翟志刚成为第一个在舱外挥舞五星红旗的航天员，他还把舱外的固体润滑材料等带回舱内，以供科学家研究太空环境对这些样品的影响，从而寻找进一步提高材料性能和寿命的方法。

图 5-8-7　中国航天员首次太空行走示意图

二是神舟七号飞船首次满载3名航天员，进行了3人3天的飞行试验，满负荷、全方位考核载人航天工程总体及各大系统。3名航天员上天，不仅是数量的增加，更是质的飞跃，因为神舟飞船本身就是按照最多3名乘员的方案来设计的。与神舟六号飞船相比，在多增加一人的情况下，神舟七号飞船要提供满足多增加一人的座椅、食品、饮用水、环境控制功能等多种资源支持。因此，环境控制、生命保障等各系统要经受住满负荷的考核，这存在一个比较大的风险。

三是在飞行期间释放了1颗质量为40千克的伴飞小卫星，并进行了卫星通信链路的新技术试验。这是我国第一次从一个航天器上释放另一个航天器，它验证了在轨释放技术，也考核了在释放以后是否能成为轨道舱的伴飞卫星，以便能更好地观测飞船，同时还检验了地面测控网对2个航天器相对运动的测控能力。这标志着中国成为世界上第三个掌握了空间释放和绕飞技术的国家。

四是进行卫星通信链路的新技术试验。神舟七号飞船上安装的中继卫星终端将首次与天链一号中继卫星进行中继链路试验，为今后进行载人航天交会对接等对测控覆盖要求更高的活动奠定基础。

神舟七号飞船采用了我国载人飞船的成熟技术，仍由轨道舱、返回舱和推进舱组成，但为适应出舱活动任务，其中的轨道舱采用了全新设计，使轨道舱同时具备出舱活动的气闸舱和航天员生活舱的功能，取消了留轨功能。因此，具备"一舱两用"、投入少效益高的特点。

神舟七号首次采用气闸舱与生活舱一体化的轨道舱，增加了轨道舱舱内气压泄除和恢

复、舱外航天服支持、舱外通信、舱
内外图像采集和照明，以及气体净化
装置和消耗品配置等大量相关功能。
它装有复压气瓶、2套舱外航天服、
泄复压控制设备、出舱活动操作显示
界面、出舱活动通信系统、照明和摄
像装置、舱外航天服接口支持系统等
支持设备，能为航天员出舱活动提供
电力、氧气和泄复压等保障，同时还
提供睡袋、食品加热、个人生活用
品、个人卫生装置等生活用品和设
施，并能同时容纳2人工作和休息。
另外，为了腾出存放舱外航天服的空

图5-8-8　伴飞小卫星拍摄的神舟七号飞船

间，轨道舱内的布局结构也进行了较大改变。取消了轨道舱内的2层仪器板，增加了2副舱
外航天服的支架。舱外航天服取下后，支架可以进行折叠，以节省航天员的活动空间。

　　神舟七号载人航天飞行圆满成功，标志我国已成为世界上第三个独立掌握空间出舱技
术的国家，为实现我国载人航天工程"三步走"发展战略，建立短期有人照料的空间实验
室、开展一定规模的空间应用研究进而发展我国空间站奠定了坚实的科研和技术基础。

八、神舟八号

　　2011年11月1日5时58分，神舟八号无人飞船在酒泉卫星发射中心顺利发射升空。2011年
11月3日1时36分，神舟八号和天宫一号目标飞行器依靠交会测量设备的引导，利用对接机
构，在距地面343千米的轨道上首次对接获得成功，实现了2个航天器的刚性连接，形成组
合体。组合体飞行12天左右后，进行了第2次交会对接试验，进一步考核了对接机构的重复
使用性能，以及交会对测量设备在不同空间环境下的性能。任务完成以后，神舟八号飞船
于2011年11月17日返回地面。

　　神舟八号是首艘采用天地往返运输器技术状态的飞船，目的是用于与天宫一号进行交
会对接试验，并作为天地往返运输器，之后的神舟系列载人飞船都采用这种技术状态。

　　神舟八号在试验性飞船基础上，取消了轨道舱附加段和轨道舱留轨功能，而在轨道舱
上增加了微波雷达、激光雷达、CCD光学敏感器等交会测量设备，以及主动式对接机构，具
备自动和手动交会对接与分离功能，对接后与天宫一号形成组合体。

　　其中的高精度测量设备用于测量神舟八号与天宫一号的距离、速度、角度和姿态，保
证对接时2个航天器的相对位置误差不超过180毫米，姿态误差不超过5°；飞船上的光学系

统用于保证在交会对接时能看得更清楚，从而平稳对接。

　　其中的对接机构采用导向板内翻式的异体同构周边式构型，对接后可形成0.8米的航天员转移通道。它十分复杂，有118个传感器、5个控制器、上千个齿轮轴承、18个电机和电磁拖动机构、数以万计的零件和紧固件，主要技术难点有四个：一是如何保证2个飞行器相撞时"不撞坏、不弹开"，软硬适度；二是如何保证很多相互矛盾的动作(如推拉、合分等)组

图 5-8-9　神舟八号飞船在轨飞行示意图

合在一起具有高可靠度；三是许多复杂的产品要协调安装于周边，中间留出通道，如何实现系统集成；四是如何在地面充分试验、模拟天上微重力情况下的对接分离过程。经过攻关，我国研制的对接机构可以适应从8.5吨的小型空间实验室到数百吨的大型空间站各舱段间的对接，载荷适应能力非常高。

　　与之前的神舟系列飞船相比，神舟八号改进了航天员手动控制设备，增加了8台平移发动机和4台反推发动机，它们遍布飞船周围，可从各个角度和方向提供推力，使飞船不仅可以向前运动，还能平移（包括上下运动）和后退，用于控制飞船和目标飞行器的相对位置，保证对接时系统运行更自由，同时提供紧急避撞的动力，一旦飞船遇险，可以实现及时返回撤离。

　　另外，为提高飞船的性能及安全性、可靠性，其部分系统也进行了改进。比如飞船在前期可独立飞行5～7天的基础上，具有了与天宫一号以及空间实验室或空间站对接后停靠180天的能力；推进舱上的太阳翼发电能力比此前的神舟飞船增加了50%；改进了降落伞和着陆缓冲系统，提高了安全性和可靠性，以适应未来空间站任务的要求；对降落伞薄弱环节进行了加强，而且增加了牵顶伞，使得返回舱的回收能力具有50%以上的余量，同时降落伞的破损程度与以往相比也明显降低，进一步提高了整个回收系统的可靠性。

　　由于交会对接对飞船的控制能力提出了更高的要求，神舟八号上配备了运算能力更强大的计算机，对控制系统能力进行了升级。为满足交会对接和返回

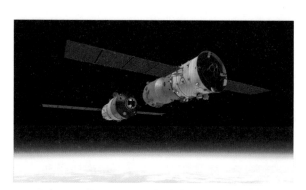

图 5-8-10　神舟八号与天宫一号交会示意图

需求，神舟八号此次满载1吨推进剂，同时配备应急电池。

神舟八号增加配置了两类设备，一种是图像记录设备，它将把这次交会对接过程记录下来，这对于航天员地面训练将会很有帮助；另一种是力学参数测量设备，它将把这次飞船飞行过程中的各种力学参数记录下来，这对于评价飞船的载人力学环境是很有意义的。总体上讲，通过这次飞行，可以验证改进后的飞船能否适应载人航天飞行的要求。

九、神舟九号

2012年6月16日18时37分，中国长征二号F遥九运载火箭在酒泉卫星发射中心载人航天发射场准时点火起飞，把搭乘中国首位女航天员刘洋和另两位男航天员景海鹏、刘旺的神舟九号飞船成功送入太空。完成预定任务后，2012年6月29日10时3分，神舟九号载人飞船成功返回内蒙古四子王旗。

本次任务主要包括三个：一是进一步验证自动控制交会对接技术，并首次验证手动控制交会对接技术；二是全面验证组合体的环境保障情况；三是验证在神舟八号基础上进行过改进的神舟九号飞船的性能。

本次任务具备三大特点：首先，这是我国第一次进行的手动控制交会对接，航天员由"乘客"变成了"司机"。飞船手动控制系统是自动控制系统的备份，但自神舟五号以来，我国历次载人航天任务中自动系统运行良好，手控系统从未启用过，这次任务要对其进行全面验证。其次，航天员第一次进入天宫一号内，天宫一号自2011年9月发射至2012年6月，已在轨运行8个多月，虽然工作状态良好，但舱内环境保持得怎样，还需经过测验方能知晓。再次，在这次任务中有我国首位女航天员进入太空，科研人员为此开展了大量工作，为了保障女航天员在太空的生活条件，科技人员对飞船进行了改进，对她所使用的航天服、座椅等也做了修改。

神舟九号飞船入轨后，先与在轨运行的天宫一号目标飞行器完成一次自动控制交会对接，组合体飞行6天后分离，再进行一次航天员手动控制交会对接。神舟九号与天宫一号对接形成组合体后，航天员通过对接通道进入了天宫一号实验舱内工作和生活。完成第二

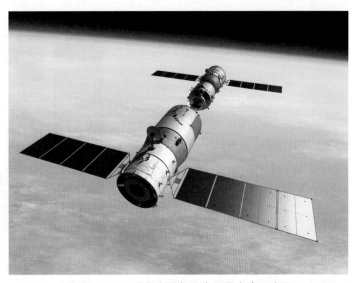

图 5-8-11　神舟九号与天宫一号交会示意图

次组合体飞行4天后，航天员手动控制神舟九号撤离天宫一号，飞船返回着陆场，天宫一号转至自主飞行轨道。

通过实施神舟九号任务，中国载人航天实现了多个首次：首次实施航天员手控交会对接；首次考核飞船手动控制系统；首次进行航天员访问在轨飞行器，在轨飞行10余天；首次实现地面向在轨飞行器进行人员和物资的运输与补给；首次考核天宫一号支持保障航天员工作、生活的能力；首次安排女航天员执行任务，填补了中国在女航天员选拔训练、医学监督和保障以及女航天员乘员设备等方面的空白。

十、神舟十号

2013年6月11日17时38分，我国用长征二号F遥十火箭成功把载有航天员聂海胜、张晓光、王亚平的神舟十号载人飞船送上太空，开始了我国载人航天的新征程。神舟十号航天员在太空生活和工作了15天，是当时我国载人航天活动时间最长的一次，所以这次航天员所承担的各类任务也最多。在圆满完成预定任务后，2013年6月26日8时7分，神舟十号飞船成功返回内蒙古四子王旗。

此次任务完成后，我国载人航天三步走的第二步第一阶段就圆满结束，然后进入第二步第二阶段，即研制、发射和运行天宫二号空间实验室和货运飞船。因此神舟十号飞行任务在我国载人航天发展中具有继往开来的重要作用。

神舟十号总共完成了四大任务：一是为天宫一号目标飞行器在轨运营提供了人员和物资天地往返运输服务，进一步考核了交会对接技术和载人天地往返运输系统的功能性能；二是进一步考核了组合体对航天员生活、工作和健康的保障能力，以及航天员执行飞行任务的能力；三是进行了航天员空间环境适应性和空间操作工效研究，开展了空间科学实验和航天器在轨维修等试验，首次开展我国航天员太空授课活动；四是进一步考核了工程各系统执行飞行任务的功能、性能和系统间协调性。

在这次任务中，神舟十号在轨飞行了15天，先后与天宫一号进行了1次自动交会对接和1次航天员手控交会对接。组合体飞行期间，航天员进驻天宫一号生活和工作12天，开展了航天医学实验、技术试验及太空授课活动。完成组合体飞行后，神舟十号飞船撤离并返回了着陆场，天宫一号转

图 5-8-12　首次太空授课圆满结束后太空授课专家组成员合影

至长期运行轨道，并不再发射飞船与之对接。

神舟十号飞船飞行和此前神舟系列飞船飞行的最大区别是首次进行了应用性飞行和绕飞。所谓应用性飞行就是完成正常的天地往返运输任务。此前，我国发射神舟系列飞船的主要目的是考核和验证飞船，每次发射的飞船都有各自的特点。而与神舟九号相比，神舟十号没有新的、大的技术变化，只做了一些小调整，其技术状态基本固定化。神舟十号的任务已不再是试验飞船本身，而是投入正常运营，完成运输任务，为天宫一号提供人员和物资运输服务。

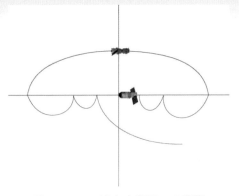

图 5-8-13　神舟十号绕飞示意图

我国原定由神舟九号航天员在太空为青少年授课，但后来因任务紧张而取消了。这次，神舟十号航天员王亚平在2013年6月20日成功进行了首次太空授课，完成了这一壮举，她在天宫一号内通过电视直播的形式，向地面展示失重条件下的特殊物理现象等，引起了全球广泛关注。

2013年6月25日7时5分，天宫一号与神舟十号组合体顺利分离，神舟十号撤离至距天宫一号相对一定距离处。随后，神舟十号按照预定程序进行变轨控制，从天宫一号上方绕飞至其后方。接着，地面控制神舟十号接近天宫一号，顺利完成近距离交会，我国首次航天器绕飞交会试验取得成功。这次试验的主要目的是验证航天器绕飞及多方位交会技术，为后续空间站工程建设积累经验。

十一、神舟十一号

2016年10月17日7时30分，神舟十一号载人飞船搭载着航天员景海鹏和陈冬飞向浩瀚宇宙，飞船于10月19日在距地面393千米的轨道上与天宫二号空间实验室进行交会对接，景海鹏和陈冬在天宫二号和神舟十一号组合体内生活和工作了30天，然后乘神舟十一号与天宫二号分离。2016年11月18日13时59分，神舟十一号飞船搭载景海鹏和陈冬成功返回内蒙古四子王旗。

神舟十一号载人飞船此行主要有三个任务：一是为天宫二号空间实验室在轨运行提供人员和物资天地往返运输服务，考核验证空间站运行轨道的交会对接和载人飞船返回技术；二是与天宫二号空间实验室对接形成组合体，进行航天员中期驻留，考核组合体对航天员生活、工作和健康的保障能力，以及航天员执行飞行任务的能力；三是开展有人参与的航天医学实验、空间科学实验、在轨维修等技术试验及科普活动。

神舟十一号的升空是我国建成空间站之前最后一次载人航天飞行，所以具有承上启下的重要意义。

神舟十一号飞行任务主要的亮点为距离高、实验多、时间长。

神舟十号与天宫一号对接时，轨道高度是343千米，而神舟十一号和天宫二号对接时的轨道高度是393千米，高了50千米，这与未来中国空间站的轨道高度基本相同，飞行也更加接近未来空间站的要求；同时，在交会对接时飞船的控制与神舟十号不一样，神舟十一号还需要连续变轨。

任务期间，神舟十一号要进行四项在轨试验项目，包括宽波束中继在轨验证试验、变轨控制验证试验、帆板任意偏置角跟踪太阳功能验证试验和微生物控制试验。通过这些试验进一步验证飞船设计功能，获取和积累载人环境相关的飞行试验数据。

此次任务中航天员需完成组合体30天中期驻留任务，是神舟十号（15天）的两倍。在这30天中，要保障航天员的生活健康，也要保证航天员执行飞行任务的能力，飞船在驻留、应急、返回方面的保障能力就要比过去更强。

图 5-8-14　神舟十一号前组字

十二、神舟十二号

2021年6月17日，我国成功发射了神舟十二号载人飞船，把聂海胜、刘伯明、汤洪波3名航天员送到中国空间站天和核心舱内生活、工作3个月。同年9月17日13时34分，神舟十二号飞船返回舱在东风着陆场成功着陆，聂海胜、刘伯明、汤洪波3名航天员顺利返回地球。这是中国载人航天史上又一壮举，标志中国空间站建造任务再次向前迈出了一大步。

根据神舟十二号载人飞行任务总体安排，3名航天员在轨期间主要完成四个方面的工作：一是要开展核心舱组合体的日常管理，包括天和核心舱在轨测试、再生生保系统验证、机械臂测试与操作训练以及物资与废弃物管理等；二是要开展两次出舱活动及舱外作业，包括舱外服在轨转移、组装、测试，开展舱外工具箱的组装，全景摄像机抬升和扩展泵组的安装等工作；三是要开展空间科学实验和技术试验，进行空间应用任务实验设备的组装和测试，按程序开展空间应用、航天医学领域等实（试）验，以及有关科普教育活动；四是要进行航天员自身的健康管理，按计划开展日常的生活照料、身体锻炼，定期监测、维持与评估自身健康状态。

作为中国空间站阶段的首次载人飞行，神舟十二号载人飞行任务承上启下，十分关键。总体来看，神舟十二号载人飞行任务有四大特点，可为后续空间站建造及应用发展奠

图 5-8-15　我国空间站核心舱拍摄的即将与其自主快速对接的神舟十二号飞船

定坚实基础，积累宝贵经验。

一是进一步验证载人天地往返运输系统的功能性能。改进后的长征二号F遥十二运载火箭提高了可靠性和安全性；神舟十二号载人飞船新增了自主快速交会对接、径向交会对接和180天在轨停靠能力，改进了返回技术，进一步提高落点精度，还首次启用载人飞船应急救援任务模式。

二是全面验证航天员长期驻留保障技术。通过神舟十二号航天员乘组在轨工作生活3个月，考核验证再生生保系统、空间站物资补给、航天员健康管理等航天员长期太空飞行的各项保障技术。

三是在轨验证航天员与机械臂共同完成出舱活动及舱外操作的能力。航天员将在机械臂的支持下，首次开展较长时间的出舱活动，进行舱外的设备安装、维修维护等操作作业。

四是首次检验东风着陆场的搜索回收能力。着陆场从内蒙古四子王旗调整到东风着陆场，首次开启着陆场系统常态化应急待命搜救模式。

神舟十二号是当时我国研制的标准最高，各方面指标要求最严格的载人航天器，也是我国空间站任务阶段第一艘载人飞船。它完成了进一步的优化升级，把载人飞船的综合能力提升到新的阶段，实现了五个首次。

首次实施载人飞船自主快速交会对接。神舟十二号首次实施了载人自主快速对接，在空间站不断调整姿态的配合下，它就像是有着全自动驾驶功能的"超跑"，自主计算，自主判断到达目的地，最快能实现发射后6.5小时与空间站对接，而以前的神舟九号、神舟十号、神舟十一号载人飞船与天宫一号、天宫二号交会对接需要2天时间。

首次实施绕飞和径向交会。在此次任务中，神舟十二号的交会能力得到加强，具有更复杂的交会对接飞行模式，具备与空间站进行前向、后向、径向对接口对接和分离的功能，在本次任务中首次开展了绕飞和径向交会对接试验。

首次实现长期在轨停靠。神舟十二号实现了在轨停靠3个月。为适应空间站复杂构型和姿态带来的复杂外热流条件，科研团队对返回舱、推进发动机和贮箱等热控方案，船站并网供电方案进行了专项设计，使飞船具备了供电、热环境保障的适应性配套条件。

首次具备从不同高度轨道返回东风着陆场的能力。在神舟十二号之前，载人飞船都从固定的轨道返回地球。在空间站任务中，空间站为了节省推进剂的消耗，满足长期停靠的要求，轨道位置会随着不同时间节点而进行相应的调整。科研团队为此对返回轨道重新进行了适应性的设计，使载人飞船返回高度从固定值调整为相对范围，并改进返回的算法，提高载人飞船返回适应性和可靠性。

首次具备天地结合多重保障的应急救援能力。为了保证天上、地上都具有保护航天员生命，在紧急条件下接回航天员的能力，科研团队开创了天地结合的应急救援任务模式，即携带两艘飞船进场，由一艘船作为发射船的备份，作为遇到突发情况时航天员的生命救援之舟，采用"滚动待命"策略，在前一发载人飞船发射时，后一发载人飞船在发射场待命，并具备8.5天应急发射能力以实现太空救援的能力。

十三、神舟十三号

2021年10月16日，我国成功发射了载有翟志刚、王亚平、叶光富3名航天员的神舟十三号载人飞船。6.5小时后，神舟十三号通过全自主交会对接模式与天和核心舱—天舟二号—天舟三号货运飞船组合体首次进行径向交会对接获得成功。神舟十三号的3名航天员顺利进入了天和核心舱后进行了为期6个月的驻留，创造了中国航天员连续在轨飞行时长新纪录。2022年4月16日9时56分，神舟十三号飞船返回舱在东风着陆场成功着陆，3名航天员身体状态良好，神舟十三号载人飞行任务取得圆满成功。

这次神舟十三号载人飞行任务主要有五项，每项都顺利完成。

一是开展机械臂辅助舱段转位、手控遥操作等空间站组装建造关键技术试验。这是神舟十二号航天员没执行过的任务。开展机械臂辅助舱段转位试验是航天员操作机械臂控制天舟二号货运飞船，将其从前向对接位置转移至空间站两侧的停泊口，检验了机械臂辅助舱段转位的可行性和有效性，验证了空间站舱段转位技术和机械臂大负载操控技术，从而为以后发射两个实验舱与空间站对接后转接到停泊口做试验准备，这也是中国空间站的一个特色。手控遥操作试验是航天员首次在轨利用手控遥操作设备控制货运飞船与空间站进行交会对接，初步验证了空间站与来访飞行器手控遥操作系统的功能性能，为后续空间站在轨组装建造积累了宝贵经验。

二是进行了2次出舱活动，安装了大小机械臂双臂组合转接件及悬挂装置，为后续空间站建造任务做准备。

三是要进一步验证航天员在轨驻留6个月的健康、生活和工作保障技术。

四是进行航天医学、微重力物理领域等科学技术试验与应用，开展多样化科普教育活动。神舟十三号航天员乘组完成了20余项在轨科学实验，这些实验围绕航天员健康监测新技术，围绕科学新知识新发

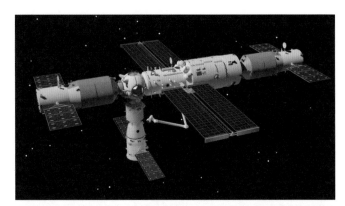

图 5-8-16　神舟十三号与天和核心舱径向交会对接示意图

现，围绕数据积累，完成了一系列创新研究。同时作为重要的太空科普教育基地，在空间站上开设了面向青少年的"天宫课堂"，由我国航天员担任"太空教师"，圆满完成了2次太空授课。

图 5-8-17　王亚平演示水球实验

五是全面考核工程各系统执行空间站任务的功能性能，以及系统间的匹配性与协调性。

为了完成五大任务，神舟十三号任务面临七大挑战，因为任务圆满完成，所以七大挑战也成为神舟十三号的七大亮点。

一是载人飞船不仅采用了自主快速交会对接的方式，还首次以径向方式停靠空间站。这项任务于发射当天就顺利完成了。

二是中国空间站实现了核心舱、2艘货运飞船、1艘载人飞船共4个飞行器组合运行。这项任务也已于发射当天实现，航天员进驻了核心舱，并按照天地同步作息制度进行了工作生活。

三是航天员首次在轨驻留了6个月。这项任务在航天员进入空间站后开始，一直到航天员乘神舟十三号飞船返回舱在东风着陆场成功着陆，平安返回。

四是中国女航天员王亚平首次进驻了中国空间站。王亚平进驻中国空间站后，于2021年11月7日成功实施出舱活动，成为中国太空行走"第一女"。

五是在神舟十二号任务的基础上，进一步开展了更多的空间科学实验与技术试验，产出高水平科学成果。

六是实施任务的飞船、火箭均在发射场直接由应急待命的备份状态转为发射状态。

七是载人飞船首次以快速返回模式返回地球。通过对飞行任务事件进行合理裁剪和调整、压缩操作时间，将返回所需时间由以往的11个飞行圈次压缩至5个飞行圈次。实施快速返回，进一步提高了返回任务执行效率，缩短地面飞控实施时间，提高了航天员返回舒适度。

神舟十三号载人飞船飞行任务的圆满成功，标志着我国空间站关键技术验证阶段任务圆满收官，进入空间站建造阶段。

十四、神舟十四号

2022年6月5日10时44分，我国用长征二号F遥十四运载火箭成功把载有陈冬、刘洋、蔡旭哲3名航天员的神舟十四号载人飞船送入预定轨道。神舟十四号飞船采用自主快速交会对接模式，经过6次自主变轨，于6月5日17时42分，成功对接于天和核心舱径向端口。在轨驻留期间，神舟十四号飞行乘组3名航天员先后迎来空间站两个实验舱以及天舟五号货运飞船、神舟十五号载人飞船的来访对接，并与神舟十五号飞行乘组进行在轨轮换，于12月4日返回东风着陆场。至此，中国空间站正式开启长期有人驻留模式。

神舟十四号载人飞行任务是空间站建造阶段第二次飞行任务，也是该阶段首次载人飞行任务。在神舟十四号飞行任务期间，我国全面完成了以天和核心舱、问天实验舱和梦天实验舱为基本构型的天宫空间站的建造，建成国家太空实验室。

为此，神舟十四号乘组和地面配合完成了两个实验舱与核心舱的交会对接和转位；配合地面开展了两舱组合体、三舱组合体、大小机械臂、气闸舱出舱等相关功能的测试工作；首次进驻问天实验舱和梦天实验舱来完成载人环境的建立；首次利用位于问天实验舱的气闸舱实施了2～3次出舱活动；完成了问天实验舱和梦天实验舱十余个科学实验机柜解锁、安装；继续开展了"天宫课堂"太空授课及其他公益活动；开展在轨健康监测与检查、防护锻炼、在轨训练与演练，以及大量空间站平台巡检测试、设备维护、维修验证、物资管理和站务管理等工作。

十五、神舟十五号

2022年11月29日23时8分，我国用长征二号F遥十五运载火箭成功把载有费俊龙、邓清明、张陆3名航天员的神舟十五号载人飞船送入预定轨道。本次任务的主要目的为：验证空间站支持乘组轮换能力，实现航天员乘组首次在轨轮换；开展空间站舱内外设备及空间应用任务相关设施设备的安装与调试，进行空间科学实验与技术试验；进行空间站日常的维护维修；验证空间站三舱组合体常态化运行模式；等等。

神舟十五号载人飞船入轨后，采用自主快速交会对接模式，于11月30日5时42分对接于天和核心舱前向端口，形成三舱三船的组合体。11月30日7时33分，3名航天员进入空间站。

图5-8-18　神舟十五号乘组在飞船模拟器内训练

在轨驻留期间，神舟十五号航天员乘组迎来了天舟六号货运飞船、神舟十六号载人飞船的来访对接，并于2023年6月4日返回东风着陆场。

神舟十五号飞船是我国空间站建造阶段发射的最后一艘载人飞船，也是空间站T字构型搭建后首艘来访的载人飞船。这是我国载人航天工程立项实施以来的第27次飞行任务，也是进入空间站阶段后的第4次载人飞行任务。神舟十五号发射成功标志着空间站关键技术验证和建造阶段规划的12次发射任务全部圆满完成。

神舟十五号安全到达中国空间站，标志着中国空间站首次建成了三舱三船最大构型，首次实现两艘载人飞船同时在站，首次实现6名中国航天员同时在轨驻留，首次实现航天员乘组的在轨轮换。这也将是未来中国空间站运营期间主要的任务交接模式，与地面交接相比更加高效可靠。2023年空间站进入应用发展阶段，神舟十五号飞

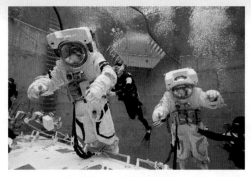

图 5-8-19　神舟十五号乘组进行水下训练

行任务是中国空间站建造阶段的最后一棒，也是空间站应用与发展阶段的第一棒。所以，本次任务具有承上启下的重要意义，向全世界展现了中国航天的能力。

第九节　飞船返回

载人飞船返回地面不是一件容易的事，它要由逃逸救生系统、乘员系统、测控与通信系统和返回着陆系统等多个系统共同完成，技术较为复杂。

一、四个阶段

飞船返回地面是飞船脱离原来的飞行轨道，沿一条下降的轨道再入地球大气层，并通过各种措施减速，安全降落到地面上的过程。神舟系列飞船的返回可分为以下四个阶段。

第一阶段是制动减速阶段。要使飞船返回地面，必须降低飞船的飞行速度，改变飞行方向，使其脱离原来的飞行轨道，进入下降飞行的轨道。

具体过程是，飞船在太空中运行最后一圈时，地面向飞船发出指令，使飞船调整姿态，相对前进方向向左偏航（逆时针转）90°，变成横向飞行状态，这是第一次调整姿态；紧接着，飞船的轨道舱与返回舱以1～2米/秒的相对速度成功分离；然后，返回舱与推进舱组合体再向逆时针方向转90°，使推进舱朝前，这是第二次调整姿态；此时飞船推进舱上的发动机点火工作，使组合体降低速度；制动结束后，组合体顺利进入返回轨道。

第二阶段是自由滑行阶段。进入返回轨道后，返回舱与推进舱组合体以无动力飞行状态自由下降。当返回舱与推进舱组合体高度降至距离地面145千米时，推进舱和返回舱分

离，推进舱在大气层中烧毁，返回舱继续下降，并消除由于两舱分离时产生的返回舱姿态分离干扰，建立正确的再入姿态角（速度方向与当地水平面的夹角），准备再入大气层。这个角度必须精确地控制在一定的范围内，一般为1.5°~1.7°。因为如果返回舱的再入姿态角太大，返回舱在再入大气层时会由于速度太快，而使最大过载超标，航天员身体承受不了，返回舱甚至会像流星一样在大气层中烧毁；如果再入姿态角

图 5-9-1　轨道舱与返回舱分离示意图

太小，返回舱会从大气层边缘擦过，无法返回。

在推进舱和返回舱分离以后，返回舱会利用自身装配的发动机进行姿态调整，变成大底朝前的飞行状态。这样一来，返回舱在穿越大气层时会产生一定的升力，因而能够对飞行轨迹进行一定控制，从而保证落点准确度较高，对航天员的过载冲击也比较小。不仅返回舱要采用舒适的返回姿势，航天员也要以几乎与大底平行的角度在座椅中"平躺"，选择这样的姿势返回，是为了更好缓解飞船减速过程中形成的冲击，从而给航天员带来更多保护。

第三阶段是再入大气层阶段。飞船的返回舱在距离地面100千米时开始再入大气层。在距离地面80千米时，返回舱进入"黑障"区，返回舱暂时与地面失去联系，直到在距离地球约40千米处时出"黑障"区，返回舱与地面的联系又恢复了。在再入大气层的过程中，从再入大气层到距离地球20千米高度期间，返回舱通过对返回舱侧倾角的调整变化（配平迎角约为20°）来实现返回升力控制，使返回舱的过载不大于4g，而且可以比较精确地返回到着陆场。飞行高度约为20千米时，返回舱升力控制结束。

基于动态适应和天基测控，目前我国返回舱返回过程中以升力式作为返回手段，以预测制导作为控制方案，这样可以对运动姿态进行自主调整，特别是在以往返回任务中最惊心动魄的穿越大气层"黑障"阶段，返回舱的安全性和可控性可得到大幅提升。采用预测制导的自适应控制方案，能够使返回舱返回在"黑障"过程中辨识空间环境对它的影响，实时制定出新的升力控制的策略。通过预测制导的方案，既可以保证人员着陆的精度，又可以保证整个过程的安全性。

第四阶段是回收着陆阶段。在返回舱距地面10千米左右时，返回舱上的静压高度控制器通过测量大气压力自动判定所处高度，回收着陆系统开始工作。返回舱先打开伞舱盖，然后依次拉开引导伞、减速伞和主降落伞。其中减速伞把返回舱的速度从200米/秒减至60~70米/秒；在返回舱距离地球8千米时，打开主降落伞，把返回舱的速度由60~70米/秒

减至5~6米/秒。返回舱降到距地面约6千米时，主降落伞与返回舱的连接由单点倾斜吊挂转换成两点垂直吊挂，以便返回舱着陆时缓冲装置能够更好地发挥缓冲作用；返回舱降到距地面约6千米时抛掉了返回舱的防热大底，以便露出返回舱底部的反推发动机。在距地面1米左右时，返回舱底部的4台反推发动机点火，使返回舱以大约3米/秒的速度软着陆，同时通过返回舱底部吸能外壳、减振材料和座椅缓冲机构组成的减振系统来吸收能量，保证航天员安全着陆。

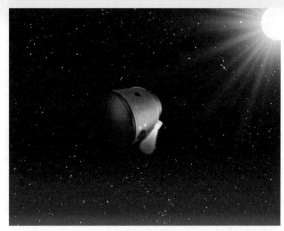

图 5-9-2　返回舱调整姿态示意图

二、快速返回

神舟十三号飞船之前的所有神舟系列载人飞船返回的过程都超过24小时，而神舟十三号首次采用了快速返回技术，载人飞船与在轨航天器分离之后返回东风着陆场，用时在几小时之内就可以完成，进一步提升了航天员舒适性及任务实施效率。其制动、再入过程一样，只是把在此之前的飞行（与在轨航天器分离后）的飞行程序压缩了，把原来绕地球11圈要做的工作在5圈里做完。

制定5圈快速返回的方案就是把返回的可控制流程进行调整，在不改变整个团队的软硬件的情况下，通过优化地面的流程来实现。神舟十三号的返回任务与神舟十二号返回任务的主要区别在于飞控模式上有所改进，但是具体的返回过程是没有变化的。

快速返回的初衷是因为常规是按照一天的返回时间给航天员预留的，这项技术指标虽然符合要求，但一天的飞行时间其实也是很长的，特别是航天员在停靠6个月后，航天员从空间站比较宽敞的空间到飞船比较狭小的空间，而且还要飞行一天，在舒适度上比较差，为此优化了神舟十三号的返回流程。

优化流程体现在原来返回任务串行执行的改为并行执行，比如组合体分离准备和组合体分离是组合体期间进行的事，组合体分离之后才进行返回的事，而神舟十三号是把组合体分离后的一部分事情，如轨道的测定等，挪到组合体分离前，就可以减少一些时间。再比如分离后标定、轨道维持这些工作，原来是一圈只完成一件事，完成这项工作需要两圈，但神舟十三号可以把这两件事放在一圈里边同时进行，这样就减少了一圈的飞行。

飞船返回舱安全着陆后，为保证地面搜救系统及时搜索到返回地面的返回舱，除布设一定数量的雷达跟踪测量返回舱轨道并预报落点位置外，返回舱上的自主标位设备在着陆后会立刻开始工作，指示自己所在位置，以使搜索救援系统及时发现目标。为方便夜间寻找返回舱，飞船返回舱的"肩部"位置还装有闪光灯，直升机据此能在夜间发现返回舱。一旦发生意外，返回舱落在茫茫大海里，返回舱底部装的海水染色剂会缓慢释放，将附近水面染成亮绿色，为飞机和救捞船提供引导，持续时间可达4小时。

另外，为了能快速且准确地找到返回舱，确保整个任务的成功和航天员的生命安全，航天五院新研制了国际救援示位标，它集定位信息获取、数据处理、编码调制发射于一体，具有高定位准确性，可实现紧急状态下救援的可靠性和实效性。返回舱落地后，国际救援示位标会发射无线电信标信号，犹如大海中明亮的灯塔指引着方向。这种信标信号符合国际通用标准，能够被遍布世界各地的全球海事卫星搜救系统所识别，从而确保搜救人员能够快速找到返回舱。

三、着陆场

在返回舱着陆过程中，着陆场系统发挥着重要作用，该系统负责飞船返回舱的返回测量、搜索寻找和航天员的营救。

着陆场的选择涉及许多技术和社会问题，因为选择着陆场不仅要考虑发射场的位置、运行轨道倾角和高度、返回制动点位置、返回舱返回轨道和航天员的安全等，还与我国经度纬度覆盖范围、大陆的地形地貌地质、平原与山川的分布、海洋与国界的分布、气象、交通、陆上着陆海上溅落的搜救能力等极为相关。

1992年1月8日，党中央作出决定，进行我国载人航天工程的技术经济可行性论证工作，其中的测控通信系统与着陆场系统的论证工作交给了当时还在洛阳的跟踪与通信技术研究所。

我国载人航天着陆场的选择是在1992年3月到1996年10月期间进行的，从河北的衡水地区到河南的中原地带，从内蒙古中部的四子王旗

图5-9-3　神舟十二号飞船返回舱在东风着陆场着陆

到河套的鄂尔多斯，从内蒙古西部的额济纳旗到东部的通辽地区，从敦煌到塞北阿克赛罗泊坡，从黄泛区到硬戈壁，从平原到草原，跨越巴丹吉林沙漠、浑善达克沙漠、毛乌素沙漠、科尔沁沙地，穿过大青山、祁连山、贺兰山、桌子山等，经过7次勘测，空勘飞行23个架次，跨越22 600多平方千米，地勘行程27 200多千米，结合大量的轨道计算和优化调整，考虑到气象相关性小、地势平坦开阔、返回机会多，测控设备可充分利用等因素，我国最终选择了内蒙古中部四子王旗地区作为载人航天工程主着陆场，又选择了距离主着陆场1000千米的酒泉卫星发射中心东南部地区为副着陆场，也叫东风着陆场。

主着陆场位于内蒙古乌兰察布市的阴山山脉大青山北麓，穿过赛汉塔拉的集宁—二连浩特铁路线以西，四子王旗旗府以北，国境线以南地区，地势南高北低并逐渐向西北倾斜，海拔1000～1200米，平坦开阔，属沙质草原。场区东西宽约370千米，南北长约230千米，根据任务需要，从中可以选出几块区域作为着陆区。区内有几条时令河，湖泊小而少，平时几乎无水。该区属中温带大陆性气候，干燥、少雨、多风，昼夜温差大。这种地势地貌十分适合作为着陆场。

副着陆场位于内蒙古阿拉善盟额济纳旗的中南部地区，即弱水河以东，额济纳旗旗府以南，场区的南部是巴丹吉林沙漠的一条小沙带，东部渐渐进入巴丹吉林沙漠，副场的理论瞄准点位于载人航天发射场的东南方向。场区东西平均宽约120千米，

图 5-9-4　空中俯瞰神舟十三号返回舱

南北长约190千米，从中可以选出几块区域作为着陆区。该地区属温带干旱荒漠气候，冬季干冷，夏季炎热，少雨，多风。该区域恰好处在升轨返回主着陆场的途中，如果主着陆场气象条件不好，可选择落在副着陆场。

从神舟十二号起，我国神舟系列飞船的返回舱不再在过去常用的四子王旗主着陆场着陆，而是在副着陆场着陆，这是因为我国载人航天工程起步的时候，只研制了神舟系列飞船一种航天器。飞船的独立飞行时间只有7天，这种情况下需要设置主、副两个着陆场。我国进入载人空间站阶段后，飞船大多数时间停靠在空间站上面，如果着陆场天气不好，可以让飞船晚点返回，所以就不分设主、副两个着陆场了。另外，在空间站任务中，空间站的轨道高度会随着时间节点变化，为了降低空间站推进剂的消耗，不会为了飞船返回而调整空间站的轨道，因此飞船再入点不再是固定的了。东风着陆场的面积是原主着陆场的10

倍，选择在东西跨度更大的东风着陆场着陆，返回机会多，有助于提升着陆的成功率。此外，科研人员对返回轨道重新进行了适应性设计，使载人飞船返回高度从固定值调整为相对范围，并改进返回算法，提高了载人飞船返回适应性和可靠性。

图 5-9-5　东风着陆场

空间站计划在轨运营至少10年，需要一支常态化应急待命搜救力量。东风着陆场离酒泉卫星发射中心比较近，在这里着陆能更好地依托酒泉卫星发射中心的人力资源和众多的测控、通信、气象、医疗、运输以及各种后勤保障设施，充分利用多个有利条件。所以，只需要组建一支小规模的专业搜救力量，就可以形成强大的搜救能力。从系统建设上来讲，在东风着陆场着陆，经费投入更少，维持效果更好，并且可以随时形成强大的搜救能力。

不过，由于东风着陆场位于沙漠和戈壁上，有山地等高凸或坑洼的地形，所以搜索救援难度也比较高。

在返回舱着陆过程之中和着陆之后，地面搜救工作举足轻重。目前，我国一般采用"空中搜救航天员，地面处置返回舱"的模式，这样可以实现"快速定位、快速到达、安全出舱"。因此，着陆场搜救通常包括空中搜索和地面搜索救援回收两个部分。

返回舱出"黑障"后，直升机根据搜救指挥所给出的返回舱着陆点预报，利用机载定向仪搜索返回舱，利用超短波通信设备与航天员通话；返回舱抛防热大底后，直升机按照定向仪指示接近返回舱，确认发现目标后立即报告并降落至返回着陆现场，如果返回舱落入危险地段，直升机需将返回舱吊至易于操作的地方，按预定程序开展现场前期处置，同时引导地面车辆向着陆点前进。航天员还可以用卫星电话与北京搜救指挥室通话。

图 5-9-6　救援直升机

在直升机搜救航天员的任务完成后，返回舱的处理和运送任务就交给由指挥调度车、工程运输车、航天员运输车、返回舱吊车和载荷运输车等特种车辆组成的地面搜索回收车队，他们负责现场返回舱后续处置和回收，按预定程序进行现场相关处置，将返回舱和有效载荷运至附近火车站，经铁路转运北京。

四、医监医保

在返回舱着陆后，搜救队会第一时间来到返回舱边。搜救队通过服装颜色区分工作种类，红色工作服是着陆场系统的搜救人员，白色工作服是航天员系统的医学监督与医学保障（简称医监医保）人员，蓝色工作服是飞船系统的返回舱处置人员。

返回舱着陆后，搜救人员并不会立即打开返回舱协助航天员出舱。一般先由返回舱处置人员先检查返回舱，包括反推发动机推进剂是否有残留，用特制的防护盖屏蔽返回舱底部的高度计辐射源以防止辐射对救援人员带来危害等。接着，打开返回舱舱门，医监医保人员进入返回舱，对航天员健康状况进行初步的医学检查和确认，在返回舱内协助航天员初步对地面重力进行再适应，包括肢体运动、逐步站立适应、补充饮用水和营养液。航天员出舱后，返回舱处置人员还需要对返回舱再次进行安全处理，首先关闭返回舱电源，取出火工品备用单元，然后卸下高度计辐射源后存储于专用保护容器内等。

航天员着陆后需在舱内用一段时间来适应地面重力环境。适应之后，航天员在工作人员协助下出舱，并且出舱后所有活动全部采取坐位，以确保航天员安全。这是因为航天员长期在失重环境中生活和工作后，会出现骨质疏松、肌肉萎缩和立位耐力差等问题，如果自己站立行走容易摔倒甚至骨折。返回地面

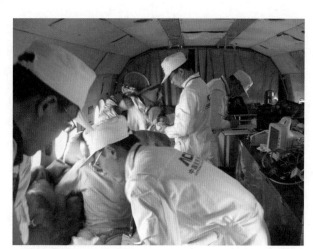

图 5-9-7　在着陆场执行医监医保任务的航天员医生

初期，现场人员应避免与航天员用力拥抱，更不能因兴奋而向空中抛掷航天员。

此后，在医监医保直升机或医监医保车内，医监医保人员协助航天员脱下航天服，进行卫生清洁，更换内衣；对航天员进行体检，采集样本，收集生理数据；评价航天员的健康状况，给予必要的医监医保处置；送航天员登机并全程陪护。

回到北京后，航天员要进行身体恢复，一般分为医学隔离期、医学疗养期和恢复疗养期三个阶段。

医学隔离期约为4～5周。航天员在公寓内适应地球重力环境，提高心血管系统和支持运动器官功能，提高立位耐力，消除飞行后的疲劳。在隔离期内，航天员医生要对航天员实施医学检查，包括临床各科常规检查、立位耐力检查、平衡功能检查、人体成分分析、

心血管调节与控制功能、人体功能状态检测等。重要检查项目要进行动态跟踪，实行检查与体质训练、恢复相结合，按照循序渐进的原则逐渐增大负荷。可以适当为航天员安排一些平衡训练、步行训练、医疗体操游泳、手法放松等。根据临床医学检查、生理功能检查结果，航天员医生要对航天员健康状况进行综合分析和评估，以指导后续的恢复措施。在这期间，航天员与外界基本隔绝。

医学疗养期为4～5周。航天员将入住疗养院，在继续恢复健康的同时逐渐增加活动量。可安排航天员康复疗养，以进一步增强航天员体质，加强生理机能储备，提高防病抗病的能力。在疗养院可安排景观治疗、体能锻炼等恢复措施。

恢复疗养期大约4个月。在这期间，要将航天员各项生理参数恢复到飞行前的状态。之后，航天员如果身体情况良好，就可开始正常的日常训练。

五、包伞技术

我国神舟系列飞船返回舱的主降落伞伞衣面积达1200平方米，若在地面平铺开来，大约可覆盖3个篮球场，降落伞全部拉直，总长度超过足球场的长度，但包装后的体积还不到0.18立方米。主降落伞的规格，主要取决于返回舱的回收质量和下降速度等因素。伞衣面积与回收质量成正比，神舟系列飞船返回舱的质量约3吨，所以伞衣面积较大。

别看神舟系列飞船主伞是个庞然大物，体态却十分轻盈，质量不到100千克，收拢后装进伞包内的体积还不到200升，可以塞进普通的家用冰箱。不过，软软的降落伞可不是随意团起来放在返回舱里，而是整齐有序地叠在伞包中的。这就涉及了一项听起来简单、却有着很高技术含量的工作——包伞。

按专业说法，包伞就是将降落伞的伞衣、伞绳和连接吊带等部件装进伞包内，使之保持一定的几何形状，并保证伞衣等部件在工作前不受气流吹袭和不与其他物体钩挂，在工作时则要保证按预定程序开包工作。整个包伞流程有几十道工序，每道工序都万无一失，才能把1200平方米的巨伞装进不到200升的伞包。而其中最关键的有这样三步。

一是梳理伞绳。生活中，我们一般都有过这样的经历：我们包里的耳机线经常会乱作一团，花好长时间才能解开。两根耳机线缠在一起就如此难解，神舟飞船主降落伞伞绳有96根，伞绳长将近50米。为了将这些又长又多的伞绳理顺，航天科技集团五院的研制人员发明了很多"绝招"。首先，伞绳采用特殊材料制成，表面光滑，本身就不容易打结。其次，操作人员会用一种叫梳绳夹的工具，将伞绳按照编号顺序依次排列进梳绳夹内，从头埋到尾，就像在做一种超级长的"拉面"。梳理之后的伞绳就可以整齐有序地排列在伞包内，保证了伞绳拉出时不打结不缠绕。

二是装填伞衣。把伞衣装填进伞包时，需要三个人同时操作，一人为主，两人为辅。伞衣折叠后和卷起来的棉被一样粗，装填进伞包既要均匀有序，又要充实饱满，不留空

图 5-9-8 操作人员包主伞时仔细梳理伞绳

隙，这力度的控制全靠包伞人员的双手。压实伞衣时，用拳、用掌还是用手指，要根据伞衣在伞包中的位置灵活使用，不能蛮干，否则会损伤伞衣，一定要用巧劲。看似"信手拈来"，实则是多年包伞工作的经验积累。只靠人的双手，很难将降落伞全部装填进伞包中，还需要用15吨的压力将伞衣、伞绳和连接吊带等部件压进伞包内。15吨大约是两头大象的体重。操作人员使用"钢铁大象"——压力包伞机将底层伞衣压实后，再继续手工装填。反复数次，降落伞便全部被装进伞包内。

三是封包，成败就在一瞬间。伞衣伞绳全部装填进伞包后，需要将伞包的口封住，这就是封包。由于伞衣伞绳是在压力包伞机的巨大压力下塞进伞包内部的，当包伞机压力撤除，伞包内压实的伞衣伞绳也会随压力减小而膨胀。因此，封包就需要在压力解除但伞衣还未来得及膨胀的一瞬间进行。这就需要两名操作人员同时抽紧封包绳，两人力量均等且同步，慢慢收紧封包绳。围成的绳环大小到达规定尺寸后，第三名操作人员系紧封包绳即可。

第十节 天宫一号

2011年9月29日21时16分3秒，我国长征二号FT1运载火箭携带天宫一号目标飞行器升空。21时25分45秒，天宫一号目标飞行器准确进入近地点200千米、远地点346千米、倾角42.7°的预定轨道。9月30日1时58分，天宫一号在轨运行至第4圈实施了第一次变轨，将远地点高度由346千米提升到355千米。9月30日16时9分，天宫一号在轨运行至第13圈实施了第二次变轨，将近地点高度由200千米提升至约362千米。经过这2次变轨，天宫一号已从入轨时的椭圆轨道进入近圆轨道，为后续进入交会对接轨道奠定了基础。

一、任务概述

发射天宫一号的主要目的是把它作为空间交会对接的目标，与此后陆续发射的神舟八号、神舟九号和神舟十号飞船分别交会对接，共同完成航天器空间交会对接飞行试验，使我国突破和掌握空间交会对接技术。另外，它还将成为长期自主飞行、短期有人照料的简易空间实验室，进行航天员空间驻留试验，以及组合体运行控制、载人空间站关键技术验证，进行对地遥感、空间环境和空间物理探测、空间科学实验、航天医学实验及空间技术试验等。

图 5-10-1 天宫一号目标飞行器进行振动试验

天宫一号主要担负四个任务：一是作为交会对接的目标，与飞船配合完成空间的交会对接任务，这是天宫一号的主任务。二是实现飞船和天宫一号对接完成后组合体的控制和管理。对接以后，组合体由天宫一号全面控制，如姿态、轨道的控制，能源、信息、热环境控制，舱内的大气环境统一的控制，包括温度、湿度、舱压、氧气等载人环境，都由天宫一号来统一控制。三是实现航天员的在轨驻留、生活和工作，为航天员提供在组合体内工作生活所需的基本条件，开展相关的实验，主要包括几大类：空间科学实验、航天医学实验、再生式生命保障实验等。四是进行空间技术试验，为未来空间站的建造进行先期的技术验证。

2011年11月3日，天宫一号与神舟八号实现中国首次空间飞行器自动交会对接，形成组合体。2011年11月17日，天宫一号与神舟八号组合体分离，天宫一号转入长期运行管理模式，完成对接任务。2012年6月18日，天宫一号与神舟九号实现自动交会对接，形成组合体。2012年6月28日，天宫一号与神舟九号组合体分离，完成与神舟九号对接任务。2013年6月13日，天宫一号与神舟十号实现自动交会对接，两飞行器建立刚性连接，形成组合体。2013年6月25日，神舟十号与天宫一号组合体成功分离，飞船从天宫一号目标飞行器上方绕飞至其后方，并完成近距离交会。2013年6月25日，神舟十号自动撤离天宫一号，完成对接任务。2016年3月16日，天宫一号正式终止数据服务，全面完成了历史使命。2018年4月2日，天宫一号再入大气层，再入落区位于南太平洋中部区域，绝大部分器件在再入大气层过程中被烧蚀销毁，少量残骸陨落在南太平洋无人海域。

二、主要亮点

天宫一号目标飞行器出实验舱和资源舱组成，实验舱可满足3名航天员在舱内工作和生活需要，资源舱负责提供动力和能源。

天宫一号实验舱前端安装了通信设备、交会测量设备和对接机构，这是天宫一号与飞船联通的关键所在，用于支持与载人飞船实现交会对接。天宫一号与飞船对接后，对接机构可以形成直径0.8米的密封转移通道与密封舱相连。通信设备采用了空–空通信机，交会测量设备主要包括全球卫星导航设备、微波雷达、激光雷达、光学成像敏感器、乘员光学瞄准器等。

　　天宫一号的实验舱直径为3.35米，包括前锥段、圆柱段和后锥段，是目标飞行器的控制舱，也是航天员的工作舱和生活舱，由密封舱和非密封舱两部分组成。前锥段、圆柱段是密封舱，可保证航天员生存条件，能提供舱压、温湿度、气体成分等航天员的基本生存条件，用于航天员驻留期间在轨生活和工作，可满足3名航天员在舱内短期工作和生活需要。后锥段为非密封舱，装有用于对地观测的遥感设备。它的内部四壁都是机柜，里面全都是

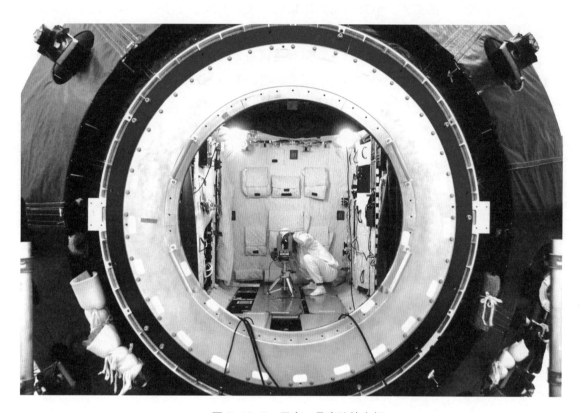

图 5–10–2　天宫一号实验舱内部

设备，有操作台、仪表板、有照明设备，也有生活用品，还布置了航天员休息的小舱室。布置完设备以后，中间有一个2.2米高、1.8米宽、4米长的通道，是航天员活动、工作和生活的场所。

　　航天员生活的实验舱也是飞行器运行的核心舱，里面有很多电子设备。对此，设计师采取"藏"的策略，把航天员用不着的东西都布置在面板里面，看不着也摸不着。这样不仅能给航天员创造一个整洁的环境，同时也避免了航天员与设备的意外接触，影响设备正常工作。暴露在外面的设备也能保证安全，都采用了圆角的设计，以避免航天员与设备之

间的磕碰。

天宫一号的资源舱为直筒构型非密封舱段，直径为2.25米。它与神舟系列飞船推进舱类似，舱外安装了由一对4块太阳能电池板组成的太阳翼以及直径约1米的中继卫星天线。舱内主要装有推进剂贮箱、镍氢蓄电池以及环境控制气瓶等设备，以及姿态控制系统的6个控制力矩陀螺等。首次应用的低轨长寿命高充放电倍率镍氢电池组拥有自主知识产权。整个电源分系统质量比飞船减轻了40%，一年充放电可达5500次，充放电效能高达70%。尾部和侧壁装有2台490千牛轨控发动机（还有4台150牛备用发动机）和多台姿控发动机等装置，为天宫一号提供能源和动力，进行姿态控制、变轨和制动。

天宫一号有三大亮点：一是目标飞行器和载人飞船的成本差不多，但可支持多次交会对接，减少发射次数，要进行N次交会对接，发射N+1次就可以。二是它具备人的访问、工作、生活的支持能力，在飞船和目标飞行器对接以后，人能进入目标飞行器里，在里面生活和工作一段时间，还可进行科学实验。三是可以验证空间站的一些技术，包括空间的平台技术、生保技术等，为未来空间站的研制打下比较好的基础。

第十一节　天宫二号

2016年9月15日22时4分，搭载着天宫二号空间实验室的长征二号FT2运载火箭在酒泉卫星发射中心升空。天宫二号是我国第一个真正意义上的空间实验室，全长10.4米，最大直径3.35米，太阳翼展宽约18.4米，重8.6吨，采用实验舱和资源舱两舱式构型，设计在轨寿命不小于2年。它陆续与神舟十一号载人飞船、天舟一号货运飞船进行了交会对接，承担着验证空间站相关技术的重要使命。

一、任务概述

天宫二号空间实验室是我国载人航天第二步第二阶段任务中第一个升空的航天器，主要完成三个任务：一是接受神舟十一号载人飞船的访问，完成航天员30天的中期在轨驻留任务，考核面向长期飞行的乘员生活、健康和工作保障等相关技术。二是接受我国首艘货运飞船天舟一号的访问，考核验证推进剂在轨补加技术，是我国第一个具备太空补加功能的载人航天器。三是开展大规模空间科学和应用实验，以及在轨维修和空间站技术验证等试验。

天宫二号空间实验室是在天宫一号目标飞行器基础上研制的航天器，它们外形相同，但却承担着不同的任务。天宫一号作为目标飞行器，主要是和载人飞船配合完成空间交会对接试验任务。天宫二号空间实验室是我国首个具备补加功能的载人航天科学实验空间实验室，实现了多项"首次"验证：首次在393千米高轨道自主飞行和交会对接；首次进行推进剂在轨补加任务；首次与载人飞船和货运飞船两种飞行器交会对接和组合体控制；首次在一艘载人飞船支持下实现2人30天中期驻留任务；首次开展人机协同的太空维修技术验证；首次开展大量国际先进的在轨试验。

发射天宫二号是全面完成我国空间实验室阶段任务的关键之战，为我国后续空间站建造和运营奠定了坚实基础、积累宝贵经验，对推进我国载人航天事业持续发展具有十分重要的意义。其任务完成过程如下：2016年9月15日天宫二号升空后，于2016年9月16日实施了两次轨道控制，进入在轨测试轨道；2016年10月19日，天宫二号与神舟十一号完成自动交会对接，形成组合体，神舟十一号航天员入驻；2016年10月23日，天宫二号释放伴飞小卫星；2016年11月17日，天宫二号与神舟十一号实施分离，完成快速变轨控制验证试验；2017年4月22日，天宫二号与天舟一号完成对接任务，形成组合体；2017年4月27日，天宫二号与天舟一号完成首次推进剂在轨补加试验工作；2017年6月19日，天宫二号与天舟一号完成绕飞以及第二次交会对接试验工作；2017年6月21日，天宫二号与天舟一号组合体分离；2017年9月12日，天宫二号与天舟一号完成自主快速交会试验任务；2019年7月16日，天宫二号终止数据服务；2019年7月19日，天宫二号受控离轨并再入大气层，绝大部分器件被烧蚀销毁，少量残骸落入南太平洋预定安全海域。

二、主要亮点

天宫二号空间实验室是在天宫一号目标飞行器备份产品的基础上改进研制而成的。与天宫一号相比，天宫二号在外形、结构、尺寸、质量上基本没有变化，但是由于天宫二号执行的航天任务比天宫一号有很大的变化，所以其"内心"有明显的不同，科研人员围绕其三个任务开展了很多新的设计工作。可以说，天宫二号比天宫一号"飞得更高、实验更多、时间更长"。

1. 宜居装修

神舟十一号在2016年10月与天宫二号对接后，航天员在天宫二号驻留30天，加上独立飞行3天，总飞行时间从神舟十号的15天增加到33天，这是我国当时持续时间最长的一次载人飞行任务。为了满足航天员中期驻留需要，天宫二号的载人宜居环境做了重大改善，或称进行了"精装修"，以具备支持2名航天员在轨工作、生活30天的能力。航天专家对系统开展了宜居环境设计，集成了内部装饰、舱内活动空间规划、视觉环境与照明、废弃物处理、物品管理、无线通话等宜居技术，改善了就餐和睡眠环境，增加了锻炼设备和娱乐设施，改进了内饰，新增了硬制的、软制的扶手等，为航天员提供了舒适、人性化的空间家居环境。这些变化可以使航天员驻留期间的生活和工作更加舒适、更加便利、更加丰富多彩。

图 5-11-1　神舟十一号航天员陈冬在天宫二号内用自行车功量计进行锻炼

2. 技术试验

空间站是长期在轨飞行的，其上的推进剂会不断消耗，所以要定期进行补加。天宫二号的任务之一就是要掌握这项技术，即通过和货运飞船交会对接，把货运飞船的推进剂补加到天宫二号上。这个技术难度还是比较大。为了满足推进剂补加验证试验需要，天宫二号推进分系统进行了适应性改造，增加了推进剂补加系统，配置了压气机等设备，采用全新的储箱设计。它与货运飞船首次应用推进剂在轨补加技术，使我国成为继俄罗斯之后第二个在轨应用补加技术的国家，技术研究成果可直接应用于后续空间站工程。天宫一号上天时携带的推进剂足足有1吨多。由于可以在轨补加推进剂，所以天宫二号只加了半箱"油"，节省的质量可以携带更多的载荷产品和航天员的生活物资。

为了后续空间站的建设，这次飞行任务安排了在轨维修技术验证和机械臂维修操作验证系统，对空间站的维修体系进行全面验证。因为将来空间站在轨飞行时间更长，很多东西需要进行维修、更换，所以天宫二号配备了在轨维修技术验证装置、机械臂操作终端在轨维修试验设备，专门搭建了一个在轨维修的一套验证系统。例如，首次搭建了由机、电、液等组成的液体回路验证系统，用于验证空间站维修技术；首次搭载了机械臂操作终端试验器，开展我国人机协同太空在轨维修试验，为以后空间站任务提供技术储备。值得一提的是，天宫二号的系统设计是模块化的，也就是说它出现问题时可以快速更换有问题的模块和在轨维修，这在国内空间领域属于首创。

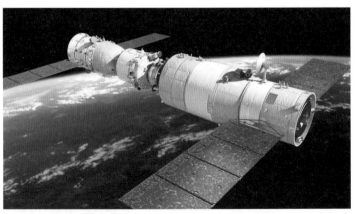

图 5-11-2　天宫二号与神舟十一号对接成组合体后在轨飞行示意图

3. 空气净化

航天五院研制的在轨有害气体检测装置在天宫二号上担负起舱内"环保卫士"的任务，舱内气体进入检测装置后，检测装置便能快速完成气体成分和浓度的检测，为空间实验室的环境安全保驾护航。在轨有害气体检测装置采用一种全新的气体检测方式，即通过宽光谱分析技术对多种气体成分实现同时测量。它可以采集到二氧化碳、一氧化碳、甲烷、氨气、苯、甲苯、硫化氢、甲醇、乙醇、二氯甲烷共十种有害气体的测量数据，与常规的居室环境检测仪相比，不但测试种类多，而且灵敏度更高。

在航天员入住舱内前，在轨有害气体检测装置先要对舱内空气质量进行检测。一旦有害气体的浓度超标，它就会发出警报，开启空气净化系统。实验舱内空气得到过滤净化后，航天员便可以放心入住。航天员入住期间，在轨有害气体检测装置会定期检查舱内的空气质量，为航天员生活环境的安全提供持续保障。

在轨有害气体检测装置研制任务的完成，是航天五院空间光学遥感专家进军载人航天领域的一个突破，2011年升空的天宫一号目标飞行器上曾首次应用了该所研制的此类装置。此类装置只有2年的设计寿命，但天宫一号在轨有害气体检测装置在轨工作了将近4年半，超额完成了预定任务。为天宫二号空间实验室"值勤"的"环保卫士"和它是一对"孪生兄弟"。航天员在天宫二号空间实验室工作和生活的时间更长，"环保卫士"依然圆满完成了任务。

4. 空间环境

载人航天器在太空中会受到空间环境影响，包括高能带电粒子组成的辐射环境、大气层向上延伸到达400千米高度的轨道大气环境等。在太空中，辐射会导致航天器材料性能下降或损坏，也可以让航天员的器官组织受到破坏，严重时甚至危及生命。轨道大气带来的阻力可以导致航天器轨道下降甚至坠毁；大气以原子形式存在的氧具有非常强的氧化能力，可以让航天器表面材料剥蚀而性能下降；同时，大气成分或其他颗粒附着在航天器表面，特别是光学器件表面会引起污染，导致透光率或其他性能严重下降。

天宫二号搭载的空间环境分系统就是用来实时监测辐射环境和轨道大气环境的。它由带电粒子辐射探测器、轨道大气环境探测器和空间环境控制单元共3台仪器组成，实现了监测航天器舱外多个方向的电子、质子等粒子的强度和能谱，监测轨道大气密度、成分、微质量及时空变化，原子氧及其他空间环境污染效应等多项功能。

为了保证数据一致性，也为了以后载人航天轨道空间环境分析的便利性，天宫二号空间环境分系统完全沿用了天宫一号空间环境分系统的各项指标。天空二号的空间环境分系统携带的带电粒子辐射探测器为16个方向，实现了舱外16个方向的电子、质子等带电粒子的强度和能谱监测，以及轨道大气密度、成分及时空变化与空间环境污染效应监测等。天宫二号辐射环境探测器采用16个传感器一体化结构，仪器的质量、功耗远远低于国外。在轨道大气探测方面，当时国际上尚无将大气

图 5-11-3　天宫二号空间实验室单独飞行示意图

密度、大气成分、微质量集成的综合探测器，因此天宫一号、天宫二号轨道大气环境探测器这种集成的综合探测器在国际上也属先进水平，与国际空间站等航天器上的大气探测载荷相比，我国轨道大气环境探测器具有集成度高、探测内容更丰富，在实现相同功能的前提下，具有更小的功耗、质量和体积。

5. 温度控制

为保证仪器设备和结构的温度，同时为航天员提供舒适的温湿度环境，天宫二号拥有一套卓越的"空调系统"。为节省宝贵的电资源，其"空调系统"无须使用压缩机，可利用外太空的冷环境和单相流体回路的热量收集和传递功能，将密封舱内的仪器设备产热、化学产热和航天员产热共计几千瓦的热量，通过辐射器排散到外太空。另外，基于单相流体回路的热总线技术可将整个航天器需要降温的设备的热量收集起来，把这部分废热传递到需要补热的低温结构上，省去了低温结构补热的电加热功耗，实现了天宫二号的热量综合管理和高效利用。

此外，针对空间实验室阶段目标的诸多变化，设计师们为热控系统增强了适应能力，实现了压气机温度接口的精确控温和密封舱温度的精确调节。智能化的热控核心控制设备则实现了热控设备在轨故障的自主诊断、隔离和处置，实现了"空调系统"的高可靠性。

6. 结构机构

天宫二号是一个外部真空、内部有1个大气压的结构。评价其安全性的很重要的方面，就是在2年在轨飞行过程中，漏气量要非常小。就如同再好的篮球早晚也会漏气，只是好的产品和设计可以让漏气非常缓慢。天宫二号是金属制成的结构，但由于功能需要还包括观察舱窗、开关舱门等部件，这些都是容易漏气的地方。设计师根据各种结构特点设计了多种安全可靠的密封结构。密封结构中最为关键的就是密封圈，一般的密封圈都存在老化问题，更何况太空中温度变化更加激烈。设计人员就从配方开始研究，再到密封圈的结构形式，密封结构设计，等等。又通过大量细致的实验，终于取得了成功。天宫一号在轨2年的

安全运行，成为结构设计最亮的"名片"。

为了让航天员在太空中有尽量大的活动空间，天宫二号结构尺寸基本按运载火箭可容许的最大包络做设计。这给工程人员带来巨大的挑战，因为大开间要满足舒适的同时，必须非常轻并且特别结实。并且，这项工作的实验成本非常高，如果一个结构加工完成再去试验，经费和周期都是很大的困难。工程人员反复计算，最终确定了技术状态，研制出了这个直径3米多的薄壁"大家伙"，巧妙应对了设计上和制造上的巨大挑战。

噪声是航天员在这个大开间舒适生活的另一大影响因素。为最大限度地减轻噪声对航天员的影响，总体设计人员在天宫二号设计阶段，制定出严格的生活区和仪器区噪声控制指标，并通过技术攻关加以解决，以最大限度地把噪声控制在最小的指标范围之内。

图 5-11-4　天宫二号释放的伴飞小卫星拍摄的天宫二号—神舟十一号空间组合体图像

7. 释放卫星

同天宫二号一起升空的还有伴飞小卫星，它从天宫二号上释放出去，然后与天宫二号伴飞，开展联合试验。它搭载多个试验载荷，并具备较强的变轨能力，即开展空间任务的灵活性与机动性，在轨执行任务期间将开展对天宫二号—神舟十一号空间组合体的飞越观测等试验，即用高清相机拍摄航天器的对接状态，为空间飞行器交会对接提供直接的影像技术支持，并拓展空间技术应用。我国神舟七号载人飞船伴飞小卫星曾首次进行在轨拍摄大型航天器的试验，所使用的相机为130万像素，而天宫二号伴飞卫星使用的是2500万像素全画幅相机，在分辨率和精细度上实现了新升级。

三、主要成果

天宫二号在执行任务期间完成了多项技术验证，主要为在空间飞行器上释放伴飞卫星，开展伴星释放、驻留和伴随飞行试验，获得了清晰的组合体图像，同时也进行了微小卫星新技术试验和验证；通过开展人机协同的空间精细操作机械臂试验，中国首次实现人机协同在轨维修任务，建立了集信息管理、手动控制、遥操作和自主控制一体化的人机协同在轨维修系统，形成典型人机协同体制，为未来空间站仿人型机器人研制打下了技术基

图 5-11-5　天宫二号上的拟南芥生长实验

础；与天舟一号货运飞船配合，实现了中国航天器推进剂在轨补加任务，全面突破和掌握了相关技术，对后续空间站阶段的推进剂补加进行了完整验证。

为了开展大规模空间科学和应用实验，天宫二号上搭载了全新配套的空间应用系统的科学设备，无论在数量上还是安装复杂程度上，都创造了我国历次载人航天器任务之最。它搭载了空间冷原子钟等14项应用载荷和失重心血管研究等航天医学实验设备。它主要涉及微重力基础物理、微重力流体物理、空间材料科学、空间生命科学、空间天文探测、空间环境监测、对地观测及地球科学研究应用以及应用新技术试验等8个领域。这些实验项目绝大多数触及当今世界最前沿的探索领域，取得了一批重大应用成果，如空—地量子密钥分配与激光通信实验、γ射线偏振探测实验、热毛细对流空间实验、微重力下植物全生育发展过程实验等。

天宫二号全面完成了空间实验室阶段任务的关键之战，为中国后续空间站建造和运营奠定了坚实基础、积累宝贵经验，使我国具备了开展较大规模空间试验和空间应用的条件，从而使我国载人航天事业开始进入应用发展新阶段，这对于推进我中国载人航天事业持续发展具有十分重要的意义。

第十二节　天舟系列货运飞船

2017年4月20日，我国用长征七号遥二中型运载火箭从海南文昌航天发射场成功发射了首艘货运飞船天舟一号；2021年5月29日，我国发射了天舟二号货运飞船；2021年9月20日，我国发射了天舟三号货运飞船；2022年5月10日，我国发射了天舟四号货运飞船；2022年11月12日，我国发射了天舟五号货运飞船。

一、货运飞船

货运飞船是空间站的地面后勤保障系统，其主要任务有五项：一是为空间站补给推进剂、空气等物资和运送空间站需要维修和更换的设备，延长空间站的在轨飞行寿命。二是为空间站上的航天员运送工作和生活用品，保障空间站航天员在轨中长期驻留和工作。三是为空间站运送空间科学实验设备和用品，支持和保障空间站具备开展较大规模空间科学实验与应用的条件。四是支持开展适应货运飞船能力的空间应用和技术试验。五是配合空间站进行组合体轨道和姿态控制，提升空间站的轨道高度，带回空间站上的废弃物受控陨落于预定区域大气层烧毁。所以，货运飞船是空间站运行过程中的重要补给线。

研制并发射货运飞船是我国载人航天工程"三步走"战略中载人空间站工程的重要组成部分，于2011年立项，由航天五院抓总研制。2013年，我国货运飞船被正式命名为"天舟"。

1. 货船组成

天舟货运飞船由货物舱和推进舱组成，其中货物舱安装货物、设备，推进舱为货运飞船提供电力能源、推进控制动力并装载推进剂。其长为10.6米，最大直径约3.35米，太阳翼展开后最大宽度14.9米。

它包括13个分系统：结构与机构分系统、制导导航与控制分系统、测控与通信分系统、数据管理分系统、电源分系统、仪表与照明分系统、推进分系统、对接机构分系统、热控分系统、环境控制分系统、货运保障分系统、空间技术试验分系统、总体电路分系统。

其研制充分借鉴了天宫一号、天宫二号的主要技术，还融合了神舟载人飞船的主动交会对接技术，并针对货运的特色和留轨任务需求进行设计。它采用了天宫一号、天宫二号的构型，神舟载人飞船的电气系统，天宫一号、天宫二号与神舟载人飞船的交会对接技术。

整船最大装载状态下质量达13.5吨，上行货物运输能力为6.9～7.4吨，其载货比（所载货物质量与飞船总质量之比）达51%～53%，居世界第一；每次货物的运载量在全球现役货运飞船中也是最大的。每艘天舟货运飞

图 5-12-1　天舟一号尺寸

船可停靠空间站1年，供电能力不小于2700瓦。

2. 型谱设计

天舟货运飞船采用了型谱化和模块化设计，货物舱有全封闭、半开放、全开放和小型舱段运输型4种构型，形成全密封、半密封、全开放和小型舱段运输型货运飞船4种型谱，因而未来能满足空间站不同货物运输需求进行不同种类物资的运输，且前三种皆具备推进剂在轨补加能力。

全密封货运飞船主要用于空间站舱内载荷货运，运输航天员消耗品、密封舱内设备与试验载荷；半密封货

图 5-12-2　全开放天舟货运飞船外形

运飞船除了可以运输密封舱内货物外，还可以满足包括太阳翼等舱外物资的运输需求；全开放货运飞船主要用于大型舱外货物的运输；小型舱段运输型货运飞船可以部署5吨级小型舱段。

采用模块化设计可提高货运飞船任务适应能力，便于任务拓展，使飞船建造类似于搭"积木"。模块间技术和产品能实现共享和通用，从而降低了研制成本，缩短了研制周期，能通过有限的飞行试验快速提高平台可靠性。

3. 在轨加注

与以往的神舟系列飞船的推进舱不同，天舟货运飞船的推进舱几乎是全新的产品。其推进舱由神舟系列飞船推进舱的一层变成了两层，贮箱数量由原来的4个增加为8个，它们分属于两个独立设计的推进剂贮箱系统，所以不仅可为空间站携带一箱推进剂，还能把用于自身控制的推进剂"转让"出去。

推进舱可以装载2.4~3.5吨的推进剂，推进剂补加每次需要5天左右。之前我国神舟系列飞船的对接机构主要是电路连接，为了补加燃料，天舟货运飞船跟空间实验室或空间站的对接机构增加了液体连接，而且推进剂和氧化剂分别有不同接口。

4. 三维数字化

天舟货运飞船是我国在载人航天器研制中首次采用全三维数字化协同设计手段开展总体总装设计的，首次实现了载人航天器总体和各分系统、制造厂、总装厂间的全三维协同

设计，摸索实践了机械总体全三维设计、制造、总装的研制模式。

货运飞船系统建立的基于全三维模型的协同设计模式显著提高了设计效率和设计质量、缩短了设计周期、降低了设计成本，已经在空间站工程等航天器研制上获得推广应用，为数字空间站建设奠定了坚实基础。以构型布局设计为例，传统模式中，设计人员在二维图纸中进行设备布局、调整、送审，而采用全三维数字化设计后，工作效率提高了约50%；货运飞船的管路系统、电缆网、直属件和总装设计采取三维设计后，工作效率提高了约50%；整船的总装详细设计研制周期缩短约45%。

5. 简约货架

天舟货运飞船之所以能够实现大承载，是因为其内部采用了高效承载货架设计。从表面上看，这种货架和普通的书架类似，但其细节和构型都是经过多轮分析讨论的结果，货架采用了一种基于蜂窝板、碳纤维立梁的梁板结构，从而形成了大量的标准装货单元，传力效果好，结构与货物重量比达到8%。

同时，采用了适用于蜂窝板的预埋封边梁方法，巧妙地消除了蜂窝板结构锐边，这样既可避免划伤人手，又解决了边缘薄弱、易破坏的问题。为了不断挑战承载极限，设计师还精心设计了一种大承载轻量化预埋结构，这样既能适应传统刚性结构安装，又可适应柔性束缚带的连接承载，经过测试，用3个这种预埋结构就可以承载一台豪华轿车。此外，大承载货架结构与密封舱主结构的连接环节也是结构设计一大亮点，所采用的碳纤维结合铝合金设计，避免了在轨环境下内压载荷对结构造成的破坏。这一项项先进、便利的技术成就了高效承载的货架结构，保证了天舟货运飞船稳固地运送货物。

天舟货运飞船的货物舱内设计了40个货格。货舱纵向分为4个象限，横向划分为A、B、C、D共4层。每个货包按坐标编号查找，同时货包上有二维码，扫描后能获得货物的位置信息和产品信息，还能对产品信息的库存数量做到动态掌控，把空间站货物一分一厘的变化都记录下来，从而确保航天员的工作生活更加轻松、便捷。

6. 多种货包

由于天舟要运送的物资中有许多精密的仪器设备和航天员用品，在发射段受力又大，生怕磕碰，因此只用高强度的货架还不行。对于敏感的电子器件、机械硬件系统以及其他生活物资等，通常采用"软包装"或类似方法来实现装载、运送。这种"软包装"与传统的硬连接不同，它是包裹在泡沫或气囊袋里面，再一起固定在货架上，而不是直接与运载工具的内部货架结构相连接。

由于"软包装"为装载对象提供了一个柔软的、高阻尼的、分布式系统的支撑，所以可以获得一个高度隔离（减振）的载荷环境，也为货物的上行运输提供了更好的适应性和合理的货包绑扎方式。货包设计过硬不行，容易与货架磕碰，过软也不行，不能有效保护货物。为了确定货物绑扎方式，结构和总装的人员在试验现场一待就是3个月，终于确定了绑扎方式和内部泡沫的设计。

为了装载效率更高，根据货船的圆形舱体结构，航天工程师设计出了26种不同尺寸规格、不同形状的货包，包括梯形、楔形等形状。同时，对货船舱内

图 5-12-3　天舟一号内的货包

的结构也进行了特殊设计，利用蜂窝板搭起了货格，以装载不同规格的货包。货包使用的布料添加了从螃蟹壳等提取出的抗菌成分，所以能有效抗菌。为了保护好货包并方便航天员取用，每个货包都会被类似飞机座椅的安全锁扣固定，航天员单手就可以取下来。

7. 其他"神器"

为了防止太空垃圾迎面撞上，天舟货运飞船装有力学环境测量系统，它具有飞行器结构撞击智能感知与定位功能，能够进行全飞行时段的综合力学环境监测，不只包括传统的振动、冲击、噪声环境，更可以在第一时间感知到太空垃圾撞击的位置和受损程度，甚至还能检验飞船结构设计、货物装载合理性，为在轨损伤修复和结构优化设计提供帮助。

此外，在突破了分路汇聚技术、网络芯片的单粒子防护技术、网络协议的航天工程化应用等多项技术难点后，天舟上构建了一个标准化的、高速的、大容量的开放性网络平台。它不仅能支持船内高清视频、大批量载荷数据的传输，还可以无缝接入空间站网络，天舟货运飞船因此率先推动航天器数据传输跨入千兆比特高速时代。

二、天舟一号

2017年4月20日晚，我国发射了首艘货运飞船天舟一号。其主要目的是掌握货运飞船及其交会对接技术，为天宫二号空间实验室自动补加推进剂、试验绕飞和快速对接技术开展一些空间科学实验。

1. 任务概况

我国首艘货运飞船天舟一号完成了四个任务：全面考核货运飞船的功能和性能；与天宫二号空间实验室配合，验证推进剂在轨补加技术；在空间实验室配合下，开展货运飞船

图 5-12-4　天舟一号总装现场

控制组合体、绕飞至前向交会对接、快速交会对接等试验；支持开展空间应用和实验及技术试验。

我国研制天舟一号货运飞船，一方面需验证天舟一号货运飞船与天宫二号空间实验室的交会对接技术和推进剂补加技术；另一方面，由于天舟货运飞船是我国研制的一种新型飞行器，所以其本身的性能也需验证。

其运行历程如下：2017年4月20日，搭载天舟一号货运飞船的长征七号遥二运载火箭，在海南文昌航天发射场点火发射，天舟一号进入预定轨道。2017年4月22日，天舟一号与天宫二号完成首次对接工作，形成组合体。2017年4月27日，天舟一号与天宫二号完成首次推进剂在轨补加试验工作。2017年6月19日，天舟一号完成与天宫二号的绕飞和第二次交会对接试验工作。2017年6月21日，天舟一号与天宫二号组合体分离，开始独立运行。2017年9月12日，天舟一号完成与天宫二号空间实验室的自主快速交会对接试验。2017年9月22日，天舟一号完成空间实验室阶段任务及后续拓展试验，受控进入大气层并落到预定区域。

2. 主要亮点

天舟一号货运飞船主要有以下亮点。

（1）上行载货比高。

天舟一号货运飞船采用两舱式结构，体量和天宫一号、天宫二号相当，可最大限度地满足货物装载及提供能源、控制动力等的需求，做到了简洁却不简单。它能运送相当于自身质量的近7吨的货物，上行载货比优于国外现役货运飞船，所以经济实惠。

（2）在轨实施航天器间推进剂补加。

在天舟一号升空之前，掌握了在轨推进剂补加技术的国家只有俄罗斯和美国，其中，已实现在轨加注应用的只有俄罗斯。让天舟一号为天宫二号空间实验室实施推进剂在轨补加，这一技术的突破和掌握，为我国空间站组装建造和长期运营扫清了在能源供给问题上的最后障碍。

（3）首次以天基测控为主实施飞行控制。

以往，我国对航天器的跟踪、测控以及在轨异常的及时监测处置，主要依赖陆基测控站和海基测量船。这需要耗费大量的人力物力建造、维护地面测控站和海上测量船，研制人员奔波在各个站点之间开展相关试验，并且受到跨国、跨境地域限制。天舟一号货运飞船首次采用了以天基测控体制为主的设计原则，即把原本在地面或海上的测量系统"搬"到了天上，避免了在地面或海上的地域限制，从而实现对航天器在轨飞行的关键事件的全程跟踪，以确保对在轨异常的及时监测处置，降低人力、物力、财力等。通过中继终端所搭建的天基测控通信系统可以同时实现对天舟一号和天宫二号的同时测控、高速数据传输，所建立的星间链路可以实时向地面传输交会对接画面。为实现小型化的产品应用目标，天舟一号中继用户终端在天宫二号的基础上采用功能模块集成化设计，大幅减少了分机数量、体积、质量，其中质量就减轻了20千克，使"远程驾驶"系统更加轻量化。

（4）首次大规模推动核心元器件自主可控。

为了带动我国元器件自主研制，加速实现元器件的自主可控，提前验证空间站中所用的关键元器件，作为飞行验证平台的天舟一号首次大刀阔斧地使用了七大类国产新研核心元器件，将未来空间站建设的关键命脉牢牢握在手中。

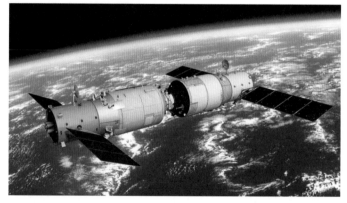

图5-12-5　天舟一号货运飞船（左）与天宫二号空间实验室对接示意图

（5）首次开展全自主快速交会对接试验。

此前，利用我国掌握的交会对接技术进行交会对接需要耗时2天左右，天舟一号开展了自主快速交会对接试验，把交会对接的时间控制在几个小时内。快速交会对接的实现，有利于提高在轨航天器飞行的可靠性，减少在交会对接过程中产生的资源消耗，同时，可更大程度上保障未来空间站的安全，方便空间站对突发事件的应急处理。天舟一号跨出了从"普通列车"向"高铁"的一大步，能做到更快、更舒适、更稳妥地运输货物。

（6）首次搭载多项空间应用和实验与技术试验载荷。

在满足运输货物需求的同时，天舟一号最大限度地发挥了平台效能，随船搭载了几十台载荷设备，在轨开展10余项载荷试验，实现"一次飞行、多方受益"的目标。

（7）首次实施主动离轨受控陨落。

天舟一号在飞行任务结束后，由地面飞控工作人员决策，实施主动离轨，通过两次降轨控制，受控坠落于南太平洋指定区域。这是我国航天器首次采用主动离轨方式，受控落到预定区域，这样既能避免自身成为太空垃圾，避开离轨过程中的不可控因素，又可为打造洁净、安全的太空环境作出贡献。

（8）高效通信。

天舟一号首次利用了北斗卫星导航系统的相对测量子系统。相比以往，新系统的扩展性和通用性更高、定位更连续稳定，这不仅确保了天舟一号与天宫二号的交会对接的自主可控性，大大提高安全性，还因为新增的整秒脉冲输出功能，为全船的相关设备提供了高精度的时间基准，确保了航天器之间的统一步调、齐头并进，能够分秒不差地把货物准时送达。另外，与之前的航天器相比，天舟一号首次应用了以太网技术，搭载了高速通信处理器。

（9）对接升级。

天舟一号与天宫二号实现了3次交会对接，对接机构组合体保持时间远超此前的纪录。首次对接分离后，飞船实行短时间调头绕飞后，进行再次对接。之后，飞船保持较长时间的独立飞行，而后进行第三次对接。连续3次对接对对接机构的控制、空间环境寿命、重复对接性能提出了更高要求。如果神舟八号飞船的对接机构称为第一代对接机构，那么天舟一号货运飞船的对接机构可称为第二代产品——对接机构2.0版，它可让更大吨位的航天器快速对接，实现从原先具备的8～20吨的航天器对接目标适应能力调整为具备8～180吨。第二代对接机构既不影响原捕获性能，又实现了对接机构捕获后的大吨位耗能需求，很好满足了本次及后续任务的需求。

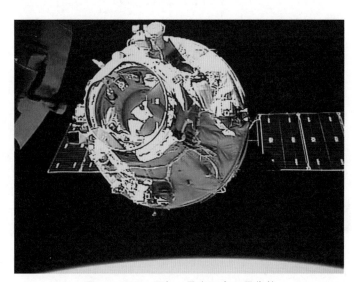

图 5-12-6　天舟一号向天宫二号靠拢

（10）高压供电。

首次使用低轨高压大容量锂电池，整船输出功率达到了2700瓦，标志着我国空间电源走向锂电时代，为空间站的建设打下了坚

图 5-12-7　天舟货运飞船推进舱上面装有中继卫星天线

实基础。其电源分系统采用3机组锂离子蓄电池组，每组由22个单体串联组成，共使用单体66个。鉴于此后我国空间站要采用100伏的高压供电制，为提前验证技术，天舟一号货运飞船采用了全新研制的国产100伏高压器件。对接机构控制系统电路也进行了全新的设计。

（11）自主绕飞。

绕飞是一种高难度的太空工作，需要空间飞行器进行多次变轨和姿态机动来完成，主要应用于空间站多个舱段组装或是飞船已经在某个对接口，需要腾空对接口时。绕飞技术能确保航天器从多个方向与空间站对接，是空间站建造和运营的关键技术之一。天舟一号绕天宫二号的全自主绕飞就是为了验证该项技术，将为空间站建设奠定基础，积累更多的经验和数据，为未来复杂对接做准备。与神舟十号载人飞船在地面人员支持下进行的绕飞不同，天舟一号货运飞船绕飞过程中的制导、调姿及进入5千米保持点均是靠船上软件自主规划完成，即当绕飞指令发出，天舟一号上的制导导航与控制系统的计算机便开始自主规划绕飞轨迹，自主进行变轨控制，自动进行姿态机动，不需要地面人员干预，可谓"聪明"和"独立"了很多，这种自主不仅极大减轻了地面支持人员的工作强度，更重要的是可以实现测控区外的自主绕飞。

三、天舟二号

2021年5月29日20时55分，搭载天舟二号货运飞船的长征七号遥三运载火箭升空。2021年5月30日5时1分，天舟二号货运飞船与天和核心舱后向端口完成自主快速交会对接，整个过程历时约8小时。2022年3月27日15时59分，天舟二号货运飞船完成空间站组合体阶段全部既定任务，撤离空间站核心舱组合体。2022年3月31日18时40分，天舟二号货运飞船受控再入大气层，飞船绝大部分器件被烧蚀销毁，少量残骸落入南太平洋预定安全海域。

1．任务概况

天舟二号货运飞船是中国空间站关键技术验证及建造阶段首艘货运飞船。它具备全相位自主交会对接能力，可多次完成推进剂在轨补加。其主要任务是把航天员和空间站所需的物资送上天，物资包括推进剂和货包两大类。它首次实现了货运飞船与空间站的交会对接，运送了航天员在空间站上所需的生活用品、开展空间科学实验的物资以及用于

图5-12-8　天舟二号（右）与天和核心舱后向对接口交会对接示意图

天和核心舱补加的推进剂，为后续飞行任务和空间站进一步开展在轨建造奠定坚实基础。

在轨运行期间，天舟二号先后与天和核心舱进行了4次交会对接，按计划完成了飞船绕飞、前向对接口补加试验、机械臂转位舱段验证、手控遥操作交会对接等多项拓展应用试验。与天和核心舱分离后，充分利用飞船推进剂余量，成功实施了货运飞船与天和核心舱2小时快速交会试验，为空间站在轨建造和运营管理积累了经验。

2. 主要亮点

（1）快速安全。

为了实现空间站任务物资运输快速补给，天舟二号货运飞船系统通过交会对接和轨道设计，只需要几个小时的时间，就可以把货物由地面送达空间站。天舟二号入轨后，要沿轨道追上飞行中的空间站核心舱，本次任务中天舟二号提升了交会对接能力，通过把货运飞船交会对接中的各项信息植入软件，飞船能在天上更智能、更快速地"随机应变"，基本上可以做到全天候、360°交会对接。天舟一号货运飞船完成交会对接动作主要依赖地面测控，通过地面生成的轨道参数注入指令，比如货运飞船

图 5-12-9　天舟二号推进舱尾部装有 4 台 490 牛轨控发动机

发动机开机，开机时长、开机点位都要靠地面指令，测控人员压力很大。在硬件条件不变的前提下，天舟二号的快速交互对接系统提前安排好入轨后的动作时序，节省指令在天地间传达的时间，也免去地面临时注入程序的流程，及时找准货运飞船与空间站核心舱交会的切入点，交会对接的速度更快了。

（2）双向并网。

上天前，空间站核心舱与天舟二号货运飞船是两套独立的能源系统，能源自给自足；对接后，两个航天器并网供电系统为船站间互相输送电能资源，实现组合体能源的高效利用。这是由于复杂航天器的阳光遮挡情况复杂，如果单个航天器出现能量不足的情况，另一个可以及时补充。停靠空间站期间，天舟二号货运飞船处于休眠状态，自身能源需求不大，太阳翼提供的能源供给大部分时段较为充足，富余的电能可以为航天员活动提供保障，同时支撑一些电能消耗较大的科学实验。

（3）中继终端。

天舟二号货运飞船一进入太空，中继终端就会第一时间开机，随后与天链中继卫星实现"太空握手"，建立星间链路，从而搭建了从天舟二号中继终端到中继卫星再到地面的

"太空天路"。有了这条"天路"，地面测控人员就可以通过地面遥测、遥控方式，对飞船姿态进行控制，并与地面建立通信联系，实现对天舟二号货运飞船的"远程驾驶"。

通过中继终端所搭建的天基测控通信系统，可以对天和核心舱和天舟二号进行同时测控、同时进行高速数据传输，所建立的星间链路可以实时向地面传输交会对接画面，为两个航天器的太空交会对接全程提供通信链路保障，确保了天舟二号在绝大部分时间都能与地面进行实时通信。

（4）"动态体检"。

天舟二号在与天和核心舱对接后，必须保证自身各项生保系统参数符合要求，航天员方可进入其中。航天五院研制的综合显示单元，作为天舟二号的"动态体检表"，能够起到在航天员进入后全天候监控生保参数，提供预警、报警的功能。

与神舟系列飞船的综合显示单元相比，天舟货运飞船各系统的复杂度、需监控的参数类型和数量都成倍增长，对仪表显示系统的功能要求也更高。针对货运飞船任务特点，航天五院首次应用了新型高性能处理器平台，进一步提高数据处理能力。为了确保在复杂宇宙射线和高能粒子条件下高速硬件系统正常工作的能力，研制团队开展了上百次仿真和实物验证试验，解决了高速电子线路抗辐照加固的难题；设计了具有自主知识产权的图形用户界面（GUI）系统，代码量仅为普通操作系统的1%，采用了特殊的内存管理技术，使之不会出现死机、蓝屏等现象；开发了适应空间环境的红外触摸屏，航天员在穿着航天服、戴着手套等情况下，也可以有效地进行触摸操作，减轻在轨操作负担。

四、天舟三号

2021年9月20日15时10分，天舟三号货运飞船升空，它采用快速交会对接方式，为空间站送去6吨货物，为随后实施的神舟十三号载人飞行任务做准备。

1. 任务概况

天舟三号货运飞船的主要任务是为空间站运输、存贮货物，运输、补加推进剂并将废弃物收集、存放，带回大气层销毁。天舟三号任务是空间站关键技术验证及建造阶段的第二次货物运输应用性飞行，货运飞船为满载状态，运载了可支持3名航天员6个月的在轨驻留物资、空间站备份设备、空间科学载荷等货物。此外，还携带了补加推进剂等上行物资，在停靠期间还具备并网供电能力，可以为空间站提供供电支持。

天舟三号货运飞船入轨后顺利完成入轨状态设置，于2021年9月20日22时8分，采用自主快速交会对接模式成功对接于空间站天和核心舱后向端口，整个过程历时约6.5小时。天舟三号装载了航天员生活物资、舱外航天服及出舱消耗品、空间站平台物资、部分载荷和推

图 5-12-10　天舟三号

进剂等，与天和核心舱及天舟二号组合体完成交会对接后，转入三舱（船）组合体飞行状态。

2022年7月17日10时59分，完成全部既定任务的天舟三号货运飞船撤离空间站组合体。2022年7月27日11时31分，天舟三号货运飞船受控再入大气层，飞船绝大部分器件被烧蚀销毁，少量残骸落入南太平洋预定安全海域。

2.　主要亮点

天舟三号是中国空间站关键技术验证及建造阶段的第五次飞行任务。按照任务规划，天舟三号货运飞船装载了航天员生活物资、舱外航天服及出舱消耗品、空间站平台物资、部分载荷和推进剂等，与空间站组合体完成交会对接后，转入组合体飞行段，为空间站在轨建造后续飞行任务奠定基础。

在充分继承天舟二号货运飞船研制和飞行成果基础上，天舟三号货运飞船还开展了系统优化设计，简化平台配置，提高运输效率，推动元器件自主可控，因而具有贮箱动态调整、持续提高元器件国产化率和优化设备配置三个显著的任务特点。

五、天舟四号

2022年5月10日1时56分，天舟四号货运飞船升空。2022年5月10日8时54分，飞行约6.5小时后的天舟四号货运飞船采用自主快速交会对接模式，成功对接空间站天和核心舱后向端口，为随后实施的神舟十四号载人飞行任务做准备。

1.　任务概况

天舟四号为全密封货运飞船，承担着为神舟十四号乘组提供物资保障、空间站在轨运营支持和开展空间科学实验的使命。它为神舟十四号航天员6个月在轨驻留、空间站组装建造、开展材料科学实验等空间应用领域提供物资保障，装载了神舟十四号3名航天员6个月在轨驻留消耗品、推进剂、应用实（试）验装置和样品材料、备品备件及部分载荷等物资。

为保证货物安全快递到"太空之家"，天舟四号采用货包、支架、贮箱等多种货物装载方式，货物种类、数量可根据空间站需求动态配置；同时，还具备承担空间站姿态轨道控制、并网供电以及空间站遥测、数据传输支持等空间站运营支持任务的能力以及空间科学实验支持能力。

2022年11月9日14时55分，已完成既定任务的天舟四号货运飞船，顺利撤离空间站组合体，转入独立飞行阶段。2022年11月14日6时2分，由航天五院研制的搭载在天舟四号货运飞船上的标准控温型立方星部署发射器成功在轨部署释放1颗立方星，随即该星成功被地面捕获。在空间站建造阶段通过货运飞船平台采用长期在轨存储方式择机释放立方星，完成了舱外复杂空间环境下长时间在轨贮存技术、高可靠轻量化结构机构技术、低冲击双线程形状记忆合金解锁释放技术等关键技术验证。立方星在轨储存188天后，在货运飞船撤离空间站组合体后开展的分离释放试验，是我国迄今为止舱外在轨储存时间最长的一次在轨部署释放立方星试验。

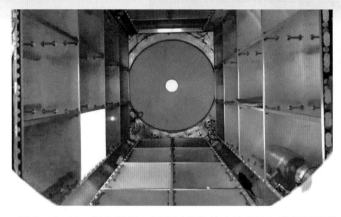

图 5-12-11 天舟货运飞船密封货物舱内的货格与航天员通道

2022年11月15日7时21分，天舟四号货运飞船按计划受控再入大气层，飞船绝大部分在再入大气层过程中被烧蚀销毁，少量残骸落入南太平洋预定安全海域。

2. 主要亮点

在货物装载方面，科研人员对天舟四号进行了持续优化和改进。与天舟三号相比，天舟四号的货物取用更加方便。根据航天员乘组的在轨使用意见，为了查找货物更加方便和直观，天舟四号通过标签和提手的色彩设计，增加了货包色彩标识；为方便航天员在轨操作装货适配板，避免每次准确对位螺钉，天舟四号为适配板和对应货架增设搭扣带，实现在轨期间便捷防漂；为减少缓冲包装材料的在轨空间占用，便于收纳存储，对货包内的缓冲泡沫进

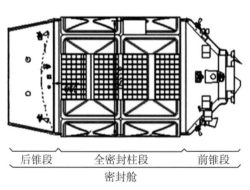

后锥段　全密封柱段　前锥段
密封舱

图 5-12-12 天舟货运飞船货物舱结构

行分块小型化优化设计，并增气柱缓冲方案以减重。这些巧妙的设计极大助推了天舟四号叩问"天宫"。

天舟二号的货包用二维码标签，天舟三号的货包用彩色丝带，天舟四号货运飞船的货包用上了彩色"身份证"——彩色二维码，分别有浅蓝、深蓝、绿色、紫色、浅棕、深棕6种颜色，其中绿色代表航天员系统食品，浅棕色代表摄影设备包，紫色代表医学实验领域

物资，等等。标签颜色提供第一眼信息，用于区分货色的从属系统和使用场景，每个货色的专属二维码提供更加详细的信息。

另外，为了满足未来空间站运营的需求，长征七号运载火箭系统工作人员对天舟四号发射前的流程进行了优化，将测发周期较天舟三号减少4天，由原来的31天缩减到27天。这也是长征七号运载火箭首次实现在一个月内完成测试、发射。

在天舟四号货运飞船的发射任务中，长征七号运载火箭共有发射前流程优化和可靠性提升等17项技术状态变化，包括在发射日并行加注液氧煤油，减少了射前准备时间、降低了对人员设备气象保障等条件的要求、提高了发射可靠性；合并第一次总检查与真增压匹配测试，确保测试覆盖性的同时，减少重复性测试。部分箭上器件装箭后运往发射场、部分测试项目出厂前进行等。此外，火箭发动机进行了工艺可靠性提升更改，活动发射平台摆杆及防风减载装置也进行了改进、更换，进一步提高了可靠性。

本次发射任务长征七号运载火箭进行了液氧煤油并行加注，将发射日12小时流程缩减至8小时。此外，与以往长征系列运载火箭发射前几个小时开始加注不同，长征七号运载火箭经过专门设计和演练，它的液氧/煤油推进剂虽然属于低温燃料，但是可以安全停放24个小时，这样便可以灵活应对多种发射需求，而且在发射前程序最为复杂的阶段减少了工作量，可以为成功发射争取更多有利时间，提高可靠性。长征七号运载火箭在研制之初，就把燃料加注后停放24小时作为一项设计标准纳入了型号研制过程，也因此其具备了"想发就发"的发射能力。

六、天舟五号

2022年11月12日10时3分，天舟五号货运飞船升空，这是神舟十四号航天员乘组首次在太空迎接"天舟快递"。之后，"天舟快递"将定期送货，空间站天地货物运输开启常态化运营模式。2022年11月12日12时10分，飞行约2小时后的天舟五号货运飞船采取自主快速交会对接模式，成功对接于空间站天和核心舱后向端口，中国航天员首次在空间站迎接货运飞船来访。交会对接完成后，天舟五号转入组合体飞行段。2023年5月5日，天舟五号撤离组合体，但它没有离轨，而是转入独立飞行，目的是给此后升空的天舟六号腾出后向对接口。在神舟十五号载人飞船撤离空间站后，已独立飞行了33天的天舟五号于2023年6月6日与空间站前向对接口再次对接，目的是充分发挥其作为存贮空间和带走废弃物的作用。此次任务中，天舟五号首次实现了2小时自主快速交会对接，创造了世界空间站阶段的最快交会对接纪录。这一技术突破对于提升我国空间交会对接水平，提升空间站任务应急物资补给能力具有重要意义。

1. 任务概况

发射天舟五号货运飞船是为后续发射的神舟十五号载人飞船运送所需的生活物资和工作物资，上行物资约6.7吨。在此次任务中，天舟五号货运飞船执行了空间站货物运输系统的第四次应用性飞行任务。飞船装载了航天员系统、空间站系统、空间应用领域的货物，包括航天员系统准备的食品、医药物品、卫生清洁用品等货包，空间站关键设备的备份件、维修件，空间应用系统的实验载荷以及为空间站组合体携带的推进剂。这些物资都将为神舟十五号乘组3人6个月在轨驻留、空间站长期运营，开展材料科学、微重力、航天医学试验等空间应用领域提供物资保障。同时，它还具备了承担空间站姿态轨道控制、并网供电以及空间站遥测、数据传输支持等空间站运营支持任务的能力以及空间科学实验支持能力。

本次任务具有四大特点：

一是首次具备2小时自主快速交会对接能力，创造了世界最快交会对接纪录。

二是首次与空间站T字构型组合体对接，对接目标达80吨量级，是空间站建造以来对接机构迎来的最大吨位，证明了货运飞船对接机构对大吨位目标的适应性。作为一款为空间站而生的产品，升级后的对接机构在设计阶段就充分考虑到如今空间站建造需要具备的8～180吨各种吨位、各种方式的对接能力。特别是天舟五号对接机构更是开展了数十次与80吨对接目标的捕获缓冲试验，验证了产品的可靠性。

三是首次在空间站有人驻留情况下实施货运飞船交会对接，具备故障情况下手控遥操作交会对接任务备份能力，提高了近距离交会过程可靠性。

四是搭载多项试验载荷提高任务综合效益，充分利用货运飞船上行运力资源，支持开展空间科学与技术试验，提高飞行任务综合效益。

图 5-12-13　天舟五号飞行示意图

2. 主要亮点

天舟五号这次任务与以往最大的不同就是送货速度更快，仅飞行2小时就可以成功与T字构型组合体实施对接，对接目标达80吨量级，创造了空间站领域世界最快交会对接纪录。此前，空间站领域世界上最快速的交会对接最短用时纪录是由2020年10月14日俄罗斯联盟号飞船MS-17创造的3小时3分钟。

　　天舟五号整个交会对接过程由航天五院研制的飞船制导导航与控制系统控制完成的。和天舟货运飞船此前的6.5小时快速交会对接相比，天舟五号主要从两方面进行了方案的调整而实现了时间的进一步缩短。

　　一是优化了交会对接的控制制导策略，天舟五号与空间站之间相位角比以往减小了9°，将远距离导引过程中的3圈次飞行压缩为0.5圈次，将6次变轨压缩为了2次综合机动，即此前自主快速交会对接的远程导引段需要6次轨控脉冲才能来到距离空间站后下方5千米处，天舟五号则只需要2次轨控脉冲就可以来到空间站后下方约4.5千米处，该部分用时将由原来的4个多小时减少到约1个小时。

　　二是在近距离自主控制段，减少了多个用以确认飞船状态等的停泊点，类似动车组减少经停车站数量一样，加快了接近速度。以往近程导引段通常会设置5千米、400米、200米、19米总计4个停泊点，而这次直接取消了5千米与200米停泊点，飞船远程导引段结束后直接进入400米停泊点，然后跨过200米停泊点直接进入19米停泊点，在这个点位进行状态检查与切换之后实施最后的交会对接操作。如此，该方面的时长将由2个多小时缩短为约40分钟。

　　天舟五号通过2次变轨，把原来通过6次变轨的动作全部覆盖，实现了时间的快速缩短。在最后阶段，靠近速度从原来的0.5米/秒提升到1米/秒，使得最后靠近速度也大幅提升。此外，天舟五号把所有的停泊调整全部取消，能够实现各种敏感期的快速切换，这样就缩短整个交会对接的时间。

　　这种2小时的超快速交会对接对于我国空间站的长期在轨运营有着非常现实的意义，可以极大提高我国的太空紧急救援能力，将大大缩短运输时间，使运输特殊鲜活试验品成为可能，如果将该技术应用于神舟系列载人飞船，将大大减少航天员奔赴空间站的飞行时间，尽快进入空间站。

　　严格来说，2小时交会对接并不是我们为天舟五号增加的新功能，之前的天舟货运飞船也有该功能，只是因为该模式对飞船飞行状态要求较高，之前没有进行在轨验证。也就是说，2小时交会对接只是飞船交会对接系统的一个选项，飞船的制导导航与控制系统可以根据火箭入轨的情况，自主选择不同时长的交会对接模式，其中2小时超快速交会对接基本是最快速的模式，此外还可以选择3小时、5小时和6.5小时方案等。天舟五号超快速交会对接的成功实施，标志着我国的自主定轨技术精度更高，姿态轨道控制精度更高，综合制导技术水平更高，飞控流程更加优化，也标志着交会对接模式更多、功能更加多样化、

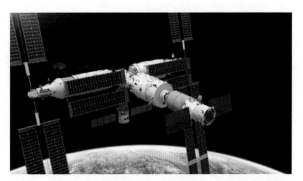

图5-12-14　天舟五号（右）与中国空间站对接示意图

适应能力更强，即我国的空间交会对接技术更趋成熟。

此次天舟五号任务成功解锁了中国空间交会对接技术的新功能，但发展永无止境。随着航天科研人员的不懈努力，我国的空间交会对接技术也将实现持续进化，使这项技术更安全、更智能、更经济高效。

第十三节　中国空间站

2021年4月29日，我国用长征五号B运载火箭在海南文昌航天发射场成功将中国空间站的第一个舱段——天和核心舱送入太空，宣告了中国开启空间站任务的新时代。2022年，我国又先后发射了问天实验舱、梦天实验舱与天和核心舱依次对接，从而建成了我国第一座国家级、国际性太空实验室。

一、工程概述

作为人类历史上规模最大的航天器，空间站是一种在近地轨道长时间运行、可满足航天员长期在轨生活、工作以及地面航天员寻访的载人航天器，代表了当今航天领域最全面、最复杂、最先进和最综合的科学技术成果。

开展空间站工程，从国家全产业链角度，在极大地引领和带动包括空间科学、生命科学等多种前沿学科和原材料、元器件、智能制造等多领域先进技术发展方面，发挥不可替代的作用。空间站作为长期在轨运行的"太空母港"，其天然的高真空、微重力、超洁净环境也可以充分用于开展各类科学技术研究，推动科学技术进步。因此，空间站工程将产生巨大的经济效益和社会效益，已经成为衡量一个国家经济、科技和综合国力的重要标志，受到各国的高度重视。

空间站不能进行天地往返，需要用宇宙飞船或航天飞机提供运输服务。因此，在研制、发射空间站之前，必须先掌握宇宙飞船或航天飞机等天地往返运输器技术才行。为此，我国在1992年就制定了宏伟的载人航天"三步走"的发展战略，先研制和发射了载人飞船，接着掌握了太空行走、交会对接、在轨加注货运飞船和航天员中期驻留等关键技术。这些都为完成第三步任务——建造空间站奠定了坚实的基础。

2010年9月25日，中央批准实施载人空间站工程，其主要任务是在2020年前后，建成和运营近地载人空间站，使我国成为独立掌握近地空间长期载人飞行技术，具备长期开展近

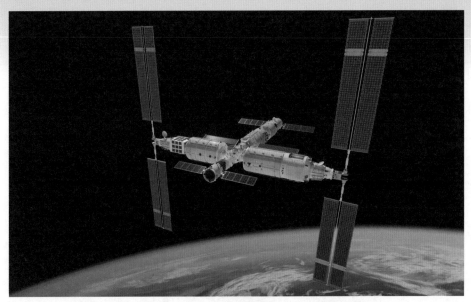

图 5-13-1　2022 年底建成的中国空间站基本型

地空间有人参与科学技术试验和综合开发利用太空资源能力的国家。

此后12年间，负责空间站抓总研制的航天五院始终秉承"独立自主、以人为本、兼容并蓄、持续发展"的设计理念，坚定不移地走中国航天独立自主的发展道路，实现了载人航天事业三步走的跨越式发展，论证、设计和建造中国空间站的全过程充分展现了中国智慧、中国方案。

我国第一座空间站的建造没有走美国、苏联（俄罗斯）先建造单舱式，再建造多舱式空间站的老路，而是直接建造采用积木式构型的多舱式空间站，达到世界第三代空间站的水平，并且实现了产品全部国产化，部组件全部国产化，原材料全部国产化，关键核心元器件100%自主可控。

其建造思路是：符合中国国情，有所为、有所不为；规模适度，留有发展空间；具有突出的中国元素和核心内涵；追求技术进步，充分采用当代先进技术建造和运营空间站，全面掌握大型空间设施的建造和在轨操作能力；注重应用效益，在空间站应用领域取得重大创新成果；追求运营经济性，走可持续发展的道路。

其工程目标有三点。一是建造并运营近地空间站，突破、掌握和发展大型复杂航天器的在轨组装与建造、长期安全可靠飞行、运营管理和维护技术，提升国家航天技术水平，带动相关领域和行业的科技进步，增强综合国力。二是突破、掌握和发展近地空间长期载人航天飞行技术，解决近地轨道长期载人航天飞行的主要医学问题，实现航天员长期在轨健康生活和有效工作。三是建成国家太空实验室，发展具有国际先进水平的空间科学与应用能力，开展多领域空间科学实验和技术试验、空间应用以及科普教育，获取具有重大科学价值的研究成果和重大战略意义的应用成果。四是开展国际（区域）合作，为人类和平开发和利用空间资源作出积极贡献。五是以在轨服务、地月和深空载人探测需求为牵引，试验和验证相关关键技术，为载人航天持续发展积累技术和经验。

二、总体方案

我国空间站命名为"天宫"，它采用以天和核心舱、问天实验舱和梦天实验舱三舱对接为基本构型。这三个舱每个质量都为20吨级，它们依次发射后，通过在轨交会对接和转位，形成水平对称的T字构型，即天和核心舱居中，问天实验舱和梦天实验舱对接于两侧。

其中，核心舱作为空间站组合体控制和管理主份舱段，具备交会对接、转位与停泊、乘组长期驻留、航天员出舱和保障空间科学实验等能力。问天实验舱和

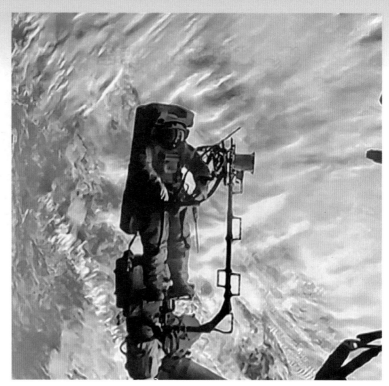

图 5-13-2　中国神舟十二号航天员首次站在核心舱舱外机械臂上

梦天实验舱均用于大规模舱内外空间科学实验和技术试验载荷的支持舱段。同时，问天实验舱还作为组合体控制和管理的备份舱段，具备乘员出舱活动能力；梦天实验舱则具备载荷进出舱能力，用于货物的进出舱。

为了使航天器易于运动控制，航天器构型要保证主结构和质量分布尽量对称、紧凑，使航天器的质心居中，从而减少因姿态控制所消耗的能量。俄罗斯和平号空间站曾因对接了多个实验舱后而不对称，使质心不居中，从而导致为了姿态控制消耗了较多能量。

中国空间站的三个舱采用水平对称T字构型有三个优点：一是能保证空间站质心居中，从而节省姿态控制所需的能量；二是能使装在两个尺寸、质量大体一致的实验舱末端的大型太阳翼，不管空间站以何种姿势飞行，都能"晒"上太阳；三是两个实验舱的气闸舱分别位于T字一横的端头，因此在正常泄压或异常隔离时均不会影响其他密封舱段构成连贯空间，保证了安全性。

根据航天器的科学构型原则，中国空间站未来还可扩展十字形、干字形等扩展构型。

中国空间站以天和核心舱作为平台控制管理中心，对整站进行统一控制。问天实验舱备份了完整的能源管理、信息系统、控制系统和载人环境等关键功能，可以在核心舱故障时整体接管全站控制。针对核心舱失火、失压等重大故障情况，它还特别配置了一套完整的再生式生命保障系统和应急物资，以备航天员长时间在此等待地面故障处置和救援。梦天实验舱则具备关键功能的设备级备份，进一步提高系统安全性。针对航天员出舱活动安全性，问天实验舱配置主份气闸舱，天和核心舱节点舱作为备份气闸舱。在出舱过程中如

果主份气闸舱出现问题，航天员能通过节点舱回到舱内，保证出舱活动的安全可靠。

图 5-13-3　巡天光学舱在轨飞行示意图

另外，在发射了这三个舱之后，我国在2023年发射与天宫空间站共轨飞行的"巡天"光学舱。它是2米口径的巡天望远镜，已规划的任务寿命是10年，通过维修可以不断延长寿命。这台望远镜的分辨率与美国的哈勃空间望远镜相当，但视场角是后者的300多倍，可在大范围巡天科学研究方面显身手，在2025年至2035年间，可能是在其工作的近紫外至可见光波段内能力最强的太空巡天望远镜，其设计指标在很多方面都是世界领先的。

天宫空间站建造和运行分为三个阶段：2021年为关键技术验证阶段，先后发射天和核心舱和天舟货运飞船、神舟载人飞船各2艘；2022年为在轨建造阶段，先后发射问天实验舱和梦天实验舱以及天舟货运飞船、神舟载人飞船各2艘；此后为天宫空间站应用与发展阶段。

天宫在轨运行寿命不小于10年，通过维修、维护延长使用寿命，预计可以工作15年。它能长期载3人，半年一轮换。每个乘组2～3人。由于轮换时间6～10天，所以天宫空间站最多有6个人。每个航天员乘组2～3人。包括1名航天驾驶员担任指令长，其余人员构成根据任务需要，由航天驾驶员，航天飞行工程师以及载荷专家组成。

我国空间站的乘员天地往返运输系统由神舟载人飞船和长征二号F运载火箭共同构成，主要用于航天员和部分物资往返空间站。货运天地往返运输系统由天舟货运飞船和长征七号运载火箭共同构成，主要用于为空间站上行运输补给品，包括人员消耗品、推进剂、平台、载荷设备，下行销毁空间站的废弃物。

三、核心之舱

天和核心舱对建造天宫空间站至关重要，天和核心舱是我国当时发射的最大航天器。它全长为16.6米，发射质量为22.5吨，是空间站的管理和控制中心，可支持3名航天员长期在轨驻留，开展舱内外空间科学实验和技术试验。

天和核心舱的体积非常大，比目前在轨飞行的国际空间站的任何一个舱位都大，所以航天员入驻后，活动空间很宽敞，可在太空中更加舒适地长期生活。由于核心舱在设计上比过去有了很大突破，所以供航天员工作、生活的空间可达50立方米。对接上两个实验舱后，空间站整体空间可达110立方米。

　　此外，核心舱的质量相当于三辆大客车的空载质量，同样也超过国际空间站上的任何一个舱段。如果此前发射的神舟系列飞船是一辆轿车，天宫一号目标飞行器和天宫二号空间实验室相当于一室一厅的房子，而天宫空间站就是三室两厅还带储藏间，算是"豪宅"了。

　　核心舱是天宫空间站组合体的控制和管理的主份舱段，具备交会对接、转位与停泊、乘组长期驻留、航天员出舱、保障空间科学实验等能力。其用于统一管理和控制空间站组合体，支持实验舱、载人飞船和货运飞船等飞行器与其交会对接和在轨组装，提供航天员生活和工作场所，具备接纳航天员长期访问和物资补给的能力，同时支持部分学科的科学研究，配置了大机械臂，具有备份气闸舱功能。它可装4个科学实验柜，支持开展航天医学和空间科学实验。

　　核心舱由节点舱、生活控制舱（包括大柱段和小柱段）和资源舱组成。其最大直径为4.2米（大柱段），最小直径为2.65米（小柱段）。节点舱有3个对接口和2个停泊口，可对接2个实验舱、2艘载人飞船，还能充当气闸舱，供早期航天员出舱。其前向接口与生活控制舱相连，左右两个方向专门用于问天实验舱和梦天实验舱停泊，轴向和对地向对接口主要用于飞船的对接或停泊，对天向对接口用于航天员早期出舱。生活控制舱分小柱段和大柱段，能够提供三名航天员生活、工作空间以及配套支持系统。小柱段有三个睡眠区，即每名航天员都有一个独立的睡眠区，还有卫生间。大柱段是乘组工作、控制、锻炼和休闲的地方。生活控制舱分成了工作区、睡眠区、卫生区、就餐区、医监医保区和锻炼区6个区域。其中在就餐区配置了微波炉、冰箱、饮水机和折叠桌等家居用品，在锻炼区配置了太空跑台、自行车功量计、抗阻拉力器等健身器材，以满足航天员日常锻炼，因此环境较舒适。资源舱是非密封舱，为空间站提供电力、推进燃料等必需资源。末端对接口用于对接天舟货运飞船，接收来自地面运来的物资。

　　核心舱内有空间站统一控制系统、厨房、卫生间、科学仪器、通信设备、计算机系统、消防系统和空气处理系统等，当然包括空调和Wi-Fi等。与以前发射的天宫一号目标飞行器和天宫二号空间实验室不同，进入核心舱内的3名航天员不用"值夜班"，因为舱内装有新型的声光电报警系统，可以在发现情况后及时通知航天员快速处理。此外，舱内情景照明可由手机App控制。核心舱不仅配上了手机，可以实现在轨航天员之间通话和天地通话；还配了天地视频通话设备，可以实现与地面的双向视频通话；此外，也有可以支持航天员收发电子邮件的测控通信网和相关设备。

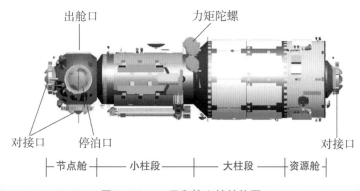

图 5-13-4　天和核心舱结构图

核心舱姿态控制采用力矩陀螺方式进行，即利用动量交换原理，通过改变角动量方向来产生控制力矩。采用这一技术的优点是精度和可靠性很高，所以核心舱运行可以十分稳定。

天和核心舱采用了不少新技术，可大大提高空间站的效能。

图 5-13-5　天和核心舱大型空间机械臂金星微重力气浮平台抓取试验

1. 空间机械臂

在核心舱小柱段外围配置有一部承载力达25吨的10米长"七自由度大型空间机械臂"，它首尾两端配置相同，可经由在空间站外壁布置的"电力数据抓取夹具"，实现在舱体表面的爬行移动。无论是舱段转位、大设备的移动，还是航天员自身移动，都可用空间机械臂完成，它是中国空间站组装建造、运营管理、维护服务和空间应用的核心装备。此处，航天员和空间机械臂协同，能完成复杂舱外建造和操作活动。

空间机械臂在整个关键技术验证阶段任务中发挥了重要的作用，完成了航天员出舱、转位货运飞船以及舱外状态巡检等多项关键任务，在整个过程中表现完美。通过空间机械臂舱外操作验证，空间机械臂关节运动能力、末端定位精度等功能性能均满足设计预期；空间机械臂操作负载所表现出的刚度特性，表明空间机械臂具有执行大负载转移任务的能力；同时，科研人员还获取了在轨失重环境下空间机械臂运动学模型参数。这些成果为今后空间机械臂转位实验舱、舱外大型载荷照料等任务奠定了坚实基础。

2. 再生式生命保障系统

为了让航天员实现更久的在轨停留和降低成本，天和核心舱配备了完整的再生式生命保障系统。航天员呼出的水蒸气会通过冷凝水方式回收，排泄的尿液等也会回收净

图 5-13-6　核心舱上的尿处理子系统

化，重新作为饮用水和生活用水使用。电解制氧时产生的氢气与航天员呼出的二氧化碳，通过化学反应生成氧气，能够降低氧气的补给需求。

航天员排出的湿气可收集成冷凝水，尿液等回收再处理成饮用水或电解制氧，水的回收效率优于95%，水的利用效率优于83%，均满足指标要求，通过这项技术，大大降低了通过货运飞船上行携带航天员饮用水和氧气的需求量。天和核心舱再生式生命保障系统已为神舟十二号、神舟十三号、神舟十四号和神舟十五号乘组提供了良好的载人环境，满足航天员在轨的物质代谢需求。

3. 柔性太阳翼

天和核心舱采用了大面积可展收柔性太阳翼，它集合了大面积轻量化、重复展收高可靠、低轨10年在轨长寿命、刚柔并济高承载等四大全新技术。

这是我国首次采用柔性太阳翼作为航天器的能量来源。与传统刚性、半刚性的太阳翼相比，柔性翼体积小、展开面积大、功率重量比高，提供的电能在满足舱内所有设备正常运转的同时，完全可以保障航天员在空间站中的日常生活需求，并在出舱活动、交会对接、机械臂转位等能源需求较大的任务中提供充足的能源供给。

天宫二号的太阳翼单翼翼展长度只有3米，到天和核心舱上长度增加到了12.6米，双翼展开面积可达134平方米，而运载火箭的装载空间有限，研制人员国内首次应用了多维多步展开的柔性太阳翼，巧妙地解决了这一问题，收拢后的太阳翼只有一本书的厚度。

核心舱太阳翼的另一个特点，是其在轨可开展至少20次的展收动作，为此采用了铰接式伸展机构支撑双边柔性太阳电池阵的技术方案，展开方式为有源驱动的三维五步展开，整个过程耗时40分钟，这也被形象地称为"手风琴"展开方式。这种特殊的折叠展开方式，让作为太阳翼"动脉"的传输电缆经历了一番脱胎换骨的"整形"——国内首次研制、应用了柔性扁平式电缆。此举适应了多次重复展收对电缆的折叠需求，且厚度仅有0.43毫米，在太阳阵面压紧后，电缆厚度与太阳电池片厚度相当，并且质量是同等功率传输能力下原先的一半。

核心舱太阳翼的另一个特殊功能是其可在轨整翼拆卸、转移。考虑到后续空间站组建完成后对核心舱太阳翼造成的遮挡会影响发电，这两个太阳翼可由航天员与机械臂配合，实现舱外拆卸、转移，安装于后续发射的实验舱尾部桁架上，并在轨

图 5-13-7 天和核心舱入轨后展开的大型柔性太阳翼

重新组建供电通道,这又被称为在轨能源拓展功能。

4. 结构与机构分系统

结构轻量化设计是空间站结构研制过程中始终坚持的设计思想,设计团队从结构参数优化、拓扑优化、轻型材料应用、3D打印工艺、多功能结构等多个方面开展减重工作。从直径4米的框体、壁板蒙皮、各类尺寸的支架,到蜂窝板里的一个金属埋件,对每一个零件进行减重设计,并提出了结构加工过程中的重量控制方法,将舱体结构成功瘦身,为其他设备和载荷提供了更多的搭载机会。

航天员居住在空间站密封舱内,密封舱内部为大气环境,外部为真空,对于空间站而言,密封的重要性不言而喻,是保证航天员生命安全的重中之重。为了确保密封性,团队设计了多种安全可靠的密封结构,优化了密封圈材料配方,分析抗老化机理,研制出了高可靠的密封件和具有抗静电吸附功能的舱门专属密封件。针对密封舱超大舱门密封可靠性问题,建立了密封界面刚度匹配设计准则,构建密封可靠性综合验证方法,通过大量细致的工作,解决了制约密封舱寿命的瓶颈问题。

图 5-13-8 天和核心舱舱内实景

密封舱在太空环境下不可维修,需要在至少15年的设计寿命里保持稳固,为航天员"挡风遮雨"。一方面,太空中的粒子、辐照、原子氧、真空、高低温交变等极端环境,加速橡胶密封圈的老化。另一方面,密封舱内温湿度环境又是金属应力腐蚀的温床。此外,太空垃圾的"不期而至"也会直接威胁着密封舱的安全。因此长寿命设计及验证成为结构与机构分系统面临的全新挑战之一。没有成熟的经验可借鉴,没有充分的数据可参考。结构与机构分系统设计团队大胆探索,直面困难,提出了密封舱壳体壁板结构"抗疲劳、抗腐蚀、抗断裂"的设计准则,并完成了仿真分析方法、加速寿命试验验证方法的研究,提出了密封舱抗应力腐蚀方法,进行了材料级、部件级试验以及外场放样试验,还首次完成了整舱疲劳寿命试验,使设计水平上升了一个新的台阶。

空间站配置了多种舱门,覆盖了圆形、方形、手动、电动、单向承压、双向承压等多个形式和功能。设计师在早期舱门的基础上,针对新功能对机构进行改进优化,针对方形舱门设计了全新的传动和压紧系统,并开展了大量的仿真分析和验证试验。舱门还配套了快速检漏、开关监测、操作和保护工具等辅助产品，确保舱门在轨的安全可靠。

太空中飘浮着大量的空间碎片、微流星等，这些对空间站的安全来说是一个很大的威胁。为了及时跟踪空间站的健康情况，设计人员还为空间站安装了健康监测系统。如果密封舱遭受外力损伤，会通过这套报警系统告知航天员和地面人员，快速采取措施。该系统通过遍布在空间站结构中的"神经末梢"，可实时给出空间碎片、微流星撞击位置，压力下降异常监测，实时得出空间站内气压变化情况，有问题及时进行警告和报警，以保证这个太空居所的安全、可靠，使航天员在其中过得舒适、开心。

5. 热控系统

与茫茫宇宙相比，中国空间站就像大海里的一叶扁舟，由于没有大气层的保护，在太阳光线直射下，空间站表面温度最高可达150 ℃以上，在背阳面，温度最低可达-100 ℃以下。要想在这种严酷的太空环境中生存，离不开空间站"知冷知热"的"贴心人"——热控分系统大显身手。

作为空间站的重要系统之一，热控分系统主要分为主动热控和被动热控两大部分。其中，主动热控主要由流体回路子系统、信息控制子系统和仪器区通风子系统三个部分组成，具有确保设备正常运行、航天员太空生活冷暖舒适的重要功能，不仅可以把舱内热量导到舱外，以维持舱内温度满足航天员生活及各种设备工作需要；而且可以有效隔绝舱外恶劣环境对舱内温度的扰动，以保证舱内航天员有一个舒适的生活和工作环境。

空间站热控分系统的核心之一是流体回路子系统，它是整个航天器的命脉，均匀地包裹住了空间站的重要部位，通过特殊液体在管路内的往复循环，将舱内设备以及航天员生活产生的热量收集起来，通过回路带到相应的设备和结构中实现散热和补热功能，同时还能精确控制空间站不同"房间"的温度，保持温度的均匀和稳定，可谓是量身打造的"中央空调"。

作为中国空间站热控分系统的三大组成部分之一，信息控制子系统就像"中央空调"的中枢神经。为了确保热控分系统更好地工作，设计师们为它配备了"最强大脑"。信息控制子系统不仅可以采集、控制回路子系统里的各种泵、阀等机电产品，而且负责整站的测温、控温等工作，此外，一旦流体回路子系统的产品发生故障，信息子系统还可以自主控制它们，及时发现问题并迅速报警，同时把问题处置掉，实现了空间站热控的自主健康管理，为确保空间站健康稳定运行提供了重要支撑。

与主动热控不同，空间站被动热控主要依靠舱壁外侧的热控材料、涂层、热辐射器等，把舱外冷热面的温差阻挡在舱体外部，而不对舱内产生影响，同时把舱内多余的热量用辐射器辐射到太空中。

空间站被动热控系统中最明显的应该是包覆在舱壁外面的那层白色多层隔热材料，它能最大限度地降低空间环境影响；在密封舱内壁上还包覆着保温泡沫，这种泡沫类似于我们日常生活中包空调管的海绵，能够隔绝低温壁面对空气的影响，提高与空气接触表面的温度，防止结露现象发生。此外，在舱外发动机区域，还采用了高温隔热屏进行高温羽流热防护。这些被动热控装置就像给空间站穿了一件贴心"小棉袄"，呵护着它稳定运行、翱翔太空。

6. 推进系统

航天六院空间推进系统研制团队承担了全部核心舱推进与补加系统设计研制工作。为实现至少在轨运行15年的设计寿命要求，核心舱推进系统成为目前中国航天飞行器当中最为复杂的推进系统。

超长时间的在轨工作使核心舱增压及推进剂输送系统、控制和采集系统、发动机系统以及补加系统的可靠性面临异常严苛的考验，需要大幅度提升冗余度，从而保证一旦发生一重故障，设备仍能继续正常工作；即使发生两重故障，仍能确保飞行器安全。为保证推进系统的可靠性，航天六院设计研制团队确保所有主机无单点故障，实现全冗余；改气路管路活连接为焊接，以降低增压气体长期在轨的泄漏风险；液路管路全部采用两道密封设计，以保证管路长期在轨的密封可靠性；对补加系统关键单机——压气机进行设计改进，大大提高其使用寿命。

在核心舱发射任务中，"三项创新"成为攻破"史上最复杂"推进系统的关键。

第一个关键创新是较2017年天舟一号货运飞船实施"太空加油"的精彩表现，核心舱推进系统首次实现了完全自动化的高难度技术突破。科研人员为其研制出全新的自动补加程序，使其不再需要地面指令干预或是航天员的辅助，即可实现完全自主补加。"太空加油"技术和关键设备由六院完全自主研制，完成了一系列核心技术和关键设备攻关，并通过多轮地面试验验证，首创国内自主研发的压气机及浮动断接器，为我国后续大型空间站建设奠定了坚实基础。"太空加油"技术的成功填补了我国航天领域的空白，实现了我国空间推进领域的一次技术跨越。

第二项首次创新，是核心舱推进系统除了配备4台轨控发动机、22台姿控发动机这些在航天技术中常用的常规动力以外，还额外配置了4台霍尔推进器，首次将电推进动力应用到航天器上。空间站在围绕地球运转的过程中，会因为地球引力影响轨道高度，需要发动机消耗额外推进剂来抬升轨道。而霍尔电推进系统以其推力小、精确调

图 5-13-9　我国空间站核心舱使用的霍尔推进器

整、工作时间长的特性，"细水长流"地发挥作用，辅助空间站抵抗轨道衰减，维持在原定轨道上正常运转，可有效节省核心舱自带推进剂的消耗，保证推进剂的合理充分利用。

第三项创新是六院研发团队根据核心舱在轨15年的寿命要求，结合实际需求和产品风险评估，在以往可靠性设计、安全性设计的基础之上增加了维修性设计，首次设计了包括控制驱动器、霍尔电推进发动机气瓶等设备可实现由航天员出舱在轨更换维修的方案。

四、实验之舱

2022年发射的问天实验舱和梦天实验舱都能单独飞行，与核心舱对接后可对核心舱功能予以备份和增强，用于科学实验和技术试验，都支持航天员长期在轨驻留。

在两个实验舱的短桁架上，共装有2对柔性太阳翼，每个单翼翼展约为30米，采用三结砷化镓电池，光电转换效率高达30%以上。它们的发电能力能很好地满足空间站的需求，从而能规避世界首座积木式空间站和平号因电源不足带来的一系列问题。

1. 问天实验舱

2022年7月24日升空的问天实验舱是我国空间站的首个实验舱，由工作舱、气闸舱及资源舱3部分组成，其中工作舱是迄今我国最大、世界第二大单密封舱体，舱内设有3个卧室、1个卫生间及多个实验柜；气闸舱用于航天员出舱；资源舱是能源与动力中心，装有大量燃料、姿轨控动力系统和大型柔性太阳翼。

问天实验舱舱体总长17.9米，直径4.2米，自由活动空间近50立方米，发射质量约23吨。

（1）一专多能。

我国之所以先发射问天实验舱与天和核心舱对接，再在2022年10月发射梦天实验舱与天和核心舱对接，是因为问天实验舱除能像梦天实验舱一样开展大规模科学实验和技术试验外，它还具备梦天实验舱没有的四大功能。

一是问天实验舱也像天和核心舱一样具有空间站组合体统一管理和控制能力，在飞行控制、载人环境、能源管理、信息管理等方面具有完备的功能。如果天和核心舱发生某些故障，可以用问天实验舱控制整个空间站组合体，从而提高了空间站整个设计的可靠性。如果说天和核心舱是中国空间站的"最强大脑"，问天实验舱就是时刻可以接班的"备用大脑"。

二是问天实验舱像核心舱一样，在其工作舱内也有3个卧室、1个全功能卫生区兼储物间，工作区噪声不超过60分贝，睡眠区噪声不超过50分贝。不过，为了减少实验柜的噪声对航天员的睡眠影响，问天实验舱里的卧室与核心舱的卧室位置不太一样，不是与核心舱平行呈水平状态躺着睡觉，而是集中在靠近气闸舱附近的一个象限内，3个卧室在舱内绕了一圈，有2个卧室是与飞行方向垂直，航天员相当于站在里面睡觉，还有1个卧室在天花板上，不过在太空是不分上下的。它与核心舱的对接后，我国天宫空间站就可以满足两个航天员乘组共6人短期同时在轨生活、工作和交接班的需求。

三是问天实验舱有更宽敞、更舒适、更安全的专用气闸舱和应急避难场所，可支持航天员更方便地出舱活动，保证航天员安全。所以在它与天和核心舱对接后，航天员就将改由从问天实验舱的主份气闸舱出舱口进行出舱活动，而核心舱节点舱出舱口变为备份出舱口。这些可让我国空间站的在轨运行风险更加可控，在轨长寿命运行更加可靠。不过，问天实验舱气闸舱的出舱口是朝向地面，而不像核心舱的出舱口朝向天空，这是因为问天实验舱气闸舱的上面要放置探索宇宙的舱外实验装置，天和核心舱节点舱的对地向是神舟系列飞船的径向对接口，所以其出舱口是朝天的方向。

四是问天实验舱气闸舱外配置了一个小型空间机械臂。它可单独使用和爬行，用于完成航天员出舱活动支持、舱外状态检查和实验载荷安装等任务，也能通过组合臂转接件和大机械臂级联组合，连接成组合机械臂，可实现航天员和载荷大范围转移。

（2）大太阳翼。

问天实验舱配备了一对双自由度大型柔性太阳翼，太阳翼单翼展开面积约138平方米，每天平均发电量超过430千瓦时（3名航天员一天工作、生活的用电量预计为320千瓦时左右），初期供电能力36千瓦，末期13.5千瓦（核心舱末期供电能力是近10千瓦），给载荷的供电能力约为5千瓦，这也刷新了我国航天器在轨使用太阳翼板的纪录。由于太阳翼面积大、柔性也大，所以发射后其单翼先展开6.5米，与天和核心舱对接完成后再展开到位23米，这样可提高可控性，确保对接成功。

其能源管理系统十分强大，自带高性能"发电机"与"配电器"。空间站在轨建造完成后，天和核心舱的一个太阳翼转移到问天实验舱的尾部，天和核心舱主要进行空间站管理工作，而问天实验舱成为名副其实的"主发电站"。问天实验舱的3条能源母线发挥了更大的作用，为组合体源源不断地供电送能。

柔性太阳翼的"柔性"特点决定了它特别

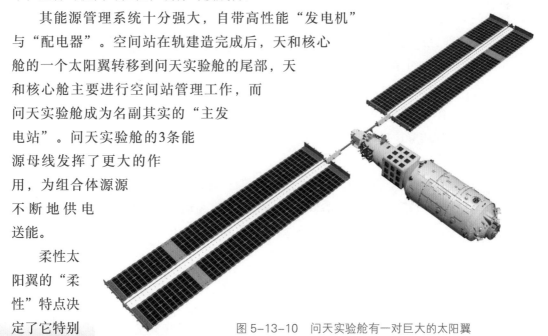

图 5-13-10　问天实验舱有一对巨大的太阳翼

容易振动，即使发射后先展开约五分之一的长度，如果控制不好，其每次"温柔一振"都可能对航天任务造成致命影响。为此，航天五院在半刚性太阳翼控制基础上，发展了对柔性太阳翼振动抑制的方法，用"四两拨千斤"方式让其在太空"平稳翱翔"。 从控制效果来看，我们自主创新设计的控制方法不仅更适合中国航天器的"体质"，主要技术指标甚至优于国外。

为了空间站平衡稳定，少消耗用于姿态控制的电力和燃料，问天实验舱在梦天实验舱发射前几天，才由其上的转位机械臂由核心舱节点舱的前向对接口转位到侧向的停泊口，并且先要使空间站组合体转成轴向对着地面，以利用重力梯度稳定地转位。

（3）力矩陀螺。

问天实验舱装备了4台1500牛米秒控制力矩陀螺。问天实验舱与天和核心舱组合后，航天员把天舟四号和天舟五号货运飞船携带的2台控制力矩陀螺也安装到问天实验舱上。中国空间站使用的是目前我国该类产品中最大的控制力矩陀螺，共要配备12台，此前随天和核心舱上天了6台，问天实验舱最终也是装6台。多个控制力矩陀螺联合使用，可使巨大的空间站的姿态控制能"坐如钟、行如风"。

我国控制力矩陀螺研制可谓千辛万苦。如果从1998年在国家863计划支持下开展预先研究算起，至2021年空间站用控制力矩陀螺首次在轨成功应用总共花了23年，经历了3代人。

我国第一台上天的是200牛米秒控制力矩陀螺，它于2011年随天宫一号上天，其在轨应用是我国空间机电部件发展的一个里程碑，使我国成为国际上第三个掌握该技术的国家。如果从预先研究课题立项算起到中国第一台控制力矩陀螺上天，用了13年的时间。

从天宫一号开始，航天五院面向更大和更小航天器应用开发了系列控制力矩陀螺产品，但和控制力矩陀螺在其他航天器上的应用不同，空间站任务有更高的要求：其他航天器控制力矩陀螺都是安装在舱内的，工作环境较为单一，而空间站上的控制力矩陀螺需要同时适应舱内舱外两种工作环境。对于舱外产品，极大的温度变化范围、极大的真空度变化范围等给产品关键部位的润滑问题和整机的散热问题带来了很大挑战，特别是对于舱外200多摄氏度的温差，研制人员不得不进行专门的热控设计；对于舱内产品，还开展了减振降噪工作，以符合舱内噪声指标要求。

空间站任务把控制力矩陀螺在中国航天器上的使用提高到了一个新高度，在国家相关部门的大力支持与型号背景预研的牵引下，我国单框架控制力矩陀螺产品实现了快速发展，航天五院在天宫一号之后的数年时间里陆续研发出了角动量范围覆盖0.1牛米秒到1500牛米秒的产品，形成满足我国各类空间飞行器姿态机动与姿态控制需求的全系列控制力矩陀螺产品型谱。

2. 梦天实验舱

2022年10月31日升空的梦天实验舱，其主要任务是支持密封舱内应用和舱外试验。它配置了货物专用气闸舱，此舱可在航天员和机械臂配合下，支持载荷和设备自动出舱。梦天实验舱装有与问天实验舱相同配置的大型柔性太阳翼。

梦天实验舱和问天实验舱构型差不多，主要用于开展舱内外的空间科学实验和技术试验，其舱内最多可装有13个科学实验柜。它的特点是配置了一个货物气闸舱，一些科学实验装置可通过货物气闸舱出舱，然后由机械臂接管，把科学实验装置装载在舱外的一些实验载荷平台上。

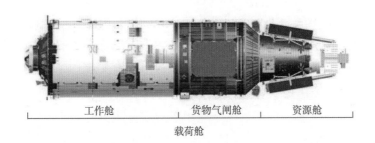

图 5-13-11　梦天实验舱的结构图

（1）超大利器。

梦天实验舱是我国迄今为止质量最大的单个航天器，发射质量约为 23.3 吨。它也是我国空间站 T 字构型组合体的最后一个部分。

它由工作舱、货物气闸舱、载荷舱、资源舱四个舱段组成，其中货物气闸舱嵌套在载荷舱内，两舱共同组成"多功能实验舱"。梦天实验舱全长17.88米，直径4.2米，除去平台系统与实验机柜等设施设备安装空间，它能够为航天员提供约32立方米活动空间。在轨组装完成后，梦天实验舱将与空间站实现控制、能源、信息和环境等功能的并网管理，共同支持空间站开展更大规模的空间研究实验和新技术试验，打造空间技术应用研究的"梦工场"。

其工作舱在最前端，通过对接机构与核心舱相连，这是航天员舱内工作与锻炼的地方，里面装有舱内科学实验柜。其前端面配置交会对接机构与用于在轨转位的"转位机械臂"。该舱总长约9.3米，其中柱段长6.6米，最大直径4.2米，舱内提供13个标准实验机柜的安装空间。舱内居住空间划分为工作区、锻炼区和存储区三个部分。

载荷舱与货物气闸舱则是以类似套娃的"双舱嵌套"形式与工作舱相连，即在载荷舱的内部隐藏着一个货物气闸舱，主打货物出舱专用通道。

环绕着货物气闸舱的载荷舱最大外径4.1米，轴向长约4.5米，最大外径比工作舱4.2米的外径数据仅小了10厘米。载荷舱在朝向地球一侧的第一象限与朝向天顶方向的第二象限分别配置两块面积5平方米的展开式暴露实验平台，第一象限展开暴露实验平台展开后还可露出一块固定式舱外暴露实验平台，三块暴露实验平台配置了24个标准接口，它们可以安装各类舱外暴露实验载荷与观测设备。

货物气闸舱呈柱体结构，轴向长2.3米，直径约2.2米，容积约8立方米。与之对比，问天实验舱的人员气闸舱容积约9.6立方米，天和核心舱的节点气闸舱容积约6立方米。梦天实验舱上的货物气闸舱是迄今世界最大的货物气闸舱，它可支持运送的货物包络尺寸是1.15米×1.2米×0.9米。

紧邻载荷舱的是轴向长度约5.1米的资源舱。其最大直径超过2.5米，配置有翼展超55米的大型柔性太阳翼和双自由度对日定向装置，它可根据空间站在轨运动姿态和太阳的角度，让太阳翼绕着实验舱轴和太阳翼轴进行转动，确保太阳光可以垂直照射在太阳电池片上，实现最高发电效率，为整舱提供能源和动力。该舱配置有完备的姿轨控动力系统。资源舱上还有一部中继天线，这是我国空间站的第三部中继天线，三部中继天线融合使用可使天宫空间站的连续测控覆盖率达到100%。

梦天实验舱是我国天宫空间站的三个舱中支持载荷能力最强的舱段，主要面向微重力科学研究，可支持流体物理、材料科学和超冷原子物理等前沿试验项目。为了最大化实现舱外试验支持能力，其舱外配置有37个载荷安装工位，它们能为各类科学实验载荷提供机、电、信息方面的能力支持，确保它们在太空环境下开展各类实验。特别是载荷舱上配置有两块可在轨展开的暴露载荷实验平台，可进一步增强空间站的载荷支持能力。

因为任务分工和定位不同，梦天实验舱与天和核心舱、问天实验舱有明显的不同。它与问天实验舱的区别是：

一是梦天实验舱是航天员纯开展科研工作的地方，所以没有配置卧室和卫生间以及小机械臂，但有类似健身房的划船机等航天员的抗阻锻炼设备。

二是问天实验舱主要面向空间生命科学研究，配置了生命生态、生物技术和变重力科学等实验柜；梦天实验舱则主要面向微重力科学研究，配置了流体物理、材料科学、燃烧科学、基础物理及航天技术试验等多学科方向的实验柜。

图 5-13-12　对梦天实验舱进行测试

图 5-13-13　梦天实验舱在轨示意图

三是梦天实验舱最大的特点是有一个货物气闸舱。在该气闸舱内配置了一台载荷转移机构，因此货物能自动出舱，这不仅使货物出舱能力得到了大大提升，还可为在轨工作生活的航天员"减负"。

四是梦天舱还专门配置了微小飞行器在轨释放机构，它在载荷转移机构与机械臂的配合下，能够满足百千克级微小飞行器或者多个规格立方星的在轨释放需求。

五是在梦天实验舱的载荷舱外配置了两个展开式暴露平台和1个固定式暴露平台，为梦天实验舱提供了24个舱外标准载荷工位。

（2）特别之处。

梦天实验舱最大的特点是有一个货物气闸舱。它采用"内舱门+外舱门"双门设计：通往工作舱的内舱门是隔离舱内与舱外空间环境的关键设备，面向地球一侧的外舱门则是货物通往舱外的出舱口。为了保障航天员的在轨安全和确保舱内的气压、温度等环境，货物气闸舱内外两道舱门是不可同时打开的，也不必担心误触，因为外舱门只有一切条件具备，接收到地面指令时才会打开。

在完成货物出舱任务时，航天员首先会手动开启内舱门，此时外舱门呈关闭状态，工作舱与气闸舱形成一个密闭的工作环境，气闸舱内负责搬运货物出舱的载荷转移机构能伸进工作舱内，航天员不用身穿舱外航天服，在舱内就可以完成载荷、货物的安装操作；随后，转移机构缩回至气闸舱，航天员关闭内舱门，并由地面发出指令打开外舱门，实现货物的顺利出舱。

与航天员进出舱一样，货物进出舱也需要经过一个泄复压过程，即货物出舱前气闸舱要泄压，从而让气闸舱内外的大气压保持一致，以打开舱门；货物进舱后气闸舱要复压。因此对于气闸舱来说内部空间越大，泄复压期间空间站内损耗的气体越多。为此，研制团队对货物气闸舱的外形尺寸根据出舱货物的大小进行了最优设计，气闸舱2.2米的直径既保证了货物有充足的空间进行安全转运，又减少了对空间站内的气体损耗，提高了空间站的气体利用率。

为了满足将来更大尺寸、更大重量货物的进出舱需求，梦天实验舱的货物气闸舱上还安装了一款独一无二的电动弧形方舱门，它采用全自动滑移设计宽度可达1.2米。舱门可以为货物的进出舱提供一条宽阔的走廊，也是隔离舱内与舱外空间环境的关键设备。

作为工作舱与资源舱之间的连接舱段，货物气闸舱具有连接和承载的作用。因此，为了进一步提升整舱刚度，起到有效的承载作用，在气闸舱外还套了一个更大直径的舱体——载荷舱，即采用了独特的"舱中舱"设计。除此之外，载荷舱还为空间站进行舱外科学实验提供了强大的平台支持。

另外，载荷舱还配置2个展开式暴露平台和1个固定式暴露平台。2个展开式暴露平台1个为对天方向，1个为对地方向，与对地方向的固定式暴露平台一共可提供24个标准载荷工位。为了不占用火箭包络，发射时平台呈收拢状态，当梦天实验舱完成对接与转位动作后，两个平台展开并锁定到位，它们提供了24个舱外标准载荷工位，这样就极大拓展了空间站开展空间科学实验的能力。

（3）太空转位。

2022年11月3日，两天前对接成功的梦天实验舱从天和核心舱的前向对接口分离，转位至核心舱的侧向停泊口完成转位。此前一个多月，问天实验舱曾完成转位，两次转位过程相似：转位期间，实验舱先完成相关状态设置，再与空间站组合体分离，之后采用平面转位方式完成转位，与天和核心舱节点舱侧向端口再次对接。

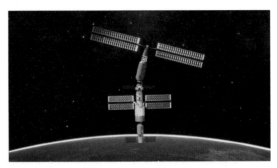

图 5-13-14　问天实验舱转位示意图

转位动作在我国空间站的建造及后续任务实施中发挥了重要作用。问天、梦天两个实验舱在发射后，先与天和核心舱进行前向交会对接，再通过转位动作从天和核心舱前向对接口移动到侧向停泊口，完成空间站T字基本构型的建造任务。

图 5-13-15　梦天实验舱与天和核心舱快速交会对接示意图

转位主要由转位机构实施，天和核心舱上的大机械臂作为转位备份。转位机构由转臂和转位基座组成。转臂在梦天实验舱上，犹如梦天实验舱伸出去的手臂。转位基座在天和核心舱节点舱上，是梦天实验舱上这只"手臂"要抓取的位置。

转位前，空间站组合体是垂直于地球的姿态。采取这样的方式，主要是因为空间站运行于近地轨道，调整至垂直于地球的姿态进行转位，可以减少大气扰动，稳定性最佳。

在完成相关状态设置后，梦天实验舱进入自主转位流程。这个过程有这么几个步骤：首先，对接机构解锁，梦天实验舱转臂伸向天和核心舱上的基座，转臂和基座捕获连接，梦天实验舱和核心舱分离。接下来，转臂的关节运动将梦天实验舱从核心舱的前向对接口转90°，转到核心舱的侧向停泊口。这个转位是在同一平面内进行的，叫"平面式转位"。这样的转位动作更易于空间站的姿态控制，舱体在转位前后，对天、对地面保持不变，从而确保各舱段的科学设备可以发挥最大效用。最后，梦天实验舱与核心舱侧向停泊口对接捕获，转臂解除与基座连接，梦天实验舱与核心舱锁紧，完成转位。

为什么不能在实验舱发射后，通过侧向交会对接，直接到天和核心舱的两侧呢？这有两方面原因：一是实验舱与空间站组合体进行侧向对接，会因为质心偏差对空间站姿态造成较大影响，甚至可能会有滚转失控的风险；二是根据空间站建造方案，两个实验舱将在天和核心舱的侧向永久停泊，如果选择侧向交会对接，首先需要在天和核心舱两个侧向端口分别配置一套交会对接设备，并且这两套设备只能使用一次，造成资源的浪费。由此可见，两个实验舱先与核心舱进行前向交会对接，再通过转位移至核心舱侧向停泊口的方案设计是最优的。

不过，两个实验舱在转位任务安排上有些差异。问天实验舱在经过发射和交会对接后，开展了航天员出舱等一系列任务，而后开展转位。与问天实验舱不同，梦天实验舱在发射、交会对接后直接转位，待形成T字构型组合体后，再开展在轨测试、航天员驻留等任务。

（4）T字构型。

两个实验舱转位后的空间站呈T字构型结构对称，从姿态控制、组合体管理上都是比较稳定的构型，易于组合体的飞行，且由于其受到的地心引力、大气扰动等影响较为均衡，空间站姿态控制消耗的推进剂和其他资源较少。若采用非对称构型，组合体的力矩、质心与所受到的干扰相对于姿态控制、轨道来说都不是对称的，其飞行效率更低，控制模式更加复杂，一旦构型发生偏转，就需要付出额外的代价和资源将其控回。

图 5-13-16　2022 年 12 月空间站 T 字构型示意图

中国空间站在设计之初就运用了系统科学的思想：系统的各部分各自独立，组成系统时又相互联系、相互作用，有机地形成一个整体。三舱形成T字构型后，以"1+1+1=1"的理念构建成为"组合体核心"。其中，由天和核心舱进行统一的组合体管理，包括姿态轨道控制、载人环境、热控、信息通信等；问天实验舱与天和核心舱互为备份，可随时接替天和核心舱对空间站组合体进行统一管理和控制；问天实验舱、梦天实验舱为开展舱内外科学实验提供支持。三舱协同配合、有机统一，构成更加完整、可靠的空间站组合体。

第十四节　新一代飞船

2020年5月8日，航天五院研制的我国新一代载人飞船试验船在圆满完成了预定任务后成功在酒泉东风回收着陆场成功着陆，这标志着该试验船的飞行试验任务圆满完成，从而为下一阶段的新一代载人飞船的研制指明了方向，也意味着中国载人航天工程迈出了探索浩瀚宇宙新的一步。该飞船是于2020年5月5日由我国长征五号B遥一大型运载火箭发射升空的。

一、研制历程

为满足中国载人航天向更遥远的深空挺进的任务需求，2015年，航天五院论证提出研制新飞船试验船开展高速再入飞行试验的方案。从2017年1月到2019年12月，短短三年间，航天五院便完成了方案设计、产品研制、整船总装、综合测试、大型试验，突破了大量关键技术，从无到有打造出了这艘承载新希望、开拓新"天路"的新飞船试验船。

经过任务验证，新一代载人飞船试验船的主要技术指标已经达到国际先进水平。与国际先进的天地往返航天器相比，我国新一代载人飞船的能力毫不逊色，具备适应多任务需求能力、更大的轨道机动能力、兼顾陆上和水上着陆能力等。

试验船飞行任务的圆满成功，标志着我国新一代载人飞船已具备雏形。后续航天五院将结合任务需求，开展新一代载人飞船总体方案深化论证，尽快研制和完善具备高承载人数和货运运输能力、适应近地空间站和载人深空探测任务的新一代载人飞船，使我国载人天地往返运输技术全面实现由跟跑到并跑的跨越，让中国人探索太空的脚步迈得更稳更远，为早日实现建设航天强国的伟大梦想贡献更大力量。

二、三大特征

我国新一代载人飞船的设计和研制，采用了当今世界最先进载人飞船的思路和技术，具有目前正在研制的全球超一流载人飞船的三大特征：

一是用途十分广。以往的载人飞船分两种，一种是像联盟、神舟载人飞船那样的卫星式飞船，即像人造地球卫星似的载人在近地轨道绕地球飞行；另一种是像阿波罗载人飞船那样的登月式飞船，即载人来往于地月之间。新一代载人飞船则既可以在近地轨道飞行，为空间站提供人员和物资的天地往返运输，也能完成载人月球探测等载人深空探测任务，甚至还可以运货。

二是运载能力大，载人多。它每次可以运送4~7人，而目前使用的联盟、神舟载人飞船每次最多可运3人。虽然新一代飞船采用两舱构型，但其直径比联盟、神舟载人飞船都大。其目的是把内部加压空间都集中在一个舱段内，以便明显增加航天员的舒适度，多搭乘航天员，降低成本，提高可靠性。

三是可以重复使用。因此，它能大大降低载人飞船的单次飞行成本。

新一代载人飞船的设计特点是具备高安全、高可靠、适应多任务和模块化。此次发射

图 5-14-1　我国新一代载人飞船试验船总装现场

的试验船主要对新一代载人飞船进行高速再入返回防热、控制和群伞回收等七大关键技术进行飞行验证，为未来载人航天奠定更坚实的基础。

三、多个首次

　　新一代载人飞船是面向我国载人航天未来发展需求而论证的新一代载人天地往返运输飞行器，全长约9米，最大直径4.5米，最大发射质量23吨。在充分继承我国载人航天工程已有技术的基础上，它在结构、推进、回收、能源、热控、电子、人机交互和可重复使用等方面采用了一系列先进技术，使飞船具备高可靠、高安全、低成本和宜居的特点。

　　为了能在一次任务中验证更多新技术、新材料，飞船工程师在新一代飞船试验船上应用了许多新设计，配置了许多新装备，创造了中国载人航天器领域的多个首次，这充分体现出我国载人航天领域发展"更好、更快、更省"的发展理念。

　　例如，在此次任务中，返回舱结构首次采用了密封舱和非密封舱设计，防热结构首次采用了新型轻质耐烧蚀的碳基防热材料满足高速再入热防护需求；首次采用了国际上推力最大的新型单组元无毒推进系统；首次采用了国内航天器最大的表面张力贮箱。此外，新一代载人飞船试验船上还搭载了我国科研院所的多项有源载荷，开展了太空3D打印等在轨

图 5-14-2　新一代载人飞船试验船进行振动试验

空间应用和空间科学实验，实现了一次任务多方受益。

与神舟系列飞船的钟形返回舱不同，新一代载人飞船的返回舱采用流畅的倒锥形钝头体气动外形，这是因为倒锥形空气升力更大，能在以第二宇宙速度高速返回时依靠空气阻力减速，使飞船可以更加平稳、精准地落地。

四、大两居室

跟神舟系列飞船三舱式结构不同，新一代载人飞船采用两舱式构型，由返回舱与服务舱组成。其返回舱是整船的指令中心，也是航天员生活居住的地方，可乘坐6～7名航天员；服务舱是整船能源与动力中心。

返回舱采用金属结构与防热结构分开的双层壳结构，里层的金属结构内是航天员的"驾驶室"，只安装了环控生保、人机交互等直接关系到航天员生命安全和飞船操控的设备，这样就腾出了大量空间，也最大限度地避免了大量设备和航天员共处一室的安全隐患，因而具有容积大、密封性好、舱内视野遮挡少等特点。其他设备都放入了金属结构与防热结构中间的夹层中。因为这些设备不用"呼吸"，放到这个非密封的空间中也算是得到妥善的安置。

图 5-14-3 我国两代载人飞船构型对比

采用这种设计方式，可以使设备不占空间，让人的活动空间大大增加了。新飞船的"驾驶室"可以分为工作区、娱乐区、餐饮区以及卫生区，能为航天员提供更舒适的乘坐环境。据悉，未来这里还将配置生活娱乐大屏，让航天员的太空旅行变得更加丰富多彩；配置穿戴式显示仪表，让航天员可以时刻了解飞船的健康状况。

其外层的防热结构采用了耐烧蚀的新型轻质防热材料，在质量比神舟飞船降低超过30%的基础上，防热效率仍是"神舟"系列飞船的3倍。它不仅守护了返回舱的安全，而且首次采用的可拆卸更换设计，能有效地提高可重复使用率。

五、重复使用

目前，世界上所有已投入使用的载人飞船都是一次性使用的，因为不能像航空飞机那样重复使用，所以成本很高。所以，为了降低进入太空的成本，未来载人飞船一个重要发展趋势就是重复使用。

我国新一代载人飞船的返回舱是可重复使用的。它采用金属结构与防热结构分开的设计方式，返回后只需要更换防热结构即可，金属结构和舱内设备能重复使用。例如，星敏感器、计算机等一些高价值的设备，原先都放在服务舱里的，落入大气层时会被烧毁。现在，经过优化设计，把它们由服务舱调整至返回舱安装，这样就可以随返回舱返回地面后进行回收利用。在返回舱外包覆我国自主研制的新型轻质防热结构，执行完任务后只需更换轻质防热结构，并经过规范严格的检测，返回舱就可以再次执行载人航天飞行任务了。

对接机构也很"金贵"，为此，工程师用与防热结构一样的材料给飞船设计了一个"帽子"。飞船与其他飞行器对接的时候就把"帽子"掀开，露出里面的对接机构，等返回地球的时候再把"帽子"戴上，以保护里面的设备再入大气层时不被烧坏，从而继续使用。

其实，为了验证新一代载人飞船新的气动构型设计、可重复使用等关键技术，获取返回舱气动特性参数，研制新一代多用途飞船返回舱，我国曾于2016年发射了1艘1：0.63新一代载人飞船缩比型返回舱，它为研制新一代载人飞船奠定了基础。

六、多种用途

由于采用了模块化设计，所以新一代载人飞船既能用于近地轨道的载人天地往返，为我国空间站提供人员和物资的运输，也可适应近地轨道飞行、载人月球探测和载人深空探测等多种任务；既能用于载人，也可完成货运飞船的任务，也就是把"太空巴士"变为"太空货车"，给空间站运送大量的补给物资，或者把空间站所做的一些试验样品带回地球。

为了让新一代载人飞船身兼多职，飞船工程师采用了"合并同类项"的设计思路。具体说就是把因任务不同而性能指标各异的电源、推进、燃料和资源等分系统集成到服务舱内，这样就能实现用统一的返回舱、配置不同的服务舱模块来满足近地空间站运营、后续载人航天工程等多任务需求的目标。采用这样的先进设计，不仅能大大缩短研制周期，还可以采取批量化研制模式来降低研制成本，从而在未来人类探索宇宙活动越来越频繁时展现出显著优势。

简单地说，为了实现多功能使用，新一代载人飞船采用"搭积木"式的模块化设计。不同的任务需求，通过相同的返回舱和不同的服务舱的配置就可以完成。

七、家的感觉

新一代载人飞船是我国第二代载人飞船。它不仅继承了神舟系列载人飞船可靠、安全等优点外，在舒适度、经济性及智能化程度等方面也有了大幅提升。

为了让在返回舱生活和工作的航天员感到舒适，使航天员有"在家"的感觉，飞船工程师采用了宜居的设计理念，充分利用了新一代载人飞船舱内空间大的优势，在舱内装饰、设备布局、人机交互界面、整船载人环境设计等方面都十分考究。

例如，在返回舱内设置了工作区、娱乐区、餐饮区及独立卫生区，这种鲜明的功能分割，可让航天员的"枯燥"太空旅行变得丰富多彩。返回舱还专门配置了生活娱乐大屏，并为航天员配置了穿戴式显示仪表，使航天员能够时刻了解飞船的健康状况。

新一代载人飞船采用了许多新技术，使飞船性能别开生面。例如，由于采用了高性能计算机和敏感器的"组合拳"，新一代载人飞船具备自主应急入轨、自主轨道抬升、自主升力控制等功能，可以快速、从容应对各类突发事件。

另外，新一代载人飞船还采用了单组元无毒发动机、高精度光学—导航一体化导航、分布式一体化电子系统、高转换效率太阳能电池、多终端综合人机交互系统、水升华器散热、新型环路热管等一系列先进技术，从而全面提升了飞船平台的综合性能。

八、智能自主

新一代载人飞船的"大脑"——制导导航与控制系统，进一步提高了飞船的自主运行能力、在轨生存能力和应用潜力，并降低了维护运营成本，对我国后续深空探测和载人航天型号的发展具有十分重大的意义。

飞船入轨后，其"大脑"可以不依赖地面，独立控制飞船飞行。它不仅能随时知道飞船现在处在什么位置，而且还知道将要去哪里，走哪条路能更快地到达目的地。

它还具备了全自主连续变道能力。自主与全自主有什么不同呢？自主变道实现的是自主去往一个目的地，全自主连续变道实现的就是去往一个最终目的地的过程中，智能途经了若干个中间目的地。这种技术，大大简化了飞船轨道控制的流程，减轻了地面飞行控制人员的工作量。

新一代飞船还能自己给自己"看病"。在飞行过程中它实时地关注着自己的"健康"，一旦出现问题，通过系统智能的算法自己给自己"诊病"，找到"病灶"并临时或长久剔除"病灶"。对于重构功能的实现，则通过"身体"各部分功能的优化再组合来分担故障部位所承担的工作，确保机体整体功能的正常，这也大幅简化了地面飞控支持保障工作。

另外，试验船上天后，陆续完成了七次自主变轨，从距离地面几百千米的小椭圆轨道变成了距离地面几千千米的大椭圆轨道，这是以前都没有过的。抵达大椭圆轨道后，试验船还进行了调姿、返回制动、返回舱服务舱分离等关键步骤，对试验船再入返回技术进行全面验证。最后，它以接近第二宇宙速度的速度返回，以对气动外形、防热和群伞等技术进行验证。

九、更加安全

因为是超级"大船"，所以试验船的返回舱在返回时首次采用了群伞气动减速和气囊着陆缓冲技术，可将重约6吨的返回舱速度由近200米/秒平稳减速至零。与国外目前在研的"猎户座""载人龙"和"星际航船"飞船的返回舱相比，我国在回收重量和开伞动压等关键技术指标方面已达到国外同等水平。

它在返回时不像神舟系列飞船那样，靠1具引导伞、1具加速伞、1具牵顶伞、1具主伞来减速，而是采用了由2具减速伞和3具主伞组成"群伞减速"回收方案，并在备份上进行了科学设计，这样即使是在一具减速伞或主伞失效时，也能保证舱体减速着陆，所以更安全。这3具主伞，每一具都与神舟系列飞船的降落伞面积相当，面积之和相当于五六个标准的篮球场。

另外，返回舱落地前，不像"神舟"系列飞船返回舱使用缓冲发动机减速，而是使用6

个充气气囊帮助舱体平稳"软着陆",最大限度地保证了返回舱的安全、完整回收。这6个大型缓冲气囊均安装在飞船底部,它们有序排列在船舱底部一周,每个缓冲气囊充满后相当于一个卡车轮胎大小,像自带的大气垫,以确保船舱的底部着陆和未来航天员乘坐体验良好。

十、太空打印

在新一代载人飞船试验船返回舱中搭载了一台3D打印机,这是我国首次进行太空3D打印实验,也是国际上第一次在太空中开展连续纤维增强复合材料的3D打印实验。

这次打印的对象有两个,一个是蜂窝结构(代表航天器轻量化结构),另外一个是CASC(中国航天科技集团)标志。

飞行期间,我国自主研制的"复合材料空间3D打印系统",自主完成了连续纤维增强复合材料的样件打印,并验证了微重力环境下复合材料3D打印的科学实验目标。 连续纤维增强复合材料是当前国内外航天器结构的主要材料,密度低、强度高,开展复合材料空间3D打印技术研究,对于未来空间站长期在轨运行、发展空间超大型结构在轨制造,具有重要意义,未来可以实现按需制造,并支持我们空间站在轨扩建。

十一、局域网

飞船在轨还完成了一项用于未来让航天员享受到"智能家居"太空生活的高速局域网试验。其上装有一套"时间触发以太网星载原型系统",它可将各个系统联通成一个高速局域网,速率达到了千兆网的水平。

通俗地说就是,在一般的居家生活中,电视、空调、音响等都有各自的遥控器。但在智能家居环境下,通过局域网能把所有家用电器联通在一起,用一个平板电脑就能控制。

未来的大型复杂航天器里面的设备和节点不仅数量多,相互间的通信关系也非常复杂。但配置了这套"时间触发以太网星载原型系统"之后,就能把整个航天器做成一个类似大家庭局域网的状态,形成类似智能家居的智能航天器信息体系。届时,航天员用一个平板电脑就能对飞船或空间站上的所有设备实现一体化控制。这样不仅操作简便,也极大减轻了系统设计的压力。

十二、能源控制

作为飞船五大功能之一,其能源管理功能在继承神舟系列飞船电源分系统的基础上,开展了一系列高可靠的设计,针对新一代载人飞船实验船的特殊性,也实现了多个突破,

完成了从神舟系列飞船
到新一代载人飞船的
"进化"。

说新一代载人飞船
试验船能源管理系统是
高可靠性、高安全性的
电源系统，这并不夸
张，因为它是目前国内
唯一的"双保险"电源
系统。作为当时国内
唯一既有主电源，又有
辅助电源的电源系统，

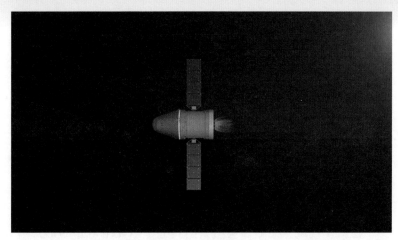

图 5-14-4   新一代载人飞船试验船启动发动机变轨模拟图

新一代载人飞船试验船能源管理系统可以在主电源完全故障的情况下，由辅助电源独立完
成任务。这就相当于两套电源系统，一套主电源，一套辅助电源，均可以独立完成任务，
可以说是上了双保险。而在飞船能源管理功能的主电源上，又采用了多机组均衡控制、多
机组的可靠性的冗余设计。新一代载人飞船实验船能源管理系统具备目前国内最高的冗余
度。主电源本身具备三个机组，有三套独立的控制器和电池组，任何一个机组出现故障，
剩余的两个机组都可以独立完成飞行任务。同时，在三个机组中采用了均衡设计，既可以
三个机组均衡，也可以两个机组均衡，配合多机组冗余设计，保证了多个机组之间放电和

图 5-14-5   新一代载人飞船试验船进行总装测试

充电的一致性。这不仅仅是双保险，可以说是多重保险了。

6人座的新一代载人飞船试验船较3人座的神舟飞船构型大了一倍，新型舱体结构设计给太阳翼与舱体的对接带来了很大困难，传统的太阳翼收拢安装方式将导致太阳翼地面展开吊挂装置在收拢过程中与舱体干涉，而无法收拢安装到位。研制人员对太阳翼从生产到发射的全流程进行了分析研讨后，确定在载人航天型号上首次采用"气浮平台+金属延长板"的解决方案。

气浮平台即太阳翼通过气浮垫支撑在一个重达15吨的气浮展开平台上，浮垫通过压缩空气形成气膜，将整个太阳翼浮起来，随后在气浮平台上移动、对接，实现无摩擦阻力展开，从而解决了复杂航天器外形条件下太阳翼装舱问题。

在新一代载人飞船试验船太阳翼上，以充电电路的形式搭载并应用了航天八院研制的光电转换效率为34%的高效砷化镓太阳能电池。太阳翼是航天器赖以持续飞翔的翅膀，是航天器的动力来源，其性能与可靠性直接关系着航天器是否能顺利完成预定任务。目前，国内外空间应用的太阳翼主电源主要为光电转换效率30%的太阳能电池，世界上空间型号应用的最高效率太阳能电池电路产品光电转换效率为32%。从30%到32%再到34%，2%转换效率的提升，可以说是该技术体系的"塔尖上的再腾跃"的变化。为达到批产产品光电转换效率34%的水平，尽快实现型号太阳能电池电路的应用，研制人员开展了大量的技术攻关，如采用新型覆盖短波、中波太阳光的宽/中带隙半导体材料，进一步降低载流子热损、提高太阳光谱的能量利用率，攻克和解决失配材料生长的技术难点，宽光谱低反射率调配技术等，填补了国际相关产品的领域空白，目前达到国际领先水平。

第六章

中国深空探测发展

深空探测能够帮助人类研究太阳系及宇宙的起源、演变和现状，认识空间现象和地球自然系统之间的关系，并为人类今后进一步探索宇宙空间打下基础。我国于2004年开始发展深空探测技术，现已全面探测了月球，并正在探测火星。

第一节　探月工程综述

2007年10月24日，我国成功发射了第一个空间探测器暨第一个月球探测器——嫦娥一号绕月探测器，拉开了我国宏伟的探月工程（即嫦娥工程）的序幕，成为继发射第一颗人造地球卫星东方红一号、发射第一艘载人飞船神舟五号之后，中国航天事业的第三个里程碑。此后，我国又相继发射了嫦娥二号空间探测器、嫦娥三号和四号落月探测器、嫦娥五号T1飞行试验器（又叫中国探月工程三期再入返回飞行试验器）、嫦娥五号月球采样返回探测器，在工程技术和科学成果等方面取得了巨大的收获。今后，我国还将发射嫦娥六号、嫦娥七号、嫦娥八号等月球探测器。

一、探月工程的立项

人类从20世纪50年代末就开始发射月球探测器了，至今已经有130多个月球探测器升空。大量的研究和实践表明，对月球进行探测具有多方面的重要意义。例如，探月可为人类开发利用月球资源做准备，能带动和促进基础科学和高科技的发展，可促进深空探测活动的发展，能促进国家经济可持续发展，还可推进航天领域的国际合作。因此，随着我国经济和技术的发展，综合国力的提高，我国在先后发射了人造地球卫星和载人航天器之后与时俱进，于2004年适时开展了以月球探测为起点的深空探测活动。

其实，早在1991年，时任"863"计划航天领域首席科学家闵桂荣院士就提出中国应开展月球探测活动的建议，并成立了"863月球探测课题组"。

另外，在20世纪90年代中期，美国提出重返月球，欧盟、日本和印度等也相继提出各自的月球探测计划。国际上掀起第二轮探月热潮时，我国也曾组织相关专家对中国开展月球探测的必要性、可行性进行初步的分析与论证，认为我国已经有能力开展月球的探测，可用有限的资金发射一颗绕月探测器，并形成一个简易的月球探测方案。

但由于当时对月球探测尚未提出一个完整的发展规划，缺乏长期和有深度的科学探测目标，同时，国家的经济环境刚刚好转，航天基础还不够扎实，只能做到简单的环月飞行，对国家科技发展贡献有限，尤其是国家当时正在实施载人航天计划，所以这一探月计划未能启动。

不过，中国的月球探测研究工作并没有停止。1996年中国完成了探月卫星的技术方案研究，1998年国防科工委正式开始规划论证月球探测工程，完成了卫星关键技术研究，之后又开展了深化论证工作，先后向相关的主管部门提交了《中国月球探测发展战略研究》和《中国月球资源探测卫星科学目标》等论证报告。

2000年，中国科学院研究组完成《中国月球资源探测卫星科学目标》研究报告，提出了现今被广泛接受并作为立项目标的"绕、落、回"三步走的设想。同年11月22日，国务院新闻办公室发表《中国的航天》白皮书，其中"开展以月球探测为主的深空探测的预先研究"被列入了发展目标。

2003年4月，国防科工委下达了月球探测工程关键技术攻关重大背景型号预研项目的任务，月球探测工程进入工程立项前的攻关阶段。与此同时，国家航天局宣布正式启动月球探测工程的预先研究，最终提出了立足中国现有能力的绕月探测工程方案。

2004年1月23日，国务院正式批准了月球探测工程一期——绕月探测工程立项，这是中国向深空探测迈出的第一步，对中国的政治、经济和科技的发展具有重要的战略意义。

图6-1-1 长征三号B改进型火箭成功发射嫦娥三号落月探测器

2004年2月25日，经国务院批准，绕月探测工程领导小组成立，由国家发改委、科技部、国防科工委、财政部、总装备部、中国科学院和中国航天科技集团等单位组成，国防科工委主任张云川任领导小组组长。领导小组下设绕月探测工程领导小组办公室，作为领导小组的办事机构。绕月探测工程领导小组第一次会议召开，会议通过了《绕月探测工程研制总要求》，同时宣布中国绕月探测工程于当日起正式实施，并将绕月探测工程正式命名为"嫦娥工程"。

二、探月工程的目标

我国月球探测工程被列为《国家中长期科学和技术发展规划纲要（2006—2020年）》十六个重大专项之一。作为一项国家战略性科技工程，月球探测工程服从和服务于科教兴国战略和可持续发展战略，以满足科学、技术、政治、经济和社会发展的综合需求为目的，把推进科学技术进步的需求放在首位，力求发挥更大的作用。整个工程规划贯彻"有所为、有所不为"的方针，选择有限目标，突出重点，集中力量，力求在关键领域取得突破，持续发展，为深空探测活动奠定坚实的基础。

我国探月工程的理念是：探索外层空间，扩展对宇宙和地球的认识；和平利用月球，促进人类文明和社会发展，造福全人类；满足经济建设、国家安全、科技发展和社会进步等方面日益增长的需要，维护国家利益，增强综合国力。

我国探月工程的使命是：突破一大批具有自主知识产权的深空探测核心技术和关键技术，实现中国航天技术的跨越式发展。带动中国基础学科探索的深入，推动信息技术和工业技术的发展，加速科技成果向现实生产力转化，促进我国高新技术领域的群体性突破，锻炼、培养一支能够站在世界科技前沿、勇于开拓创新的高素质科技人才队伍。提高中国的国际地位，向世人昭示勤劳智慧的中国人民有志气、有信心、有能力屹立于世界先进民族之林，在攀登现代科技高峰的道路上不断创造非凡的业绩。

通过探月工程的实施，可突破无人月球探测的主要关键技术，实现对月球的环绕、着陆、巡视探测和采样返回，形成探测器、深空测控网和运载火箭等一系列功能单元和自主创新的月球科研成果，具备开展无人月球探测的基本能力；能初步建立中国深空探测的科学、技术和工程体系及创新团队，为空间科学研究和深空探测的可持续发展奠定基础。

三、探月工程的三个发展阶段

依据分步实施、不断跨越的原则，我国经过10年酝酿，最后确定作为国家重大科技专项的探月工程分为"绕、落、回"三个发展阶段，即分三期在2020年前后完成。

1. 绕月普查

我国探月的第一阶段为绕月探测，即在2004—2007年（探月一期）实施绕月探测工程。这一阶段的主要任务是：研制和发射中国第一个绕月探测器；突破绕月探测关键技术，对月球地形地貌、部分元素及物质成分、月壤特性、地月空间环境等进行全球性、整体性与综合性的探测；初步建立我国月球探测航天工程系统。工程原定通过嫦娥一号、嫦娥二号绕月探测器完成，其中嫦娥二号是一号的备份，但由于嫦娥一号出色完成了任务，嫦娥二号改为完成探月二期任务，即除完善绕月探测任务外，主要用于突破嫦娥三号落月探测器使用的六大关键技术和为嫦娥三号勘测着陆地点。

绕月探测工程的实施，标志着中国航天向深空探测进发的开始。它历经方案、初样、正样和发射实施四个阶段，由绕月探测器、运载火箭、发射场、测控和地面应用五大系统组成。

绕月探测工程的每一项任务都要完成两大密不可分的目标,即工程目标和科学目标。例如:

绕月探测工程有以下五个工程目标:一是研制和发射中国第一颗绕月探测器,二是初步掌握绕月探测基本技术,三是首次开展月球科学探测,四是初步构建月球探测航天工程系统,五是为月球探测后续工程积累经验。为此,要突破绕月探测器的关键技术,初步建立中国的深空探测工程大系统,验证有效载荷、数据解译等各项关键技术,初步建立中国深空探测技术研制体系,以及培养相应的人才队伍。

绕月探测工程有以下四个科学目标:一是获取全月面三维影像,这对于更好地了解月球的地质构造和演化历史有着重要的意义。二是对月球表面有用元素进行探测,初步编制各元素的月面分布图。三是探测月壤特性,获取月壤厚度的全月分布特征,研究月表年龄及演化,估算月壤中氦-3的分布和资源量。四是探测地月空间环境,研究太阳活动对地月空间环境的影响。上述中的前三项国外未曾进行过或刚开始进行,第四项为中国首次在地球静止轨道以外获取空间环境数据。

2. 落月详查

我国探月的第二阶段为落月探测,即在2007—2013年(探月二期)实施落月探测工程。这一阶段的主要任务是:突破月球软着陆、月面巡视勘察、深空测控通信与遥操作、深空探测运载火箭发射等关键技术;研制和发射月球软着陆探测器和巡视探测器,实现月球软着陆和巡视探测,对着陆区地形地貌、地质构造和物质成分等进行探测,并开展月基天文观测。它原定通过嫦娥三号、嫦娥四号落月探测器完成,其中嫦娥四号是嫦娥三号的备份,但由于嫦娥三号出色完成了任务,嫦娥四号改为完成后来增加的探月四期任务——在月球背面着陆。

为了完成落月探测任务,我国发射了嫦娥二号和嫦娥三号两个月球探测器,后者承担了主任务。

落月探测月球探测器在月球表面软着陆后进行探测,精细探测着陆区的土壤、岩石、环境、热流和月表的环境,进行高分辨率摄影和月岩的现场探测或采样分析,建设月基天文台,为月球基地的选址提供月面环境、地形和月岩的化学与物理性质等数据。

落月探测的核心任务是实现探测设备登上月球,并进行科学探测。中国的落月探测器由着陆器和月球车两部分组成,它们相互配合完成探测任务。

在人类的月球与深空探测活动中,软着陆探测是踏上另一个星球进行实地科学探测的第一步,从获取探测数据的直接性和丰富性的角度来看,软着陆和巡视勘察是其他探测形式所不能替代的,在空间探测技术发展中占据着重要的地位。

实现中国首次地外天体的软着陆,能使中国掌握深空探测和空间科学领域的核心技术，获得月球及地月空间的科学数据，取得一批原创性的科学成果，催生一批边缘和交叉学科的出现与发展；建立较为完备的月球探测工程系统和相关基础设施，提升中国深空探测的系统集成能力，实现航天技术的跨越式发展；研制出适应复杂月面环境的新型探测器，带动相关领域的自主创新，促进相关产业和技术的发展。

嫦娥二号任务有以下六个工程目标：一是突破运载火箭直接将卫星发射至地月转移轨道的发射技术。二是试验X频道深空测控技术，初步验证深空测控体制。三是验证100千米月球轨道捕获技术。四是验证近月点15千米、远月点100千米轨道机动与快速测定轨技术。五是试验低密度校验码（LDPC）遥测信道编码、高速数据传输、降落相机等技术。六是对嫦娥三号任务预选着陆区进行高分辨率成像试验。

嫦娥二号任务有以下四个科学目标：一是获取月球表面三维影像，分辨率优于10米。二是探测月表物质成分。三是探测月壤特性。四是探测地月与近月空间环境。

嫦娥三号任务有以下三个工程目标：一是突破月面软着陆、月面巡视勘察、深空测控通信与遥操作、深空探测运载火箭发射等关键技术，提升航天技术水平。二是研制月面软着陆探测器和巡视探测器，建立地面深空站，获得包括运载火箭、月球探测器、发射场、深空测控站、地面应用等在内的功能模块，具备月面软着陆探测的基本能力。三是建立月球探测航天工程基本体系，形成重大项目实施的科学有效的工程方法。该工程成功的标志是：探测器安全着陆月面，巡视器成功转移到月面并行驶，两器完成互拍并获得图像，即"落下去、走起来"。

嫦娥三号任务有以下三个科学目标：一是调查着陆区与巡视区月表地形地貌与地质构造，二是调查着陆区与巡视区月表物质成分、月球内部结构以及可利用资源，三是探测地球等离子体层以及开展月基天文观测。

3. 采样精查

我国探月的第三阶段为采样返回探测，即在2013—2020年（探月三期）实施采样返回探测工程。这一阶段的主要任务是：突破采样返回探测器小型采样返回舱、月表钻岩机、月表采样器、机器人操作臂等技术，在现场分析取样的基础上，采集关键性样品返回地球，进行实验室分析研究；深化对地月系统的起源与演化的认识。主要突破月面采样、月面起飞、月球轨道无人交会对接、返回器高速返回地球和高精细月球样品分析等关键技术。它原定通过嫦娥五号、嫦娥六号月球采样返回探测器完成，其中嫦娥六号是嫦娥五号的备份，由于嫦娥五号出色完成了任务，嫦娥六号将改为完成探月四期任务。

为了完成采样返回探测任务，我国共研制和发射了嫦娥五号T1飞行试验器和嫦娥五号两个月球探测器，后者承担了主任务。

采样返回探测就是从月球上采集约2千克关键性样品运回地面实验室进行精细研究。这不仅深化了人类对地月系统（尤其是对月球）的起源与演化的认识，还为载人登月和未来月球基地的选址提供了有关数据。

采样返回探测工程有以下三个工程目标：一是突破窄窗口多轨道装订发射、月面自动采样与封装、月面起飞、月球轨道交会对接、月球样品储存等关键技术，提升我国航天技术水平。二是实现我国首次地外天体自动采样返回，推动我国科学技术重大进步。三是完善探月工程体系，为我国未来开展载人登月与深空探测积累重要的人才、技术和物质基础。

采样返回探测工程有以下两个科学目标：一是着陆区的现场调查和分析。开展着陆点区域形貌探测和地质背景勘察，获取与月球样品相关的现场分析数据，建立现场探测数据与实验室分析数据之间的联系。二是月球样品的分析与研究。对月球样品进行系统、长期的实验室研究，分析月壤的结构、物理特性、物质组成，深化月球成因和演化历史的研究。总之，是以月球样品和现场数据的比对研究为重点。

四、探月工程的意义

我国探月工程的每一步都是对前一步的深化，并为下一步奠定基础。从"绕、落、回"三期工程的科学目标看，它们有明显的递进关系："绕"就是对月球进行普查，"落"就是对月球进行区域性详查，"回"就是对月球进行区域性精查。最终达到全面、深入了解月球的目的。

探月工程既参考了以往国际探月活动的经验，又具有中国特色，始终围绕推动中国高新技术领域"原始创新、集成创新和引进消化吸收再创新"的目标制订计划并组织实施。

在航天科技方面，探月工程逐步实现了多项重大突破——首次到达地外天体，首次着陆在地外星球上，首次从地外星球拿回样本。这些技术的突破能推进航天工程系统集成、深空测控通信、新型运载火箭和航天发射等航天技术跨越式发展，带动信息技术、新能源技术、新材料技术、微机电技术和遥测科学等其他高新技术的发展。

图6-1-2 中国探月标识叫"月亮之上"，它以中国书法的笔触，抽象地勾勒出一轮圆月，一双脚印踏在其上，圆弧的起笔处自然形成龙头，落笔的飞白由一群和平鸽构成，表达了中国和平利用空间的美好愿望

在空间科学方面，通过首次对地球以外的星体和空间环境进行近距离和接触式探测，使我们对于空间科学的认识大大深化，为中国的天体物理学、空间物理学与材料科学的研究建立新的平台，促进这些学科的创新和发展，并带动更多基础学科间的交叉、渗透与共

同发展。

总的来说，探月工程的重大意义有：开拓了中国航天活动的新领域；对提高综合国力，增强民族凝聚力具有重大作用；有利于在外太空事务和未来开发月球中维护国家权益；促进中国高技术的全面发展；促进中国基础科学的创新和发展；参与开发利用月球资源，促进人类社会的可持续发展；推进中国航天领域的国际合作。

第二节　嫦娥一号

2007年10月24日18时5分，流传千年的嫦娥奔月这个神话故事终于变成现实，我国自行研制的第一个月球探测器——嫦娥一号绕月探测器顺利升空飞向月球。它也是中国第一个空间探测器。此举使我国成为世界上第五个发射月球探测器的国家，引起了全世界的广泛关注。

一、创造历史

绕月探测工程的实施，标志着中国航天向深空探测进发的开始。嫦娥一号与人造地球卫星不同，它创造了中国航天器史上多个纪录：第一个进入月球轨道的航天器，第一次在飞行中实现8次以上变轨的航天器，第一次使用紫外敏感器进行姿态确定的航天器，第一次实现远程测控通信的航天器，等等。

在绕月探测工程的五大系统中，最引人注目的就是嫦娥一号绕月探测器了，因为它

图6-2-1　中国绕月探测工程由5个分系统组成：（1）月球探测器系统；（2）运载火箭系统；（3）发射场系统；（4）测控通信系统；（5）地面应用系统

将飞近月球，直接获取大量有价值信息。与人造地球卫星相比，远离地球的嫦娥一号在通

信、制导和电源等许多方面更为复杂，对科研人员提出了不少新的挑战。

嫦娥一号为一个2.22米×1.72米×2.2米的长方体，两侧各装有一个大型展开式太阳能电池翼，当两侧太阳翼完全展开后，最大跨度可以达到18.1米。其质量为2350千克，净重为1150千克，工作寿命为1年，运行在距月球表面约200千米高的圆形极轨道上。

图 6-2-2　组装采用东方红三号卫星平台的嫦娥一号

嫦娥一号由结构与机构、热控制、供配电、制导导航与控制、推进、数据管理、测控数传、定向天线和有效载荷等9个分系统组成。这些分系统各司其职、协同工作，保证月球探测任务的顺利完成。其中有效载荷用于完成对月球的科学探测和试验，其他分系统则是有效载荷的保障系统，属于嫦娥一号平台部分。

众所周知，人造地球卫星都是由卫星平台与有效载荷两部分组成的，嫦娥一号也不例外，它以东方红三号卫星平台的结构和推进系统为基础进行研制。所谓卫星平台，就是由保障系统组成的、可支持一种或几种有效载荷的组合体，可为有效载荷正常工作提供支持、控制、指令和管理保障服务等。按各自服务功能不同，卫星平台主要由结构与机构、热控制和电源等分系统组成。所以，卫星平台不论安装什么有效载荷，其基本功能是一致的，只是具体的技术性能会有所差别。

选用东方红三号卫星平台作为基础有三个主要原因：一是它具有较大的承载能力，对有效载荷承载能力最大可达200千克，其构型布局可以满足月球探测有效载荷的需求；二是这个地球静止轨道平台的推进系统可提供充足的轨道机动能力，能满足进入超地球同步转移轨道后多次变轨的轨道设计要求；三是它非常成熟和高度可靠，此前已成功用于10多颗卫星，且具有充足的适应性修改能力。

由于嫦娥一号主要用于对月球进行遥感探测，所以它还充分继承了我国资源一号、资源二号等对地观测卫星的现有成熟技术和产品，并进行了适应性改造，比原有人造地球卫星平台在轨道、测控、制导导航与控制系统、热控分系统等方面更有自己的独特之处。

二、奔月之旅

2007年10月24日18时5分，嫦娥一号正式开始了它的奔月之旅。嫦娥一号到达月球附近的轨道，整个飞行过程要经历调相轨道、地月转移轨道、月球捕获轨道三个阶段。发射嫦娥一号的长征三号A运载火箭能为嫦娥一号提供10.3千米/秒的速度，首先使它进入一条近地点为200千米，远地点51 000千米的大椭圆轨道，即超地球同步转移轨道。但是这还不够，为了进入能到达月球的轨道，嫦娥一号的速度必须达到至少10.9千米/秒，这就要求嫦娥一号还要能给自己再增加600米/秒左右的速度。

由于在近地点一次加速过程中实现的加速量较大，实现起来比较困难；又因为我国是第一次进行如此长距离的奔月飞行，所以如果在发射和加速过程出现偏差，很可能造成嫦娥一号错过和月球的"约会"。

为此，嫦娥一号采用了在地球轨道进行3次近地点加速的轨道调整方案，即采

图 6-2-3 长征三号 A 火箭发射嫦娥一号

用调相轨道，目的是使得嫦娥一号在超地球同步转移轨道运行时能量进一步增大，运行速度不断增大，从而使嫦娥一号的远地点高度变为约38万千米的地月转移轨道。这段调整过程历时约7天。在调整过程中，能有充分的时间对嫦娥一号的飞行状况进行监控，以保证它进入一条正确的轨道。

此后，嫦娥一号还要用5天时间沿着一条偏心率很大的椭圆形轨道飞向月球。它从最初的以10.9千米/秒的速度飞离地球开始，随着与月球的距离越来越近，其相对于地球的速度越来越慢，相对月球运动的速度约为2.4千米/秒。

这时月球的引力作用还不够强大，嫦娥一号的速度比被月球捕获所要求的1.6千米/秒速度要大，所以如果不减速到一定程度，嫦娥一号会一去不回头，离开月球和地球，漫游在更加遥远的深空里。为了使嫦娥一号被月球捕获，嫦娥一号必须主动减小飞行速度，使其

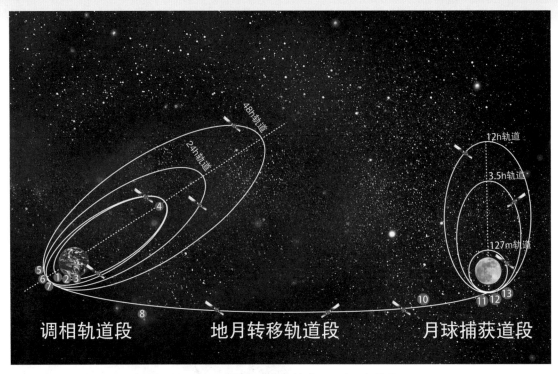

图 6-6-4　嫦娥一号飞行轨迹及三个飞行阶段

相对月球的速度减小约700米/秒，最终在2007年11月7日成功进入周期127分钟、高度200千米的极月圆轨道，从而正式进入科学探测的工作轨道。

图 6-2-5　嫦娥一号进行近月制动示意图

图 6-2-6　嫦娥一号进入绕月轨道示意图

　　嫦娥一号在调相轨道和月球捕获轨道之所以要进行多次变轨而不是一步到位，是根据月球探测器上发动机的推力设计的。这样一方面能通过多次变轨在时间上腾出精确调整的余地；另一方面减小每次控制量也可以节省燃料，减少在大的速度增量变化中引起重力损耗等影响。另外，如果发动机单次速度增量太大，也会使发动机承受的负荷过重，潜在风险大于多次变轨，不利于延长探测器的使用寿命。

图 6-2-7　绕月普查的嫦娥一号示意图

为使嫦娥一号在1年的飞行过程中能够飞过月球上的每个角落，对月球进行详细的探索，其轨道将通过月球的南极和北极。这样一来，尽管嫦娥一号运行轨道的方位基本固定不变，但由于月球自身的自转运动，每27个地球日左右转动一圈，因此用27天左右的时间，嫦娥一号上的科学仪器就能对月球进行一次全面的探测。

在设计上述轨道的过程中，还要考虑飞行过程中嫦娥一号的光照情况，以及相对于地面位置固定的跟踪和通信设备的可见性等很多问题。经过反复计算、权衡，最终才设计出了嫦娥一号的飞行轨道。

嫦娥一号的设计非常复杂，对其控制也非常复杂。为了确保安全，针对各种可能的问题，科研人员针对可能发生的84种故障模式，制定了148个故障对策流程，确保在任何情况下，都能够对嫦娥一号实施可靠有效的控制。但由于嫦娥一号质量非常好，所以这148个故障对策流程无一实施。

三、探月"神眼"

根据我国绕月探测工程的科学目标，嫦娥一号搭载了8种科学探测仪器。其中CCD立体相机用于获取月球表面三维立体图像；激光高度计用于测量月球表面到嫦娥一号的高度数据；干涉成像光谱仪、X射线谱仪、γ射线谱仪分别用于月球表面不同物质化学元素的探测；微波探测仪用于测量月球的微波辐

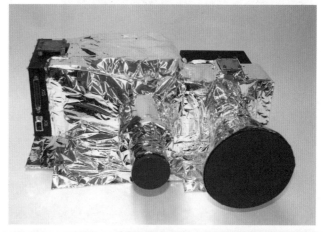

图 6-2-8　嫦娥一号用的 CCD 立体相机、干涉成像光谱仪

射特征，从而反演月壤的厚度；太阳高能粒子探测器和太阳风离子探测器用于从地球至月球4万到40万千米空间环境的探测。太阳高能粒子探测器和太阳风离子探测器在奔月途中就开始工作，其他仪器在探测器进入月球轨道后再开机探测。

嫦娥一号上的CCD立体相机用于拍摄全月面三维影像，在我国属首次使用。它采用三线阵原理，即沿嫦娥一号飞行方向对同一星下点月表目标以三个

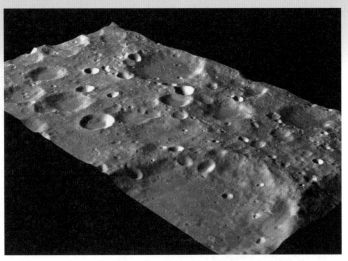

图 6-2-9　嫦娥一号所拍摄的月面三维立体图

不同视角拍摄正下方、前方、后方的三幅二维平面图。图像传回地面后对它们进行处理，从而重构月表三维立体影像。CCD立体相机利用月球的自转完成对整个月面的覆盖观测，分辨率为120米。

激光高度计用于补充月表高程数据和精化月表数字模型，核心任务是激光测距。它由激光器、望远镜和接收电路三部分组成，首次实现了完全国产化，关键部件全部由我国自行研制。

干涉成像光谱仪是利用不同物体具有不同的光谱特性来成像的一种相机，它对月球表面进行多光谱遥感，对立体成像的月面数字形貌充填光谱信息，获取月面光波图谱，实现区域性的资源和物质特性的研究。

X射线谱仪探测器由几台低能半导体探测器和多路高能硅光电二极管半导体探测器构成并指向月面。当太阳X射线照射到月面的不同元素上时会产生X射线荧光，X射线谱仪探测器可以探测到这些荧光，并转化产生电信号。根据这些能谱，依据定标曲线就可以推算出对应的元素。通过对被观测元素数据的处理，除获得它们在月球表面相应位置、类型、含量和分布外，通过进一步研究这些元素的分布，还可反演出月面岩石组成，为检验月球形成与演化的模型提供重要信息。

γ射线谱仪的主体由主晶体、反符合晶体、光电倍增管以及电路盒组成。来自月球方向的γ射线穿过仪器前端的光电倍增管后进入探测器主晶体，与主晶体作用后会产生荧光，产生的荧光经过多次反射后进入光电

图 6-2-10　世界第一台用于探月的微波探测仪

倍增管转化为电信号，经放大电路放大后输出，输出信号经过电子学线路和软件的处理，就得到月球表面物质的γ射线信息，根据对相应γ射线的分析，就可以确定射线代表的化学元素。

月球表面由月尘、月壤和月岩组成。其中，月尘是由于陨石对月表的不断撞击所形成，厚度很小（20厘米左右），因此，月表结构可近似看成由月壤和月岩构成。嫦娥一号搭载的世界第一台探月用的微波探测仪主要用于探测月壤的厚度，即找出月壤和月岩分界面的分布，并能够给出月球背面的亮度温度图和月球两极地面的信息。

太阳高能粒子探测器、太阳风离子探测器的使用是我国继近地空间环境探测之后迈向行星际探测的第一步，其探测结果能够获得空间环境变化的主要参数，提供相关的日、地、月空间环境信息。

2007年11月20日，嫦娥一号绕月探测器传回了首幅月面图像；2008年7月1日，嫦娥一号完成了全月球影像数据的获取；2008年10月24日，嫦娥一号

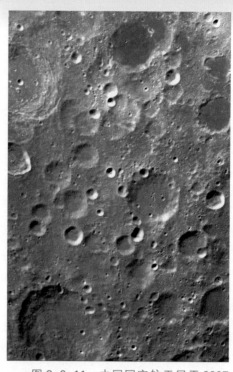

图6-2-11　中国国家航天局于2007年11月26日正式公布的嫦娥一号传回的首幅月面图像

达到了在轨1年寿命，完成了各项任务。此后，嫦娥一号又开展了变轨等10余项验证试验。为了给探月二期工程"探路"，积累落月过程控制和轨道测定方面的经验，嫦娥一号于2009年3月1日受控撞击了月球丰富海区域，成功完成硬着陆。

嫦娥一号累计飞行494天，其中环月482天，比原计划多飞117天；飞行期间经历3次月食；传回1.37太字节有效科学探测数据；获取了全月球影像图、月表化学元素分布、月表矿物含量、月壤分布和近月空间环境等一批科学研究成果，填补了中国在月球探测领域的空白。

四、其他系统

嫦娥一号绕月探测工程由五大系统组成，除了嫦娥一号绕月探测器外，还有运载火箭、发射场、测控通信和地面应用四个系统。

嫦娥一号用经过适应性改造的长征三号A火箭发射，因为它具有技术性能好、适应性强、发展潜力大的优势。嫦娥一号的总质量为2.35吨，长征三号A火箭可将2.6吨有效载荷送入地球同步转移轨道，因此在推力上较为匹配。另外，长征三号A火箭此前已进行了14次发射，成功率是100%，这表明长征三号A火箭是一型技术先进且成熟的运载火箭。还有，由于

拥有更灵活先进的控制系统，可以在星箭分离前对有效载荷进行大姿态调姿定向，并提供可调整的航天器起旋速率，因而长征三号A火箭具有很强的适应性。

由于旅途遥远，所以利用测控系统对嫦娥一号飞行轨道、姿态及各分系统工作状态进行跟踪、测量、监视与控制显得尤为重要。

此前，我国的大部分卫星距离地面在42 000千米以内，个别卫星离地面最远距离就8万千米。在绕月探测工程中，嫦娥一号距离地面最远可达40万千米，是地球静止卫星距地面距离的10倍以上。这就给现有的航天测控网带来了极大的挑战。

面对这些难题，针对我国航天测控系统的现状，我国首次采用了"统一S频段测控系统＋甚长基线干涉天文测量系统"联合测轨的方法，以提高定轨精度。

图 6-2-12　为嫦娥一号吊装有探月标识的火箭整流罩

在嫦娥一号发射之前，测控系统利用欧航局斯玛特一号月球探测器进行了"统一S频段测控系统＋甚长基线干涉天文测量系统"综合测轨、定轨试验，首次验证了测控系统对环月探测器的测轨、定轨能力，取得了满意的结果。

测控系统由北京航天飞行中心、西昌卫星发射中心，分布在全国的地面测控站，如青岛站、喀什站，分布在北京、上海、昆明和乌鲁木齐的天文观测站、甚长基线干涉仪天文测量系统中心，布置在太平洋海域指定位置的远望二号、远望三号航天测量船、国际联网的地面测量站组成，由时统、通信和数据传输系统将所有测控站点联成一个整体。北京航天飞行控制中心是绕月探测工程的飞行控制中心。这一"天罗地网"基本可使嫦娥一号按预定要求稳定工作。

嫦娥一号是从西昌卫星发射中心发射的，因为这里具备了探月飞行器起飞的条件，且为适应嫦娥一号的特点进行了多处改进，特别在安全性和可靠性上做了改进。西昌卫星发射中心对嫦娥一号的发射塔架及部分附属设施进行了大规模改造。由于远程控制、常规加注、三维实时显示系统、低温燃料浓度报警系统等新技术的引入，改造后的发射塔架设备更为先进

图 6-2-13　西昌卫星发射中心发射场

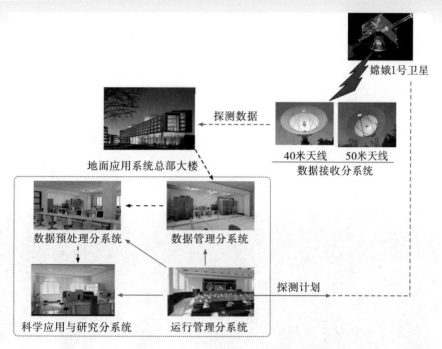

图 6-2-14　地面应用系统的工作流程示意图

可靠、自动化程度更高、安全性更强，从而为星、箭测试发射提供了良好的硬环境，极大增强了综合试验发射能力，进一步提升了中国在国际航天发射市场上的竞争力。

　　绕月探测器最终目的是获取各种探测信息和数据，得到需要的应用成果。绕月探测工程的地面应用系统负责实施在轨业务运行，嫦娥一号的下行数据接收、处理、研究和发布等。它由运行管理分系统、数据接收分系统、数据管理分系统、数据预处理分系统、科学应用与研究分系统5个分系统组成，包括绕月探测器运行管理中心、数据接收中心及科学数据处理和研究中心3个部分。

第三节　嫦娥二号

　　在嫦娥一号任务取得圆满成功的基础上，2008年2月15日，国务院正式批准探月二期工程立项，并成立了由国家国防科工局牵头，国家发改委、科技部、财政部、教育部、总装备部、中国科学院、中国工程院和中国航天科技集团公司等单位参加的探月工程重大专项领导小组。

探月二期工程的主要任务是研制并发射我国第一个地外天体着陆探测器和巡视探测器，实现月面软着陆和月面巡视勘察。

一、先头部队

探月二期工程需要攻克的关键技术多、技术跨度大、实施难度大，因此，为了降低探月二期工程的风险，在发射我国首个月球着陆探测器嫦娥三号之前，我国于2010年10月1日用长征三号C运载火箭发射了嫦娥二号，以突破嫦娥三号部分关键技术。

图 6-3-1 嫦娥二号由长征三号 C 运载火箭成功发射

嫦娥二号原来是嫦娥一号的备份，由于嫦娥一号出色完成了任务，所以后来改作我国探月二期工程的技术先导星，以积累相关经验，并在嫦娥一号任务的基础上深入开展月球科学探测和研究。

嫦娥二号质量为2480千克(比嫦娥一号重了130千克)，净重是1170千克(比嫦娥一号重了20千克)，其中有效载荷质量为140千克，剩下的是燃料(比嫦娥一号多带120千克燃料)。

嫦娥二号运行在距月表100千米高的极轨道上，设计寿命半年，分辨率7米，比嫦娥一号提高了17倍，主要完成两大任务：一是对新技术进行试验验证，对未来的预选着陆区进行高分辨率成像；二是获得更加丰富和准确的探测数据，深化对月球的科学认知。

嫦娥二号任务的特点可归纳为"快、近、精、多"四个字。"快"指到达月球的时间缩短；"近"指探月卫星的绕月轨道从原来的200千米降低到100千米，最近点只有15千米；"精"指测量精度提高，运行在100千米轨道时相机分辨率7米，运行在15千米轨道时相机分辨率1米；"多"指试验多，要进行轨道机动和使用降落相机等多项试验。

嫦娥二号携带的存储器也由原来的48吉字节增加到128吉字节。它载有7台科学探测仪器（比嫦娥一号少1台干涉成像光谱仪），全面升级了有效载荷，且运行轨道低，因此所获得的数据精度更高了。例如：它采用了新研制的时间延迟积分-电荷耦合器件（TDI-CCD）立体相机，获取了全月球表面高清晰三维影像，并结合改进型激光高度计获取的月表地形高

图 6-3-2　嫦娥二号星体外面的金箔用于保温

图 6-3-3　科研人员在测试嫦娥二号激光高度计

程数据，以此获得月球表面高精度地形数据，为后续着陆区优选提供依据，同时为划分月球表面的地貌单元精细结构、断裂和环形构造提供原始资料。

与嫦娥一号相比，嫦娥二号增加了一个技术试验分系统，主要用于实现星地X频段测控体制验证，并试验降落相机等相关技术，为探月二期工程进行先期验证和技术储备。

相比嫦娥一号，嫦娥二号的低轨道飞行会带来更大的红外热流和月球摄动影响，对轨道预报、轨道控制、测定轨精度提出更高要求，也对星上热控、供配电等分系统带来影响。为此，工程师在系统总体设计方面调整了飞行程序。

和嫦娥一号相比，嫦娥二号在100千米运行轨道上的热流增加了20%～30%，平均温度要升高15℃左右，工作环境面临120℃左右的高温。所以工程师对嫦娥二号热控制分系统采取了三项新措施：一是重新设计了热控系统，二是为嫦娥二号加装一套可以隔热和反射热量材料，三是为嫦娥二号装上了更加灵活的太阳翼。

根据嫦娥二号的特点，科研人员在嫦娥一号故障预案的基础上增加或重新修订，共形成106个故障预案。

二、六大突破

与嫦娥一号任务相比，嫦娥二号任务技术更新、难度更大、系统更复杂，相应的风险也随之增加。在技术上，嫦娥二号共实现以下六大突破，它们也是嫦娥二号的工程目标。

一是突破了运载火箭直接将卫星发射至地月转移轨道的发射技术。

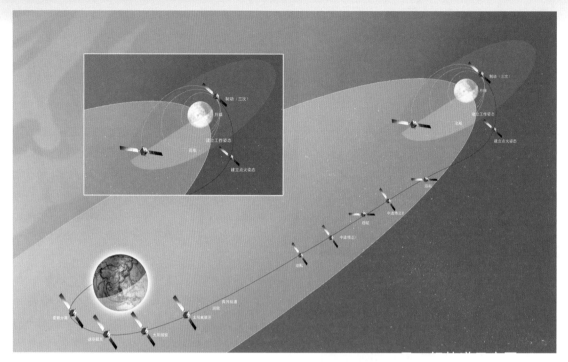

图 6-3-4　嫦娥二号飞行轨道示意图

　　完成嫦娥二号任务首先要突破直接进入地月转移轨道的弹道设计技术、运载火箭低温三子级滑行时间可调技术，利用长征三号C运载火箭将嫦娥二号直接送入地月转移轨道，以降低探月二期工程后续任务的实施风险。

　　长征三号C运载火箭比长征三号A运载火箭多2个助推器，该火箭可直接使嫦娥二号的飞行速度达到10.9千米/秒。另外，由于是"零窗口"发射，比按照窗口后沿发射为嫦娥二号节省了180千克的燃料，这对于总共携带1300千克燃料的嫦娥二号来说是弥足珍贵的，使嫦娥二号能执行更多的任务，工作寿命更长。

　　二是首次试验了X频道深空测控技术，初步验证了深空测控体制。

　　嫦娥二号上搭载了X频段应答机，它在奔月的途中就开始与我国X频段地面测控设备配合工作，验证X频段测控体制，为嫦娥三号任务积累工程经验。相比嫦娥一号任务中使用的S频段卫星测控网，使用X频段进行测控通信具有传输速度高、信号衰减小和负载数据多等优点，远距离测控通信效果更好，并可用更小的设备、更低的功率传输更多的数据，为以后的深空测控打下基础。

　　三是首次验证了100千米月球轨道捕获技术。

　　嫦娥二号不仅选择了与嫦娥三号任务相似的奔月轨道，还选择了与嫦娥三号任务相似的月球捕获轨道，目的是通过实际飞行掌握直接奔月和100千米近月捕获技术，为嫦娥三号任务探索技术途径。嫦娥一号是在距月面200千米处通过制动被月球捕获的，而嫦娥二号要

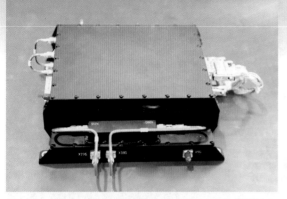

图 6-3-5　嫦娥二号上的 X 频段测控应答机

在距月面100千米附近一特定位置通过制动被月球捕获，即嫦娥二号距月面的飞行轨道更低、速度更快，因而所需的制动量更大，同时由于月球不均匀重力场对距月面的飞行轨道更低的嫦娥二号摄动影响也相应增大，因此大大提高了对嫦娥二号制动控制精度的要求。

四是首次验证了近月点15千米、远月点100千米轨道机动与快速测定轨技术。

嫦娥二号在进入100千米的极月圆轨道后先完成在轨测试和技术验证，然后择机变轨，进入近月点15千米、远月点100千米的椭圆形绕月轨道。其任务是：一是开展轨道机动试验，验证嫦娥三号任务着陆前在不可见弧段变轨的星地协同程序；二是在运行至近月点15千米时重点拍摄后续任务着陆的虹湾预选着陆区"特写"，分辨率可达1米，细致考察未来嫦娥三号的着陆区；三是验证快速测定轨等相关技术。

五是首次试验了降落相机、监视相机、低密度校验码遥测信道编码和高速数据传输等技术。

与嫦娥一号相比，嫦娥二号增加了技术试验分系统，其中包括增装了1台降落相机和3台监视相机。其中的降落相机将是嫦娥三号软着陆过程中寻找安全落点的"眼睛"，可实时对嫦娥三号预选着陆区拍照，今后用于拍摄嫦娥三号、嫦娥四号、嫦娥五号月球着陆探测器的软着陆过程，使它们在降落过程中能根据图片自主避开不适于降落的地点，"临机决断"选择一块适宜降落的平坦表面。因此，降落相机的性能是月球着陆探测器软着陆是否成功的一个关键因素。

3台监视相机分别用于监视490牛发动机、定向天线及太阳翼的工作情况，使地面第一次看到太阳翼和定向天线在太空中展开和转动的真实画面，第一次看到发动机在太空中喷出的火焰，而此前只能展示模拟动画。监视相机在姿轨控配合下还可以从太空中的不同距离、以不同视角拍摄地球和月球的图像。

在嫦娥二号飞行期间，还试验了一项具有强纠错能力的创新数据编码技术，即下行遥测数据的低密度校验码遥测信道编码技术，它可大幅提高数据传输过程的纠错能力，以提高嫦娥二号遥测链路性能，防止外界干扰出现误码，

图 6-3-6　青年工程师在组装嫦娥二号上的降落相机

为提高数据传输效率奠定更好的基础，为探月工程和其他深空探测项目提供技术储备。

在地面应用系统的配合下，嫦娥二号还分别试验了2倍和4倍于嫦娥一号数据传输速率的新技术。嫦娥二号的数据传输速率由嫦娥一号的3兆比特/秒提高至6兆比特/秒，并试验12兆比特/秒的传输能力，这可保证嫦娥二号获得的高分辨率数据能够尽快传到地面。

六是通过"俯冲"对嫦娥三号预选着陆区进行了高分辨率成像。

嫦娥二号在近月点15千米、远月点100千米椭圆轨道运行时，其所携带的新型CCD立体相机要在15千米近月点处对嫦娥三号任务预选着陆区

图6-3-7 嫦娥二号监视相机拍摄的太阳翼展开画面

进行约1米分辨率成像试验；在100千米极圆轨道运行时，对全月面进行优于10米分辨率成像。利用嫦娥二号所拍摄的预选着陆区月表图像，绘制出三维地形图，有利于定量评估预选着陆区的特性，提高嫦娥三号任务着陆安全性。当然，嫦娥二号还可使我国获得更有科学价值的月面三维图像。

按计划，嫦娥二号任务的六大技术突破在2010年10月底全部在太空试验完毕。2010年11月8日，我国首次公布了嫦娥二号传回的嫦娥三号预选着陆区月面虹湾区域局部影像图，它标志着嫦娥二号工程任务取得圆满成功。

三、四大难点

嫦娥二号的研制有四大难点。

一是产品状态多。嫦娥二号上有200多台硬件设备，它们有着不同的状态。其中，继承了嫦娥一号的产品大约有85%，做过适应性修改的产品大约占10%，新研制的产品大约占5%。在研制嫦娥一号时，所有的产品都统一上星，统一做试验，比较整齐。嫦娥二号上产品的不同状态带来的最大难题是，各类型产品的研制进程不一样，比如新研制的产品要经过方案、初样、正样等多个阶段，经历从电性件、鉴定件到正样件一个完整的研制过程；而继承的产品只需进行测试。所以在研制过程中，往往存在正样产品和初样产品一起测试的情况，从而大大增加了风险。因此，研制队伍强化了风险管理。同时，也正是克服了这样的困难，使一些关键的新研制产品创造了研制周期上的新纪录。

二是测试验证难。嫦娥二号会遇到一些以前没有遇到过的问题。比如，嫦娥二号上使用的490牛发动机，在以往我国卫星上使用这种发动机的时候，其在卫星上的工作时间很

图 6-3-8　嫦娥二号总装

短，一般卫星到达目标轨道后就切断了。而这次嫦娥二号上的490牛发动机上去以后不切断，要连续工作半年，从100千米轨道到15千米轨道，再从15千米轨道上升到100千米轨道。为了保证这台发动机连续工作的可靠性，研制人员在地面做了半年多的可靠性验证试验，对其长期工作的可靠性进行验证。再比如，嫦娥二号上的TDI-CCD相机的测试要牵涉到地面系统、星上系统和测控系统，因此测试验证起来就相当困难。

　　三是产品无备份。嫦娥二号本来就是嫦娥一号的备份星，几乎所有的产品都没有备份，所以当星上产品出现问题的时候，并没有备份产品可以马上使用，只能进行修复，或用鉴定件把正样件替换下来。嫦娥二号的研制，对技术人员的要求极高，研制难度增大了，要确保正样产品不会出问题，出了问题要有手段来改进它，不能影响整星的研制进度。

　　四是研制队伍新。嫦娥二号研制时，我国同时在进行嫦娥三号的研制工作，因此嫦娥一号的主要科

图 6-3-9　嫦娥二号由长征三号 C 火箭送入太空示意图

研人员都在进行嫦娥三号探测器的研制攻关，这对嫦娥二号研制人员队伍的组织构成了一个很大的挑战。在嫦娥二号的10个分系统主任设计师中，只有一个是嫦娥一号研制队伍中留下来的，其他都是原来的副主任设计师，或者原来研制队伍中逐步走上重要技术岗位的年轻技术人员。在研制过程中，既要对年轻的队伍进行培养，还要严格控制质量，真正提高研制队伍的总体水平和能力。

四、拓展试验

2011年4月1日，嫦娥二号绕月探测器半年设计寿命期满。此后，它开展了三项拓展试验：一是在已获取99.9%月球图像的基础上，补全了月球南北两极漏拍点，获得了世界上最全的高分辨率全月图；二是降轨至15千米，再次对嫦娥三号预选着陆区虹湾地区进行了高清晰度成像，以验证在月球背面卫星不可监测的条件下，导航控制与推进系统的协同能力；三是离开了月球，飞往太阳与地球引力平衡点——拉格朗日L2点驻留，进行科学探测。

2011年8月25日，经过77天的飞行，嫦娥二号在世界上首次实现了从月球轨道出发，受控准确进入拉格朗日L2点环绕轨道，使我国成为世界上继欧航局和美国之后第三个造访拉格朗日L2点的国家和组织。它为我国当时即将建成的深空测控站提供空间测试和校验目标，完成150万千米远距离测控通信，进一步验证我国远距离测控能力；其上搭载的太阳风离子探测器、太阳高能粒子探测器、X射线谱仪、γ射线谱仪、微波探测仪等有效载荷，探测了地球远磁尾的高能粒子，并对可能的太阳X射线暴和宇宙γ射线暴等进行观测，获取科学数据，加深对日地空间环境的认识。

2012年6月1日，嫦娥二号又成功变轨，进入飞往小行星的轨道。同年12月13日，嫦娥二号在距地球约700万千米的深空以10.73千米/秒的相对速度，与图塔蒂斯小行星由远及近"擦肩而过"。在与该小行星最近相对距离达到3.2千米时，其星载监视相机对图塔蒂斯小行星进行光学成像，获取了近距离的精度较高的影像数据。

图6-3-10　嫦娥二号拍摄的图塔蒂斯小行星

这不仅是我国首次实现对小行星的飞越探测，也是世界上首次实现对图塔蒂斯小行星的近距离探测，还使我国成为继美国、欧航局和日本之后，第四个探测小行星的国家和组织。它开创了中国航天一次发射开展月球、拉格朗日L2点、小行星等多目标多任务探测的先河。

嫦娥二号工程的实施，创造了航天领域多项世界第一：首次获得7米分辨率全月球立体影像；制作完成了优于1.5米分辨率的虹湾区域影像图；在澄海对峙区发现了月表剩磁所引起的微磁层的存在；进一步测量了月面化学元素，初步对铀、钾、钍、镁、铝、硅、钙等元素进行了分析，深入研究了全月球亮温分布和月壤特征，完成了四大科学目标；在拓展任务中，首次从月球轨道出发飞赴拉格朗日L2点进行科学探测；首次对图塔蒂斯小行星近距离交会探测，并获得10米分辨率的小行星图像。

2014年，已成为我国首个人造太阳系小行星的嫦娥二号在与地球间距离突破了1亿千米时还能进行测控通信，从而为我国今后的火星探测奠定了基础，验证了中国测控通信系统的传输能力。预计2029年前后，嫦娥二号将回归到距离地球约7×10^6千米的近地点。

第四节　嫦娥三号

落月探测工程于 2008年2月15日立项，先后用21个月完成了方案设计，用26个月完成了初样研制和用20个月完成了正样研制，其中包括设计分析仿真、产品试制生产、试验验证、独立评估、质量复查等研制建设工作。

2013年12月2日，我国用长征三号B改进型运载火箭成功把嫦娥三号落月探测器直接送入地月转移轨道。这是我国探月二期工程——落月探测的最关键一步。它于2013年12月14日在月面软着陆，成为美国"阿波罗"计划结束后世界上第一个在月球表面软着陆的探测器，首次实现了我国对地球以外天体的软着陆，并使我国成为世界上第三个掌握落月探测技术的国家。

一、主要任务

我国探月二期工程的主要任务是：研制并发射我国第一个地外天体着陆探测器和巡视探测器，第一次建立和使用深空测控网进行测控通信，第一次实现月球软着陆、月面巡视、月夜生存等一系列重大突破。

该任务有七大特点：一是选择了与以往不同的区域着陆；二是在世界上首次同时进行就位探测与巡视探测，有望获得比以前更有意义的探测成果；三是在世界上首次利用测月雷达实测月壤厚度和月壳岩石结构；四是首次开展日地空间和太阳系外天体的月基甚低频

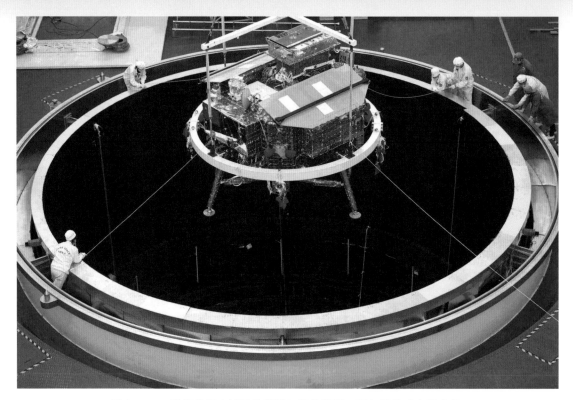

图 6-4-1　进行热真空试验的嫦娥三号着陆器、玉兔号月球车组合体

射电干涉观测，进行太阳射电爆发与空间粒子流、光千米波辐射、日冕物质抛射行星低频噪声和太阳系外天体的甚低频观测研究；五是首次在月球上采用极紫外相机观测太阳活动和地磁扰动对地球空间等离子层极紫外辐射的影响，研究该等离子层在空间天气过程中的作用；六是首次进行月基光学天文观测，研究太阳系外行星系统、星震和活动星系；七是在世界上首次对月面开展多种学科探测。

　　嫦娥三号任务具有"四新两多两难一紧"的鲜明特点。其中"四新"是指面临月面温度、月尘、月壤、月面地形地貌、重力环境等新环境，鉴定设备占80%以上的全新研制平台，为新科学探测配备的全新载荷设备，工作关系耦合度高、产品集成度高的新模式。"两多"主要是以着陆导航敏感器、热控两相流体回路、巡视器月面移动、巡视器遥操作等为代表的新技术多，且技术跨度大；参与研制、设计及试验验证的协作配套单位多。"两难"体现在地面验证难，以及由软着陆特点决定的减重难。"一紧"则体现在进度紧，从立项到发射仅仅用了5年9个月，需完成从方案论证到初样、正样、发射场等各阶段研制工作，以及相关产品攻关、几百台/套单机、鉴定件等的研制生产，多次大型专项试验验证，研制进度十分紧张。

二、多项创新

嫦娥三号宽4米、高4.2米，发射质量3780千克，其中净重1220千克，由着陆探测器（简称着陆器）和巡视探测器（简称巡视器，俗称月球车，名为玉兔号）组成，所以发射嫦娥三号实际上是发射了两个月球探测器。两器分离前，巡视器为着陆器的载荷；分离后，为两个独立的探测器，各自展开月面探测工作。

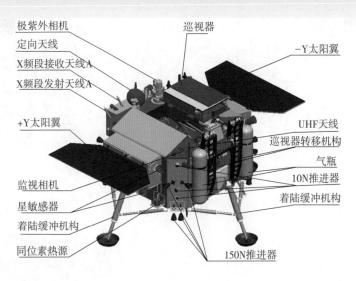

图 6-4-2　嫦娥三号着陆器结构图

嫦娥三号的着陆器是我国成功开发的新型航天器平台，采用了梁板复合式结构和可大范围伸缩的四腿式着陆缓冲机构，设计了自主式、高精度的分段减速悬停式无人着陆控制方案，能够自动智能选定着陆点、进行精确悬停着陆，是我国迄今为止最复杂的航天器之一。其质量为1080千克，设计寿命12个月，由结构与机构、着陆缓冲、制导导航与控制、推进、热控、测控数传、定向天线、数据管理、一次电源、总体电路、有效载荷共11个分系统以及工程参数测量设备等组成，要掌握着陆自主导航控制、着陆变推力推进系统、着陆缓冲系统、月面生存热控系统等关键技术。当嫦娥三号完成发射、飞行到达月球时，着陆器采取不同制导方式，从距月面15千米处开始动力下降，经过主动减速、调整接近、悬停避障等飞行阶段，实现路径优、燃料省、误差小的安全着陆。

玉兔号月球车用于在月面巡视考察、收集和分析样品。其质量约为140千克，长1.5米，宽1米，高1.1米，设计寿命3个月（约为月球上的3天），由移动、结构与机构、导航控制、综合电子、电源、热控、测控数传和有

图 6-4-3　玉兔号月球车在类似月面的外场进行专项试验

图 6-4-4　嫦娥三号着陆器准备进行第一次点火试验

效载荷共8个分系统组成。它以太阳能为能源，能够耐受月表真空、强辐射、-180～150℃极限温度等极端环境。

着陆器和月球车携带了多种"独门武器"，80%以上的技术和产品为全新研发，突破和掌握了月球软着陆（包括着陆减速、着陆段自主导航控制、着陆冲击缓冲等）、月面巡视勘察（包括爬坡越障、月面巡视自主导航等）、探测器间相互通信和月夜生存等关键技术，开展了月球区域性的精细就位探测，创造了中国航天技术的多项第一。例如：

首次实现了我国航天器在地外天体软着陆，使我国成为第三个实施月球软着陆的国家。嫦娥三号探测器经过主减速段、快速调整段、接近段、悬停段、避障段、缓速下降段等6个阶段的减速，实现从距月面15千米高度安全下降至月球表面。

首次实现了我国航天器在地外天体巡视探测。中国是第二个实施无人月球巡视探测的国家。月球车与着陆器完成解锁、释放、分离、下降到月面、驶离，整个过程每个动作环环相扣，任何一个动作都影响任务成败。因此，在设计时就留有足够余量；特别是通过大量实验，设置极端工况，加严考核，确保了机构能力可靠。

首次实现了对月面探测器的遥操作。玉兔号月球车遥操作采用自主加地面控制相结合的方式，根据获取到的环境参数，在地面完成任务规划，而月球车自主完成局部规划、避障并具备安全监测、应急保护的能力。

首次研制了我国大型深空测控站，初步建成覆盖行星际的深空测控通信网。在此之前，已有美国、俄罗斯、欧航局、日本、印度等国家和组织建立了深空测控站。我国通过探月工程的实施，新建了18米、35米、65米、66米（亚洲最大）天线。这些天线的研制，使我国完全掌握了大口径高效率天线的设计、制造、安装技术，远距离、弱信号条件下发射、接收技术，实现了高精度、快速测定轨和月面定位目标。

首次在月面开展了多种形式的科学探测。嫦娥三号搭载了8台科学载荷，创造了三个第一。一是着陆器上的月基光学望远镜开创了世界上首次在月面开展天文研究的新领域，有望取得创新性研究结果。在月球表面进行天文观测，可以完全避开大气影响，获得极高精度的观测数据。同时，由于月球大约27天（地球日）才自转一周，所以可对一个目标开展长达300多小时的持续跟踪。二是着陆器上的极紫外相机首次实现在月面对地球等离子体层进行极紫外成像，从而在整体上探测太阳活动、地磁扰动对地球空间等离子体层的影响，同时具有多天连续观测的有利条件，能极大提高我国空间环境监测和预报能力。三是月球车上的测月雷达结合其他载荷探测成果，在世界上首次建立集形貌、成分、结构于一体的综合性观测剖面，建立起月球区域综合演化动力学模型。

首次在我国航天器上采用了放射性同位素热源和两相流体回路技术，实现探测器在极端温度环境下的月面生存。

首次研制建设了一系列高水平特种试验设施，创新形成了一系列先进试验方法。

三、克服风险

嫦娥三号任务的风险很大。其一，嫦娥三号产品状态比较新，设备和产品本身质量风险相对成熟产品高；其二，嫦娥三号的很多关键动作、环节、事件短暂且唯一，开弓没有回头箭，一旦开始落月了，不可能再拉升回来调整；其三，月球环境、地形地貌的不确定性大，这是嫦娥三号最大的风险。

面对诸多风险，嫦娥三号研制团队做了充分的应对预案。为了确保在轨飞行过程中能及

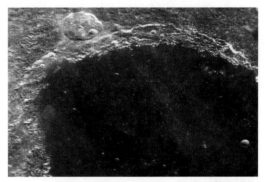

图 6-4-5　嫦娥三号着陆的月球虹湾区

时准确地定位故障，研制团队从关键飞行事件和公用服务系统等方面对故障模式进行了梳理，着陆器制定了140余项预案，巡视器制定了70多项预案，明确了在轨故障的判定准则和处置措施，为探测器飞控实施提供有力保障。

完成嫦娥三号任务有三大难关，即着陆关、月夜生存关和巡视关，其中风险最大的应该是软着陆这个环节。

软着陆是指航天器利用一定的装置，改变运行轨道，逐渐减低降落速度，最后不受损坏地降落到地面或其他星体表面上。

嫦娥三号着陆前，首先要选择着陆区，着陆区需满足四方面条件：一是安全性，着陆点要相对开阔平坦，便于探测器躲开月岩或月坑；二是科

图6-4-6　通过变推力发动机，嫦娥三号进行动力下降

学性，着陆点的地质构造及月岩、月壤的物质元素要丰富，具有科学探测价值；三是测控性，要落在月球的对地面，并且光照比较充足的区域，便于通信和测控的连续性；四是创新性，要选择一个其他国家没有探测过的地方。嫦娥三号的预选着陆区——虹湾区基本符合这些条件。

作为此次嫦娥三号的首选着陆区，虹湾地区在5个预选着陆区——虹湾、酒海、湿海、开普勒和阿里斯基撞击坑——中综合条件是最好的。虹湾实际上是一个巨型陨石坑，熔岩涌出后淹没了大部分区域，形成平原。虹湾地区地质构造复杂，具有典型性，具有很高的科考价值。虹湾地形平坦，嫦娥三号在此着陆有较高的安全系数，与地球联络也会较为畅通。最关键的是，目前还没有国家对虹湾进行过探测。

嫦娥三号落月时需要克服反推减速、自主控制和着陆缓冲三大技术难点。

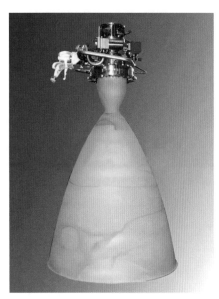

图6-4-7　嫦娥三号使用的变推力发动机

由于嫦娥三号无法利用气动减速的方法着陆，只能靠自身推进系统减小约1.7千米/秒的速度，在此过程中探测器还要进行姿态的精确调整，不断减速以便在预定区域安全着陆。为了保证着陆过程可控，研制团队经过反复论证，提出"变推力推进系统"的设计方案，研制了推力可调的1500～7500牛变推力发动机，破解了着陆减速的难题。

因为嫦娥三号动力下降过程是一个时间较短、推进剂消耗大、速度变化很大的过程，在此过程中还要求能自动避障，以提高着陆的安全性，所以它对制导、导航和控制的要求与我国已有航天器用的制导、导航和控制区别很大，无法依靠地面实时控制。为此，除了使用嫦娥二号已经验证过的降落相机，嫦娥三号还增加了微波测距敏感器、激光测距敏感器对月

面进行测距、测速，用着陆地形地貌相机、光学成像敏感器在接近段进行粗避障，用激光三维成像敏感器在悬停段进行精避障，确保探测器在着陆段自主制导、导航与控制，实现安全区软着陆。

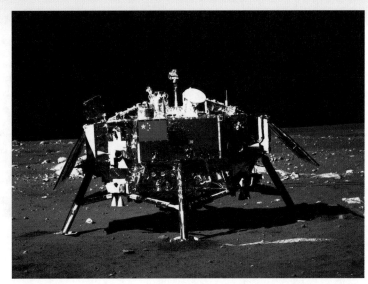

图6-4-8　玉兔号月球车在月面用全景相机拍摄的嫦娥三号着陆器

为吸收着陆的冲击载荷，保证着陆稳定性，嫦娥三号着陆器有4条腿，每条腿上有两根拉杆缓冲器，冲击能量就是主要靠它来吸收掉的。

探测器安全落月后面临的最大难关，就是如何经受住月球昼夜极端温差的考验而"存活"下来。月球的一天约相当于地球的27天，其中13天半是阳光普照的白天，13天半是寒冷的黑夜。白天，受光部位的极限温度可达150℃，夜间，温度会降到-180℃，有些地区甚至低至-200℃。月夜长时间低温对嫦娥三号是个严峻考验，因为很多设备的工作温度都有严格限制，另外，在月夜期间也不能用太阳能电池发电来保温。

因此，嫦娥三号必须解决月夜生存的问题，尤其是月夜生存的热控制技术。为了给仪器提供足够的温度，需要很大功率的电源，且工作时间长，所以现有的各种锂电池、蓄电池都无法满足需求。为了解决这一难题，嫦娥三号首次采用了同位素热源以及两相流体回路、隔热组件、散热面设计、电加热器、低重力环境下机构的重复展开与收拢技术、月尘环境下机构的润滑与密封技术等，以确保探测器系统顺利度过月夜。

进入月夜，着陆器和玉兔号全部断电，进入休眠模式，完全靠同位素热源来提供热量。经过一个长月夜

图6-4-9　嫦娥三号着陆器与玉兔号月球车分离

后，探测器通过唤醒电路，把电池接通并继续工作。

巡视关也不好过。例如，月球车行走时容易带起大量月壤细粒，形成月尘。月尘可能进入甚至覆盖月球车所载仪器设备，一旦附着很难清除，引起月球车很多故障，包括机械结构卡死、密封机构失效、光学系统灵敏度下降等。月球车可通过控制姿势等方式消除月尘。

又如，因为月球缺乏大气，月球车完全暴露在多种宇宙射线下，强烈的电磁辐射可能破坏电子遥控系统，这对接收系统的最大接收功率提出了相当高的要求。月球每天都会直接面对超新星爆发与太阳风暴等产生的大量宇宙射线，而当宇宙射线击中月球表面时，会引发微型的核反应，其结果就是月球表面也产生大批危险的次级辐射。

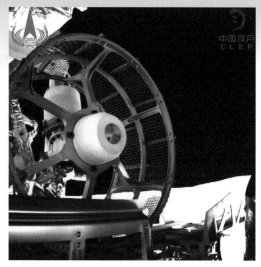

图 6-4-10　为了减少月尘对车轮的影响，玉兔号使用筛网轮

为此，玉兔号身披"黄金甲"，是为了反射月球白昼的强光，降低昼夜温差，同时阻挡宇宙中各种高能粒子的辐射，保护月球车携带的科学探测仪器。

另外，月球表面的土壤非常松软，而且崎岖不平，石块、陨石坑遍布。月球车的行进效率会降低。而低重力导致的摩擦系数低，使得在月球上行走远比地球上容易打滑，这对月球车的控制系统提出了更高的要求。在这种情况下，玉兔号要具备"眼观六路、耳听八方""独立思考、自主判断"的本领。

月面巡视过程中的自主导航与遥操作控制也很难。巡视探测任务要求玉兔号能够在复杂月面环境中实现远距离行驶，安全到达指定位置，并保障自身的安全和稳定工作。解决月面环境感知、障碍识别、局部路径规划及多轮运动协调控制是自主导航控制的难题。

第五节　嫦娥五号T1

我国探月三期工程的任务是采样返回，即从月球取回约2000克（实际为1731克）月球样品，由科学家在实验室里用多种仪器进行详细研究。

采样返回任务是通过发射嫦娥五号T1飞行试验器（简称嫦娥五号T1）、嫦娥五号来实现的，它们先后于2014年、2020年升空，并圆满完成了各自的任务。

嫦娥五号T1的任务目标是突破和掌握探月航天器再入返回的关键技术，为嫦娥五号任务提供技术支持，扫清技术障碍。月球返回器的再入返回与近地航天器再入返回相比，具有再入速度高、航程长、热环境复杂等特点，给返回器的气动外形与热防护设计、再入制导、导航与控制、安全回收与着陆提出了很大的挑战。

科研人员突破了轨道设计和控制技术，气动技术，热防护技术，再入制导、导航与控制技术，异构式环路热管技术，轻小型化设备技术等6项关键技术，验证了返回器"半弹道跳跃式再入返回"关键技术，实现了中国航天器首次以第二宇宙速度返回地球，为确保嫦娥五号任务顺利实施和探月工程持续推进奠定了坚实基础。

一、一马当先

2014年10月24日，我国在西昌卫星发射中心用长征三号C改二型运载火箭成功发射了嫦娥五号T1，把它准确送入近地点高度209千米、远地点高度413 000千米的地月转移轨道。

与神舟系列飞船返回舱以大约7.9千米/秒的第一宇宙速度返回不同，嫦娥五号T1及之后的嫦娥五号的返回器将以接近11.2千米/秒的第二宇宙速度返回。考虑到我国内陆着陆场等各方因素，为实现长航程、低过载的返回，嫦娥五号T1及嫦娥五号返回器采用半弹道跳跃式再入返回地球。

图 6-5-1　嫦娥五号 T1 成功在着陆区预定区域着陆后工作人员对返回器进行现场检测

跳跃式再入是指航天器进入大气层后，依靠升力再次冲出大气层，以降低速度，然后再次进入大气层。通过这种特殊的返回轨道可以降能减速，因为采用半弹道式再入返回有利于控制，使其落点精确；而通过跳跃式弹起然后再入，可以拉长返回器再入距离，达到减速的目的，确保飞行器返回顺利，但它对控制精度提出了极高要求。如果 "跳"得过高，飞行器会偏离落区；如果"跳"不起来，则飞行器可能会直接坠入大气被烧毁。由于距地面60~90千米的高层大气变化无穷，受到黑天白夜、太阳风、地磁场等多种因素影响，大气变化误差很大，所以需要飞行器的制导导航与控制系统具备很大包容性。

嫦娥五号T1采用了绕月自由返回轨道，飞行要经过发射段、地月转移段、月球近旁转向段、月地转移段、再入返回段和回收着陆段六个阶段。在飞行大约84万千米，历时8天4小时30分钟之后，2014年11月1日，嫦娥五号T1在内蒙古四子王旗预定区域顺利着陆，它标志着我国探月三期工程首次再入返回飞行试验获得圆满成功。这是我国航天器第一次在绕月飞行后再入返回地球，使我国成为世界上第三个成功回收绕月航天器的国家，表明我国已全面突破和掌握航天器以接近第二宇宙速度的高速再入返回的关键技术。

二、器舱组合

此次试验任务由嫦娥五号T1、运载火箭、发射场、测控与回收四大系统组成。其中嫦娥五号T1包括结构，机构，热控，数管，供配电，测控数传，天线，工程参数测量，制导、导航与控制，服务舱推进，回收11个分系统。

嫦娥五号T1由服务舱和返回器两部分组成，总质量为2吨多，返回器安装在服务舱上部。其服务舱以嫦娥二号绕月探测器平台为基础进行适应性改进设计，具备留轨开展科研试验功能；返回器为新研产品，采用钟罩侧壁加球冠大底构型，质量约330千克，具备返回着陆功能，与探月三期正式任务中返回器的设计基本保持一致。

它有六方面的创新，即轨道设计和控制、新型的热控技术、气动、高精度的返回导航制导与控制、设备的轻小型化以及回收技术等。

图6-5-2　对返回器（上）和服务舱组合体进行试验

在8天的"地月之旅"中，绝大部分时间服务舱载着返回舱前进。只有最后的约40分钟，返回器与服务舱分离，独自再入返回地球。所以，服务舱一路上不仅要运送返回器，还要负责返回器的供电、供暖、数据传输和通信保障等。

服务舱装有5台相机，用于对嫦娥五号T1的"地月之旅"进行拍摄。相机采用新材料实现轻小型化，每台相机只有巴掌大小，重量不及一个苹果重，却集光、机、电、热等多项先进技术于一身，具有长寿命、高可靠、自动拍摄、实时图像压缩，能应对恶劣太空辐射、温度环境，能承受发射时的强烈冲击和振动等高强本领。

嫦娥五号T1的返回器虽然比神舟系列飞船返回舱小许多，但"麻雀虽小，五脏俱全"，法兰和焊缝的数量一点不比飞船返回舱少，因而难度要高出好几个量级。一般情况下，每颗卫星只进行一次整星热试验，而此次返回器的热试验总数量不下十余次。返回器上首次应用了国产宇航级环路热管。在此之前，世界上拥有同类核心技术的只有美国、俄罗斯和法国。在返回器外部还包覆一层特殊材料，可以把摩擦产生的热量隔绝掉，不让它灌向舱内。由于返回器降落时的速度非常快，不可能依靠地面遥控指挥，为此专门开发了半弹道跳跃式飞行的制导导航与控制系统技术，让返回器能自主控制，这是再入飞行的关键。

三、任务成就

这次飞行任务验证了探月三期工程的六项关键技术。

一是验证了返回器气动外形设计技术。利用飞行试验获取的数据对返回器气动设计的正确性进行了验证，通过数据分析比对修正了返回器气动设计数据库。

二是验证了返回器防热技术。通过飞行过程中防热结构温度变化历程对防热结构设计进行了评估，提高了热分析的准确性，测量了返回器热蚀情况。

三是验证了返回器半弹道跳跃式高速再入导航制导与控制系统技术。

四是验证了月地返回及再入返回地面测控支持能力。针对返回器高动态、散布范围大、跟踪捕获难等特点，综合开展了总体设计、分析和试验。

五是验证了返回器可靠着陆技术。利用返回器内侧、外侧、遥测和气象数据对返回器可靠着陆技术进行了验证。

六是验证了返回器可靠回收技术。通过返回器搜索回收，验证了空地协同搜索回收工作方法，同时具备了地面独立搜索能力。

在测控方面，这次任务中，北京航天飞行控制中心顺利实现了四项关键技术的突破，航天测控能力有了新的提高。

一是高精度的绕月自由返回轨道定轨及预报技术。全新的绕月自由返回轨道，对定轨和预报精度要求很高。而且这次任务轨道控制次数多、姿态机动频繁，影响轨道测量精度的因素复杂。北京航天飞行控制中心模拟各类误差进行仿真打靶分析，设计制定了适用于各个阶段的数据使用原则和定轨策略；研究制定了利用圣地亚哥、玛斯帕拉玛斯和纳米比亚三站接力跟踪、联合测轨的实施方案，实现了定轨和预报的高精度要求。

二是高精度的轨道控制技术。在这次任务中，三次中途轨道修正控制均瞄准再入点，其控制策略、轨控模式、约束条件等，均较以往任务变化较大。对此，北京航天飞行控制中心研究设计了以瞄准再入点参数为目标的全新中途修正算法，制定了通过组合修正实现航程调整、入轨异常等情况下的应急控制策略，设计了抬高服务舱轨道近地点等规避方案，解决了基于绕月自由返回轨道的策略规划和应急控制这一难题。

三是跳跃式返回过程预报与引导技术。实施半弹道跳跃式返回，返回器上制导控制方法复

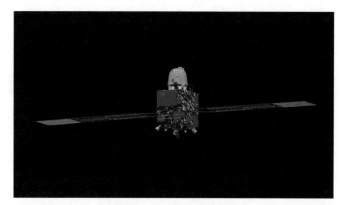

图 6-5-3　由服务舱（下）和返回器（上）组成的嫦娥五号 T1 在轨飞行示意图

杂，气动影响预测难度大，产生风险的因素很多。北京航天飞行控制中心结合返回器制导原理，利用返回器气动参数，制定了落点预报与引导实施方案；并与嫦娥五号T1研制单位密切协作，开发了弹道预报的计算方法和软件，确保了返回预报和引导的顺利实施。

四是高密度测控协同与动态规划调整技术。这次任务，发令密集、控制频繁、环环相扣，需实现快速灵活的飞控任务动态规划，确保两器之间、天地之间的高度协同控制。北京航天飞行控制中心通过对各次关键控制的飞控计划、测控资源及实施流程进行统筹和优化，对各类关键指令设计预备计划发送和人工判发的备保措施，并利用自动追赶发令、双目标修正发令、多源遥测比判等手段，实现了飞控快速应变和动态规划能力。

在返回器搜索回收方面，此次飞行试验中，由于返回器目标小、再入速度快、落点散布范围广，给着陆场搜索回收带来了很多新的考验，特别是此次试验无气象备份着陆场。嫦娥五号T1发射升空后，回收时间随即确定。即使回收任务当天，着陆场区气象条件不满足直升机起飞条件，无法实现"空地联合搜索"，也要由地面分队独立完成搜索回收任务。为确保返回器搜索回收任务圆满完成，从2014年8月开始，着陆场区前置雷达站、地面测控站、气象台人员陆续进场展开工作，先后四次组织综合搜索回收演练，熟练掌握了返回器回收处置的各种技能。在嫦娥五号T1再入返回时，着陆场区的跟踪测量、搜索回收、通信保障、气象保障等系统装备工作正常。

这次任务实现了我国航天多个"首次"：首次让航天器从月球回到地球；首次成功采用半弹道跳跃式再入返回技术；首次突破了第二宇宙速度再入情况下的一些防热技术；首次验证了在大范围内的小目标搜索能力；首次采用"8"字形的绕月自由返回轨道，这种特殊设计巧妙地利用了地球和月球引力，使嫦娥五号T1飞抵月球附近后绕半圈自动改变轨道方向、轨道倾角向地球飞来，从而节省了中途修正所需的推进剂，借助月球引力完成转弯并返回地球；首次应用了深空探测可视化系统。

首次再入返回飞行试验的圆满成功，为全面完成探月工程"绕、落、回"三步走战略目标打下了坚实基础，对我国月球及深空探测乃至航天事业的持续发展具有重大意义。

第六节　嫦娥五号

我国探月三期工程的主任务是通过嫦娥五号完成无人月球采样返回任务。这有利于我们进一步了解月球的状态、物质含量等重要信息，深化对月壤、月壳和月球形成演化的认识，经历了一个全面、精细、深入的科学探测过程，突破一系列关键技术，并能为以后的载人登月和月球基地的选址提供有关数据。

一、巨大挑战

2011年1月，嫦娥五号探测器研制工作正式启动。历时近10年，2020年11月24日，万众瞩目的嫦娥五号一飞冲天，发射取得圆满成功。

嫦娥五号探测器由轨道器、返回器、着陆器、上升器以及15个分系统组成。该月球探测器要经历着陆器落月、月表采样、月球起飞、轨道对接、样品转移、返回器返回等多个环节，飞行程序非常复杂、技术性能要求严格，是我国迄今为止系统最复杂，技术难度最大的航天工程，其研制工作事关我国探月三期工程的成败，诸多难点、风险给研制团队带来巨大挑战。例如：

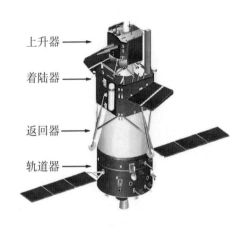

上升器
着陆器
返回器
轨道器

图 6-6-1　嫦娥五号组成示意图

组合体分离面多。该探测器具有轨道器和着陆器组合体、着陆器和上升器组合体、轨道器和返回器组合体、轨道器和支撑舱以及轨道器与对接支架5个分离面，这些分离面的分离均为一次性工作，任何一次分离出问题，都将给任务的实施带来灾难性后果。

控制过程细节严酷。嫦娥五号无人采样器通过采样钻头深入月球内部和采样机械臂月球表面采样两种方法获取月球样品后，需要转移到上升器里，上升器与轨道器对接后，又要将上升器里面的样品通过轨道器转移到返回器里面，整个环节必须分毫不差，丝丝相扣，天衣无缝，任何环节控制不精细，都将影响任务的完成。

技术环节多，研制难度大。嫦娥五号探测器将在距地球38万千米的月球轨道上，完成上升器与轨道器的交会对接，这个过程无法借助导航卫星的帮助，这就需要突破月球轨道测控精度、月球轨道敏感器交互，轻小型航天器对接等技术；同时，嫦娥五号探测器实施月表采样返回任务后，着陆器将留在月球表面，上升器留在月球轨道，轨道器留在地球轨道，只有返回器携带样品返回地球表面，如此复杂的技术环节，都是对研制团队的全新挑战。

温度控制要求高。无人采样器需在白天温度高达150℃的月球表面工作，如何保证采样器在如此高温下正常工作？还有，上升器发动机点火瞬间温度高达数千度，如何避免烧毁上升器和着陆器？这些都是对研制队伍的严峻考验。

减重压力大。由于运载火箭的运载能力对嫦娥五号探测器的重量有严格的约束，研制队伍面临着最大限度地减轻重量，又要确保质量可靠性的双重压力。

如何对上述难点所涉及的关键技术进行试验验证，也需要一系列的技术创新和探索。

嫦娥五号探测器任务技术难点主要表现在轨道设计、月面采样封装、月面起飞上升、月球轨道交会对接与样品转移、月地入射、地球大气高速再入返回等六个关键环节。

一是轨道设计复杂。嫦娥五号探测器飞行阶段多，各阶段轨道方案耦合紧密，轨道设计受到测控、运载和着陆场的限制，约束条件多，各飞行阶段轨道在控制和测定轨精度能力有限的情况下，匹配精度要求高；飞行过程还涉及月球轨道交会对接、月地转移等新的飞行阶段，飞行过程复杂，轨道设计难度大。

二是月面采样封装技术新。采样封装是嫦娥五号月球无人采样返回任务的核心环节之一。月面采样封装任务采用表钻结合、多点采样的方式，采样装置为全新研制，技术新、难度大，需要考虑飞行任务以及探测器的测控、光照条件、电源、热控等各种约束；采样期间面临月面高温

图 6-6-2　组装嫦娥五号

的工作环境；同时采样任务时序紧张、机构动作多、不确定因素多。

三是月面起飞上升验证难。上升器月面起飞初始条件无法像运载火箭一样在地面发射前由地面人员完成测调和确认，而必须依靠自主定位定姿方法确定起飞的初始状态，明确起飞稳定性的各项因素及其耦合的影响，依靠精确的定姿能力完成空中对准以实现精确入轨。为此需要通过大量的地面仿真和试验对起飞上升发动机开展验证，但月面低重力、高真空等环境使得地面验证较为困难。

四是月球轨道交会对接与样品转移自主要求高。交会对接飞行过程阶段划分、近距离高精度相对位姿控制和相对测量敏感器的轻小型化设计是月球轨道交会对接制导、导航与控制的技术难点。嫦娥五号月球轨道交会对接任务采用停靠抓捕式交会对接，且无卫星导

航信号支持，对接和样品转移过程自主性要求高。同时，交会对接过程中，地面测控支持能力受限，受到对接机构大小的限制，对接精度的要求较高。嫦娥五号探测器的对接机构与样品转移机构采用弱撞击式对接机构，机构中必须同时考虑样品转移装置的设计，保证对接精度满足样品转移的相关要求。对接机构与样品转移机构一体化设计是对接机构与样品转移技术研究中的难点。

五是月地入射精度要求高。月地入射的主要目的是通过月球轨道上的轨道机动，使轨道器-返回器组合体进入月地转移轨道，由于月地关系的不断变化，月地入射窗口及入射点位置均受到严格约束，为理论上的"零窗口"；同时，月地入射的精度在一定程度上决定了返回器再入点精度，影响返回器的安全着陆，控制精度要求高。

六是地球大气高速再入返回速度高。嫦娥五号任务中最终携带样品以接近第二宇宙速度返回地球的返回器对任务的成败至关重要。嫦娥五号探测器再入返回设计继承了嫦娥五号T1飞行试验器的设计，任务的再入航程与飞行试验器基本一致。但装有月壤的样品容器重量有一定的不确定性，有可能影响返回器的质量特性，对返回器制导、导航与控制的稳定性提出了较高的要求。

二、任务过程

嫦娥五号从发射到返回，共经历了23次重大的轨道控制和6次重大分离控制，以及动力下降和月面起飞、交会对接等很多风险比较高的项目，可分为以下十一个重大飞行阶段：

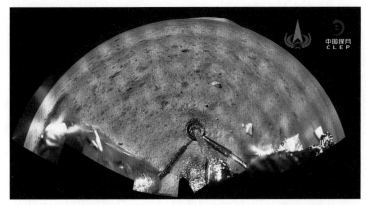

图 6-6-3　嫦娥五号着陆器和上升器组合体着陆后全景相机环拍成像

一是发射入轨阶段。嫦娥五号于2020年11月24日4时3分由长征五号遥五运载火箭发射升空，进入地月转移轨道，开启探月并返回的旅程。

二是地月转移阶段。嫦娥五号完成器箭分离，展开探测器上的太阳翼，进入地月转移轨道，飞行大约112小时，进行了2次中途修正。

三是近月制动阶段。嫦娥五号飞行约4天半后，2次启动轨道器上推力3000牛的发动机进行制动减速，先进入近月点400千米椭圆环月轨道，然后变为200千米近圆形环月轨道。

四是环月飞行阶段。2020年11月30日4时40分，嫦娥五号的轨道器-返回器（简称轨道返回）组合体和着陆器-上升器（简称着陆上升）组合体在环月轨道上两两分离。着陆上升组合体进入近月点15千米、远月点200千米的着陆准备轨道进行环月飞行并准备择机着陆；轨道返回组合体继续在200千米环月轨道飞行，等待与上升器的交会对接。

图 6-6-4　嫦娥五号的返回器在预定着陆点着陆

五是着陆下降阶段。2020年12月1日22时57分，着陆上升组合体从下降初始点开始进行动力下降，经主减速段、接近段、悬停段、避障段、缓速下降段和自由下落段等几个阶段，历时约14分钟，于23时11分在月球正面西经51.8°、北纬43.1°附近的预选着陆区着陆。

六是月面工作阶段。着陆上升组合体在月面停留了2天，完成了预定任务。通过有效载荷完成月面科学探测；通过采样封装设备，只用19个小时就完成了对月壤的钻取、表取以及封装。同时，着陆上升组合体与轨道返回组合体进行下一个阶段的准备工作，为月球轨道交会对接和样品的转移做好了万全的准备。

七是月面上升阶段。经过2天的月面工作后，携带月球样品的上升器在着陆器上起飞，这是我国空间飞行器第一次在地外天体起飞。2020年12月3日23时10分，上升器上的3000牛发动机点火工作约6分钟，在先后经历垂直上升、姿态调整和轨道射入三个阶段后，上升器进入相应的环月飞行轨道。

八是交会对接与样品转移阶段。上升器在200千米环月轨道与轨道返回组合体对接，并把上升器内的月球样品转移到返回器中。

九是环月等待阶段。在完成对接与样品转移后，上升器就被抛离，轨道返回组合体进入为期6天的环月等待飞行，目的是进入能量最优月地转移轨道。在环月等待段飞行过程中，轨道返回组合体进行了1次轨道维持，等待月地入射窗口的到来，全力以赴做好返回地球的准备。

十是月地转移阶段。2020年12月12日9时54分，嫦娥五号轨道返回组合体经历了约6天的环月等待，实施了第一次月地转移入射，从近圆形轨道变为近月点高度约200千米的椭圆轨道。12月13日9时51分，轨道返回组合体实施第二次月地转移入射，轨道返回组合体成功进入月地转移轨道。

十一是再入回收阶段。2020年12月17日凌晨1时许，轨道返回组合体在距离地球5000千米高度时，轨道器协助返回器建立再入返回姿态，随后轨道器和返回器分离，返回器准备再入返回地球，轨道器按计划完成规避机动。返回器在经历惯性滑行、地球大气再入、回收着陆三个阶段后，于12月17日1时59分在内蒙古四子王旗预定区域以直立状态成功平稳安全地着陆。

2020年12月19日上午，国家航天局在京举行探月工程嫦娥五号任务月球样品交接仪式。嫦娥五号月球探测器系统抓总研制单位中国空间技术研究院，把采集的月球样品移交嫦娥五号地面应用系统抓总研究单位国家天文台，这标志着嫦娥五号任务由工程实施阶段正式转入科学研究新阶段，为我国首次地外天体样品储存、分析和研究工作拉开序幕。

经初步测量，嫦娥五号任务采集月球样品约1731克。在样品安全运输至月球样品实验室后，地面应用系统的科研人员按计划进行月球样品的存储、制备和处理，启动科研工作。

三、任务成就

嫦娥五号实现了我国开展航天活动以来五个"首次"。这五个"首次"既是亮点，也是难点。

一是首次在月面自动采样。在月面上采集样品时，着陆器上的采样装置要在月球低重力环境下具备钻孔、铲土和输送等能力。在月面取样完成后要封装，要求不能有任何污染。尽管在地球上，机械手能在模拟月球重力环境的试验条件下做得很好，但真

图 6-6-5　着陆器在月球表面自动采样实景

实的月球重力环境与模拟环境存在误差，机械手在地球上做出的精确动作，在月球上能否重复完成是一个较大的挑战。由于准备充分，任务完成得很顺利，原定用时2天的任务，只用了19个小时就完成了。

二是首次从月面起飞。采集的样品封装到上升器后，上升器要从着陆器上起飞。这是我国空间飞行器第一次在地外天体起飞，难度很大。因为上升器起飞时喷射的火焰会碰到着陆器，从而可能产生干扰上升器的力。另外，月球表面环境复杂，着陆器不一定是四平八稳的状态，也无法像地球发射塔架那样配置火箭导流槽，所以要克服月面起飞轨道设计、月面起飞测控和发动机羽流导流等困难。航天五院科研团队开展了各项试验验证，经

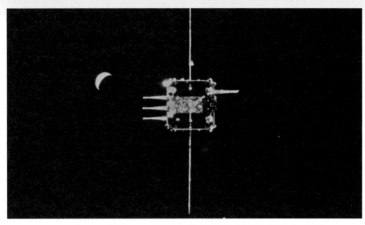

图 6-6-6　轨道返回器组合体拍摄的逐渐接近的上升器

过一系列技术攻关，建立了一整套环环相扣的系统保证任务顺利完成。

三是首次在38万千米外的月球轨道上进行无人交会对接。携带月球样品的上升器起飞后，要在月球轨道与轨道返回组合体进行无人交会对接，并把采集的样品转移到返回器中，这在世界上是第一次。在月球轨道上进行交会对接要"大追小"，即用有较多燃料大质量的轨道返回组合体追小质量的上升器，稍微控制不好就会偏离到太空中，或撞开上升器，因此对交会对接的精度要求更高。为此研制人员做了35项故障预案，从启动开始到交会对接，全部采用自动控制。

四是首次带着月壤以接近第二宇宙速度返回地球。携带月球样品的返回器以11千米/秒的速度再入大气层，再入热量相比返回式卫星、宇宙飞船返回舱的再入将提高8～9倍，与大气摩擦的烧蚀温度高达2760℃，如果直接再入返回很容易被烧毁。为此，需要设计一个既安全又稳妥的返回路线，这对返回器的气动外形、防热材料及控制都是一个新挑战。为了抵御高温烧蚀，返回器在大底迎风面、大底背风面、大底拐弯角环、侧壁迎风面、侧壁背风面、侧壁舱盖与边缘防热环、稳定翼七大部位分别应用了7种不同成分的防热烧蚀材料。另外，为了减速耗能，返回器采用了半弹道跳跃式再入返回技术方案，就像"打水漂儿"一样使其速度降低后再进入大气层坠向地面。

虽然我国已用嫦娥五号T1试验过1次，但嫦娥五号返回是一次实战考验。由于准备充分，实际完成得很顺利。

五是首次自取月球样品的存储、分析和研究。嫦娥五号采集了约2千克月壤进行密封封装并安全送回地球。科研人员将首次对中国自取月球样品进行存储、分析和研究。我国已对"嫦娥工程"地面应用系统在一期和二期工程基础上进行适应性改造，并新增月球样品存储实验室和异地容灾备份存储实验室，新建密云35米数据接收天线，以满足三期工程月球样品存储和数据接收、处理和解译的任务需求。

现在，嫦娥五号应用已经取得了很多成果。例如，中国科学家根据对嫦娥五号月壤的研究提出了新的月球热演化模型，揭开了困扰学术界的一大谜团：为何月球在距今20亿年前依然有火山活动。中国科学家通过把月球返回样品的实验室光谱、X射线衍射和电子探针分析结果与以往获取的月球样品进行对比，证明嫦娥五号月壤的光谱特征主要是由其富含的富铁高钙辉石引起的，而非此前遥感探测推断的橄榄石富集。2022年9月9日，国家航

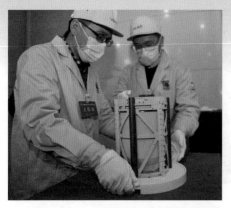

天局、国家原子能机构联合在京发布嫦娥五号最新科学成果：中国科学家首次在月球上发现新矿物，并命名为"嫦娥石"。该矿物是人类在月球上发现的第六种新矿物。

据中国科学院地球化学研究所2022年11月透露，针对嫦娥五号表取月壤粉末中的硫化物颗粒，该所首次证实月壤中存在撞击成因的亚微米级磁铁矿。

图 6-6-7　工作人员在嫦娥五号月球样品交接仪式上搬运月球样品容器

第七节　鹊桥月球中继星

2019年1月14日，我国宣布了探月四期工程，把嫦娥四号作为探月四期工程首次任务，已于2019年初顺利完成，而后续还有三次任务：嫦娥六号将于2024年在月球南极背面进行采样返回；嫦娥七号将于2026年在月球南极对月球的地形地貌、物质成分、空间环境进行一次综合科学探测，特别是对月球的水冰分布进行探测；嫦娥八号将于2028年与嫦娥七号协同工作，组成我国月球科研站的基本型，主要开展月球资源开发利用技术试验验证和长期科学探测，对月球进行大范围、全尺度、长周期观测，并对科研站后续的关键技术进行验证。

嫦娥四号任务是人类首个在月球背面进行的着陆和巡视探测任务，任务采用"月球背面软着陆巡视+地月中继通信"技术方案，因此需要先发射鹊桥月球中继星，等嫦娥四号着陆器-巡视器组合体软着陆到月球背面艾特肯盆地后，便可通过中继卫星与地球进行中继通信。

2018年5月21日，鹊桥月球中继星由长征四号C运载火箭成功发射升空。鹊桥月球中继星是人类历史上第一颗地球轨道外专用中继卫星，也是第一颗连通地月的中继卫星，为地球和月球搭建了一条跨域40多万千米的通信"桥梁"，为嫦娥四号月球背面软着陆探测任务提供中继通信服务。鹊桥月球中继星在轨应用后，标志着我国率先掌握地月中继通信技术。

一、月背奥秘

嫦娥四号原来是嫦娥三号的备份，嫦娥三号成功完成任务后，经专家多次讨论，最后决定：嫦娥四号落到月球背面进行探测。

为什么我国要把嫦娥四号落到月球背面进行探测呢？这要从月球的特性讲起。

月球背面具有不同于月球正面的地质构造，多"山"多"谷"，所以对研究月球和地球的早期历史具有重要价值。地球上经历了多次沧海桑田，早期地质历史的痕迹早已消失殆尽，只能寄希望于从月球上仍保存完好的地质记录中挖掘地球的早期历史。因此，对月球背面开展形貌、物

图 6-7-1　月球正面与背面对比图

质组成、月壤和月表浅层结构的就位与巡视综合探测，可促进对月球早期演化历史的新认知，对研究地球的早期历史也有重要价值。

另外，接收遥远天体发出的射电辐射是研究天体的重要手段，称为射电观测。由于这些天体的距离遥远，电磁信号十分微弱，在地球上，日常生产生活的电磁环境会对射电天文观测产生显著干扰，因此天文学家一直希望找到一片完全"宁静"的地区，监听来自宇宙深处的微弱电磁信号。由于被地球潮汐锁定、月球的自转与公转周期相同和天平动的作用等原因，在地球上永远看不到月球的背面，只有约59%的月面能被地球观测到，所以对天文学研究而言，月球背面是一片难得的宁静之地。月球背面可屏蔽来自地球的各种无线电干扰信号，在那里能监测到地面和地球附近的太空无法分辨的电磁信号，有利于研究恒星起源和星云演化。

那么，为何国外已进行过约130多次探月活动，包括用探测器撞击过月球背面和进行过载人登月等，但是从来没有一个探测器在月球背面进行软着陆呢？

正是由于在地球上永远看不到月球的背面，所以在月球背面着陆的探测器不能直接和地球站进行无线电通信，这就是至今国外没有一个国家把落月探测器发射到月球背面软着陆的重要原因。

二、鹊桥先行

在月球背面着陆的探测器不能直接和地球进行无线电通信，怎么办？目前最好的方案就是先发射一颗月球中继卫星到地月拉格朗日2点（简称地月L2点）晕轨道上，在这个轨道上运行的月球中继卫星可以同时"看到"地球和月球背面，从而能为地球与在月球背面着陆的探测器搭建一座用于通信联系的"桥梁"；而且由于地球和月球引力平衡的作用，月球中继卫星在这个轨道运行比较稳定。

为此，我国发射了鹊桥月球中继星，它于2018年6月14日进入地月L2点的晕轨道，这在世界上是第一次。在这个使命轨道上，鹊桥月球中继星能为在月球背面着陆的嫦娥四号与地球测控站提供通信链路，传输测控通信信号和科学数据。

　　鹊桥月球中继星不能在地月L2点上运行，而是在地月L2点的晕轨道运行，否则会被月球挡住，无法与地球联系。地月L2点的晕轨道是绕地月L2点运行的一种轨道，在地月球心连线上靠近月球的一侧，距月球6.5万～8万千米（由于地月距离是变化的，因此地月L2点与月球的距离也是变化的，最大距离不大于8万千米），形状为三维非规则曲线，周期14天，Z轴振幅高达1.3万千米，轨道控制非常复杂。

图6-7-2　打造鹊桥月球中继星

　　另外，地月L2点的晕轨道实际上是一个"躲"在月球远端，随着月球一起运行的绕地轨道。在这个轨道上运行的鹊桥月球中继星可以和地月保持相对稳定静止状态，因而能节省卫星燃料，延长寿命。鹊桥月球中继星一年只需消耗2千克燃料，并且比运行在其他轨道都要减少许多测控方面的工作。

　　到达地月L2点常用两种方案：一是直接转移，中继星从地球直接经过地月转移轨道飞到地月L2点附近。二是月球绕掠，中继星飞经月球时借助月球引力"拐个弯"再飞到地月L2点，这种方式省燃料，但时间长。鹊桥月球中继星采用第二种方式。

　　鹊桥月球中继星的技术难点集中在轨道控制和卫星机动技术以及大口径通信天线等方面，为此采用了一些新技术，例如，它装备了具有高智能化水平、全天候、全天时、全空域运行能力的光纤陀螺惯性测量单元，从而摆脱了之前航天器姿态敏感器需要借助地球、太阳等天体来定位的束缚，大大提升其轨道控制能力。鹊桥月球中继星在1000米/秒高速在轨飞行过程中，其速度控制精度误差不大于0.02米/秒，这种超强的自主控制能力，让地面实施轨道控制周期为7天左右一次，为长期稳定运行奠定了基础。

　　鹊桥月球中继星上4.2米口径的高增益伞状抛物面天线可始终实现对地、对月、

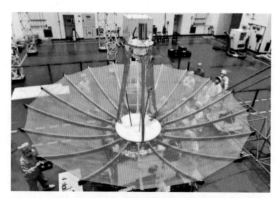

图6-7-3　鹊桥月球中继星的天线

对日和对惯性空间任意目标指向与跟踪的三轴稳定控制，为着陆器、巡视器与地面站之间的测控与数据传输提供有力支撑。它还采用了S频段数字化深空应答机。它是我国首台数字化深空应答机，具有对错误数据自我修正的功能，其灵敏度、信号捕获能力等性能更为强大，从而能克服嫦娥四号信号微弱、不稳定等带来的信号捕捉困难。

除了具有中继地月信号的功能以外，在鹊桥月球中继星上还装载了荷兰的低频射电探测仪。它与位于荷兰境内的低频天文阵列等地面天文观测设施联合，首次开展了43万～46万千米基线的地月空间甚长基线干涉测量实验（甚长基线干涉测量是把几个小望远镜联合起来，达到一架大望远镜的观测效果）。它也与嫦娥四号着陆器上的低频射电频谱仪之间形成干涉测量，有望对来自宇宙黑暗时代和黎明时期的辐射进行探测，研究在宇宙大爆炸后的几千万年到一两亿年间，宇宙如何摆脱黑暗，点亮了第一颗恒星。

另外，鹊桥月球中继星携带了一个1.6千克、170毫米大孔径激光角反射镜，由中山大学研制。它能配合地面0.5米激光发射望远镜和1米激光接收望远镜，进行精度优于15毫米的单程测距。

地面给鹊桥月球中继星的指令是从佳木斯林海深空测控站发送的，包括第一次中途修正指令和近月制动指令上注工作。林海深空测控站是我国第一个深空测控站，其使用的天线口径达66米，这也是亚洲口径最大、接收灵敏度最高、连续波发射功率最强和作用距离最远的天线，曾用于执行嫦娥三号等任务。

第八节　嫦娥四号

2018年12月8日2时23分，我国用长征三号B运载火箭成功发射了嫦娥四号落月探测器，直接将嫦娥四号送入近地点200千米、远地点约42万千米的地月转移轨道。在飞行了26天后，嫦娥四号于2019年1月3日10时26分成功着陆于月球背面东经177.6°、南纬45.5°附近的预选着陆区——月球南极-艾特肯盆地内的冯·卡门撞击坑，并通过鹊桥月球中继星传回了世界第一张近距离拍摄的月背影像图，成为世界上第一个在月球背面软着陆和巡视探测的航天器，并实现首次月背与地球的中继通信。2019年1月11日8时，嫦娥四号着陆器上的地形地貌相机完成了环拍。1月11日16时47分，嫦娥四号着陆器与玉兔二号巡视器在鹊桥月球中继星支持下顺利完成互拍，这标志着嫦娥四号任务圆满成功，进入科学探测阶段。

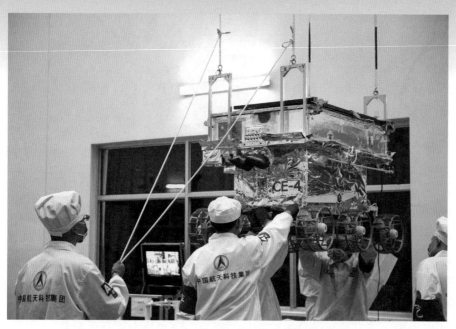

图6-8-1　地面调试玉兔二号月球车

一、五大不同

嫦娥四号原来是嫦娥三号的备份，嫦娥三号任务顺利完成后，奔向月球背面成了它新的担当。因此，嫦娥四号绝不是嫦娥三号的复制品，它是一个与嫦娥三号不同的、全新的落月探测器，它所承担的任务，从某种意义上来说是一次真正意义上的"首飞"。嫦娥四号与嫦娥三号相比主要有五大不同。

一是科学目标不同。嫦娥三号任务的科学目标是：开展月球形貌与地质构造调查，开展月表物质成分和可利用资源调查，进行月球内部的结构研究和日-地-月空间环境探测与月基天文观测。简言之，就是"测月、巡天、观地"。而嫦娥四号任务的科学目标有三个：一是开展月球背面低频射电天文观测与研究；二是开展月球背面巡视区形貌、矿物组分及月表浅层结构探测与研究；三是试验性开展月球背面中子辐射剂量、中性原子等月球环境探测研究。

二是工程目标不同。通过实施重大航天实践，推动工程的进步，是中国航天跨越发展的重要途径和经验，月球探测工程更是如此。嫦娥三号任务的工程目标有三个：突破月面软着陆、月面巡视勘察；研制月面软着陆探测器和巡视探测器，建立地面深空站；建立月球探测航天工程基本体系，形成重大项目实施的科学有效的工程方法。而嫦娥四号任务的工程目标有两个：一是研制、发射月球中继通信卫星，实现世界上首次地月L2点的测控及中继通信；二是研制、发射月球着陆器和巡视器，实现世界上首次月球背面软着陆和巡视探测。

三是携带的有效载荷不同。为实现月面软着陆和科学探测目标，嫦娥三号携带了20多种有效载荷。按照功能，这些"装备"大致可以分为三类：第一类是用来观察月球的，主要设备包括全景相机、地形地貌相机、测月雷达等；第二类是用来观测宇宙的，主要由月基光学望远镜承担；第三类是用来观察地球周围的等离子层的，各有各的用处，相互配合。虽然嫦娥四号的基本架构继承了嫦娥三号，但科技人员根据着陆区域和科学目标的变化，对它携带的科学载荷做了很大的调整，为了完成这些科学探测任务，嫦娥四号把八台有效载荷带到了月球背面冯·卡门撞击坑。

嫦娥四号着陆器携带了4台有效载荷和1台科普载荷：地形地貌相机，用于获取着陆区高分辨率彩色图像；降落相机，用于着陆过程中获取着陆区地形地貌特征和图像；低频射电频谱仪，用于进行太阳爆发产生的低频电场探测和着陆区上空的月球电离层探测；德国基尔大学研制的月球中子及辐射剂量探测仪，用于测量能量中性粒子辐射和着陆器附近月壤中的相关物质含量；科普载荷用于进行生物科普试验。

嫦娥四号巡视器上共携带4台有效载荷：全景相机，用于进行近距离景物勘查，地形地貌分析，地质构

图 6-8-2　南极－艾特肯盆地的冯·卡门撞击坑

造特征分析；红外成像光谱仪，用于进行巡视区月表矿物化学成分探测和分布研究；测月雷达，用于进行巡视路线上月壤厚度、结构探测和进行巡视路线上月壳浅层结构探测；瑞典空间物理所研制的中性原子探测仪，用于进行实地观测月表溅射能量中性原子通量和研究靠近月表的散射能量中性原子分布函数。通过探测器上携带的这些有效载荷，利用月球背面区域可屏蔽地球无线电干扰等独特优势，共同实现月基低频射电天文观测与研究、巡视区形貌和矿物组分探测与研究以及浅层结构探测与研究等方面的科学目标。

四是着陆区与环境不同。嫦娥三号着陆区是月球正面的虹湾。那里，布满了月海玄武岩，地势较为开阔、平坦，位于大型撞击坑、月海、高地（山脉）交汇地区，有利于科学勘察目标的选择，当然也有利于与地球的通信联系。而嫦娥四号的主着陆区为月球背面靠近南极的冯·卡门撞击坑，这里着陆区面积比虹湾地区小了许多，因为月球背面山峰林立，大坑套小坑，很难找出再大一些、平坦一些的地方供嫦娥四号安身，因此，嫦娥四号着陆器在凸凹不平的月面着陆，需要具有比嫦娥三号更准确的着陆精度。

五是通信方式不同。深空测控通信系统是人类与深空探测器联系的通道和纽带，在深空探测任务中起着关键的作用。深空任务周期长、通信时延大、链路带宽有限、信号微弱、数据更加关键可贵等原因，使得深空测控通信实现起来更为困难，无论对星上设备还是地面设备都带来新的挑战。通信方式不同是嫦娥四号与嫦娥三号相比最大的不同。嫦娥三号与地球的通信联络由地面站和海上远洋测量船来完

图 6-8-3　嫦娥四号通过鹊桥月球中继星与地面通信示意图

成。而由于月球正面的遮挡，月球背面没有通信信号，无法与地球实施实时通信，因此，嫦娥四号与地面的通信联络要由鹊桥月球中继星担任，借助架设在地月L2点的中继卫星，实施与地面的通信信号"接力"。

为此，研制队伍聚焦新任务、新环境、新状态、新风险，从轨道设计、动力下降策略、休眠唤醒策略、月夜温度采集、测控通信工作模式、接口布局等八个方面，进行了系统设计，突破一系列必须解决的关键技术，同时围绕精确变轨、畅通中继、安全着陆、可靠分离、稳健巡视、有效探测、长期生存等七大任务关键点，在系统、分系统、单机各层面，进行了大量的设计仿真分析、专项试验和系统测试、产品鉴定，对设计更改进行了全面验证，用科学手段确保嫦娥四号设计更加合理可行。

二、任务过程

嫦娥四号经过发射入轨段、地月转移段、近月制动段、环月飞行段、环月降轨段、动力下降段，最终着陆到月面。其间，着陆器-巡视器组合体通过鹊桥月球中继星与地面建立上下行通信链路。着陆成功后，着陆器择机完成巡视器释放。着陆器、巡视器分别开展科学探测，并通过鹊桥月球中继星将数据传回地球。

嫦娥四号落月探测器升空后，由于准时发射、准确入轨，原计划在近月制动前实施的三次轨道中途修正，实际只于2018年12月9日进行了一次，便达到了预期目标。

经过约110小时奔月飞行，2018年12月12日16时45分，嫦娥四号成功实施了近月制动，顺利完成"太空刹车"，被月球捕获，进入了环月轨道。

图 6-8-4   玉兔二号月球车用全景相机拍摄的嫦娥四号着陆器

在环月轨道运行期间，地面调整了嫦娥四号落月探测器的环月轨道高度和倾角，开展了与鹊桥月球中继星的中继链路在轨测试和导航敏感器在轨测试。之所以迟迟不着陆，一方面是为了等待时机，使嫦娥四号最终能在白天实施月球背面软着陆，从而充分获取太阳能以便开展工作；另一方面是由于降落地点处于月球南极附近，它需要逐渐调整轨道倾角才能经

图 6-8-5　嫦娥四号着陆器拍摄的玉兔二号月球车

过这里，比较耗时。同时，也要等待太阳光照在月球的角度达到理想的状态，这样所有的地貌都会有比较清晰的阴影，最大限度辅助光学设备选择并定位着陆地点。

2018年12月30日8时55分，嫦娥四号又实施"太空刹车"，在距月面平均高度约100千米的环月轨道成功变轨，进入近月点高度约15千米、远月点高度约100千米的椭圆形环月轨道，这是预定的在月球背面着陆的准备轨道，为择机动力下降着陆做准备。

嫦娥四号整个动力下降过程分为六个阶段：主减速段、快速调整段、接近段、悬停段、避障段和缓速下降段。

2019年1月3日10时15分，嫦娥四号从距离月面15千米处开始实施动力下降，7500牛变推力发动机开机，逐步将探测器的速度从相对月球1.7千米/秒降到零。在距月面约6～8千米处，探测器进行快速姿态调整，不断接近月球；在距月面100米处开始悬停，对障碍物和坡度进行识别，并自主避障；选定相对平坦的区域后，开始缓速垂直下降。约690秒后，嫦娥四号自主着陆在月球背面南极-艾特肯盆地内的冯·卡门撞击坑内。落月过程中，降落相机拍摄了多张着陆区域影像图。

落月后，在地面控制下，通过鹊桥月球中继星的中继通信链路，嫦娥四号探测器进行

图 6-8-6　嫦娥四号着陆器地形地貌相机环拍全景图（圆柱投影）

了太阳翼和定向天线展开等多项工作，建立了定向天线高码速率链路。着陆器上的相机获取了世界第一张近距离拍摄的月背影像图并传回地面。

接着，按计划开展了着陆器与巡视器分离各项准备工作，对鹊桥月球中继星状态、着陆点环境参数、设备状态、太阳入射角度等两器分离的实施条件，进行了最终检查确认。

2019年1月3日15时7分，北京航天飞行控制中心通过鹊桥月球中继星向嫦娥四号探测器发送指令，两器分离开始。嫦娥四号着陆器矗立月面，太阳翼呈展开状态。巡视器立于着陆器顶部，展开太阳翼，伸出桅杆。随后，嫦娥四号着陆器与巡视器（即玉兔二号月球车）顺利分离，玉兔二号月球车开始向转移机构缓慢移动。转移机构正常解锁，在着陆器与月面之间搭起一架斜梯，玉兔二号月球车沿着斜梯缓缓驶向月面。

玉兔二号月球车高1.5米，重135千克，是世界探月史上质量最小的月球车。定的设计寿命3个月，可以爬20°坡，跨越20厘米高的障碍。其上装有全景相机、测月雷达、红外成像光谱仪，以及瑞典的中性原子探测仪。

嫦娥四号的玉兔二号月球车还吸收了嫦娥三号的玉兔号月球车的经验。针对玉兔号在执行任务过程中遇到的一些问题，科研人员有针对性地进行了电缆设计与材料应用等技术的改进和试验。玉兔二号月球车仅在电缆钩挂、摩擦方面就做了上千次试验，同时也尽量减少电缆裸露在外的面积，减少电缆的故障风险，有力地支撑了玉兔二号征战月球背面之行。

三、任务成就

2020年6月，嫦娥四号任务团队优秀代表首获国际宇航联合会最高奖——"世界航天奖"。这也是该国际组织成立70年来首次把这一奖项授予中国航天科学家。

此前，嫦娥四号任务团队已获英国皇家航空学会2019年度唯一团队金奖，被美国航天基金会授予2020年度航天唯一金奖，被国际月球村协会授予其自成立以来的首个优秀探月任务奖。此次，嫦娥四号任务团队优秀代表获得"世界航天奖"这一最高奖项，再次说明中国在月球探测领域取得的成就意义重大，影响深远，得到了国际权威航天机构的充分肯定，产生了重大国际影响。

嫦娥四号任务的完成具有以下四方面重要意义。

一是推动航天强国建设的重大举措。嫦娥四号实施月球背面软着陆巡视探测，不是简单的落在月背的一小步，而是中国航天努力迈向领跑的一大步，对于促进深空探测后续任务的实施具有重大意义。

二是推动月基科学研究的不断深入。月球背面没有来自地球的无线电波的干扰，是进行射电天文观测的最佳场所，如果能利用这一自然地形架设无线电望远镜，就好像把"天文台"搬到了月球背面。嫦娥四号着陆器在月球背面软着陆后，开展了月基低频射电天文观测研究，获得了一批原创性的科学成果。

三是推动月球资源的开发利用研究的深入。月球蕴藏着丰富的矿产和能源资源，开发和利用月球资源是人类进行月球探测的原动力之一。嫦娥四号对着陆区地形地貌、矿物组分、巡视区浅层结构、地幔物质等进行科学探测与研究，为月球资源的开发利用提供了极有价值的第一手资料。

四是实现了航天和相关学科技术领域的重大突破。嫦娥四号任务在世界上首次实现了人

图 6-8-7　嫦娥四号着陆器拍摄的玉兔二号月球车车辙

类探测器造访月球背面，软着陆后进行就位探测和巡视探测；在世界上首次实现了人类航天器在地月L2点对地月中继通信；在世界上首次在月球背面开展了月球科学探测和低频射电天文观测；在国内首次实测了月夜期间浅层月壤温度。这一重大科学创新工程的实施，无疑将推动航天技术和其他科学领域相关技术的持续发展。

嫦娥四号着陆器和玉兔二号月球车在登月后前600天取得以下四项阶段性科学成就：

一是月球背面巡视区形貌和矿物组分研究。首次通过就位探测直接得到月球深部物质组成，揭示月球背面，特别是南极-艾特肯盆地复杂的撞击历史，为月壤的形成与演化模型提供关键证据，为日后南极着陆和巡视探测选址等提供重要参考。

二是月球背面巡视区月表浅层结构研究。研究建立了嫦娥四号着陆区地层剖面及多期次溅射物覆盖关系。首次揭开月球背面地下结构的神秘面纱，极大地提高我们对月球撞击和火山活动历史的理解，为月球背面地质演化研究带来新的启示。

三是月面中子及辐射剂量、中性原子研究。证实初级银河宇宙射线撞击月球表面，产生反照质子（最早在美国环月轨道器上被发现，此次在月表得到了实地验证）。这些成果为开展太阳风与月表微观相互作用研究提供重要支撑，促进对月表辐射风险的认知，为未来月球航天员所受月表辐射危害估算及辐射防护设计提供重要参考。

四是月基低频射电天文观测与研究。利用嫦娥四号着陆器平台的低频射电频谱仪，在月球背面首次成功开展低频射电天文观测，获得大量有效观测数据。初步获取40兆赫频率以下的月背着陆区电磁环境本底频谱和低频射电三分量时变波形数据，对于研究太阳低频射电特征和月表低频射电环境具有重要科学意义。

2019年5月16日，国际科学期刊《自然》在线发布我国月球探测领域的一项重大发现。我国研究团队利用玉兔二号携带的可见光和近红外光谱仪的探测数据，发现并证明了嫦娥四号落区的物质成分明显有别于月球正面的月海玄武岩，月壤中存在以橄榄石和低钙辉石为主的月球深部镁铁质物质，这种矿物组合很可能源于月幔，为冯·卡门撞击坑东北部芬森撞击坑的溅射物，这为解答长期困扰科学家的月幔详细物质构成问题提供了直接证据，

可以帮助人类进一步认识月球的形成与演化。

2019年2月15日，国家航天局、中国科学院和国际天文学联合会向全世界发布嫦娥四号着陆区域月球地理实体命名：嫦娥四号着陆点命名为天河基地；着陆点周围呈三角形排列的三个环形坑，分别命名为织女、河鼓和天津；着陆点所在冯·卡门坑内的中央峰命名为泰山。月球地理实体命名体现国家科技水平，至当时已有27个中国名字。

图 6-8-8　嫦娥四号拍摄的月面图像

第九节　天问一号

2020年7月23日，我国成功用长征五号遥四运载火箭发射了我国首个火星探测器天问一号。2021年2月10日，天问一号成功进入火星轨道；同年5月15日，其着陆巡视器成功在火星表面着陆；5月22日，祝融号火星车安全驶离着陆平台，到达火星表面，开始巡视探测；6月11日，国家航天局公布了由祝融号火星车在着陆火星后拍摄的首批科学影像图，这标志着我国首次火星探测任务取得圆满成功。

这是中国行星探测工程的首次任务，实现了通过一次发射完成对火星的环绕、着陆和巡视三个目标，这在世界火星探测史上是前所未有的。采用这种"一举三得"的探火方式，起点高，效益高，但挑战大，需要突破火星环绕、进入、下降、着陆、巡视、远距离测控通信等关键技术。其成功，标志着我国深空探测能力和水平实现跨越式发展，成为世界上第三个在火星着陆的国家，第二个在火星巡视的国家。

一、工程概述

我国首次火星探测任务于2016年1月经党中央、国务院批准立项，2020年4月24日被正式命名为天问一号，是中国行星探测工程的首次任务。其任务目标是在2020年通过一次发射，实现火星环绕、着陆和

图6-9-1　天问一号火星探测器进行热试验

巡视探测，迈出我国行星探测第一步，深化中国人对火星乃至太阳系的科学认知，推进比较行星学等重大问题研究。

该任务由国家国防科工局、国家航天局统一组织实施，由工程总体和探测器、运载火箭、发射场、测控、地面应用等系统组成。

其工程目标是：突破火星制动捕获、进入/下降/着陆、长期自主管理、远距离测控通信、火星表面巡视等关键技术，实现火星环绕探测和巡视探测，获取火星探测科学数据，实现我国在深空探测领域的技术跨越。建立完整配套的深空探测工程体系，包括设计、制造、试验、飞行任务实施、科学研究、工程管理以及人才队伍，推动我国深空探测可持续发展。

其科学目标是：①研究火星形貌与地质构造特征。探测火星全球地形地貌特征，获取典型地区的高精度形貌数据，开展火星地质构造成因和演化研究。②调查火星表面土壤特征与水冰分布。探测火星土壤种类、风化沉积特征和全球分布，搜寻水冰信息，开展火星土壤剖面分层结构研究。③分析火星表面物质组成。识别火星表面岩石类型，探查火星表面次生矿物，开展表面矿物组成分析。④测量火星大气电离层及表面气候与环境特征。探测火星空间环境及火星表面气温、气压、风场，开展火星电离层结构和表面天气季节性变化规律研究。⑤探索火星物理场与内部结构，探测火星磁场特性。开展火星早期地质演化历史及火星内部质量分布和重力场研究。

在该任务实施中开展了多项合作。与欧航局、阿根廷在任务测控方面互相支持；与法国、奥地利等国开展了多个载荷的联合定标并合作开展数据分析。

天问一号由环绕器、着陆巡视器组成，其中着陆巡视器又由进入舱和火星车组成，进入舱完成火星"进入/下降/着陆"任务，火星车配置了多种科学载荷，在着陆区开展巡视探

测。天问一号总质量约5吨（含燃料），其中环绕器重3.6吨（燃料重量占总重的大部分），祝融号火星车重240千克，剩下就是进入舱质量。

天问一号火星探测任务的实施步骤如下：

一是用长征五号运载火箭将天问一号火星探测器直接发射至地火转移轨道；

二是在地面测控系统的支持下，通过多次轨道机动和中途修正，在近火点实施制动，实现火星捕获，进入周期约10个火星日的环火椭圆轨道；

三是择机实施轨道机动，进入周期约2个火星日的椭圆停泊轨道；

四是完成着陆区预先探测和着陆点调整，运行到选定的进入窗口后，探测器将进行降轨控制，择机释放着陆器-巡视器组合体，环绕器随即进行轨道调整，进入中继通信轨道；

五是着陆器-巡视器组合体进入火星大气后，通过气动外形、降落伞、反推发动机多级减速和着陆腿缓冲，软着陆到火星表面。

二、环绕探测

天问一号环绕器的设计寿命为1个火星年（687个地球日），采用"外部六面柱体+中心承力锥筒"构型，能满足五个飞行阶段和十一种飞行模式的设备布局需求。它携带着陆巡视器，主要完成地火转移、火星制动捕获、轨道调整等任务，为火星车提供3个月的中继支持服务，通过携带的科学载荷对火星开展约1个火星年的科学探测，实现对火星全球普查和局部详查。

环绕器的主要科学任务：拍摄我国首张火星全图；探测火星土壤类型分布和结构，探测火星表面和地下水冰；探测火星地形地貌特征及其变化；调查和分析火星表面物质成分；分析火星大气电离层并探测行星际环境。

为此，环绕器携带了7台科学仪器：中分辨率相机用于获取火星全球遥感影像图，高分辨率相机用于对着陆区和高科学价值区域成像，次表层雷达用于开展火星表面次表层结构、极地区冰层探测，矿物光谱分析仪用于探测火星表面的矿物种类、含量和空间分布情况，磁强计用于探测火星空间磁场环境，离子与中性粒子分析仪用于对太阳风以及火星空间离子和中性粒子的能量、通量和成分进行测量，能量粒子分析仪用于获取火星空间环境中能量粒子的能谱通量和元素成分数据。

环绕器具备三大功能：在约七个月的飞行过程中，环绕器首先作为飞行器，将着陆巡视器送至火星着陆轨道；待成功释放着陆巡视器后，环绕器作为通信器，为着陆器建立与地球之间的中继通信链路；通信工作结束后，环绕器作为科学探测器对火星进行遥感探测。

环绕器需克服四大困难：第一，飞行时间长。此次地火飞行路径超过4亿千米，在漫长的7个月里任何一个环节出问题，都将前功尽弃。第二，面临环境差。由于器地距离远，导

致通信时延大，同时由于信号衰减，环绕器接收到的信号非常微弱，环绕器要克服巨大的信号衰减、传输时延和外界干扰等因素。第

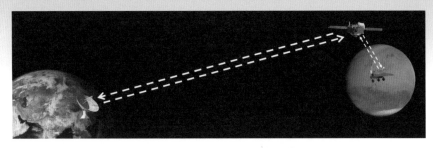

图 6-9-2 环绕器可用于为火星车提供中继通信

三，控制要求高。由于器地通信的时延和长期日凌中断问题，加上我国对火星空间和行星际空间的复杂环境还很陌生，环绕器需要具备很强的自主姿态控制能力才能确保探测器的安全。第四，空间动作繁。环绕器不仅在不同阶段扮演不同角色，在扮演同一角色时还要同步完成多项操作，动作复杂意味着更多的不确定性。

环绕器此次任务涉及五个主要环节：一是地火转移段，环绕器在完成四次中途修正和一次深空机动修正飞行路径，探测器飞过超过4亿千米的路径后，逐渐飞近火星。二是火星捕获段，发射约202天后，探测器被火星捕获，此时距离地球近1.93亿千米，通信时延约11分钟。三是离轨着陆段，进入捕获轨道后，环绕器将调整至停泊轨道，完成着陆巡视器预选落区的探测和进入点位置调整动作。确认着陆条件满足要求后，择机降轨释放着陆巡视器，分离后环绕器再抬轨回到停泊轨道。四是中继通信段，环绕器再次进入中继轨道，为地球与着陆器提供为期3个月的中继通信服务，为它们搭建起沟通的桥梁。五是科学探测段，中继任务结束后，环绕器将再次进行降轨进入科学探测轨道，对火星轨道空间、火星表面开展科学探测。

图 6-9-3 天问一号环绕器尾部示意图

天问一号环绕器取得了四个突破：

一是精确捕获。天问一号抵达火星附近时，相对于火星的速度约为4～5千米/秒，捕获时探测器距离火星最近仅400千米，稍有偏差就会撞击火星或飞离。由于单向通信时延达到了约11分钟，所以只能依靠探测器自主执行捕获。捕获过程中，天问一号环绕器要准确地进行点火制动，为了精确把控发动机的开关时机，环绕器在捕获前需要由地面对其进行精确的无线电测定轨，再结合从环绕器上光学自主导航仪器中获得的导航信息，得到环绕器的精确位置。在制动过程中，依靠可靠的系统硬件配置和捕获策略设计，可确保探测器处于"捕获走廊"直

图 6-9-4 天问一号环绕器获取的火卫一高清影像

至进入环火捕获轨道。

二是信号接收。环绕器距离地面最远达到了4亿千米，到达接收端的信号极其微弱，时间延迟是月球探测器的1000倍，信号衰减是月球探测器的100万倍。为此，研制团队研制了以超高灵敏度的数字化应答机和大口径可两维驱动天线为核心的X频段测控数传一体化测控系统。

三是自主管理。由于火星环绕器距离地球远，通信延时大，探测器与地面站通信还存在独特的"日凌"现象，为此研制了高度集成的小型化综合电子系统，为综合信息自主管理奠定了硬件基础，通过关键技术攻关，实现了环绕器在轨自主运行大于30天的能力。

四是光学导航。除了有地面无线电导航支持外，环绕器还配备了光学导航敏感器和红外导航敏感器，两台导航敏感器实现了环绕器不同阶段的精确位置自主确定，即使没有外部导航信息，火星环绕器也能够在遥远深空中自主找到前进的道路。

图6-9-5   祝融号火星车在火星表面"自拍"

三、巡视探测

祝融号火星车重约240千克，质量几乎是玉兔号月球车的两倍，用于在着陆区开展巡视探测，设计工作寿命3个火星月（92个地球日）。

祝融号火星车的主要科学任务：探测火星巡视区表面元素、矿物和岩石类型；探查火星巡视区土壤结构并探查水冰；探测火星巡视区大气物理特征与表面环境，探测火星巡视区形貌和地质构造。

为此，祝融号火星车携带了6台科学仪器：导航/地形相机用于为火星车提供导航和定位依据，获取着陆区及巡视区高分辨率三维图像；多光谱相机用于探测火星表面物质类型分布，获取巡视区可见、近红外波段的图像；次表层雷达用于探测巡视区次表层地质结构；表面成分探测仪用于获取紫外至近红外谱段的高分辨

图6-9-6   祝融号火星车尾部。图中可圆形集热窗，太阳翼、天线展开正常到位

率的光谱特征信息；表面磁场探测仪用于探测巡视区局部磁场；气象测量仪用于探测巡视区环境气温等气象环境。

祝融号火星车是世界第一辆采用主动悬架技术的火星车。它在遇到复杂地形时可以把整车底盘提高，即对车轮遇到的一些障碍，通过车体抬升、下沉、再抬升、再下沉……产生蠕动过程脱困。它的好处是可使火星车有更强的通过性和脱困能力，大大增加了越过障碍地形的能力，在松软沙地环境下也不用担心整车沉陷。另外，祝融号火星车的六个轮都可以独立转向、独立行进控制，所以它可以向任意方向行走，爬坡能力也得到很大的提升，这样一个新型的移动系统使它更适合火星复杂的地形，增加了可用的探测场景。

由于远离太阳，火星表面的阳光强度只有地球的40%，太阳能只有月球表面或者地球大气层外的20%，所以火星车需要更大、更高效的太阳能电池板，太阳翼的设计也十分关键。为此，设计师们采用了四展方案，即太阳翼分上下两层收拢在火星车的顶板上，分两次展开。最上层通过一次性展开装置向侧后方展开后锁定，可以解决后展容易触地的问题，

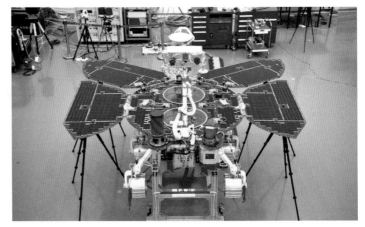

图 6-9-7　祝融号火星车太阳翼

第二层利用机构向两侧左右展开，可以根据太阳的方向调节这两个太阳翼的角度，对日定向，展开后的状态就可以获得足够大的太阳能电池片布片面积。另外，火星上全球性的沙尘天气时有发生，沙尘容易覆盖火星车上的太阳翼，科研人员对祝融号火星车太阳能电池表面做了一些特殊处理，把沙尘的附着力降得很小，不太容易出现沙尘的积累，还可以通过太阳翼的运动抖落其表面的沙尘。

由于地球与火星车的通信延时很长，所以火星车必须具备很高的自主能力。它包括能量平衡分析、太阳翼指向调节、低功耗模式、系统休眠、电源系统数学模型等的自主能源管理，航向调整与遮阳、侧倾角调整、工作模式调整等的自主热控管理，码速率自适应、定向天线对地指向控制、定向天线对环绕器的指向控制等的自主通信管理。例如，祝融号火星车能根据火星表面环境状况（如阳光是否充足）采用不同的工作模式：阳光最好的午后，采用正常工作模式，并储存一些电；阳光不好或有沙尘暴时，会减少一些工作设备；阳光很差或进入夜晚后，则进入安全模式。

火星不同纬度、不同季节的夜晚气温不同，最冷能达到-100℃，所以夜晚的能量获得、热量保持成了问题。单靠太阳能电池板储存的电能是远远不够的，祝融号火星车的设

计师们想出了新办法，在火星车顶部安装了集热窗，它在白天可以直接吸收太阳能，利用正十一烷吸热融化来储存能量。到了晚上温度下降，正十一烷在凝固的过程中释放热能，效率可达80%以上。在保温方面，祝融号火星车采用了一种新型隔热保温材料——高性能纳米气凝胶，来应对火星上"极热"和"极寒"两种严酷环境，并且凭借其超轻特性极大地减轻了火星车的负担，让它跑得更快，跑得更远。

四、任务过程

天问一号火星探测任务的实施包括发射、地火转移、火星捕获、火星停泊、离轨着陆和科学探测六个阶段。

发射阶段：2020年7月23日，长征五号遥四运载火箭将天问一号直接发射至地火转移轨道，器箭分离后探测器太阳电池翼和定向天线相继展开。

地火转移阶段：天问一号在测控系统支持下飞往火星，约7个月后抵达火星。

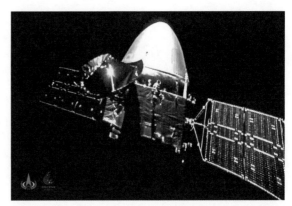

图 6-9-8　天问一号在飞往火星的途中拍的"自拍像"

为了精确飞向火星，其间先后用1台3000牛、4台120牛、8台25牛发动机进行1次深空机动和4次中途修正。天问一号在距离火星约220万千米处，获取了首幅火星图像。

火星捕获阶段和火星停泊阶段：2021年2月10日，天问一号在按预定飞行程序已在轨飞行了约295天后，距离火星仅400千米，准备进入火星轨道。2月15日和2月20日，天问一号相继进行了两次制动。2月24日，天问一号实施第三次近火制动，成功进入停泊轨道。探测器在该停泊轨道上大约运行2.5个月，为着陆做准备。

离轨着陆阶段：2021年5月15日凌晨，天问一号在火星停泊轨道上进入着陆窗口，随后探测器实施降轨机动，环绕器与着陆巡视器分离，继而环绕器升轨返回到停泊轨道，为着陆过程提供中继通信。着陆巡视器运行到距离火星表面125千米高度的进入点，开始进入火星大气，依次完成配平翼展开、降落伞开伞、大底分离、背罩分离、动力减速、悬停、避障及缓速下降、着陆缓冲等动作，分离后4小时软

图 6-9-9　天问一号成功进入火星轨道

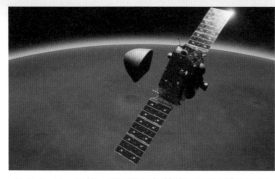

图 6-9-10　天问一号环绕器与着陆巡视器分离示意图　　　图 6-9-11　着陆巡视器动力减速着陆示意图

着陆于火星表面。

科学探测阶段：着陆后，祝融号火星车与着陆平台解锁分离。2021年5月22日10时40分，祝融号火星车驶离着陆平台，到达火星表面，开始巡视探测。此时环绕器进入中继轨道，为火星车提供中继通信，兼顾科学探测。火星车完成3个月探测任务后，环绕器进入科学探测轨道，开展火星全球遥感探测，兼顾火星车扩展任务中继通信。

五、着陆挑战

安全着陆是火星探测任务最艰巨的挑战之一。天问一号着陆巡视器组合体着陆过程具体分为七步。

第一步是降轨。天问一号在2021年5月15日凌晨1时许降轨机动，机动至火星进入轨道。

第二步是分离。4时许，天问一号实现环绕器和着陆巡视器的分离。两器分离约30分钟后，环绕器进行升轨，返回停泊轨道，再变轨至中继轨道，为着陆巡视器提供中继通信。而在历经约3小时飞行后，着陆巡视器在距离火星表面约125千米处进入火星大气。　这时着陆巡视器调整姿态，防热大底朝前，沿着进入火星大

图 6-9-12　天问一号着陆巡视器打开降落伞实景

气的轨道滑行，瞄准进入火星大气层的一个窄窄的进入走廊，着陆巡视器与火星大气层形成的这一夹角非常关键，角度太大会导致与大气摩擦温度升高过于剧烈而烧毁，角度太小又实现不了进入火星大气层的目标。

　　第三步是气动减速。着陆巡视器进入气动减速段，这是最主要的减速阶段。进入火星大气时，着陆巡视器的速度可达4.8千米/秒，相当于子弹出膛速度的6倍。进入火星大气后，要进行升力体制导和展开配平翼，通过防热大底和火星大气的不断摩擦来减速。经5分钟的减速之后，着陆巡视器的速度下降到460米/秒。值得一提的是，我国首次采用了基于配平翼的弹道-升力式进入方案，在气动减速阶段通过展开配平翼减少探测器的晃动，给后续打开降落伞创造更好的条件，降低了火星大气参数不确定性带来的着陆风险，提高了探测器的适应能力。

　　第四步是伞降减速。在着陆巡视器距离火星11千米左右时，着陆巡视器打开携带的超音速降落伞，使着陆巡视器的速度下降到95米/秒。在这90秒时间里，火星大气层中风的速度和方向，对落火的精度影响很大，有些时候甚至影响落火安全。

　　第五步是动力减速。当着陆巡视器的速度降至100米/秒时，降落伞基本完成使命。此后把大底和背罩抛掉，露出着陆平台和火星车。平台上的7500牛变推力降落发动机开始点火工作，进一步减小着陆巡视器的下降速度。它用80秒把速度减小到3.6米/秒，同时保持姿态稳定，对地雷达随即开机，并展开着陆缓冲机构的四条着陆腿。

　　第六步是悬停避障、缓速下降。在着陆巡视器距离火星高度100米的时候，借助降落发动机进行悬停，同时对火面进行成像，然后挑选相对平坦的区域进行降落。

　　第七步是着陆缓冲。着陆巡视器在最后的落火瞬间，垂直速度小于3.6米/秒，水平速度小于0.9米/秒。它利用四条着陆腿里的缓冲吸能材料，把着陆时的冲击力缓冲掉，确保着陆巡视器平稳着陆在火星表面。着陆巡视器于2021年5月15日7时18分登陆于火星北半球的乌托邦平原南部（北纬25.1°，东经109.7°）。着陆后，祝融号火星车将依次开展对着陆点全局成像、自检、驶离着陆平台并开展巡视探测。

图 6-9-13　祝融号火星车拍摄的着陆平台影像图

在整个落火过程中，由于地火距离非常遥远，使得地火通信延时单程超过20分钟。在落火过程中着陆巡视器和地面处于失联状态。它要在9分钟内自主完成10多个动作，每个动作都是一气呵成，不容得有半分的差错，这个过程环环相扣，步步惊心。

虽然火星比地球小，但是要在其约1.4亿平方千米的表面，为火星探测器选择一个合适的着陆点，并不是一件容易的事情，它必须满足两个最基本的条件：一是在工程上可实施，比如，着陆地点要相对开阔平坦，那里的地形不应该过于崎岖不平，以便探测器在着陆时不受到损坏，另外还要能与地球进行测控通信，光照比较充足等；二是在科研上有价值，比如，着陆地点的地质构造、物质元素比较丰富，且其他国家没有探测过，等等。所以，选择火星着陆地点需要航天工程师与行星科学家相互配合共同完成。

图 6-9-14　中国 70 米口径高性能接收天线

综合考虑多种因素，祝融号火星车的首选着陆点位于乌托邦平原南端，备选地点位于乌托邦平原东南部埃律西昂火山岩浆流地带。乌托邦平原比较平坦，阳光照射条件也比较好，有利于祝融号火星车的工作。另外，乌托邦平原很可能是火星远古海洋的所在地，在那里着陆有利于探索和研究火星上是否存在生命这一当前火星探测的热门问题，有很高的科学价值，有望取得意想不到的科学成果。

由于距地球很远，火星探测器发出的信号会随距离衰减，已有天线无法满足信号接收需求，为此，我国主反射面70米口径高性能接收天线于2021年2月在天津武清投入使用。该天线总质量约2700吨，高72米，面积相当于9个篮球场大小，为轮轨式全可动卡塞格伦天线，是目前亚洲最大的单口径天线，工作频段为S、X和Ku频段，可接收4亿千米外数据，目前主要负责接收火星探测器传回的科学数据。

踏上火星大地后，祝融号火星车经历了多重考验。在完成了90个火星日的巡视探测任务后，祝融号火星车又安全度过了日凌阶段——太阳运行至地球和火星中间，受太阳电磁辐射干扰，器地通信不稳定。按照既定预案，火星车在日凌期间暂停科学工作。日凌结束后，"超期服役"的祝融号火星车继续开展拓展性巡视探测任务，获取巡视区域地形地貌影像、行驶路径磁场信息和地下剖面结构信息，岩石、沙丘等典型地物的成分信息以及温度、气压、风向、风速气象信息等第一手科学数据，探寻火星起源与演化之谜的线索。

2022年5月，祝融号火星车的巡视区已进入冬季。在火星冬季，北半球区域太阳光照高度角下降、光照时长缩短。根据测量，火星车所在地正午最高温度已降至-20℃，夜间环境温度低至-100℃以下。此外，沙尘天气致使光照强度进一步减弱，火星车太阳翼电池阵的发电能力受到影响。为此，火星车采取转动太阳翼调整光照角度、减少每天工作项目和时长，实现能源平衡。

2022年7月中下旬，火星北半球进入一年中最冷的时节。与此同时，天问一号任务团队通过环绕器获取的中分辨率图像判断分析，祝融号所处区域正在经历强烈的沙尘天气。为了应对沙尘天气导致的太阳翼发电能力降低及冬

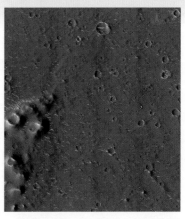

图 6-9-15　天问一号环绕器拍摄的火星全色图片

季极低的环境温度，按照设计方案和飞控策略，祝融号火星车于2022年5月18日转入休眠模式。原定在2022年12月前后，巡视区进入初春季节，环境条件好转后，祝融号恢复正常工作。但到2023年6月，祝融号还没醒，最大的可能是由于大量沙尘的积累导致火星车发电能力降低，因而不足以使它苏醒。在此期间，环绕器继续开展遥感探测，并为火星车提供中继通信支持。截至休眠，祝融号火星车已工作358个火星日，行驶里程累计1921米。

六、任务成就

祝融号为我国获得大量宝贵的科学探测数据。环绕器自进入环火轨道后，持续开展遥感探测。我国首次火星探测任务已圆满完成。到2023年4月24日，天问一号两器已累计获取并传回原始科学数据约1800兆字节。

在中国航天发展史上，天问一号任务实现了六个"首次"：首次实现地火转移轨道探测器发射，首次实现行星际飞行，首次实现地外行星软着陆，首次实现地外行星表面巡视探测，首次实现4亿千米距离的测控通信，首次获取第一手火星科学数据。

天问一号着陆火星和祝融号行驶火星以来，中国国家航天局已发布了20多批天问一号科学探测数据。科学家通过对探测数据的研究，陆续发布了新的科学发现和科研成果。

例如，2023年4月24日，我国发布了中国首次火星探测火星全球影像图，分辨率为76米，它为开展火星探测工程和火星科学研究提供了质量更好的基础底图。

又如，我国研究团队基于祝融号火星车获取的短波红外光谱和导航地形相机数据，在地质年代较为年轻的火星着陆区，发现了一种岩化的板状硬壳层，通过分析光谱数据发现，这些类似沉积岩的板状硬壳层富含含水硫酸盐等矿物。研究团队推断，这些富含硫酸盐的硬壳层可能是由地下水涌溢，或者毛细作用蒸发结晶出的盐类矿物胶结了火星土壤后经岩化作用形成。这也标志着祝融号实现了世界上首次利用巡视器上的短波红外光谱仪在

火星探测到含水矿物。

火星的水环境演化过程是火星研究的重要内容之一。据介绍，祝融号火星车着陆区位于年轻的亚马逊纪地层上——30亿年前至今的亚马逊纪是火星地质年代几个主要阶段的末期。已有的研究认为，火星在亚马逊纪时期气候寒冷干燥，液态水活动的范围和程度极其有限。

图 6-9-16　祝融号火星车拍摄的火星沙丘

这一发现意味着火星在亚马逊纪时期的水活动可能比以前认为的更加活跃，祝融号着陆区（以及火星北部平原的广泛区域）可能含有大量以含水矿物形式存在的可利用水，可供未来载人火星探测的原位资源利用。这一发现对理解火星的气候环境演化历史具有重要意义。该成果发表在国际学术期刊《科学进展》上。

2023年，中国地质大学（武汉）地球科学学院肖龙教授领导的国际研究团队通过分析祝融号获取的科学数据，首次在火星表面发现了海洋沉积岩的岩石学证据，证明了火星北部曾经存在海洋。

据悉，我国计划在2028年实施火星取样返回任务，将至少500克样品带回地球，这是深空探测重大科技项目的重要组成部分，将实现对火星从全球普查到局部详查、着陆就位分析，再到样品实验室分析的递进。

我国还将进行木星系及行星际探测。计划探测木星系空间的磁场、等离子体和粒子分布、木星磁层的动力学及其与太阳风耦合过程，探测木星卫星表面形貌、物质组成和构造特征，探测从金星至天王星的行星际空间环境，深化巨行星和行星际科学研究。

附录

中国航天大事记

1）1500年左右，一个叫万户（称谓，本名为陶成道）的官员，坐在绑上了火箭的椅子上，手里拿着风筝，飞向天空。人们称他为"世界航天第一人"。

2）1956年10月8日，中国第一个导弹研究机构——国防部第五研究院在北京西郊正式宣布成立，它标志着中国航天事业的开始。

3）1960年2月19日，中国自行设计制造的T-7M探空火箭在上海市南汇县境内的简易发射场首次发射成功。

4）1964年7月19日，我国成功发射和回收了第一枚T-7A生物试验火箭，这标志着中国迈出了宇宙生物学的第一步。

5）1970年7月14日，中国第一次载人航天工程正式立项。

6）1970年4月24日，中国成功发射了中国第一个航天器暨中国第一颗人造地球卫星——东方红一号，开创了中国航天的新纪元，标志着中国具备了进入太空的能力，成为世界上第五个拥有航天器的国家。

7）1975年11月26日，中国成功发射了中国第一颗返回式卫星暨首颗应用卫星——返回式卫星0号，11月29日成功回收，这标志着中国成为继苏联、美国之后世界上第三个掌握航天器返回技术的国家。

8）1981年9月20日，中国成功发射实践2号、实践2号甲和实践2号乙三颗科学实验卫星，成为继苏联、美国、欧洲航天局之后世界上第四个掌握一箭多星发射技术的国家（组织）。

9）1984年4月8日，中国成功发射了中国第一颗地球静止轨道通信卫星——东方红二号，这标志着中国拥有独立研制和发射地球静止轨道卫星的能力，实现推进剂从常规到低温、发射轨道从低轨到高轨的跨越，使中国成为世界上第五个掌握卫星通信技术的国家。

10）1988年9月7日，中国成功发射了中国第一颗气象卫星暨中国第一颗极轨气象卫星——风云一号A星，这标志着中国拥有研制和发射太阳同步轨道卫星的能力，使中国成为世界上第三个拥有自制极轨气象卫星的国家。

11）1990年4月7日，长征三号运载火箭在西昌卫星发射中心准确地将亚洲一号卫星送入转移轨道。这是中国首次成功地用自行研制的运载火箭完成发射外国商用卫星的任务，打开了中国航天走向世界的大门。

12）1992年9月21日，中国载人航天工程立项上马，代号定为"921"工程。中国载人航天工程开始再次进入正式的、全面的工程研制阶段。

13）1997年5月12日，中国成功发射了中国第一颗三轴稳定地球静止轨道通信卫星——东方红三号，中国通信卫星技术又上了一个新的台阶。

14）1997年6月10日，中国成功发射了中国第一颗地球静止轨道气象卫星——风云二号A星，成为世界上第五个能自行研制和发射地球静止轨道气象卫星的国家和世界第三个同时拥有极轨气象卫星和静止轨道气象卫星的国家。

15）1999年10月14日，中国成功发射了第一颗中国和巴西合作研制的数据传输型资源卫星——资源一号01星。它也是中国第一颗国际合作研制的卫星，开创了发展中国家航天高科技领域技术合作的先例，被誉为"南南合作"的典范。

16）1999年11月20日，中国成功发射了中国第一艘无人试验飞船——神舟一号。这标志着中国载人航天工程取得重大突破，中国在载人航天领域迈出了历史性的第一步，成为世界上第三个发射宇宙飞船的国家。

17）2000年10月31日，中国成功发射了中国第一颗导航卫星——北斗一号01星，它与2000年12月21日发射入轨的北斗一号第02星运行在经度相距60°的地球静止轨道上，组成了世界首个基于双星定位原理的有源卫星定位系统。该系统使中国成为世界上第三个拥有导航卫星的国家。

18）2002年5月15日，中国成功发射了中国第一颗海洋探测卫星暨第一颗海洋水色卫星——海洋一号A星，结束了中国没有海洋卫星的历史。

19）2003年10月15日，中国成功发射了我国第一艘载人飞船——神舟五号。2003年10月16日，神舟五号飞船返回舱安全着陆。神舟五号成功发射并安全返回地面，标志中国成为世界上第三个能独立开展载人航天活动的国家。

20）2004年2月25日，中国绕月探测工程于当日起正式实施，中国绕月探测工程正式被命名为"嫦娥工程"。

21）2003年12月30日，中国成功地将中国与欧洲航天局的合作项目"地球空间双星探测计划"中的第一颗卫星探测一号送上太空。2004年7月25日，探测二号卫星进入轨道。"地球空间双星探测计划"是首个由中国科学家提出并以中国为主的空间探测国际合作计划，实现了人类历史上第一次对地球空间的六点立体探测。

22）2007年5月14日，中国成功发射了第一颗整星出口的卫星——尼日利亚通信卫星一号。这颗卫星进入太空，不仅标志着中国实现了整星出口零的突破，也是中国以火箭、卫星及在轨交付的方式，为国际用户提供商业卫星服务的首次实践。

23）2007年10月24日，中国成功发射了中国第一个空间探测器暨第一个月球探测器——嫦娥一号绕月探测器，它表明中国成为世界第五个拥有月球探测器的国家（地区）。

24）2008年4月25日，中国成功发射了中国第一颗数据中继卫星——天链一号01星，填补了中国卫星领域的一项空白，大大提高了中低轨用户航天器的轨道覆盖率。

25）2008年9月25日，中国成功发射了第一艘采用空间出舱活动试验技术状态的载人飞船——神舟七号，成为世界第三个独立掌握太空行走技术的国家。

26）2011年8月16日，中国成功发射了中国第一颗海洋动力环境卫星——海洋二号A星。

27）2011年9月29日，中国成功发射了中国第一个目标飞行器——天宫一号，它分别与后来发射的神舟八号、神舟九号、神舟十号飞船进行了自动或手控空间交会对接，这标志着中国成为世界第三个独立掌握自动和手控交会对接的国家。

28）2012年1月9日，中国成功发射了中国第一颗民用立体测绘卫星——资源三号01星。它首次实现中国遥感卫星多角度、多光谱综合立体成像，并通过星地一体化设计，第一次使中国卫星遥感图像质量达到国际先进水平。

29）2013年4月26日，中国成功发射了中国第一颗高分专项工程卫星——高分一号。这是世界首颗在同等分辨率下幅宽最大的卫星。

30）2013年12月2日，中国成功发射了中国第一个落月探测器——嫦娥三号，它于同年12月14日通过悬停、避障等技术实现了在月面软着陆，使中国成为世界第三个掌握落月探测技术的国家。它携带了中国第一辆无人月球探测车——玉兔号，使中国成为世界第二个掌握无人月球探测车技术的国家。

31）2014年8月19日，中国成功发射了中国第一颗亚米级空间分辨率卫星——高分二号。

32）2014年11月1日，中国探月工程三期再入返回飞行试验返回器顺利着陆，标志着我国探月工程三期再入返回试验任务圆满完成，使中国成为继苏联（俄罗斯）、美国之后，第三个成功回收绕月航天器的国家。

33）2015年9月25日，中国新一代小型固体运载火箭长征十一号首飞成功。它是长征系列运载火箭中唯一的固体运载火箭。

34）2015年12月17日，中国成功发射了中国第一颗天文卫星——"悟空"暗物质粒子探测卫星。

35）2015年12月28日，中国成功发射了中国第一颗高轨道高分辨率光学遥感卫星——高分四号，填补了我国乃至世界高轨道高分辨率光学遥感卫星的空白。

36）2016年4月6日，中国成功发射了中国第一颗微重力科学实验卫星——实践十号。

37）2016年8月6日，中国成功发射了中国第一颗地球同步轨道移动通信卫星——天通一号01星。它是中国自主研制的大容量地球同步轨道移动通信卫星系统的首发星，填补了中国在卫星移动通信领域的空白，使中国卫星移动通信迈入"手机时代"。2021年1月20日，天通一号03星升空。该卫星与在轨的天通一号01星、02星组网，构建我国首个自主可控的卫星移动通信系统。

38）2016年8月10日，中国成功发射了中国第一颗分辨率达到1米的C频段多极化合成孔径雷达卫星——高分三号01星。

39）2016年8月16日，中国成功发射了世界第一颗量子科学实验卫星——"墨子号"。

40）2016年9月15日，中国成功发射了中国第一个空间实验室——天宫二号，标志着中国载人航天工程空间实验室任务第二次飞行任务正式拉开帷幕。

41）2016年11月3日，中国新一代大型运载火箭长征五号首飞成功，这使中国火箭一举跨入全球"最强壮"火箭行列。

42）2016年11月10日，中国成功发射了世界第一颗脉冲星导航试验卫星——脉冲星试验卫星。

43）2016年12月11日，中国成功发射了中国第一颗第二代静止轨道气象卫星——风云四号01星。该卫星实现了我国静止轨道气象卫星升级换代和技术跨越。

44）2016年12月28日，中国成功发射了中国首批高分辨率商业遥感卫星——高景一号，标志着国产商业遥感数据水平正式迈入国际一流行列。

45）2017年4月20日，中国成功发射了中国第一艘货运飞船——天舟一号。

46）2017年4月12日，中国成功发射了中国第一颗高通量通信卫星——实践十三号（中星16号）。它是中国首颗采用电推进技术的高轨卫星，实现了首次在卫星上应用Ka频段多波束宽带通信系统，在高轨卫星上搭载激光通信系统。

47）2017年6月15日，中国成功发射了中国第一颗X射线空间望远镜——"慧眼"硬X射线调制望远镜。

48）2017年6月19日，中国成功发射了中国第一颗电视直播卫星——中星9A卫星。

49）2018年2月2日，中国成功发射了中国第一颗电磁监测试验卫星——张衡一号，标志着中国成为世界上少数拥有在轨运行高精度地球物理场探测卫星的国家之一。

50）2018年5月9日，中国成功发射了中国高分专项工程唯一的陆地环境高光谱观测卫星——高分五号，它是光谱分辨率国内最高的卫星，也是实现中国高光谱分辨率对地观测能力的重要标志。

51）2018年5月21日，中国成功发射了世界上第一颗运行在地月拉格朗日L2点的中继卫星——鹊桥月球中继星。

52）2018年12月8日，中国成功发射了世界第一个在月球背面着陆的空间探测器——嫦娥四号。

53）2019年3月31日，中国成功发射了中国第一颗第二代数据中继卫星——天链二号01星。

54）2019年6月5日，中国长征十一号运载火箭在海上平台首飞成功。它填补了中国运载火箭海上发射的空白，为中国快速进入太空提供了新的发射方式。

55）2019年11月3日，中国成功发射了中国第一颗民用亚米级光学传输型立体测绘卫星——高分七号，它突破了亚米级立体测绘相机技术，能够获取高空间分辨率光学立体观测数据和高精度激光测高数据。

56）2019年12月27日，中国成功发射了中国第一颗采用东方红五号卫星平台的卫星——实践二十号。

57）2020年5月5日，长征五号B遥一运载火箭成功首飞，将新一代载人飞船试验船准确送入预定轨道，我国空间站阶段的首次飞行任务告捷。此次任务的成功正式拉开我国载人航天工程"第三步"任务的序幕。

58）2020年7月23日，中国发射首个火星探测器——天问一号。

59）2020年7月31日，北斗三号全球卫星导航系统正式开通，成为世界第三个全球卫星导航系统。

60）2020年11月24日，中国成功发射了月球采样返回探测器——嫦娥五号。

61）2020年12月6日，中国高分十四号卫星升空。此次任务是高分卫星专项工程建设的收官之战。

62）2021年4月29日，中国天宫空间站的第一个舱段——天和核心舱升空，这宣告中国开启了空间站任务的新时代。

63）2021年10月14日，中国成功发射了首颗太阳探测科学技术试验卫星——太阳Hα光谱探测与双超平台科学技术试验卫星（羲和号），实现了我国太阳探测零的突破，我国正式步入"探日"时代。

64）2022年1月26日和2月27日，中国陆地探测一号01组A、B两颗卫星相继成功发射，我国首次实现差分干涉合成孔径雷达双星组网，构建起全球首个用于地表形变干涉测量应用的L波段双星星座。

65）2022年7月24日，我国空间站的首个实验舱问天实验舱升空，并与天和核心舱对接。

66）2022年10月9日，我国成功发射了综合性太阳探测卫星——先进天基太阳天文台（夸父一号）。

67）2022年10月31日，梦天实验舱升空，并与天和核心舱对接。

68）2022年11月29日，神舟十五号载人飞船成功发射，标志着中国空间站建造阶段全部发射任务圆满完成。

69）2023年2月23日，中星26号卫星升空，它是我国首颗容量超过100Gbps的高通量卫星，也是迄今为止我国通信卫星转发器数量最多的卫星。

参考文献

[1]中国大百科全书总编辑委员会《航空航天》编辑委员会. 中国大百科全书：航空航天[M]. 中国大百科全书出版社，1985.

[2]世界航天运载器大全编委会. 世界航天运载器大全[M]. 2版. 北京：中国宇航出版社，2007.

[3]陈求发. 世界航天器大全[M]. 北京：中国宇航出版社，2012.

[4]李成智. 中国航天技术发展史稿[M]. 济南：山东教育出版社，2006.

[5]庞之浩. 天宫明珠：航天器面面观[M]. 北京：北京航空航天大学出版社，2003.

[6]中国空间技术研究院. 神舟圆梦：载人航天知识问答[M]. 北京：中国发展出版社，2003.

[7]庞之浩. 航天：开发第四生存空间[M]. 北京：电子工业出版社，2013.

[8]邸乃庸. 梦圆天路：纵览中国载人航天工程[M]. 北京：中国宇航出版社，2011.

[9]陈善广. 飞天英雄：追踪航天员飞天足迹[M]. 北京：中国宇航出版社，2011.

[10]顾逸东. 探秘太空：浅析空间资源开发与利用[M]. 北京：中国宇航出版社，2011.

[11]戚发轫，李颐黎. 巡天神舟：揭秘载人航天器[M]. 北京：中国宇航出版社，2011.

[12]黄春平. 通天神箭：解读载人运载火箭[M]. 北京：中国宇航出版社，2011.

[13]周凤广，徐克俊. 戈壁天港：走进载人航天发射场[M]. 北京：中国宇航出版社，2011.

[14]《当代中国》丛书编辑部. 当代中国的航天事业[M]. 北京：中国社会科学出版社，1986.

[15]中国空间技术研究院. 中国航天器[M]. 北京：电子工业出版社，2008.

[16]庞之浩. 人类福星[M]. 南宁：广西教育出版社，2001.

[17]吴伟仁. 奔向月球[M]. 北京：中国宇航出版社，2007.

[18]庞之浩，隋彦君. 探月工程[M]. 广州：广东教育出版社，2021.

[19]刘林宗，谢涛，庞之浩，等. 探月的故事[M]. 北京：中国宇航出版社，2008.

[20]庞之浩. 太空之舟：宇宙飞船面面观[M]. 南昌：江西高校出版社，2005.

[21]庞之浩. 宇宙城堡：空间站发展之路[M]. 南昌：江西高校出版社，2005.

[22]庞之浩，车晓玲. 探访宇宙：人类使者的出巡[M]. 北京：北京航空航天大学出版社，2016.

[23]张庆伟. 发展中的中国航天[J]. 中国航天，2007（8）：3-8.

[24]马兴瑞. 中国航天的系统工程管理与实践[J]. 中国航天, 2008（1）: 7-15.

[25]张柏楠, 戚发轫. 中国载人航天技术的历史性跨越[J]. 航天器工程, 2008（5）: 1-6.

[26]黄伟芬. 中国航天员选拔训练回顾与展望[J]. 航天医学与医学工程, 2008（3）: 175-181.

[27]刘纪原. 中国航天50年创业发展之路[J]. 航天工业管理, 2006（10）: 52-55.

[28]国务院新闻办公室. 《中国的航天（2000年版）》白皮书［R］.

[29]国务院新闻办公室. 《2006中国的航天》白皮书［R］.

[30]国务院新闻办公室. 《2011中国的航天》白皮书［R］.

[31]国务院新闻办公室. 《2021中国的航天》白皮书［R］.

[32]中国航天科技集团有限公司. 《中国航天科技活动蓝皮书（2019年）》［R］.

[33]中国航天科技集团有限公司. 《中国航天科技活动蓝皮书（2020年）》［R］.

[34]中国航天科技集团有限公司. 《中国航天科技活动蓝皮书（2021年）》［R］.

[35]中国航天科技集团有限公司. 《中国航天科技活动蓝皮书（2022年）》［R］.

[36]何宇, 贾世锦, 石泳, 等. 载人飞船型谱发展研究[J]. 中国科学: 技术科学, 2014（3）: 229-234.

[37]叶培建, 黄江川, 孙泽州, 等. 中国月球探测器发展历程和经验初探[J]. 中国科学: 技术科学, 2014（6）: 543-558.

[38]龙乐豪. CZ-3A系列运载火箭[J]. 导弹与航天运载技术, 1999（3）: 3-8.

[39]马兴瑞. 在新起点上再创航天事业新辉煌: 在纪念东方红一号卫星发射成功40周年座谈会上的讲话[J]. 中国航天, 2010（5）: 3-5.

[40]唐伯昶. 中国返回式卫星发展的回顾和技术展望[J]. 国际太空, 2007（9）: 1-9.

[41]张庆君, 马世俊. 中巴地球资源卫星成就与发展[J]. 航天器工程, 2009（4）: 1-8.

[42]白照广, 沈中, 王肇宇. 环境减灾-1A、1B卫星技术[J]. 航天器工程, 2009（6）: 1-11.

[43]周志成. 沿自主创新道路前进　乘国际发展风帆远航: 我国通信卫星领域发展回顾与展望[J]. 国际太空, 2013（6）: 4-13.

[44]冉承其. "北斗"卫星导航系统建设与发展: 中国卫星导航系统管理办公室主任冉承其在第64届国际宇航大会上的发言[J]. 国际太空, 2013（10）: 11-15.

[45]冉承其. 北斗卫星导航系统运行与发展[J]. 卫星应用, 2014（8）: 7-10.

[46]周建平. 天宫一号/神舟八号交会对接任务总体评述[J]. 载人航天, 2012（1）: 1-5.

[47]朱元秀, 徐长乐. 我国区域合作中的政府间协议浅析: 以上海为例[J]. 当代经济管理, 2011（7）: 60-63.

[48]王志民，傅俏燕. 中巴地球资源卫星在资源与环境调查中的应用[J]. 航天器工程，2002（2）：19-25.

[49]宋芳妮，国际遥感卫星整星出口市场发展特点及启示[J]. 国际太空，2015（1）：76-78.

[50]张庆伟. 中国航天发展的未来展望[J]. 太空探索，2007（9）：22-23.

[51]武凯. 马兴瑞谈中国航天国际化发展广阔前景[J]. 中国航天，2015（5）：8.

[52]宗河. 长征-3C/远征-1火箭首射成功 首颗新一代"北斗"卫星进入轨道[J]. 国际太空，2015（4）：1-5.

[53]宗河. "长征"家族添新丁 "一箭多星"创纪录 首飞成功的我国新型火箭长征-6别开生面[J]. 国际太空，2015（10）：1-6.

[54]辛建. 固体动力技术获新突破 4颗小卫星试验新技术 长征-11固体运载火箭首飞成功[J]. 国际太空，2015（10）：14-16.

[55]司马. 登天有路箭为梯[J]. 国际太空，2016（9）：8-16.

[56]李东，王珏，李国爱，等. 中国航天舞台的擎天柱：中国新一代大型运载火箭长征-5首飞在即[J]. 国际太空，2016（10）：9-13.

[57]李东，王珏，李平岐，等. 我国新一代大型运载火箭长征－5首飞大捷[J]. 国际太空，2016（11）：2-7.

[58]尚辉，张飞霆，邵旭东，等. 中国航天实现首次海上发射：揭秘CZ-11海射型运载火箭及其发射服务应用[J]. 国际太空，2019（6）：4-9.

[59]龙乐豪，王国庆，吴胜宝，等. 我国重复使用航天运输系统发展现状及展望[J]. 国际太空，2019（9）：4-10.

[60]庞之浩，贺勋. 日新月异的中国运载火箭[J]. 国际太空，2019（9）：12-18.

[61]高峰，谭杰，尚辉，等. "国家队"正式进军商业发射市场：捷龙一号火箭首次商业发射圆满成功[J]. 国际太空，2019（9）：38-41.

[62]李东，刘秉. 长征五号B运载火箭及其发射服务展望[J]. 国际太空，2020（5）：4-7.

[63]吴义田，陈晓飞，张津泽，等. 长征八号运载火箭首飞意义及关键技术[J]. 国际太空，2021（1）：4-9.

[64]王刚，樊忠泽，刘岳国，等. 关于我国智慧火箭技术的发展与思考[J]. 国际太空，2021（5）：20-25.

[65]张卫东，杨毅，杨帆. 长征六号甲运载火箭及其技术特点[J]. 国际太空，2022（6）：8-10.

[66]戴君，张新伟，李少辉，等.资源-3立体测绘卫星概览[J].国际太空，2012（9）：1-4.

[67]张欢，王睿，贾旭，等.海洋-2卫星及其应用[J].国际太空，2012（9）：5-8.

[68]王小勇.高分-1高性能遥感卫星相机简介[J].国际太空，2013（5）：9-12.

[69]刘斐.高分-1卫星"高"在哪里：聚焦高分-1卫星的创新与突破[J].国际太空，2013（5）：19-21.

[70]徐振尧，杨俊峰，李辉，等.天绘-1立体测绘卫星概览[J].国际太空，2013（5）：40-42.

[71]周志成.沿自主创新道路前行 乘国际发展风帆远航：我国通信卫星领域发展回顾与展望[J].国际太空，2013（6）：4-13.

[72]王家胜.填补我国航天技术空白的中继卫星系统[J].国际太空，2013（6）：20-25.

[73]王敏.获国家科技大奖的委内瑞拉卫星-1[J].国际太空，2013（6）：26-31.

[74]王公为.国际承诺的完美兑现：委内瑞拉遥感卫星-1研制历程回顾[J].国际太空，2013（8）：15-17.

[75]李馨.把卫星新技术拿到太空中去检查：实践-9A、9B卫星开展关键新技术试验探究[J].国际太空，2013（8）：18-19.

[76]徐建平.中国新型极轨气象卫星[J].国际太空，2013（9）：2-5.

[77]成白.中国静止气象卫星的现状与未来[J].国际太空，2013（9）：6-10.

[78]白照广.高分-1卫星设计与特点[J].国际太空，2014（3）：12-19.

[79]中国卫星导航系统管理办公室."北斗"卫星导航系统发展报告[J].国际太空，2012（4）：6-11.

[80]刘佳.高分-2看神州，细节尽收眼底：专访高分-2卫星总指挥兼总设计师潘腾[J].国际太空，2014（8）：1-3.

[81]中国科学院空间科学战略性先导科技专项研究团队.空间科学战略性先导科技专项引领中国空间科学发展[J].国际太空，2015（1）：13-21.

[83]刘韬.首批第三代"灾害监测星座"：北京-2星座于7月成功发射[J].国际太空，2015（7）：1-6.

[83]西游.观测能段范围最宽 能量分辨率最优 中国首颗天文卫星："悟空"暗物质粒子探测卫星升空[J].国际太空，2016（1）：21-25.

[84]宗河.在太空中搭建的临时实验室 我国首颗微重力科学实验卫星实践-10凯旋[J].国际太空，2016（4）：2-9.

[85]庞丹，潘晨.悉数实践-10卫星的"第一"头衔[J].国际太空，2016（4）：10-11.

[86]宗河. 世界首颗量子科学实验卫星墨子号升空[J]. 国际太空，2016（8）：12-19.

[87]东方星. 我国首颗移动通信卫星：天通－1的01星顺利升空[J]. 国际太空，2016（8）：20-21.

[88]晓宇，潘晨. 高分-3卫星闪亮登场：世界分辨率最高的C频段多极化合成孔径雷达卫星成功发射[J]. 国际太空，2016（8）：22-23.

[89]欧阳. 人造卫星当空舞[J]. 国际太空，2016（9）：17-26.

[90]薛力军，丁强强，何民，等. "脉冲星试验卫星"顺利升空[J]. 国际太空，2016（11）：13-19.

[91]齐真，詹桓，李黎. 我国首批0.5米级商业高分辨率遥感卫星高景-1年底发射[J]. 国际太空，2016（12）：2-5.

[92]张志清，董瑶海，丁雷，等. 我国首颗第二代静止气象卫星风云-4升空[J]. 国际太空，2016（12）：6-12.

[93]杨忠东，毕研盟，王倩，等. 即将入轨的我国首颗测量大气二氧化碳的专用高光谱卫星[J]. 国际太空，2016（12）：13-17.

[94]东方星. 我国首颗高通量通信卫星实践-13升空[J]. 国际太空，2017（4）：10-15.

[95]卢方军. "慧眼"硬X射线调制望远镜的探测技术和科学运行[J]. 国际太空，2017（6）：7-13.

[96]徐冰，吴爽. 中国台湾福卫-5卫星即将发射[J]. 国际太空，2017（8）：6-12.

[97]王赤，李自杰，孙天然，等. "太阳风-磁层相互作用全景成像"卫星任务概况[J]. 国际太空，2017（8）：13-16.

[98]谢军，王金刚. 北斗-3卫星的创新和技术特点[J]. 国际太空，2017（11）：4-7.

[99]宗河. 为预报地震探路的张衡-1卫星升空[J]. 国际太空，2018（3）：4-10.

[100]司轩. 张衡-1卫星的先进有效载荷[J]. 国际太空，2018（3）：11-15.

[101]詹桓. 高分六号卫星成功发射 "高分"家族再添新丁[J]. 国际太空，2018（6）：4-5.

[102]赵汉卿，毛凌野. "中法海洋卫星"大幅提升海洋动力环境监测能力[J]. 国际太空，2018（11）：4-5.

[103]庞之浩，贺勋. 精彩纷呈的中国人造卫星[J]. 国际太空，2019（9）：19-25.

[104]庞之浩，王东. 永放光芒的东方红一号：纪念中国首颗卫星升空50周年[J]. 国际太空，2020（4）：9.

[105]李峰. 中国新一代大型地球同步轨道卫星公用平台：东方红五号卫星平台[J]. 国际太

空，2020（4）：27-31.

[106]石明. 前景广阔的东四增强型平台[J]. 国际太空，2020（4）：32-35.

[107]庞之浩，王东. 艰苦卓绝的"北斗"发展历程[J]. 国际太空，2020（8）：13-18.

[108]张曼倩，徐驰，刘付强. 三星齐聚，中国卫星测绘阔步前进：访资源三号卫星总设计师曹海翊[J]. 国际太空，2020（9）：4-7.

[109]范东栋，陈趁新，王晓宇，等. 捕风一号卫星现状与后续展望[J]. 国际太空，2022（1）：33-37.

[110]杭添仁. 天宫-1成功入轨 吹响我国首次空间交会对接号角[J]. 国际太空，2011（10）：1-9.

[111]东方星. 众人拾柴火焰高 与天宫-1有关的四大系统改进[J]. 国际太空，2011（10）：10-16.

[112]庞征. 神舟-8飞船凯旋归来 圆满完成我国首次空间交会对接任务[J]. 国际太空，2011（11）：1-8.

[113]博引. 精彩纷呈的中国首次空间交会对接[J]. 国际太空，2011（11）：9-16.

[114]武苑. 神舟-9载人飞船成功入轨 执行与天宫-1的首次手控交会对接任务[J]. 国际太空，2012（6）：1-10.

[115]武苑. 天宫-1与神舟-9载人交会对接任务圆满成功[J]. 国际太空，2012（7）：1-13.

[116]宗核. 承上启下的神舟-10载人航天飞行任务[J]. 国际太空，2013（7）：4-14.

[117]石陆. 天宫-1与神舟-10载人飞行任务发布会实录[J]. 国际太空，2013（7）：15-19.

[118]纪实. 我国首次太空授课活动精彩回放[J]. 国际太空，2013（7）：45-50.

[119]宗核. 我国首个空间实验室：天宫-2入轨[J]. 国际太空，2016（9）：2-7.

[120]黄伟芬，刘朝霞. 空间实验室任务航天员选拔训练与飞行保障[J]. 国际太空，2016（10）：4-8.

[121]张伟. 天宫－2空间科学与应用任务及进展[J]. 国际太空，2016（12）：18-23.

[122]李莹辉，左永亮. "绿航星际"：4人180天受控生态生保系统集成试验圆满收官[J]. 国际太空，2017（1）：14-18.

[123]诸葛南. 我国首艘货运飞船天舟-1成功入轨[J]. 国际太空，2017（4）：2-9.

[124]张伟. 天舟-1空间科学与应用任务[J]. 国际太空，2017（5）：2-5.

[125]庞征. 嫦娥-2顺利升空并已成功进入绕月轨道[J]. 国际太空，2010（10）：1-5.

[126]博音. 嫦娥-2的研制难点[J]. 国际太空，2010（10）：6-9.

[127]宗河. 嫦娥-2的飞行历程[J]. 国际太空，2010（10）：10-13.

534

[128]郑里. 嫦娥-2任务的6大亮点[J]. 国际太空，2010（10）：14-21.

[129]庞征. 模拟火星飞船圆满完成"火星-500"任务[J]. 国际太空，2011（12）：1-7.

[130]博音. 人类首次模拟"火星之旅"实验获得成功[J]. 国际太空，2011（12）：8-17.

[131]蔡金曼. 航天新跨越 中国新高度 嫦娥-2成功探测小行星[J]. 国际太空，2013（1）：23-24.

[132]东方星. 克服七大难点 完成七大创新 嫦娥-3实现中国首次落月探测[J]. 国际太空，2013（12）：1-8.

[133]诸葛言. 新颖别致的嫦娥-3着陆器[J]. 国际太空，2013（12）：9-14.

[134]司马光. 灵活高效的玉兔号月球车[J]. 国际太空，2013（12）：15-19.

[135]欧阳天. 嫦娥-3勇闯三大险关[J]. 国际太空，2013（12）：20-32.

[136]宗河. 我国探月工程三期再入返回飞行试验获得圆满成功[J]. 国际太空，2014（11）：1-10.

[137]庞之浩，朱敏悦，王晓宇，等. 不断刷新探索宇宙深空的"中国高度"——访嫦娥-1绕月探测器总指挥兼总设计师叶培建院士[J]. 国际太空，2016（8）：2-11.

[138]廖慧兮，王彤，贾晓宇. 小行星探测进展及技术特点分析[J]. 国际太空，2017（7）：2-9.

[139]宗和. 进入使命轨道的"鹊桥"月球中继卫星[J]. 国际太空，2018（8）：4-8.

[140]叶培建，邹乐洋，王大轶，等. 中国深空探测领域发展及展望[J]. 国际太空，2018（10）：4-10.

[141]庞之浩，王东. 嫦娥四号任务圆满成功,首次实现人类航天器在月背软着陆[J]. 国际太空，2019（1）：4-11.

[142]贾阳，刘振春. 火星探测 亮点纷呈[J]. 国际太空，2020（7）：4-9.

[143]南山，百超，旺军. 设计一辆漂亮的火星车[J]. 国际太空，2020（7）：10-13.

[144]彭松，尺清，郑旸. 火星车自主功能方案设计[J]. 国际太空，2020（7）：14-18.

[145]鞠小薇，王岩，付春岭，等. 火星车的关键技术分析[J]. 国际太空，2020（7）：23-26.

[146]庞之浩，高开源. 2020年世界火星探测概览[J]. 国际太空，2020（8）：23-28.

[147]余后满，张熇，黄晓峰，等. 我国小天体探测任务设想[J]. 国际太空，2021（9）：4-9.